复杂井工程力学与设计控制技术

Downhole Mechanics and Design & Control Techniques in Critical Well Engineering

高德利　等著

石油工業出版社

内 容 提 要

本书主要以高德利教授团队近10年来取得的部分研究成果为基本素材编写而成，在一定程度上反映了在复杂井工程力学与设计控制技术方面的最新研究进展。主要内容包括：基于复杂结构井工程的油气田开发模式，大位移水平井力学与钻完井延伸极限理论，深水钻井力学与设计控制技术，复杂结构井磁导向钻井关键技术，地层可钻性评估与钻头选型方法，水平井射流磨钻头与钻井提速方法，复杂井测试管柱力学与安全控制技术，以及欠平衡精细控压钻井、固井水泥环密封完整性等关键技术。

本书可供油气工程领域的科研人员、高等院校相关专业师生以及现场技术人员参考。

图书在版编目（CIP）数据

复杂井工程力学与设计控制技术 / 高德利等著 .—北京：石油工业出版社，2018.10

ISBN 978-7-5183-2890-1

Ⅰ.①复… Ⅱ.①高… Ⅲ.①油气钻井－工程力学②油气钻井－钻井设计 Ⅳ.①TE2

中国版本图书馆 CIP 数据核字（2018）第 214783 号

出版发行：石油工业出版社
（北京安定门外安华里 2 区 1 号楼 100011）
网 址：www.petropub.com
编辑部：（010）64523537
图书营销中心：（010）64523633
经 销：全国新华书店
印 刷：北京中石油彩色印刷有限责任公司

2018 年 10 月第 1 版 2018 年 10 月第 1 次印刷
787×1092 毫米 开本：1/16 印张：25.75
字数：610 千字

定价：198.00 元
（如出现印装质量问题，我社图书营销中心负责调换）

前　言

石油和天然气（简称“油气”）是埋藏在地下岩体中的能源矿产资源，其赋存的物理状态或为液态（如常规石油以及页岩油、致密油等非常规石油），或为气态（如常规天然气以及页岩气、致密气、煤层气等非常规天然气），或为固态（如重油和油砂、油页岩、天然气水合物等非常规油气）。在当今世界范围内，石油仍在一次能源结构中占比最高，是保障一个国家经济、社会、军事、政治等诸多安全的重要战略物资。同时可以预见，伴随着能源消费结构向清洁低碳和绿色发展，人类对天然气的消费需求将逐年增加，即将迎来天然气时代。

石油与天然气工程（简称“石油工程”或“油气工程”，英文是“Petroleum Engineering”），就是围绕石油、天然气等油气资源的钻探、开采及储运而实施的知识、技术和资金密集型工程，是油气资源勘探开发不可或缺的核心业务，包括钻井、完井、测量（测井、录井、试井等）、油气藏工程、油气生产与集输处理、油气储运（管道长输、储存储备及城市油气输配）等基本工程环节。石油与天然气工程学科作为一门工学，主要研究解决油气资源在钻探、开采及储运中的工程科学与系列技术问题，力求不断提高油气工程优化设计与安全高效作业的理论和技术水平，同时培养相适应的高层次专门人才。随着油气钻探、开采及储运的主客观约束条件日趋多样化和复杂化，对油气工程领域的科技创新和人才培养不断提出新的更高要求，促使本学科与地质、力学、化学、材料、机电、信息、控制及海洋、环境、管理等相关学科的联系更加紧密，学科交叉与渗透的作用对本学科发展的影响越来越大。进入21世纪后，伴随信息、材料、人工智能、机电液一体化等学科领域的科技进步，油气工程必然向着信息化、智能化及自动化方向加速发展，如井下智能钻井系统、智能油气田等。近30年来，石油与天然气工程作为一级学科下设了油气井工程、油气田开发工程和油气储运工程三个主要的二级学科，还有其他少数自主设置的二级学科。

放眼全球，可供人类开发利用的油气资源仍十分丰富，但容易开采的油气时代已经结束，全球油气行业将长期面对难开采油气问题的困扰，对油气工程科技创新与前沿技术突破的依赖度越来越大，北美的“页岩革命”就是例证。我国油气发展面临着更大挑战，既要解决国内油气“增储上产”的许多难题，又要实施“走出去”发展战略，原来以“跟踪”为主的技术发展模式已难以应对，有必要进一步加强相关基础理论的创新研究与关键核心技术的自主研发。

“井”是人类勘探开发地球中矿产资源不可或缺的信息和物质通道，所谓“油气井”，就是专门用来勘探开发地下油气资源的“井”。油气井工程，就是围绕油气井的建设（钻井与完井）、测量、维护及增产改造等而实施的知识、技术和资金密集型工程。它不仅是贯穿油气资源勘探开发全过程的基本工程，而且对地热、地下水及其他矿产资源的勘探开发，以及管道穿越、地球科学钻探等工程都具有重要的实际意义。油气井工程涉及多学科领域，其关键技术及意义可用“顺口溜”简要表述为：井眼稳定保安全，轨迹控制中靶眼，高效破岩助提速，储层保护效益添；复杂井型设计难，固井完井遇挑战，高端技术涉及广，智能控制当为先。

油气井类型已从浅井、中深井发展到深井、超深井，同时由直井发展到定向井、水平井、大位移井、复杂结构井及丛式井等。在全球范围内，垂直钻探的最大井深超过了12000m（俄罗斯克拉半岛），大位移钻井的最大水平位移也超过了12000m（萨哈林岛），海洋钻探的最大水深已超过了3500m，不同垂深和水平位移的钻井世界纪录大多保持在美国墨西哥湾的海洋钻井实践中。在我国，垂直钻探的最大井深超过了8000m（川东北地区马深1井，垂直井深8418m），大位移钻井的最大水平位移也超过了8000m（用于开发南海西江24-1油田的大位移井），海洋钻探的最大水深约为2451m（南海荔湾21-1-1井）。

油气井力学与控制工程，是油气井工程学科领域的一个重要研究方向，也是中国石油大学招收与培养研究生的主要学科方向之一。笔者作为石油与天然气工程国家重点学科负责人，长期从事油气井工程领域的科学研究与人才培养，主攻的学科方向就是“油气井力学与控制工程”。近10年来，笔者带领学科方向团队主要致力于复杂油气井力学与控制工程研究，不仅指导培养了一批博士和硕士人才（详见附录一），而且在复杂井工程力学与设计控制技术方面取得了重要研究成果。笔者对这些研究成果的部分内容加以总结，以本书形式献给读者，并期望它能够对“油气井力学与控制工程”学科方向的深入研究产生抛砖引玉的效果。本书共有十章正文和三个附录，其中正文重点介绍和讨论的理论和技术内容包括：基于复杂结构井工程的油气田开发模式及其设计控制理念，复杂结构井磁导向钻井理论与关键技术，大位移水平井力学与钻完井延伸极限理论，地层可钻性评估与钻头选型方法，水平井射流磨钻头与钻井提速方法，海洋深水钻井力学与设计控制新技术，复杂井测试管柱力学与安全控制计算方法，以及欠平衡精细控压钻井关键技术和固井水泥环密封完整性理论与技术等。在附录一和附录二中，分别列出了笔者指导研究生完成的学位论文目录和公开发表的学术论著目录。

本书涉及的相关研究成果，是在笔者主持的若干国家和企业重点科技项目资助下完成的，其中包括国家自然科学基金创新群体项目（批准号：51221003，51221003）和联合支持重点项目（批准号：U1762214）、国家“973”计划课题（编号：2010CB226703）、国家重点研发计划课题（编号：2016YFC0303303）及国家科技重大专项项目（合同编号：2009ZX05009，2011ZX05009）等国家级重点项目，以及中国石油、中国石化、中国海油等国有大型企业的资助项目。在本书即将出版之际，笔者特向国家自然科学基金委员会、国家有关部门及相关企业表示衷心的感谢，并期望以此书作为一份献礼。

在本书编写过程中，笔者指导培养过的部分研究生给予了大力支持和帮助，特别是周英操（第九章）、丁士东（第十章）、高宝奎（第八章）、杨进（第五章）、张辉（第七章）、刁斌斌（第六章）、王宴滨（第五章）、黄文君（第二章）、陈绪跃（第四章）、李鑫（第三章）等诸位博士，都分别对本书有关章节撰写做出了重要贡献，在此表示感谢。

由于著者水平有限，再加上时间仓促，书中错误和不妥之处在所难免，恭请广大读者批评指正。

高德利

2018 年 4 月 16 日于北京

目　　录

第一章　复杂结构井工程与油气田开发模式

以水平井为基本特征的复杂结构井，是非常规、低渗透与特低渗透、海洋及深层等复杂油气田高效开发的先进井型，在国内外备受关注。本章重点讨论复杂结构井工程及与其密切相关的油气田开发模式问题，主要内容包括：基于大型丛式水平井工程的山区页岩气开发模式，重点讨论降本增效的关键技术与设计控制理念；基于U形井的原位转化开发模式，重点讨论U形井的连通设计方法及技术要点；基于复杂结构井的深海油气开发模式，探讨海洋深水区常规天然气和天然气水合物的安全高效钻采问题。

第一节　概　　述

以水平井为基本特征的复杂结构井，包括大位移水平井、双水平井、多分支水平井、鱼骨水平井、干草叉形水平井、U形水平井及丛式水平井等，是复杂油气田高效开发的先进井型，在国内外备受关注。应用复杂结构井可有效扩大储层泄油气面积、连通断块构造及实现储层应力卸载等，最大限度地疏通油气“管道”及改善储层渗透率等，从而有利于大幅度提高油气田的单井产能及最终采收率；在海洋、滩海、湖泊及山区等复杂区块，可以发挥大位移水平井与多分支井的独特作用，达到基于同一个井台扩大开发控制范围、实现“水域油气陆地开采”及提高综合开发效益等目标；在边水、底水及注水开发等复杂油藏的开发工程中应用复杂结构井，可以有效减缓水流突进及改善油藏渗流剖面等，达到控水增油的目的；对于低渗透（特低渗透）、页岩、致密等难开采油气储量，通过水平井钻井与大规模分级体积压裂可获得良好的开发效果；采用双水平井、U形井等复杂井型，可高效开发重油和油砂、天然气水合物、油页岩等“固态”油气资源，使地下固态能源原位转化为液态或气态后采出地面。另外，采用复杂结构井还可以实现井下流体分离、救援井、陆—海管线连接及管道穿越等工程目标。总之，在未来的复杂油气田高效开发中，复杂结构井将具有广阔的应用前景[1-4]。

丛式井及其“井工厂”作业模式，就是指在同一区块集中布置大批相似井，采用标准化的工程装备与技术服务，以流水线方式实施钻井、完井、压裂等主要工程作业的一种高效作业模式，由此可以节约大量工程作业时间和成本。基于丛式井开发方案，虽然在同一个井台上的众多井口之间相距较近，但各井欲钻达的地下油气藏目标则相互偏离井台较远。因此，采用丛式井开发与“井工厂”作业模式，既有利于降本增效和安全环保，又大量缩减了土地征用与地面工程规模，而且便于后续的油气生产与管理。从国内外发展现状看，丛式水平井在非常规、低渗透与特低渗透、海洋及深层等复杂油气田开发中已获得大规模成功应用，但国内外之间仍存在较大差距。

中国剩余的油气储量大多为非常规、低渗透、深水及深层等难开采资源，对复杂结构井工程不断提出新的重大需求，有必要持续加强相关研究与实践[5，6]。

第二节　基于大型丛式井工程的山区页岩气开发模式

美国经过长期探索研究与工程实践，成功实现了“页岩革命”，为美国能源独立奠定了坚实的基础，特别是天然气工业因此而得到迅速发展，也对全球能源格局产生了重大影响。中国作为最大的发展中国家，应该高度重视天然气在能源革命中的地位和作用，积极推进中国的“页岩革命”，以期大幅度提高中国非常规天然气的综合开发效益与自供能力。从目前发展现状看，中国的“页岩革命”很有可能率先在山区实现突破[7]。

一、中国页岩气开发面临的工程技术挑战和安全环保问题[7-9]

除了雄厚的资源基础之外，页岩气资源实现经济有效开发的关键在于页岩气工程技术突破。一般来讲，页岩气工程关键技术主要包括：水平井和丛式水平井的优化设计与导向钻井、多级压裂完井及“井工厂”作业等核心内容。从国内外页岩气工程技术的发展现状与应用实效来看，中国与国际先进水平的差距仍然较大，特别是在降本增效方面，中国页岩气田高效开发仍面临巨大挑战。一方面，中国页岩气开发的客观条件比较复杂，即使充分借鉴北美“页岩革命”的开发模式、技术方案及工程实践经验等，迄今也仍难以达到理想目标，特别是在低油价时代，很难满足降本增效的基本要求。例如：中国南方海相页岩发育区是迄今评价认为最有前景的页岩气区，但这里的山区地理和人居条件，对页岩气井场布置优化、大规模交通运输、水电供应以及安全环保等都有较大制约。另一方面，中国页岩埋深约有 65% 超过 3500m，其勘探开发的工程难度较大，而美国页岩埋深主体上介于 1500～3500m 范围。

在页岩气开发过程中，因工程作业占用土地而导致地表环境不同程度的损坏，大量钻井液和压裂液的用水与排放导致对水资源的消耗与污染，因气井泄漏失控引发的安全环保灾难等。中国南方地少人多，地貌以丘陵和山地为主，页岩气井场往往会挨着村舍，致使页岩气工程实施面临着租用土地、噪声消除、钻井液和压裂液处理及交通设施协调等诸多压力。在中国北方，尤其是西北地区，干旱缺水现象较为突出，在短时间内消耗大量的淡水，会给当地人畜用水和工业用水带来影响。

二、大型丛式水平井工程关键技术问题

截至目前，中国在四川盆地设立了重庆涪陵、四川长宁—威远、滇黔北昭通等页岩气示范区，都属于山清水秀的美丽山区，也是中国“页岩革命”有可能首先取得全面成功的潜在有利区域。山区页岩气开发面临的主要挑战包括：山区地貌复杂，生态环境脆弱，安全环保要求高；山区可耕地少而宝贵，水源体系复杂；山区道路蜿蜒崎岖，交通运输难度大、

成本高；山区页岩气管网建设难度大，地面工程费用高。最近几年来，中国企业借鉴北美页岩气的高效开发模式，在川渝山区页岩气田开发中普遍采用了丛式水平井开发模式，从开始的4井式（4口水平井/单个井台）发展到目前的6井式（6口水平井/单个井台），最多试验过8井式（8口水平井/单个井台），虽然取得了令人鼓舞的开发效果，但仍难以满足低油价时代降本增效和“页岩革命”的技术经济要求。与美国类似工程相比，中国不仅在页岩气单井技术水平和工程作业效率方面存在较大差距，而且仍未形成一套理想的山区页岩气田高效开发模式及其技术支撑体系。

实践证明，基于同一个平台实施大型丛式井工程，可以有效扩大油气田的开发控制半径，有利于高效开发海洋、滩海、湖泊等水域的油气资源，既经济又环保。针对山区主客观约束条件，期望大量增加单个井台丛式水平井的井数，从而成倍减少井台的个数，在山区页岩气开发中建立一种大型丛式水平井开发模式，可望产生良好的综合开发效益，包括：节约大量山区良田及其租金，有效缩减地面工程建设规模与费用，大幅度减少页岩气生产操作费用；特别有利于安全环保、运行管理等。因此，在中国山区（以川渝地区为例）采用大型丛式水井开发模式并建立相应的技术支撑体系，是推动中国山区页岩气高效发展的优先技术战略，也是推进中国“页岩革命”进程的重要选择，甚至是必由之路。为此，应加强协同创新，尽快实现关键技术突破，特别是以下核心技术内容：

（1）页岩气田大型丛式水平井工程优化设计，即页岩气藏目标井段与井网、丛式水平井井眼轨道、井台布置等优化设计的理论和方法；

（2）大位移水平井工程成套技术，特别是大位移水平井钻完井的延伸极限预测模型和工程风险设计控制技术；

（3）“一趟钻”关键技术，即钻头、钻井液、导向钻具组合及钻井操作参数等个性化设计理论与控制新技术；

（4）山区页岩气田大型丛式水平井定向钻井及其随钻防碰新技术[4]；

（5）山区页岩气田大型“井工厂”作业模式与成套工艺技术[10]；

（6）页岩气井筒完整性优化设计与全寿命周期管控技术。

基于国内外油气工程技术发展现状与趋势可以预判，通过大型丛式水平井工程关键技术的创新研究与不断突破，可望成功建立中国独特的山区页岩气高效开发模式及其技术支撑体系，有效推进中国的“页岩革命”和天然气工业大发展。

三、大型丛式水平井工程设计控制理念

采用正反对称式井眼轨道设计，丛式水平井组目标井段的水平投影如图1–1所示，其中侧向偏移最大的一口水平井的垂直剖面图和水平投影图如图1–2所示。通过几何分析，可给出单个井台“井工厂”的最大布井数计算公式：

$$N_w = 2\times\left\{2\times\left[\mathrm{INT}(\frac{D_o}{D_h})+1\right]-1\right\} \tag{1–1}$$

式中 N_w——单个井台的水平井布井数目；

D_o——丛式水平井的最大侧向位移（图 1–2）或称最大偏移距，m；

D_h——丛式水平井目标井段（水平段）的平均设计间距（图 1–1），m；

INT（x）——取整函数，是指不超过实数 x 的最大整数。

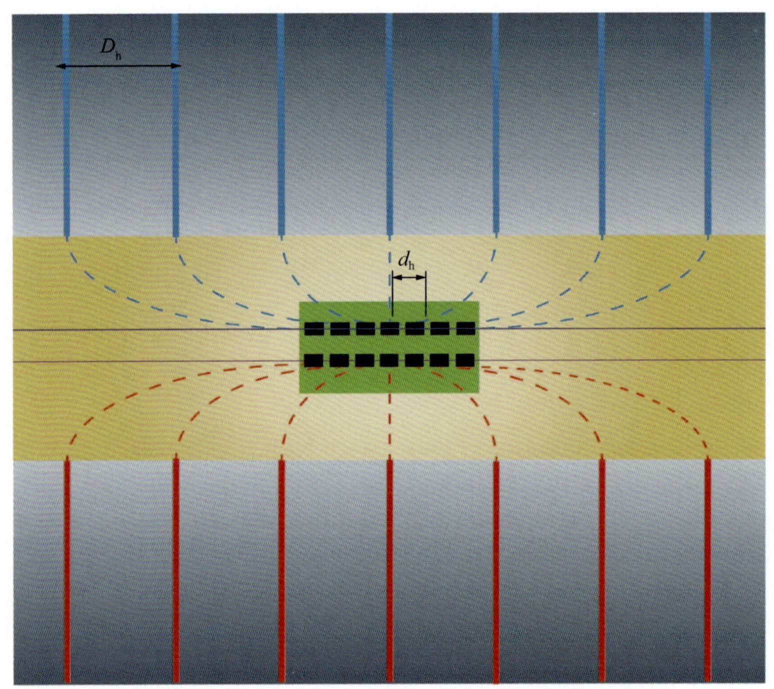

图 1–1　页岩气丛式水平井组的目标井段水平投影图

丛式水平井的最大侧向位移 D_o 主要取决于大位移钻完井的技术水平，特别是水平井大位移延伸的极限能力；水平井目标井段的几何大小、空间位置及邻井目标水平段间距 D_h 等参数主要取决于气藏工程优化设计结果，应以提高单井产能和丛式井开发综合效益并有利于页岩气藏的最终采收率为优化目标函数，既要考虑页岩气藏的地质特性、地应力分布、渗流规律及分级压裂增产效应等诸多因素的影响，又要有利于水平井钻井、分段压裂完井等工程的顺利实施。由式（1–1）不难看出，在 D_h 和其他约束条件确定后，通过大位移钻井技术创新与突破，便可增大丛式水平井的最大侧向位移 D_o，从而增加单个井台的布井数量。例如：取 D_h=300m，如果将最大侧向位移 D_o 从 600m 增加到 1500m，则单个井台的水平井布井数可从 10 口增加到 22 口。

遵循复杂油气田“地质与工程一体化”的高效开发思路，则大型丛式水平井工程设计控制理念可简要概述如下：

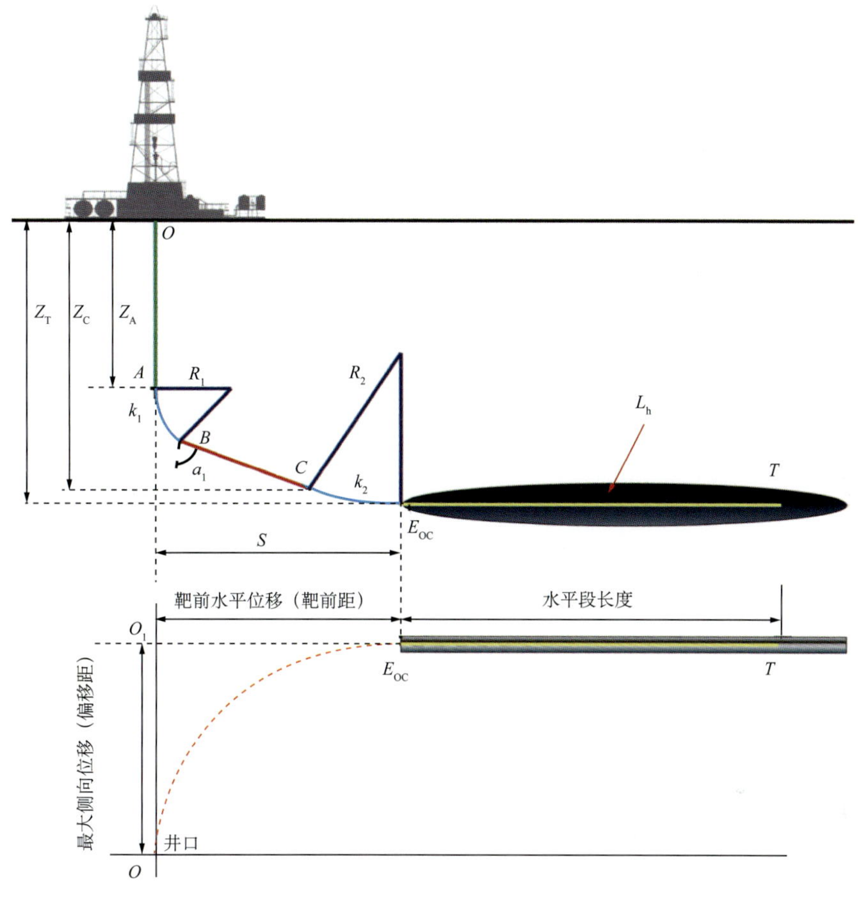

图 1–2　三维水平井轨迹的垂直剖面图（上）和水平投影图（下）

(1) 基于页岩气储层的精细描述研究成果，以“地质甜点”作为水平井及其井网目标区块的优选依据；

(2) 针对页岩气目标区块进行气藏工程研究与优化设计，以提高丛式水平井综合产能与最终采收率为目标函数，确定目标井段和井网的优化设计方案；

(3) 通过三维井眼轨道和井身结构优化设计，尽可能有利于导向钻井精确中靶，有利于减少井下复杂和事故，有利于提高大位移井延伸极限和安全高效作业等；

(4) 通过水平井压裂完井优化，合理确定水平井压裂的分级参数，匹配压裂流体和支撑剂，优化控制压裂施工强度，力求获得良好的水平井分级压裂完井效果；

(5) 通过钻井个性化设计，优选钻头、钻井液体系、导向钻具组合及钻井参数等，并采取先进的丛式井随钻防碰系统，使水平井钻井“打得准、打得快、打得远”，在确保钻井质量前提下，力求实现安全环保和“一趟钻”高效作业目标；

（6）采用“井工厂”作业模式，通过优化相应的作业工艺及装备配套，力求大幅度提高钻井和压裂的作业效率，更好地达到降本增效的工程作业目标；

（7）通过页岩气生产与集输处理优化，力争在生产运营过程中有所降本增效；

（8）通过系统工程优化，结合综合经济评价，力求进一步挖掘降本增效潜力。

四、大位移井技术及其研究发展概况

对于一口大斜度井或水平井而言，当井底水平位移大于3000m且水平位移与垂深之比（简称水垂比）或测量深度（井深）与垂深之比（简称测垂比）不小于2.0时，则称为大位移井；当大位移井的水垂比（或测垂比）超过3.0时，则称为高水垂比大位移井。大位移钻井（Extended–Reach Drilling，ERD），特别是高水垂比大位移钻井，是挑战钻井极限的前沿技术。在海上，基于同一平台钻大位移井，特别有利于开发卫星型边际油气田或构造，使原本没有商业开采价值的这类油气田或构造得以有效开发；在滩海、湖泊等地区，可以实现“海（湖）油气陆采”，既经济又环保[11]。在中国南海东部海域，应用大位移井技术使西江24–1、流花11–1、惠州25–4等边际油田得以高效开发，并创造了较高的技术经济指标[12]。

在特定的主观和客观约束条件下，任何一口大位移井的钻井作业井深（亦称“测深”）都存在一个极限值，称为大位移钻井延伸极限。在实际的大位移钻井工程中需要考虑三种极限状态，即大位移钻井作业的裸眼延伸极限、机械延伸极限及水力延伸极限。其中，裸眼延伸极限是指裸眼井底被压破或渗漏时的大位移钻井深度（井深），主要取决于实钻地层的安全钻井密度窗口及钻井环空流体压耗的控制水平；机械延伸极限包括大位移钻柱作业极限和下套管作业极限，主要取决于大位移钻井的导向控制模式（滑动导向或旋转导向）、管材强度、井眼约束与管柱载荷、钻机功率等；水力延伸极限是指在能够保持钻井流体正常循环及井眼清洁的前提下钻井水力允许的大位移钻井深度（井深），主要取决于钻井泵、钻柱和地面管汇、水力参数和机械钻速等约束条件。在大位移钻井优化设计与风险控制中，应该根据具体的主观和客观约束条件（实钻地层特性和技术装备条件）定量评估大位移钻井的裸眼、机械及水力等延伸极限值，并取其最小者作为大位移钻井延伸极限的可允许值。

假设大位移井的测深（井深）为D_M，垂深为D_V及水平位移为D_H，则大位移井的测垂比k和水垂比λ可表示为：

$$k=\frac{D_M}{D_V},\quad \lambda=\frac{D_H}{D_V} \tag{1–2}$$

显然，水垂比与测垂比之间存在以下关系：

$$\lambda=k\frac{D_H}{D_M} \tag{1–3}$$

根据式（1–2），大位移钻井延伸极限可用 k（或 λ）的极限值 k_L（或 λ_L）来表达，并且在特定的制约条件下，k_L（或 λ_L）是客观存在的。根据井深（测深）和水平位移的概念可知 $D_M>D_H$，因而由式（1–3）决定了不等式 $\lambda<k$ 恒成立，亦即：对于同一口大位移井而言，其水垂比总是小于测垂比。显然，对于钻进特定目标层的同一口大位移井而言，随着测深和水平位移的增加，则水垂比和测垂比均会有所增大，但水垂比的极限值（λ_L）不可能等于或超过测垂比的极限值（k_L），即有：$\lambda_L<k_L$。

1. 水平井大位移钻井裸眼延伸极限的预测计算方法

从井眼压力平衡的角度出发，将水平井大位移钻井延伸到裸眼井底被压破时的井深定义为水平井大位移钻井裸眼延伸极限，便可建立起水平井大位移钻井裸眼延伸极限与所钻地层的破裂压力梯度、坍塌压力或孔隙压力梯度（取其最大者）和钻井环空流体循环压耗当量密度之间的关系式。对于特定的目标地层，如果水平井大位移钻井环空流体循环压耗当量密度控制水平一定时，则水平井大位移钻井裸眼延伸极限 D_M^L 可采用以下公式进行计算[13, 14]：

$$D_{\mathrm{M}}^{L}=\frac{\Delta\rho_{\mathrm{fm}}}{\rho_{\mathrm{dp}}}D_{\mathrm{V}}=\frac{\rho_{\mathrm{f}}-\max\left\{\rho_{\mathrm{c}},\rho_{\mathrm{p}}\right\}}{\rho_{\mathrm{dp}}}D_{\mathrm{V}} \tag{1–4}$$

式中　ρ_f——所钻地层的漏失压力（或破裂压力）当量密度，g/cm^3；

ρ_{dp}——钻井环空流体循环压耗的当量密度，g/cm^3；

$\Delta\rho_{fm}$——所钻地层的安全钻井液密度窗口，g/cm^3；

ρ_p、ρ_c——所钻地层的孔隙压力当量密度和井壁坍塌压力当量密度，g/cm^3；

D_V——地层发生破裂位置的垂深，m。

假设 ρ_m 表示最小钻井液密度，在实际工程中，ρ_m 的取值既不能小于 ρ_c，也不能小于 ρ_p，即一般要求 $\rho_m\geqslant\max\{\rho_c,\rho_p\}$。

对于特定的目标地层和钻井设计方案，垂深、钻井液密度及地层压力特性等都是确定值。若采用压力过平衡钻井方式及特定的钻井环空流体循环压耗控制技术，则 $\Delta\rho_{fm}$ 和 ρ_{dp} 都是确定的，两者的比值即为水平井大位移钻井裸眼延伸极限的比值 k_L，即为确定值。由式(1–4)不难看出，在所钻地层的安全钻井密度窗口确定的前提下，水平井大位移钻井裸眼延伸极限的比值 k_L 随着钻井环空流体循环压耗当量密度（ρ_{dp}）增加而明显减小（非线性）；同时，随着地层的安全钻井密度窗口（$\Delta\rho_{fm}$）扩大而增大。显然，钻井环空流体循环压耗是控制大位移钻井裸眼延伸极限的关键可控因素，在其他因素确定后，只有降低钻井环空流体循环压耗，才能有效增加大位移井的裸眼延伸极限及其对应套管的设计下深。同样的道理，降低钻井环空流体循环压耗，也是减少套管层次（简化井身结构）的关键所在。因此，在钻进高水垂比大位移井的大斜度（或水平）延伸井段时，采取综合技术措施（如随钻扩眼等）降低钻井环空流体循环压耗，便可有效增加大位移钻井的裸眼延伸极限比值，避免大位移井套管层次的被动增加，同时也可降低钻遇地层发生漏失甚至破漏等井下事故的风险概率。

由以上讨论可见，k_L 值取决于地层漏失压力（或破裂压力）当量密度、钻井液密度及钻井环空流体循环压耗当量密度等，而 λ_L 值不仅与这些因素有关，而且还与实钻井眼轨迹的几何形状密切相关，可以更全面地反映大位移钻井的技术难度，因而在实际工程中水垂比的概念得到较为广泛的应用。同时，也不难发现，测垂比的概念对于一口大位移井的优化设计及风险评估与控制等具有更直观的实际参考价值。

通过井底钻井液当量循环密度实时监测及钻井环空多相流数值分析，可对大位移钻井形成的岩屑床进行定量预警，有利于现场裸眼钻进的安全控制。通过随钻扩眼降压、防塌堵漏及精细控压等钻井安全控制技术措施，保持井眼的清洁和光滑，精细调控钻井流体循环压力以及强化井壁岩石强度等，可有效提高大位移钻井的裸眼延伸极限。

2. 大位移钻井机械延伸极限的研究简况

笔者在前人研究工作的基础上，提出了旋转钻井机械延伸极限的研究框架，并进行了理论创新研究[15-17]。通过深入分析旋转钻井系统的机械特性，探讨了井下管柱局部与整体力学行为，重点研究了井眼几何、管柱接头、边界条件等因素对井下管柱力学行为的影响；进一步考虑地面和井下诸多限制因素，并结合各种钻井作业工况，建立了钻井机械延伸极限的定量预测新模型；以提高机械延伸极限为目标，提出了基于钻井机械延伸极限的大位移水平钻井优化设计新方法[16, 17]。研究结果表明：井下管柱接头提高了管柱屈曲临界载荷，并降低了管柱与井壁之间的接触力，可作为提高管柱轴向力和扭矩传递及优化管柱送入深度的主要控制因素之一；钻井横向延伸极限随着钻井垂深呈现出“迅速增大—稳定—缓慢降低”的趋势，分别对应着浅井、中深井及深井的情形；在由浅及深的钻井过程中，机械延伸极限对应的工况由管柱下入过渡到管柱上提，限制延伸极限的因素由管柱屈曲过渡到旋转或上提过载，提高延伸极限的措施由优化井斜角、抑制管柱屈曲转变为提高地面钻机能力和管柱强度。这些研究成果对于定量认识井下管柱力学行为、定量预测旋转钻井作业能力以及指导工程优化设计与安全控制具有实际意义。

五、基于“井工厂”作业模式的平台位置优化方法

随着“井工厂”作业技术的不断发展与应用[10]，“井工厂”作业模式所产生的学习效应是影响工程总费用的重要因素之一，也是影响作业平台位置优选的一个重要因素。因此，有必要研究“井工厂”作业模式下的平台位置优化方法。

1.“井工厂”作业模式

“井工厂”作业模式涉及的主要技术内容如下：

（1）“井工厂”整体优化设计。对平台位置、布井方式和井眼轨道等进行整体优化设计，利用最小的井场完成丛式井作业，并力求其开发控制的储层面积最大化。

（2）流水线作业模式。对同平台上相似井按井身结构分开次批量作业，从而减少作业

时间，实现设备利用率最大化与工程作业流水化，提高整体作业效率。

(3) 钻井液的重复利用。多口井在相同开次使用相同的钻井液体系，实现钻井液的重复利用，从而大幅度降低钻井液的用量与费用。

(4) 多井同步压裂。进行丛式水平井组整体压裂设计，有利于形成网状裂缝，提高页岩气田的单井产能和最终采收率，并能降低压裂作业成本。

图 1–3 给出了在页岩气开发中一种常用的“井工厂”作业模式。

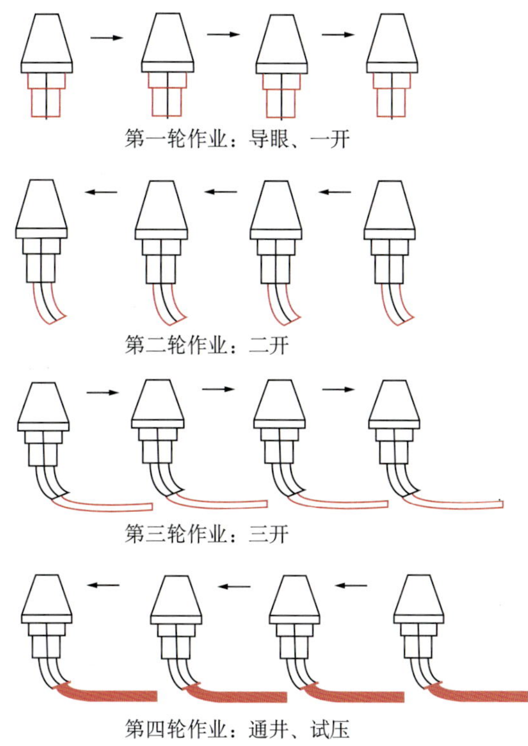

图 1–3　“井工厂”作业流程示意图

2.“井工厂”钻井学习指数

在“井工厂”作业模式下，若所钻井的井型相似，则随着钻井数量的增加，平均单井钻井费用会出现降低的趋势。其原因主要是对同一平台上多口井按井身结构分开次进行流水线作业，并重复利用钻井液。随着钻井数量的增加，作业者会更加熟悉地层情况，获得更多的实践经验，从而提高钻井效率。这种现象可以用学习曲线来表征，Ikoku [18] 首先提出了钻井学习曲线的方程，Brett 和 Millheim [19] 对 Ikoku 的学习曲线方程进行了改进，并给出了更符合实际的方程：

$$g_n = C_1 e^{(1-n)C_2} + C_3 \tag{1–5}$$

式中 n——钻井次序；

g_n——第 n 口井的钻井费用；

C_1——钻最后 1 口井与钻第 1 口井相比所节约的费用；

C_2——表征学习效率的一个常数；

C_3——钻井极限费用。

单井钻井费用与钻井次序的关系如图 1–4 所示。

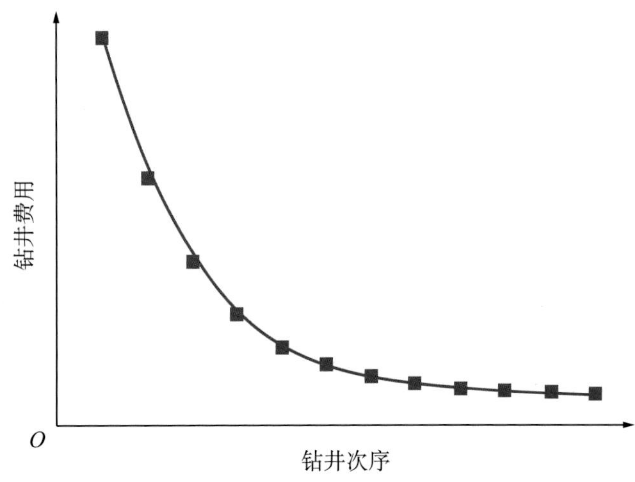

图 1–4 单井钻井费用与钻井次序关系示意图

为更好地评价“井工厂”模式下学习效应对丛式井平均单井钻井费用的影响，在此，提出了钻井学习指数的概念，在钻井学习曲线已知的前提下，定义每个平台钻 n 口井的平均单井钻井费用与该平台上钻第一口井的钻井费用的比值为钻井学习指数。钻井学习指数可用式（1–6）计算：

$$I(n)=\frac{C_1}{(C_1+C_3)n}\left[1+\mathrm{e}^{-C_2}+\cdots+\mathrm{e}^{(1-n)C_2}\right]+\frac{C_3}{C_1+C_3} \tag{1–6}$$

式中 $I(n)$——钻 n 口井的钻井学习指数。

3.“井工厂”作业模式下的平台位置优化模型

丛式水平井平台位置优化问题可表述为：在给定水平井水平段位置的前提下，优选平台的位置、数量以及平台与水平段的分配，力求使总钻井费用最少，属于 0~1 整数规划问题。考虑“井工厂”作业学习效应的平台位置优化模型可表达如下[20]。

目标函数：

$$\min Z=\sum_{j=1}^{N_\mathrm{p}}[I(N_j)\sum_{i=1}^{N_\mathrm{w}}t_{i,j}f_{i,j}+P_j] \tag{1–7}$$

约束条件：

$$\sum_{j=1}^{N_p} t_{i,j}=1 \quad (i=1,2,\cdots,N_w; j=1,2,\cdots,N_p) \tag{1-8}$$

$$N_j \leqslant N_{max} \quad (j=1,2,\cdots,N_p) \tag{1-9}$$

$$f_{i,j} \leqslant f_{max} \tag{1-10}$$

$$t_{i,j} \in \{0, 1\}; \quad (i=1,2,\cdots,N_w; j=1,2,\cdots,N_p) \tag{1-11}$$

$$\sum_{i=1}^{N_w} t_{i,j}=N_j \quad (j=1,2,\cdots,N_p) \tag{1-12}$$

式中　Z——总的钻井费用；

$I(N_j)$——第 j 个平台钻 N_j 口井的钻井学习指数；

$f_{i,j}$——由第 j 个平台完成第 i 口井的单井钻井费用函数；

P_j——第 j 个平台的建设费用函数；

N_p——待建平台数量；

N_w——待钻井数量；

$t_{i,j}$——决策变量，若第 i 口井由第 j 个平台完成，则 $t_{i,j}=1$，否则 $t_{i,j}=0$；

N_{max}——每个平台的最大钻井数量；

f_{max}——单井最大钻井费用。

式（1–8）表示每口井只能分配给一个平台，式（1–9）和式（1–10）可以保证同一个平台所钻井的井型相似，以便更好地应用“井工厂”作业技术。

4. 算例分析

假定丛式水平井的垂深相同，各水平段的长度均为 1500m，水平段横向间距为 400m，水平段由靶点 A 和靶点 B 确定且两个靶点的钻井顺序不固定，第 i 口井由第 j 个平台完成时的单井钻井费用函数和钻 N_j 口井的平台建设费用函数，可分别由式（1–13）和式（1–14）表示：

$$f_{i,j}=90+4.5\times10^{-5}\sigma_{i,j}^2+0.01\sigma_{i,j}+2.5\times10^{-5}\eta_{i,j}^2+0.01\eta_{i,j} \tag{1-13}$$

$$P_j=50+3(N_j-1) \tag{1-14}$$

式中　$\sigma_{i,j}$——第 i 个水平段与第 j 个平台之间的纵向偏距，m；

$\eta_{i,j}$——第 i 个水平段与第 j 个平台之间的横向偏距，m。

在钻井学习指数表达式中，C_1，C_2，C_3 分别取 80，0.12，80。应用遗传算法求解所建立的优化模型，并且在遗传算法参数中的交叉概率和变异概率分别取 0.8 和 0.2；种群规模为 300，迭代次数为 200 次。

已知某区块计划布井数为 16 口，经测量后确定了 15 个待选平台位置，每个平台所能容纳的最大钻井数为 16。平台位置优化结果如图 1–5 所示，其中绿色正方形代表待选平台位置，直线段代表水平段。图 1–5（a）为考虑学习效应的优化结果，图 1–5（b）为不考虑学习效应的优化结果。从图 1–5 中可以看出，相对于不考虑学习效应的优化结果，考虑学习效应后可以将平台数由 4 个降为 2 个，每个平台的钻井数量由 4 口井变成 8 口井；考虑学习效应的建井总费用为 1345.4 万美元，与不考虑学习效应的建井总费用 1769.8 万美元相比，总费用减少了 24%。同时，平台个数的减少，可节约土地的租用，减少地面工程与生产运营的费用，从而不仅提高了气田的综合开发效益，而且有利于环保。

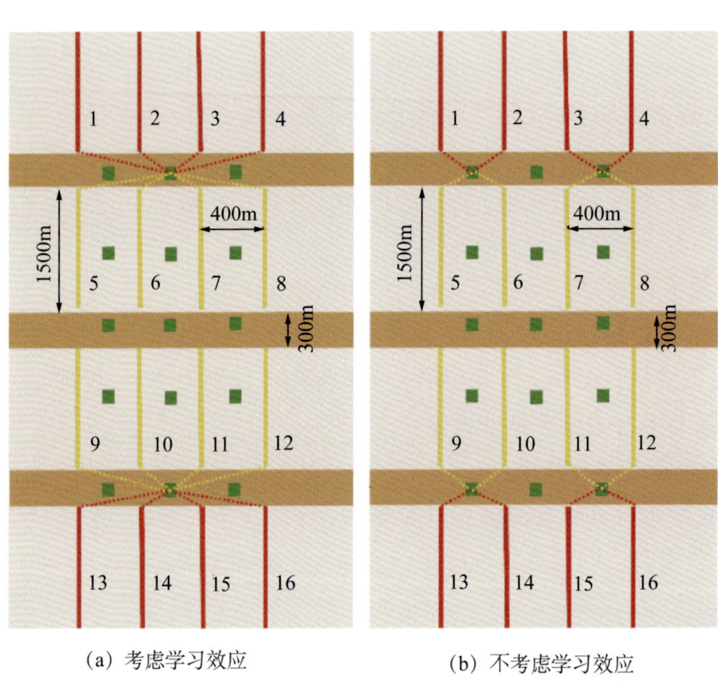

（a）考虑学习效应　　　　（b）不考虑学习效应

图 1–5　给定待选平台位置时的平台优化结果

第三节　基于双水平井或 U 形井的原位转化开发模式

自 20 世纪 60 年代发展稠油开采技术以来，迄今已形成了稠油（Heavy Oil）热采和冷采两类重油开采技术 [21]。前者以蒸汽吞吐、蒸汽驱为主，后者包括碱驱、聚合物驱、混相驱等，但采用这些技术方法获得的最终采收率都比较低。

20 世纪 90 年代，在加拿大率先出现了一种新的稠油开采方法，即蒸汽辅助重力泄油

(Steam Assisted Gravity Drainage，SAGD）技术，形成了稠油油藏热采的一种原位流化开发模式，目前已在世界范围内得到广泛应用。稠油 SAGD 双水平井是由距离较近且水平段相互平行的两口水平井组成（按照理想设计概念，要求两口水平井的水平段在垂直平面内相互平行），其中上面的注汽井用于注入加热地层原油的热蒸汽，下面的生产井用于采出原油，如图 1–6 所示。稠油 SAGD 双水平井技术的基本原理：将高干度热蒸汽由注汽井不间断注入目标油层，注入的蒸汽必然与地层流体发生热对流，使注汽井周围的稠油藏中产生热蒸汽腔，在蒸汽腔扩张过程中加热其外围的储层和原油，之后蒸汽冷凝并与黏度降低的原油混合一起在重力作用下流入下部的生产井水平段，最后通过人工举升采出地面。

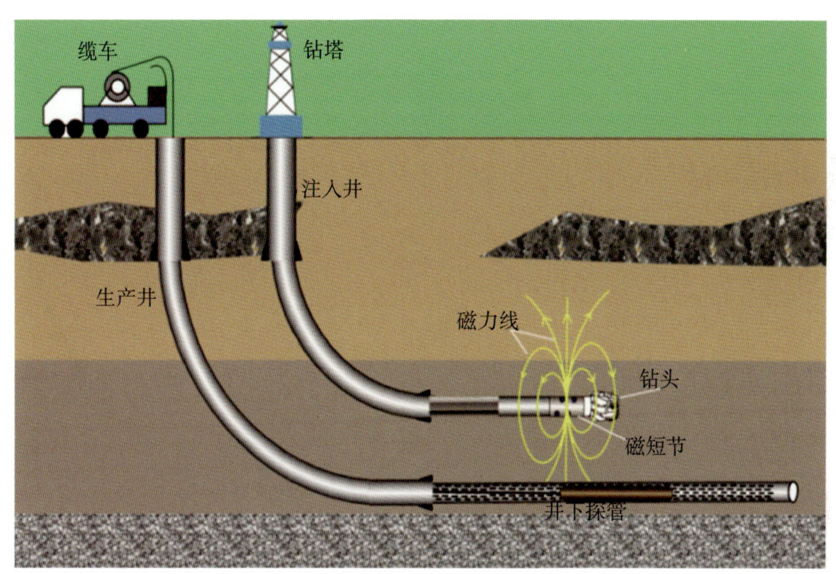

图 1–6　稠油 SAGD 双水平井示意图

在稠油 SAGD 双水平井工程中必须采用磁导向钻井技术[4, 22]，以便精确测控两口水平井目标段的间距和方位，并满足油藏工程的设计要求。在两口水平井中，作为生产井的水平段通常靠近稠油油藏的下部，而作为注汽井的水平段靠近稠油油藏的上部，在生产井之上并与其水平段之间保持合理的间距和方位。在实际工程作业中，首先钻完生产井，然后再钻注汽井，并且采用随钻电磁测控技术来完成注汽井水平段的磁导向钻井作业。近 10 年来，笔者带领科研团队持续研究并成功发明了稠油 SAGD 双水平井随钻电磁测控技术，主要内容包括测距分析、井下磁信标、井下探测仪、信号采集与处理、纠偏控制计算等软硬件系统，相关讨论可见本书第六章，这里不予赘述。

另外，如果将上面的水平井作为生产井，下面的水平井作为注汽井，则双水平井技术可应用于天然气水合物的原位气化热采工程中，相关技术有待进一步发展。

U 形井技术，就是采用定向钻井技术，使地面相距数百米甚至更远的两口井或多口井，在地下数百米甚至数千米的目的层处定向对接连通，如图 1–7 所示。U 形井技术也可以应用于稠油或天然气水合物的高效热采，也是一种原位流化开发模式。除此以外，U 形井技术还广泛应用于盐矿、地下煤层气化、地热、铀矿等钻采工程以及隧道和管道的穿越工程等[23]。按对接连通两口井的类型可将 U 形井分为水平井与直井连通、定向井与水平井连通、水平井与水平井连通三种类型。其中第一种井型称为连通井或对接井，实际应用较多，技术比较成熟；后两种井型统称为 U 形水平井，国内外报道甚少。在 21 世纪初期，世界上第一口成功完成对接的 U 形水平井位于加拿大的不列颠哥伦比亚省（Province of British Columbia）境内[24]，它是一口 U 形实验井，旨在对 U 形水平井技术进行基础性研究。对接两口井的井口分别位于一条河的两侧，相距约 432m，其井身剖面选择是相同的，只是设计方位刚好相对。

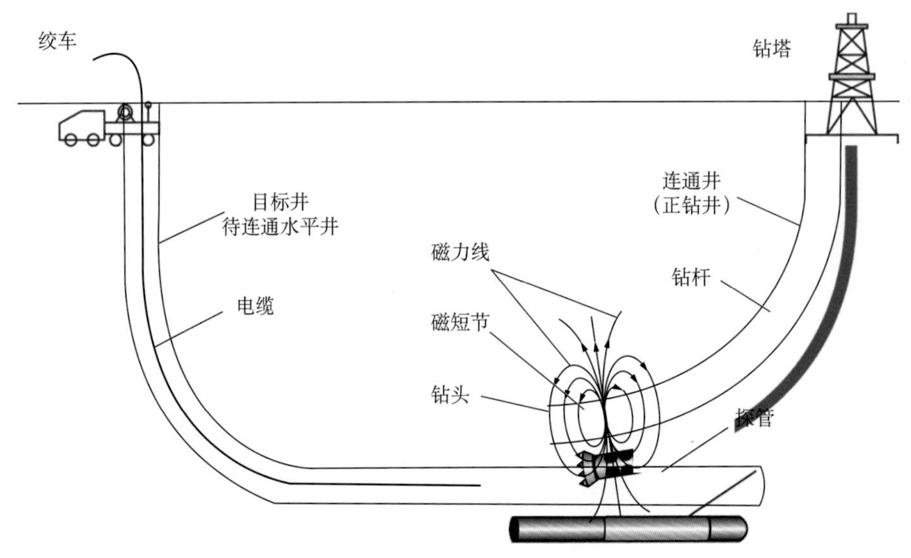

图 1–7　U 形井连通技术原理示意图

U 形井连通设计方法是 U 形井的关键技术之一，特做简要讨论。U 形井对接连通阶段的井眼轨迹控制设计，其主要技术难点有以下三点：

（1）中靶精度要求高。在水平井与直井连通中，靶点为直井底部直径约为 500m 的洞穴；在定向井（或水平井）与水平井连通中，靶点即为目标井待连通水平段的井眼，其直径通常为 216mm。

（2）井眼轨迹控制技术要求高。在水平井与直井连通中，如果轨迹控制不当，错过水平井与洞穴的连通，则需要回填后再侧钻进行下一次尝试；在定向井或水平井与水平井连通中，如果不能实现一次性连通，则需要将垂深抬高后再进行下一次尝试。此外，由于要实现定向井（或水平井）与水平井连通的精确连通，即要在后续的施工中在对接连通处下入套管，因此两口井的连通夹角要小于 4°。

（3）磁导向钻具组合的磁短节对轨迹控制影响较大。由于在钻头后面安装约半米左右的磁短节，因而难以准确预测造斜工具的造斜率，同时造斜工具的造斜能力也会受到影响。另外，磁短节的安装也会影响到导向钻具组合工具面的摆放。

一、水平井与直井连通设计方法

对于水平井与直井连通的井眼轨迹控制，已有不少学者进行了研究。笔者在前人研究的基础上，建立了一种新的井眼轨迹控制模型，坐标系如图 1–8 所示，其中 *O*—*NED* 为大地坐标系，*O* 为直井井口为原点，*N* 轴指向正北方向，*E* 轴指向正东方向，*D* 轴铅垂向下指向地心。以当前井底 *p* 为原点，建立井底右手直角坐标系 *p*—*xyz*，*z* 轴指向钻头的前进方向，*x* 轴指向井眼高边方向，*y* 轴由右手法则确定。测点 *m* 为探管所在位置，其在坐标系 *p*—*xyz* 中的矢量表示 *r* 的坐标形式为（r，θ_0，ϕ_0），可由旋转磁场测距系统（Rotating Magnet Ranging System，RMRS）测距工具测量得到。连通点 *t* 为洞穴所在位置，其在坐标系 *p*—*xyz* 中的矢量表示 r_1 的球坐标形式为（r_1，θ_1，ϕ_1），可通过计算获得。

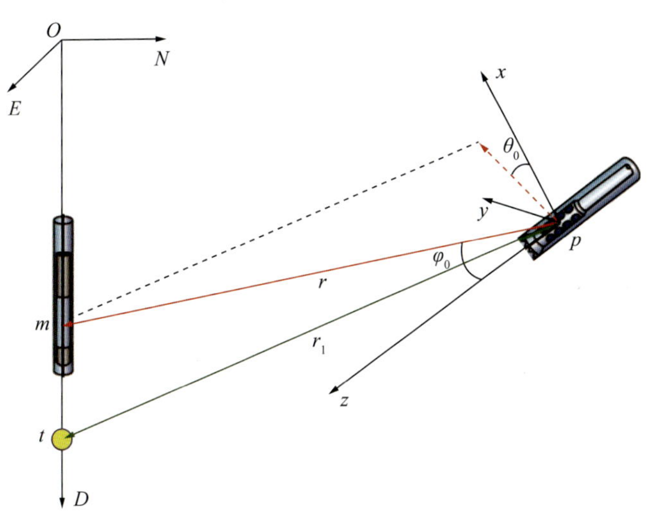

图 1–8　水平井与直井连通的坐标系

该井眼轨迹控制模型的基本思路为：首先测得测点 *m* 相对钻头的位置，然后计算出连通点 *t* 相对钻头的位置，接着调整工具面角，最后通过“斜面圆弧 + 切线段”来进行待钻轨道的设计。使用该模型进行一次井眼轨迹控制后，就不用在以后的每次测量时都再调整一次，只有在后续的轨迹偏差较大的情况下才有必要再次使用。这将使得水平井与直井的对接连通过程变得相对简单。

二、定向井或水平井与水平井连通设计方法

这时，对于 U 形井连通（轨迹控制）包括扭方位计算和修正轨道设计。

由于由 RMRS 工具测量的点只是一个测点，而非目标点，因此现有的限定井眼方向

三维轨道设计方法不适用于定向井（或水平井）与水平井的连通设计。要实现定向井（或水平井）与水平井的精确连通，势必对井眼轨迹控制提出更高的要求。因此，笔者采用稳斜扭方位模式建立定向井（或水平井）与水平井连通过程中的轨迹控制模型，其建立在水平井着陆和飞机降落时情形十分相似的基础之上。在这个类比中，钻头就好比飞机，已钻水平井的水平段就好比飞机所要降落的滑行跑道，要想使钻头准确平稳地进入已钻水平井的水平段，就要保证在进行最后连通时，正钻井的井眼轨迹处于已钻水平井的水平段所处的铅垂面内，进而通过“起降式”完成最后的连通。坐标系建立和模型建立分别如图 1–9 和图 1–10 所示 [25]。

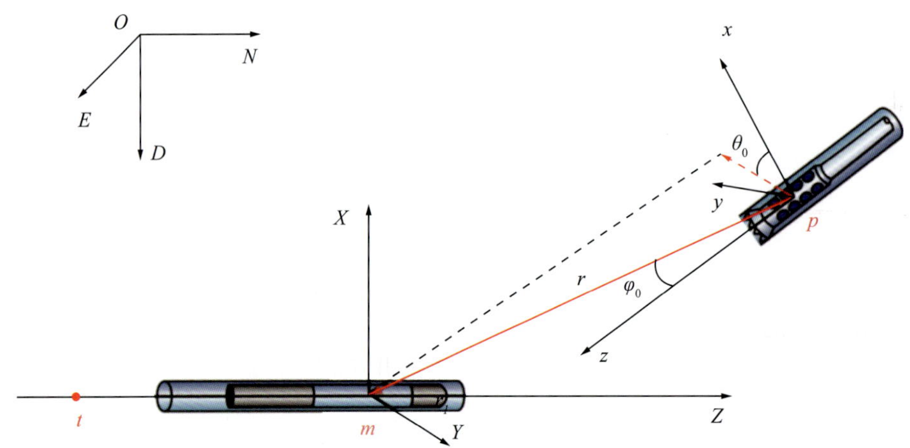

图 1–9　定向井（或水平井）与水平井连通的坐标系

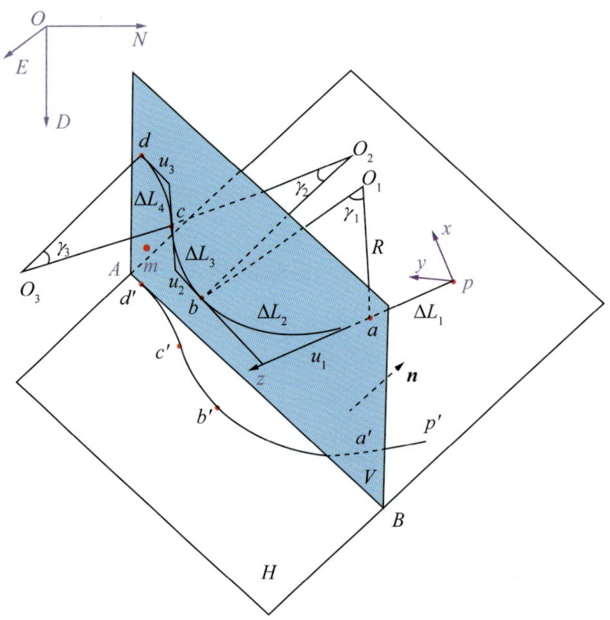

图 1–10　定向井（或水平井）与水平井连通的轨迹控制模型

在图 1–9 和图 1–10 中，$O—NED$ 为大地坐标系，O 为原点，N 轴指向正北方向，E 轴指向正东方向，D 轴铅垂向下指向地心；以当前井底 p 为原点，建立井底右手直角坐标系 $p—xyz$，z 轴指向轨道的前进方向，x 轴指向井眼高边方向，y 轴由右手法则确定；点 m 为已完钻水平井上的一个测点，其所在水平段所处的铅垂面记为 V；$\boldsymbol{n}$ 为铅垂面 V 的单位法向量，水平面 H 与铅垂面 V 相交于 AB，点 t 为连通点。

由待钻点 p（当前井底）至铅垂面 V 上点 d 的轨道剖面由 4 段组成，即：直线段 pa+ 斜面圆弧段 $\overset{\frown}{ab}$ + 斜面圆弧段 $\overset{\frown}{bc}$+ 斜面圆弧段 $\overset{\frown}{c'd'}$。三段圆弧全部采用稳斜扭方位模式完成，并且点 b 处井眼切线所在铅垂面与面 V 平行，点 c 到面 V 的距离等于点 b 到面 V 的一半。此外，直线 $p'a'$ + 弧 $\overset{\frown}{c'd'}$+ 弧 $\overset{\frown}{c'd'}$+ 弧 $\overset{\frown}{c'd'}$ 为轨道剖面在水平面 H 上的水平投影图。

该模型的约束条件为轨道剖面结束点处于铅垂面 V 上，并且结束点 d 处井眼方位与铅垂面 V 的方位相同。该模型较以前的方法更适用于定向井（或水平井）与水平井连通过程中的轨迹控制，可有效提高连通的成功率。

三、U 形井技术发展趋势

（1）将旋转导向钻井系统应用于 U 形井工程中，可有效提高 U 形井的钻井效率和连通成功率。在世界范围内，旋转导向钻井系统早在 20 世纪 90 年代就投入了商业应用，迄今已有多家国际著名的油气技术服务公司可为 U 形井工程提供旋转钻井技术服务，但相关技术服务价格比较昂贵。中国也正在加强旋转导向钻井系统的技术研发与工程试验，可望在不久的将来实现产业化，也必然有利于促进中国 U 形井技术的创新发展。

（2）U 形井技术发展有赖于磁导向钻井技术的进步。磁导向钻井技术首先在国外实现了产业化与商业应用，国内在近 10 年来也取得了重要进展 [4]，自主研发了成套磁导向钻井随钻测控技术，并在稠油 SAGD 双水平井、煤层气连通井等复杂结构井工程中得以成功应用。展望未来，磁导向钻井技术在国内外仍将保持良好的发展势头，可望更好地满足 U 形井、双水平井、救援井、丛式井等复杂结构井工程的实际需求。

（3）有必要深入研究与优化 U 形井连通设计方法。现有的 U 形井连通设计方法仍停留在理论层面，随着 U 形井工程技术的发展与应用，有必要结合现场数据分析更多的实际影响因素，同时考虑旋转导向、磁导向等先进钻井系统的高技术作用，以期提出更先进的 U 形井连通优化设计方法，不断提高 U 形井工程优化设计控制水平。

第四节　基于复杂结构井的深海油气开发模式

在海洋石油与天然气工程中，小于 300m 的水深称为“浅水”，大于或等于 300m 而小于 500m 的水深称为“次深水”，大于或等于 500m 而小于 1500m 的水深称为“深水”，达到或超过 1500m 的水深则称为“超深水”。海洋深水区（简称深海）油气开发必然面临“入地、下海”的双重挑战，具有高技术、高风险、高投入及高回报等“四高”特点，其中的“高回报”和巨大附加效益（如船舶技术进步、计算机技术的综合应用、海洋地质勘测、海防划界、军事情报获取等），吸引了世界相关国家及其公司的持续投入。

深海油气资源勘探开发日趋活跃，如墨西哥湾、西非、巴西、北海、澳大利亚及中国南海等深水海域。2012 年，全球超过 1500m 水深的油气储量发现接近 16.3×10^8t 油当量，相当于陆上的 6 倍，接近浅水的 3 倍。2011 年，在全球发现的十大油气田中有 6 个来自海洋深水区，且都是亿吨级的油气田；2012 年，全球发现的十大油气田全部来自深海。至 2013 年，全球深海油气产量已超过 5×10^8t 油当量，占全球海上油气产量的 20% 以上，而且这个比例还将逐年提高。未来多年，油气勘探开发水域将继续从近海向远海深水区拓展，海洋油气钻探水深纪录可望突破 4000m。由于深海油气勘探开发具有“四高”的基本特征，任何作业事故都会极大地增加作业时间和成本，严重时还会导致灾难性的后果，因而必须对事关深海油气开发的安全高效问题进行持续研究，一方面掌握其基本科学规律，另一方面力求不断取得技术突破。同样，为了经济有效地解决中国南海深水区天然气和天然气水合物的安全高效开发难题，除了考虑市场因素以外，还必须依靠科技创新，努力实现关键技术的重大突破。为此，从深海油气安全高效开发模式及其支撑条件入手，今后应该关注的重大技术突破口如下：

（1）应针对南中国海深水区和海外深水合作区的复杂作业工况和地质条件，重点探讨深海油气工程的风险因素及其影响规律、安全高效作业机制及设计控制方法，创新发展深水油气工程优化设计与安全高效控制技术等。更详细讨论可阅读第五章。

（2）深水油气工程与浅水或陆地相比，最大的区别就是深水油气工程需要浮式作业平台、水下井口及海底管道集输等，这不仅增加了深水钻井特有的浅层作业风险，而且大幅度增加了工程作业成本。因此，在深海油气开发中应尽可能减少水下井口的个数，减少浮式作业的风险和时间，同时通过实施水平井或复杂结构井工程，大幅度增加深海油气田的单井产量与开发控制面积。为此，今后有必要积极探索与试验“水平井或复杂结构井工程 + 浮式生产、集输与 FLNG 处理 + 船运销售”的深海天然气田高效开发模式及其相适应的高新技术支撑体系。

（3）积极研发先进的多功能浮式作业工程装备，除了关注浮式钻采与储卸一体化工程装备以外，还应重点研发浮式液化天然气工程装备（FLNG），以取代海底管道天然气输送模式，适应未来远海深水区天然气田的安全高效开发需求。

（4）天然气水合物原位相变与高效开采。针对深海天然气水合物的开采难题，国内外尽管提出了降压、热采、注入化学剂、CO_2 置换等多种开采方法，并且在现场实施了降压试采工程，但迄今尚未实现商业化开发目标，仍面临重大技术挑战，需要今后深入开展创新研究与现场试验，力争在深海天然气水合物原位相变开采工程方面实现重大技术突破，积极探索与试验“水平井或复杂结构井工程 + 原位相变开采 + 浮式集输与 FLNG 处理 + 船运销售”的高效开发新模式及其技术支撑体系，加快推进南海深水区天然气水合物向商业化开采目标的发展进程。其中，以水平井为基本特征的复杂结构井，是高效开发非常规、低渗透等低品位油气资源的先进井型，相应的工程技术也极具挑战性，相关研究已取得了重要进展[1-4]。

(5) 基于大位移井工程技术的深海油气高效开发模式。与浅水和陆地相比，海洋深水油气工程非常昂贵，主要原因是深水油气工程依赖浮式作业平台，并且需要建立和使用水下井口[26]。在客观条件具备的情况下，可望在浅水区建立钻采作业平台并实施超大位移井工程[14]，如图 1–11 所示，从浅水区定向钻采深水区油气藏，不需要租用浮式作业平台，也无须建立水下井口及相应的浮式钻采系统，由此不仅可以大幅度降低建井工程成本，而且特别有利于安全环保及后续生产操作与维护。另外，由于深海天然气水合物在泥线以下埋藏较浅，应通过实施水平井或复杂结构井工程进行高效开发作业，其安全风险较大，可望基于大位移井技术优选水下井口的位置，以便规避深水条件下浅层天然气水合物的钻采作业风险，相关技术有待深入研究。

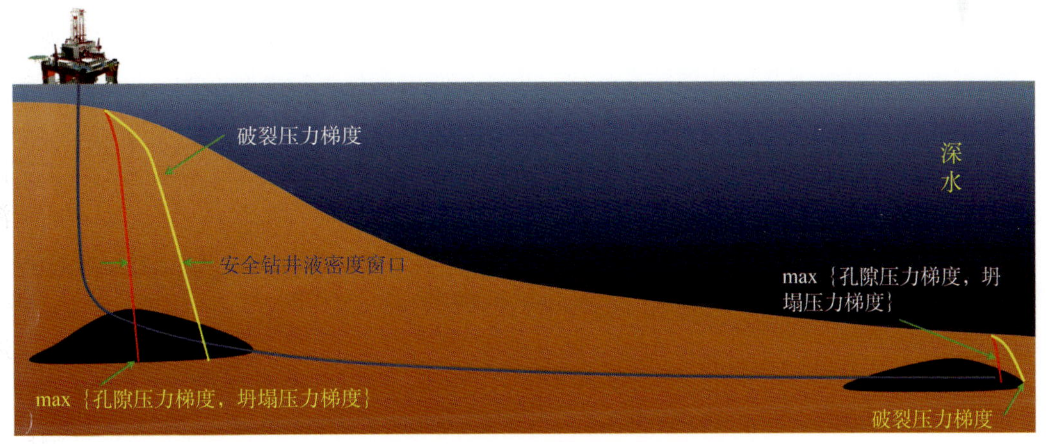

图 1–11　深水靶向超大位移井裸眼延伸极限示意图

第五节　结论与建议

(1) 在非常规、低渗透与特低渗透、深层及海洋深水等复杂油气田开发中，今后应该更加重视“地质与工程一体化”设计控制理念，通过协同创新与关键技术突破，建立复杂油气田高效开发模式及与其相适应的技术支撑体系。

(2) 以水平井为基本特征的复杂结构井，包括大位移水平井、多分支井、双水平井、鱼骨水平井、干草叉形水平井、U 形井及丛式水平井等，是高效开发复杂油气田的先进井型，相关研究已取得重要进展，并需要继续深入。

(3) 在中国山区页岩气开发中，为了满足节约用地、安全环保、降本增效等基本要求，迫切需要加快创建中国山区独具特色的大型丛式水平井高效开发模式及其工程技术支撑体系。通过协同创新，力争在现有基础上成倍增加每个井台的布井数量，减少同一区块的井台个数，大幅度拓展每个丛式井组（或井台）对山区页岩气储层的开发控制面积，进一步挖掘“井工厂”作业模式的降本增效潜力，同时系统优化页岩气工程的其他环节，不断推进中国“页岩革命”取得新进展。

（4）以实现海洋深水区天然气水合物（俗称“可燃冰”）商业化开发为目标，应积极研究与建立“水平井或复杂结构井工程 + 原位相变开采 + 浮式集输与液化（FLNG）处理 + 船运销售”的高效开发模式及其技术支撑体系。另外，由于可燃冰埋藏在海底（泥线）以下的浅部（如南中国海神狐海域的可燃冰埋藏在泥线以下 200～300m 之间），在原位作业很难实施水平井或复杂结构井工程，这时应因地制宜，可望通过优化钻井平台位置并实施大位移水平井工程来加以突破。

（5）以实现海洋深水区常规天然气资源的安全高效开发为目标，今后应加快建立与试验“水平井或复杂结构井工程 + 浮式生产、集输与 FLNG 处理 + 船运销售”的高效开发模式及其技术支撑体系。同时，对于邻近浅水区的海洋深水区油气田，可考虑采用大位移水平井开发模式，将水下井口移到钻采平台上来，从而可实现大幅度降本增效目标，有效提高海洋深水区油气田的综合开发效益。

参考文献

[1] 高德利，等 . 复杂结构井优化设计与钻完井控制技术［M］. 东营：中国石油大学出版社，2011.

[2] Gao Deli. Modeling & Simulation in Drilling and Completion for Oil & Gas［M］. Duluth，GA，USA：Tech Science Press，2012.

[3] Samuel R，Gao Deli.Horizontal Drilling Engineering：Theory，Methods and Applications.［M］. Houston，USA：SigmaQuadrant Publisher，2013.

[4] 高德利，刁斌斌 . 复杂结构井磁导向钻井技术进展 [J]. 石油钻探技术，2016，44（5）：1−9.

[5] 高德利，朱旺喜，李军，等 . 深水油气工程科学问题与技术瓶颈——第 147 期双清论坛学术综述 [J]. 中国基础科学，2016（3）：1−6.

[6] 国家自然科学基金委员会工程与材料科学部 . 冶金与矿业学科发展战略研究报告（2016—2020）［M］. 北京：科学出版社，2017.

[7] 马新华 . 天然气与能源革命——以川渝地区为例 [J]. 天然气工业，2017，37（1）：1−8.

[8] 高世葵，董大忠，等 . 中国页岩气资源勘探开发挑战初论 [J]. 天然气工业，2013，33（1）：8−17.

[9] 邹才能，张国生，杨智，等 . 非常规油气概念、特征、潜力及技术——兼论非常规油气地质学 [J]. 石油勘探与开发，2013，40（4）：385−399，454.

[10] 张金成，孙连忠，王甲昌，等 .“井工厂”技术在中国非常规油气开发中的应用 [J]. 石油钻探技术，2014，42（1）：20−25.

[11] Gupta V P，Yeap A H P，Fischer K M，et al. Expanding the Extended Reach Envelope at Chayvo Field Sakhalin Island[C]. SPE 168055−MS，2014.

[12] 高德利，唐海雄 . 海洋石油大位移钻井关键技术研究 [J]. 世界石油工业，2010（5）：61–67.

[13] Gao Deli，Tan Chengjin，Tang Haixiong. Limit Analysis of Extended Reach Drilling in South China Sea[J]. Petroleum Science，2009，6(2)：166–171.

[14] Chen Xuyue，Gao Deli. The Maximum–Allowable Well Depth while Performing Ultra-Extended-Reach Drilling from Shallow Water to Deepwater Target[C]. SPE 183025–PA，February 2018 SPE Journal：224–236.

[15] 黄文君 . 旋转钻井机械延伸极限研究 [D] . 北京：中国石油大学（北京），2016.

[16] Huang Wenjun，Gao Deli，Liu Yinghua. Prediction Model of Mechanical Extending Limits in Horizontal Drilling and Design Methods of Tubular Strings to Improve Limits[J]. Mathematical Problems in Engineering，2017（4）：1–18.

[17] Huang Wenjun，Gao Deli，Liu Yinghua. A Study of Mechanical Extending Limits for Three–section Directional Wells[J]. Journal of Natural Gas Science and Engineering，2018（54）：163–174.

[18] Ikoku C U. Application of Learning Curve Models to Oil And Gas Well Drilling [C]. SPE 7119，1978.

[19] Brett J F，Millheim K K. The Drilling Performance Curve：A Yardstick for Judging Drilling Performance [C]. SPE 15362，1986.

[20] 王志月，高德利，刁斌斌，等 . 考虑“井工厂”学习效应的平台位置优化方法 [J]. 天然气工业，2018，38（1）：102–108.

[21] Ganesh C Thakur. Heavy Oil Reservoir Management[C]. SPE 39233，1997.

[22] Patrick V Deis，Hal W Knox，Ron MacDonald，et al. Emerging Technologies Provide Continued Prosperity in the Western Canadian Sedimentary Basin [C].Beijing，China：Topic 2，the 15th World Petroleum Congress，1997.

[23] 席宝滨 . U 形井水平对接技术基础研究 [D] . 北京：中国石油大学（北京），2015.

[24] Lee Dean，Hay Richard，Fernando Brandao. U–Tube Wells–Connecting Horizontal Wells End to End，Case Study：Installation and Well Construction of the World's First U–Tube Well [C]. SPE/IADC 92685，2005.

[25] Xi Baobin，Gao Deli. Control Technique on Navigating Path of Intersection between Two Horizontal Wells[J]. Journal of Natural Gas Science and Engineering，2014（21）：304–315.

[26] 高德利，王宴滨 . 深水钻井管柱力学与设计控制技术研究新进展 [J]. 石油科学通报，2016（1）：61–80.

第二章　大位移井管柱力学与机械延伸极限理论

随着钻井技术的发展，大位移井的横向延伸能力不断提高，其延伸极限的合理预测与控制备受关注。所谓“大位移井机械延伸极限”，是指针对特定的大位移井钻井系统和井眼约束条件，在钻井系统机械性能上可以安全钻达的最大井深。本章针对大位移井管柱力学行为问题，建立了井下管柱局部力学模型，研究了井眼几何、管柱接头、摩擦力等因素对管柱力学行为的影响；通过引入局部力学模型，建立了修正后的井下管柱整体受力模型，克服了经典整体受力模型中部分假设条件的限制；进一步考虑地面和井下诸多约束因素的影响，并结合各种钻井作业工况，建立了大位移井机械延伸极限的预测模型，从理论角度解释了全球大位移井延伸极限包络线形状的形成原因；以提高大位移井机械延伸极限为目标，提出了基于延伸极限的钻井优化设计方法及其高效求解算法；将理论模型应用到现场工程实际中，包括流花油田大位移井通井卡钻事故分析、萨哈林大位移井长裸眼段延伸极限的定量预测与优化控制等。

第一节　概　　述

大位移井（Extended Reach Well）是在定向井、水平井和深井基础上发展起来的一种新型钻井技术，集中了各种常规井型的技术难点，代表了钻井技术发展的最新高度之一。关于大位移井的定义没有统一的标准，目前比较认可的定义是水平位移（或测深）大于或等于垂深 2 倍的定向井或水平井，水垂比越大，则技术难度越高。大位移井已在海洋、滩海、湖泊及特殊陆地等复杂油气田开发中得到广泛应用，并显示出独特的技术优势。

图 2–1 为全球大位移井的统计数据，大位移井的世界纪录主要集中于英国 Wytch Farm 和俄罗斯 Sakhalin 地区。每一个大位移井世界纪录的创造都是当时钻井技术条件和客观约束条件下钻井所达到的极限深度，即大位移井延伸极限。图 2–1 中数据点的外包络线即为统计意义上的旋转钻井延伸极限。由图 2–1 可见，大位移井横向延伸极限随着垂深增大，呈现出“迅速增大—稳定—线性降低”的变化趋势。

2009 年，高德利教授等[1]首次从理论上系统提出了大位移井延伸极限的基本概念，包括裸眼延伸极限、水力延伸极限和机械延伸极限三个子概念。裸眼延伸极限，是指裸眼段不发生井眼失稳（特别是地层漏失、破裂等）所能钻达的最大井深（或称“测深”）；水力延伸极限，是指保证正常井筒流体循环和井眼清洗条件下所能钻达的最大井深；机械延伸极限，是针对特定的旋转钻井系统和井眼约束条件，在钻井系统机械性能上可以安全钻达的最大井深。上述概念的提出，为定量预测大位移井延伸极限指明了方向。基于大位移井延伸极限的基本概念，建立相应的数学模型并应用到现场工程作业中，反过来工程应用有利于进一步深化理论研究，从而形成了一套大位移井延伸极限理论与技术。

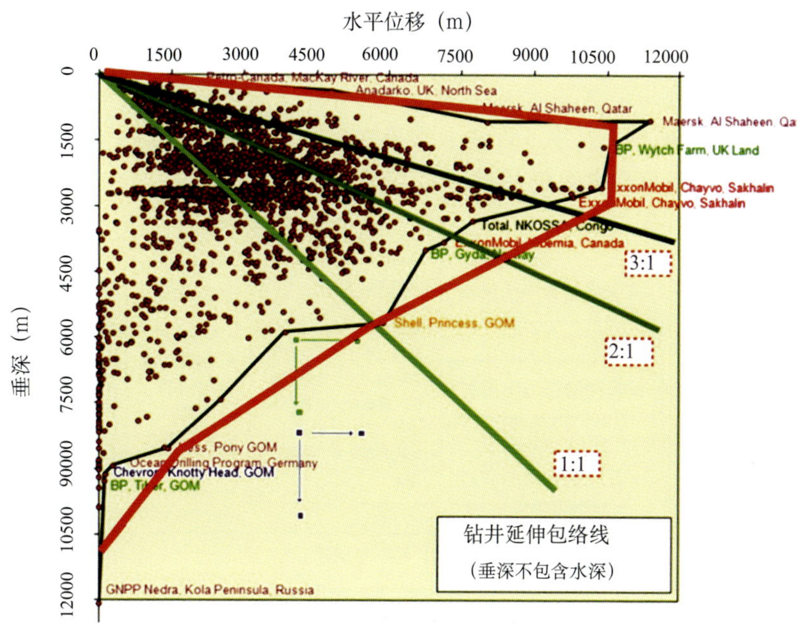

图 2–1　钻井延伸极限统计数据[2]

然而，国内外在大位移井机械延伸极限方面，主要存在以下问题：

（1）在旋转钻井过程中，井下管柱是可以人为控制的核心主观因素，其在狭长井眼内的受力、变形以及运动是一个非常复杂的问题。目前，经典的井下管柱整体受力模型中通常引入多个假设来简化问题求解，但假设条件的引入限制了整体受力模型的精度及适用范围。尤其是对于大位移井长裸眼段钻进过程而言，管柱接头的作用不可忽略，而经典模型无法考虑该问题，导致模拟结果难以解释大位移井钻进过程中某些事故发生的原因。

（2）大位移井机械延伸极限，是一个以井眼延伸长度为目标，以井下管柱力学模型为核心，综合考虑地面和井下诸多限制因素，并结合各种钻井工况的优化设计控制问题。以前，国内外还没有形成系统的大位移井延伸极限的定量预测模型，无法从理论上解释统计意义上钻井极限包络线形状的形成原因，且不能辅助大位移井钻井设计与现场施工。

因此，围绕大位移井机械延伸极限这一概念核心，近年来开展了井下管柱局部与整体力学行为、机械延伸极限定量预测与优化控制等方面的研究，主要内容框架如图 2–2 所示，可简介如下：

（1）在井下管柱力学方面，首先提出了井下管柱局部力学行为的概念，并建立了考虑井眼几何、管柱接头、摩擦力等影响因素的管柱局部力学模型；将局部力学模型引入经典整体力学模型中，建立了修正后的管柱整体力学模型，其可有效克服经典力学模型的限制，并且保证了计算的高效性。

（2）在机械延伸极限方面，综合考虑地面和井下诸多限制因素及各种作业工况，建立了大位移井机械延伸极限的定量预测模型，揭示了钻井极限包络线形状的形成原因以及限制延伸极限的相关因素；提出了基于延伸极限的大位移井优化设计方法，可有效提高大位移井的机械延伸极限。

这些研究，对于深入认识井下管柱力学行为、定量预测大位移井延伸极限以及指导工程优化设计与安全控制等具有重要的理论和工程意义。

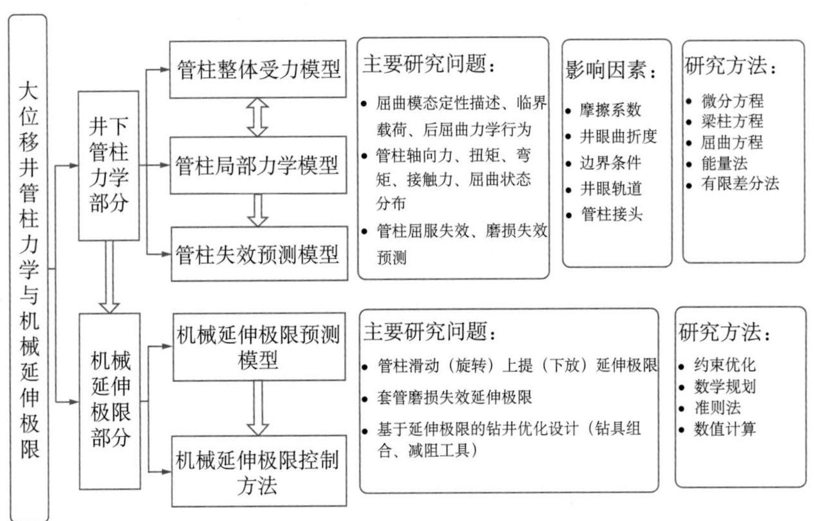

图 2–2　主要研究内容与求解方法

第二节　井下管柱的局部力学模型

一、局部力学模型简介

井下管柱局部力学是指以井下某一局部管柱作为研究对象（图 2–3），研究其在轴向力和扭矩的作用下，并考虑两端边界条件以及井筒径向约束，计算其变形曲线、稳定性条件、局部弯曲应力以及管柱与井壁的接触力，涉及的主要影响因素包含井眼几何、边界条件、管柱接头、摩擦力等。

1. 假设条件

为了简化问题的求解，对局部力学模型通常采取如下基本假设条件：

（1）弯曲井眼的轴线为斜面圆弧，且圆弧曲率为常数；

（2）管柱变形处于弹性范围，且管柱变形为小变形问题；

（3）管柱上接头均匀分布，且接头间距远小于井眼曲率半径；

（4）管柱接头与井壁接触，管柱本体与井壁存在接触和不接触状态；

（5）管柱与井壁的摩擦为滑动摩擦，忽略滚动摩擦效应；

（6）管柱螺旋屈曲产生的过程中横向摩擦力起主要作用，螺旋屈曲后轴向摩擦力起主要作用；

（7）忽略动载作用。

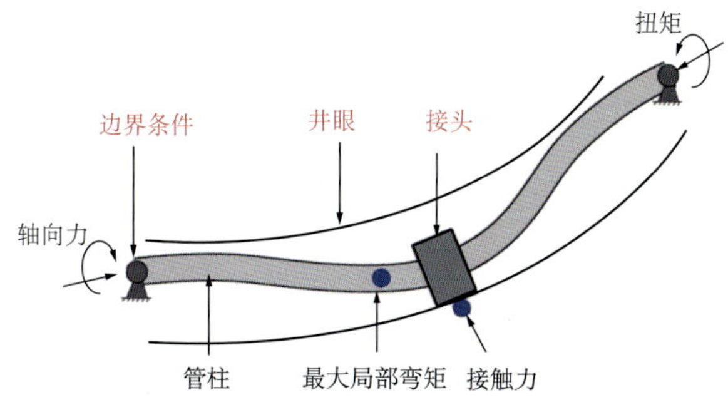

图 2–3　局部管柱示意图

2. 研究内容与求解方法

具体而言，井下管柱局部力学模型涉及的主要研究内容为[3]：

（1）受三维空间井眼约束的管柱屈曲力学行为；

（2）边界条件划分标准及其对管柱屈曲行为的影响；

（3）带接头管柱的屈曲—接触状态的相图及接头效应；

（4）摩擦力对管柱屈曲临界载荷的影响；

（5）多因素对管柱力学行为的综合影响等。

求解方法包括能量法、屈曲微分方程法、梁柱方程法等。以管柱屈曲临界载荷问题为例，需要采用多种方法进行求解。

根据虚功原理，管柱变形的能量方程为：

$$\Delta U_{\mathrm{B}}+\Delta U_{\mathrm{G}}=\Omega_{\mathrm{F}}+\Omega_{\mathrm{f}} \tag{2-1}$$

式中　ΔU_{B}——屈曲前后管柱变形弹性能之差，N·m；

ΔU_{G}——屈曲前后管柱重力势能之差，N·m；

Ω_{F}——轴向力对应的虚功，N·m；

Ω_{f}——摩擦力对应的虚功，N·m。

基于局部模型的假设条件，式（2–1）中各项的计算公式为：

$$\Delta U_{\mathrm{B}}=\frac{EI}{2}\int_0^{L'}\left[\left(\frac{\partial^2 x}{\partial s^2}\right)^2+\left(\frac{\partial^2 y}{\partial s^2}\right)^2\right]\mathrm{d}s \tag{2-2}$$

$$\Delta U_{\mathrm{G}} = q\sin\alpha L' r_{\mathrm{b}} \tag{2–3}$$

$$\Omega_{\mathrm{F}} = \frac{1}{2}F\int_0^{L'}\left[\left(\frac{\partial x}{\partial s}\right)^2 + \left(\frac{\partial y}{\partial s}\right)^2\right]\mathrm{d}s \tag{2–4}$$

$$\Omega_{\mathrm{f}} = -\int_0^{L'}\mathrm{d}s\left(\int_0^{\theta}\mu_2 n_{\mathrm{t}} r_{\mathrm{b}}\mathrm{d}\theta\right) \tag{2–5}$$

式中 L'——管柱长度，m；

s——井眼轨道弧长，m；

x 和 y——管柱横向变形位移，m；

F——管柱上的轴向压力，N；

EI——管柱抗弯刚度，$\mathrm{N\cdot m^2}$；

q——管柱线重，N/m；

r_{b}——管柱与井壁的径向间隙，m；

α——井斜角，rad；

θ——井筒截面角位移，rad。

求解式（2–1）可得到屈曲临界载荷的计算公式。为了保守起见，通常采用最小屈曲临界载荷作为屈曲状态的判别条件。

对于无接头管柱而言，通常假定管柱与井壁连续接触，管柱变形可采用正弦线或螺旋线描述，此时屈曲临界载荷只需要能量法即可求解[4, 5]。对于带接头管柱而言，管柱变形采用屈曲微分方程和梁柱方程进行描述，此时屈曲临界载荷需要采用能量法、屈曲微分方程法、梁柱方程法进行综合求解。

二、单因素效应分析

1. 井眼几何效应

根据假设条件（1），弯曲井眼轴线为斜面圆弧，受弯曲井眼约束管柱的三维力学问题可分解为两个二维问题，即斜平面和法平面上的管柱横向弯曲变形问题。根据假设条件（2），这两个横向弯曲变形问题可采用经典的纵横弯曲模型描述，如图 2–4 所示。

对于任意的三维井眼轨道而言，图 2–4 显示了参考点 P 附近井眼轨道在斜平面和法平面上的投影。在法平面上井眼轨道的投影为直线，在斜平面上井眼轨道的投影为圆弧，圆弧曲率的计算公式为：

$$\kappa_{\mathrm{b}} = \sqrt{\left(\frac{\mathrm{d}\alpha}{\mathrm{d}s}\right)^2 + \left(\frac{\mathrm{d}\phi}{\mathrm{d}s}\sin\alpha\right)^2} \tag{2–6}$$

式中　α——井斜角，rad；
　　　ϕ——方位角，rad；
　　　s——深度，m。

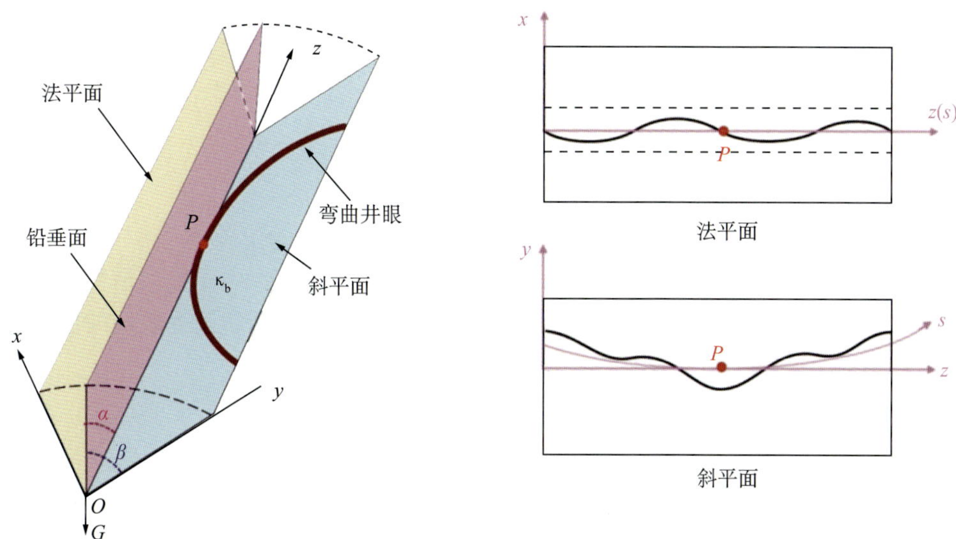

图 2-4　三维井眼轨道分解示意图

OG—重力方向；*P*—参考点；*Ps*—弯曲井眼轴线；*Pz*—井眼轴线上点 *P* 的切线方向

分别在法平面和斜平面上建立管柱变形的控制方程，该方程中自变量为过参考点 *P* 的切线长度。将控制方程中自变量转换为井眼轨道弧长，即此时控制方程的自变量为过参考点 *P* 的弧长。通过自变量转换，原来斜面圆弧中的管柱力学问题等效为斜直井眼中管柱力学问题。由于三维井眼轨道中的管柱力学问题与等效后的斜直井眼中的管柱力学问题之间只有数学上的变换，因此这两个问题是完全等效的，详细推导见文献［3］。

等效问题中管柱线重的横向分量为：

$$q_e=\sqrt{\left(q\sin\alpha\cos\beta+\kappa_b F\right)^2+\left(q\sin\alpha\sin\beta\right)^2} \tag{2-7}$$

β 的计算公式为：

$$\beta\approx\arccos\left(\frac{\mathrm{d}\alpha}{\mathrm{d}s}\times\frac{1}{\kappa_b}\right) \tag{2-8}$$

式中　β——斜平面与铅垂面之间的夹角，rad。

如图 2-5 所示，轴线 *OG* 为初始问题中管柱重力横向分量的方向，轴线 *OG′* 为等效问题中管柱重力横向分量的方向。初始问题中重力势能最小位置为点 *A*，等效问题中重力

势能最小位置为点 B，此两方向线的夹角为：

$$\theta_{\mathrm{q}}=\beta-\arctan\frac{q\sin\alpha\sin\beta}{q\sin\alpha\cos\beta+\kappa_{\mathrm{b}}F} \tag{2-9}$$

当井眼曲率趋于零时，弯曲井眼问题变成斜直井眼问题，此时角度 θ_{q} 等于零；当井眼曲率趋于无穷大或管柱重力趋于零时，角度 θ_{q} 趋于 β。

等效问题中，管柱重力沿着井眼轴线的分量等于：

$$q_{\mathrm{z}}=q\cos\alpha \tag{2-10}$$

因此，井眼曲率仅影响管柱重力的横向分量，而不会影响到管柱重力的轴向分量。

利用式（2–7）和式（2–10），在三维井眼中横向线重为 $q\sin\alpha$ 和轴向线重为 $q\cos\alpha$ 的问题可等效为斜直井眼中横向线重为 q_{e} 和轴向线重为 $q\cos\alpha$ 的问题。等效后的问题避免了直接对井眼曲率影响的复杂处理过程，从而降低了计算难度。

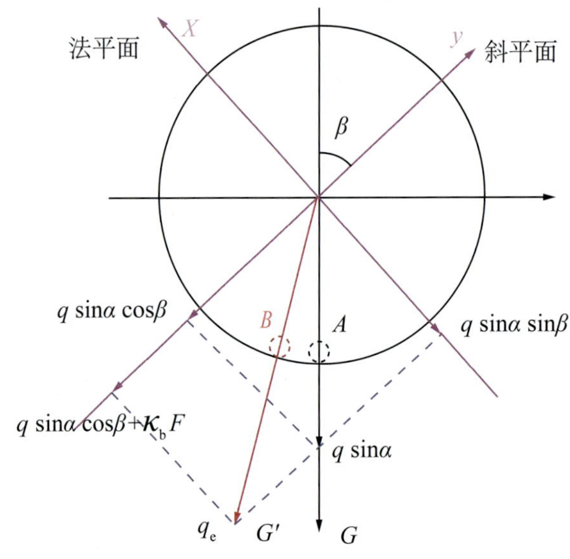

图 2–5　原问题和等效问题中的管柱横向重力

以弯曲井眼中管柱屈曲临界载荷为例，常规的理论推导过程比较复杂，本节通过求解等效问题可以很方便地得到屈曲临界载荷。由前面分析可知，井眼曲率主要影响重力势能项［式（2–3）］，式（2–3）中 $q\sin\alpha$ 替换为 q_{e}。根据斜直井眼中管柱屈曲临界载荷计算公式 [6]，弯曲井眼内管柱螺旋屈曲临界载荷的计算公式为：

$$F_{\mathrm{hel}}=2\sqrt{\frac{2EIq_{\mathrm{e}}}{r_{\mathrm{b}}}} \tag{2-11}$$

将等效重力方程［式（2-7)］代入式（2-11）中，可得到关于屈曲临界载荷的四次代数方程，求解该方程可得到临界载荷的计算结果，从而降低了弯曲井眼中管柱力学问题的求解难度。

2. 接头效应

管柱接头的外径通常大于管柱本体的外径，管柱接头的存在将导致管柱与井壁连续接触条件失效，使得管柱与井壁存在无接触、点接触、连续接触和完全接触四种状态。无接触是指接头之间的管柱本体与井壁脱离接触，点接触是指管柱本体上某一点与井壁接触，连续接触是指管柱本体上某一段与井壁接触，完全接触是指管柱本体全部与井壁接触。同时，带接头管柱的屈曲状态包括无屈曲、横向屈曲、正弦屈曲和螺旋屈曲。这里无屈曲和横向屈曲是指接头之间管柱本体发生的纵横变形，正弦屈曲和螺旋屈曲是指带接头管柱变形近似为正弦曲线和螺旋线。根据屈曲状态和接触状态的组合关系[7-9]，管柱力学行为分成16个变形状态和20个临界条件，如图2-6所示。

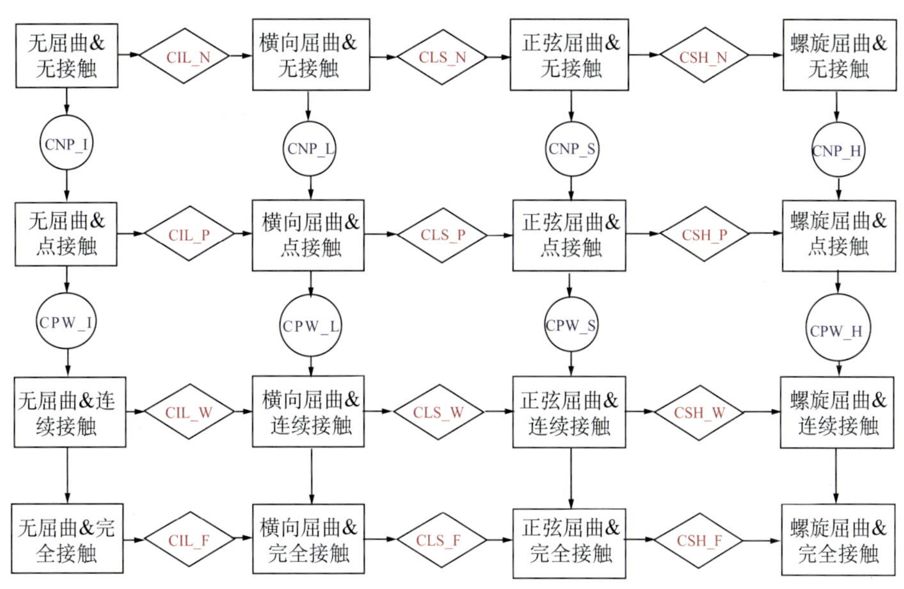

图2-6　屈曲—接触相图

图2-6中，I、L、S、H分别代表初始状态、横向屈曲、正弦屈曲和螺旋屈曲；N、P、W、F分别代表无接触、点接触、连续接触和完全接触；C代表临界条件。

1）接触临界载荷

随着轴向力的增大，接头之间管柱的径向位移也增大。当管柱本体与井壁开始接触时，即为无接触到点接触的临界条件；随着轴向力继续增大，管柱的径向位移也增大，当径向位移曲线的峰值开始消失时，即为点接触到连续接触的临界条件，推导过程见文献［10，11]。

图2-7为不同无量纲接头参数下的无接触到点接触和点接触到连续接触临界载荷。图

中无量纲轴向力 u 和无量纲接头尺寸 δ_b 定义如下：

$$u=\sqrt{\frac{F}{EI}}\cdot L \tag{2-12}$$

$$\delta_b=\frac{r_b}{r_c} \tag{2-13}$$

式中 L——相邻接头之间管柱长度，m；

r_c——接头与井壁之间的径向间隙，m；

r_b——管柱本体与井壁之间的径向间隙，m。

结果表明，当参数 δ_b 接近 1，即接头的尺寸比较小时，临界载荷对参数 δ_b 的变化非常敏感；随着参数 δ_b 的继续增大，临界载荷逐渐趋于稳定值（π 和 2π）。

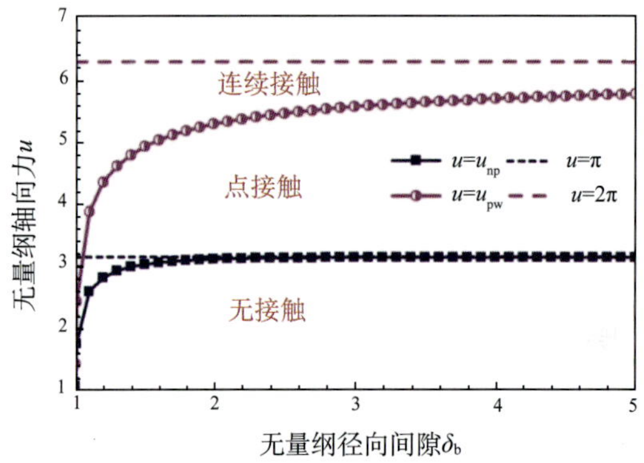

图 2–7 不同无量纲接头参数下的接触临界载荷

2）屈曲临界载荷

在初始轴向力为零时，斜直井眼中管柱躺在井眼底部，垂直井眼中的管柱与井眼轴线重合。随着轴向力增大，管柱初始状态变得不稳定而进入正弦屈曲，甚至螺旋屈曲状态。对于带接头管柱而言，接头主要影响管柱弯曲变形能和轴向力虚功，即式（2–2）和式（2–4）。定义势能系数，即有接头与无接头管柱变形势能之比：

$$\lambda_{\pi,p}=\frac{\Delta U_B{}^D-\Delta\Omega_F{}^D}{\Delta U_B{}^0-\Delta\Omega_F{}^0} \tag{2-14}$$

式中 上标 0——无接头情形；

上标 D——有接头情形。

经过一系列推导 [7]，斜直井眼和垂直井眼中带接头管柱的螺旋屈曲临界载荷为：

$$F_{\mathrm{hel,i}}=\frac{1}{\sqrt{\lambda_{\pi,\mathrm{p}}}}\times 2\sqrt{\frac{2q\sin\theta}{r_{\mathrm{b}}}} \tag{2-15}$$

$$F_{\mathrm{hel,v}}=\frac{1}{\lambda_{\pi,\mathrm{p}}{}^{2/3}}\times 4.05\left(EIq^{2}\right)^{\frac{1}{3}} \tag{2-16}$$

当势能系数 $\lambda_{\pi,\mathrm{q}}$ 等于 1 时，上述结果退化为无接头管柱的螺旋屈曲临界载荷。

图 2–8 显示了不同接头参数下，带接头管柱螺旋屈曲临界载荷的变化规律。图 2–8 中参数 $u_{\mathrm{hel}}{}^{0}$ 和 $\lambda_{\mathrm{F,hel}}$ 定义如下：

$$u_{\mathrm{hel}}{}^{0}=\sqrt{\frac{F_{\mathrm{hel}}{}^{0}}{EI}}\cdot L \tag{2-17}$$

$$\lambda_{\mathrm{F,hel}}=\frac{F_{\mathrm{hel}}}{F_{\mathrm{hel}}{}^{0}} \tag{2-18}$$

式中 $u_{\mathrm{hel}}{}^{0}$——无接头管柱螺旋屈曲临界载荷的无量纲值；

L——相邻接头之间管柱的长度，m；

$F_{\mathrm{hel}}{}^{0}$——无接头管柱螺旋屈曲临界载荷，N；

F_{hel}——带接头管柱螺旋屈曲临界载荷，N；

$\lambda_{\mathrm{F,hel}}$——带接头管柱与无接头管柱螺旋屈曲临界载荷之比。

结果表明，接头的存在提高了管柱屈曲临界载荷。接头效应（$\lambda_{\mathrm{F,hel}}$）随着参数（$u_{\mathrm{hel}}{}^{0}$）的增大而降低，当参数（$u_{\mathrm{hel}}{}^{0}$）趋向于无穷时接头效应（$\lambda_{\mathrm{F,hel}}$）趋于 1。随着接头尺寸（δ_{b}）的增大，接头效应（$\lambda_{\mathrm{F,hel}}$）增大。

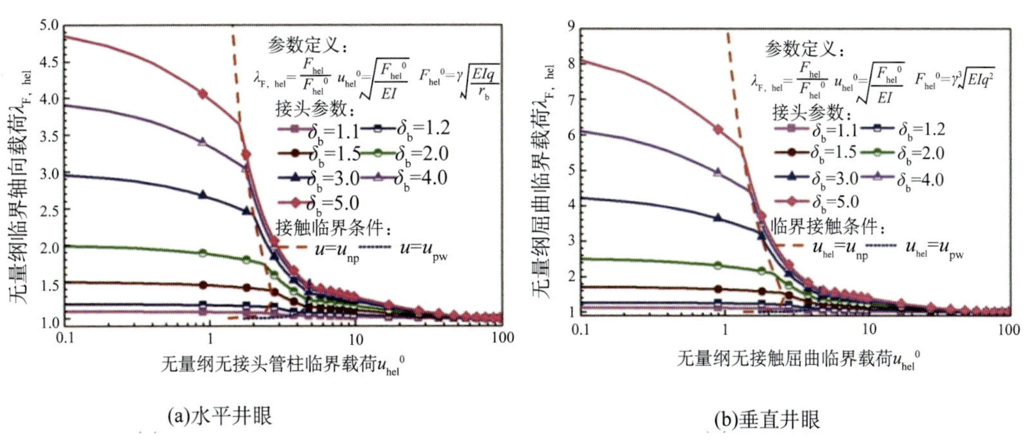

图 2–8 水平井眼和垂直井眼中不同接头参数下的螺旋屈曲临界载荷

三、多因素综合效应分析

由前面分析可知，井眼曲率主要影响重力势能项，即式（2–3）；接头主要影响管柱弯曲变形能和轴向力虚功，即式（2–2）和式（2–4）；摩擦力主要影响摩擦力虚功，即式（2–5）。其中，式（2–5）可进一步转换为：

$$\Omega_{\mathrm{f}}=-\mu_2 r_{\mathrm{b}}\left\{\frac{\pi}{2}\lambda_{\mathrm{n,t}}\left[\frac{1}{3}Fr_{\mathrm{b}}\left(\frac{2\pi}{p}\right)^2-\frac{1}{5}EIr_{\mathrm{b}}\left(\frac{2\pi}{p}\right)^4\right]+\frac{2q}{\pi}\right\}L' \tag{2–19}$$

式中 μ_2——管柱与井壁的横向摩阻系数；

$\lambda_{\mathrm{n,t}}$——无量纲接触力，即带接头管柱接触力与无接头管柱接触力之比。

综合井眼几何、接头、摩擦力三者的综合影响，得到管柱螺旋屈曲临界载荷的计算公式为：

$$F_{\mathrm{hel}}=\lambda_{\mathrm{F,hel,w}}\lambda_{\mathrm{F,hel,c}}\lambda_{\mathrm{F,hel,f}}\times 2\sqrt{\frac{2EIq\sin\alpha}{r_{\mathrm{b}}}} \tag{2–20}$$

式中 $\lambda_{\mathrm{F,hel,w}}$——与井眼几何相关的修正系数；

$\lambda_{\mathrm{F,hel,c}}$——与接头尺寸相关的修正系数；

$\lambda_{\mathrm{F,hel,f}}$——与摩擦力相关的修正系数。

这三个修正系数的计算公式分别为：

$$\lambda_{\mathrm{F,hel,w}}=\sqrt{\frac{q_{\mathrm{e}}}{q\sin\alpha}} \tag{2–21}$$

$$\lambda_{\mathrm{F,hel,c}}=\frac{1}{\sqrt{\lambda_{\pi,\mathrm{p}}}} \tag{2–22}$$

$$\lambda_{\mathrm{F,hel,f}}=\frac{\sqrt{\left(1-\frac{1}{5}\mu_2\pi\lambda_{\mathrm{t,p}}\right)\left(1+\frac{2\mu_2}{\pi}\right)}}{1-\frac{1}{3}\pi\mu_2\lambda_{\mathrm{t,p}}} \tag{2–23}$$

式中 $\lambda_{\mathrm{t,p}}$——无量纲接触力 $\lambda_{\mathrm{n,t}}$ 与无量纲势能 $\lambda_{\pi,\mathrm{p}}$ 之比。

式（2–21）至式（2–23）中参数 q_{e}、$\lambda_{\pi,\mathrm{p}}$、$\lambda_{\mathrm{t,p}}$ 和 μ_2 与轴向力 F 密切相关，因而式（2–20）需要利用迭代法进行求解。多因素模型中每个因素对管柱变形的作用不同，且每个因素之间存在耦合作用。因此，多因素模型可更好地揭示井下管柱的复杂力学行为。

第三节　井下管柱的整体力学模型

井下管柱整体力学，是指以井下整个管柱作为研究对象，探讨其轴向力和扭矩传递以及弯矩、接触力和屈曲状态的分布。井下管柱整体受力分析是井下管柱摩阻 / 扭矩、管柱失效以及钻井延伸极限预测的理论基础。为了克服常规整体受力模型中部分假设条件的限制，本节通过引入局部力学模型建立了修正后的井下管柱整体受力模型。

一、经典井下管柱整体力学模型

经典的整体受力模型主要包括软绳模型 [12] 和刚杆模型 [13]。该两类模型采取了同样的假设条件：

（1）井眼与管柱截面为规则圆形，且两者之间接触类型为滑动摩擦；

（2）忽略管柱与井眼之间间隙的影响，管柱与井眼连续接触且管柱轴线与井眼轴线重合；

（3）管柱变形在线弹性范围内，忽略动力效应。

对于软绳模型而言，将管柱看作绳索，忽略了管柱的抗弯刚度，计算方便；对于刚杆模型而言，将管柱看作杆柱，考虑了管柱抗弯刚度的影响，计算略复杂。高德利教授 [14, 15] 从管柱力学基本方程出发，借助上述假设条件，系统推导了经典管柱整体受力模型，其轴向力传递公式为：

$$\frac{\mathrm{d}(-F)}{\mathrm{d}s}=-EI\kappa_{\mathrm{b}}\frac{\mathrm{d}\kappa_{\mathrm{b}}}{\mathrm{d}s}-q\cos\alpha\mp\mu_1 n_{\mathrm{t}} \tag{2-24}$$

式中　“∓”——正号代表下入，负号代表提拉；

n_{t}——管柱与井壁的接触分布力，N/m；

μ_1——管柱轴向摩阻系数。

扭矩传递公式为：

$$\frac{\mathrm{d}M_{\mathrm{T}}}{\mathrm{d}s}=-\frac{1}{2}\mu_2 n_{\mathrm{t}} D_{\mathrm{b}} \tag{2-25}$$

式中　M_{T}——管柱上的扭矩，N·m；

μ_2——管柱旋转的周向摩阻系数；

D_{b}——管柱本体的外径，m。

弯矩分布公式为：

$$M_{\mathrm{b}}=EI\kappa_{\mathrm{b}} \tag{2-26}$$

式中　M_{b}——管柱上的弯矩，N·m。

管柱上接触力分布公式为：

$$n_{\mathrm{t}}=\sqrt{\frac{A^2+B^2}{1+\mu_2^{\ 2}}} \tag{2-27}$$

式中　A、B——参数，计算公式见文献 [14]。

结合实际钻井工况，给出上述公式的边界条件和相关参数的数值，求解式（2–24）至式（2–27），即可得到管柱上轴向力与扭矩传递以及弯矩和接触力的分布结果[16]。

但是，经典的整体受力模型仍存在以下有待改进之处：

（1）对于带接头管柱而言，接头的存在导致管柱与井壁不满足连续接触条件，且管柱轴线与井眼轴线不重合，此时原假设条件（2）不成立；

（2）原模型中管柱局部弯矩和接触力的计算结果偏保守，没有考虑接头、边界条件等影响因素；

（3）管柱屈曲对管柱整体受力影响不可忽略，原模型没有考虑它的影响。

二、修正的井下管柱整体力学模型

为了克服上述不足，本节将井下管柱局部力学模型的结果引入经典整体受力模型中进行修正。对于整体管柱而言，可以看作是一系列局部管柱的组合，如图 2–9 所示。因此，首先对局部管柱的力学行为进行计算，然后再上升到整体管柱的角度，这样的研究思路可有效克服经典模型的不足。

具体而言，局部力学模型研究了井眼几何、管柱屈曲、边界条件、接头等因素的影响，得到了修正后的屈曲临界载荷、接触力、弯矩等结果，可将相关结果拟合成经验公式。将局部模型的结果引入经典整体力学模型中，修正模型中的各项参数，可得到更加准确的轴向力、扭矩、接触力、弯矩和屈曲状态的计算公式，即修正后的整体力学模型。局部力学模型考虑了各种因素的影响，即修正的整体力学也考虑了各种因素的影响，因而修正模型比经典模型具有更大的适用范围。修正后的整体力学模型与经典模型具有一致的形式，且修正系数以经验公式形式给出，从而保证了修正模型求解的高效性。

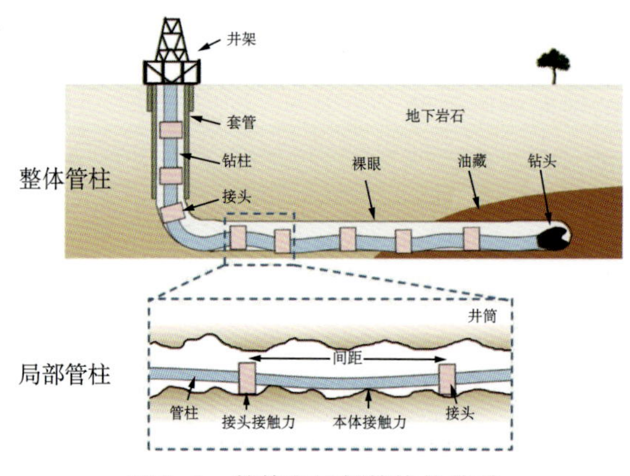

图 2–9　整体和局部管柱的关系

对于修正的整体力学模型而言，轴向力和扭矩的计算公式仍然为式（2–24）和式（2–25），接触力、弯矩、屈曲状态分布、摩阻系数等参数需要修正。模型修正主要分成垂直井眼和三维空间井眼（非垂直井眼）两种情形[17]，具体介绍如下。

1. 垂直井眼修正模型

对于垂直井眼而言，管柱屈曲模态包括非连续接触屈曲和连续接触屈曲[18]，连续接触屈曲进一步分成高阶和低阶两种情形，其临界载荷的计算公式为[7]：

$$
\begin{aligned}
&F_{\text{hel,inter}} = \lambda_{\text{F,hel,inter}} \times 5.25\sqrt[3]{EIq^2} \\
&F_{\text{hel,intra}} = \begin{cases} \lambda_{\text{F,hel,intra}} \times 5.25\sqrt[3]{EIq^2} & \delta_{\text{b}} \geqslant \delta_{\text{b,intra}} \\ \infty & \delta_{\text{b}} < \delta_{\text{b,intra}} \end{cases}
\end{aligned}
\tag{2-28}
$$

式中　$F_{\text{hel, inter}}$——低阶连续接触屈曲临界载荷，N；

$F_{\text{hel, intra}}$——高阶连续接触屈曲临界载荷，N；

$\lambda_{\text{F, hel, inter}}$——低阶连续接触屈曲临界载荷的修正参数；

$\lambda_{\text{F, hel, intra}}$——高阶连续接触屈曲临界载荷的修正参数；

$\delta_{\text{b, intra}}$——进入高阶连续接触屈曲的临界无量纲接头尺寸。

单位长度管柱与井壁的接触力修正公式为：

$$
n_{\text{t}} = n_{\text{t}}^{0} \lambda_{\text{n, t}} \tag{2-29}
$$

式中　n_{t}——修正后的接触力，N/m；

n_{t}^{0}——无接头情形的接触力，N/m；

$\lambda_{\text{n, t}}$——接头对接触力的修正系数。

接触力 n_{t}^{0} 在非连续接触屈曲、低阶连续接触屈曲和高阶连续接触屈曲下的计算公式为：

$$
n_{\text{t}}^{0} = \begin{cases} \kappa_{\text{s}} |F| & F < F_{\text{hel,inter}} \\ \dfrac{r_{\text{b}} F^2}{4EI} + \kappa_{\text{s}} |F| & F_{\text{hel,inter}} \leqslant F < F_{\text{hel,intra}} \\ \dfrac{r_{\text{b}} F^2}{4EI} + \kappa_{\text{s}} |F| & F \geqslant F_{\text{hel,intra}} \end{cases} \tag{2-30}
$$

式中　κ_{s}——井眼曲折度，描述了真实轨迹和设计轨道之间的差别，m^{-1}。

式（2–29）中 $\lambda_{\text{n, t}}$ 对应式（2–30），分别包含 $\lambda_{\text{n, t, lat}}$、$\lambda_{\text{n, t, inter}}$ 和 $\lambda_{\text{n, t, intra}}$ 三种情形，分别代表非连续接触屈曲、低阶连续接触屈曲和高阶连续接触屈曲对应的修正系数。

修正后的轴向和周向摩阻系数为：

$$
\begin{aligned}
&\mu_1 = \mu_{1,\text{c}} \lambda_{\text{n,c}} + \mu_{1,\text{b}} \lambda_{\text{n,b}} + \mu_{\text{p,c}} \lambda_{\text{n,c}} \\
&\mu_2 = \mu_{2,\text{c}} \lambda_{\text{n,c}} \frac{D_{\text{c}}}{D_{\text{b}}} + \mu_{2,\text{b}} \lambda_{\text{n,b}}
\end{aligned}
\tag{2-31}
$$

式中　μ_1——管柱与井壁综合轴向摩阻系数；

$\mu_{1,c}$、$\mu_{1,b}$——分别为管柱接头和管柱本体与井壁的轴向摩阻系数；

μ_2——管柱与井壁综合周向摩阻系数；

$\mu_{2,c}$、$\mu_{2,b}$——分别为管柱接头和管柱本体与井壁的周向摩阻系数；

$\mu_{p,c}$——管柱接头与井壁犁削作用等效的轴向摩阻系数；

D_c、D_b——分别为管柱接头和管柱本体的外径，m；

$\lambda_{n,c}$、$\lambda_{n,b}$——分别为管柱接头和管柱本体与井壁之间接触力占总接触力的比例。

管柱上最大局部弯矩的修正公式为：

$$M_{\max}=\begin{cases}\dfrac{EI\left(r_b-r_c\right)m_{\max,\text{lat}}}{L^2} & F<F_{\text{hel,inter}}\\ Fr_b m_{\max,\text{inter}} & F_{\text{hel,inter}}\leqslant F<F_{\text{hel,intra}}\\ Fr_b m_{\max,\text{intra}} & F\geqslant F_{\text{hel,intra}}\end{cases} \tag{2-32}$$

式中　$m_{\max,\text{lat}}$——非连续接触屈曲状态下的修正参数；

$m_{\max,\text{inter}}$——低阶连续接触屈曲状态下的修正参数；

$m_{\max,\text{intra}}$——高阶连续接触屈曲状态下的修正参数。

2. 三维空间井眼（非垂直井眼）修正模型

对于三维空间井眼（非垂直井眼），管柱屈曲模态主要分成无屈曲 / 横向屈曲、正弦屈曲和螺旋屈曲，其中螺旋屈曲又分成低阶和高阶两种情形[19]。修正后临界载荷的计算公式为[7]：

$$\begin{aligned}&F_{\sin}=\lambda_{\text{F,hel,inter}}\times 2\sqrt{\frac{EIq\sin\theta}{r_b}}\\&F_{\text{hel,inter}}=\lambda_{\text{F,hel,inter}}\times 2\sqrt{\frac{2EIq\sin\theta}{r_b}}\\&F_{\text{hel,intra}}=\begin{cases}\lambda_{\text{F,hel,intra}}\times 2\sqrt{\dfrac{2EIq\sin\theta}{r_b}} & \delta_b\geqslant\delta_{b,\text{intra}}\\ \infty & \delta_b<\delta_{b,\text{intra}}\end{cases}\end{aligned} \tag{2-33}$$

式中　$F_{\sin}$、$F_{\text{hel,inter}}$、$F_{\text{hel,intra}}$——分别为正弦屈曲、低阶螺旋屈曲和高阶螺旋屈曲临界载荷，N；

$\lambda_{\text{F,hel,inter}}$、$\lambda_{\text{F,hel,intra}}$——分别为低阶螺旋屈曲和高阶螺旋屈曲临界载荷的修正参数。

这里需要注意，正弦屈曲临界载荷的求解过程中利用了低阶螺旋屈曲的修正参数 $\lambda_{\text{F,hel,inter}}$，后面正弦屈曲相关参数的计算也采用该近似处理方法。

单位长度管柱与井壁的接触力修正公式为式（2–29），其中接触力 n_t^0 在各种屈曲模态下的计算公式为：

$$n_t^0=\begin{cases}\sqrt{\dfrac{A^2+B^2}{1+\mu_2^2}}+\kappa_s\left|F\right| & F<F_{sin}\\ \sqrt{\dfrac{A^2+B^2}{1+\mu_2^2}}\left[1+\dfrac{4}{11}\left(\dfrac{F}{F_{sin}}-1\right)\right]+\kappa_s\left|F\right| & F_{sin}\leqslant F<F_{hel,inter}\\ \dfrac{r_bF^2}{4EI}+\kappa_s\left|F\right| & F_{hel,inter}\leqslant F<F_{hel,intra}\\ \dfrac{r_bF^2}{4EI}+\kappa_s\left|F\right| & F\geqslant F_{hel,intra}\end{cases} \tag{2–34}$$

式（2–29）中 $\lambda_{n,t}$ 对应式（2–34），包含 $\lambda_{n,t,lat}$、$\lambda_{n,t,inter}$ 和 $\lambda_{n,t,intra}$ 三种情形，分别代表无屈曲 / 横向屈曲、低阶螺旋屈曲和高阶螺旋屈曲对应的修正系数。

修正后的轴向和周向摩阻系数可利用式（2–31）计算得到。

在各个屈曲状态下，管柱上最大弯矩修正公式为：

$$M_{max}=\begin{cases}\dfrac{EI\left(r_b-r_c\right)m_{max,lat}}{L^2}+EI\kappa_b & F<F_{hel,sin}\\ Fr_bm_{max,inter}\sqrt{\dfrac{4}{11}\left(\dfrac{F}{F_{sin}}-1\right)}+EI\kappa_b & F_{sin}\leqslant F<F_{hel,inter}\\ Fr_bm_{max,inter}+EI\kappa_b & F_{hel,inter}\leqslant F<F_{hel,intra}\\ Fr_bm_{max,intra}+EI\kappa_b & F\geqslant F_{hel,intra}\end{cases} \tag{2–35}$$

式中　$m_{max,lat}$——无屈曲 / 横向屈曲状态下的修正参数；

$m_{max,inter}$——低阶螺旋屈曲状态下的修正参数；

$m_{max,intra}$——高阶螺旋屈曲状态下的修正参数。

在上述修正模型中涉及的修正系数，包括 $\lambda_{F,hel,inter}$、$\lambda_{F,hel,intra}$、$\lambda_{n,t,lat}$、$\lambda_{n,t,inter}$、$\lambda_{n,t,intra}$、$\lambda_{n,c,lat}$、$\lambda_{n,b,lat}$、$\lambda_{n,c,inter}$、$\lambda_{n,b,inter}$、$\lambda_{n,c,intra}$、$\lambda_{n,b,intra}$、$m_{max,lat}$、$m_{maxinter}$、$m_{max,intra}$ 的计算结果详见参考文献［3，17］。

第四节　大位移井机械延伸极限的预测模型

所谓大位移井机械延伸极限，是指针对特定的大位移井钻井系统和井眼约束条件，在钻井系统机械性能上可以安全钻达的最大井深。机械延伸极限的定量预测，为大位移井优化设计以及安全控制提供了理论依据。本节在井下整体受力模型基础上，以井眼延伸长度为目标函数，综合考虑地面和地下各种限制因素和作业工况，建立了机械延伸极限的预测模型。

一、机械延伸极限的计算模型

1. 目标函数与约束条件

大位移井机械延伸极限的目标函数为[3]：

$$\mathrm{Obj}=L\left(p^{*},d,c\right)=\max_{p\subset P}L\left(p,d,c\right) \tag{2-36}$$

式中 L——目标井深函数，m，通常 $L(\cdot)$ 是以隐函数的形式表达，具体而言为井下管柱整体力学模型；

p——约束参数，具体指大钩载荷、转盘扭矩、钻头钻压、钻头扭矩等参数；

d——设计参数，具体指管柱组合、井眼轨道、减阻接头等参数；

P——约束参数 p 的许用空间，其具体形式以约束条件的形式给出；

p^{*}——最优约束参数，在最优约束参数下井深取得最大值；

c——操作工况，包含滑动和旋转模式下的管柱上提和下入作业。

因此，式（2–36）的具体含义是指对于某一特定钻井系统而言，在某一指定设计参数（d）以及操作工况（c）下约束参数（p）在其约束空间（P）下所能取得的井眼长度最大值。

下面详细介绍管柱上提（下入）过程中的三类约束条件。

（1）地面约束条件。

对于某一特定的钻机而言，大钩上提过程中轴向拉力是有上限的；大钩下放过程中，大钩上的轴向拉力存在下限值，其约束条件表示为：

$$T_{\mathrm{rig}}{}^{\mathrm{l}}\leqslant -F_{\mathrm{H}}\leqslant T_{\mathrm{rig}}{}^{\mathrm{u}} \tag{2-37}$$

式中 F_{H}——地面位置管柱上的轴向力，压力为正，N；

$T_{\mathrm{rig}}{}^{\mathrm{u}}$——钻机的额定提拉载荷，N；

$T_{\mathrm{rig}}{}^{\mathrm{l}}$——钻机的最小提拉载荷，N，通常取作零。

钻机额定扭矩对应的约束条件为：

$$M_{\mathrm{TH}}\leqslant M_{\mathrm{Trig}}{}^{\mathrm{u}} \tag{2-38}$$

式中 M_{TH}——地面位置管柱上的扭矩，N·m；

$M_{\mathrm{Trig}}{}^{\mathrm{u}}$——转盘的额定扭矩，N·m。

（2）钻头约束条件。

管柱滑动上提过程中，卡钻将会导致上提遇阻。在钻头位置人为施加一上提阻力模拟井下卡钻，其对应的约束条件为：

$$-F_{\mathrm{B}}=T_{\mathrm{stuck}} \tag{2-39}$$

式中　F_{B}——钻头位置管柱上的轴向力，N；

T_{stuck}——钻头卡钻阻力，N。

管柱旋转上提过程中也存在卡钻情形，此时不仅轴向力上存在类似式（2–39）的约束条件，而且扭矩也存在如下约束条件：

$$M_{\mathrm{TB}}=M_{\mathrm{Tstuck}} \tag{2-40}$$

式中　M_{TB}——钻头位置管柱上的扭矩，N·m；

M_{Tstuck}——钻头位置处的阻扭矩，N·m。

管柱下入且钻头破岩过程中，要求钻压和扭矩超过一定的门限值，其约束条件为：

$$F_{\mathrm{B}}=F_{\mathrm{ths}} \tag{2-41}$$

$$M_{\mathrm{TB}}=M_{\mathrm{Tths}} \approx kF_{\mathrm{ths}} \tag{2-42}$$

式中　F_{ths}——破岩门限钻压，N；

M_{Tths}——门限扭矩，N·m；

k——门限扭矩与门限钻压之间的近似比例系数，m。

（3）管柱强度失效的约束条件。

为确保钻柱不发生屈服失效，管柱等效应力小于某一值，其约束条件为：

$$\sigma \leqslant [\sigma]=\frac{\sigma_{\mathrm{s}}}{n_4} \tag{2-43}$$

式中　σ——管柱上的等效应力，Pa；

$[\sigma]$——许用应力，Pa；

σ_{s}——管柱材料的屈服强度，Pa；

n_4——安全系数。

管柱微元上的等效应力计算公式为[20]：

$$\sigma=\sqrt{\left(\left|\sigma_{\mathrm{m}}\right|+\left|\sigma_{\mathrm{b}}\right|\right)^2+3\tau_{\mathrm{c}}^{\ 2}} \tag{2-44}$$

式（2–44）中各项的计算公式为：

$$\sigma_{\mathrm{m}}=-\frac{F}{\frac{\pi}{4}\left(D_{\mathrm{b}}^{\ 2}-D_{\mathrm{bi}}^{\ 2}\right)} \tag{2-45}$$

$$\tau_c = \frac{16M_T D_b}{\pi\left(D_b{}^4 - D_{bi}{}^4\right)} \tag{2-46}$$

$$\sigma_b = \frac{32M_b D_b}{\pi\left(D_b{}^4 - D_{bi}{}^4\right)} \tag{2-47}$$

式中 σ_m——管柱截面上等效轴向应力，Pa；

τ_c——管柱截面上最大剪切应力，Pa；

σ_b——管柱截面上最大弯曲应力，Pa；

D_b、D_{bi}——分别为管柱本体的外径和内径，m。

其中，F、M_T 和 M_b 分别为轴向力、扭矩和弯矩，可由井下管柱整体力学模型得到。

2. 作业工况

根据井下管柱轴向运动方向分成上提和下放，根据管柱是否旋转分成滑动模式和旋转模式，上述两种分类组合形成滑动上提、滑动下放、旋转上提和旋转下放四种作业工况。各个作业工况下对应的约束条件见表 2–1。结合目标函数和约束条件，每个工况下的机械延伸极限问题转换为约束优化问题，求解该问题可得到延伸极限的结果。对于滑动模式而言，其延伸极限为滑动上提和滑动下入的最小值；对于旋转模式而言，其延伸极限为旋转上提和旋转下入的最小值。

表 2–1　不同工况下的约束条件

作业工况	约束条件
滑动上提	式（2–37）、式（2–39）、式（2–43）
滑动下放	式（2–37）、式（2–41）、式（2–43）
旋转上提	式（2–37）、式（2–38）、式（2–39）、式（2–40）、式（2–43）
旋转下放	式（2–37）、式（2–38）、式（2–41）、式（2–42）、式（2–43）

二、机械延伸极限计算结果

滑动模式下轴向摩阻系数 μ_1 为 0.25；旋转模式下，轴向摩阻系数 μ_1 为 0.1 周向摩擦系数 μ_2 为 0.25；其他参数的数值见表 2–2。将相关参数代入机械延伸极限模型中，求解可得到延伸极限的相关结果。

表 2–2　定向井钻进过程中相关参数

参数	数值
钻机额定上提载荷 $T_{rig}{}^u$（kN）	5000
钻机额定扭矩 $M_{Trig}{}^u$（kN · m）	50

续表

参数	数值
造斜点深度 L_v（m）	2000
造斜段曲率半径 R（m）	286
井眼尺寸 D_w（m）	0.311
钻柱外径 D_b（m）	0.127
钻头破岩门限钻压 F_{ths}（kN）	50
钻头破岩门限扭矩 M_{Tths}（kN · m）	5
滑动上提卡钻载荷 T_{stuck}（kN）	200
旋转上提卡钻载荷 T_{stuck}（kN）	80
旋转上提卡钻扭矩 M_{Tstuck}（kN）	10

图 2–10 显示了滑动模式和旋转模式下三段式定向井延伸极限的计算结果。当稳斜角满足$\arctan\dfrac{1}{2\mu_1}\geqslant\alpha_h>0$或$\arctan\dfrac{1}{\mu_1}\geqslant\alpha_h>\arctan\dfrac{1}{2\mu_1}$条件时，管柱上提极限小于管柱下入极限，即上提极限为机械延伸极限。当稳斜角满足$\dfrac{\pi}{2}>\alpha_h>\arctan\dfrac{1}{\mu_1}$条件时，管柱上提或下入极限为钻井延伸极限，但是管柱下入情形占主要部分，且随着井斜角的增大迅速降低。当稳斜角近似满足如下条件时，机械延伸极限达到最大值：

$$\alpha_h=\arctan\frac{1}{\mu_1} \tag{2-48}$$

此时，管柱上提极限约等于管柱下入极限，对应最大的横向延伸极限。

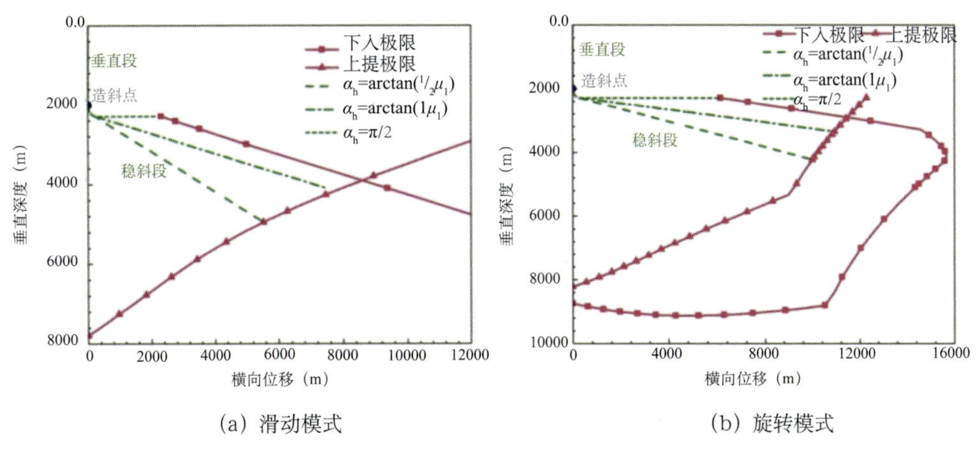

（a）滑动模式　　（b）旋转模式

图 2–10　滑动模式和旋转模式下定向井延伸极限

图 2–11 显示了不同摩阻系数下的延伸极限，随着摩阻系数的降低，延伸极限不断增

大，且增大的幅度变大。采用旋转导向钻进技术，井眼横向延伸极限得到了大幅度提高。图 2–12 显示了不同地面设备下的延伸极限，对于滑动模式而言，当稳斜角比较大时，地面设备影响比较小；对于旋转模式而言，当稳斜角比较小时，延伸极限随着地面设备的提升而明显增大。图 2–13 显示了不同管柱强度下的延伸极限，当稳斜角比较小时，延伸极限随着管柱强度的提高而增大；当稳斜角比较大时，地面设备影响比较小。

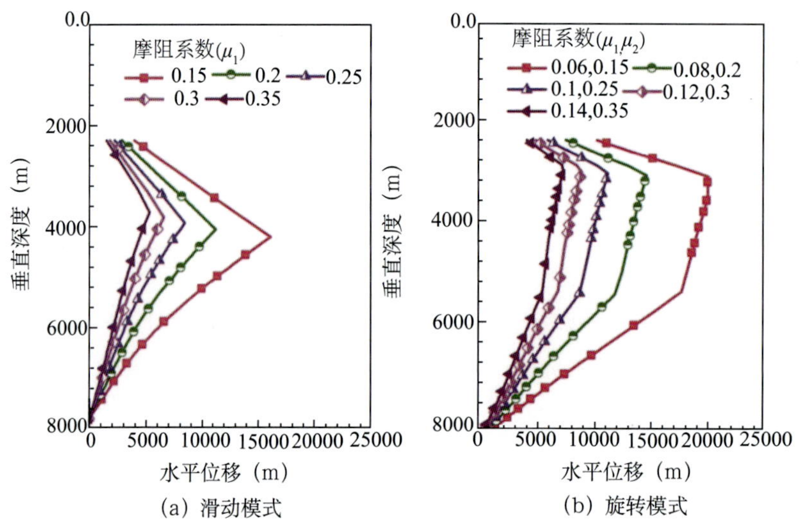

图 2–11　不同摩阻系数下的延伸极限

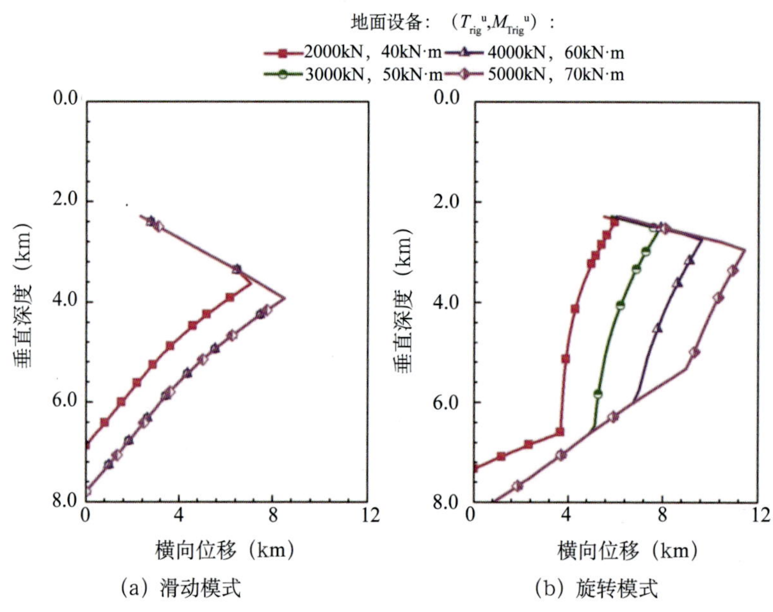

图 2–12　不同地面设备下的延伸极限

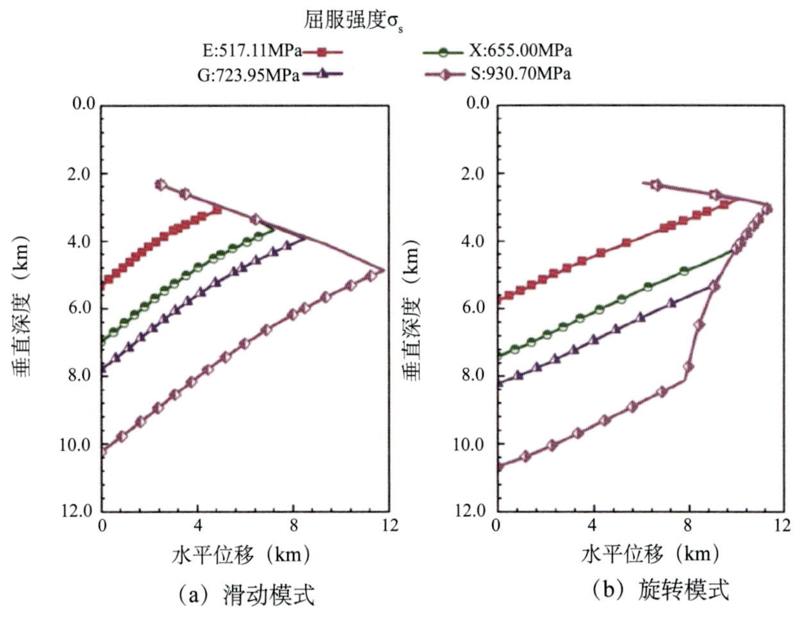

（a）滑动模式　　（b）旋转模式

图 2–13　不同管柱强度下的延伸极限

三、机械延伸极限规律的总结

通过对比图 2–11 和图 2–1 可知，理论模型计算的延伸极限与统计数据中的延伸极限具有相似的规律：钻井横向延伸极限随着垂深呈现出“迅速增大—稳定—线性降低”的趋势，进而分成浅层井、中深井和深井三种情形。机械延伸极限规律总结见表 2–3，详细介绍如下：

对于浅层井（或稳斜角比较大的定向井、水平井）而言，管柱下入是延伸极限对应操作工况，大斜度井段上管柱螺旋屈曲引起的轴向摩阻是限制延伸极限的首要因素[21]。随着井斜角由 π/2 逐渐减小，管柱屈曲的作用降低，导致井眼延伸极限迅速增大，即随着垂深的增大，横向延伸极限迅速增大。由于管柱屈曲会增大管柱与井壁的接触力，从而加剧了管柱上的摩阻，摩阻的提高进一步加剧了管柱屈曲，因此屈曲与摩阻两者存在正反馈的耦合关系。因此，对于浅井而言，为了提高延伸极限，可以采取旋转导向钻进、优化稳斜角、降低轴向摩阻和抑制管柱屈曲等措施。

对于深层井（或稳斜角比较小的定向井、直井）而言，管柱上提是延伸极限对应操作工况，上提过载导致的管柱失效或超过大钩额定载荷是限制延伸极限的主要因素。随着井斜角由 0 逐渐增大时，管柱上提阻力和稳斜段井斜角密切相关，其延伸极限大致满足公式 $L_V+\mu_1 L_H$=const，即横向延伸极限随着垂深的增大，以 $1/\mu_1$ 的速率线性降低。因此，对于深层井而言，为了提高延伸极限，要提高大钩额定载荷或管柱提拉强度。

对于中层井（介于浅层井和深层井之间，井斜角的数值居中）而言，管柱下入或上提工况是延伸极限对应操作工况，随着垂深的增大，由管柱下入过渡到管柱上提。管柱屈曲引起的轴向摩阻、管柱上提过载（大钩额定载荷和管柱提拉强度）以及管柱旋转过载（转盘额定扭矩和管柱扭转强度）是限制延伸极限的因素；对于滑动模式而言，前两个起主要作用；对于旋转模式而言，第三个因素的影响不可忽略。在这些因素的综合影响下，横向延伸极限随着垂深的增大呈现出先增大后降低的趋势，且稳斜角在临界角 α_h=arctan（$1/\mu_1$）附近时，延伸极限达到最大值。因此，对于中层井而言，为了提高延伸极限需要分析出主要的限制因素，进而从优化稳斜角、抑制屈曲、降低摩阻系数、提高地面钻机参数以及管柱强度等方面有针对性地进行改进。

表 2–3　机械延伸极限规律总结

垂深	横向延伸极限趋势	操作工况	限制因素	控制措施
浅层井	迅速增大	管柱下入	螺旋屈曲引起的高摩阻	旋转钻柱、优化稳斜角、抑制屈曲、降低摩阻系数
中层井	近似稳定：达到最大	管柱下入或上提	螺旋屈曲引起的高摩阻，地面大钩超载或管柱拉伸失效，地面转盘过载或管柱扭转失效	针对主要限制因素，采取针对性的措施
深层井	线性降低	管柱上提	地面大钩超载和管柱拉伸失效	提高钻机负荷和管柱强度

第五节　基于机械延伸极限的钻井优化设计方法

实际钻井作业中井眼延伸极限可能达不到设计目标，此时需要采取某些优化措施以提高井眼延伸极限。为解决该问题，本节提出了基于延伸极限的钻井优化设计的一般形式以及高效求解方法，可补充常规钻井工程设计中未充分考虑钻井延伸极限的不足，为延伸极限提升措施的优选提供了理论依据。

一、钻井优化设计问题的一般描述

基于机械延伸极限的钻井优化设计问题可表示为[3]：

$$\mathrm{Obj}=L\left(p^*,d^*,c\right)=\max_{d\subset D}\left\{\max_{p\subset P}L\left(p,d,c\right)\right\}=\max_{d\subset D}L_{\lim}\left(d\right) \tag{2–49}$$

式中 L——目标井深，m；

$L_{\lim}$——井眼延伸极限，m，等于式（2–36）；

p、d、c——分别为约束参数、设计参数和操作工况；

p^*、d^*——分别为井深达到最大值时的最优约束参数和最优设计参数。

通过对比式（2–36）和式（2–49）可知，基于机械延伸极限的钻井优化设计与机械延伸极限的预测模型都可以归结为约束优化问题，相对于延伸极限模型而言，优化设计问题是更高层次的最优化问题，因此钻井优化设计的计算复杂性更高。尤其是对于多种设计参数的综合优化问题，采用常规的最优化求解算法，将会造成过长的计算时间，甚至得不到满意的结果。为了满足工程需要，本节给出了三种比较高效的近似求解方法。

二、求解方法

1. 试算法

试算法，顾名思义，先给出 N 组备选设计方案，利用本章第四节模型计算其延伸极限，选择延伸极限最大的设计方案作为设计结果。此时，式（2–49）可近似简化为：

$$\mathrm{Obj}=\max\left\{L_{\mathrm{lim}}\left(d_1\right),L_{\mathrm{lim}}\left(d_2\right),\cdots,L_{\mathrm{lim}}\left(d_N\right)\right\} \tag{2–50}$$

该方法的优点是简单明了、执行方便，缺点是设计变量维数不能过高，否则备选方案数 N 将过大，且设计结果与最优结果可能有较大差别。借助经验合理地选择备选方案，可尽量提高优化设计效果。

2. 局部—整体耦合设计方法

对于大位移井的大稳斜角长横向延伸段而言，降低摩阻可有效提高井眼延伸极限，此时优化设计问题［式（2–49）］近似简化为降低摩阻问题。为了保证大位移井长裸眼段的固井质量，需要在套管上安装许多扶正器来提高套管在井眼中的居中度，此时套管居中度和扶正器的成本也需要考虑在内。因此，在井下管柱的设计过程中应综合考虑摩阻、居中度、成本等因素的综合影响[22]。

为了降低优化设计问题的求解难度，本节采用先局部设计后整体设计的思路，具体介绍如下。

1）局部设计

为了降低摩阻，设计目标函数为：

$$J_{\mathrm{f}}=1-\frac{f_{\mathrm{a(,m)}}}{f_{\mathrm{a(,m),ref}}} \tag{2–51}$$

式中　$f_{\mathrm{a(,m)}}$——单位长度管柱上的摩阻（摩扭），N/m（N）；

$f_{\mathrm{a(,m),\,ref}}$——$f_{\mathrm{a(,m)}}$ 的参考值，N/m（N）。

对于居中度而言，设计目标函数为：

$$J_{\mathrm{r}}=\min\left[\frac{3}{2}\left(1-\frac{r_{\mathrm{bm}}}{r_{\mathrm{bm,ref}}}\right),1\right] \tag{2–52}$$

式中　r_{bm}——管柱与井壁之间的最小径向间隙，m；

$r_{\mathrm{bm,\,ref}}$——r_{bm} 的参考值，等于管柱本体与井眼之间的径向间隙，m。

对于成本而言，设计目标函数为：

$$J_c = 1 - \frac{C_c / L_c}{C_{c,ref} / L_{c,ref}} \tag{2-53}$$

式中 L_c——相邻接头之间的管柱长度，m；

C_c——单个接头的成本，元；

$L_{c,ref}$、$C_{c,ref}$——分别为 L_c 和 C_c 的参考值。

综合考虑上述三种因素，得到目标函数为：

$$J = \lambda_f J_f + \lambda_r J_r + \lambda_c J_c \tag{2-54}$$

其中，λ_f、λ_r 和 λ_c 为相应的权重系数，其和等于 1。

对于局部管柱而言，其优化设计问题的数学模型为：

$$\begin{cases} \max J\left(P_c\right) \\ P_c \in \left\{P_c^1, \cdots, P_c^{Nc}\right\} \end{cases} \tag{2-55}$$

式中 $J(P_c)$——式（2–54）定义的目标函数；

P_c——设计参数组合，包括接头摩阻系数、接头尺寸、接头布置间距、弹簧扶正器的径向压缩系数等；

N_c——设计方案的个数。

通过求解式（2–55）可得到局部管柱的最优设计结果。

对于大位移井中钻柱优化设计问题而言，降低摩阻是首要目标，因此权重系数 λ_f 可设置为 1，其他参数设为零。对于常规定向井的套管扶正器设计而言，提高居中度是首要目标，此时权重系数 λ_r 可设置为 1；但对于大位移井长裸眼段上的套管下入问题而言，摩阻的影响不可忽略，此时权重系数 λ_f、λ_r 和 λ_c 需要结合实际情况给定。

2）整体设计

大位移井中整体管柱可看成多个局部管柱的组合（图 2–14），因此整体管柱的设计目标等于局部管柱设计目标之和。此时，对于整体管柱而言，优化设计问题的数学模型为：

$$\begin{cases} \max \sum_{i=1}^{N_L} J_i\left(P_{c,i}\right) \Delta s_i \\ \forall i, P_{c,i} \in \left\{P_c^1, \cdots, P_c^{N_c}\right\} \end{cases} \tag{2-56}$$

式中 Δs_i——第 i 段局部管柱的长度，m；

N_c——设计参数的维数；

N_L——局部管柱的个数。

式（2–56）潜在设计方案个数为 $N_c^{N_L}$，当 N_c 和 N_L 比较大时，直接求解该模型过于复杂。为克服该问题，采用如下近似方法进行高效求解：

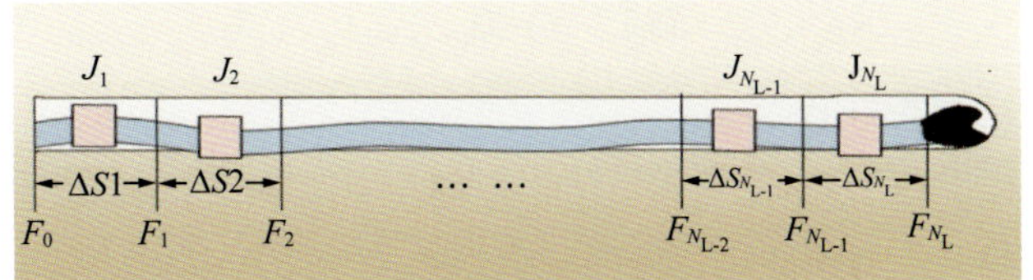

图 2–14　水平井眼中整体管柱分解为多个局部管柱

对于图 2–14 中最后一段局部管柱而言，其局部设计模型［式（2–55)］可记为 $J_{N_L}^{\ *}=\max\limits_{\{P_{c,N_L}\}}J_{N_L}\left(P_{c,N_L},F_{N_L}\right)$。其中，$F_{N_L}$ 为钻头钻压；J_{N_L}* 为 J_{N_L} 的最优值。对于倒数第二段管柱而言，其设计模型记为 $\max\limits_{\{P_{c,N_L-1},F_{N_L-1}\}}J_{N_L-1}\left(P_{c,N_L-1},F_{N_L-1}\right)$。对于大位移井和水平井中大稳斜角段而言，$J_{N_L-1}$ 随着 F_{N_L-1} 减小而增大，因此设计模型近似为 $\max\limits_{\{P_{c,N_L-1}\}}J_{N_L-1}\left(P_{c,N_L-1},F_{N_L-1}^{\ *}\right)$。由于 F_{N_L-1} 取决于最后一段管柱的受力状况，且一般而言，J_{N_L} 越大则 F_{N_L-1} 越小，设计模型进一步近似为 $\max\limits_{\{P_{c,N_L-1}\}}J_{N_L-1}\left(P_{c,N_L-1},J_{N_L}^{\ *}\right)$。

推广上述的讨论，对于第 i 段局部管柱而言，其设计模型近似为：

$$J_i^*=\max_{\{P_{c,i},F_i\}}J_i\left(P_{c,i},F_i\right)=\max_{\{P_{c,i}\}}J_i\left(P_{c,i},J_{i+1}^{\ *},\ldots,J_{N_L}^{\ *}\right) \tag{2–57}$$

其中，J_{i+1}*,…,J_{N_L}* 是第 i+1 段到最后一段局部管柱的最优设计结果。

由上述分析可知，$\{J_1^*,J_2^*,\cdots,J_{N_L}^{\ *}\}$ 是 $\{J_1,\ J_2,\cdots,J_{N_L}\}$ 的最优解。此时，整体优化设计问题［式（2–56)］可转换为从最后一段局部管柱到第一段局部管柱的局部最优设计问题，即：

$$\begin{cases}J_i^*=\max\limits_{\{P_{c,i}\}}J_i\left(P_{c,i},J_{i+1}^{\ *},\cdots,J_{N_L}^{\ *}\right)\\P_{c,i}\in\left\{P_c^1,\cdots,P_c^{N_c}\right\}\end{cases}\quad\left(i=N_L,N_L-1,\cdots,1\right) \tag{2–58}$$

式（2–58）表明，井下管柱整体设计问题可近似简化为一系列局部设计问题，此时潜在整体设计方案的个数为 $N_c\times N_L$，远小于原设计问题的方案个数 $N_c^{N_L}$，从而提高了优化问题的求解效率。

3. 近似目标函数法

直接求解优化设计模型式［(2–49)］时，需要频繁计算延伸极限 L_{lim}，而计算 L_{lim} 则需要大量的寻优计算，导致设计效率过低。本节通过近似方法快速求解 L_{lim} 来提高优化设计问题的效率。

由本章第四节内容可知，延伸极限 L_{lim} 在某个约束条件等于零的时候取得，即延伸极限满足如下方程：

$$R_i(L, d)=0 \tag{2-59}$$

式中 R_i——第 i 个约束条件；

L——井眼延伸长度，m；

d——设计参数。

给定某一参考井深 L_0，将 $L=L_0+\Delta L$ 代入式（2−59），对于 ΔL 进行泰勒展开并保留前二阶项，通过推导得到延伸极限的近似计算公式为：

$$L_{2,i}=L_0-\frac{R_i}{\mathrm{d}R_i/\mathrm{d}L}\left[1+\frac{R_i\cdot\mathrm{d}^2R_i/\mathrm{d}L^2}{\left(\mathrm{d}R_i/\mathrm{d}L\right)^2}\right] \tag{2-60}$$

式中 $L_{2,i}$——保留二阶项的近似延伸极限，m；

R_i——式（2−59）左边在 $L=L_0$ 处的取值。

利用式（2−60）求解多个约束因素下的延伸极限结果，则最终的延伸极限为计算结果的最小值，即：

$$L_2=\min_i L_{2,i} \tag{2-61}$$

图 2−15 为延伸极限准确解和近似解的示意图。通常情况下，二阶结果相对于一阶结果［式（2−60）等号右边没有括号项］而言具有更高的准确性，且计算比较简单，在实际设计过程中推荐采用二阶近似结果。

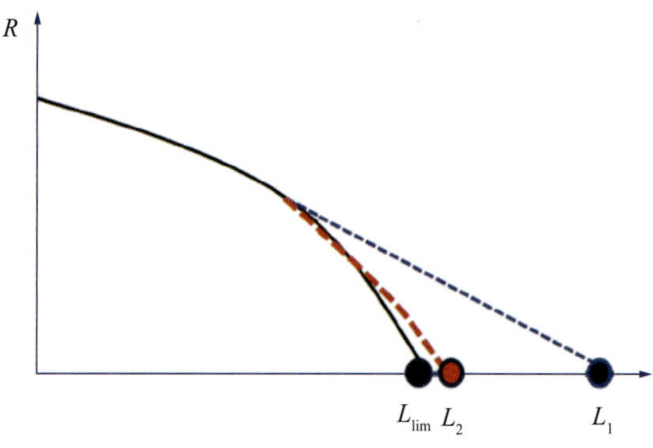

图 2−15　延伸极限准确解和近似解示意图

利用式（2−60）代替延伸极限 L_{lim}，优化设计问题［式（2−49）］可转换为：

$$\mathrm{Obj}=\max_{d\subset D} L_2(d) \tag{2-62}$$

相对于原设计问题而言，L_2 比 $L_{\lim}$ 求解更快，从而提高了优化设计问题的求解效率。

4. 方法对比

表 2–4 给出了优化设计问题各种求解方法的优点、缺点以及使用建议。其中，直接法代表直接求解最优化问题（2–49），其他三种方法已介绍。每种方法都有其优缺点，使用时需要根据实际问题特点进行优选。

表 2–4　优化设计问题求解方法对比

方法	直接法	试算法	局部 – 整体法	近似目标法
优点	达到最好的优化效果	计算量小、方便快速	目标中包含综合因素、计算快速	适用范围广、计算效率适中
缺点	计算效率最慢	设计参数维数低、优化效果低	局限于大稳斜角段上管柱优化设计问题	近似目标与原设计目标有偏离、有时计算结果不稳定
建议	作为其他算法的参照	借助经验合理给出备选方案	合理选择权重系数	采用二阶近似结果，合理选择参考井深

第六节　综合实例分析

一、流花 11–1 油田 11–1C5H1 大位移井通井钻具卡钻分析

1. 事故概况

流花 11–1 油田位于中国南海珠江口盆地东沙隆起西南部，位于香港东南约 240km，所在海域水深约 310m，油藏埋深约 1200m。11–1–C5H1 井是在三井区东北部实施的一口大位移井，该井在老井 11–1–C5 基础上进行钻井作业。主要的施工步骤为：从老井 404m 侧钻，开路钻进 $17^1/_2$in 井眼至 1234m，下 $13^3/_8$in 套管固井；进行 13in 稳斜段钻井作业，钻进至井深 4723.9m，起钻下通井钻具通井，在 4721m 处卡钻，处理但未能解卡。

2015 年 5 月 8 日 23：00 下钻通井，通井钻具下钻过程较顺畅。5 月 9 日 24：00 下钻至井底 4723.9m，倒划至 4721m 附近遇阻，尝试多次无法通过，可以开泵旋转，不憋泵，不憋扭矩，扭矩波动随着过提或下压量的增大而线性增大。钻具上下自由活动空间仅有 2～4m，尝试上提未果，钻进至 4726m 后无进尺，但是一直可开泵旋转，不憋泵，不憋扭矩。停顶驱，停泵，憋扭矩过提（最大上提至 50×10^4lbf），憋扭矩至 2×10^4lbf·ft，多次尝试，不能通过；尝试增大过提量（最大上提至 60×10^4lbf），保持 2min，释放悬重，不能通过。

通井卡钻前，井眼轨迹如图 2–16 所示，垂深为 1266m，横向位移为 4628m，水垂比为 3.66，为典型的大位移井。

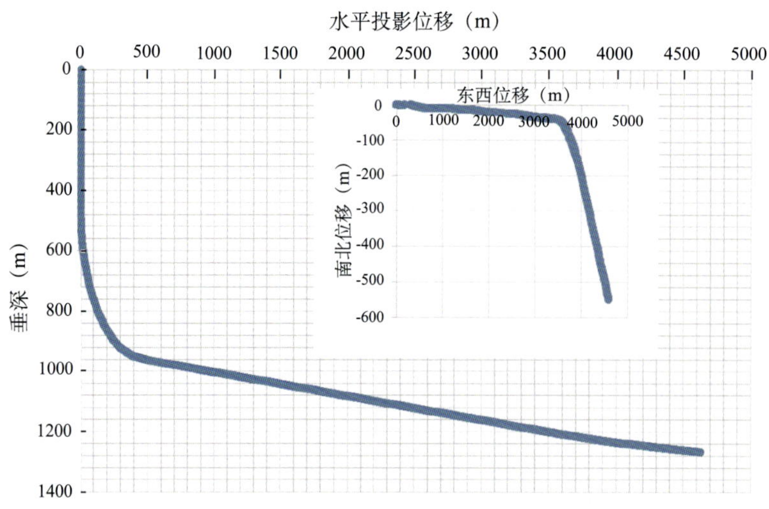

图 2–16　通井卡钻前井眼轨迹图

二开（13in 井眼）钻进组合和通井钻具组合数据见表 2–5。

表 2–5　钻具组合参数

作业工况	钻具组合
二开	$12^1/_4$inPDC 钻头 +9inXceed+8inSTB+8inDC（接头：$9^1/_2$in）+$10^1/_2$inOpener reamer+8inDC（接头：$9^1/_2$in）+$5^1/_2$inHWDP+$5^1/_2$inDP+$5^1/_2$inHWDP+$5^1/_2$inDP（接头：7in）
通井	$12^1/_4$in 牙轮钻头 +$12^1/_8$in 稳定器 +8in 钻铤（接头：$9^1/_2$in）+$12^1/_8$in 稳定器 +$5^1/_2$inHWDP+$5^1/_2$in DP+$5^1/_2$inHWDP+$5^1/_2$inDP（接头：7in）

2. 卡钻事故分析与技术对策

根据事故描述，初步认为是钻杆接头与底部钻具上稳定器的局部阻力造成的通井卡钻事故。主要理由如下：

（1）卡钻发生后可开泵旋转，不憋泵，不憋扭矩，扭矩波动随着过提或下压量的增大而线性增大，且已排除了套管磨损键槽卡钻等原因；

（2）钻杆接头尺寸为 7in，钻杆本体外径为 $5^1/_2$in，钻杆接头相对管柱本体凸出部分在井眼内运动时产生局部阻力；

（3）二开裸眼段长，裸眼段上钻杆接头有 362 个，大量钻杆接头局部阻力的累计效应将产生很大的卡钻阻力。

（4）底部钻具组合上有两个 $12^1/_8$in 稳定器，可能产生较大的卡钻阻力。

基于上述初步分析，进一步借助井下管柱力学模型，计算钻杆接头和稳定器局部阻力的大小，以进一步论证上述判断的合理性。常规的井下管柱力学模型无法考虑接头效应，此处需要借助本章第三节提出的修正的整体力学模型进行计算。

首先，根据二开钻进数据对摩阻系数进行反演，结果如图 2–17 所示，表明平均摩阻系数大约为 0.225。

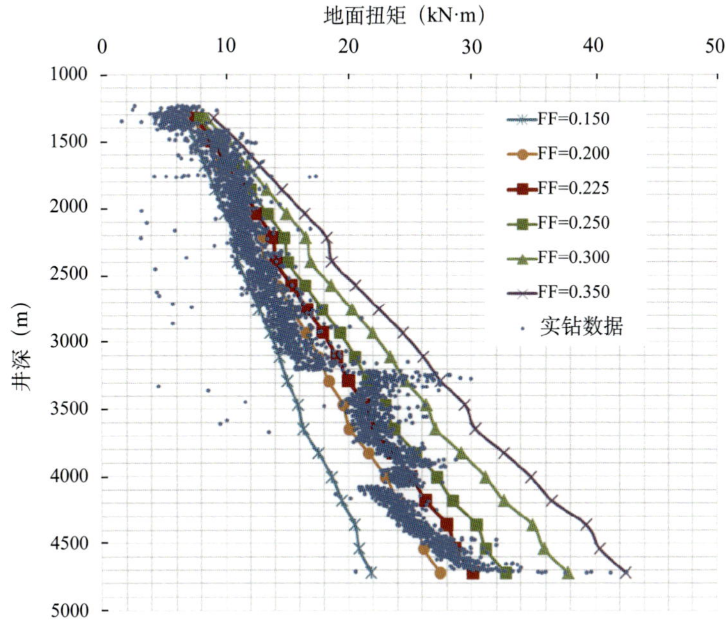

图 2–17 旋转钻进过程中摩阻系数反演

FF—摩阻系数

假设上提载荷达到 61×10^4lbf 可克服卡钻阻力，且卡钻阻力全部来自钻杆接头上的局部阻力。利用本书的整体力学模型进行计算，得到接头上的局部阻力分布如图 2–18 所示。结果表明，钻杆接头局部阻力的平均值为 3.2kN。图 2–19 为钻杆接头—井壁接触力与钻柱本体—井壁接触力之比。钻柱与井壁的接触力全部作用在接头上，将加剧接头吃入井壁问题，加之井筒内岩屑床的存在，将导致不可忽略的接头局部阻力效应（图 2–20）。

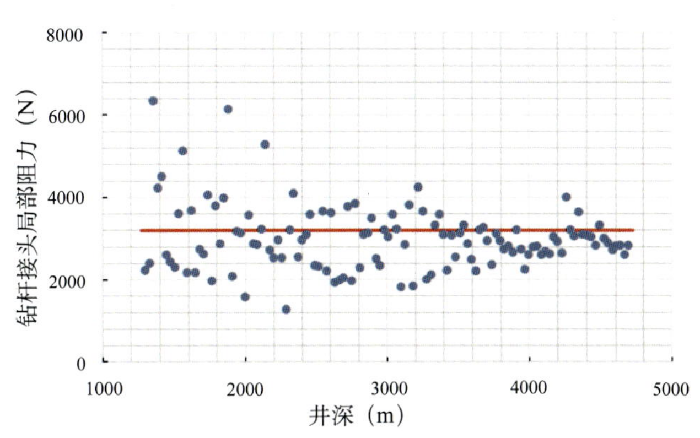

图 2–18 钻杆接头局部阻力分布结果

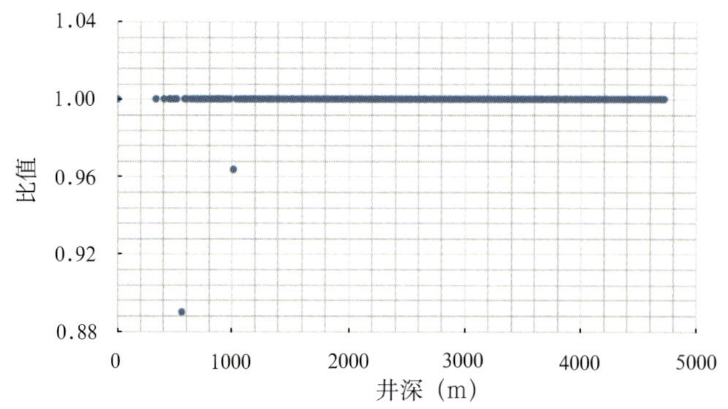

图 2–19　钻杆接头—井壁接触力与钻柱本体—井壁接触力之比

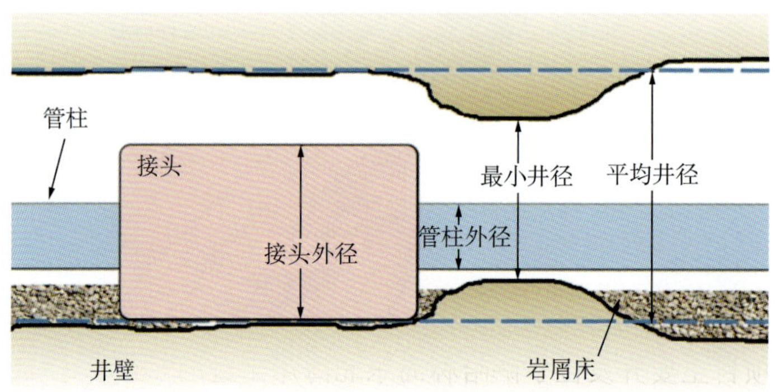

图 2–20　钻杆接头局部阻力示意图

假设上提载荷达到 61×10^4lbf 时可克服卡钻阻力，卡钻阻力由稳定器和钻杆接头上的局部阻力来共同承担。利用本书的整体力学模型进行计算，得到稳定器局部阻力与钻杆接头局部阻力平均值的关系，如图 2–21 所示。结果表明，随着稳定器局部阻力的增大，接头局部阻力平均值线性减小。由于钻进过程中只能测量到地面管柱和钻头处的信息，利用该信息只能反演一种参数的数值，而无法同时反演得到稳定器和钻杆接头上局部阻力的结果。但是，利用本书模型仍可以得到这两种局部阻力的分布区间，可辅助对事故原因的分析。

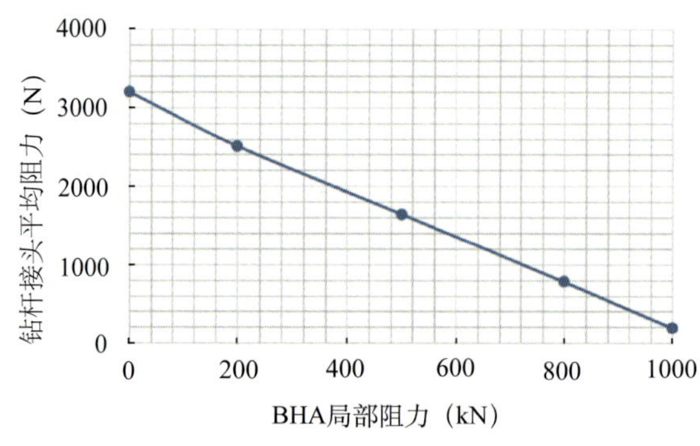

图 2–21　钻杆接头与 BHA 局部阻力关系

根据上述计算模拟结果（图 2–21）可知，局部阻力的数值范围是合理的，因此，通井卡钻最可能的原因是钻杆接头局部阻力和底部钻具组合（BHA）上稳定器局部阻力的综合作用。

为降低局部阻力的效应，建议现场施工时采取如下措施：

（1）通井时勤活动钻具，多短起下钻、旋转钻柱，以消除局部阻力产生条件；

（2）采用接头尺寸与管柱本体尺寸比值小的钻杆，以减小局部阻力效应；

（3）在钻柱上安装横向震击器，横向震击时接头脱离井壁接触，此时上下滑动钻具可减小局部阻力效应。

3. 小结

对于大位移井钻完井作业而言，长裸眼段的存在使得管柱接头局部阻力作用不可忽略，甚至可能导致严重的井下事故。因此，在大位移井管柱受力分析中需要考虑接头局部阻力的影响。本书提出的考虑局部模型修正的井下管柱整体力学模型充分考虑了管柱接头各种效应，包括接头对管柱屈曲临界载荷、接触力、弯矩、局部阻力的影响。因此，该模型为大位移井钻完井管柱受力计算与事故分析提供了更有效的理论工具。

二、萨哈林 Z–42 大位移井机械延伸极限分析

1. 概况

萨哈林一期项目主要开发位于萨哈林岛东北海岸附近的 Chayvo、Odoptu 和 Arkutun–Dagi 油田区块 [23]。2003 年，在该地区采用 Yastreb 钻机钻成第一口滩海大位移井，开发区块是 Chayvo 油田。2005 年，开始在 Orlan 海洋平台进行钻井作业。2008 年，Yastreb 钻机北移 75km 开发 Odoptu 油田，钻成了多口滩海大位移井。2011 年，Yastreb 钻机南移继续开发 Chayvo 油田。之后，从海洋平台钻大位移井开发 Arkutun–Dagi 油田区块。萨哈林地区多口大位移井打破了原有世界纪录，目前正在创造新的世界纪录。

截至 2013 年 10 月，Z–42 井创造了最大的井深和横向位移纪录，分别为 12700m 和 11739m；垂深为 2338m，水垂比为 5，为高难度的大位移井；四开水平裸眼段长度约为 3500m，完井周期 70 天。Z–42 井眼轨道如图 2–22 所示，井身结构数据见表 2–6，完井管柱如图 2–23 所示。

表 2–6　Z–42 井身结构数据

管柱类型及开次	管柱尺寸（in）	管柱下深（m）	井眼尺寸（in）
导管	30	80	—
套管（一开）	$18^5/_8$	800	24
套管（二开）	$13^5/_8$	4707	$17^1/_2$
衬管（三开）	$9^5/_8$	9175	$12^1/_4$
完井管柱（四开）	$6^5/_8+5^1/_2$	12672	$8^1/_2$

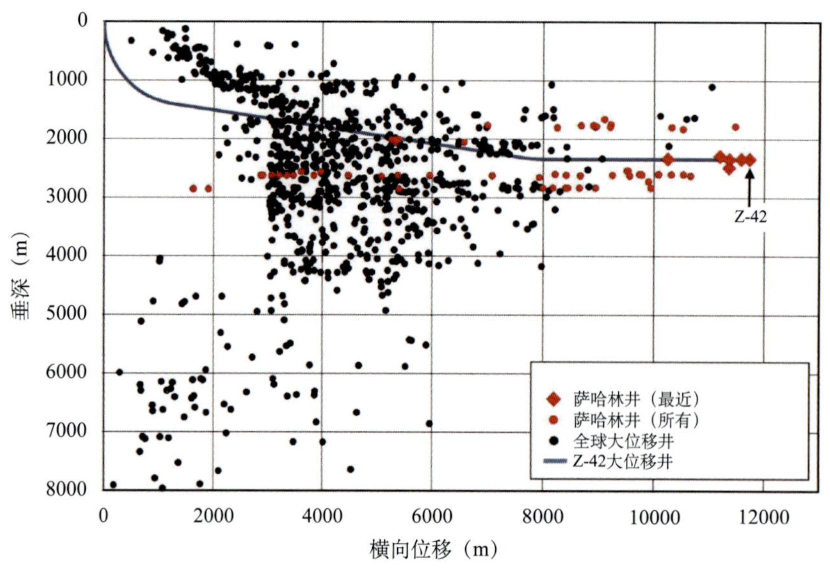

图 2–22　萨哈林大位移井统计数据

通过对钻井历史进行分析可知，限制 Z–42 井横向延伸的两个重要工况为：(1) 四开裸眼段钻进过程中的高扭矩；(2) 完井筛管在水平裸眼段滑动下入的高摩阻。本节主要针对这两种工况，利用提出的大位移井机械延伸极限模型进行分析。

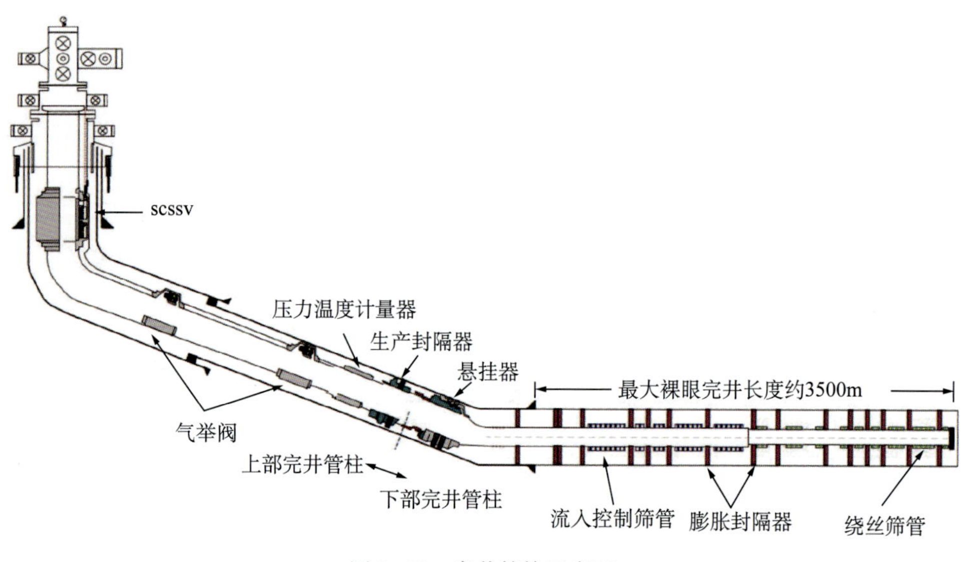

图 2–23　完井管柱示意图

2. 水平裸眼段旋转钻进分析

在四开储层井眼（$8^1/_2$in）钻进过程中，采用了旋转导向工具，钻柱组合包括 $5^7/_8$in

加重钻杆、$5^7/_8$in 普通钻杆和 $6^5/_8$in 钻杆。其中，$5^7/_8$in 钻杆的上扣扭矩为 7.1×10^4lbf·ft，$6^5/_8$in 钻杆的上扣扭矩为 8×10^4lbf·ft，地面钻机额定扭矩为 7×10^4lbf，钻机额定扭矩是限制 $8^1/_2$in 井眼延伸的主要因素。钻进过程中，平均钻压为（3～4.2）$\times 10^4$lbf，转速为 115～160r/min，排量为 450～530gal/min，平均钻速为 16～35m/h。在井深 10500m 后续钻进过程中，在钻井液中加入润滑剂，摩阻系数显著降低，大幅度降低了扭矩随着井深递增的速率（图 2–24），从而安全钻达设计井深。

利用本书的管柱受力模型模拟了不同摩阻系数下地面扭矩随井深的变化规律，并给出了不同摩阻系数下的井眼延伸极限，见表 2–7。结果表明，随着摩阻系数的降低，井眼延伸极限增大。结合图 2–24 和表 2–7 可知，如果在 10500m 后续井段不采取降低摩阻系数的措施，则井眼延伸长度无法达到 12700m；并且摩阻系数要降低到 0.2，井眼延伸长度才能达到设计要求。

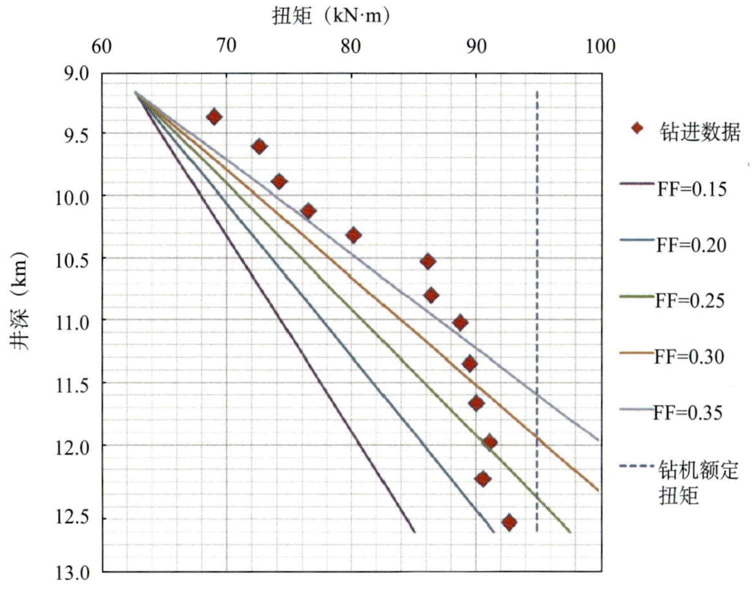

图 2–24　扭矩随井深的变化

表 2–7　不同摩阻系数下的井眼延伸极限

摩阻系数	0.15	0.2	0.25	0.3	0.35
延伸极限（m）	14245	13125	12421	11943	11597

由上述分析可知，钻机额定扭矩是限制 $8^1/_2$in 井眼延伸的主要因素。因此，提高井眼延伸极限的可行措施之一为提升钻机性能。假定钻机额定扭矩从 7×10^4lbf 提升到 8×10^4lbf 和 9×10^4lbf，图 2–25 给出了不同钻机额定扭矩和摩阻系数下的井眼延伸极限。结果表明，提升钻机性能可大幅度提高井眼延伸极限。

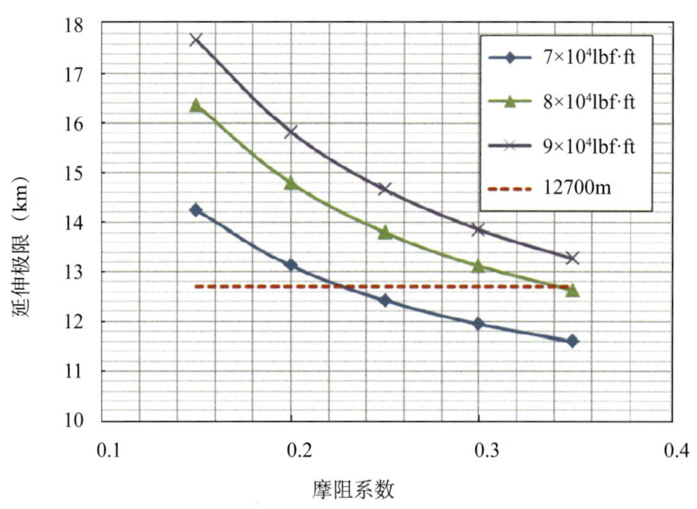

图 2–25 提升钻机性能对延伸极限的影响

四开钻柱组合包括 $5^7/_8$in 加重钻杆、$5^7/_8$in 普通钻杆和 $6^5/_8$in 钻杆。$6^5/_8$in 钻杆具有高的抗扭强度，可承担大位移井中钻柱上的高扭矩。但 $6^5/_8$in 钻杆具有较大的线重，因此本身也会产生高扭矩。假定将 $6^5/_8$in 钻杆（S135）替换成具有更高钢级的 $5^7/_8$in 钻杆（V150），使得在钻柱抗扭强度变化不大的情况下降低了扭矩，从而提高井眼延伸极限。图 2–26 给出了不同摩阻系数下优化钻具组合后的井眼延伸极限。结果表明，延伸极限得到了一定幅度的提高。

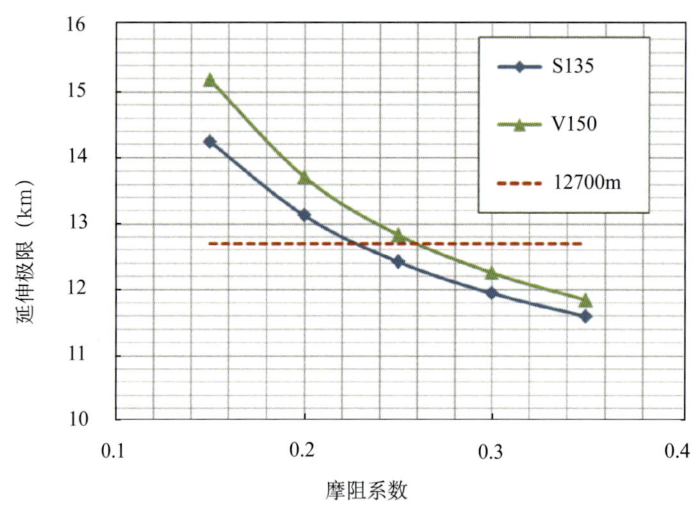

图 2–26 优化钻具组合对延伸极限的影响

四开钻至设计目标时，井眼延伸长度达到 12700m，钻柱在 9175m 的套管段以及 3500m 的裸眼段旋转，超长井眼加之高摩阻系数将不可避免地产生高扭矩。鉴于套管段内井眼状况良好，可在套管段钻柱上安装减阻减扭工具降低扭转摩阻系数，从而降低了扭矩，提高了井眼的延伸极限。图 2–27 给出了不同减阻工具安装间距下的延伸极限数值。结果表明，合理采用减阻工具可大幅度提升井眼延伸极限。

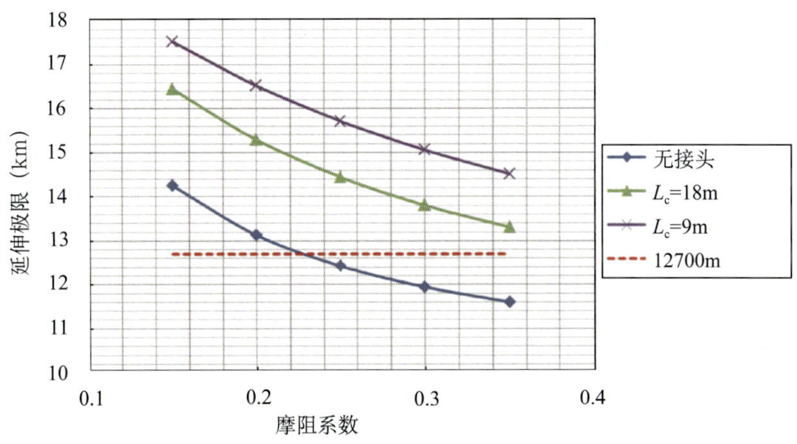

图 2–27 采用减阻工具对延伸极限的影响

3. 完井管柱下入分析

四开井眼钻成后，需要将完井管柱下入储层段。完井管柱主要包括 1499m 长的 $6^5/_8$in 筛管和 2149m 长的 $5^1/_2$in 筛管，将筛管上部回接到钻柱上进行下入作业。直接采用滑动下入方式，管柱在超长套管段和裸眼段内将产生高摩阻，导致下入困难。鉴于此，实际作业中在筛管和钻柱之间安装了旋转接头。该旋转接头可保证下入作业过程中上部钻柱处于旋转状态，而下部筛管处于不旋转状态，以大幅度降低套管段的摩擦阻力，从而降低下入作业难度。

图 2–28 给出了安装旋转接头工具的两种下入工况下（旋转上部钻柱,不旋转上部钻柱）大钩载荷随井深的变化关系。当地面大钩载荷等于零时，完井管柱将无法继续下入，当前井深即为井眼延伸极限。结果表明，上部钻柱不旋转，在井深达到 12700m 附近时，大钩载荷随井深增大而迅速降低，井下管柱存在较严重的螺旋屈曲问题。此时，如果摩阻系数偏大，完井管柱将无法下入井底。安装旋转接头并旋转上部钻柱，可明显改善井下管柱受力状况，完井管柱将顺利下入井底。

假设四开井眼继续延长（超过 12700m），完井管柱在裸眼段上的高摩阻将成为管柱下入的主要限制因素，单纯旋转上部钻柱将无法顺利下入完井管柱。此时，需要在裸眼段完井管柱上安装减阻接头以降低滑动摩阻。图 2–29 为旋转接头和减阻接头技术下管柱下入极限数值。结果表明，通过采用综合措施，包括安装旋转接头并旋转上部钻柱和安装减阻接头，可大幅度降低套管段和裸眼段内的管柱下入摩阻，从而显著提高完井管柱的下入极限。

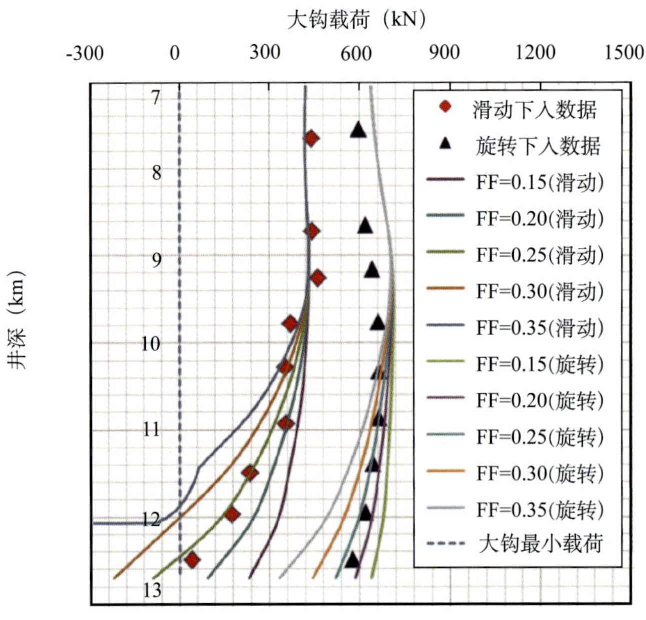

图 2-28 采用旋转接头对延伸极限的影响

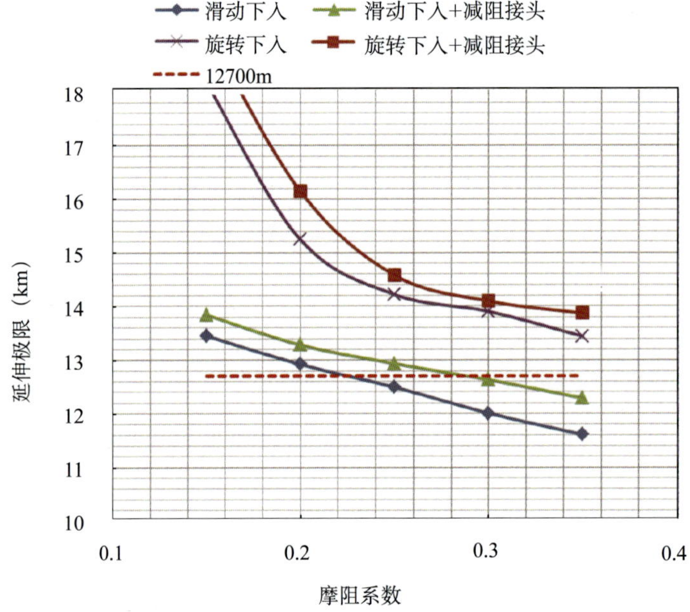

图 2-29 采用旋转接头和减阻接头对延伸极限的影响

4. 小结

结合萨哈林大位移井进行了实例分析，结果表明，旋转钻进高扭矩和裸眼段高滑动摩阻是限制机械延伸极限的主要因素。利用本书提出的机械延伸极限预测模型，可定量预测目前技术和装备条件下的井眼延伸极限，结合预测结果可合理评估设计目标能否钻达；基于延伸极限的优化设计方法对相关参数进行综合优化，可望提高大位移井延伸极限，有利于安全高效地钻达设计目标。

参考文献

[1] Gao D, Tan C, Tang H. Limit Analysis of Extended Reach Drilling in South China Sea[J]. Petroleum Science, 2009, 6（2）：166–171.

[2] Bakke, Ø O. A Study in Limiting Factors for Extended Reach Drilling of Highly Deviated Wells in Deep Waters ［R］. Institutt for Petroleumsteknologi Og Anvendt Geofysikk, 2012：1–40.

[3] 黄文君 . 旋转钻井机械延伸极限研究 ［D］. 北京：中国石油大学（北京）, 2016.

[4] Huang W, Gao D, Liu F. Buckling Analysis of Tubular Strings in Horizontal Wells[J]. SPE Journal, 2015, 20（2）：405–416.

[5] Huang W, Gao D, Wei S. Boundary Condition：A Key Factor in Tubular String Buckling[J]. SPE Journal, 2015, 20（6）：1409–1420.

[6] Gao D, Huang W. A Review on Down–hole Tubular String Buckling in Well Engineering[J]. Petroleum Science, 2015（3）：443–457.

[7] Huang W, Gao D, Wei S. Local Mechanical Model of Down–hole Tubular Strings Constrained in Curved Wellbores[J]. Journal of Petroleum Science and Engineering, 2015, 129：233–242.

[8] Huang W, Gao D, Liu Y. Buckling Analysis of Tubular Strings with Connectors Constrained in Vertical and Inclinded Wellbores[J]. SPE Journal, 2017.

[9] Huang W, Gao D. Sinusoidal Buckling of a Thin Rod with Connectors Constrained in a Cylinder[J]. Journal of Natural Gas Science and Engineering, 2014, 18：237–246.

[10] Huang W, Gao D. Helical Buckling of a Thin Rod with Connectors Constrained in a Cylinder[J]. International Journal of Mechanical Sciences, 2014, 84：189–198.

[11] Huang W, Gao D. Helical Buckling of a Thin Rod with Connectors Constrained in a Torus[J]. International Journal of Mechanical Sciences, 2015, 98：14–28.

[12] Johancsik C A, Friesen D B, Dawson R. Torque and Drag in Directional Wells–prediction and Measurement[J]. Journal of Petroleum Technology, 1984, 36（6）：987–992.

[13] Ho H S. An Improved Modeling Program for Computing the Torque and Drag in Directional and Deep Wells[C]. Houston, Texas：SPE Annual Technical Conference and Exhibition, 1988：407–418.

[14] 高德利, 刘希圣, 许秉业 . 井眼轨迹控制 [M]. 东营：石油大学出版社, 1994.

[15] 高德利 . 油气井管柱力学与工程 [M]. 东营：中国石油大学出版社, 2006.

[16] Huang W, Gao D, Wei S, et al. A Generalized Quasi–static Model of Drill String System[J]. Journal of Natural Gas Science and Engineering, 2015, 23：208–220.

[17] Huang W, Gao D. A Local Mechanical Model of Down–Hole Tubular Strings and Its Amendment on the Integral Model[C]. SPE 180613, 2016.

[18] Huang W, Gao D, Liu Y. A Study of Tubular String Buckling in Vertical Wells[J]. International Journal of

Mechanical Sciences, 2016, 118: 231–253.

[19] Huang W, Gao D, Liu Y. Inter–helical and Intra–helical Buckling Analyses of Tubular Strings with Connectors in Horizontal Wellbores[J]. Journal of Petroleum Science and Engineering, 2017, 152：182–192.

[20] 韩志勇 . 水平井钻柱的优化设计问题 [J]. 石油大学学报（自然科学版）, 1997, 21（5）：24–115.

[21] Huang W, Gao D, Liu Y. Prediction Model of Mechanical Extending Limits in Horizontal Drilling and Design Methods of Tubular Strings to Improve Limits[J]. Mathematical Problems in Engineering, 2017(4): 1–18.

[22] Huang W, Gao D, Liu Y. Mechanical Model and Optimal Design Method of Tubular Strings with Connectors Constrained in Extended–reach and Horizontal Wells[J]. Journal of Petroleum Science & Engineering, 2018, 166: 948–961.

[23] Gupta V P, Yeap A H P, Fischer K M, et al. Expanding the Extended Reach Envelope at Chayvo Field Sakhalin Island[C]. Fort Worth Texas USA：IADC/SPE Drilling Conference and Exhibition, 4–6 March, 2014.

第三章 大位移水平井裸眼延伸极限计算方法

基于井底压力的动态平衡原则，通过分析全井段水力参数特性及裸眼井段的稳定性等主客观约束条件，建立一套大位移水平井裸眼延伸极限预测和控制的理论模型和计算方法，以期为大位移钻井作业风险设计与控制提供科学依据。本章重点讨论大位移水平井裸眼延伸极限的主客观约束条件，建立了环空单相流和环空两相流条件下裸眼延伸极限的预测模型，提高了模型的预测精度；以提高大位移水平井裸眼延伸极限为目标，提出了针对裸眼延伸极限主客观约束条件的优化设计原则和控制方法；最后，基于大位移水平井裸眼延伸极限预测计算方法，对涪陵页岩气水平井焦页 2–5HF 井和萨哈林大位移井 Z–42 井进行了实例分析。

第一节 概 述

大位移钻井裸眼延伸极限，主要是指在保持裸眼稳定性的前提下可安全钻达的最大井深（或测深），取决于地层的承压能力和环空压耗等参数[1]。应用大位移钻井技术，可以有效开发陆上以及海洋、滩海、湖泊等水域的油气资源。目前，中国山区页岩气和海洋油气资源都迫切需要采用大位移水平井进行开发。尤其是近年来世界各大石油公司为了提高单井产量和经济效益，都加大了在大位移井领域的技术研发与工程实践力度，大位移井井深的世界纪录被不断打破。大位移井尤其是大位移水平井究竟可以打多远，其约束条件是什么，一直备受关注。因此，建立大位移钻井延伸极限模型和优化控制方法，尤其是大位移水平井钻井裸眼延伸极限的定量预测，对于规避大位移钻井风险具有实际意义。

一、大位移钻井技术的应用现状

大位移井最早出现于 20 世纪 20 年代，美国在加利福尼亚州从陆地开钻大位移水平井以开发海上油气田，当时主要是出于经济上的考虑。后来，挪威北海西 Sleipneer 油田、美国 Pedernales 油田和 Dos Guadras 油田、挪威海上 Statfjord 油田和 Oseberg 油田、英国 Wytch Farm 油田和 Gullbaks 油田都进行了大位移井的钻井实践，形成了一套较为先进且成熟的大位移钻井技术，并获得了可观的经济效益和社会效益[2]。进入 21 世纪，伴随着钻井技术的全面进步，大位移钻井技术也得到了长足发展，世界大位移钻井的井深纪录也被不断打破，详细数据见表 3–1。2007 年 5 月之前，大位移井的水平位移都少于 11000m[3]。2008 年，Maersk 石油公司在卡塔尔 Al Shaheen 油田完钻了一口大位移水平井 BD–04A，其井深为 12289m，水平位移为 11569m，垂深为 1484m，水垂比达到 7.79[4]。2011 年，埃克森美孚公司在萨哈林岛的 Odoptu 油田完成了大位移井 OP−11 的钻井工作，创造了大位移井新的世界纪录，其井深为 12345m，水平位移为 11479m，垂深为 1784m，水垂比为 6.43 [5]。2013 年，同样在萨哈林岛，埃克森美孚公司在 Chayvo 油田区块钻出了一口创世界新纪录的大位移井 Z−42，其井深为 12700m，水平位移达到 11739m，打破了 OP−11 井创造的井深世界纪录 [6]。截至 2017 年，位于萨哈林地区鄂霍次克海域的 Chayvo 油田的大位移井 O-5RD 井创造了新的井深世界纪录，其实际井深已经超过 1500m [7, 8]。

中国也成功进行了大位移钻井技术研究与实践，例如：1997 年，南海东部 XJ24−3−A14 大位移井水平位移创造了当时的世界纪录，达到 8063m [9]；2004 年，南海东部流花 11−1 油田利用大位移水平井技术顺利实施了 B3ERW4 井工程，其井深为 6300m，最大水平位移为 5634m，泥线水垂比达到 6.34，是当时国内水垂比最大的一口大位移井 [3, 10]。表 3−2 列出了中国大位移井的典型纪录。

表 3−1　国外大位移井钻井纪录

井号	井深（m）	水平位移（m）	垂深（m）	水垂比	石油公司	油田	国家或地区
O−5RD	15000	14129	1766	8	国际财团	Chayvo	萨哈林
O−14	13500	12033	不详	不详	国际财团	Chayvo	萨哈林
Z−42	12700	11739	2353	4.99	埃克森美孚	Chayvo	萨哈林
OP−11	12345	11479	1784	6.43	埃克森美孚	Odoptu	萨哈林
BD−04A	12289	11569	1040	11.12	马士基石油	Shaheen Al	卡塔尔海上
Z−11	11282	不详	不详	不详	埃克森美孚	不详	萨哈林
M−16Z	11278	10728	1637	6.55	BP	Wytch Farm	英国陆上
CN−1	11184	10585	1657	6.39	道达尔	Ara	阿根廷

表 3−2　中国大位移井钻井纪录

油气田	完井数量（口）	井深（m）	垂深（m）	水平位移（m）	水垂比
西江 24−1	17	8518.88～9292	2790.33～2867.54	7340.70～8222.13	2.57～3.05
流花 11−1	19	3432.66～6300	1213.00～1298.02	2650.31～5634.0	2.92～6.34
惠州 25−4	6	6788～8036	1870～2570	5286～6206.07	2.06～3.33
番禺 30−1	7	4778～5629.88	1717.11～2784	3099～4319	1.18～2.46
番禺 11−6	1	6525	2184.97	5268	2.41

1999—2014 年，陆续有学者对世界钻井极限包络线进行了统计分析 [11-13]，该包络线整体上表现为不规则三角形，大位移水平井整体上位于三角形的右顶角区域，而且近 20 年间

世界钻井纪录在此区域不断被打破。

二、大位移井裸眼延伸极限研究进展

1998 年，C. J. Mason 和 A.Judzis 指出大位移钻井的限制因素可以分为“与机械因素相关”的限制和“与地层因素相关”的限制两种 [14]，指出“与地层因素相关”的限制主要与井壁稳定或地层破裂压力相关。2003 年，L. S. Rocha 等指出 [15, 16]，较大的水垂比是大位移水平井的主要特点，随着大位移井井深的不断增加，环空压耗也随之增大，但所钻地层的破裂压力不能与环空压耗保持相应幅度的增加，是导致大位移井不能无限制延伸的主要原因，这就是裸眼延伸极限的基本原理。

2009 年，笔者最早提出了大位移水平井延伸极限的理论概念，并建立了裸眼延伸极限的计算模型，其基本原理是当井底动态压力达到地层破裂压力时所钻达的井深就是大位移水平井的裸眼延伸极限 [1]。

2013 年，笔者考虑了岩屑浓度、岩屑床高度和当量循环密度的计算误差等因素的影响 [17]，细化了井底当量循环密度的计算过程。

2016—2018 年，笔者又陆续对大位移水平井裸眼延伸极限模型做了一定的发展，首先引入环空压耗梯度以代替原预测模型中的单位长度环空压耗当量密度，重点研究了大位移水平井裸眼延伸极限的主客观约束条件，建立了环空单相流、两相流、多工况和基于漏失压力的裸眼延伸极限预测模型，提高了模型的预测精度 [18-21]。基于上述基本预测模型，考虑具体作业条件的差异，依次建立了页岩气水平井和海洋大位移水平井的裸眼延伸极限预测计算模型，扩展了预测模型的应用范围 [22, 23]，并对模型参数进行分析研究。在此基础上，进一步考虑地面机泵条件和井眼清洁等因素的影响，分别对钻井液的安全密度窗口和安全排量窗口进行了修正，并给出了水平段最大机械钻速的约束条件和计算模型 [20, 24-26]。以提高大位移水平井裸眼延伸极限为目标，提出了针对裸眼延伸极限主客观约束条件的优化设计原则和控制方法，主要包括最优钻井液密度和最优钻井液排量的确定，以及基于页岩气水平井“有效延伸极限”的井眼轨道优化设计等 [27, 28]。

第二节　大位移水平井裸眼延伸极限预测模型

一、环空单相流裸眼延伸极限预测模型

虽然环空单相流的情况并不完全符合钻井实际情况，但是建立单相流条件下的大位移水平井裸眼延伸极限预测模型依然有实际意义：

(1) 在钻柱起下钻和套管上提下放的过程中环空为单相流，这是因为在钻柱起下钻之前会循环钻井液以清除井底岩屑，以免岩屑沉积造成钻井事故；

（2）由于钻井同时包含有钻进、钻柱起下钻和套管上提下放等不同的作业工况，需要根据不同的作业工况有针对性地应用环空单相流和两相流条件下的大位移水平井裸眼延伸极限预测模型来进行预测计算。

大位移水平井的裸眼延伸极限预测模型，是建立在井底流体压力动态平衡和裸眼井壁稳定的基础之上的，因此在单相流条件下需要同时满足的约束条件包括：在钻进过程中井底动态压力不能大于井底地层破裂压力，可以表示为式（3−1）；钻柱下钻和套管下放过程中，井底动态压力不能大于井底地层破裂压力，可以表示为式（3−2）；在钻柱起钻和套管上提过程中，井底动态压力不能小于井底地层坍塌压力和孔隙压力的最大值，可以表示为式（3−3）。

在钻进过程中：

$$0.00981\rho_{m}D_{v}+\Delta p_{a}\leqslant 0.00981\rho_{f}D_{v} \tag{3-1}$$

在钻柱下钻和套管下放过程中：

$$0.00981\rho_{m}D_{v}+p_{s}\leqslant 0.00981\rho_{f}D_{v} \tag{3-2}$$

在钻柱起钻和套管上提过程中：

$$0.00981\max\left(\rho_{c},\rho_{p}\right)D_{v}\leqslant 0.00981\rho_{m}D_{v}-p_{s} \tag{3-3}$$

式中 ρ_{m}——钻井液密度，g/cm^3；

D_{v}——井眼垂深，m；

Δp_{a}——总环空压耗，MPa；

ρ_{f}——破裂压力当量密度，g/cm^3；

p_{s}——波动压力，包括抽吸压力和激动压力，MPa；

ρ_{c}——坍塌压力当量密度，g/cm^3；

ρ_{p}——地层压力当量密度，g/cm^3。

1. 钻进过程

1）大位移水平井裸眼延伸极限预测模型

首先，在建立环空单相流条件下大位移水平井裸眼延伸极限模型之前需要做以下基本假设：

（1）在本书中，大位移井是指大位移水平井；

（2）大位移水平井处于理想的井眼清洁状态，不考虑岩屑对环空压降的影响，即井眼环空中为单相流；

（3）采用幂律流体进行模拟分析，在大斜度井段和水平段考虑钻柱偏心的影响，并假设偏心距一致；

（4）不考虑井眼曲折度和管壁粗糙度对环空压耗的影响；

（5）相同垂深处地层压力系统相同，不考虑井底异常压力的影响；

（6）忽略地层自然裂缝或潜在裂缝、层理变化和地层漏失等因素的影响；

（7）水平段的地层破裂压力为恒定值。

根据大位移水平井裸眼延伸限制的基本原理可知，其受到主客观约束条件的共同制约，大位移水平井将在某一临界点停止延伸，该临界点处井底流体循环压力等于地层破裂压力。在正常钻进过程中，式（3–1）的约束条件在临界点处可表示如下：

$$0.00981\rho_{\mathrm{m}}D_{\mathrm{v}}+\Delta p_{\mathrm{a}}=0.00981\rho_{\mathrm{f}}D_{\mathrm{v}} \tag{3-4}$$

考虑到大位移水平井由垂直段、j 个斜井段和水平段组成，式（3–4）可表示如下：

$$0.00981\rho_{\mathrm{m}}D_{\mathrm{v}}+(\Delta p_{\mathrm{v}}+\sum_{i=1}^{j}\Delta p_{\mathrm{d}i}+\Delta p_{\mathrm{h}})=0.00981\rho_{\mathrm{f}}D_{\mathrm{v}} \tag{3-5}$$

式中　Δp_{v}——垂直段环空压耗，MPa；

$\sum_{i=1}^{j}\Delta p_{\mathrm{d}i}$——若干斜井段环空压耗，MPa；

Δp_{h}——水平段的环空压耗，MPa。

需要注意的是，在钻入水平段之前，大位移水平井垂直段和斜井段的井深都可以通过测斜获得，也可认为垂直段长度 L_{v} 和若干斜井段长度 $\sum_{i=1}^{j}\Delta p_{\mathrm{d}i}$ 为已知参数。因此，如果计算得到钻进过程中水平段延伸极限 $L_{\text{h-dri}}$，最终的大位移水平井裸眼延伸极限 L_{oh} 便可确定。

临界点处的水平段环空压耗 Δp_{h} 可表示如下：

$$\Delta p_{\mathrm{h}}=0.00981(\rho_{\mathrm{f}}-\rho_{\mathrm{m}})D_{\mathrm{v}}-(\Delta p_{\mathrm{v}}+\sum_{i=1}^{j}\Delta p_{\mathrm{d}i}) \tag{3-6}$$

如果获得水平段压耗梯度（$\Delta p/\Delta L$）$_{\mathrm{h}}$，则就可以获得钻进过程中的水平段延伸极限 $L_{\text{h-dri}}$，$L_{\text{h-dri}}$ 可表示如下：

$$L_{\text{h-dri}}=\frac{\Delta p_{\mathrm{h}}}{(\Delta p/\Delta L)_{\mathrm{h}}} \tag{3-7}$$

如图 3–1 所示，该模型的核心是预测大位移水平井的水平延伸极限。由于垂深不变，图 3–1 中井底静态压力线在水平段保持不变，但井底动态压力因循环压耗的影响随钻增大，在临界点处达到延伸极限，相应的裸眼钻进延伸极限值 $L_{\text{oh-dri}}$ 可通过式（3–8）进行计算：

$$L_{\text{oh-dri}}=L_{\mathrm{v}}+\sum_{i=1}^{j}L_{\mathrm{d}i}+L_{\text{h-dri}} \tag{3-8}$$

式中 L_v——垂直段长度，m；

$\sum_{i=1}^{j} L_{di}$——j 个斜井段长度，m；

$L_{h\text{-}dri}$——钻进过程中的水平段延伸极限，m。

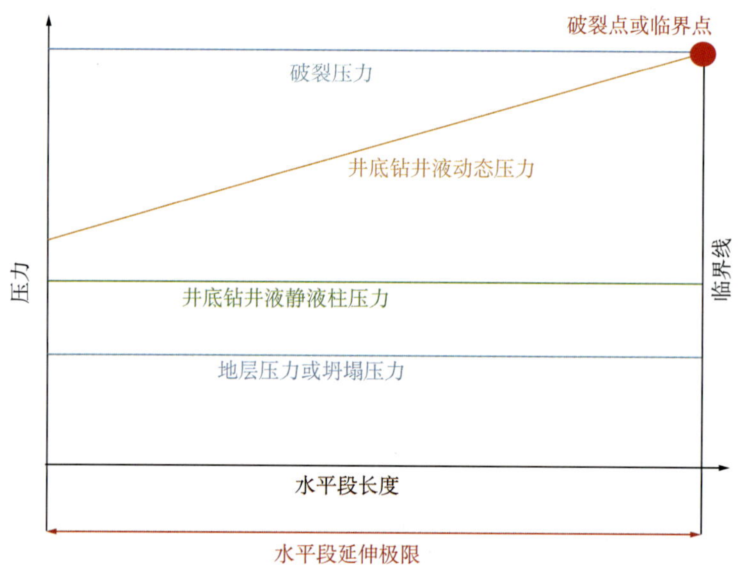

图 3－1　大位移水平井水平延伸极限的原理图

为了提高整个井眼的环空压耗计算精度，j 个斜井段长度$\sum_{i=1}^{j} L_{di}$可分为小斜度井段长度 L_{ds}（井斜角在 0°～30° 范围）[29] 和大斜度井段长度 L_{dl}。因此，式（3-8）可以表示为如下形式：

$$L_{oh\text{-}dri} = L_v + L_{ds} + L_{dl} + L_{h\text{-}dri} \tag{3-9}$$

如前文所述，对于水平井或大位移水平井来说，应重点研究水平段延伸极限的预测计算问题。

2）环空压耗计算

环空单相流情况下假设井眼处于理想清洁状态，不考虑岩屑对环空压耗的影响，关键是计算垂直井段环空压耗 Δp_v、斜井段环空压耗$\sum_{i=1}^{j} \Delta p_{di}$ 和水平段环空压耗梯度（$\Delta p/\Delta L$）$_h$。同时，为了提高环空压耗的计算精度，除了引入偏心系数 R 之外，还应将大位移水平井分为两部分，即垂直与小斜度井段、大斜度与水平段。

（1）垂直与小斜度井段环空压耗。

垂直段环空压耗 Δp_v 小斜度井段环空压耗 Δp_{ds} 可通过式（3-10）进行计算 [30]，只需分别用垂直段长度 L_v 和小斜度井段长度 L_{ds} 代替式中井段长度 L 即可。

$$\Delta p = \frac{2 f_a L \rho_m v_a^2}{D_o - D_i} \tag{3-10}$$

式中　Δp——环空压耗，MPa；

f_a——环空摩阻系数，无量纲；

L——井段长度，m；

ρ_m——钻井液密度，g/cm^3；

D_o——环空外径，mm；

D_i——环空内径，mm；

v_a——环空钻井液平均流速，m/s，可以表示为式（3−11）。

$$v_a = \frac{4000Q}{\pi(D_o^2 - D_i^2)} \tag{3-11}$$

式中　Q——钻井液排量，L/s。

环空摩阻系数 f_a 可以采用伯拉修斯型经验公式，可以表示为式（3−12）[30, 31]：

$$f_a = \frac{a}{Re_g^b} \tag{3-12}$$

其中，常数 a 和 b 可用式（3−13）表示：

$$\begin{cases} a = 24, b = 1, \text{ 层流} \\ a = 0.02\lg n + 0.0786, \ b = 0.25 - 0.143\lg n, \text{ 紊流} \end{cases} \tag{3-13}$$

对于幂律流体来说，广义雷诺数 Re_g 可用式（3−14）表示[30]：

$$Re_g = \frac{12^{1-n} \rho_m (D_o - D_i)^n v_a^{2-n}}{K\left(\frac{2n+1}{3n}\right)^n} \times 10^{3-3n} \tag{3-14}$$

式中　K——稠度系数，Pa·s^n；

n——流性指数，无量纲。

工程上临界雷诺数通常近似取为 2100，层流状态下 $Re_g<2100$，而紊流状态下 $Re_g \geqslant 2100$。

（2）大斜度与水平段。

与垂直段相比，大斜度井段和水平段的钻柱会在重力作用下处于偏心状态，钻柱的偏心对环空压耗有显著的影响，可通过偏心系数 R 表达。大斜度井段长度 L_{dl} 可以通过测斜获得，其环空压耗 Δp_{dl} 可以表达如下：

$$\Delta p_{\mathrm{dl}}=\frac{2f_{\mathrm{a}}L_{\mathrm{dl}}\rho_{\mathrm{m}}{v_{\mathrm{a}}}^{2}}{D_{\mathrm{o}}-D_{\mathrm{i}}}\cdot R \tag{3-15}$$

式中　R——偏心系数，它是偏心环空压耗梯度与同心环空压耗梯度的比值。

层流偏心系数 R_{lam} 和紊流偏心系数 R_{turb} 可分别用式（3—16）和式（3—17）[32-35] 计算。

$$R_{\mathrm{lam}}=1-0.072\frac{\varepsilon}{n}\left(\frac{D_{\mathrm{i}}}{D_{\mathrm{o}}}\right)^{0.8454}-\frac{3}{2}\varepsilon^{2}\sqrt{n}\left(\frac{D_{\mathrm{i}}}{D_{\mathrm{o}}}\right)^{0.1852}+0.96\varepsilon^{3}\sqrt{n}\left(\frac{D_{\mathrm{i}}}{D_{\mathrm{o}}}\right)^{0.2527} \tag{3-16}$$

$$R_{\mathrm{turb}}=1-0.048\frac{\varepsilon}{n}\left(\frac{D_{\mathrm{i}}}{D_{\mathrm{o}}}\right)^{0.8454}-\frac{2}{3}\varepsilon^{2}\sqrt{n}\left(\frac{D_{\mathrm{i}}}{D_{\mathrm{o}}}\right)^{0.1852}+0.285\varepsilon^{3}\sqrt{n}\left(\frac{D_{\mathrm{i}}}{D_{\mathrm{o}}}\right)^{0.2527} \tag{3-17}$$

其中，ε 为无量纲钻杆偏心度，可定义如下 [33]：

$$\varepsilon=\frac{2e}{D_{\mathrm{o}}-D_{\mathrm{i}}} \tag{3-18}$$

环空压耗梯度（$\Delta p/\Delta L$）$_{\mathrm{h}}$ 可表达如下 [36]：

$$\left(\frac{\Delta p}{\Delta L}\right)_{\mathrm{h}}=\left(\frac{\Delta p}{\Delta L}\right)_{\mathrm{gravity}}+\left(\frac{\Delta p}{\Delta L}\right)_{\mathrm{friction}}+\left(\frac{\Delta p}{\Delta L}\right)_{\mathrm{acceleration}} \tag{3-19}$$

式中　（$\Delta p/\Delta L$）$_{\mathrm{gravity}}$——重力压耗梯度，MPa/m；

（$\Delta p/\Delta L$）$_{\mathrm{friction}}$——摩阻压耗梯度，MPa/m；

（$\Delta p/\Delta L$）$_{\mathrm{acceleration}}$——加速度压耗梯度，MPa/m。

在水平段中，$(\Delta p/\Delta L)_{\mathrm{gravity}}$ 和 $(\Delta p/\Delta L)_{\mathrm{acceleration}}$ 可以忽略，因而水平段环空压耗梯度可以简化为式 (3—20) [32]。

$$\left(\frac{\Delta p}{\Delta L}\right)_{\mathrm{h}}=\left(\frac{\Delta p}{\Delta L}\right)_{\mathrm{friction}}=\frac{2f_{\mathrm{a}}\rho_{\mathrm{m}}{v_{\mathrm{a}}}^{2}}{D_{\mathrm{o}}-D_{\mathrm{i}}} \tag{3-20}$$

当引入偏心系数 R 后，式（3—20）可以表达为如下形式：

$$\left(\frac{\Delta p}{\Delta L}\right)_{\mathrm{h}}=\left(\frac{\Delta p}{\Delta L}\right)_{\mathrm{friction}}=\frac{2f_{\mathrm{a}}\rho_{\mathrm{m}}{v_{\mathrm{a}}}^{2}}{D_{\mathrm{o}}-D_{\mathrm{i}}}\cdot R \tag{3-21}$$

在钻进过程中水平段延伸极限 $L_{\mathrm{h\text{-}dri}}$ 可以通过将式（3—21）代入式（3—7）获得，即：

$$L_{\mathrm{h\text{-}dri}}=\frac{0.00981(\rho_{\mathrm{f}}-\rho_{\mathrm{m}})D_{\mathrm{v}}-(\Delta p_{\mathrm{v}}+\sum_{i=1}^{j}\Delta p_{\mathrm{d}i})}{\dfrac{2f_{\mathrm{a}}\rho_{\mathrm{m}}{v_{\mathrm{a}}}^{2}}{D_{\mathrm{o}}-D_{\mathrm{i}}}\cdot R} \tag{3-22}$$

3）地层破裂压力计算

地层破裂压力和破裂压力当量密度可采用以下方法计算。

斜井井壁的应力状态可表达如下[37，38]：

$$\begin{cases}\sigma_r = p_{\mathrm{i}} \\ \sigma_\theta = -p_{\mathrm{i}} + \sigma_{xx}(1-2\cos 2\theta) + \sigma_{yy}(1+2\cos 2\theta) - 4\tau_{xy}\sin 2\theta \\ \sigma_z = \sigma_{zz} - \nu\left[2(\sigma_{xx}-\sigma_{yy})\cos 2\theta + 4\tau_{xy}\sin 2\theta\right] \\ \tau_{\theta z} = -2\tau_{xz}\sin\theta + 2\tau_{yz}\cos\theta \\ \tau_{r\theta} = 0 \\ \tau_{rz} = 0\end{cases} \tag{3-23}$$

式中　σ_r、σ_θ、σ_z、$\tau_{\theta z}$、$\tau_{r\theta}$ 和 τ_{rz}——柱坐标中的应力分量；

θ——井周角；

ν——井壁岩石的泊松比。

σ_{xx}、σ_{yy}、σ_{zz}、τ_{xy}、τ_{yz} 和 τ_{zx} 可表达如下：

$$\begin{cases}\sigma_{xx} = \sigma_{\mathrm{H}}\cos^2\psi\cos^2\varOmega + \sigma_{\mathrm{h}}\cos^2\psi\sin^2\varOmega + \sigma_{\mathrm{v}}\sin^2\psi \\ \sigma_{yy} = \sigma_{\mathrm{H}}\sin^2\varOmega + \sigma_{\mathrm{h}}\cos^2\varOmega \\ \sigma_{zz} = \sigma_{\mathrm{H}}\sin^2\psi\cos^2\varOmega + \sigma_{\mathrm{h}}\sin^2\psi\sin^2\varOmega + \sigma_{\mathrm{v}}\cos^2\psi \\ \tau_{xy} = -\sigma_{\mathrm{H}}\cos\psi\cos\varOmega\sin\varOmega + \sigma_{\mathrm{h}}\cos\psi\cos\varOmega\sin\varOmega \\ \tau_{yz} = -\sigma_{\mathrm{H}}\sin\psi\cos\varOmega\sin\varOmega + \sigma_{\mathrm{h}}\sin\psi\cos\varOmega\sin\varOmega \\ \tau_{zx} = \sigma_{\mathrm{H}}\cos\psi\sin\psi\cos^2\varOmega + \sigma_{\mathrm{h}}\cos\psi\sin\psi\sin^2\varOmega - \sigma_{\mathrm{v}}\sin\psi\cos\psi\end{cases} \tag{3-24}$$

式中　σ_{H}——实钻地层的最大水平主应力；

σ_{h}——实钻地层的最小水平主应力；

σ_{v}——实钻地层的上覆岩层压力（垂直主应力）；

ψ——井斜角；

$\varOmega$——方位角。

将式（3–23）和式（3–24）结合拉伸破坏准则，即可得到地层破裂压力或破裂压力当量密度[38]。

2. 钻柱起下钻过程

一般情况下，钻井包括正常钻进和钻柱起下钻过程[39]。在钻柱下钻过程中会产生较大的激动压力，而起钻过程中又会引起较大的抽吸压力，并且井眼越小、井深越大，激动压力和抽吸压力就越大[40]。此外，当井底流动压力超过地层破裂压力时，地层就会破裂[41]。在钻柱下钻过程中，式（3–2）所示的约束条件在临界点处可以表示为：

$$\rho_{\mathrm{m}} + \frac{p_{\mathrm{s}}}{0.00981 D_{\mathrm{v}}} = \rho_{\mathrm{f}} \tag{3-25}$$

一般来说，激动压力可以通过稳流模型进行计算[42]。对于幂律流体来说，激动压力可使用式（3–26）计算[30]：

$$p_s = \frac{2f_a L \rho_m {v_{as}}^2}{D_o - D_{dp}} \tag{3–26}$$

式中 D_{dp}——钻柱外径，mm；

v_{as}——钻柱起下引起的环空钻井液流速，m/s，可以表示为式（3–27）。

$$v_{as} = 1.5 v_p \left(\frac{{D_{dp}}^2}{{D_o}^2 - {D_{dp}}^2} + 0.5 \right) \tag{3–27}$$

式中 v_p——钻柱起下钻速度，m/s。

在钻柱下钻过程中，水平段延伸极限 $L_{h\text{-dpdown}}$ 和全井裸眼延伸极限 $L_{oh\text{-dpdown}}$ 可分别由式（3–28）和式（3–29）进行计算：

$$L_{h\text{-dpdown}} = \frac{0.00981(\rho_f - \rho_m) D_v - \dfrac{2f_a (L_v + \sum_{i=1}^{j} L_{di}) \rho_m {v_{as}}^2}{D_o - D_{dp}}}{\dfrac{2f_a \rho_m {v_{as}}^2}{D_o - D_{dp}}} \tag{3–28}$$

$$L_{oh\text{-dpdown}} = L_v + \sum_{i=1}^{j} L_{di} + L_{h\text{-dpdown}} \tag{3–29}$$

与激动压力相似，在钻柱起钻过程中会产生抽吸压力。当井底流动压力小于地层坍塌压力时，井壁就会坍塌。在钻柱起出过程中，式（3–3）所示的约束条件在临界点处可以表示为式（3–30）。

$$\rho_m - \frac{p_s}{0.00981 D_v} = \max(\rho_c, \rho_p) \tag{3–30}$$

在钻柱起钻过程中，水平段延伸极限 $L_{h\text{-dpup}}$ 和全井裸眼延伸极限 $L_{oh\text{-dpup}}$ 可以分别通过式（3–31）和式（3–32）进行计算：

$$L_{h\text{-dpup}} = \frac{0.00981\left[\rho_m - \max(\rho_c, \rho_p)\right] D_v - \dfrac{2f_a (L_v + \sum_{i=1}^{j} L_{di}) \rho_m {v_{as}}^2}{D_o - D_{dp}}}{\dfrac{2f_a \rho_m {v_{as}}^2}{D_o - D_{dp}}} \tag{3–31}$$

$$L_{oh\text{-dpup}} = L_v + \sum_{i=1}^{j} L_{di} + L_{h\text{-dpup}} \tag{3–32}$$

3. 套管上提下放过程

与钻柱起下钻过程类似，套管上提下放过程也会造成井底流体压力的波动，其差别在于套管的尺寸不同，即环空尺寸不同。具体来说，套管下放会产生激动压力，从而引起井底流体压力增加；而套管上提又会产生抽吸压力，从而引起井底流体压力减小。这些因素都会对整个井眼的延伸极限造成影响。

在套管下放过程中，水平段延伸极限 $L_{\text{h-cpdown}}$ 和全井裸眼延伸极限 $L_{\text{oh-cpdown}}$ 可分别由式（3–33）和式（3–34）进行计算：

$$L_{\text{h-cpdown}}=\frac{0.00981(\rho_{\text{f}}-\rho_{\text{m}})D_{\text{v}}-\dfrac{2f_{\text{a}}(L_{\text{v}}+\sum_{i=1}^{j}L_{\text{d}i})\rho_{\text{m}}{v_{\text{as}}}^{2}}{D_{\text{o}}-D_{\text{cp}}}}{\dfrac{2f_{\text{a}}\rho_{\text{m}}{v_{\text{as}}}^{2}}{D_{\text{o}}-D_{\text{cp}}}} \tag{3–33}$$

式中　D_{cp}——套管外径，mm，并且式（3–27）中的 D_{dp} 应替换为 D_{cp}。

$$L_{\text{oh-cpdown}}=L_{\text{v}}+\sum_{i=1}^{j}L_{\text{d}i}+L_{\text{h-cpdown}} \tag{3–34}$$

在套管上提过程中，水平段延伸极限 $L_{\text{h-cpup}}$ 和全井裸眼延伸极限 $L_{\text{oh-cpup}}$ 可以分别通过式（3–35）和式（3–36）进行计算：

$$L_{\text{h-cpup}}=\frac{0.00981\left[\rho_{\text{m}}-\max\left(\rho_{\text{c}},\rho_{\text{p}}\right)\right]D_{\text{v}}-\dfrac{2f_{\text{a}}(L_{\text{v}}+\sum_{i=1}^{j}L_{\text{d}i})\rho_{\text{m}}{v_{\text{as}}}^{2}}{D_{\text{o}}-D_{\text{cp}}}}{\dfrac{2f_{\text{a}}\rho_{\text{m}}{v_{\text{as}}}^{2}}{D_{\text{o}}-D_{\text{cp}}}} \tag{3–35}$$

$$L_{\text{oh-cpup}}=L_{\text{v}}+\sum_{i=1}^{j}L_{\text{d}i}+L_{\text{h-cpup}} \tag{3–36}$$

4. 裸眼延伸极限预测模型

大位移水平井裸眼延伸极限模型需要同时满足式（3–1）至式（3–3），因此大位移水平井的水平段延伸极限 L_{h} 和裸眼延伸极限 L_{oh} 需要取各个不同工况下的最小值，可以分别表示为式（3–37）和式（3–38）。

$$L_{\text{h}}=\min\left(L_{\text{h-dri}},L_{\text{h-dpdown}},L_{\text{h-dpup}},L_{\text{h-cpdown}},L_{\text{h-cpup}}\right) \tag{3–37}$$

式中　L_{h}——水平段延伸极限，m；

$L_{\text{h-dri}}$——钻进过程中水平段延伸极限，m；

$L_{\text{h-dpdown}}$——钻柱下钻过程中水平段延伸极限，m；

$L_{\text{h-dpup}}$——钻柱起钻过程中的水平段延伸极限，m；

$L_{\text{h-cpdown}}$——套管下放过程中的水平段延伸极限，m；

$L_{\text{h-cpup}}$——套管上提过程中的水平段延伸极限，m。

$$L_{\text{oh}} = \min\left(L_{\text{oh-dri}}, L_{\text{oh-dpdown}}, L_{\text{oh-dpup}}, L_{\text{oh-cpdown}}, L_{\text{oh-cpup}}\right) \tag{3-38}$$

式中 L_{oh}——裸眼延伸极限，m；

$L_{\text{oh-dri}}$——钻进过程中的裸眼延伸极限，m；

$L_{\text{oh-dpdown}}$——钻柱下钻过程中的裸眼延伸极限，m；

$L_{\text{oh-dpup}}$——钻柱起钻过程中的裸眼延伸极限，m；

$L_{\text{oh-cpdown}}$——套管下放过程中的裸眼延伸极限，m；

$L_{\text{oh-cpup}}$——套管上提过程中的裸眼延伸极限，m。

大位移水平井裸眼延伸极限计算流程如图 3–2 所示。

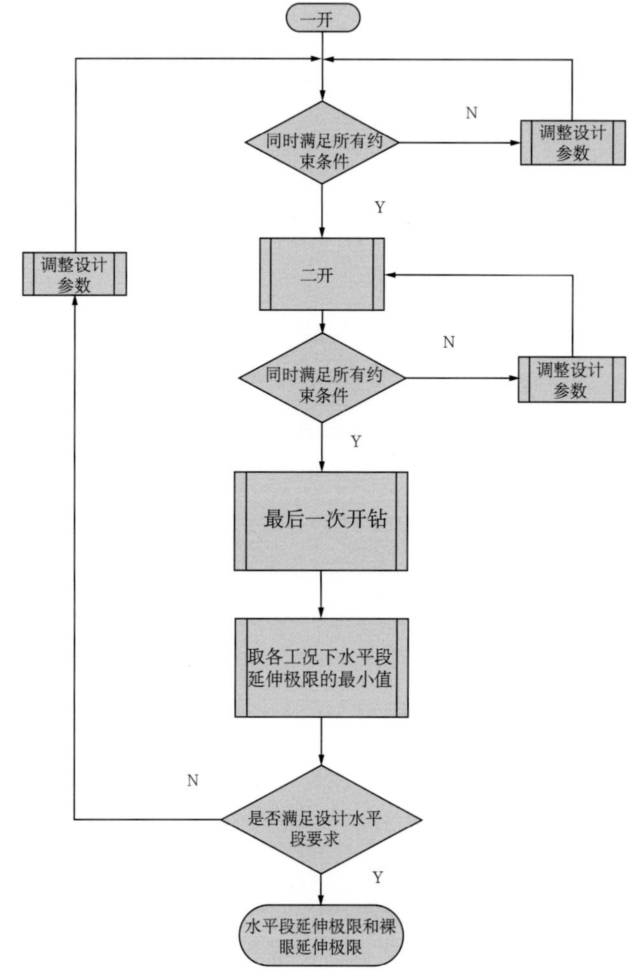

图 3–2 大位移水平井裸眼延伸极限计算流程图

二、环空两相流裸眼延伸极限预测模型

从之前的分析可以知道，大位移井的裸眼延伸极限主要取决于地层破裂压力和钻井液循环时所产生的环空压耗[1]。并且之前的模型是建立在不考虑环空中岩屑的影响，即环空中为单相流的基础之上的。研究表明，随着钻井液密度和排量等参数的增加，环空压耗会单调增加，因此大位移水平井的水平段延伸极限会单调降低。同时，在不考虑岩屑时还会存在这样一种极限情况，即当钻井液排量很小并趋近于零时，水平段延伸极限趋近于无穷大。这是因为当钻井液排量趋近于零时，可以认为没有钻井液循环，此时大位移水平井水平段在钻进时的井底流体压力等于钻井液静液柱压力并且始终保持不变，若井底流体压力小于破裂压力，则地层始终不会被压破，所以水平段可以无限制地向前延伸。

上述分析显然是一种理想的情况，这样假设虽然简化了计算，但是并不完全符合实际，尤其是在机械钻速较高的情况下，岩屑对环空压耗的影响不可忽略，甚至会在大斜度井段及水平段产生一定厚度的岩屑床，这都有可能会对最终的裸眼延伸极限预测值产生较大的影响。如果因为预测结果不准确而采取不当的钻井参数和作业措施，还有可能会引发钻井安全事故。因此，有必要建立更加准确的符合实际作业工况的大位移水平井裸眼延伸极限预测模型。

需要说明的是，钻柱起下钻和套管上提下放过程中的环空可以认为是单相流，因此其约束条件与式（3–2）和式（3–3）一致。而钻进过程中环空为两相流，需要重新建立钻进过程中的相应模型。最终的大位移水平井水平段延伸极限 L_h 和裸眼延伸极限 L_{oh} 仍然需要取各个不同工况下的最小值，可以分别由式（3–37）和式（3–38）进行确定。本部分基于裸眼延伸极限原理，主要建立钻进过程中考虑岩屑影响的大位移水平井裸眼延伸极限预测模型。

1. 模型的建立

本部分主要建立环空两相流条件下的大位移水平井裸眼延伸极限预测模型。首先，在建立环空两相流条件下的大位移水平井裸眼延伸极限预测模型之前需要做出以下假设：

（1）所谓大位移井，特指大位移水平井；

（2）在研究中采用幂律流体进行模拟计算与分析；

（3）在大斜度井段和水平段应考虑钻柱偏心距的影响，并且假设这些井段的偏心距完全一致；

（4）不考虑管壁粗糙度对环空压耗的影响；

（5）相同垂深处的地层压力系统相同，忽略井底异常压力系统的影响；

（6）忽略复杂地层情况，诸如原始地层裂缝或潜在裂缝、层理变化和地层漏失等复杂情况的影响；

（7）水平段的地层破裂压力为恒定值，在进行某垂深裸眼延伸极限值预测时，只需获得该垂深处的地层破裂压力值即可，但为了便于模型中参数敏感性分析，认为整个水平段

的地层破裂压力具有相同值。

钻进过程中环空为两相流，其约束条件可用式（3−39）表示，即钻进过程中的井底流体压力不能大于井底的破裂压力。

钻进过程中：

$$0.00981\rho_{\mathrm{mix}}D_{\mathrm{v}}+\Delta p_{\mathrm{a}}\leqslant 0.00981\rho_{\mathrm{f}}D_{\mathrm{v}} \tag{3-39}$$

大位移水平井的裸眼延伸极限原理可以概括如下：大位移水平井不能无限制地向前延伸，当其井底流体压力超过地层破裂压力时，地层就会被压破 [1]，此时大位移水平井就停止延伸，该破裂点可以称为大位移水平井的临界点。此临界点就是限制大位移水平井延伸的极限条件，式（3−39）中的临界点可使用式（3−40）表示。

$$0.00981\rho_{\mathrm{mix}}D_{\mathrm{v}}+\Delta p_{\mathrm{a}}=0.00981\rho_{\mathrm{f}}D_{\mathrm{v}} \tag{3-40}$$

式中 ρ_{mix}——固液混合物密度，g/cm³；

D_{v}——井眼垂深（TVD），m；

Δp_{a}——总环空压耗，MPa；

ρ_{f}——破裂压力当量密度，g/cm³。

与环空单相流下的模型一致，本部分也将环空压耗 Δp_{a} 分为垂直段环空压耗 Δp_{v}、若干斜井段环空压耗 $\sum_{i=1}^{j}\Delta p_{\mathrm{d}i}$ 和水平段的环空压耗 Δp_{h}，则式（3−40）可以变为式（3−41）。

$$0.00981\rho_{\mathrm{mix}}D_{\mathrm{v}}+(\Delta p_{\mathrm{v}}+\sum_{i=1}^{j}\Delta p_{\mathrm{d}i}+\Delta p_{\mathrm{h}})=0.00981\rho_{\mathrm{f}}D_{\mathrm{v}} \tag{3-41}$$

在临界点处的水平段环空压耗 Δp_{h} 可以表示为式（3−42）。

$$\Delta p_{\mathrm{h}}=0.00981(\rho_{\mathrm{f}}-\rho_{\mathrm{mix}})D_{\mathrm{v}}-(\Delta p_{\mathrm{v}}+\sum_{i=1}^{j}\Delta p_{\mathrm{d}i}) \tag{3-42}$$

只要获得水平段环空压耗梯度（$\Delta p/\Delta L$）$_{\mathrm{h}}$，钻进过程中水平段延伸极限 $L_{\mathrm{h\text{-}dri}}$ 就可以表示为式（3−43）。

$$L_{\mathrm{h\text{-}dri}}=\frac{\Delta p_{\mathrm{h}}}{(\Delta p/\Delta L)_{\mathrm{h}}}=\frac{0.00981(\rho_{\mathrm{f}}-\rho_{\mathrm{mix}})D_{\mathrm{v}}-(\Delta p_{\mathrm{v}}+\sum_{i=1}^{j}\Delta p_{\mathrm{d}i})}{(\Delta p/\Delta L)_{\mathrm{h}}} \tag{3-43}$$

钻进过程中大位移水平井裸眼延伸极限 $L_{\mathrm{oh\text{-}dri}}$ 可以参考式（3−8）进行计算。

环空中固液混合物的密度 ρ_{mix} 可以表示为式（3−44）[43]。

$$\rho_{\mathrm{mix}}=\rho_{\mathrm{s}}C_{\mathrm{s}}+\rho_{\mathrm{m}}(1-C_{\mathrm{s}}) \tag{3-44}$$

式中 ρ_{s}——固相密度，即岩屑密度，g/cm³；

ρ_{m}——钻井液密度，g/cm³；

C_s——固相体积分数，%。

因此，钻进过程中水平段延伸极限 $L_{h\text{-}dri}$ 可以通过将式（3−44）代入式（3−43）进行计算，并可以表示为式（3−45）。

$$L_{h\text{-}dri}=\frac{0.00981\left[\rho_f-\rho_s C_s-\rho_m\left(1-C_s\right)\right]D_v-(\Delta p_v+\sum_{i=1}^{j}\Delta p_{di})}{\left(\Delta p/\Delta L\right)_h} \tag{3-45}$$

从式（3−45）可以看出，该水平段延伸极限的计算也主要取决于垂直段环空压耗 Δp_v、若干斜井段环空压耗 $\sum_{i=1}^{j}\Delta p_{di}$ 和水平段环空压耗梯度 $(\Delta p/\Delta L)_h$ 的计算。由于环空中岩屑的存在，上述参数的确定与单相流情况下完全不同。

2. 直井段和小斜度井段环空压耗

直井段和小斜度井段的环空压耗可以不考虑钻杆偏心等因素的影响，直井段和小斜度井段的环空压耗可以分别采用式（3−46）和式（3−47）进行计算[30, 43]：

$$\Delta p_v=\frac{2f_a L_v\rho_{mix}{v_{ma}}^2}{D_o-D_i} \tag{3-46}$$

$$\Delta p_{ds}=\frac{2f_a L_{ds}\rho_{mix}{v_{ma}}^2}{D_o-D_i} \tag{3-47}$$

式中　Δp_v——垂直段环空压耗，MPa；

f_a——环空摩阻系数，无量纲；

p_{mix}——固液混合物密度，g/cm^3，可以用式（3−44）表示；

v_{ma}——环空固液混合物流速，m/s；

D_o、D_i——环空外径和内径，mm；

f_a——环空摩阻系数，计算方法可以参考文献［30，31］，其在层流和紊流区域具有不同的表达式。

环空中的钻井液流态主要取决于广义雷诺数 Re_g。本章采用幂律流体，其雷诺数可以通过式（3−48）进行计算[30]。并且，工程上的临界雷诺数一般取 2100。具体来说，层流状态下雷诺数 Re_g 小于 2100，而紊流状态下的雷诺数 Re_g 大于 2100。

$$Re_g=\frac{12^{1-n}\rho_{mix}\left(D_o-D_i\right)^n{v_{ma}}^{2-n}}{K\left(\dfrac{2n+1}{3n}\right)^n}\times10^{3-3n} \tag{3-48}$$

3. 大斜度井段环空压耗

由于重力的作用，岩屑在大斜度井段和水平段具有沉降的趋势，并逐渐堆积形成岩屑床，从而对环空压耗造成一定的影响，环空两相流条件下大斜度井段环空压耗 Δp_{dl} 可以表示为式（3–49）[44, 45]。

$$\Delta p_{\mathrm{dl}}=\left\{\frac{0.0260686h_{\mathrm{c}}}{f_{\mathrm{b}}}\left[\frac{v_{\mathrm{ma}}{}^{2}}{0.00981\left(D_{\mathrm{o}}-D_{\mathrm{i}}\right)\left(S-1\right)}\right]^{-1.25}+\left(1+0.00581695h_{\mathrm{c}}\right)\right\}\Delta p_{\mathrm{dl0}} \tag{3-49}$$

式中　D_{o}、D_{i}——环空外径和内径，mm；

S——岩屑密度与钻井液密度之比，无量纲；

f_{b}——考虑岩屑时的摩阻系数，无量纲，可以表示为式（3–50）；

h_{c}——无量纲岩屑床厚度，可以表示为式（3–51）[46]。

$$f_{\mathrm{b}}=\begin{cases}\dfrac{64}{Re},Re<2300\\ \dfrac{0.316}{Re^{0.25}},Re\geqslant 2300\end{cases} \tag{3-50}$$

$$\begin{aligned}h_{\mathrm{c}}&=90.7609-61.90965v_{\mathrm{ma}}-0.35468N-17.10808\varepsilon-4.52489v_{\mathrm{ma}}{}^{2}+0.0001N^{2}+\\&5.88684\varepsilon^{2}+0.16236v_{\mathrm{ma}}N+29.04527v_{\mathrm{ma}}\varepsilon-0.09465\varepsilon N+0.00034v_{\mathrm{ma}}\varepsilon N-\\&25.10807\left(\rho_{\mathrm{m}}-1\right)+1.20133v_{\mathrm{ma}}\frac{v_{\mathrm{acj}}-6}{6}+2.16505\sqrt[3]{\mu_{\mathrm{AV}}}-3.3953\sqrt[4]{\mu_{\mathrm{AV}}}\end{aligned} \tag{3-51}$$

式中　N——钻杆转速，r/min；

v_{acj}——环空岩屑注入速度，kg/min；

ε——无量纲钻杆偏心度，可以表示为式（3–52）[33]；

μ_{AV}——钻井液的表观黏度，mPa·s，可以表示为式（3–53）。

$$\varepsilon=\frac{2e}{D_{\mathrm{o}}-D_{\mathrm{i}}} \tag{3-52}$$

$$\mu_{\mathrm{AV}}=K\left(\frac{2n+1}{3n}\right)^{n}\frac{\left(D_{\mathrm{o}}-D_{\mathrm{i}}\right)^{1-n}}{\left(12v_{\mathrm{ma}}\right)^{1-n}}\times 10^{3n-3} \tag{3-53}$$

大斜度井段不考虑岩屑床时的环空压耗 Δp_{dl0} 可以表示为式（3–54）[32]。

$$\Delta p_{\mathrm{dl0}}=\frac{2f_{\mathrm{a}}L_{\mathrm{dl}}\rho_{\mathrm{mix}}v_{\mathrm{ma}}{}^{2}}{D_{\mathrm{o}}-D_{\mathrm{i}}}\cdot R \tag{3-54}$$

式中　L_{dl}——大斜度井段长度，m；

R——偏心系数，无量纲，具体表达式为式（3–16）和式（3–17）[32-35]。

4. 水平段环空压耗梯度

与大斜度井段环空压耗的计算公式相似，水平段环空压耗梯度 $(\Delta p/\Delta L)_{\mathrm{h}}$ 可以用式(3–55)表示。

$$\left(\frac{\Delta p}{\Delta L}\right)_{\mathrm{h}}=\left\{\begin{array}{l}\dfrac{0.0260686h_{\mathrm{c}}}{f_{\mathrm{b}}}\left[\dfrac{{v_{\mathrm{ma}}}^{2}}{0.00981\left(D_{\mathrm{o}}-D_{\mathrm{i}}\right)\left(S-1\right)}\right]^{-1.25}\\+\left(1+0.00581695h_{\mathrm{c}}\right)\end{array}\right\}\left(\frac{\Delta p}{\Delta L}\right)_{\mathrm{h0}} \tag{3-55}$$

不考虑岩屑床时的水平段环空压耗梯度 $(\Delta p/\Delta L)_{\mathrm{h0}}$ 可以表示为式（3−56）[32]。

$$\left(\frac{\Delta p}{\Delta L}\right)_{\mathrm{h0}}=\frac{2f_{\mathrm{a}}\rho_{\mathrm{mix}}{v_{\mathrm{ma}}}^{2}}{D_{\mathrm{o}}-D_{\mathrm{i}}}\cdot R \tag{3-56}$$

三、单相流和两相流模型的对比分析

至此，本章分别建立了单相流和两相流条件下的大位移水平井裸眼延伸极限预测模型。后续内容如无特殊说明，钻进过程中按照环空两相流模型进行计算分析，钻柱起下钻和套管上提下放过程则按照环空单相流模型进行计算分析。

基于前述建立的环空单相流和两相流条件下的大位移水平井裸眼延伸极限预测模型，本部分针对一口页岩气水平井钻进过程中的裸眼延伸极限进行了预测，并且进行了相应的参数敏感性分析。该井井身结构设计和井眼轨道设计列于表 3−3 和表 3−4，井身结构设计如图 3−3 所示，其他参数列于表 3−5。

需要说明的是：第一，由于裸眼延伸极限可以由垂直段、斜井段和水平段的长度相加得到，在钻达水平段之前，其垂直段和若干斜井段的井深都可以通过测斜仪器获得，而唯一不确定的就是其水平段的长度，因此本部分主要对水平段延伸极限进行分析研究；第二，本部分只对比分析钻进过程中的水平段延伸极限和裸眼延伸极限。

表 3−3 页岩气水平井井身结构设计表

套管层次	钻头直径（mm）	套管外径（mm）	套管下深（m）
导管	558.8	476.3	30
表层套管	444.5	339.7	700
中间套管	311.2	244.5	2407
裸眼段	215.9	—	—

表 3−4 页岩气水平井井眼轨道设计表

参数	数值
造斜点垂深（m）	1956.3
造斜率［（°）/100m］	20.55
目标段井斜角（°）	90
井眼垂深（m）	2241
靶前距（m）	280

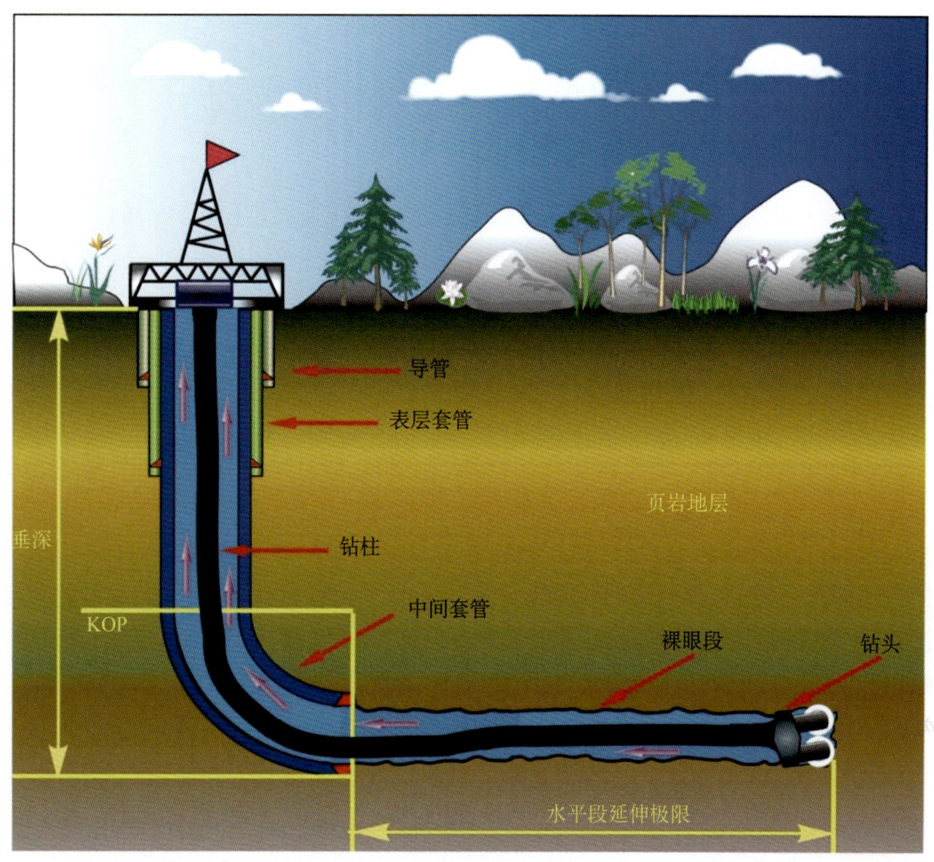

图 3–3　井身结构设计示意图

表 3–5　输入模型的数据表

变量	数值
钻井液密度 ρ_m（g/cm^3）	1.71
岩屑密度 ρ_s（g/cm^3）	2.5
流性指数 n	0.7365
稠度系数 K（Pa · s^n）	0.7565
钻井液排量 Q（L/s）	30
破裂压力当量密度 ρ_f（g/cm^3）	2.01
钻杆转速 N（r/min）	50
机械钻速 ROP（m/h）	10

根据前述的分析和计算，在此条件下得到的水平段延伸极限为 1610m，裸眼延伸极限为 4005m；而不考虑岩屑时的水平段延伸极限为 1941m，裸眼延伸极限为 4336m，具体见表 3–6。

表 3–6　考虑和不考虑岩屑时的钻进过程中水平段延伸极限和裸眼延伸极限结果对比表

模式	钻进过程中水平段延伸极限（m）	钻进过程中裸眼延伸极限（m）
单相流	1941	4336
两相流	1610	4005

从表 3–6 可以看出，相较于之前没有考虑岩屑的模型，考虑岩屑后建立的模型所得的水平段延伸极限值明显降低。这是因为考虑了岩屑后，钻井液的环空循环压耗有所增加，进而对大位移水平井裸眼延伸极限和水平段延伸极限产生影响。

为了进一步考察所建立的预测模型中主要参数对水平段延伸极限的影响，现分别针对模型中的钻井液密度、钻井液排量和机械钻速进行参数敏感性分析。

1. 钻井液密度

首先，对钻井液密度进行敏感性分析，同时要考虑不同机械钻速、钻杆转速、流性指数和钻井液排量对水平段延伸极限的影响，具体结果如图 3–4 至图 3–7 所示。并且在计算某些参数（流性指数和钻井液排量）时还对比分析了考虑岩屑和不考虑岩屑的情况。

从图 3–4 至图 3–7 可以看出，在考虑岩屑的情况下，即环空中为固液两相流时，随着钻井液密度的增加，大位移水平井的水平段延伸极限具有先增加后减小的趋势，即存在一个最优的钻井液密度值，可以使得水平段延伸极限取得最大值。同时从图 3–4 和图 3–5 可以看出，在同一钻井液密度下，水平段延伸极限会随着机械钻速的增加而减小，也会随着钻杆转速的增加而增加。这是因为随着机械钻速的增加，环空中的岩屑含量有所增加，会使得环空压耗增加，进而使得水平段延伸极限减小。而钻杆的旋转又会对井底岩屑的清除具有一定的促进作用，从而降低环空压耗，因此随着钻杆转速的增加，水平段延伸极限也会增加。

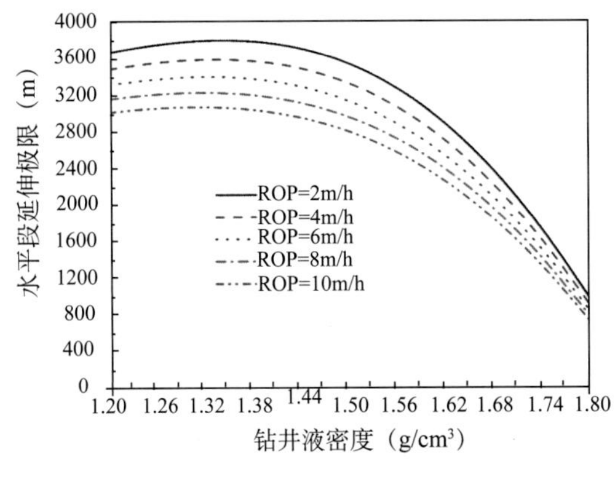

图 3–4　不同机械钻速下钻井液密度对水平段延伸极限的影响

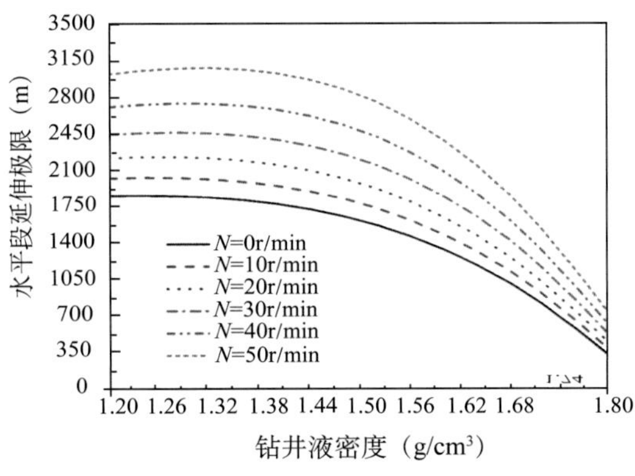

图 3–5　不同钻杆转速下钻井液密度对水平段延伸极限的影响

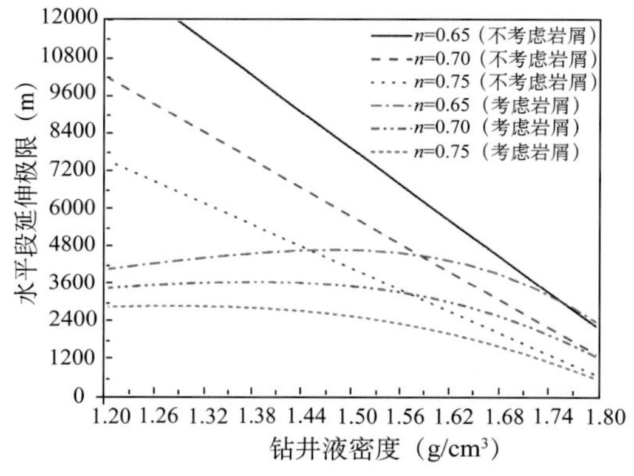

图 3–6　考虑岩屑和不考虑岩屑时不同流性指数下钻井液密度对水平段延伸极限的影响

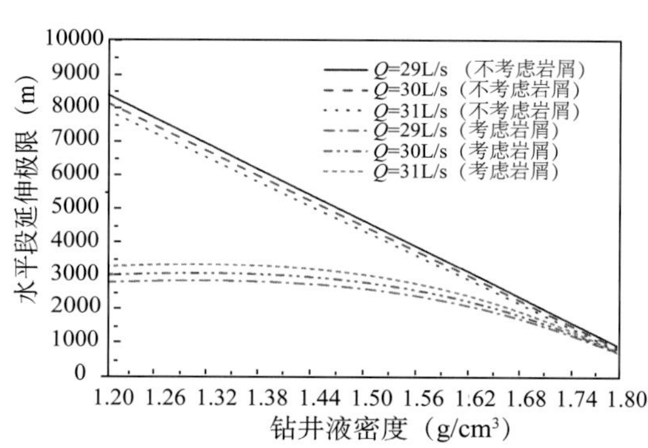

图 3–7　考虑岩屑和不考虑岩屑时不同排量下钻井液密度对水平段延伸极限的影响

图 3–6 和图 3–7 对比了考虑岩屑和不考虑岩屑时水平段延伸极限的影响。可以看出，当考虑岩屑时，水平段延伸极限随着钻井液密度的增加而先增加后减小；而不考虑岩屑时，水平段延伸极限则随着钻井液密度的增加而单调递减。并且，随着钻井液密度的增加，考虑岩屑和不考虑岩屑下的水平段延伸极限之间的差别在逐渐减小。

从图 3–6 可以看出，在同一钻井液密度下，无论考虑岩屑与否，水平段延伸极限都会随着流性指数的增加而减小。从图 3–7 可以看出，在图中所示的钻井液密度和排量范围内，考虑岩屑与否将会对水平段延伸极限的预测结果产生较大的影响。当不考虑岩屑时，随着钻井液排量的增加，环空压耗逐渐增加，因此水平段延伸极限逐渐减小。而当考虑岩屑时，随着钻井液排量的增加，井眼清洁状况逐步改善，因此环空压耗不断降低，从而使得水平段延伸极限逐渐增加。

2. 钻井液排量

对钻井液排量进行敏感性分析，同时要考虑不同机械钻速、钻杆转速和钻井液密度对水平段延伸极限的影响。并且还对比分析了不同钻井液密度条件下考虑岩屑和不考虑岩屑的情况。同时，在对钻井液排量进行分析时，要考虑最低的井眼清洁需要，因此应确定最小钻井液排量，该部分计算较为成熟，经过计算，最小排量为 26.2L/s。因此，本部分分析的钻井液排量始于 27L/s。

从图 3–8 和图 3–9 可以看出，随着钻井液排量的增加，大位移水平井的水平段延伸极限逐渐增加。这是因为在图中所示的排量范围内，排量增加有助于井眼清洁，从而使得环空压耗降低，最终使得水平段延伸极限增加。

从图 3–8 可以看出，在同一钻井液排量下，随着机械钻速的增加，水平段延伸极限逐渐减小，这是因为机械钻速的增加会使得环空固液混合物的密度增加，从而使得环空压耗增加，最终导致水平段延伸极限减小。从图 3–9 可以看出，在同一钻井液排量下，随着钻杆转速的增加，水平段延伸极限逐渐增加。这是由于钻杆旋转具有清洁井眼的作用，因此随着钻杆转速的增加，水平段延伸极限逐渐增加。

图 3–10 表示考虑岩屑和不考虑岩屑时不同钻井液密度下钻井液排量对水平段延伸极限的影响。可以看出，考虑和不考虑岩屑时，水平段延伸极限会随着钻井液排量的增加具有完全不同的变化趋势。在不考虑岩屑时，水平段延伸极限会随着钻井液密度的增加而减小；而在考虑岩屑时，在图中所示的排量范围内，水平段延伸极限会逐渐增加。原因如下：在不考虑岩屑时，随着钻井液排量的增加，环空压耗增加，所以水平段延伸极限逐渐减小；而在考虑岩屑时，随着钻井液排量的增加，井眼清洁状况得到改善，因此环空压耗逐渐减小，最终使得水平段延伸极限增加。

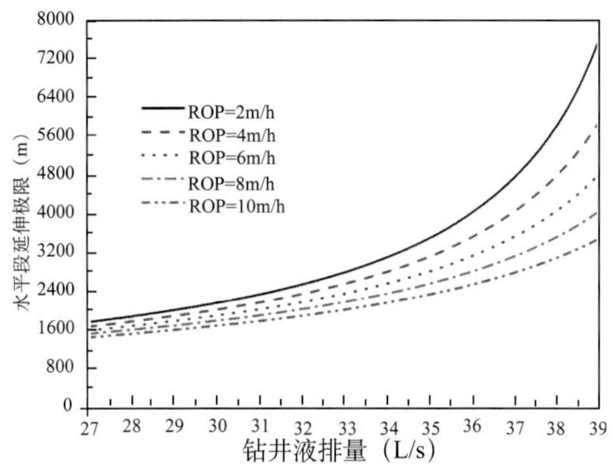

图 3–8　不同机械钻速下钻井液排量对水平段延伸极限的影响

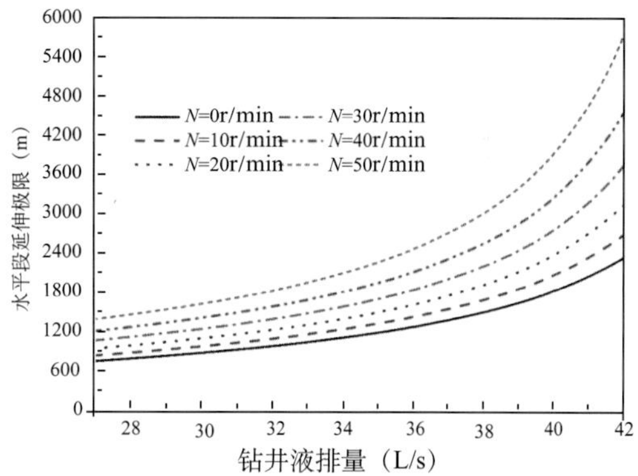

图 3–9　不同钻杆转速下钻井液排量对水平段延伸极限的影响

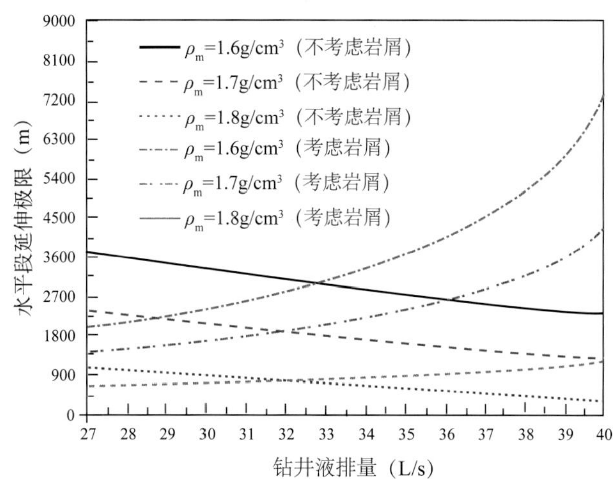

图 3–10　考虑岩屑和不考虑岩屑时不同钻井液密度下钻井液排量对水平段延伸极限的影响

3. 机械钻速

机械钻速对水平段延伸极限的影响如图 3－11 和图 3－12 所示。

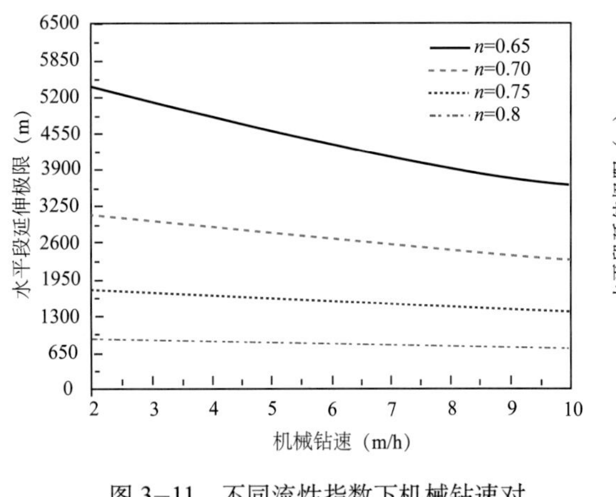

图 3－11　不同流性指数下机械钻速对水平段延伸极限的影响

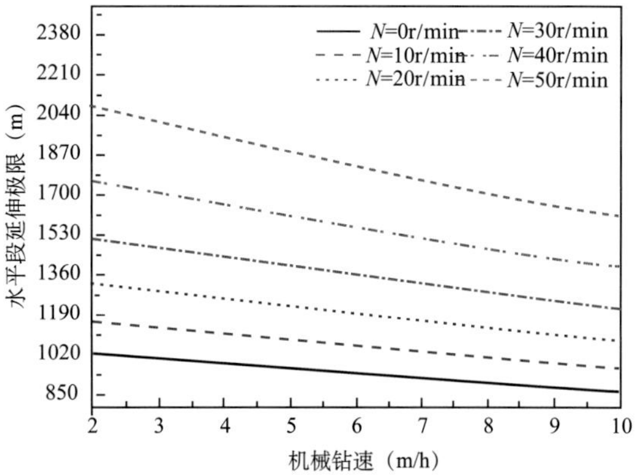

图 3－12　不同钻杆转速下机械钻速对水平段延伸极限的影响

如图 3－11 和图 3－12 所示，随着机械钻速的增加，水平段延伸极限逐渐减小。这是因为，随着机械钻速的增加，环空中岩屑含量增加，从而引起环空压耗增加，因此水平段延伸极限有所减小。

第三节　大位移水平井裸眼延伸极限控制方法

大位移水平井裸眼延伸极限预测模型中的参数主要包括主观因素和客观因素，其中主观因素主要包含：钻井约束参数、井眼设计参数和具体操作参数，而客观因素主要指地层因素。其中，客观因素一般难以人为改变，但可以通过调控主观因素来达到提高裸眼延伸极限的目的。本节提出的大位移水平井裸眼延伸极限优化控制方法，可以根据相应的预测模型中主观因素分为钻井约束参数变化、井眼设计参数变化以及这两者同时发生变化三种情况。

一、钻井约束参数变化

当钻井约束参数发生变化时，大位移水平井的目标井深可表达如下：

$$\mathrm{Obj}=L(c_{\mathrm{opt}},d,o)=\max_{c\subset C}L(c,d,o) \tag{3-57}$$

式中　L——目标井深；

c——钻井约束参数，具体指钻井液密度、钻井液排量、机械钻速、钻井泵额定泵压和钻具组合等参数；

d——井眼设计参数，具体指井身结构和井眼轨道等参数；

C——钻井约束参数 c 的许用空间，其具体形式以约束条件的形式给出；

c_{opt}——最优钻井约束参数，在 c_{opt} 下井深取得最大值；

o——具体操作工况，包含钻进、起钻、下钻、套管下放、关井和空井等。

式（3–57）所表达的优化模型，其数学含义是指考虑所有操作工况 o 情况下，在指定井眼设计参数 d 下，钻井约束参数 c 在其许用空间 C 下所取得的最大延伸极限值。比较实用的办法是以获得的最大裸眼延伸极限为目标函数，求取最优的钻井液密度和最优的钻井液排量。

二、井眼设计参数变化

当井眼设计参数 d 发生变化时，大位移水平井的目标井深可表达如下：

$$\mathrm{Obj}=L(c,d_{opt},o)=\max_{d\subset D}L(c,d,o) \tag{3-58}$$

式中　D——井眼设计参数 d 的许用空间，其具体形式以约束条件的形式给出；

d_{opt}——最优井眼设计参数，在 d_{opt} 下井深取得最大值。

式（3–58）所述的优化模型数学含义是指考虑所有操作工况 o 情况下，在指定的钻井约束参数 c 下，井眼设计参数 d 在其许用空间 D 下所取得的最大延伸极限值。在本书中，虽然钻井约束参数不变，但井眼轨道设计参数不断变化。

三、钻井约束参数和井眼设计参数同时变化

当钻井约束参数和井眼设计参数同时变化时，钻井延伸极限优化模型可以使用式（3–59）表示。

$$\mathrm{Obj}=L(c_{opt},d_{opt},o)=\max_{c\subset C}\max_{d\subset D}L(c,d,o) \tag{3-59}$$

式（3–59）所述的优化模型的数学含义是指考虑所有操作工况 o 情况下，钻井约束参数 c 在其许用空间 C 下，井眼设计参数 d 在其许用空间 D 下所取得的最大延伸极限值。此时需要注意的是，最终的延伸极限值是不同钻井工况下延伸极限值的最小值。

第四节　工程实例分析

本节基于前述的大位移水平井裸眼延伸极限预测模型，结合油田现场数据，针对一些大位移井或水平井（中石化涪陵地区焦页 2–5HF 井和萨哈林地区大位移井 Z–42）进行分析研究，预测其延伸极限，以规避钻井风险，保证在实际钻井施工中在其延伸能力范围内进行钻井工程设计。

一、焦页 2-5HF 井 3000m 水平段设计可行性分析

页岩油气资源的商业开发普遍采用水平井技术，其水平段的长度一般为 800～2500m [47]，而美国的页岩气水平段通常为 900～2000m [48, 49]。2016 年，哈里伯顿公司和 Eclipse 公司完成的美国陆上页岩气井 Purple Hayes 1H 的水平段长达 5652.21m，而涪陵页岩气水平井平均水平段长度约为 1500m [50]。为了提高涪陵地区页岩气水平井的产量和经济效益，要求尽可能延长水平井的水平段长度，并通过大位移水平井延伸极限预测分析来规避相应的钻井作业风险。基于大位移水平井的延伸极限计算模型，本节主要考察地层承压能力和地面机泵条件等因素的影响，精确预测涪陵焦页 2-5HF 井的延伸极限，尤其是水平段延伸极限，以判断其是否满足 3000m 水平段设计需求。

焦页 2-5HF 井位于重庆市涪陵区焦石镇板栗村 2 组，是江汉油田部署在川东南地区川东高陡褶皱带包鸾—焦石坝背斜带焦石坝构造的一口页岩气生产井，设计井深 5980m，设计水平段长度 3037m。

1. 钻进过程

大位移水平井钻井作业涉及裸眼的稳定延伸极限、水力工程的延伸极限和机械装备的延伸极限三种延伸极限。这里主要讨论前两种延伸极限，它们分别受到地层承压能力和地面机泵条件的约束，都与水力学参数密切相关。大位移水平井延伸极限应该同时满足实钻地层和机泵的约束条件 [18, 51]。

焦页 2-5HF 井的目的层位于龙马溪组，其在 2592.08m 垂深处的破裂压力当量密度约为 1.817g/cm^3。焦页 2-5HF 井龙马溪组的预测地层压力当量密度为 1.25g/cm^3，钻井液密度取 1.30g/cm^3。三开钻头尺寸为 ϕ215.9mm，上层套管外径为 ϕ244.5mm，钻杆尺寸为 ϕ127mm。焦页 2-5HF 井龙马溪组钻井的排量取 26L/s。焦页 2-5HF 井水平段的机械钻速取 5.3m/h。此外，钻井泵为 F-1600 型，缸套直径为 ϕ170mm，额定压力为 25.5MPa，额定泵功率为 1176kW。其他具体钻进参数见表 3-7。焦页 2-5HF 井的井身结构设计参数见表 3-8 和图 3-13。

表 3-7　焦页 2-5HF 井数据表

变量	数值
钻井液密度 ρ_m（g/cm^3）	1.30
岩屑密度 ρ_s（g/cm^3）	2.5
流性指数 n	0.4365
稠度系数 K（Pa · s^n）	0.6565
破裂压力当量密度 ρ_f（g/cm^3）	1.817
机械钻速 ROP（m/h）	5.3
钻井液排量 Q（L/s）	26
额定泵压 p_r（MPa）	25.5

表 3–8 焦页 2–5HF 井井身结构设计表

开钻次数	钻头直径 × 钻深（mm × m）	套管直径 × 下深（mm × m）	钻井液
导管	609.6 × 60	473.1 × 60	钻井液
一开	406.4 × 602	339.7 × 600	清水＋复合钻井液
二开	311.2 × 2532	244.5 × 2530	清水
			水基钻井液
三开	215.9mm 钻头		油基钻井液

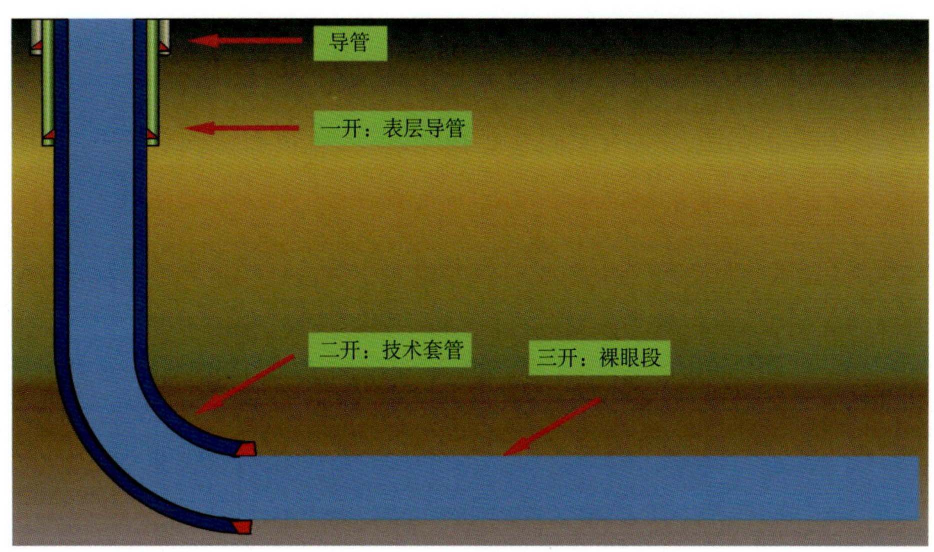

图 3–13 焦页 2–5HF 井井身结构设计图

考虑前文所述的约束条件及计算模型，焦页 2–5HF 井水平段延伸极限的计算过程及结果如图 3–14 所示。

从图 3–14 中可以看出，随着水平段长度的增加，钻井液当量循环密度（Equivalent Circulating Density，ECD）和泵压都随着水平段长度的增加而增大。其中，ECD 会受到破裂压力当量密度的限制；而泵压会受到钻井泵额定泵压的限制。此时，ECD 线与破裂压力当量密度线的交点所对应的水平段长度为受到地层承压能力限制的水平段延伸极限，为 3985m；泵压线与额定泵压线的交点所对应的水平段长度为受到额定泵压限制的水平段延伸极限，为 4105m。

另外需要注意的是，经过计算，基于额定泵功率的水平段延伸极限为 15972m，相较于前两个数值来说较大，因此没有在图 3–14 中画出。钻井泵额定排量为 46.1L/s，大于钻井液排量的可行区间，因此此时水力延伸极限主要受钻井泵额定泵压的影响。由于此时的额定排量为 46L/s，大于此时的钻井液排量 26L/s，因此此时的水力延伸极限主要受到钻井泵额定泵压的影响。焦页 2–5HF 井钻进过程中会同时受到三种约束条件的限制，具体数据见表 3–9。

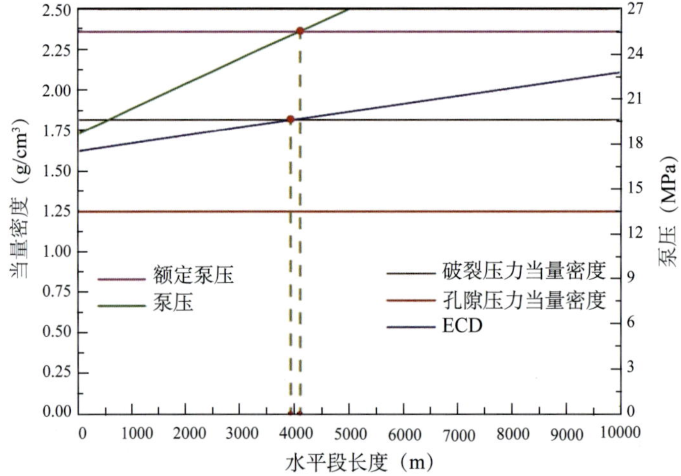

图 3–14　钻井液排量为 26L/s 时焦页 2–5HF 井水平段延伸极限计算示意图

表 3–9　焦页 2–5HF 井钻进过程预测延伸极限和实钻结果对比表

类型	焦页 2–5HF 井预测结果				焦页 2–5HF 井实钻结果
预测水平段延伸极限或实钻水平段长度（m）	裸眼延伸极限限制因素	额定泵压因素	额定泵功率因素	水平段延伸极限	3065
	3985	4105	15972	3985	
预测延伸极限或实钻井深（m）	6928				5965

计算表明，焦页 2–5HF 井的延伸极限为 6928m，其中水平段延伸极限为 3985m，即在上述钻井条件下可以满足 3000m 水平段的钻井需求。2018 年 3 月 7 日，人民网报道中石化涪陵页岩气焦页 2–5HF 井已经成功钻达 5965m，其中水平段长 3065m，创造了中国陆上和页岩气最长水平井两项开发纪录[52]。图 3–15 为焦页 2–5HF 井预测结果、实钻数据和美国 Purple Hayes 1H 井实钻数据对比示意图。

图 3–15 显示焦页 2–5HF 井的预测结果（水平段长度和井深）都要稍大于它的实钻数据，较为接近，这也正是预测其裸眼延伸极限的目的和意义所在，在实钻开始之前充分了解该井的极限延伸能力并积极采取应对措施规避钻井风险。从图 3–15 中还可以看出，焦页 2–5HF 井虽然创造了中国陆上和页岩气最长水平井两项开发纪录，但是相比于美国陆上页岩气水平井，仍然差距巨大，需要积极采取优化控制措施缩小与国外差距，提高中国页岩气开发的产量和经济效益。

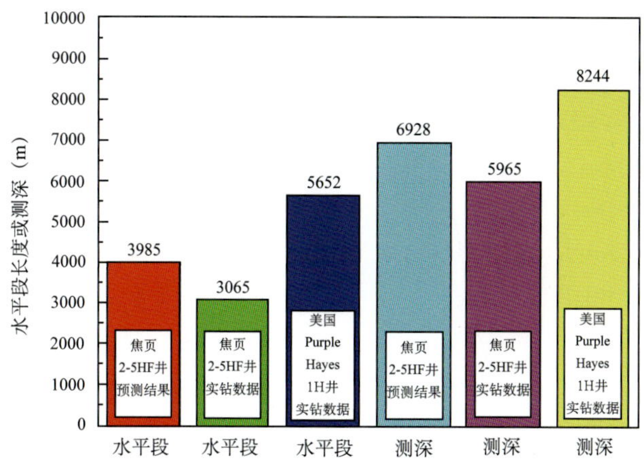

图 3–15　焦页 2–5HF 井预测结果、实钻数据和美国 Purple Hayes 1H 井实钻数据对比示意图

在现场比较容易调整的钻井参数为钻井液排量，若将钻井液排量取为 30L/s，焦页 2–5HF 井水平段延伸极限计算如图 3–16 所示。此时，ECD 线与破裂压力当量密度线在图中所示水平段长度范围内没有交点，在破裂压力的限制下水平段可以延伸超过 12000m；泵压线与额定泵压线的交点所对应的水平段长度为受到额定泵压限制的水平段延伸极限，为 11165m。这是因为随着钻井液排量的增加，井眼净化情况有所改善，因而整个大位移水平井的 ECD 及泵压都有所降低，而其延伸极限会有所提高。

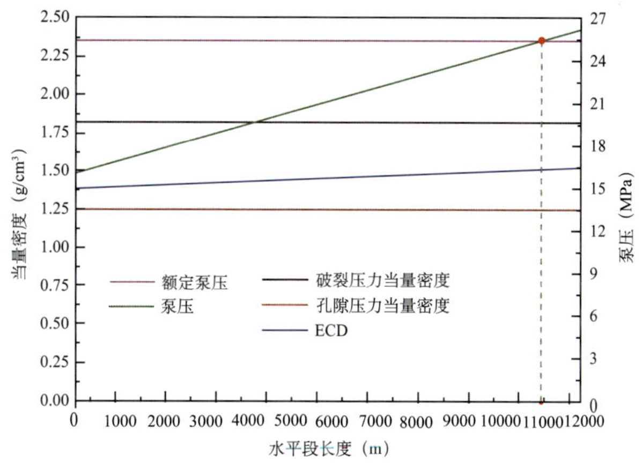

图 3–16　钻井液排量为 30L/s 时焦页 2–5HF 井水平段延伸极限计算示意图

同时，钻井泵额定排量为 46.1L/s，大于钻井液排量的可行区间，因此此时水力延伸极限也主要受钻井泵额定泵压的影响 [51]。因此，图 3–16 中没有绘制出受额定泵功率限制的水力延伸极限。

但是，大位移水平井的延伸极限并非一个定值，而是随着钻井参数不断变化。下面分别考察在不同参数的组合下，大位移水平井的水平段延伸极限的变化情况。随着钻井液排量变化，大位移水平井水平段延伸极限分别受到地层承压能力和钻井泵额定泵压限制的变化情况如图 3-17 所示。

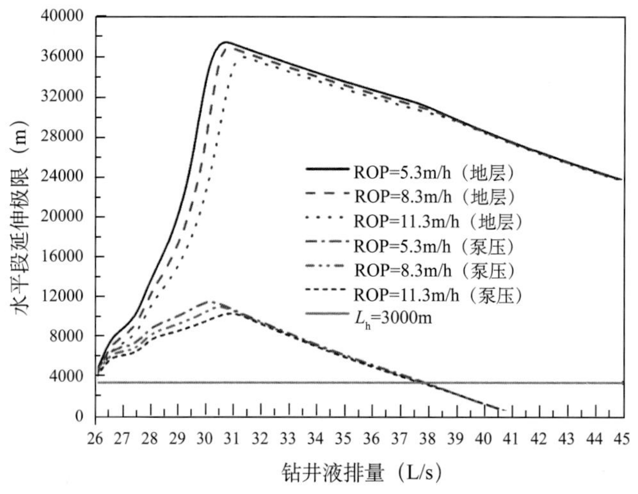

图 3-17　钻井液排量对水平段延伸极限的影响

从图 3-17 可以看出，随着钻井液排量的增加，受地层承压能力限制和受钻井泵额定泵压限制的水平段延伸极限都先增加后减小。同一钻井液排量下，机械钻速越大，其所对应的两种水平段延伸极限越小。在图 3-17 所示的排量范围内，受钻井泵额定泵压限制的水平段延伸极限始终小于受地层承压能力限制的水平段延伸极限，即此时大位移水平井的延伸极限主要受钻井泵额定泵压的限制。

此外，图 3-17 还绘制了 3000m 水平段线，可以看出，受地层承压能力限制的水平段延伸极限曲线始终位于 3000m 水平段线之上，即此时的地层承压能力可以满足 3000m 水平段的钻井需求。当钻井液排量小于 38L/s 时，受钻井泵额定泵压限制的水平段延伸极限曲线位于 3000m 水平段线之上；而当钻井液排量大于 38L/s 时，受钻井泵额定泵压限制的水平段延伸极限曲线位于 3000m 水平段线以下，即此时钻井泵的额定泵压无法满足 3000m 水平段的钻井需求，必须更换额定泵压更高的钻井泵。

每条曲线的最高点可以认为是井眼清洁的最佳点，其所对应的排量值可以保证最佳的井眼清洁效果，约为 30L/s。在小于此排量时，随着钻井液排量增加，井眼清洁状态不断变好，环空压耗降低，井眼延伸极限不断增加；而在大于此排量时，随着钻井液排量的增加，虽然井眼净化状况不断改善，但是环空返速也显著增加，环空压耗反而增加，所以井眼延伸极限不断降低。

岩屑床对大位移水平井的环空压耗具有重要的影响。汪海阁等建立了水平井段岩屑床厚度的理论计算公式 [53]：

$$h_d = 100 \times \frac{h_c}{D} \tag{3-60}$$

式中　h_d——无量纲岩屑床厚度；

h_c——实际岩屑床厚度，m；

D——井眼直径，m。

岩屑床对水平段延伸极限的影响如图 3-18 所示。

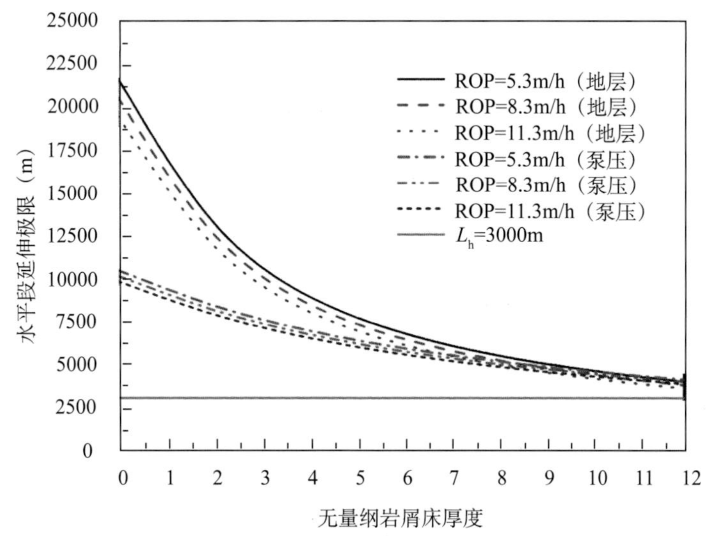

图 3-18　无量纲岩屑床厚度对水平段延伸极限的影响

从图 3-18 中可以看出，随着无量纲岩屑床厚度的增加，受地层承压能力限制和受钻井泵额定泵压限制的水平段延伸极限都不断减小。其中，无量纲岩屑床厚度为零时代表井眼净化完全，此时没有岩屑床存在。并且在同一岩屑床厚度下，机械钻速越大，水平段延伸极限也越小。

从图 3-19 可以看出，随着额定泵压的增加，受钻井泵额定泵压限制的水平段延伸极限不断增加，而受地层承压能力限制的水平段延伸极限保持不变。此外，图 3-19 中还绘制了 3000m 水平段线，可以看出，当钻井泵额定泵压小于 23.5MPa 时，钻井泵无法满足大位移水平井 3000m 水平段的钻井需求；当钻井泵额定泵压处于 23.5～25.5MPa 时，大位移水平井可以钻达 3000m 的水平段，此时主要受钻井泵额定泵压的限制；当钻井泵额定泵压大于 25.5MPa 时，大位移水平井也可以钻达 3000m 的水平段，但是此时主要受地层承压能力的限制。

需要说明的是，钻进过程中大位移水平井的延伸极限并不是固定不变的，而是随着钻井参数不断变化。在现实钻井中，需要根据钻井参数的变化情况实时预测大位移水平井的裸眼延伸极限，这对于规避钻井风险至关重要。

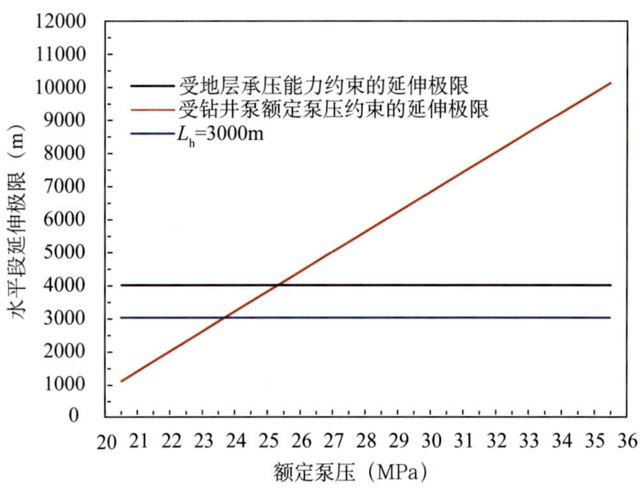

图 3–19　钻井泵额定泵压对水平段延伸极限的影响

2. 钻柱起下钻

钻柱起下钻的过程并不循环钻井液，因此本部分只利用裸眼延伸极限原理，而没有利用水力延伸极限原理。

钻柱起下钻过程中的水平段延伸极限和裸眼延伸极限可以根据式（3–28）、式（3–29）、式（3–31）和式（3–32）进行计算。起下钻过程中的一个重要作业参数——起下钻速度对焦页 2–5HF 井起下钻过程中的水平段延伸极限的影响如图 3–20 所示。

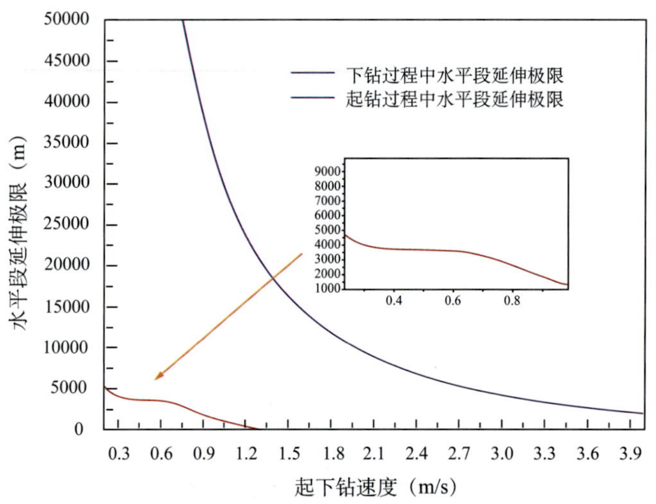

图 3–20　起下钻速度对水平段延伸极限的影响

从图 3–20 中可以看出，随着起下钻速度的增加，起下钻过程中的水平段延伸极限不断降低，这是因为起下钻速度越大，波动压力也越大。总体来说，起下钻速度越慢会越安全，水平段延伸极限也会越大。此外，从图 3−20 中的局部放大图可以看出，当钻柱的起钻速度大于 0.75m/s 时，起钻过程中的水平段延伸极限会小于 3000m，而当钻柱的下钻速度大于 3.5m/s 时，下钻程中的水平段延伸极限会小于 3000m。因此，要保证焦页 2−5HF 井可以完成 3000m 水平段的目标，需要保证起钻速度小于 0.75m/s，下钻速度小于 3.5m/s。

经过分析研究可知：(1) 依照设计的焦页 2−5HF 井井身结构及邻井的钻井参数，可以得到焦页 2−5HF 井的裸眼延伸极限为 6928m，其中水平段延伸极限为 3985m，可以满足 3000m 水平段的钻井需求；(2) 当钻井液排量大于 38L/s 或钻井泵额定泵压小于 23.5MPa 时，无法满足 3000m 水平段的钻井需求；(3) 不同参数组合下限制大位移水平井延伸能力的约束条件并不相同，其延伸极限所受的影响也并不相同，需要分别计算；(4) 要保证焦页 2−5HF 井可以完成 3000m 水平段的目标，需要保证起钻速度小于 0.75m/s，下钻速度小于 3.5m/s。

二、萨哈林地区 Z−42 大位移井延伸极限预测分析

萨哈林州位于俄罗斯远东地区，包括库页岛（萨哈林岛）和千岛群岛，该地区石油和天然气产业发达，萨哈林地区也是目前世界上创造大位移井井深世界纪录最为频繁的地区。图 3−21 为萨哈林地区（鄂霍次克海）油气开发示意图。萨哈林地区的大位移井钻探活动主要分为以下五个阶段 [5, 6]。

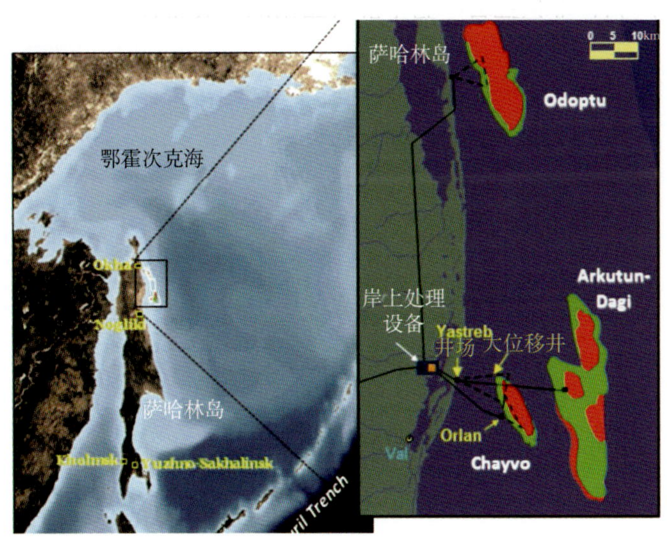

图 3−21　萨哈林地区（鄂霍次克海）油气开发示意图

第一阶段：2003—2005 年，在 Chavyo 油田使用 Yastreb 钻机在陆上进行钻井开发活动；

第二阶段：2005—2008 年，开发活动移至 Orlan 海洋钻井平台；

第三阶段：2008—2011 年，Yastreb 钻机北移 75km 到 Odoptu 油田进行陆上钻井；

第四阶段：2011—2014 年，Yastreb 钻机又被重新移至 Chayvo 油田进行陆上钻井；

第五阶段：2014 年，Arkutun Dagi 油田的钻井活动开始从海上钻井平台进行。

Z–42 井隶属于 Chayvo 油田，是一口从陆上开钻的大位移井，其井深为 12700m，创造了当时大位移井井深的世界纪录，扩展了世界钻井极限包络线的包络范围。Z–42 井的水平位移为 11739m，垂深为 2353m，水垂比达到了 4.99。另外，其水平段长度为 3525m [6]。Z–42 井的井身结构如图 3–22 所示。

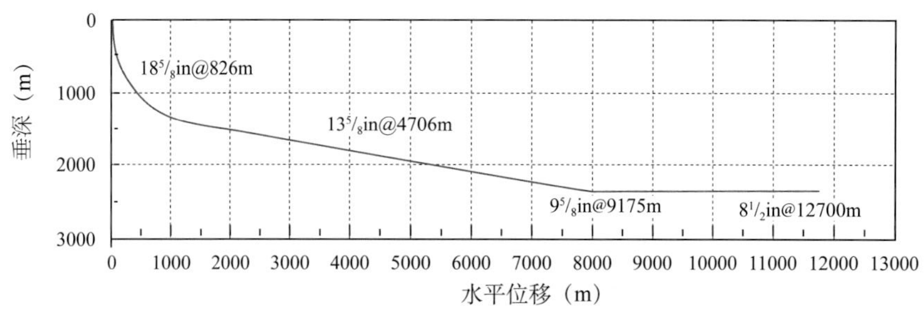

图 3–22　Z–42 井井身结构示意图

1. Z–42 井延伸极限预测分析

由于文献报道中对钻井时的作业参数并没有完全详细给出，因此本部分计算实例中的部分参数是依据邻井以及现场经验给出的。钻井液密度为 1.30g/cm³，钻井液流性指数为 0.4365，稠度系数为 0.6565Pa·s^n，目的层段的破裂压力当量密度为 1.817g/cm³，机械钻速为 5.3m/h，钻井液排量为 33L/s，钻井泵的额定泵压为 39MPa。经过计算，可以得到图 3–23 和表 3–10。

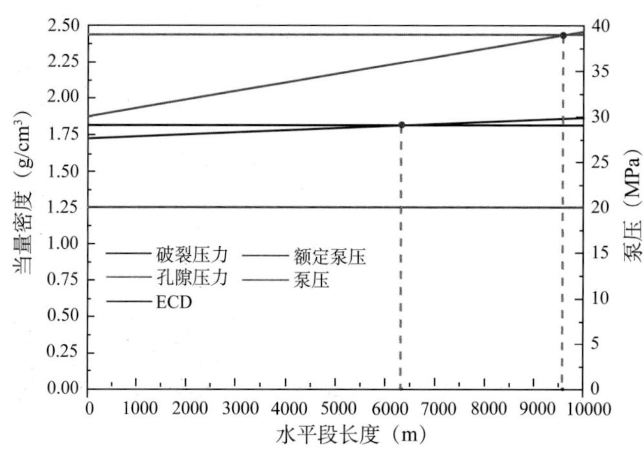

图 3–23　Z–42 井基于裸眼和水力延伸极限原理的水平段延伸极限分析示意图

从图 3–23 可以看出，根据裸眼延伸极限原理，基于裸眼延伸极限的 Z–42 井的水平段延伸极限为 6395m；而根据水力延伸极限原理，基于额定泵压的 Z–42 井的水平段延伸极限为 9530m。因此 Z–42 井的水平段延伸极限为 6395m，而其延伸极限为 15570m，主要受地层承压能力，即破裂压力的约束。具体计算结果见表 3–10。

表 3–10 Z–42 井延伸极限预测结果、Z–42 井实钻数据和世界纪录实钻数据表

类型及项目	Z–42 井预测结果			Z–42 井实钻数据	2017 年钻井井深世界纪录实钻数据
预测水平段延伸极限或实钻水平段长度（m）	裸眼延伸原理	水力延伸原理	水平段延伸极限	3525	
	6395	9530	6395		
预测水平位移或实钻水平位移（m）	14609			11739	14129
预测延伸极限或实钻井深（m）	15570			12700	15000
垂深（m）	2353			2353	1766
水垂比	6.21			4.99	8.0

从表 3–10 可以看出，Z–42 井的预测水平位移和预测延伸极限均明显大于 Z–42 井的实钻水平位移和实钻最大井深。但是，Z–42 井的预测数据与当前钻井井深世界纪录实钻数据相比略大，较为接近。随着钻井技术和装备水平的提高，大位移钻井井深的世界纪录一定会被不断打破。随着预测模型精度的提高和邻井数据的不断丰富，世界大位移钻井的预测延伸极限也会越来越精确，这对于规避钻井风险具有重要意义。

2. Z–42 井延伸极限优化分析

如前所述，钻井现场最易调整的参数就是钻井液排量，水平段延伸极限随着钻井液排量的变化曲线如图 3–24 所示。从图 3–24 可以看出，在钻井液排量为 34～38L/s 时进行作业，可以取得最大的水平段延伸极限。

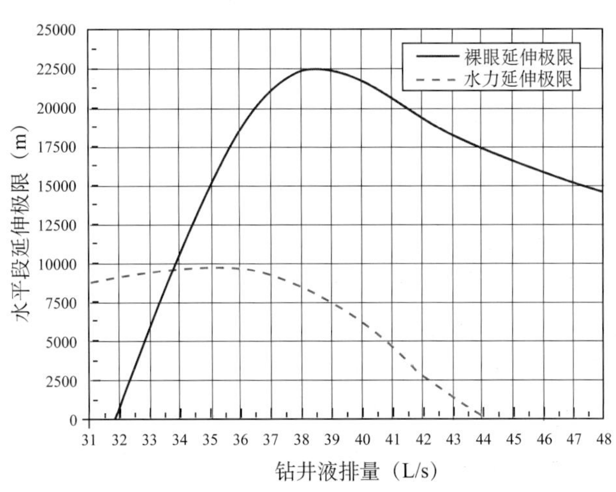

图 3–24 钻井液排量对 Z–42 井基于裸眼和水力延伸极限原理的水平段延伸极限的影响

3. Z–42 井水平段最大机械钻速与钻时分析

从图 3–22 可以看出，Z–42 井的设计水平段长度为 3525m，依据水平段的最大机械钻速并对其水平段的最快钻时进行分析研究 [26]，绘制 Z–42 井在给定水平段长度为 3525m 时的最大机械钻速确定示意图，如图 3–25 所示。

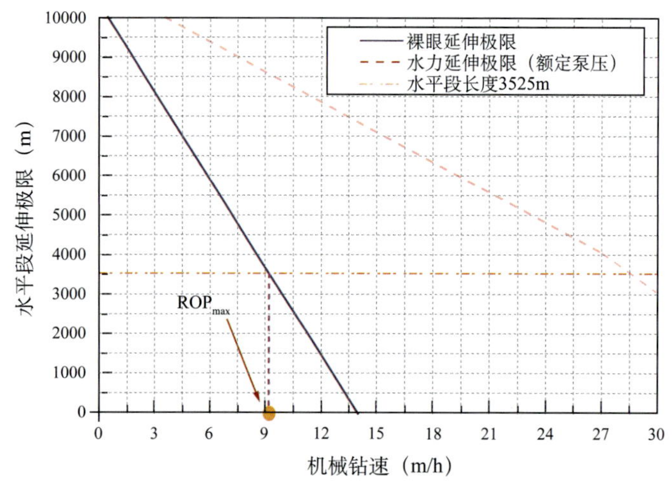

图 3–25 Z–42 井水平段最大机械钻速确定示意图

图 3–25 显示 Z–42 井在设计水平段长度为 3525m 时的最大机械钻速约为 9m/h，经计算可知，其按照最大机械钻速钻完水平段所需要的最快时间为 16.32 天，而实际水平段钻时为 19 天，具体结果见表 3–11。

表 3–11 Z–42 井水平段预测最快钻时与实际钻时对比表

水平段最大机械钻速（m/h）	水平段长度（m）	预测最快钻时（d）	实际钻时（d）
9	3525	16.32	19

表 3–11 表明，Z–42 井的水平段预测最快钻时（16.32 天）略小于实际钻时（19 天），较为接近。这是因为如果水平段钻进时一直采用 9m/h 的最大机械钻速，井底流体压力非常接近破裂压力，极易因调控不当而导致井底流体压力过大而压破地层，从而引发钻井安全事故，因此实际钻进过程中的机械钻速会小于 9m/h，从而导致实际钻时高于预测最快钻时。水平段机械钻速的确定可以让钻井工程师在大位移水平井水平段开始钻进前对最快钻时做到心中有数，也起到了规避钻井风险的作用。主要分析结果如下：

（1）经计算分析可知，Z–42 井的预测水平段延伸极限为 6395m，预测水平位移为 14609m，而其延伸极限预测值为 15570m；

（2）当钻井液排量为 34～38L/s 时，可以取得最大的水平段延伸极限；

（3）Z–42 井的预测水平位移和预测延伸极限均明显大于 Z–42 井的实钻水平位移和实

钻最大井深。但是，Z–42 井的预测数据与该地区当前钻井井深世界纪录实钻数据相比略大，较为接近。

参考文献

[1] Gao D, Tan C, Tang H. Limit Analysis of Extended Reach Drilling in South China Sea[J]. Petroleum Science, 2009, 6(2)：166–171.

[2] 李克向．我国滩海地区应加快发展大位移井钻井技术 [J]. 石油钻采工艺，1998，20(3)：1–9.

[3] 蔡利山，林永学，王文立．大位移井钻井液技术综述 [J]. 钻井液与完井液，2010，27(3)：1–13.

[4] Sonowal K，Bennetzen B，Wong K M，et al. How Continuous Improvement Lead to the Longest Horizontal Well in the World[C]. SPE 119506，2009.

[5] Walker M W. Pushing the Extended Reach Envelope at Sakhalin：An Operator's Experience Drilling a Record Reach Well[C]. SPE 151046，2012.

[6] Gupta V P，Yeap A H P，Fischer K M，et al. Expanding the Extended Reach Envelope at Chayvo Field, Sakhalin Island[C]. SPE 168055，2014.

[7] Zborowski M.Sakhalin–1 Extended–Reach Well Eclipses 15，000m[J]. Journal of Petroleum Technology, 2017，70（1）.

[8] 海洋油气网．俄罗斯石油公司在鄂霍次克海钻成"世界上最长的井"井深超 15000m［OL］. 2017–11–20. http：//www.offshoreoilandgas.net/detail.php？ id=2806.

[9] 唐海雄，高德利，董星亮，等．中国近海高水垂比大位移钻井关键技术研究及应用 [J]. 中国高校科技，2009（3）：2–6.

[10] 魏宏安，张武辇，唐海雄．超大水垂比大位移井钻井技术 [J]. 石油钻采工艺，2005，27（1）：1–5.

[11] Jiao Y. Extended–reach Drilling：Breaking the 10–km Barrier[J]. Drilling & Production Technology，1999，11(2)：111–117.

[12] Armstrong N R，Evans A M. Extended Reach Drilling—Offshore California. Extending Capabilities and Improving Performance[C]. SPE 140265，2011.

[13] Abahusayn M，Foster B，Brink J，et al. Nikaitchuq Extended–Reach Drilling：Designing for Success on the North Slope of Alaska[J]. SPE Drilling & Completion，2012，27（4）：501–515.

[14] Mason C J，Judzis A. Extended–Reach Drilling — What is the Limit？［C]. SPE 48943，1998.

[15] Rocha L S，Junqueira P，Roque J. Overcoming Deep and Ultra Deepwater Drilling Challenges[C]. OTC 15233，2003.

[16] Rocha L S，Andrade R，Soffried K. How Water Depth Affects Extended Reach Drilling[C]. OTC 15326，2003.

[17] 孙腾飞．水平井钻井轨迹设计与控制一体化方法 [D]. 北京：中国石油大学（北京），2013.

[18] Li X，Gao D，Zhou Y，et al. Study on the Prediction Model of the Open–hole Extended–reach Limit in Horizontal Drilling Considering the Effects of Cuttings[J]. Journal of Natural Gas Science & Engineering，2017，40：159–167.

[19] Li X，Gao D，Zhou Y，et al. General Approach for the Calculation and Optimal Control of the Extended–

reach Limit in Horizontal Drilling Based on the Mud Weight Window[J]. Journal of Natural Gas Science & Engineering, 2016, 35：964–979.

[20] 李鑫，高德利，刁斌斌，等. 基于赫巴流体的页岩气大位移水平井裸眼延伸极限分析[J]. 天然气工业，2016, 36（10）：85–92.

[21] Li X, Gao D, Ren R, et al. Extended–Reach Well in Shale Formation：What is the Maximum Measured Depth while Coiled Tubing Drilling[C]. SPE 188064, 2017.

[22] Li X, Gao D, Zhou Y, et al. Study on Open–hole Extended–reach Limit Model Analysis for Horizontal Drilling in Shales[J]. Journal of Natural Gas Science & Engineering, 2016, 34：520–533.

[23] Li X, Gao D, Zhou Y, et al. A Model for Extended–reach Limit Analysis in Offshore Horizontal Drilling Based on Formation Fracture Pressure[J]. Journal of Petroleum Science & Engineering, 2016, 146：400–408.

[24] Li X, Gao D, Tan L, et al. Study on the Drilling Fluid Flow Rate Range in Offshore Drilling Considering the Extended–reach Limit[C]. SPE 188435, 2017.

[25] 李鑫，高德利. 考虑延伸极限的大位移水平井最优钻井液排量设计[J]. 石油钻采工艺，2017, 39（3）：282–287.

[26] 李鑫，高德利. 大位移水平井最大机械钻速分析研究[C]. 乌鲁木齐：第十九届全国探矿工程（岩土钻掘工程）学术交流年会，2017.

[27] Li X, Gao D, Jiang Z, et al. World Drilling Limit Envelope：Why It Shows An Irregular Triangle？[C]. SPE 188622, 2017.

[28] Li X, Gao D, Wen C, et al. Study on World Drilling Limit Envelope and Break its Limitations[C]. SPE 189352, 2018.

[29] 孙晓峰. 大斜度井段岩屑运移实验研究与清洁工具优化设计[D]. 大庆：东北石油大学，2014.

[30] 樊洪海. 实用钻井流体力学[M]. 北京：石油工业出版社，2014.

[31] Millheim K, Tulga S. Simulation of the Wellbore Hydraulics While Drilling, Including the Effects of Fluid Influxes and Losses and Pipe Washouts[C]. SPE 11057, 1982.

[32] Kelessidis V C, Dalamarinis P, Maglione R. Experimental Study and Predictions of Pressure Losses of Fluids Modeled as Herschel–Bulkley in Concentric and Eccentric Annuli in Laminar, Transitional and Turbulent Flows[J]. Journal of Petroleum Science & Engineering, 2011, 77（3–4）：305–312.

[33] Bailey W J, Peden J M. A Generalized and Consistent Pressure Drop and Flow Regime Transition Model for Drilling Hydraulics[J]. SPE Drilling & Completion, 2000, 15（1）：44–56.

[34] Erge O, Ozbayoglu E M, Miska S Z, et al. The Effects of Drillstring Eccentricity Rotation and Buckling Configurations on Annular Frictional Pressure Losses While Circulating Yield Power Law Fluids[C]. SPE 167950, 2014.

[35] Haciislamoglu M. Practical Pressure Loss Predictions in Realistic Annular Geometries[C]. SPE 28304, 1994.

[36] Saavedra N F, Reyes D A. Drainage Area for Horizontal Wells With Pressure Drop in the Horizontal Section[C]. SPE 69431, 2001.

[37] 楼一珊，金业权．岩石力学与石油工程 [M]. 北京：石油工业出版社，2006.

[38] 陈勉，金衍，张广清．石油工程岩石力学 [M]. 北京：科学出版社，2008.

[39] 陈庭根，管志川．钻井工程理论与技术 [M]. 东营：石油大学出版社，2000.

[40] Bazer D，Jr H O. Field Application and Results of Pipe Tripping Nomographs[C]. SPE 2656，1969.

[41] Rudi R R S. New Formula of Surge Pressure for Determining Safe Trip Velocities[C]. SPE 64480，2000.

[42] Mitchell R F. Surge Pressures：Are Steady–State Models Adequate？ [C]. SPE 18021，1998.

[43] Martins A L，Arago A F L，Calderon A，et al. Hydraulic Limits for Drilling and Completing Long Horizontal Deepwater Wells[C]. SPE 86923，2004.

[44] 李洪乾，刘希圣．水平井钻井合理环空返速的确定方法 [J]. 中国石油大学学报：自然科学版，1994（5）：27–31.

[45] 汪海阁，刘希圣．水平井段环空压耗研究 [J]. 西部探矿工程，1995（6）：25–28.

[46] 汪海阁，刘希圣，丁岗．水平井段岩屑床厚度模式的建立 [J]. 中国石油大学学报：自然科学版，1993（3）：25–32.

[47] 林永学，王显光．中国石化页岩气油基钻井液技术进展与思考 [J]. 石油钻探技术，2014（4）：7–13.

[48] 房大志．页岩气藏开发的关键因素 [J]. 科技导报，2013，31（31）：70–74.

[49] 艾殿龙．非常规天然气操作成本研究 [J]. 科技与企业，2015（18）：97–101.

[50] 余皎．低油价下美国页岩油气公司经营之道 [J]. 当代石油石化，2017，25（5）：1–6.

[51] Li X，Gao D，Chen X. A Comprehensive Prediction Model of Hydraulic Extended–Reach Limit Considering the Allowable Range of Drilling Fluid Flow Rate in Horizontal Drilling[J]. Sci Rep，2017，7(1)：3083.

[52] 人民网．3065 米！涪陵气田创国内陆上最长水平井纪录［OL］．2018–03–07. http：//cq.people.com.cn/n2/2018/0307/c365411–31318575.html.

[53] 汪海阁，刘希圣，丁岗．水平井段岩屑床厚度模式的建立 [J]. 中国石油大学学报：自然科学版，1993（3）：25–32.

第四章　水平井射流磨钻头与钻井提速技术

水平井被广泛用于复杂油气田的高效开发中，然而在水平井钻井过程中仍存在携岩困难、托压严重、机械钻速慢、钻井成本高等问题。因此，开发集高效破岩与携岩为一体的水平井安全高效破岩工具，对实现井眼清洁、提高机械钻速、缩短钻井周期和降低钻井成本等具有重要的实际意义。本章研发了一种水平井射流磨钻头，它既能降低井底压差实现欠平衡提速，又能粉碎岩屑实现其悬浮运移，可望有效减少水平井钻井过程中岩屑床的形成，为水平井安全高效钻井作业提供技术支撑。基于射流泵理论和粉碎能耗理论，建立了射流磨钻头的基本特性方程及无量纲特性参数优化模型；以射流磨钻头的水力效率为目标函数，利用多元函数极值原理，提出了射流磨钻头水力结构及无量纲特性参数的优化方法。同时，建立了适用于水平井钻井的机械比能模型，提出了一套钻头工作状态判别与钻井参数随钻优化方法；建立了水平井螺杆复合钻井的机械比能模型，提出了水平井螺杆复合钻进的钻井参数随钻优化方法。

第一节　概　　述

非常规油气是连续或准连续型聚集的油气资源，采用传统技术无法获得自然工业产量，需用新技术改善储层渗透率或流体黏度等才能经济开采[1]。进入21世纪以来，随着“纳米级”连续型油气聚集的地质理论创新、“人造渗透率”水平井钻井与多级体积压裂关键技术创新和“工厂化”低成本开发模式创新，非常规油气正在成为中国油气工业持续发展的新增长点[2]。非常规油气有两个关键参数和两个关键标志[3]。两个关键参数为：孔隙度小于10%；孔喉直径小于1μm或渗透率小于1mD。两个关键标志为：油气大面积连续分布，圈闭界限不明显；无自然工业稳定产量，达西渗流不明显。由于非常规油气藏资源低孔隙度、低渗透率、低丰度、低产量，勘探开发的难度较大，需要采用长水平段水平井规模压裂技术进行开采，成本非常高。在油气井钻完井过程中，有近一半的费用用于钻进[4]，因而钻井提速是非常规油气开发降本增效的有效手段之一。2008年，Duan和Miska在与现场规模相近的钻井液循环系统中对三种尺寸的钻屑（0.45m、1.4mm、3.3mm）的运移情况进行了实验研究[5]。结果表明，钻杆旋转时，小尺寸钻屑（0.45mm）在聚合物钻井液中的携岩效率是大尺寸钻屑（1.4mm和3.3mm）的2倍。由此可知，在井底粉碎岩屑可望大大提高携岩效率，甚至消除岩屑床。2013年，笔者提出采用粉碎钻屑的方法提高携岩效率，并将射流磨粉碎技术首次引入钻井行业，研发了一种水平井射流磨钻头[6-10]，它既能降低井底压差产生欠平衡提速效果，又能粉碎钻屑尽可能保持钻屑悬浮运移状态，可望减少甚至避免水平井钻屑床的形成。

同时，优化钻井参数也是提高机械钻速的有效方法。在钻井过程中，机械钻速受诸多因素的制约和影响，这些因素分为可控因素和不可控因素。可控因素是可以通过一定的技术手段和设备人为调节的，如钻头类型、钻井液性能、泵压、排量、钻压和转速等。不可控因素主要是地层因素，它是客观存在的，如地层的岩性、强度、硬度、孔隙压力及深度等。以前的钻井参数优化主要是在一定的客观条件下，以单位进尺成本为目标函数来对钻井参数进行优化，针对的是常规的牙轮钻头和 PDC 钻头。但实际上客观条件是复杂多变的，如地层的岩性、强度、硬度和孔隙压力往往变化很大，因此同一钻头钻不同地层的最优钻井参数可能变化很大。同一地层使用不同类型的钻头，最优的钻井参数也有较大差异。机械比能克服了地层的差异性，可以很好地描述钻头性能。

本章将针对水平井钻井提速问题，重点讨论水平井射流磨钻头提速技术，以及基于机械比能理论的水平井钻井参数随钻优化方法。

第二节　水平井射流磨钻头提速技术

一、水平井射流磨钻头的基本概念

水平井射流磨钻头的特征在于在常规 PDC 钻头内部加装了湍流负压抽砂装置和射流粉碎装置。其水力结构及工作流程如图 4-1 所示。

湍流负压抽砂装置包括井底岩屑搅动与清洗喷嘴、岩屑吸入管；井底岩屑搅动与清洗喷嘴的入口与 PDC 钻头的主流道连通，井底岩屑搅动与清洗喷嘴的出口与 PDC 钻头端部排屑槽连接；岩屑吸入管入口与 PDC 钻头端部排屑槽的外端连接，岩屑吸入管出口与负压混合室的外侧连通；湍流负压抽砂装置是抽吸井底流体，减小井底压差，实现欠平衡而提高机械钻速的关键机构，一方面不对称布置的井底岩屑搅动与清洗喷嘴与钻头旋转联合作用产生井底湍流流场，改善井底岩石和岩屑的受力状况，提升井底清岩效率；另一方面负压混合室产生的负压通过岩屑吸入管抽吸井底流体，使井底局部压力降低，产生局部欠平衡提高机械钻速。

射流粉碎装置包括反向射流喷嘴、负压混合室、喉管、岩屑加速管、粉碎靶体、粉碎仓、旁通；反向射流喷嘴与井底岩屑搅动与清洗喷嘴反向设置，反向射流喷嘴入口与 PDC 钻头的主流道连通，反向射流喷嘴的出口与负压混合室的下端连通，负压混合室的上端与喉管对接连通，喉管与岩屑加速管对接连通，岩屑加速管出口与粉碎仓连通，粉碎仓内安有粉碎靶体正对着岩屑加速管出口，粉碎靶体的靶面与岩屑加速管的轴线呈 0°～90° 夹角，粉碎仓与旁通连通，旁通为入口小、出口大的扩散性圆管。射流粉碎装置是射流磨钻头的关键机构，一方面射流粉碎装置的反向射流喷嘴出口在负压混合室产生负压，抽吸岩屑；另一方面射流粉碎装置基于射流粉碎原理粉碎岩屑，大大提高了岩屑的运移效率。

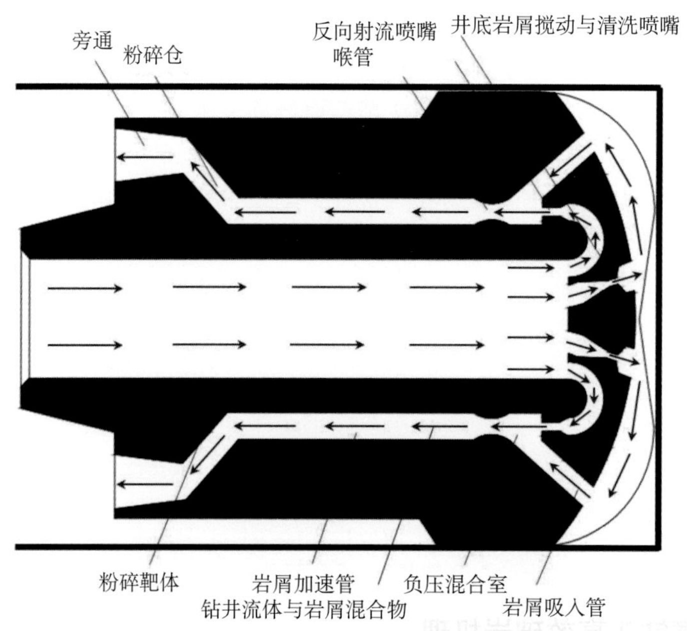

图 4–1　射流磨钻头水力结构及工作示意图

在钻进过程中，射流磨钻头旋转，使得 PDC 刀翼上的 PDC 切削齿切削岩石产生岩屑。同时钻井液由主流道进入，一部分钻井液由反向射流喷嘴喷出，形成高速射流，高速射流在负压混合室产生负压，负压混合室内的负压通过岩屑吸入管对井底流体和岩屑进行抽吸，从而降低井底压差，减小岩屑的压持效应，创造井底的欠平衡条件，提高机械钻速；另一部分钻井液进入湍流负压抽砂装置的井底岩屑搅动与清洗喷嘴内，并以高速射流喷出。井底岩屑搅动与清洗喷嘴喷出的不对称高速射流将井底岩屑冲击成高浓度的湍流，使岩屑吸入管能高效吸入井底岩屑与钻井液。井底岩屑与钻井液在反向射流喷嘴的抽吸作用下经岩屑吸入管进入负压混合室。

射流粉碎装置的反向射流喷嘴喷出高速射流，在负压混合室产生负压卷吸岩屑，井底岩屑与钻井液在负压混合室和喉管处被汇入高速射流，高速射流在岩屑加速管解离带微裂缝的岩屑，实现解离破碎，并实现对岩屑的加速。高速岩屑高速冲击粉碎靶体，利用瞬间冲击力、水楔粉碎岩屑。带微裂缝的细小岩屑在粉碎仓经过碰撞进一步粉碎，粉碎后的岩屑与钻井液混合物在旁通内速度降下来后排入环空。

综上所述，与常规钻头相比，射流磨钻头（图 4–2）具有以下优点：

（1）基于射流磨的原理有效粉碎岩屑，使岩屑以悬浮状态运移，提高水平井携岩效率，从根本上消除水平井中的岩屑床。相比采用低钻压高转速、短程起下钻来控制岩屑床来说，射流磨钻头有望从根本上解决岩屑床问题，并解放钻压，提高钻速。

（2）基于抽砂泵的原理，抽吸井底流体，减小井底循环压力，促使岩屑脱离井底并加速上返，避免重复破碎，从而提高机械钻速。

(3) 射流磨钻头为 360° 保径，能防止外排切削齿侵入规径处的地层，所钻井眼平滑，可降低水平井钻井过程中的托压，实现水平井的安全高效钻进。

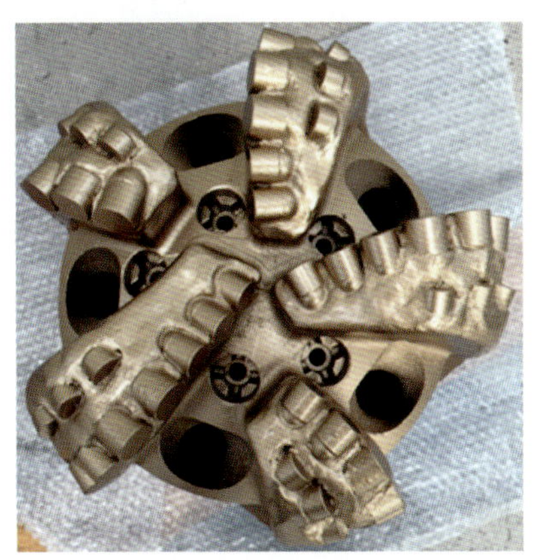

图 4–2　射流磨钻头

二、射流磨钻头高效破岩机理

1. 井底负压高效破岩

钻进过程中，井底压差是指循环井底压力与地层孔隙压力之差。其表达式如下[111]：

$$D_{\mathrm{p}}=\mathrm{ECD}_{\mathrm{p}}-p_{\mathrm{p}} \tag{4–1}$$

式中　D_{p}——井底压差；

$\mathrm{ECD}_{\mathrm{p}}$——循环井底压力；

p_{p}——地层孔隙压力。

射流磨钻头在钻头内部加装了湍流负压抽砂装置和射流粉碎装置，能有效降低井底压差。湍流负压抽砂装置是抽吸井底流体、减小井底压差的关键机构。一方面不对称布置的井底岩屑搅动与清洗喷嘴与钻头旋转联合作用产生井底湍流流场，改善井底岩石和岩屑的受力状况，提升井底清岩效率；另一方面湍流负压抽砂装置内部的反向喷嘴喷出的反向射流基于射流泵的原理，在负压混合室产生负压，通过岩屑吸入管抽吸井底流体，减小井底压差和压持效应，实现局部欠平衡提高机械钻速。结合实际工况，对射流磨钻头降低井底压差的效果进行了数值仿真分析（图 4–3）。结果表明，负压混合室可以有效形成相对于引流口处约 0.5MPa 的负压效果，可实现对井底的抽吸作用，达到降低井底压力，甚至形成负压差效应的目的。

射流磨钻头的射流粉碎装置基于射流泵的原理，粉碎岩屑，使岩屑以悬浮状态运移，提高水平井携岩效率，从根本上消除水平井中的岩屑床，以增大水平井水平段及造斜段环空的水力半径，减小环空循环压耗和循环井底压力，从而进一步减小井底压差。

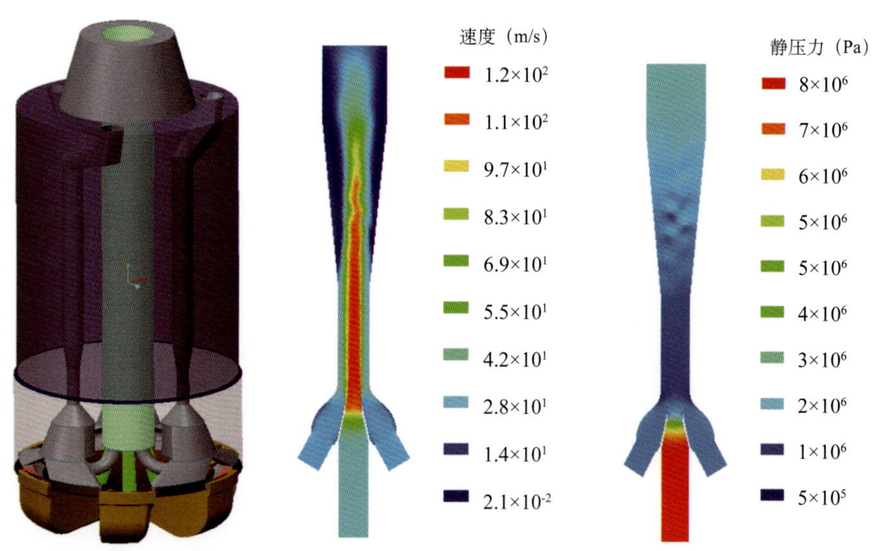

图 4–3　射流磨钻头降压效果数值仿真

井底压差是机械钻速的一个重要影响因素，井底低压提高机械钻速有两方面的原因：一方面降低井底压差会降低井底待破碎岩石的塑性，并使得井底岩石由塑性向脆性转变，从而降低破碎强度，提高破碎效率；另一方面降低井底压差会减轻或消除井底岩屑的压持效应，促使新产生的岩屑及时脱离井底岩石母体，避免重复破碎。图 4–4 为射流磨钻头井底流体质点沿钻头直径方向的流速分布的数值仿真情况。由图 4–4 可知，在岩屑吸入管入口处，流体质点速度较大，射流磨钻头能抽吸井底流体，促使岩屑加速脱离井底，有效降低压持效应。现场实践表明，降低井底压差会显著提高机械钻速。前人通过大量的实验数据分析后指出，压差与机械钻速的关系为 [11，12]：

$$\mathrm{ROP} = \mathrm{ROP}_0 \cdot \mathrm{e}^{-\beta' D_\mathrm{p}} \tag{4-2}$$

式中　ROP_0——井底压差为零时的机械钻速；

β'——与岩石性质有关的系数。

从式（4–2）可以看出，机械钻速与井底压差呈负指数关系，即井底压差越小，机械钻速越高。因此，射流磨钻头能有效降低井底压差，可望提高机械钻速。

2. 射流粉碎高效碎岩

1）岩屑脱离井底时的卸荷效应

地层在钻开之前，地层岩石处于地应力条件下，由于弹性变形而储存了一定的弹性应变能。在地层被钻开后，岩屑脱离井底，由于应力释放，储存在岩屑中的应变能会随之释放。由于岩屑的抗拉强度远小于其抗压强度，而且应变能的突然释放和惯性作用就会导致岩屑卸荷时的拉应力破坏。对于岩屑的卸荷效应，可通过弹簧加卸载过程来说明 [13]。

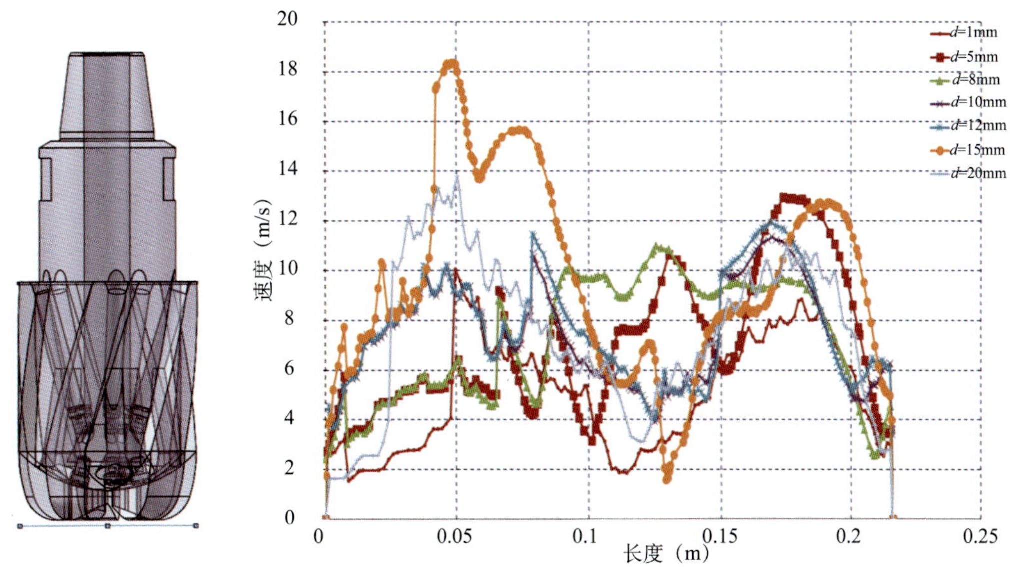

图 4–4　射流磨钻头井底流体质点沿钻头直径方向的流速分布

d—钻头保径部位排屑槽深度

如图 4–5 所示，弹簧的刚度为 K_b，作用在弹簧上的作用力 F 将弹簧的下端压缩至 U_1 处，则弹簧此时的应变能为 $E_1=K_b(-U_1)^2/2$。此时，如果将作用力 F 突然移去，弹簧则下弹并发生振动。根据能量守恒定理，弹簧下端最大位移可达平衡点 O 点以下的 U_1 处。这意味着突然的载荷效应相当于相同大小的载荷反向加到弹簧上。但是与原加载不同的是，加载时弹簧受的是压应力，而降压时弹簧受的是拉应力。对于岩屑，其抗拉强度低于抗压强度，其脱离井底时的卸荷效应可能使得岩屑产生微裂纹或进一步破碎。

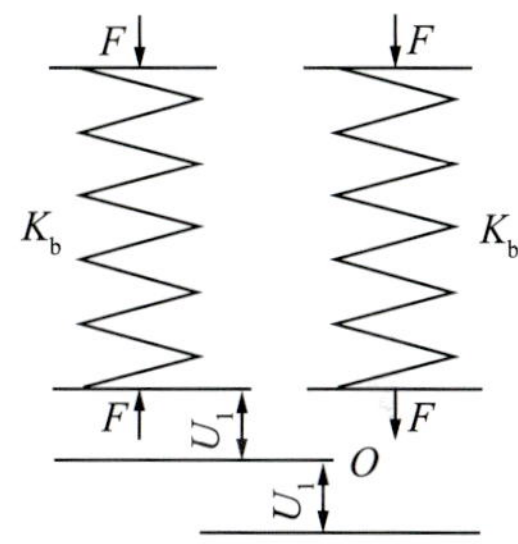

图 4–5　压力突然释放的卸荷效应

2）岩屑在射流磨钻头内部的射流粉碎

岩屑在射流磨钻头内部的粉碎过程受力很复杂，主要有射流对岩屑的水楔作用，岩屑与管壁之间的摩擦剪切作用，岩屑与粉碎靶体之间的冲击碰撞作用等 [14]。

岩屑在射流磨钻头的岩屑加速管内完成加速后，撞击粉碎靶体的瞬间，射流冲击岩屑时会产生一个停滞压力 [15]：

$$p_s = \frac{1}{2}\rho_{jf}\upsilon_j^2 \tag{4–3}$$

式中　p_s——射流的停滞压力；

ρ_{jf}——射流流体的密度；

υ_j——流体的射流速度。

当射流的停滞压力超过岩屑的抗压强度时，岩屑直接粉碎。当射流的停滞压力低于岩屑的抗压强度时，停滞压力迫使流体进入岩屑颗粒的微裂纹内，产生水楔作用（图 4–6）。当水楔作用于裂纹表面的压力足以克服裂纹尖端的黏着力时，岩屑将粉碎[16]。

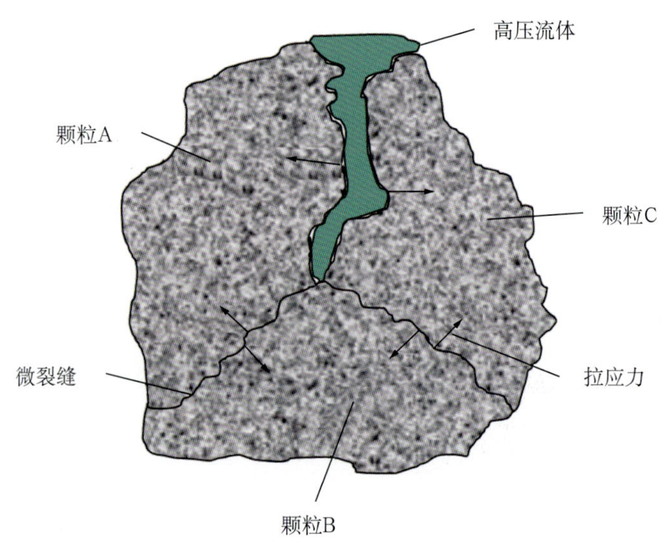

图 4–6　水楔粉碎的机理

岩屑与流道管壁之间的摩擦剪切作用也会导致岩屑粉碎。岩屑与管壁之间的摩擦应力可用下式表示：

$$\tau_p = \frac{\lambda_p \rho_{fp} \upsilon_{fp}^2}{8} \tag{4–4}$$

式中　τ_p——岩屑流所受的摩擦力；

λ_p——岩屑颗粒与管壁的摩阻系数；

ρ_{fp}——颗粒流的密度；

υ_{fp}——岩屑流的轴向速度。

当岩屑与管壁之间的摩擦应力超过岩屑的剪切破碎强度时，会造成岩屑粉碎。

岩屑在射流磨钻头内部的射流粉碎主要是基于岩屑撞击粉碎靶体的冲击粉碎（图 4–7）。当岩屑在射流磨钻头的加速管内完成加速后，与粉碎靶体进行正碰撞。撞击时在撞击面产生扰动，这扰动在靶体上是顺方向传播的顺波，在颗粒中是逆方向传播的逆波。根据连续性条件可知，在冲击面上颗粒与靶物的波后质点速度相同，因为靶物的质量、面积和刚性都远远大于颗粒，当颗粒与靶物冲击时，靶物表面质点的速度几乎为零，所以颗粒的波后质点速度也为零。根据动量守恒条件，可得颗粒的冲击压力为[17]：

$$p_i = \rho_p c \upsilon_p \tag{4–5}$$

式中　p_i——颗粒与靶物的冲击压力；

ρ_p——颗粒密度；

c——颗粒的应力波速；

υ_p——颗粒的冲击速度。

一般非金属颗粒的波速在4000m/s左右，假设岩屑密度为2600kg/m^3，岩屑颗粒与粉碎靶体的撞击速度为100m/s，则岩屑撞击粉碎靶体时所受的冲击压力为1040MPa。岩屑在如此大的压应力作用下，会发生强烈粉碎。

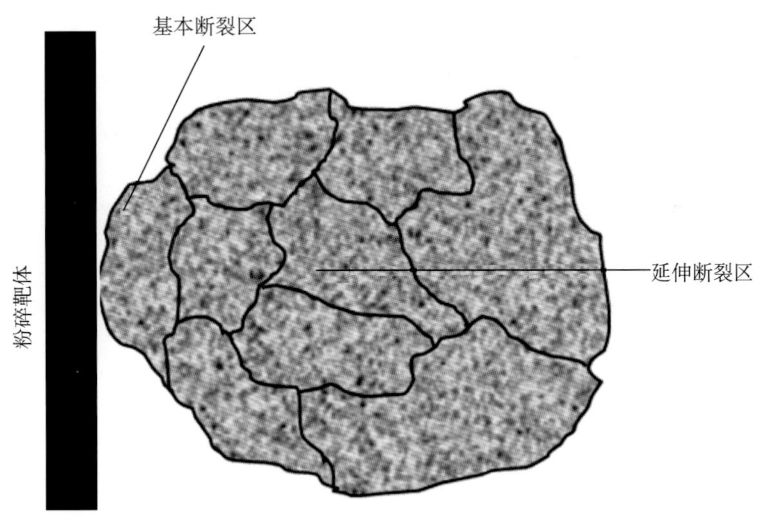

图4-7　岩屑冲击粉碎的断裂结构

三、射流磨钻头水力结构的基本特性方程

1. 射流磨钻头水力结构的基本特性参数

射流磨钻头的水力结构及工作原理如图4-8所示。

由图4-8可以看出，射流磨钻头内部的射流磨实际上是一种以射流泵为基础的水力工具。射流磨钻头内部水力结构的核心是射流磨，不考虑射流磨的粉碎仓及粉碎靶体，其内部水力结构为射流泵。因此，可以基于射流泵理论对射流磨钻头水力结构进行优化。

为了描述射流磨钻头水力结构的工作特性，射流磨钻头水力结构的基本特性参数定义如下。

1）射流磨钻头水力结构的无量纲压力比 p

如图4-8所示，由射流磨钻头反向射流喷嘴喷出的钻井液为动力液，井底钻井液与岩屑的混合物为吸入液，最终由旁通排出的粉碎后的岩屑与钻井液的混合物为混合液。射流磨钻头水力结构的无量纲压力比 p 则可定义为射流磨钻头吸入液的压力增加量与动力液的

压力降低量之比，即

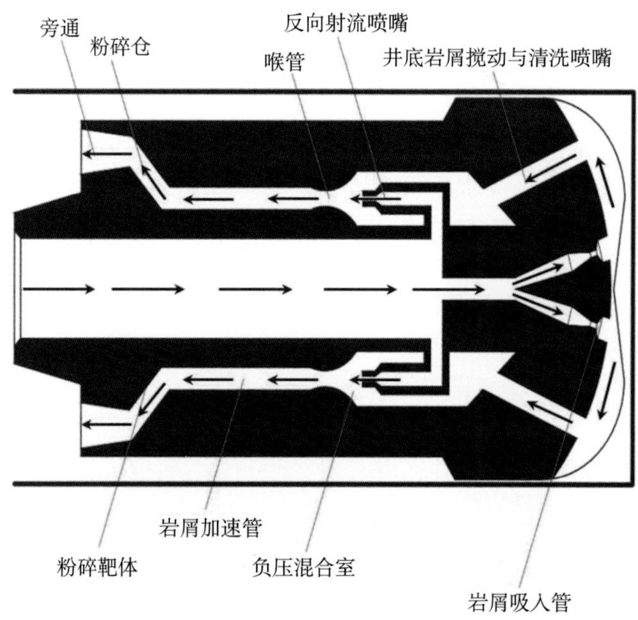

图 4–8　射流磨钻头水力结构及工作原理图

$$p=(p_2-p_3)/(p_1-p_2) \tag{4–6}$$

式中　p_1——反向喷嘴内动力液压力；

p_2——旁通出口处混合液压力；

p_3——负压混合室吸入液压力。

无量纲压力比反映了射流磨钻头降低井底压差的能力，无量纲压力比越大，降低井底压差的效果越明显，欠平衡效果越好，提速效果越明显。

2）射流磨钻头水力结构的无量纲体积流量比 M

射流磨钻头水力结构的无量纲体积流量比 M 定义为射流磨钻头吸入液的体积流量与动力液的体积流量之比，即

$$M=q_3/q_1 \tag{4–7}$$

式中　q_1——反向喷嘴喷出的动力液体积流量；

q_3——岩屑吸入管的吸入液体积流量。

3）射流磨钻头水力结构的无量纲面积比 R

射流磨钻头水力结构的无量纲面积比 R 定义为射流磨钻头反向喷嘴出口截面积与喉管截面积之比，即

$$R=A_j/A_t \tag{4–8}$$

式中　A_j——反向喷嘴出口截面积；

A_t——喉管截面积。

当不计射流磨钻头反向喷嘴出口外缘厚度时：

$$A_s+A_j=A_t \tag{4-9}$$

式中　A_s——射流磨钻头喉管入口处吸入液所占的流动截面积。

根据式（4–9），射流磨钻头水力结构的无量纲体积流量比 M 及无量纲面积比 R 的定义可得：

$$\begin{cases} \upsilon_c = R(1+M)\upsilon_j \\ \upsilon_s = R\upsilon_j/(1-R) \end{cases} \tag{4-10}$$

式中　υ_j——动力液在反向喷嘴出口处断面平均流速；

υ_c——混合液在喉管中断面平均流速；

υ_s——吸入液在喉管入口断面平均流速。

4）射流磨钻头水力结构的无量纲密度比 ρ

射流磨钻头水力结构的无量纲密度比 ρ 定义为吸入液密度与动力液密度之比，即

$$\rho=\rho_3/\rho_1 \tag{4-11}$$

式中　ρ_1——反向喷嘴喷出的动力液密度；

ρ_3——吸入液密度，即井底钻井液与岩屑混合物的密度。

2. 射流磨钻头水力结构的基本特性方程

射流磨的水力效率是射流磨钻头水力结构设计理论中的核心问题，由于射流磨工作时，吸入的井底流体和反向喷嘴喷出的动力流体两股流体相互混合，能量损失较大，导致其水力效率较低，因此射流磨钻头水力结构设计研究的关键是：如何选择最优的射流磨钻头水力结构的基本特性参数，以使得射流磨钻头的水力效率达到最大。

如图 4–8 所示，如不考虑粉碎仓及粉碎靶体，则射流磨钻头中的射流磨其实就是射流泵。以射流磨钻头反向喷嘴喷出的动力液、井底吸入液以及二者在进入喉管后的混合液为研究对象，则可基于射流泵理论和能量守恒定律，建立射流磨钻头的基本性能方程。根据实际情况，在此做出如下基本假定：

（1）忽略喉管与反向喷嘴间距的影响；

（2）岩屑颗粒和钻井液的混合物为流体属性；

（3）所有的井底流体及岩屑由射流磨钻头的内部返出；

（4）流体不可压缩并做一维均匀流动。

图 4–9 为射流磨钻头内部流道的压力分布。射流磨钻头在钻井过程中，其内部水力结构的水力能量损失为：

$$E_f = L + F_j = F_s = F_{td} = C_c = W_c \tag{4-12}$$

式中 E_f——射流磨钻头水力结构总的水力能量损失；

L——反向喷嘴喷出的动力液与井底吸入液混合时的能量损失；

F_j——动力液通过反向喷嘴时的能量损失；

F_s——吸入液通过岩屑吸入管时的能量损失；

F_{td}——混合液通过喉管和旁通时的能量损失；

C_c——混合液通过粉碎仓的能量损失；

W_c——岩屑冲击靶体粉碎消耗的能量。

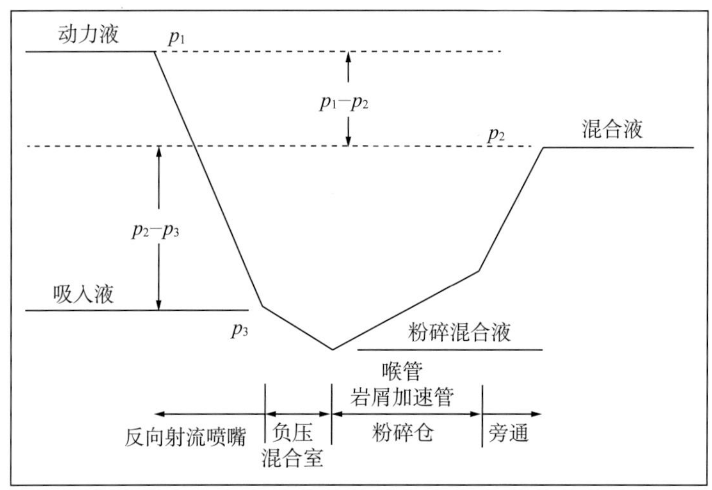

图 4–9　射流磨钻头内部流道的压力分布

在单位时间内，动力液能够提供的能量和吸入液得到的能量分别为：

$$E_j = q_1 (p_1 - p_2) \tag{4-13}$$

$$E_s = q_3 (p_2 - p_3) \tag{4-14}$$

式中 E_j——反向喷嘴喷出的动力液提供的能量；

E_s——井底吸入液获得的水力能量。

根据洛伦兹混合损失模型 [18]，动力液与吸入液在混合室和喉管中混合时的能量损失为：

$$L = \rho_1 q_1 \frac{(v_j - v_c)^2}{2} + \rho_3 q_3 \frac{(v_s - v_c)^2}{2} \tag{4-15}$$

反向喷嘴喷出的动力液通过反向喷嘴的摩擦损失为：

$$F_j = \rho_1 q_1 k_j \frac{v_j^2}{2} \tag{4-16}$$

井底吸入液通过岩屑吸入管的摩擦损失为：

$$F_s = \rho_3 q_3 k_s \frac{v_s^2}{2} \tag{4-17}$$

动力液与吸入液的混合液通过喉管与旁通的摩擦损失为：

$$F_{td} = \rho_2 q_2 k_{td} \frac{v_c^2}{2} \tag{4-18}$$

其中

$$k_{td}=k_t+k_d \tag{4-19}$$

式中　ρ_2——动力液与吸入液混合后的混合液的密度；

q_2——混合液的体积流量；

k_j、k_s、k_t、k_d——射流磨钻头反向喷嘴、吸入管、喉管以及旁通的摩擦损失系数。

混合液通过粉碎仓弯头的能量损失为：

$$C_c = q_2 \rho_2 \xi \frac{v_c^2}{2} \tag{4-20}$$

其中局部阻力系数为：

$$\xi = 2\left[0.946\sin^2\left(\frac{\chi}{2}\right) + 2.047\sin^4\left(\frac{\chi}{2}\right)\right] \tag{4-21}$$

式中　χ——粉碎冲击角。

岩屑冲击靶体和在粉碎仓粉碎消耗的能量为[19]：

$$W_c = \frac{100 D_h^2 w_i \rho_s \mathrm{ROP}}{60}\left(\frac{1}{\sqrt{d}} - \frac{1}{\sqrt{D}}\right) = \frac{\rho_2 q_2 k_c v_c^2}{2} \tag{4-22}$$

式中　W_c——岩屑冲击靶体和在粉碎仓粉碎消耗的能量；

D_h——井眼直径；

w_i——粉碎功指数；

ρ_s——岩屑的密度；

ROP——机械钻速；

d——岩屑粉碎后的粒径；

D——岩屑最初的粒径；

k_c——粉碎能耗等效系数。

最初的岩屑粒径可以根据钻头每旋转一周的最大进尺近似计算，计算公式为：

$$D = \frac{\mathrm{ROP}}{60\mathrm{RPM}} \tag{4-23}$$

式中　RPM——钻头转速。

当不计反向喷嘴出口的外缘厚度时：

$$A_s+A_j=A_t \tag{4-24}$$

由式（4−24）及体积流量比 M、面积比 R 的定义可得：

$$v_s=\frac{RM}{1-R}v_j \tag{4-25}$$

$$v_c=R(1+M)v_j \tag{4-26}$$

由式（4−12）至式（4−26）可得总的能量损失：

$$E_f=L+F_j+F_s+F_{td}+C_c+W_c=\zeta\rho_1 q_1 v_j^2/2 \tag{4-27}$$

其中：

$$\begin{aligned}\zeta=&\left(1+k_j\right)+\left(1+k_s\right)\rho M^3\left(\frac{R}{1-R}\right)^2+\\&\left(1+k_{td}+\xi+k_c\right)R^2\left(1+\rho M\right)\left(1+M\right)^2-2R\left(1+M\right)\left(1+\rho M^2\frac{R}{1-R}\right)\end{aligned} \tag{4-28}$$

在岩屑吸入管出口处应用伯努利方程可得：

$$p_1-\frac{\left(1+k_j\right)\rho_1 v_j^2}{2}=p_3-\frac{\left(1+k_s\right)\rho_3 v_s^2}{2} \tag{4-29}$$

由式（4−29）可得：

$$\frac{\rho v_j^2}{2}=\frac{p_1-p_3}{\left(1+k_j\right)-\left(1+k_s\right)\rho\dfrac{M^2R^2}{\left(1-R\right)^2}}=\frac{p_1-p_2}{\eta} \tag{4-30}$$

其中：

$$\eta=\left(1+k_j\right)-\left(1+k_s\right)\rho\frac{M^2R^2}{\left(1-R\right)^2} \tag{4-31}$$

根据能量守恒原理：

$$E_j=E_s+E_f \tag{4-32}$$

由式（4−13）、式（4−14）、式（4−27）及式（4−30）得：

$$q_1\left(p_1-p_2\right)=q_3\left(p_2-p_3\right)+\zeta q_1\frac{p_1-p_2}{\eta} \tag{4-33}$$

整理得到射流磨钻头水力结构的基本特性方程：

$$
\begin{cases}
p=\dfrac{\eta-\zeta}{\eta M+\zeta} \\
\zeta=\left(1+k_{\mathrm{j}}\right)+\left(1+k_{\mathrm{s}}\right)\rho M^{3}\left(\dfrac{R}{1-R}\right)^{2}+ \\
\quad\left(1+k_{\mathrm{td}}+\xi+k_{\mathrm{c}}\right)R^{2}\left(1+\rho M\right)\left(1+M\right)^{2}-2R\left(1+M\right)\left(1+\rho M^{2}\dfrac{R}{1-R}\right) \\
\eta=\left(1+k_{\mathrm{j}}\right)-\left(1+k_{\mathrm{s}}\right)\rho\dfrac{M^{2}R^{2}}{\left(1-R\right)^{2}}
\end{cases}
\tag{4–34}
$$

射流磨钻头水力结构的基本特性方程描述了射流磨钻头水力结构的基本特性参数之间的关系，它反映了射流磨钻头水力结构的内在特性。根据基本特性方程可绘制出无量纲特性曲线。射流磨钻头水力结构的无量纲特性曲线反映了射流磨钻头水力结构的无量纲压力比和水力效率同无量纲流量比之间的关系。无量纲压力比反映了射流磨钻头降低井底压差的能力，无量纲压力比越大，降低井底压差的效果越明显，欠平衡效果越好，提速效果越明显。水力效率反映了水力能量的有效利用情况，水力效率越高，流体流经射流磨钻头产生的能耗越低，设计越合理。因此，射流磨钻头水力结构的无量纲特性曲线是射流磨钻头水力结构设计时的重要依据。

四、射流磨钻头水力结构的优化方法

射流磨钻头内部的水力结构比较复杂，应对其特性参数进行优化。假设射流磨钻头扩散管出口处的水力能量足以将岩屑携带至地面，那么射流磨钻头水力结构的设计目标则为设计出最优的无量纲流量比、面积比及压力比，使射流磨钻头的水力效率达到最大。使射流磨钻头水力结构的水力效率达到最高的压力比、流量比和面积比，称为射流磨钻头水力结构的最优特性参数。定义射流磨钻头水力结构的水力效率为吸入液获得的水力能量与动力液提供的水力能量之比，即

$$E=pM=\frac{\eta-\zeta}{\eta M+\zeta}M \tag{4–35}$$

由于

$$\eta M+\zeta=\tau\left(1+M\right) \tag{4–36}$$

其中：

$$\tau=\left(1+k_{\mathrm{j}}\right)+\left(1+k_{\mathrm{td}}+\xi+k_{\mathrm{c}}\right)R^{2}\left(1+\rho M\right)\left(1+M\right)-2R\left(1+\rho M^{2}\frac{R}{1-R}\right) \tag{4–37}$$

则式（4—35）可表示为：

$$E=\left(\frac{\eta}{\tau}-1\right)M \tag{4-38}$$

根据多元函数极值原理，对式（4—38）求偏导并令$\partial E/\partial M=0$，得最佳流量比方程：

$$M_{\mathrm{opt}}=\frac{\tau(\tau-\eta)}{\eta'\tau-\eta\tau'} \tag{4-39}$$

其中：

$$\eta'=-2\left(1+k_{\mathrm{s}}\right)\rho M\left(\frac{R}{1-R}\right)^2 \tag{4-40}$$

$$\tau'=\left(1+k_{\mathrm{td}}+\xi+k_{\mathrm{c}}\right)R^2\left(1+\rho+2\rho M\right)-4\rho M\frac{R^2}{1-R} \tag{4-41}$$

计算最佳流量比时，摩擦损失系数可采用文献中参考的典型实验值，见表 4—1 [20]：

表 4—1　摩擦损失系数值

研究者	k_s	k_j	k_t	k_d	k_{td}
Gasline 和 O’Brien	0	0.15	0.28	0.10	0.38
Petrie 等	0	0.03	—	—	0.20
Cunningham	0	0.10	—	—	0.30
Grupping	0.036	0.14	0.102	0.102	—
Grupping	0.08	0.09	0.098	0.102	—

给定摩擦损失系数和密度比时，可由式（4—39）计算不同面积比下的 M_{opt}。利用 M_{opt} 值可以进一步计算出对应的最佳压力比 p_{opt} 和最佳水力效率 E_{opt}，p_{opt} 和 E_{opt} 同 M_{opt} 之间的关系曲线分别为射流磨钻头水力结构的压力比包络线与水力效率包络线。射流磨钻头水力结构的水力效率包络线存在一个最优值。最优水力效率所对应的面积比、流量比和压力比分别为射流磨钻头水力结构最优面积比、最优压力比和最优流量比。

五、最优特性参数的确定及其影响因素分析

计算参数：射流磨钻头直径为 215.9mm，射流磨钻头内部的粉碎冲击角为 90°，反向喷嘴、喉管及旁通扩散管的摩擦损失系数 k_j=0.03，k_{td}=0.2，钻井液排量为 33L/s，钻井液密度为 1400kg/m^3，射流磨钻头反向喷嘴喷出的射流速度为 155m/s，机械钻速为 15.24m/h，钻头转速为 50r/min，岩屑的密度为 2700kg/m^3，岩屑的粉碎功指数为 6.30 kW·h/t，粉碎后的岩屑

粒径为 0.1mm。根据以上计算参数，按前面提供的公式和方法进行计算即可得到射流磨钻头水力结构的基本特性曲线，压力比包络线和水力效率包络线。

图 4–10 和图 4–11 分别为射流磨钻头水力结构的基本特性曲线、压力比和水力效率包络线。由图 4–10 可知，对于一定的面积比，流量比越小则压力比越大，降低井底压差的效果越好，欠平衡效果越明显；流量比为 1.0 左右时，所得的水力效率最高。由图 4–11 可以看出，射流磨钻头水力效率包络线有一个最大值，此最大值即为最优水力效率。最优水力效率所对应的压力比、流量比和面积比分别称为最优压力比、最优流量比和最优面积比。如图 4–11 所示，本算例所算得的最优水力效率为 9.054%，对应的最优压力比、最优流量比和最优面积比分别为 0.0927、0.9769 和 0.0879。当不考虑岩屑粉碎的能耗及混合液流经粉碎靶体、粉碎仓的能量损失，则射流磨钻头内部的射流磨实际上为射流泵，由本书计算得出的最优水力效率为 39.978%，对应的最优压力比、最优流量比和最优面积比分别为 0.3740、1.0689 和 0.2799，这与 Winoto 等人[21] 计算出的结果非常相近，间接证明了本书射流磨钻头水力结构的基本性能方程和优化方法的正确性和合理性。

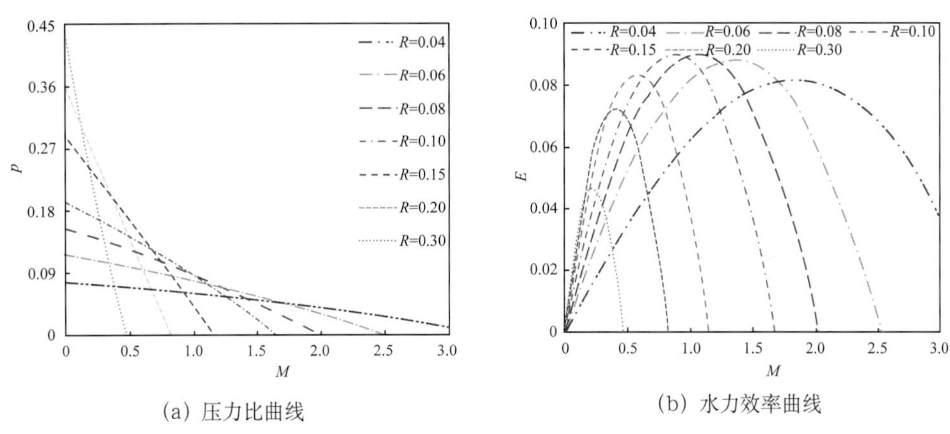

(a) 压力比曲线　　(b) 水力效率曲线

图 4–10　无量纲特性曲线

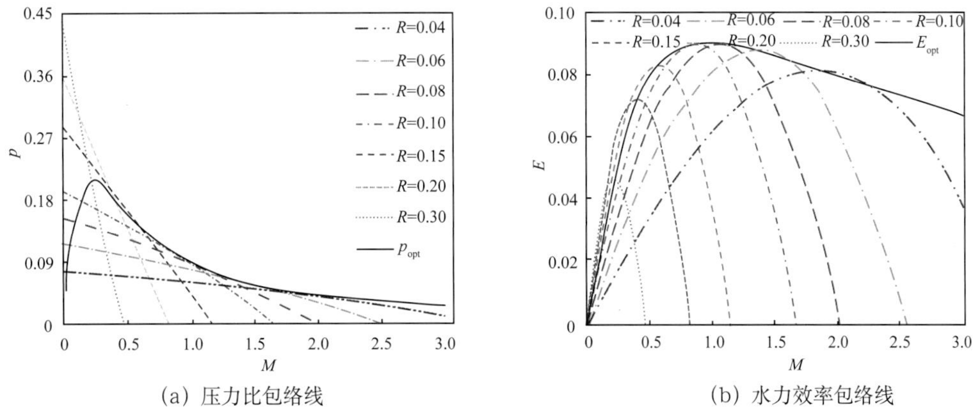

(a) 压力比包络线　　(b) 水力效率包络线

图 4–11　压力比和水力效率包络线

1. 粉碎冲击角对最优特性参数的影响

岩屑在射流磨钻头内部的粉碎主要为岩屑冲击粉碎靶体的拉伸破坏。因此，粉碎靶体的靶面与岩屑加速管轴线的夹角对粉碎能耗影响比较大，动力液与吸入液的混合流体流经粉碎靶体的局部阻力损失也不可忽视。粉碎冲击角定义为粉碎靶体的靶面与岩屑加速管轴线的夹角。如图 4−12 所示，粉碎冲击角对射流磨钻头水力结构的压力比包络线的影响比较明显，随着粉碎冲击角的增大，压力比包络线明显下移，表明粉碎冲击角增大将使得射流磨钻头水力结构的抽吸能力显著下降，欠平衡的效果下降。粉碎冲击角小有利于降低井底压差，提高机械钻速。

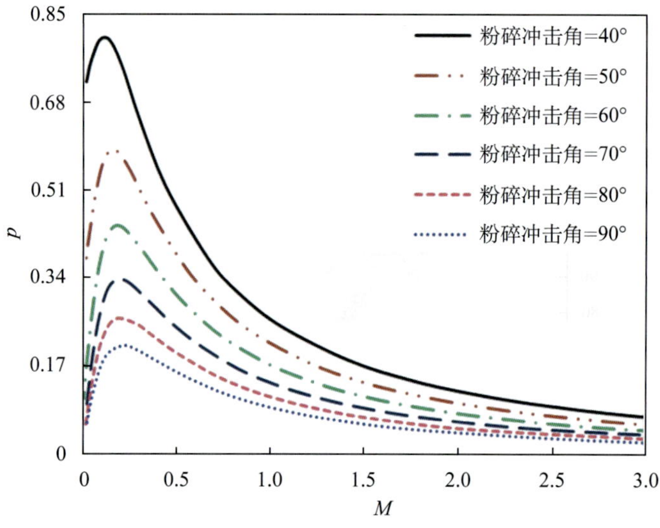

图 4−12　粉碎冲击角对压力比包络线的影响

如图 4−13 所示，粉碎冲击角的大小明显影响射流磨钻头水力结构的水力效率包络线，随着粉碎冲击角的增大，水力效率包络线明显下移，水力效率也显著下降。当粉碎冲击角为 40° 时，最优压力比为 0.2589，最大水力效率为 26.29%，最大水力效率是粉碎冲击角为 90° 时的 2.9 倍。

2002 年，Salman 等人通过实验研究了粉碎冲击角对粉碎效果的影响 [22]，对不同粉碎冲击角的粉碎靶体，他们分别采用 100 颗刚玉以一定速度撞击粉碎靶体，发现在其他条件和参数不变的情况下，粉碎冲击角越大，粉碎效果越好，70° 以下粉碎效果增加比较明显，从 70° 到 90° 粉碎效果有所增加，但增加不是很明显（图 4−14）。由图 4−13 可知，射流磨钻头的水力效率随着粉碎冲击角的增加明显降低，抽吸能力也是降低的，因此粉碎冲击角设计为 70° 左右比较合适。

由表 4−2 可知，随着粉碎冲击角的变化，最优面积比、最优压力比及最大水力效率变化都比较大，最优流量比变化不大，基本都在 1.0 左右。因此，最优流量比设计为 1.0 比较合适。

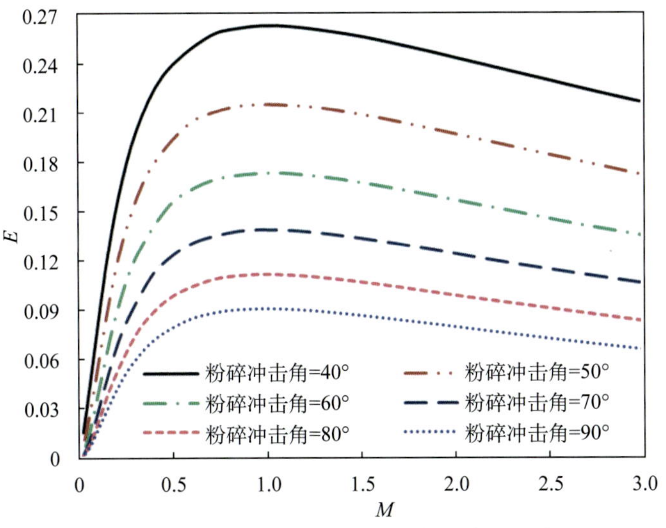

图 4–13　粉碎冲击角水力效率包络线的影响

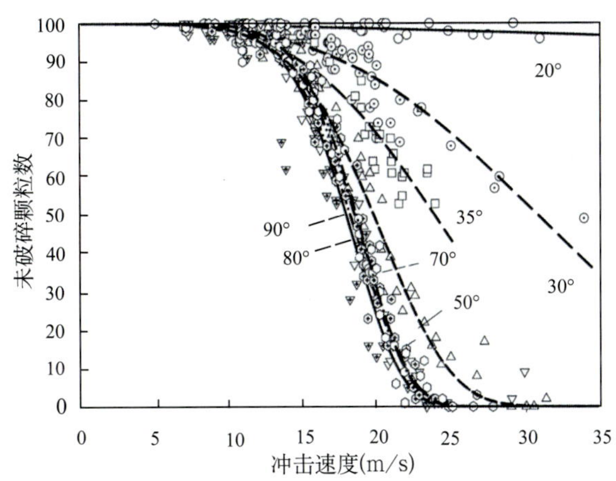

图 4–14　粉碎冲击角和冲击速度对未破碎颗粒数量的影响

表 4–2　不同粉碎冲击角下的最优特性参数

粉碎冲击角（°）	最优面积比	最优流量比	最优压力比	最大水力效率（%）
0	0.2799	1.0689	0.3740	39.98
40	0.2121	1.0154	0.2589	26.29
50	0.1820	1.0055	0.2140	21.52
60	0.1527	0.9983	0.1735	17.32
70	0.1271	0.9894	0.1401	13.87
80	0.1051	0.9852	0.1131	11.14
90	0.0879	0.9769	0.0927	9.05

2. 摩擦损失系数对最优特性参数的影响

取三组摩擦损失系数分别进行计算分析。

由图 4−15 可知，摩擦损失系数对射流磨钻头水力结构的压力比包络线影响很大。摩擦损失系数减小，使得压力比包络线上移，即在相同的流量比下有较高的压力比，表明低摩擦损失系数将会使射流磨钻头的水力结构有更高的抽吸能力，欠平衡效果越明显。

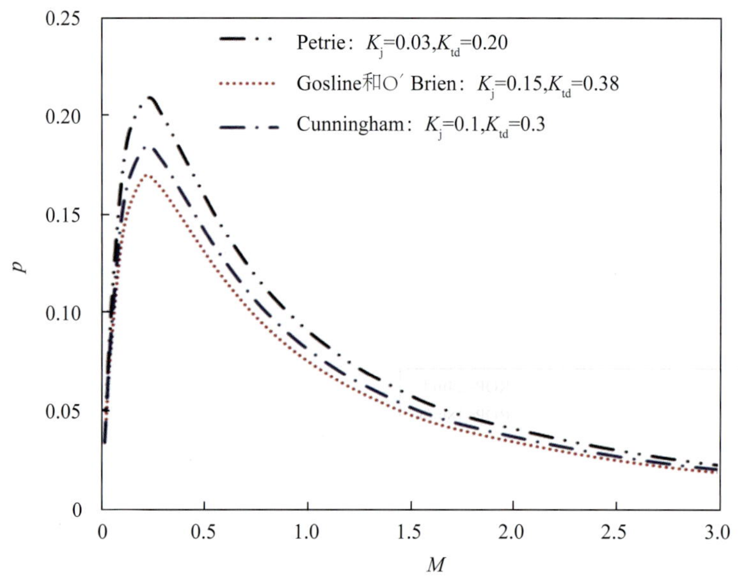

图 4−15　摩擦损失系数对压力比包络线的影响

如图 4−16 所示，当取较小的摩擦损失系数（Petrie：k_j=0.03，k_{td}=0.20）时，最优流量比为 0.9769，最优压力比为 0.0879，最优水力效率为 9.05%。当取较大的摩擦损失系数（Gosline 和 O’ Brien：k_j=0.15，k_{td}=0.38）时，最优流量比为 0.9978，最优压力比为 0.0753，最优水力效率为 7.51%。摩擦损失系数增大使得射流磨钻头水力结构的抽吸能力和水力效率下降。因此，射流磨钻头的内部流道在设计时应尽量光滑，减小摩擦损失系数。

3. 机械钻速对最优特性参数的影响

机械钻速决定了产生岩屑的快慢及初始岩屑的大小，它不仅决定了粉碎能耗的大小，而且还对吸入液及混合液的密度有影响。因此，机械钻速也对射流磨钻头水力结构的压力比包络线和水力效率包络线有一定影响。由图 4−17 和图 4−18 可知，随着机械钻速的增大，压力比包络线和水力效率包络线下移，但是不明显，基本看不出来，因此机械钻速的影响可以忽略不计。

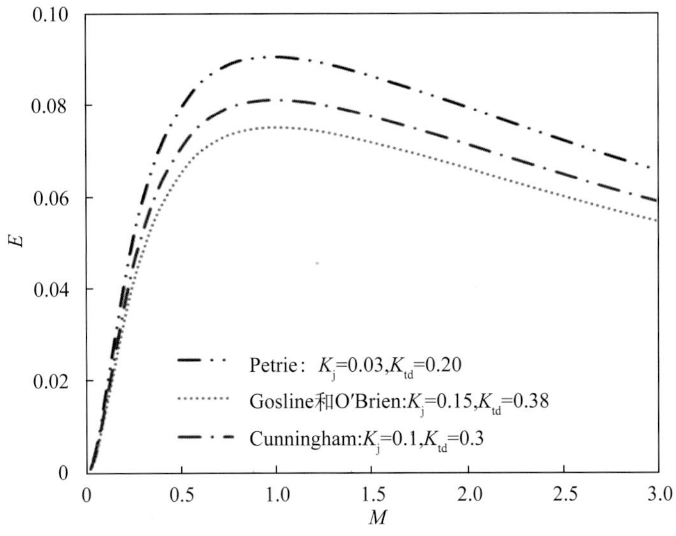

图 4–16　摩擦损失系数对水力效率包络线的影响

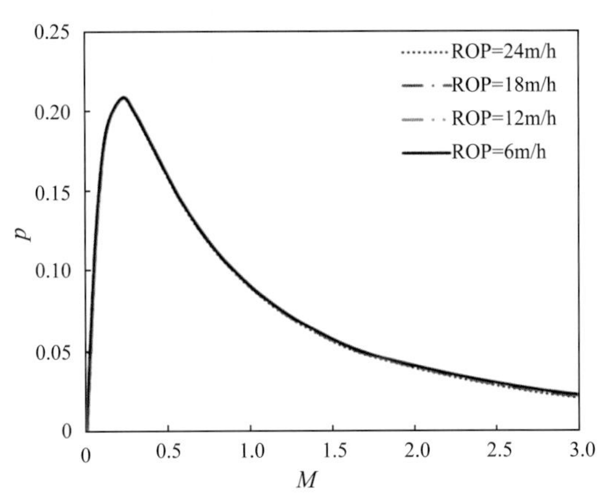

图 4–17　机械钻速对压力比包络线的影响

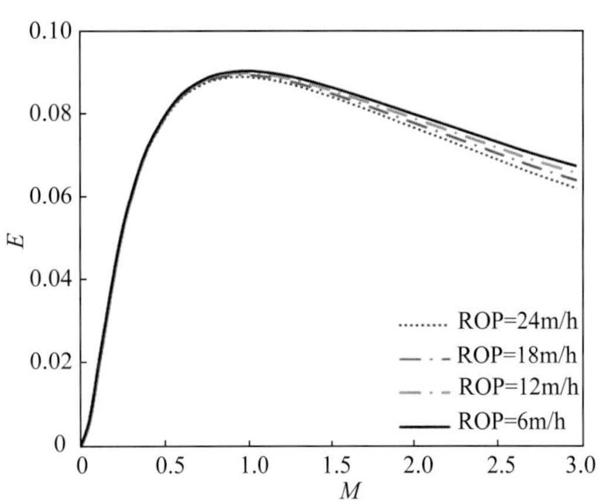

图 4–18　机械钻速对水力效率包络线的影响

4. 最优面积比的确定

当最佳流量比由式（4–39）计算得出后，可以依据最佳流量比计算出对应的最佳面积比。

最佳面积比并非是最优面积比，它与最佳流量比仅是一种对应关系。最优流量比所对应的最佳面积比即为最优面积比。由射流磨钻头水力结构的水力效率包络线即图 4–11 所确定的最优流量比为 0.9769，再由图 4–19 可以确定出最优面积比为 0.0879。

由图 4–19 至图 4–21 可知，当摩擦损失系数不同时，最优流量比也不同，最优流量比随着摩擦损失系数的增大而减小，但是影响不是很大。不同机械钻速下，最佳面积比与最佳流量比的关系曲线近似重合，因此可以认为机械钻速对最优流量比没有影响。粉碎冲击角对最优面积比的影响比较明显，粉碎冲击角增大，最佳面积比与最佳流量比的关系曲线下移，即最优面积比减小。

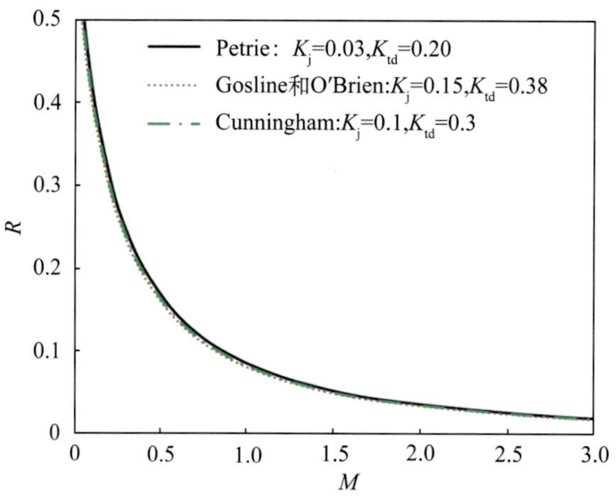

图 4—19　不同摩擦损失系数的最佳面积比与最佳流量比的关系

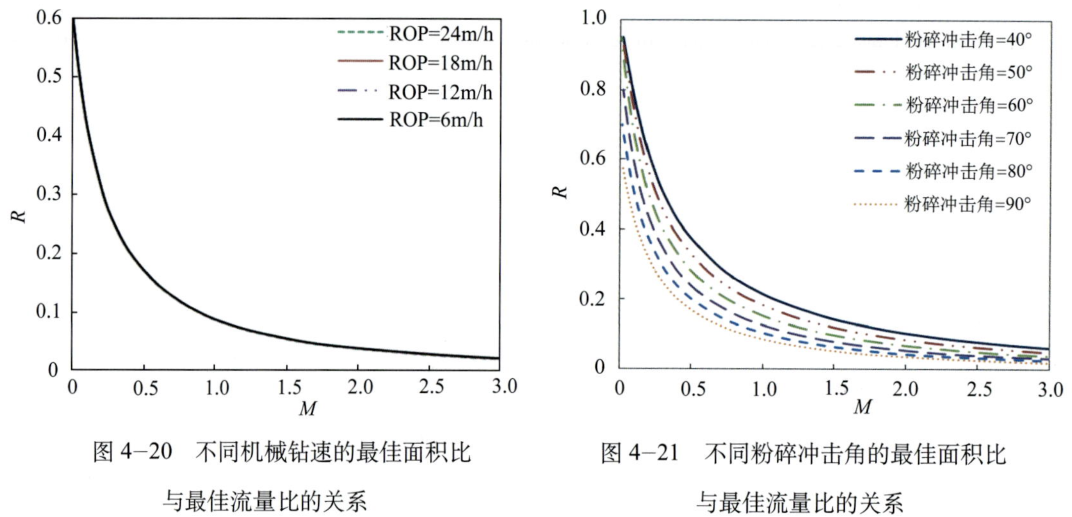

图 4—20　不同机械钻速的最佳面积比与最佳流量比的关系

图 4—21　不同粉碎冲击角的最佳面积比与最佳流量比的关系

第三节　基于机械比能理论的水平井钻井参数随钻优化方法

近年来，笔者建立了一套适用于水平井钻井的机械比能模型，并提出了一种钻头工作状态判别与钻井参数随钻优化方法[23]。在此基础上，又建立了水平井螺杆复合钻进的机械比能模型，并提出了相应的钻井参数随钻优化方法[24]。

一、水平井钻井机械比能与钻井参数随钻优化方法

实际上，客观条件是复杂多变的，如地层的岩性、强度、硬度和孔隙压力往往变化很大，因此同一钻头钻不同地层的最优钻井参数可能变化很大。同一地层使用不同类型的钻头，最优的钻井参数也有很大的差异。

1. 机械比能理论及其核心模型

1965 年，R.Teale 通过对不同类型的岩石采用不同钻头进行大量实验，提出了机械比能理论[25]。机械比能理论是作为一种用来描述钻头性能的概念被提出的，即在钻压和扭矩破碎作用下，单位时间破碎单位体积岩石所需的机械能。其表达式如下：

$$\mathrm{MSE}=\frac{\mathrm{WOB}}{A_{\mathrm{b}}}+\frac{120\pi\cdot\mathrm{RPM}\cdot T}{A_{\mathrm{b}}\cdot\mathrm{ROP}} \tag{4-42}$$

式中　MSE——机械比能；

WOB——钻压；

A_{b}——钻头面积；

T——钻头扭矩。

上述机械比能模型是通过地面的室内实验得出的。然而，现场的钻压、扭矩、转速等数据一般是通过地面测量工具测得。在缺乏近钻头钻压和近钻头扭矩的测量数据时，利用此模型得出的机械比能存在很大的误差。特别是在大位移井和水平井中，地面输入的机械能存在很大的损耗，计算所得的机械比能值并非为钻头实际的机械比能值，因而此模型的应用只停留在定性分析的层面。

1992 年，Pessier 建立了一种钻头扭矩的计算模型，对 Teale 模型进行了修正[26]：

$$\begin{cases}\mathrm{MSE}=\mathrm{WOB}\left(\dfrac{1}{A_{\mathrm{b}}}+\dfrac{13.33\mu_{b}\cdot\mathrm{RPM}}{D_{\mathrm{b}}\cdot\mathrm{ROP}}\right)\\ \mu_{\mathrm{b}}=36\left(\dfrac{T}{D_{\mathrm{b}}\cdot\mathrm{WOB}}\right)\end{cases} \tag{4-43}$$

式中　D_{b}——钻头直径；

μ_{b}——钻头的滑动摩擦系数。

由于此模型的钻头扭矩可以在地面通过钻压和滑动摩擦系数计算得到，因此在钻井行业中被广泛应用。由于其钻头扭矩通过钻压和滑动摩擦系数计算得到，然而，现场钻压一般是通过地面的指重表测出的，并非为井底实际钻压。在大位移井和水平井中，地面测得的钻压与井底实际钻压存在很大的差别。因此，此模型也有一定的局限性。

考虑到钻头存在一定机械效率，很多学者对 Teale 模型进行了修正。Dupriest 认为钻头实际上只有 35% 左右的机械效率[27]。Amadi 认为在水平井钻进中钻头的机械效率为 12.5%[28]。

2012 年，Cherif 通过室内实验得出钻头的机械效率为 0.26～0.64 [29]。考虑钻头机械效率修正的 Teale 模型的表达式如下：

$$\mathrm{MSE}=E_{\mathrm{m}}\left(\frac{\mathrm{WOB}}{A_{\mathrm{b}}}+\frac{120\pi\cdot\mathrm{RPM}\cdot T}{A_{\mathrm{b}}\cdot\mathrm{ROP}}\right) \tag{4-44}$$

式中　E_{m}——钻头的机械效率。

任何钻头都存在一定的机械效率。钻头的机械效率与钻头类型、钻头结构（水力结构、刀翼数、切削齿大小、布齿密度等）有关。对于特定的钻头，在某一特定的地层钻进时，其机械效率应该是一定的。在特定的地层中钻进，不同的钻头其机械效率应该不同，并非所有钻头的机械效率为一固定值。上述机械比能模型考虑了钻头存在机械效率，计算精度有所提高，但是由于没考虑地面输入的机械能的摩擦损耗，因此其不适用于定向井和水平井。

由于在硬地层水力能量很难起到实质的破岩作用，因此以上的机械比能模型都没考虑水力能量。最近有些学者认为，水力能量起到辅助破岩 [30] 和清岩作用 [31]，因此他们在原来的机械比能模型上考虑了水力能量的作用。所有考虑了水力能量的机械比能模型都可以概括为以下形式：

$$\mathrm{MSE}=\frac{\mathrm{WOB}}{A_{\mathrm{b}}}+\frac{120\pi\cdot\mathrm{RPM}\cdot T}{A_{\mathrm{b}}\cdot\mathrm{ROP}}+\frac{\kappa\cdot\Delta p_{\mathrm{b}}\cdot Q}{A_{\mathrm{b}}\cdot\mathrm{ROP}} \tag{4-45}$$

式中　κ——水力系数。

当 $\kappa<0$ 时，水力能量主要起清岩作用，则由此机械比能模型得出的机械比能值并非为真实的破岩比能，因为水力能量没有起到实质的破岩作用；当 $\kappa>0$ 时，此机械比能模型适用于高压喷射钻井和软地层钻进，对于深部硬地层，常规钻井钻头的水力能量很难起到实质的破岩作用。

式（4–43）、式（4–44）和式（4–45）在 Teale 模型的基础上分别考虑了钻头扭矩的计算、钻头的机械效率及水力能量，计算精度相对有所提高，但是都不适用于定向井和水平井，适用范围有一定的局限性。

2. 水平井的机械比能模型

目前，现场的钻压、扭矩、转速等数据一般是通过地面测量工具测得的。在缺乏近钻头钻压和近钻头扭矩的测量数据时，利用地面测得的数据得出的机械比能存在很大的误差。特别是在大位移井和水平井中，地面输入的机械能存在很大的损耗（图 4–22）[32]，计算所得的机械比能值并非为钻头实际的机械比能值。并且不同的钻头类型机械效率也存在很大的差别。因而有必要建立适合水平井的机械比能模型。

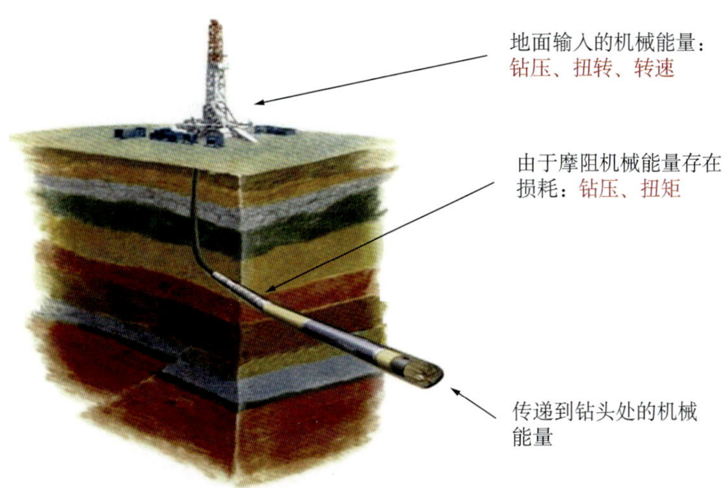

图 4–22　水平井钻井中地面机械能量的传递

1）水平井井底钻压的计算模型

钻压是钻井过程中非常重要的参数，是驱动钻头吃入地层向前钻进的动力。在水平井的钻进过程中，由于钻柱与井壁存在摩擦，导致钻头上的真实钻压与井口指重表所显示的钻压之间存在很大的差异，因此研究井口钻压与井底钻压之间的关系十分重要。根据力的叠加原理，通过分析井底钻压在定向井各井段上的作用情况，可以求出井口钻压与井底钻压之间的关系。

（1）弯曲井段。

2008 年，Aadnoy 等人推导出了钻柱轴向力在弯曲井段和直井段的力学模型[33]。在钻进过程中，假设钻柱斜躺在井壁上，钻柱与井眼的轴线平行，则在弯曲井段钻柱的轴向力可通过式（4–46）计算：

$$F_2 = f(\gamma_2) + \left[F_1 - f(\gamma_1)\right] \mathrm{e}^{-\mu(\gamma_2-\gamma_1)} \tag{4–46}$$

其中：

$$f(\gamma) = \frac{q'R}{1+\mu^2}\left[\left(1-\mu^2\right)\sin\gamma + 2\mu\cos\gamma\right] \tag{4–47}$$

式中　F_2——所分析钻柱下端所受的轴向力；

F_1——所分析钻柱上端所受的轴向力；

γ_2——所分析钻柱下端截面所对应的井斜角；

γ_1——所分析钻柱上端截面所对应的井斜角；

μ——钻柱与井壁间的摩擦系数；

q'——钻柱在钻井液中的线重；

R——弯曲井眼的曲率半径。

当井底钻压 WOB_b=0 时，假设所分析钻柱上端所受的轴向力为 F_1'，钻柱下端所受的轴向力为 F_2'，则

$$F_2' = f(\gamma_2) + \left[(F_1' - f(\gamma_1)\right] e^{-\mu(\gamma_2-\gamma_1)} \tag{4-48}$$

当井底钻压 WOB_b>0 时，假设所分析钻柱上端所受的轴向力为 F_1''，钻柱下端所受的轴向力为 F_2''，则

$$F_2'' = f(\gamma_2) + \left[F_1'' - f(\gamma_1)\right] e^{-\mu(\gamma_2-\gamma_1)} \tag{4-49}$$

式（4–49）减去式（4–48）可得：

$$F_2' - F_2'' = (F_1' - F_1'') e^{-\mu(\gamma_2-\gamma_1)} \tag{4-50}$$

显然，$F_2'-F_2''$ 是井底钻压在所分析钻柱下端截面所产生的内力；$F_1'-F_1''$ 是井底钻压在所分析钻柱上端截面所产生的内力。式（4–50）可写为：

$$F_{i2} = F_{i1} e^{-\mu(\gamma_2-\gamma_1)} \tag{4-51}$$

式中 F_{i2}——井底钻压在所分析钻柱下端截面所产生的内力；

F_{i1}——井底钻压在所分析钻柱上端截面所产生的内力。

（2）直井段。

2008 年，B.S.Aadnoy 和 J.Djarhuus 推导出了钻柱轴向力在直井段的力学模型 [33]：

$$F_2 = F_1 + q'\Delta s(\mu \sin\gamma - \cos\gamma) \tag{4-52}$$

式中 Δs——所分析钻柱的长度，m。

当井底钻压 WOB_b=0 时：

$$F_2' = F_1' + q'\Delta s(\mu \sin\gamma - \cos\gamma) \tag{4-53}$$

当井底钻压 WOB_b>0 时：

$$F_2'' = F_1'' + q'\Delta s(\mu \sin\gamma - \cos\gamma) \tag{4-54}$$

式（4–54）减去式（4–53）可得：

$$F_2' - F_2'' = F_1' - F_1'' \tag{4-55}$$

即

$$F_{i2}=F_{i1} \tag{4-56}$$

因此，在直井段井底钻压在钻柱的各个截面上所产生的内力是一样的。在直井段，由于$\gamma_2-\gamma_1=0$，因此实际上式（4–56）和式（4–51）是一样的。式（4–51）也适用于直井段。因此，在水平井钻进中，井底钻压在所分析钻柱上下端截面所产生内力的关系可用同一公式表示为：

$$F_{i2}=F_{i1}e^{-\mu(\gamma_2-\gamma_1)} \tag{4–57}$$

在水平井钻进中，在地面处：

$$F_{i1}=\text{WOB}，\gamma_1=0° \tag{4–58}$$

在井底处：

$$F_{i2}=\text{WOB}_b，\gamma_2=\gamma_b \tag{4–59}$$

式中　γ_b——井底的井斜角，（°）。

将式（4–58）和式（4–59）带入式（4–57）得：

$$\text{WOB}=\text{WOB}_b e^{-\mu\gamma_b} \tag{4–60}$$

关于式（4–60）的正确性，可以用其他的钻柱轴向力计算模型采用同样的方法进行推导验证。1991 年，苏义脑不考虑钻柱振动、钻井液流速等动态因素的影响，并假设钻柱因自重作用而躺在井壁推导出了弯曲井段钻柱轴向力的计算公式[34]：

$$F(\gamma)=\left(F_g-q'h_0+\frac{2q'\mu R}{1-\mu^2}\right)e^{-\mu\gamma}-\frac{Rq'}{1+\mu^2}\left[2\mu\cos\gamma+\left(1-\mu^2\right)\sin\gamma\right] \tag{4–61}$$

式中　F_g——大钩载荷；

h_0——直井段深度。

如果不计底部钻具组合的影响，将井底井斜角γ_b代入式（4–61）可得出钻头处的轴向力。设钻压为零时，钻头处的轴向力为$F(\gamma_b)'$，大钩载荷为F_g'，钻压大于零时，钻头处的轴向力为$F(\gamma_b)''$，大钩载荷为F_g''，分别代入式（4–61）相减得：

$$F(\gamma_b)'-F(\gamma_b)''=\left(F_g'-F_g''\right)e^{-\mu\gamma_b} \tag{4–62}$$

显然，$F(\gamma_b)'-F(\gamma_b)''$为井底钻压，$F_g'-F_g''$为井口钻压，式（4–62）与式（4–60）是一致的。

一般钻柱与井壁的摩擦系数为 0.25～0.4[35]，取 0.35 时，不同井斜角时井口钻压与井底钻压的比值如图 4–23 所示。由图 4–23 可知，在水平井中井口钻压与井底钻压的差别很大，井底钻压不到井口钻压的 60%。

2）水平井井底钻头扭矩的计算模型

目前，在工程上钻头扭矩还无法通过地面仪器进行测量。对此，利用钻压和滑动摩擦系数计算钻头扭矩，计算模型如图 4–24 所示[26]。

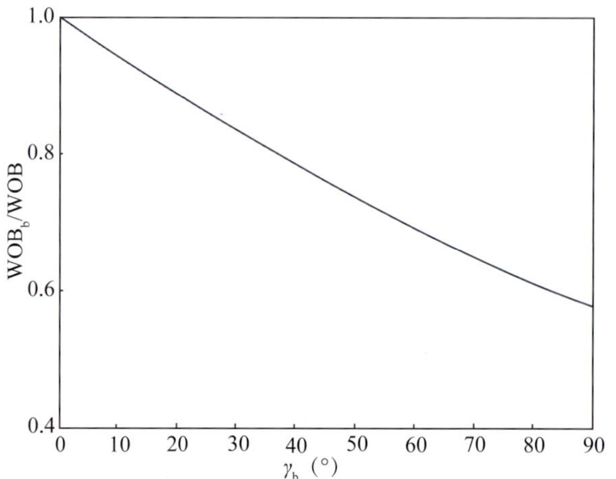

图 4–23　不同井斜角时井口钻压与井底钻压的比值

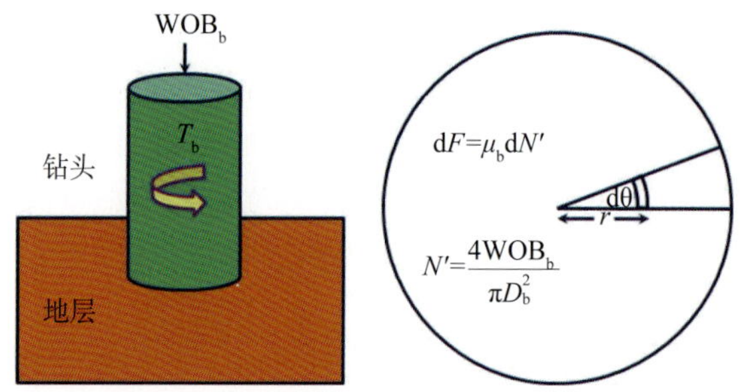

图 4–24　钻头扭矩计算模型示意图

依据二重积分相关定理，得出钻进时的井底钻头扭矩为：

$$\begin{aligned} T_{\mathrm{b}} &= \int_0^{D_{\mathrm{b}}/2}\int_0^{2\pi} r^2 \frac{4\mu_{\mathrm{b}}\cdot \mathrm{WOB_b}}{\pi D_{\mathrm{b}}^2}\mathrm{d}r\mathrm{d}\theta \\ &= \int_0^{D_{\mathrm{b}}/2}\frac{8\mu_{\mathrm{b}}\mathrm{WOB_b}}{D_{\mathrm{b}}^2}r^2\mathrm{d}r = \frac{\mu_{\mathrm{b}}\cdot \mathrm{WOB}\cdot \mathrm{e}^{-\mu\gamma_{\mathrm{b}}}D_{\mathrm{b}}}{3} \end{aligned} \tag{4-63}$$

通常情况下，牙轮钻头和 PDC 钻头滑动摩擦系数分别为 0.3 和 0.85 [36]。

3）水平井机械比能模型

机械比能模型中，钻压和钻头扭矩是非常关键的两个机械参数，也是机械比能计算误差的来源。在水平井钻进中，井底钻头钻压与井口钻压存在很大的差别，井底钻头扭矩也难以准确求取。以上得出了定向井及水平井钻井中井底钻压和井底钻头扭矩的计算模型，将井底钻压的预测模型［式（4–60）］和井底钻头扭矩的计算模型［式（4–63）］代入 Teale 模型［式（4–42）］，并考虑钻头的机械效率，即可得到水平井机械比能模型：

$$\begin{cases} \mathrm{MSE} = E_{\mathrm{m}} \cdot \mathrm{WOB}_{\mathrm{b}} \cdot \left(\dfrac{1}{A_{\mathrm{b}}} + \dfrac{13.33\mu_{\mathrm{b}} \cdot \mathrm{RPM}}{D_{\mathrm{b}} \cdot \mathrm{ROP}} \right) \\ \mathrm{WOB}_{\mathrm{b}} = \mathrm{WOB} \cdot \mathrm{e}^{-\mu\gamma_{\mathrm{b}}} \end{cases} \tag{4-64}$$

式中　E_{m}——钻头的机械效率，钻头的机械效率与钻头类型、钻头结构（水力结构、刀翼数、切削齿大小、布齿密度等）有关，可通过室内岩心实验和邻井资料反算求得。

3. 基于机械比能理论的钻井参数随钻优化

1965 年，Teale 通过室内岩心实验发现，当钻头的工作效率达到最大时，钻头的机械比能值约等于岩石的抗压强度。但是这个实验是在地面条件下进行的，在实际钻井过程中，当钻井效率达到最大时，钻头的机械比能值约等于围压下的岩石抗压强度，即

$$\mathrm{MSE}_{\mathrm{min}}=\mathrm{CCS} \tag{4-65}$$

钻进过程中，射流磨钻头抽吸井底流体降低井底压差，考虑井底压差效应，渗透性地层围压下的岩石抗压强度可由下式算得[36]：

$$\mathrm{CCS} = \mathrm{UCS} + D_{\mathrm{p}} + 2D_{\mathrm{p}} \cdot \frac{\sin\phi}{1-\sin\phi} \tag{4-66}$$

式中　CCS——围压下的岩石抗压强度，MPa；

UCS——单轴抗压强度，MPa；

ϕ——岩石内摩擦角，(°)。

由于水平井的机械比能模型［式（4–64)］计算时采用的是井底钻压和井底钻头扭矩，并考虑了钻头的机械效率，利用此模型计算的机械比能相对比较准确。当钻井效率达到最大时，钻头的机械比能值约等于围压下的岩石抗压强度，利用此关系可以得到机械钻速的简易预测模型。

$$\mathrm{ROP} = \frac{13.33\mu_{\mathrm{b}} \cdot \mathrm{RPM}}{D_{\mathrm{b}} \left(\dfrac{\mathrm{CCS}}{E_{\mathrm{m}} \cdot \mathrm{WOB} \cdot \mathrm{e}^{-\mu\gamma_{\mathrm{b}}}} - \dfrac{1}{A_{\mathrm{B}}} \right)} \tag{4-67}$$

式中　A_{B}——钻头截面面积或井底面积。

该机械钻速的简易预测模型考虑了影响钻速的几个主要因素，相对于以前提出的钻速方程，省去了很多与钻头类型和钻头结构相关的取值不确定的系数，钻头类型和钻头结构对机械钻速的影响都包含在机械效率里，因此，此简易预测模型具有广泛的通用性。但是此机械钻速的简易预测模型是在假设钻井效率达到最大时得出的，因此，当由于钻井复杂（钻头泥包、井底泥包、钻具振动）或钻头磨损造成钻井效率下降时，所预测的机械钻速会偏高。

由式（4–65）可知，可通过实时监测机械比能，根据实际机械比能相对于岩石抗压强度的变化来监测钻井效率是否达到最大，并识别钻头的工作状态。图 4–25 为机械钻速与钻压、机械比能的关系曲线。如图 4–25 所示，依据钻压的大小，钻头的工作状态可分为三个区域。

A 区域钻头牙齿未充分吃入地层，在此区域钻进一般机械比能值大于围压下的岩石抗压强度。在井底净化充分的条件下，钻头消耗一定的机械能反而获得较低的机械钻速，因此需要提高钻压。

B 区域为钻头高效钻进区域，钻井效率达到最大，机械比能值约等于围压下的岩石抗压强度。机械钻速随钻压的增大而增大，可通过增加钻压或增加转速以提高输入的机械能。

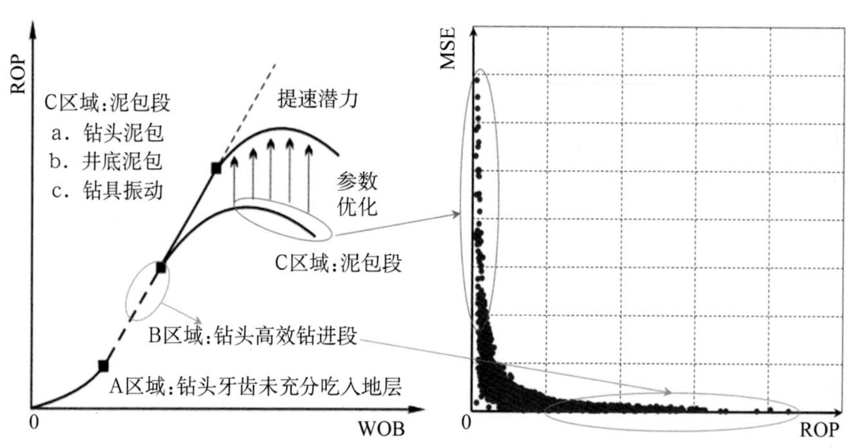

图 4–25　机械钻速与钻压、机械比能的关系曲线

C 区域为泥包区域，机械比能值大于围压下的岩石抗压强度。在钻头高效钻进的 B 区域，当机械钻速达到较高之后，井底产生的岩屑增多，达到了泥包点附近。若继续增加钻压或转速，岩屑附着于钻头刀翼产生钻头泥包，或在钻头与地层岩石之间形成一道屏障阻碍钻头的机械能量的有效传递而产生井底泥包，随着钻压的增加，可能导致钻具振动。机械钻速不但不会提高反而降低，机械比能值会比围压下的岩石抗压强度大很多。

因此，可以通过实际机械比能相对于岩石抗压强度基线的变化来识别钻头是在 B 区域钻进，还是在 C 区域钻进。由于钻头一般在 A 区域钻进的概率小，可以不予考虑。

由图 4–25 可知，最优的钻井参数在泥包点附近，即 B 区域与 C 区域的相交处。通常的钻井参数优化是将钻井参数维持在泥包点附近。但是即使钻头在 C 区域钻进，也还是有一定提速潜力的。对于 C 区域的优化，在设备配套的条件下可以提高水力参数，延伸泥包

段范围 [37]。若已达到设备的额定功率，应降低钻压，使施工参数处于泥包点附近，从而确保高效钻进。

应用机械比能模型，实时监测钻头的工作状态，使钻井参数维持在最优，从而使机械钻速最大化，达到减小作业风险与降低钻井成本的目的。图 4–26 为钻井参数随钻优化与机械钻速最大化的流程图。

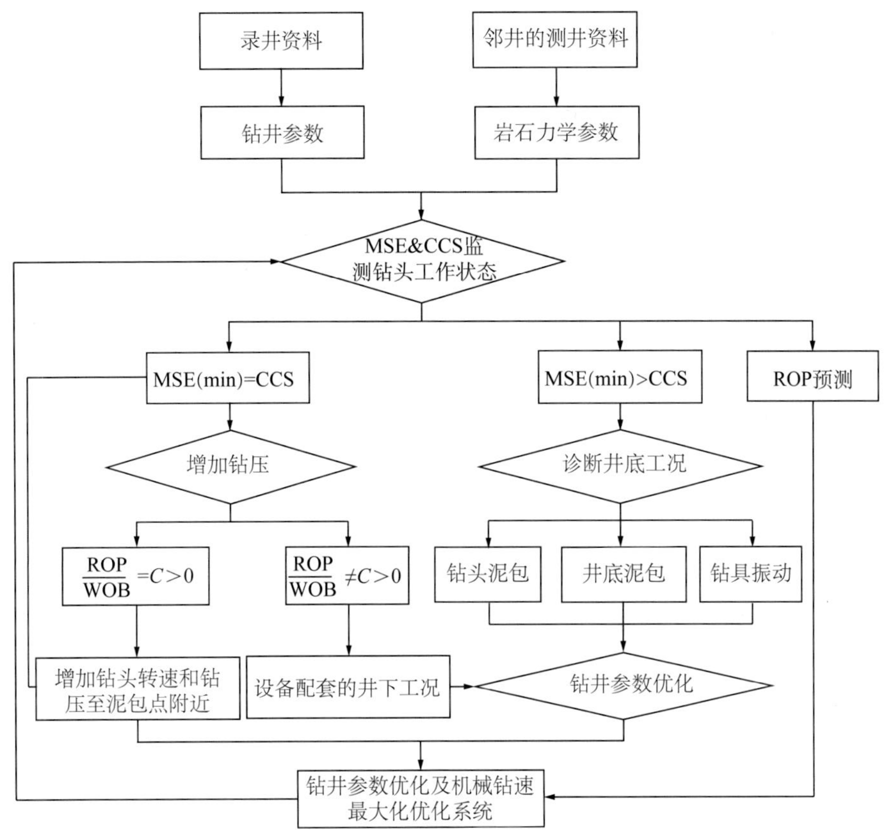

图 4–26　机械钻速实时最大化与钻井参数随钻优化的流程图

4. 算例分析

1）模型验证

为了验证水平井机械比能模型及机械钻速简易预测模型，采用现场某一口水平井的测录井数据进行计算。虽然此口水平井应用的是常规钻头，但是依然可以用于本书模型的验证。此水平井设计井深是 4043m，造斜点为 2925m，水平段为 3465～4043m。选取该井的垂直井段和水平井段分别将 Teale 模型、Pessier 模型、Dupriest 模型以及本书建立的新机械比能模型的计算结果进行了对比分析。同时，为了验证机械钻速简易预测模型的可靠性，也将机械钻速的简易预测模型的预测结果与实际机械钻速做了对比。图 4–27 和图 4–28 分别为各机械比能模型在直井段和水平井段计算结果的比较。图 4–29 为机械钻速预测结果与钻井参数分析。

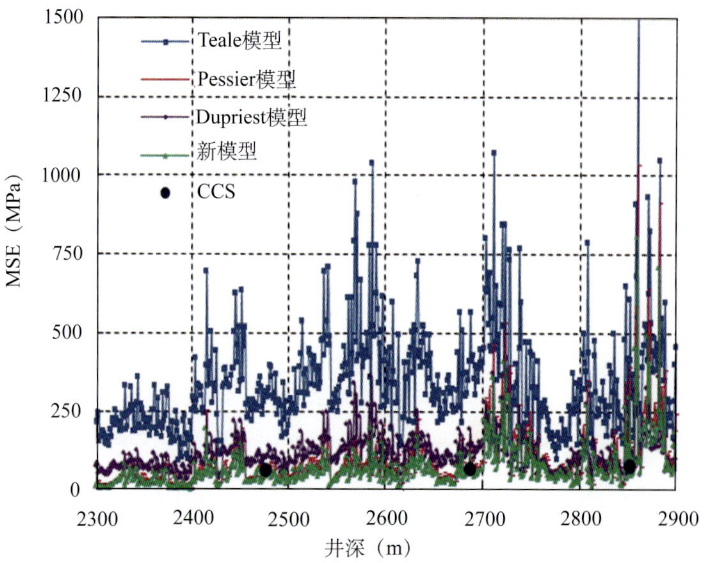

图 4–27 直井段各机械比能模型计算结果的对比

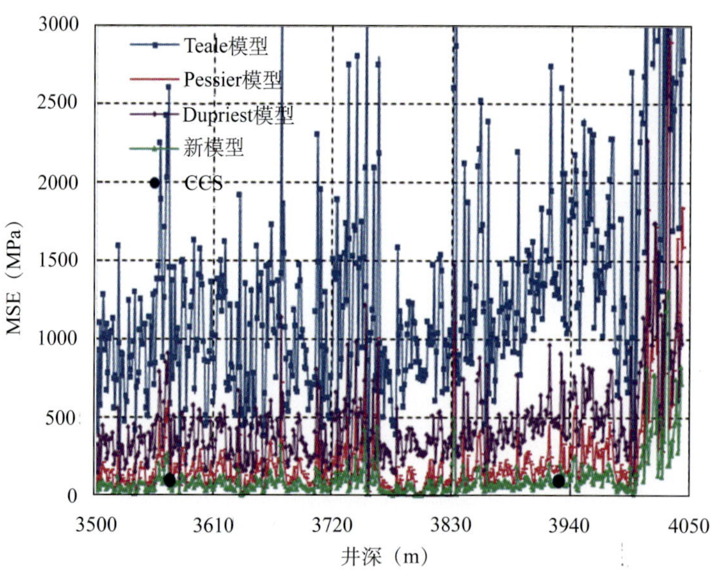

图 4–28 水平井段各机械比能模型计算结果的对比

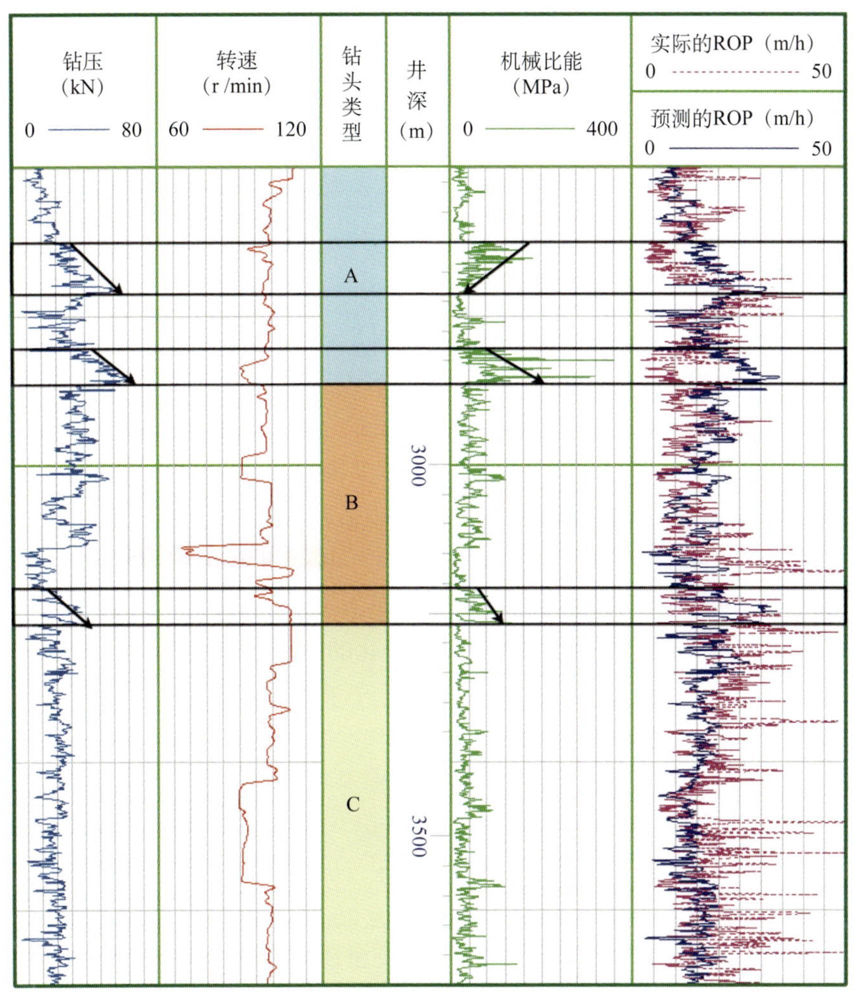

图 4–29　机械钻速预测结果与井底工况分析

由图 4–27 可知，新模型计算的机械比能值与地层岩石围压下的抗压强度最为接近，其计算最为准确，然后依次是 Pessier 模型、Dupriest 模型和 Teale 模型。在垂直段，Pessier 模型、Dupriest 模型和新模型的计算值比较接近，计算精度都明显好于 Teale 模型。在水平段 Teale 模型计算的机械比能值是地层岩石围压下的抗压强度值的 10 倍。由于 Teale 模型是在室内实验条件下得出的，由地面测得的数据去计算水平井井底钻头的机械比能必然会产生很大的误差。由于钻柱与井壁存在摩擦，地面输入的机械能在传递到水平井井底时会产生很大的损耗。另外，由于钻头一般存在一定的机械效率，因此 Teale 模型计算的机械比能值存在很大的误差。Dupriest 模型和 Pessier 模型所计算的机械比能值也明显大于地层岩石侧限抗压强度值，只有新模型计算的机械比能值与地层岩石侧限抗压强度值最接近。因此，Dupriest 模型和 Pessier 模型比较适合直井，新模型对直井和定向井都最为适合，其计算精度也最好。

图 4–29 为机械钻速的预测结果与井底工况分析情况。由图 4–29 可见，整体看来，机械钻速简易预测模型预测的机械钻速与实际的机械钻速很接近。A、B、C 三只钻头预测机械钻速的精度分别为 84.8%、91.2% 和 76%。因此，此机械钻速简易预测模型预测的机械钻速基本上能满足工程需要。在 2700～2750m、2840～2890m 和 3167～3215m 井段，机械比能明显变大，表明钻井效率下降，预测的机械钻速也比实际的机械钻速高。在 2700～2750m 井段，机械比能增加，实际机械钻速降低。在 2730～2766m 井段，当钻压由 30kN 增加到 52kN 后，机械比能立即降低，实际机械钻速增加。在 2700～2750m 井段，钻头转速和排量并未改变，不大可能出现泥包。可能是钻具涡动导致机械钻速降低。在 2840～2890m 和 3167～3215m 井段，机械比能增大，实际机械钻速明显降低，增大钻压，机械比能进一步增大。起钻发现钻头磨损严重，更换钻头以同样的钻井参数钻进，机械比能大大降低。图 4–29 中 C 钻头的机械比能值最小，实际机械钻速也最快，表明该钻头与地层最为适应。A 钻头的机械比能值最大，实际机械钻速也最小，表明该钻头与地层不匹配。

2）井下工况诊断与钻井参数优化

为了验证本书中的钻井参数优化方法，采用现场某一口井某一层位的测录井数据绘制了机械比能和地层岩石围压下的抗压强度随井深变化的曲线。

利用机械比能和地层岩石围压下的抗压强度随井深变化的曲线来监测钻头工况。同时，机械钻速、钻压、转速和钻井液排量可用于分析和诊断井下复杂与钻井事故（钻头泥包、井底泥包和钻具振动），通过调整及优化钻井参数，减少井下复杂与钻井事故，提高机械钻速。如图 4–30 所示，在 1385～1645m 井段，MSE（min）=CCS，表明钻头处于高效钻进状态，机械钻速在 25m/h 左右。从 1645m 到 1900m，MSE（min）>CCS，机械比能明显高于围压下的岩石抗压强度，表明钻井效率降低，机械钻速由 25m/h 左右下降到 8m/h。在 1720m 处，增大排量没效果，机械比能依然很高，因此，不太可能是钻头泥包和井底泥包，很可能是钻具产生了振动。继续调整钻井参数，从 1815m 开始逐渐将钻压从 65kN 降为 40kN，然而机械钻速进一步降至 6.5m/h。从 1850m 开始又逐渐将钻压从 40kN 增加至 100kN，此时机械比能显著下降，并且降至 MSE（min）=CCS，表明钻头处于高效钻进状态，机械钻速明显增至 28m/h。

从 1960m 至 2020m，钻头转速增至 133r/min，如图 4–31 所示，机械钻速与钻压的比值近似为常数，即 ROP/WOB=C，表明钻头还处于高效钻进状态，未到泥包点附近。但当从 2020m 开始将钻压从 100kN 增至 175kN 时，机械钻速与钻压的比值不为常数，机械比能明显增大，表明钻头处于泥包段，因此在 2020m 处钻井参数已达最优。因此，钻头转速为 133r/min 时对应的最优钻压为 100kN。在 2046～2180m 井段，钻头转速维持在 133r/min，钻压维持在 100kN 左右，机械钻速与钻压的比值近似为常数，即 ROP/WOB=C，机械钻速在 30m/h 以上。在 2340～2520m 井段，机械钻速很低，为 6.5m/h 左右，主要因为地层为硬石膏，围压下的抗压强度很高，为了防止钻具振动，所施加的钻压和转速都很低，因此对应的机械钻速也很低。当钻过硬石膏地层后，在 2530m 处，将钻压增至原来的 100kN 左右时，

MSE（min）=CCS，机械钻速与钻压的比值近似为常数，即 ROP/WOB=C，表明钻头处于高效钻进状态，机械钻速在 15m/h 以上。

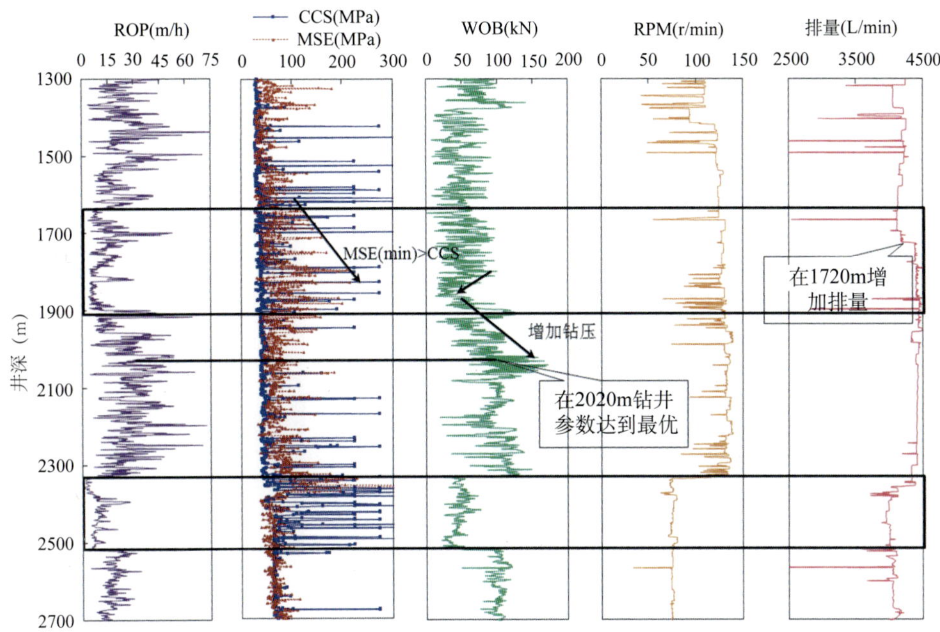

图 4–30　钻井参数优化与机械钻速最大化

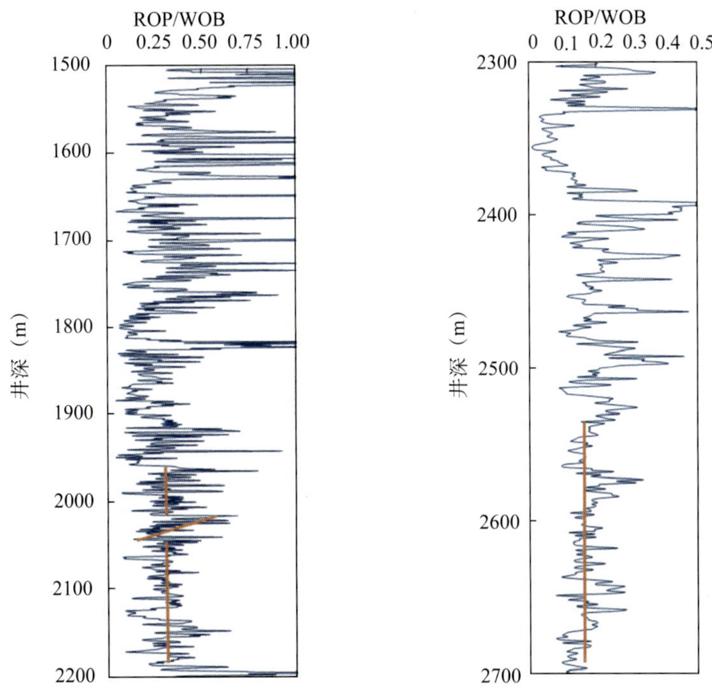

图 4–31　机械钻速与钻压的比值随井深的变化

二、螺杆复合钻井机械比能与钻井参数随钻优化方法

目前，水平井及大位移井常用的井下动力钻具组合大多数是以螺杆钻具为主构成的。因此，建立水平井螺杆复合钻进的机械比能模型及研究其钻井参数优化方法是非常必要的。

1. 螺杆钻具的工作特性

螺杆钻具的基本原理是将钻井液的水力能量转化为机械能量并传递给钻头，从而驱动钻头转动破碎地层岩石（图 4–32）。

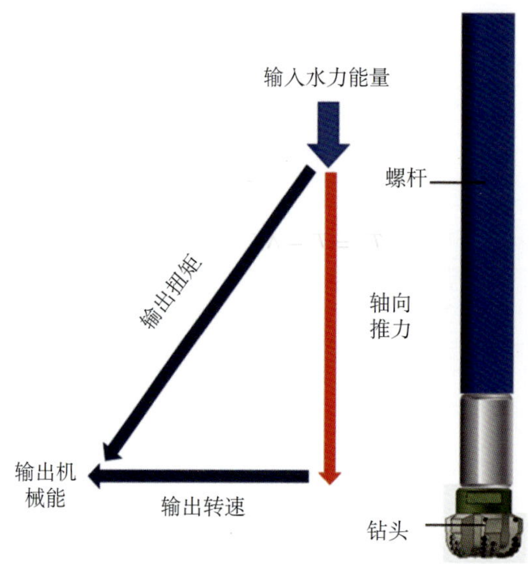

图 4–32　螺杆钻具水力能量与机械能量之间的转换

1）理论输出特性

螺杆钻具的输出特性参数为输出扭矩和输出转速。螺杆压降和排量为其工作参数。将螺杆钻具的工作参数与输出特性参数联系起来的关键参数是每转排量，可由下式求出：

$$q''=\frac{\pi}{4}\frac{i(i+1)}{(2-i)^2}D_h^2P_h \tag{4-68}$$

式中　q''——螺杆每转排量；

i——螺杆钻具的头数比；

D_h——定子的轮廓圆直径，简称定子直径；

P_h——定子的螺距。

螺杆钻具的每转排量求得后，可以依据螺杆钻具的工作参数求出输出特性参数。理论输出扭矩与螺杆钻具的结构参数和钻井液压降有关：

$$T_t=\frac{\Delta p_m q''}{2\pi} \tag{4-69}$$

式中　T_t——螺杆的理论输出扭矩；

Δp_m——螺杆压降。

理论输出转速可由流经螺杆钻具的钻井液排量与螺杆钻具每转排量求得：

$$\mathrm{RPM}_t = \frac{Q}{q''} \tag{4-70}$$

式中　RPM_t——螺杆输出的理论转速；

Q——流经螺杆钻具的钻井液排量。

2）实际输出特性

理想情况下，可认为转子在定子橡胶面上滚动时不产生摩擦和滑动。实际上，摩擦力和转子旋转使定子橡胶变形所消耗的功所引起的扭矩损失是很大的。实际输出的扭矩可表示为：

$$T_m = T_t - \Delta T \tag{4-71}$$

式中　T_m——螺杆输出的实际扭矩；

ΔT——螺杆总的扭矩损失。

损失的扭矩主要来自钻井液黏性剪切力产生的扭矩损失，密封腔间压差作用产生的径向推力引起的扭矩损失以及转子的偏心力引起的扭矩损失。总的扭矩损失可由下式算得[38]：

$$\Delta T = \frac{\pi^2 i^4}{2(1-i)(2-i)^3}\frac{\mathrm{RPM}_m}{\delta}D_h^3 L_s \mu_f + C_f \frac{\pi(1-i^2)}{4(2-i)^2}D_h^2 P_h \Delta p_m + \frac{2F_n y}{3\pi} \tag{4-72}$$

式中　RPM_t——螺杆输出的实际转速；

L_s——多头螺杆密封线的长度；

μ_f——钻井液的塑性黏度；

δ——定子与转子间的间隙；

C_f——是定子与转子间的干摩擦系数；

y——接触点与转子轴心在 y 轴的相对距离，也称当量宽度；

F_n——转子运动的惯性偏心力引起的径向力。

多头螺杆密封线的长度可由下式求得：

$$L_s = \frac{1}{2-i} n_s \sqrt{(\pi D_h)^2 + \left((2i - i^2)P_h\right)^2} \tag{4-73}$$

式中　n_s——螺杆钻具的级数。

根据 Hertzian 接触理论，接触区域的当量宽度的计算式为：

$$y=\left[\frac{4r_{\mathrm{s}}}{\pi L_{\mathrm{s}}}F_{\mathrm{n}}\left(\frac{1-\nu_{\mathrm{h}}^{2}}{E_{\mathrm{h}}}\right)+\left(\frac{1-\nu_{\mathrm{s}}^{2}}{E_{\mathrm{s}}}\right)\right]^{\frac{1}{2}} \tag{4-74}$$

式中 r_{s}——转子轮廓圆半径；

ν_{h}——橡胶定子的泊松比；

E_{h}——橡胶定子的弹性模量；

ν_{s}——转子的泊松比；

E_{s}——转子的弹性模量。

转子运动的惯性偏心力引起的径向力可由下式求得：

$$F_{\mathrm{n}}=\pi L_{\mathrm{s}}d_{\mathrm{r}}\left(\frac{m}{m+1}\right)\sqrt{\Delta p_{\mathrm{m}}^{2}+\left(\frac{d_{\mathrm{r}}^{2}}{\sqrt{2}}\rho_{\mathrm{r}}^{2}e''\mathrm{RPM}_{\mathrm{m}}^{2}\right)^{2}} \tag{4-75}$$

式中 d_{r}——转子的轮廓圆直径；

m——螺杆转子的头数；

ρ_{r}——转子材料的密度；

e''——定子、转子衬套副的偏心距。

由于螺杆钻具的密封腔存在漏失，螺杆钻具实际的输出转速为：

$$\mathrm{RPM}_{\mathrm{m}}=\frac{Q-Q_{\mathrm{s}}}{q''} \tag{4-76}$$

其中：

$$Q_{\mathrm{s}}=\frac{\pi\delta^{3}D_{\mathrm{h}}n_{\mathrm{s}}\Gamma_{\mathrm{i}}\tan\varphi}{12\mu_{\mathrm{f}}L_{\mathrm{s}}mP_{\mathrm{h}}}\left(\frac{i}{1-i}\right)\Delta p_{\mathrm{m}} \tag{4-77}$$

式中 Q_{s}——漏失钻井液流量；

Γ_{i}——结构校正因子；

ϕ——定子的螺旋角。

结构校正因子可以通过下式求得：

$$\Gamma_{\mathrm{i}}=D_{\mathrm{h}}\left[\frac{i}{(1+i)(2-i)}\right]\theta \tag{4-78}$$

式中 θ——定子、转子相对曲率半径之间的变化角。

由上述公式可知，实际输出扭矩和输出转速很难预测，上述公式包含了很多不确定的参数，它们不仅与螺杆钻具的结构、定子和转子的材质特性有关，还与钻井液性能、井底环境有关。因此，这些参数很难一一确定，实际输出扭矩和输出转速也很难预测准确。

螺杆钻具输出的机械能是由水力能量转化而来的，能量转换效率的关键在于螺杆钻具的结构和性能。那么螺杆钻具输出的机械能可以间接地由其消耗的水力能量求得。螺杆钻具输出的机械能量的表达式如下[39]：

$$\mathrm{MHP}=\frac{T_{\mathrm{m}}}{550}\left(\frac{2\pi}{60}\right)\cdot \mathrm{RPM}_{\mathrm{m}} \tag{4-79}$$

螺杆钻具消耗的水力能量可由水力压降和排量求得：

$$\mathrm{HHP}=\frac{Q\cdot \Delta p_{\mathrm{m}}}{1714} \tag{4-80}$$

式中的 Δp_{m} 可通过把螺杆钻具提离井底循环钻井液时与加上钻压钻进时地面泵压表的差值求得。

由能量定理得：

$$\mathrm{MHP}=\eta_{\mathrm{m}}\cdot \mathrm{HHP} \tag{4-81}$$

式中　η_{m}——螺杆钻具的负荷效率，可通过地面试验求得[40，41]。

2. 水平井螺杆复合钻进的机械比能模型

水平井螺杆复合钻进钻头破岩的机械能量来自两部分：地面转盘输入的机械能和螺杆传递给钻头的机械能。因此，钻头破碎单位体积岩石的机械能来自由地面传递到井底的钻压、扭矩及转速，螺杆钻具传递到钻头的扭矩及转速，如图 4–33 所示。

钻头在 1 小时内破岩所做的功则可表示为：

$$W_{\mathrm{t}}=\mathrm{WOB}_{\mathrm{b}}\cdot \mathrm{ROP}+60\times 2\pi\cdot \mathrm{RPM}_{\mathrm{s}}\cdot T_{\mathrm{s}}+60\times 2\pi\cdot \mathrm{RPM}_{\mathrm{m}}\cdot T_{\mathrm{m}} \tag{4-82}$$

式中　$\mathrm{RPM}_{\mathrm{s}}$——地面转盘转速；

T_{s}——地面转盘传递到钻头处的扭矩。

由于螺杆钻具距离钻头很近，因此可以认为螺杆钻具传递到钻头的扭矩和转速为螺杆的输出扭矩和输出转速。

由于每个钻头都存在一定的机械效率，钻头的机械效率与钻头类型、钻头结构（水力结构、刀翼数、切削齿大小、布齿密度等）有关，它对破岩的影响一直贯穿钻头的整个寿命。考虑新钻头破岩的机械效率，则钻头在 1 小时内破岩所消耗的机械能可表示为：

$$W_{\mathrm{V}}=W_{\mathrm{t}}E_{\mathrm{m}} \tag{4-83}$$

钻头在 1 小时内的破碎岩石的体积为：

$$V=A_{\mathrm{b}}\cdot \mathrm{ROP} \tag{4-84}$$

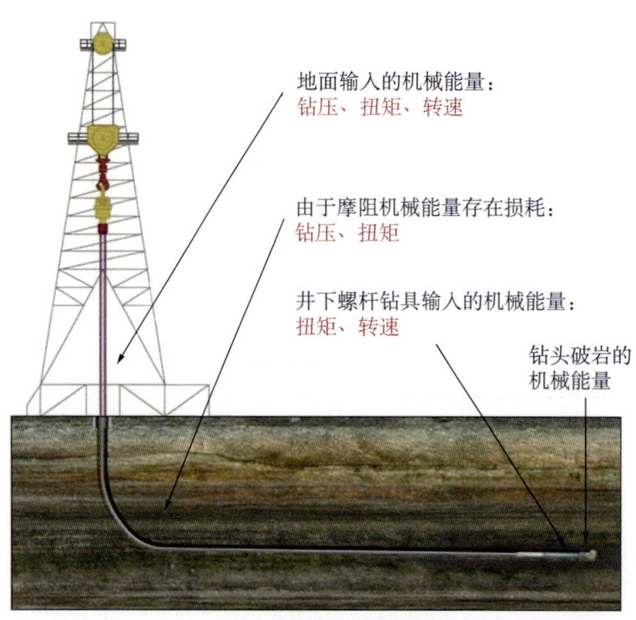

图 4–33 水平井螺杆复合钻进钻井系统

根据机械比能的定义，由式（4–82）至式（4–84）可得：

$$\mathrm{MSE}=\frac{W_{\mathrm{V}}}{V}=E_{\mathrm{m}}\cdot\frac{\mathrm{WOB_b}\cdot\mathrm{ROP}+60\times2\pi\cdot\mathrm{RPM_s}\cdot T_{\mathrm{s}}+60\times2\pi\cdot\mathrm{RPM_m}\cdot T_{\mathrm{m}}}{A_{\mathrm{b}}\cdot\mathrm{ROP}} \tag{4–85}$$

然而，由于摩阻，地面输入的机械能在传递到钻头的过程中有很大的损耗。上一节已经推导出了地面钻压与井底钻压的关系式及井底钻头扭矩的计算模型。因此，由式（4–60）和式（4–63），地面传递到钻头的机械能产生的机械比能为：

$$E_{\mathrm{m}}\cdot\frac{\mathrm{WOB_b}\cdot\mathrm{ROP}+60\times2\pi\cdot\mathrm{RPM_s}\cdot T_{\mathrm{s}}}{A_{\mathrm{b}}\cdot\mathrm{ROP}}=E_{\mathrm{m}}\cdot\mathrm{WOB}\cdot\mathrm{e}^{-\mu\gamma_{\mathrm{b}}}\left(\frac{1}{A_{\mathrm{b}}}+\frac{13.33\mu_{\mathrm{b}}\cdot\mathrm{RPM_s}}{D_{\mathrm{b}}\cdot\mathrm{ROP}}\right) \tag{4–86}$$

由式（4–79）至式（4–81），螺杆钻具传递到钻头的机械能产生的机械比能为：

$$E_{\mathrm{m}}\cdot\frac{60\times2\pi\cdot\mathrm{RPM_m}\cdot T_{\mathrm{m}}}{A_{\mathrm{b}}\cdot\mathrm{ROP}}=E_{\mathrm{m}}\cdot\frac{1155.2\eta_{\mathrm{m}}\Delta p_{\mathrm{m}}Q}{A_{\mathrm{b}}\cdot\mathrm{ROP}} \tag{4–87}$$

将式（4–86）和式（4–87）代入式（4–85），可得水平井螺杆复合钻进的机械比能模型为：

$$\mathrm{MSE}=E_{\mathrm{m}}\left[\mathrm{WOB}\cdot\mathrm{e}^{-\mu\gamma_{\mathrm{b}}}\left(\frac{1}{A_{\mathrm{b}}}+\frac{13.33\mu_{\mathrm{b}}\mathrm{RPM_s}}{D_{\mathrm{b}}\cdot\mathrm{ROP}}\right)+\frac{1155.2\eta_{\mathrm{m}}\Delta p_{\mathrm{m}}Q}{A_{\mathrm{b}}\cdot\mathrm{ROP}}\right] \tag{4–88}$$

滑动钻进时的机械比能为：

$$\mathrm{MSE}=E_{\mathrm{m}}\left(\mathrm{WOB}\cdot \mathrm{e}^{-\mu_{\mathrm{s}}\gamma_{\mathrm{b}}}\cdot\frac{1}{A_{\mathrm{b}}}+\frac{1155.2\eta_{\mathrm{m}}\Delta p_{\mathrm{m}}Q}{A_{\mathrm{b}}\cdot\mathrm{ROP}}\right) \tag{4-89}$$

式（4–89）中的 Δp_{m} 为螺杆钻具的压降，而不是钻头压降；η_{m} 为螺杆钻具的负荷效率，而不是钻头的水力系数。

3. 水平井螺杆复合钻硬地层的钻井参数随钻优化方法

钻井参数随钻优化是在钻井过程中通过优化钻压与钻头转速，以使机械钻速达到最大。最优的钻井参数不仅与底部钻具组合有关，还与地层有关。图 4–34 是钻压与机械钻速的关系曲线。

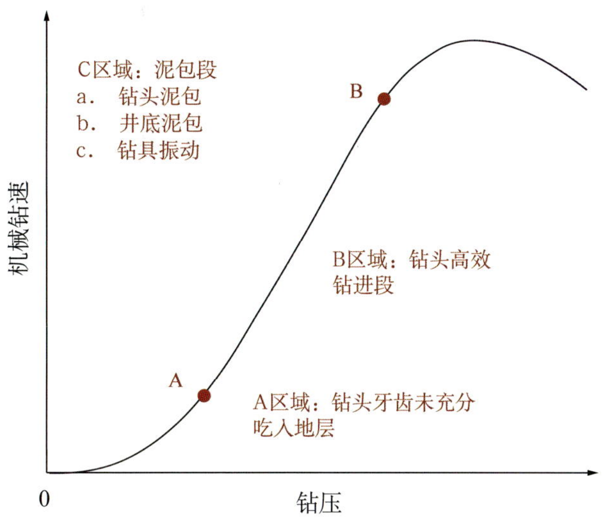

图 4–34　机械钻速与钻压的典型关系曲线

由图 4–34 可知，钻压在较大的变化范围内与机械钻速近似于呈线性关系。在 B 区域，机械钻速随着钻压的增大而近似线性增大，钻头的破岩效率最大。当继续增大钻压时，机械钻速偏离线性增大的那个点为泥包点，即图 4–34 中的 B 点。B 点对应的钻压通常认为是最优钻压。因为在 B 点之后，井底难以净化，钻具易产生振动，钻头磨损加剧。继续增大钻压，不仅机械钻速提高不明显，还容易发生井下复杂与钻井事故。因此，钻井参数随钻优化也就是实时找特定钻头转速下的最优钻压，以使机械钻速最大化。

图 4–35 是现场实钻试验的三组数据 [27]，反映了不同转速下机械钻速与钻压的关系。由图 4–35 可知，每对应一个转速都有一个最优钻压，且随着钻头转速的增加，最优钻压明显下降。螺杆复合钻进，钻头转速比常规钻井高很多。因此，同等条件下，螺杆复合钻进的最优钻压要比常规钻进低很多，而且因转速变化范围大，最优钻压确定比较困难。

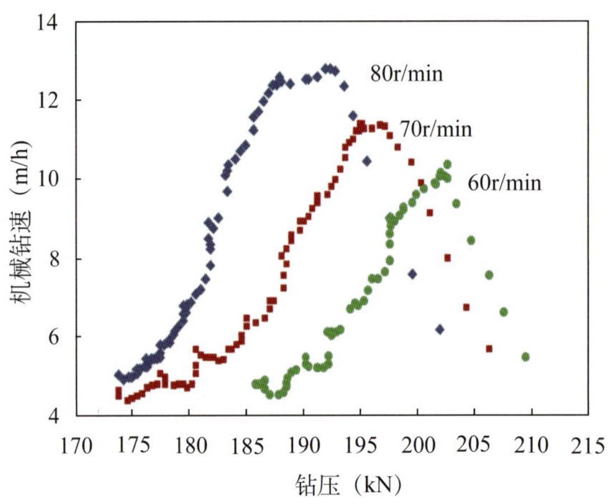

图 4–35　不同转速下机械钻速与钻压的关系

机械比能与围压下的岩石抗压强度相结合可以克服地层差异性，比较客观地评价钻井效率，从而能有效地确定不同钻头转速下的最优钻压。前一节已讨论了如何利用实际机械比能相对于岩石抗压强度基线的变化来识别钻头是在 B 区域钻进，还是在 C 区域钻进。当钻头在 B 区域钻进时，其工作效率已达最大，钻头的机械比能值约等于围压下的岩石抗压强度，即 MSE（min）=CCS。一旦钻头的工作状态由 B 区域进入 C 区域时，机械比能会明显增大，此时 MSE（min）>CCS。因此，在一定的钻头转速下，随着钻压的增加，机械比能值由约等于围压下的岩石抗压强度开始逐渐大于围压下的岩石抗压强度所对应的钻压，即为特定转速下的最优钻压。

水平井螺杆复合钻进由于钻头转速比常规钻井高很多，同等条件下其最优钻压比较低，增大钻压和钻头转速很容易发生钻头泥包、井底泥包和钻具振动等井下复杂与钻井事故。因此，水平井螺杆复合钻进的钻井参数随钻优化不仅要确定出最优钻压，还要在不起钻的情况下消除井下复杂与钻井事故。

在软地层钻井容易发生钻头泥包和井底泥包，通常可以通过降低钻压、增大钻井液排量来缓解或消除泥包。在硬地层钻进时，钻头泥包和井底泥包不容易发生，常常出现钻具振动。本书中的钻井参数随钻优化方法主要针对硬地层。钻具振动包括涡动、黏滑和跳钻。钻具振动常常使得底部钻具产生疲劳破坏而失效，从而增加起下钻的次数，增加非作业时间。实际上一开始监测到涡动、黏滑和跳钻，都可以通过在地面调节钻压和转速来消除振动，避免不必要的起钻和钻具失效。涡动可以通过降低钻速和增加钻压来消除。黏滑可以通过降低钻压和增加转速来消除。跳钻如果一开始起于高钻压、低转速，则可通过降低钻压和提高转速来消除；如果一开始起于低钻压、高转速，则可通过增加钻压和降低转速来消除。

基于以上分析，水平井螺杆复合钻进的钻井参数随钻优化流程如图 4–36 所示。此方法主要通过机械比能和围压下的岩石抗压强度来监测钻头的工作状态及确定特定转速下的最优钻压，通过地面调节钻井参数来消除井下复杂与钻井事故，以减少不必要的起下钻。

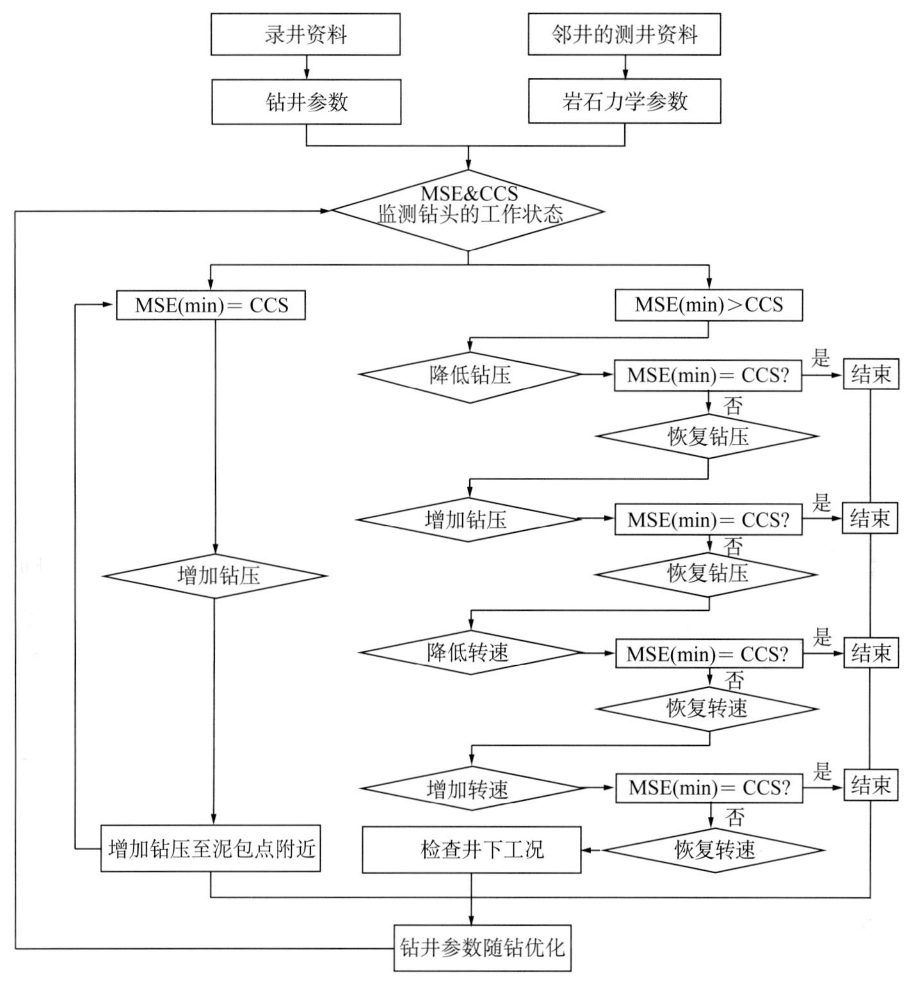

图 4–36　水平井螺杆复合钻进的钻井参数随钻优化流程图

当 MSE（min）=CCS 时，表明钻头处于高效钻进状态，可以提高钻压至泥包点附近。当 MSE（min）>CCS 时，表明钻头的工作效率较低，可能发生了钻具振动。可通过调节钻压和转速以使机械比能降低[42]，直至 MSE（min）=CCS。由于水平井螺杆复合钻进钻头转速比常规钻井高很多，继续增加钻压和转速往往会使得机械钻速降低，井下复杂与钻井事故进一步恶化。因此，钻压和转速的调节都是先降低后增大，直至 MSE (min) = CCS。如果钻压和转速都调整后，机械比能值依然很高，并明显大于围压下的岩石抗压强度，则应该检查钻头是否钝化，底部钻具是否损坏。

4. 算例分析

为了验证水平井螺杆复合钻进的机械比能模型及钻井参数随钻优化方法，采用现场某一口井的测录井数据进行了计算。在 1241～2040m 井段，该井使用外径为 286mm、马达头数为 9：10 的螺杆钻具，所钻地层岩性为石灰岩；在 2332～3200m 井段，使用外径为

241mm、马达头数为 5∶6 的螺杆钻具，所钻地层岩性为硬石膏和白云岩。为了验证水平井螺杆复合钻进的机械比能模型的准确性，将机械比能的计算结果与围压下岩石的抗压强度的计算结果进行对比。

如图 4–37 所示，除了在 1677～1842m、1876～1895m 和 2002～2040m 井段之外，机械比能的计算值和围压下岩石的抗压强度很接近。在 1677～1842m 和 1876～1895m 井段，施加的钻压都在 200kN 以上，钻具产生了振动。在 2002～2040m 井段，施加的钻压为 70kN，然而起钻时发现钻头磨损严重。

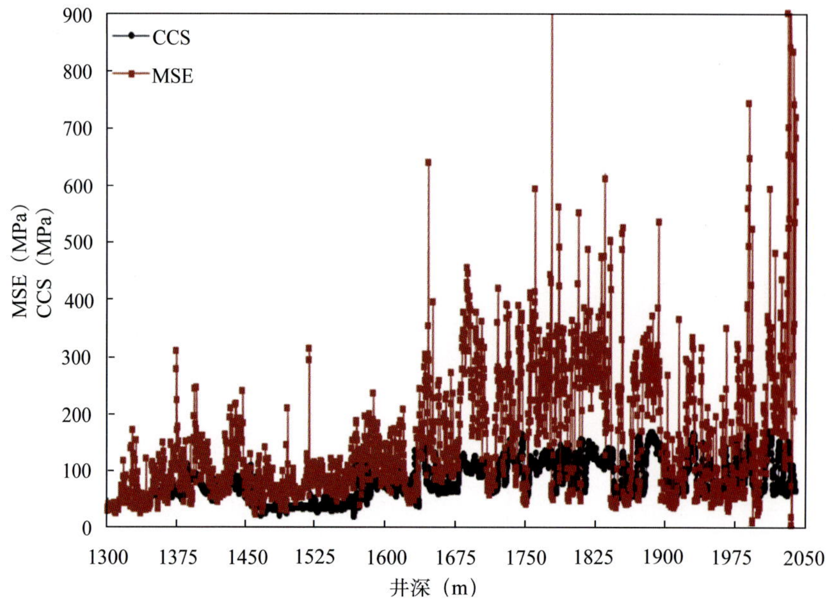

图 4–37　MSE 和 CCS 计算结果随井深变化的对比

如图 4–38 所示，当机械钻速比较高时，机械比能值与围压下岩石的抗压强度非常接近；当机械钻速比较低时，机械比能值明显高于围压下岩石的抗压强度。由此可以看出，在钻头效率高、无井下复杂与钻井事故时，机械比能值约等于围压下岩石的抗压强度。因此，水平井螺杆复合钻进的机械比能模型的计算结果基本可以满足工程需要。

为了验证钻井参数随钻优化方法能在现场有效应用，采用此口井 2332～3200m 井段的测录井数据进行计算，并确定特定钻头转速下的最优钻压。图 4–38 为利用机械比能和围压下的岩石抗压强度来确定钻头的工作状态及特定转速下最优钻压的情况。图 4–40、图 4–41 和图 4–42 分别为不同分析井段对应的机械比能和平均机械钻速。如图 4–39 所示，在 2332～2351m 井段，施加的钻压为 157kN，此时机械比能明显大于围压下岩石的抗压强度，即 MSE（min）>CCS，平均机械钻速只有 1.8m/h。这表明钻头工作效率很低，工作状态处于泥包区。因此，在 2352～2463m 井段，维持钻头转速在 240r/min，调整钻压，将钻压降低至 30～50kN，调整后机械比能明显降低，并且 MSE（min）= CCS，平均机械钻速大幅度提高至 11.6m/h。从 2464m 开始，将钻压提高至 40～50kN，机械比能明显增大，并且 MSE（min）>CCS。在 2571m 处，将排量由 3791.4L/min 增至 3998.0L/min，并且将转头转速由 240r/min 增至 249r/min 时，机械比能进一步增大。在 2464～2698m 井段，当钻压增至 80kN 左右时，机械比能值增至围压下岩石的抗压强度的好几倍，而机械钻速降至 4.6m/h。因此，当钻头转速为 240r/min 时，最优钻压为 40～50kN。在 2699m 左右，将钻压降为 40～50kN，机械比能明显降低，并且 MSE（min）= CCS，此后钻头保持高效钻进。在 2699～3013m 井段，平均机械钻速为 5.9m/h。

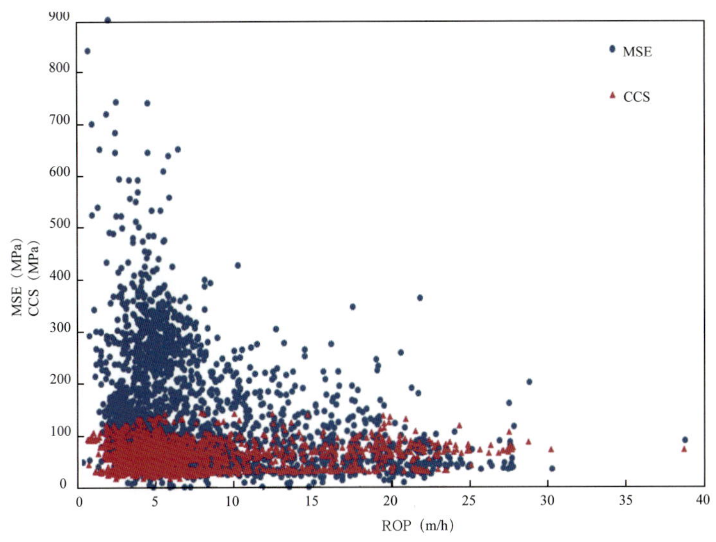

图 4–38 MSE 和 CCS 与机械钻速的关系

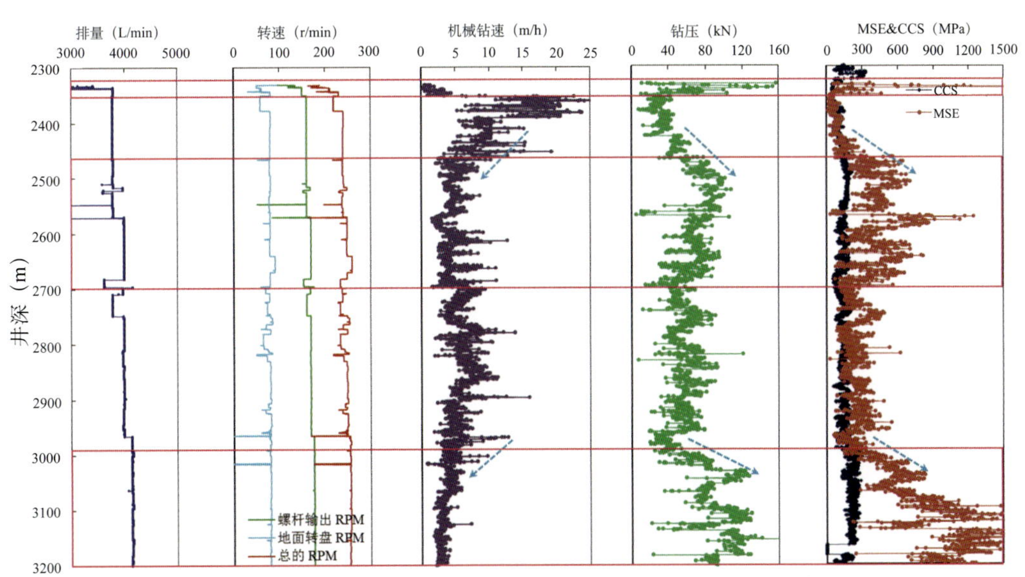

图 4–39 钻井参数优化

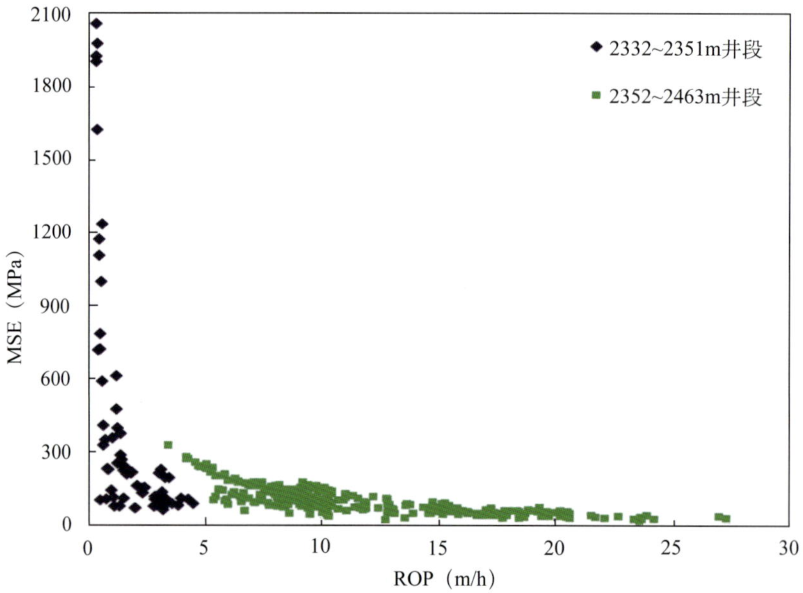

图 4–40　2332～2463m 井段机械比能与机械钻速的关系

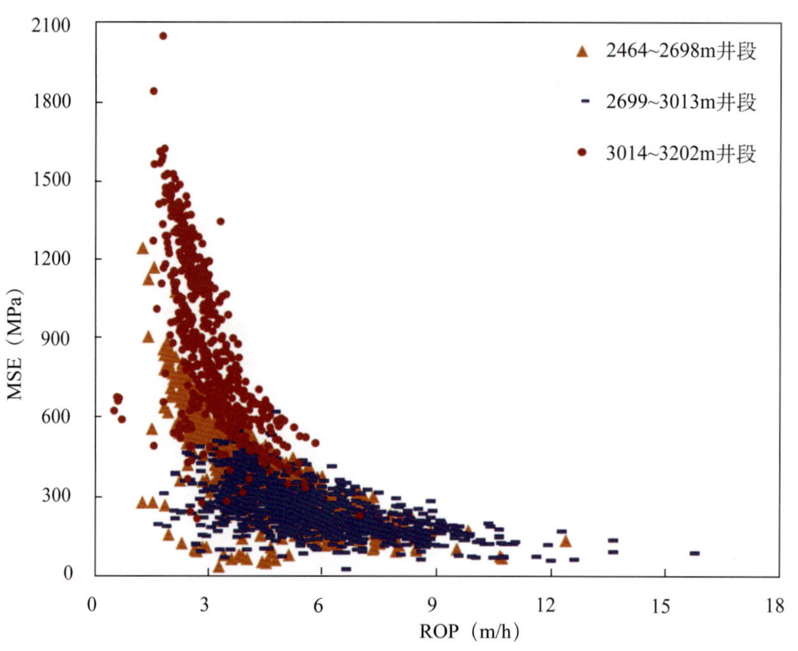

图 4–41　2464～3202m 井段机械比能与机械钻速的关系

在 2966m 处，钻头转速由 249r/min 增至 258r/min，排量由 3997.3L/min 增至 4154.9L/min，当将钻压由 40～50kN 调整为 33～43kN 时，机械比能降低并且 MSE（min）=CCS。在

3014m 处，增大钻压，机械比能增大，并且 MSE（min）> CCS。在 3014～3202m 井段，钻压进一步增至 120kN 以上，机械比能值增至围压下岩石抗压强度的 10 倍左右，机械钻速明显下降，平均机械钻速降为 3.4m/h。因此，当钻头转速为 258r/min 时，最优钻压为 33～43kN。

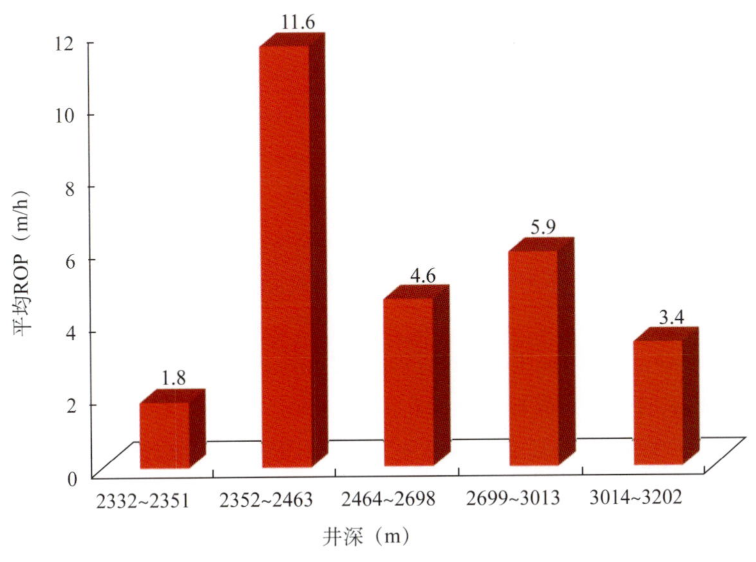

图 4–42　各井段的平均机械钻速

传统认识认为增大钻压，从而增大破岩机械能，会提高机械钻速。然而，由以上分析可知，螺杆复合钻进的最优钻压要比常规钻进低很多，增大钻压往往会使得机械钻速不但不增加，反而降低。对螺杆复合钻进而言，该方法可以有效确定在不同地层钻进时不同转速对应的最优钻压，因而具有推广应用价值。

参考文献

[1] 邹才能，张国生，杨智，等. 非常规油气概念、特征、潜力及技术——兼论非常规油气地质学 [J]. 石油勘探与开发，2013，40（4）：385–399.

[2] 张金成，孙连忠，王甲昌，等. “井工厂”技术在我国非常规油气开发中的应用 [J]. 石油钻探技术，2014，42（1）：20–25.

[3] 邹才能，朱如凯，吴松涛，等. 常规与非常规油气聚集类型、特征、机理及展望——以中国致密油和致密气为例 [J]. 石油学报，2012，33（2）：173–187.

[4] 汪海阁，王灵碧，纪国栋，等. 国内外钻完井技术新进展 [J]. 石油钻采工艺，2013，35（5）：1–12.

[5] Duan M，Miska S Z，Yu M，et al. Transport of Small Cuttings in Extended Reach Drilling[C]. International Oil & Gas Conference and Exhibition in China. Society of Petroleum Engineers，2008.

[6] 高德利，陈绪跃，郭柏云，等. 水平井安全高效泥浆钻井射流磨钻头：中国专利，ZL201310654747.4 [P] .

2013–12–09.

[7] 高德利，陈绪跃，郭柏云，等 . 水平井安全高效气体钻井射流磨钻头：中国专利，ZL201310654718.8[P] . 2013–12–09.

[8] Chen X，Gao D，Guo B. A Method for Optimizing Jet–mill–bit Hydraulics in Horizontal Drilling[J]. SPE Journal，2016，21（2）：416–422.

[9] Chen X，Gao D，Guo B. Optimal Design of Jet Mill Bit for Jet Comminuting Cuttings in Horizontal Gas Drilling Hard Formations[J]. Journal of Natural Gas Science and Engineering，2016，28：587–593.

[10] Chen X，Gao D. Jet Mill Bit for Improving Cuttings Carrying Capacity in Horizontal Gas Drilling[C] Abu Dhabi International Petroleum Exhibition & Conference. Society of Petroleum Engineers，2016.

[11] 周全兴 . 压差对钻速影响的探讨 [J]. 石油钻采工艺，1988，10（2）：55–60.

[12] 周海涛，周玉海 . 压差对 PDC 钻头钻速影响规律的研究 [J]. 石油钻采工艺，1996，18（2）：31–34.

[13] 付胜，段雄，张新民 . 高压水射流粉碎的压力释放效应 [J]. 中国安全科学学报，2004，14（1）：7–10.

[14] Potapov A V，Campbell C S. The Two Mechanisms of Particle Impact Breakage and the Velocity Effect[J]. Powder Technology，1997，93（1）：13–21.

[15] 宫伟力，方湄 . 喷射磨技术与高压水射流粉碎机理研究的新进展 [J]. 化工进展，1998，17（6）：30–33.

[16] Cui L，An L，Gong W，et al. A Novel Process for Preparation of Ultra–clean Micronized Coal by High Pressure Water Jet Comminution Technique[J]. Fuel，2007，86（5）：750–757.

[17] Liu Zonghao，Sun Zhinan. Wet Comminution of Raw Salt Using High–pressure Fluid Jet Technology[J]. Powder Technology，2005，160（3）：194–197.

[18] 綦耀光，刘冰，张芬娜，等 . 煤层气井负压射流快速排煤粉装置研究 [J]. 中国矿业大学学报，2014，43（1）：72–78.

[19] Li J，Guo B，Liu G，et al. The Optimal Range of the Nitrogen–injection Rate in Shale–gas Well Drilling[J]. SPE Drilling & Completion，2013，28（1）：60–64.

[20] 王常斌 . 油井排砂用射流泵的研究 [D]. 杭州：浙江大学，2004.

[21] Winoto S H，Li H，Shah D A. Efficiency of Jet Pumps[J]. Journal of Hydraulic Engineering，2000，126（2）：150–156.

[22] Salman A D，Biggs C A，Fu J，et al. An Experimental Investigation of Particle Fragmentation Using Single Particle Impact Studies[J]. Powder Technology，2002，128（1）：36–46.

[23] Chen Xuyue，Fan Honghai，Guo Boyun，et al. Real–time Prediction and Optimization of Drilling Performance Based on A New Mechanical Specific Energy Model[J]. Arabian J. Sci. Eng，2014，39（11）：8221–8231.

[24] Chen X，Gao D，Guo B，et al. Real–time Optimization of Drilling Parameters Based on Mechanical Specific Energy for Rotating Drilling with Positive Displacement Motor in the Hard Formation[J]. Journal of Natural Gas Science and Engineering，2016，35：686–694.

[25] Teale R. The Concept of Specific Energy in Rock Drilling[J]. International Journal of Rock Mechanics and Mining Sciences & Geomechanics Abstracts，1965，2（1）：57–73.

[26] Pessier R C，Fear M J. Quantifying Common Drilling Problems with Mechanical Specific Energy and A Bit–specific Coefficient of Sliding Friction[C]. SPE Annual Technical Conference and Exhibition. Society of Petroleum Engineers，1992.

[27] Dupriest F E，Koederitz W L. Maximizing Drill Rates with Real–time Surveillance of Mechanical Specific Energy[C]. SPE/IADC Drilling Conference. Society of Petroleum Engineers，2005.

[28] Amadi W K，Iyalla I. Application of Mechanical Specific Energy Techniques in Reducing Drilling Cost in Deepwater Development[C]. SPE Deepwater Drilling and Completions Conference. Society of Petroleum Engineers，2012.

[29] Cherif H，Bits S. FEA Modelled MSE/UCS Values Optimise PDC Design for Entire Hole Section[C]. SPE 149372，2012.

[30] Mohan K，Adil F，Samuel R. Tracking Drilling Efficiency Using Hydro–mechanical Specific Energy[C]. SPE/IADC Drilling Conference and Exhibition. Society of Petroleum Engineers，2009.

[31] Armenta M. Identifying Inefficient Drilling Conditions Using Drilling–specific Energy[C]. SPE Annual Technical Conference and Exhibition. Society of Petroleum Engineers，2008.

[32] Pessier R C，Wallace S N，Oueslati H. Drilling Performance Is A Function of Power at the Bit and Drilling Efficiency[C]. IADC/SPE Drilling Conference and Exhibition. Society of Petroleum Engineers，2012.

[33] Aadnoy B S，Djurhuus J. Theory and Application of a New Generalized Model for Torque and Drag[C]. IADC/SPE Asia Pacific Drilling Technology Conference and Exhibition. Society of Petroleum Engineers，2008.

[34] 苏义脑 . 求定向井井底真实钻压值的理论分析和初步计算 [J]. 石油钻采工艺，1991（2）：31–42.

[35] Johancsik C A，Friesen D B，Dawson R. Torque and Drag in Directional Wells–prediction and Measurement[J]. Journal of Petroleum Technology，1984，36（6）：987–992.

[36] Rashidi B，Hareland G，Fazaelizadeh M，et al. Comparative Study Using Rock Energy and Drilling Strength Models[C]. 44th US Rock Mechanics Symposium and 5th US–Canada Rock Mechanics Symposium. American Rock Mechanics Association，2010.

[37] 孟英峰，杨谋，李皋，等 . 基于机械比能理论的钻井效率随钻评价及优化新方法 [J]. 中国石油大学学报：自然科学版，2012，36（2）：110–114.

[38] Samuel G R，Miska S，Volk L. Analytical Study of the Performance of Positive Displacement Motor（PDM）：Modeling for Incompressible Fluid[C]. Latin American and Caribbean Petroleum Engineering Conference. Society of Petroleum Engineers，1997.

[39] Samuel G R. Mathematical Modeling and Design Analysis of the Power Section of a Positive Displacement Motor（PDM）[D]. University of Tulsa，1997.

[40] Macpherson J D，Jogi P N，Vos B E. Measurement of Mud Motor Rotation Rates Using Drilling Dynamics[C]. SPE/IADC drilling conference. Society of Petroleum Engineers，2001.

[41] 苏义脑 . 螺杆钻具的工作特性 [J]. 石油钻采工艺，1998，20（6）：11–15.

[42] 崔猛，李佳军，纪国栋，等 . 基于机械比能理论的复合钻井参数优选方法 [J]. 石油钻探技术，2014，42（1）：66–70.

第五章　海洋深水钻井力学与设计控制技术

海洋深水钻井，是深水条件下海洋油气工程作业的关键环节之一。与近海浅水钻井不同，海洋深水钻井必须面对更为复杂的海洋深水环境和作业条件，面临“下海、入地”的双重挑战，需要使用浮式钻井作业平台，采用特殊的深水管具系统（包括深水导管、送入管柱、钻井隔水管、套管柱等）、水下智能控制系统等，建立安全稳定的水下井口与钻井系统，是一项复杂的系统工程，具有高科技、高投入及高风险等基本特征。深水钻井管具是实施深水钻井工程不可或缺的基本工具，管具系统在服役过程受到海洋环境载荷和作业载荷的作用，表现出复杂的力学行为。本章主要介绍了深水导管、送入管柱、深水钻井隔水管及水下井口等方面的力学与设计控制研究进展，对深水钻井工程具有重要参考价值。

第一节　深水钻井特点与关键技术

一般而言，深水钻井作业主要包括导管喷射安装、表层套管井段钻井、水下防喷器组和深水钻井隔水管安装及后续钻井四个主要作业环节[1]，涉及深水导管、钻井隔水管、送入管柱三类管柱系统，由于深水钻井工况的独特性，管柱在作业过程中产生复杂的力学行为，严重影响深水钻井的安全高效作业。深水钻井所面对的作业环境、装备及部分钻井技术与陆地及浅水近海有较大区别，因而在深水钻井作业流程及其所需技术装备上具有特殊性。一般情况下，深水钻井平台（船）拖航到位并完成定位和浅层钻井的工程作业过程如图 5–1 所示。

深水导管喷射安装是为适应深水钻井的特殊要求而发展起来的一种浅层作业技术[2]，也是深水钻井程序的第一步，其主要目的在于建立安全稳定的水下井口，为后续的钻井作业奠定基础。在深水导管喷射安装过程中，送入管柱通过送入工具连接深水导管和底部钻具组合下放进入水中，当导管到达海底泥线时开泵，由钻头水眼喷射出的水流冲刷土体形成钻孔，导管在自身重力作用下刺入土体，当导管安装到预定设计深度时停泵，暂停循环，待导管与海底土体之间的摩擦阻力足以支撑后续钻井作业产生的载荷时，解脱导管，底部钻具组合在送入管柱的送入下继续向下钻进表层井眼。导管喷射安装的主要目的在于使导管与周围土层形成足够支撑水下井口的承载力，其中送入管柱的合理设计对导管喷射安装具有决定性的作用，且在喷射过程中，需要对钻压、排量、送入管柱受力变形等多个参数进行严格控制，以防止扩孔、卡套管、导管下沉等工程事故的发生[1]。

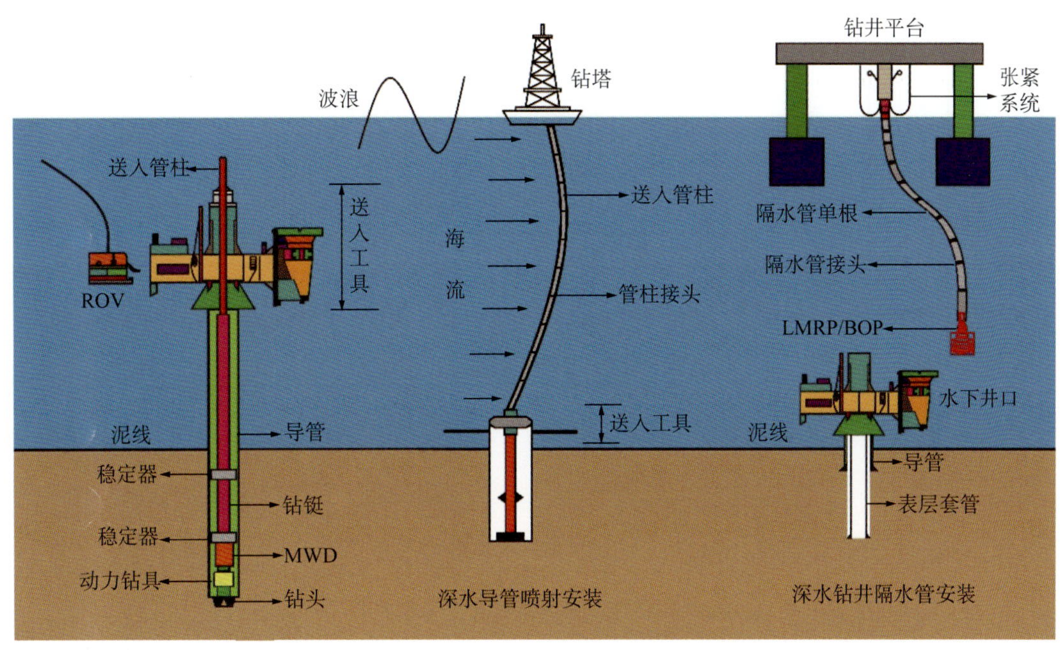

图 5-1 深水钻井作业流程示意图

当表层套管固井完成后，接着就要进行深水钻井隔水管和水下防喷器组的安装作业[3]。深水钻井隔水管系统是连接海底井口与水面钻井装置的重要设备，其安装作业主要是为了实现水下井口与 LMRP/BOP（Lower Marine Riser Package/Blowout Preventer）的精确连接。根据深水钻井作业规范，无论是深水钻井隔水管各组件的强度和性能，还是安装作业程序，都必须符合相关标准，同时在安装过程中应对深水钻井隔水管的力学行为进行系统分析与精确控制，以便保证安装作业的顺利进行。

深水钻井管柱力学行为的独特性和复杂性主要体现在深水钻井导管喷射安装和深水钻井隔水管安装过程中，涉及深水导管、深水钻井隔水管与送入管柱三类管柱系统，如图 5-2 所示。在进行深水钻井管柱力学分析时，需要考虑诸如波流联合作用力、海水阻尼、平台升沉等因素的影响，综合采用理论分析、数值模拟与物理模拟等研究手段，对钻井管柱进行力学分析及优化设计，但由于不规则波流力的存在，给深水钻井管柱的力学分析（特别是动态分析）带来了巨大挑战[3]。

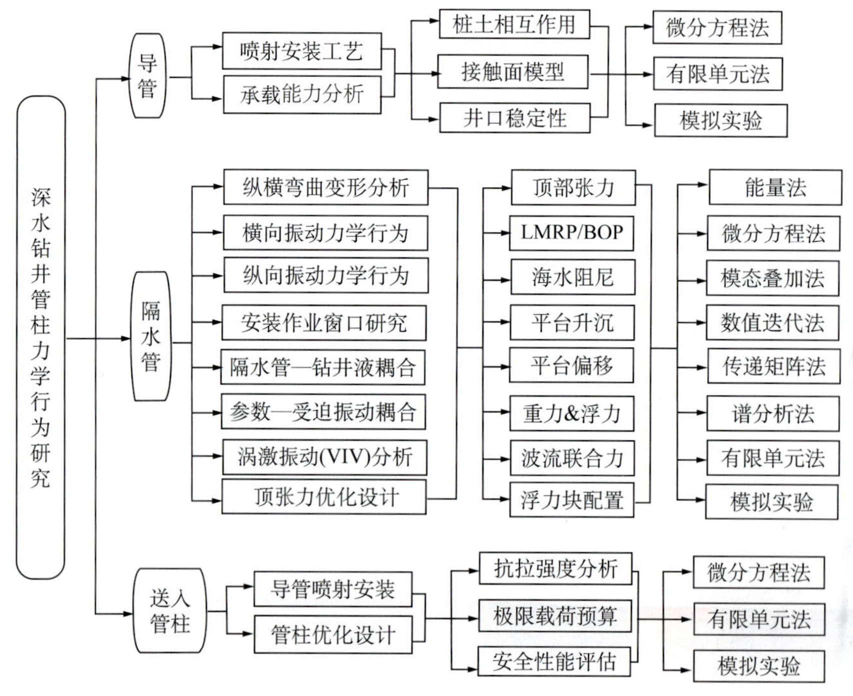

图 5–2　深水钻井管柱系统力学问题

第二节　深水导管喷射安装技术研究与实践

一、深水导管喷射安装技术实践

墨西哥湾是全球最早使用深水导管喷射安装技术的海域。20 世纪 60 年代，Shell 公司在没有使用喷射钻头与动力马达的情况下，借助喷射接头，将外径 29.5in、壁厚 1.0in 的导管安装在泥线以下 100ft 深度，由于底部钻具组合配置不合理，导致钻井液从导管外排除，使导管承载力遭到了较大的破坏，其工艺原理如图 5–3（a）所示。从 70 年代开始，随着井下动力钻具性能的提高和各种新型导管送入工具的使用，导管喷射安装技术有了较大改进。井下动力钻具可以直接驱动钻头旋转，喷射出的钻井液可以从底部钻具组合与导管之间的环空返到海底，降低了对土体的扰动。到 90 年代，深水导管喷射安装技术已经成为全球深水及超深水钻井的首选，其工艺过程原理如图 5–3（b）所示。1994 年，哈里伯顿公司首次将深水导管喷射安装技术引入中国南海，采用深水作业模式开发了流花 11–1 油田，喷射安装的深水导管外径为 30.0in（762.0mm），壁厚为 1.0in（25.4mm），这是深水导管喷射安装技术在中国的首次成功使用，作业时效比常规方法提高了 3 倍多[4]。近几年来，深水导管喷射安装技术在中国的深水及超深水区域得到了广泛的应用，例如 LH29–2–A 井、

LW6–1–B 井、BY13–2–C 井及 LW21–1–D 等是中国首批自营深水井，也是国内自主设计建造的第六代深水半潜式钻井平台 HYSY981 承钻的第一批井，这几口井的导管（36in）全部采用喷射安装工艺，并且取得了良好效果，为中国深水导管喷射安装作业积累了宝贵的经验。

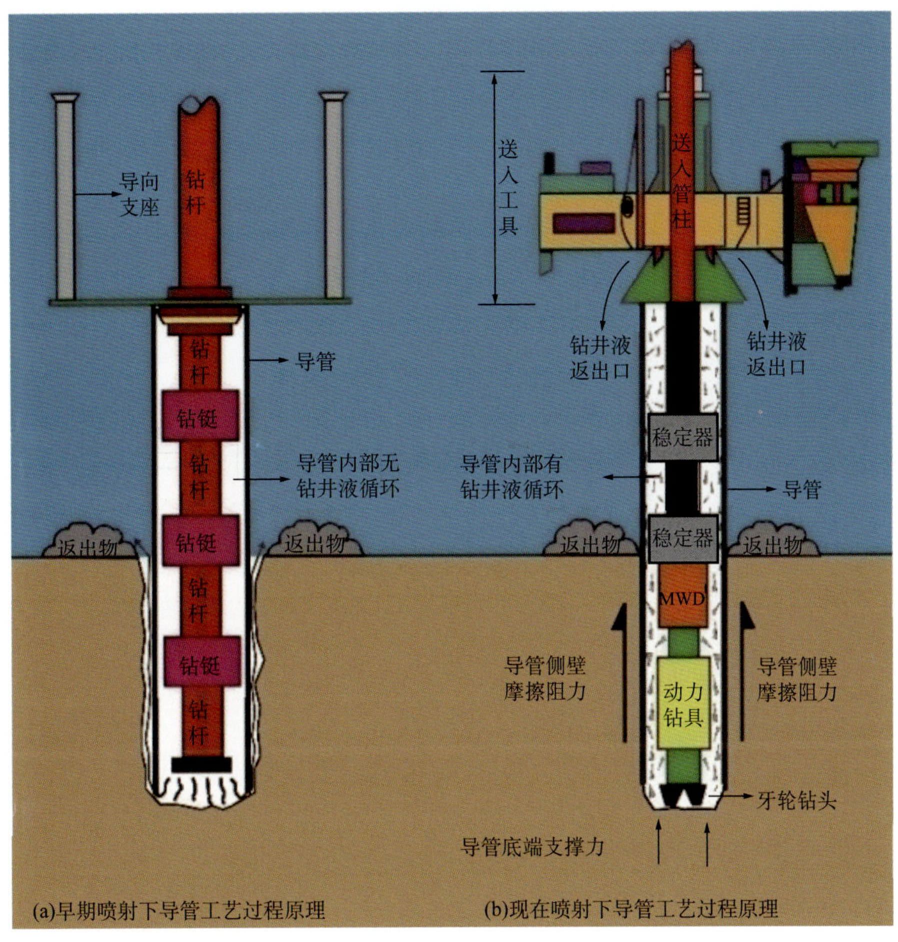

图 5–3　深水导管喷射安装技术发展

二、深水无隔水管作业送入管柱力学分析

1. 送入管柱纵横弯曲变形计算

深水导管喷射安装作业是无隔水管作业，管柱在受到轴向载荷作用的同时，还受到波浪力、海流力等横向载荷以及钻井船偏移的作用。管柱在轴向载荷与横向载荷的共同作用下，将发生纵横弯曲变形，如图 5–4 所示。

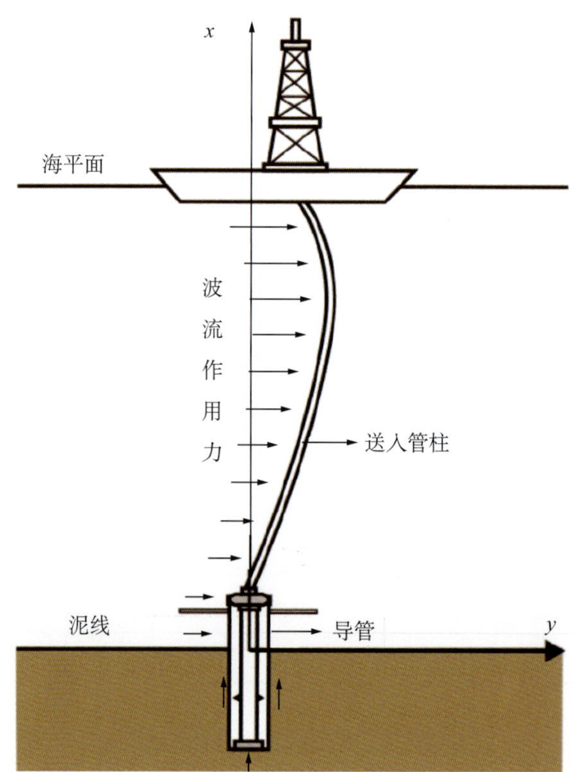

图 5-4　深水无隔水管作业送入管柱纵横弯曲分析示意图

假设管柱整体处于弹性变形状态，管柱的挠度相对其长度来说非常小，可将管柱简化为小挠度纵横弯曲变形梁柱问题。同时，不考虑管柱接头的影响，假设管柱分段后每段管体的性质具有均匀性。据此可得，送入管柱的纵横弯曲变形控制方程为 [5]：

$$\left[EI(x)y''\right]'' - \left[T(x)y'\right]' = P(x) \tag{5-1}$$

式中　$EI(x)$——管段的截面抗弯刚度，N·m²；

$T(x)$——送入管柱的轴向载荷，N；

$P(x)$——送入管柱上的横向分布载荷，N。

为保证纵横弯曲梁上的各单元在几何和物理性质上的连续性，其相邻两单元需满足位移、转角、弯矩和剪力的连续条件。若单元 i 的上节点处作用了已知的集中外力矩 ΔM_i、集中轴向载荷 ΔT_i 以及集中横向载荷 ΔH_i，则单元 i 和单元 i+1 之间需满足位移 y、转角 θ、弯矩 M 及剪力 Q 的连续条件，即：

$$\begin{cases} y_i(l_i) = y_{i+1}(0) \\ \theta_i(l_i) = \theta_{i+1}(0) \\ M_i(l_i) + \Delta M_i = M_{i+1}(0) \\ Q_i(l_i) + \Delta H_i = Q_{i+1}(0) - \Delta T_i y'_{i+1}(0) \end{cases} \quad (i = 1, 2, \cdots, n-1) \tag{5-2}$$

用加权残值法求解送入管柱的纵横弯曲变形平衡微分方程。首先，将管柱自下而上划分成 n 个单元，各单元性质均匀，依次编号为 1，2，3，…，n。其中，第 i 个单元（i=1，2，3，…，n）的长度为 l_i，把单元试函数设为 5 次多项式：

$$y_i = C_{i,0} + C_{i,1}x + C_{i,2}x^2 + C_{i,3}x^3 + C_{i,4}x^4 + C_{i,5}x^5, x \in [0, l_i], (i = 1, 2, \cdots, n) \tag{5-3}$$

将单元试函数代入纵横弯曲变形控制方程、连续条件及边界条件等关系式中，可得到模型求解的方程组。对方程组进行求解，即可求得各单元试函数的待定系数 C_{ij}（i=1，2，…，n；j=1，2，3，4，5），进而求出送入管柱任意位置的位移、转角、弯矩及剪力等。

导管喷射安装作业过程中，管柱从平台下放至海底，导管下端为自由状态，管柱受海流的作用发生偏移。导管下端触达海底时，触泥位置相对平台位置将有所偏移，并产生入泥倾角，计算结果见表 5–1。

表 5–1　不同海流剖面下导管触达泥线时送入管柱的倾角和偏移距离

重现期 (a)	表层最大流速剖面		中深层最大流速剖面		底层最大流速剖面	
	倾角（°）	偏移距离（m）	倾角（°）	偏移距离（m）	倾角（°）	偏移距离（m）
1	0.062	2.64	0.69	26.34	0.79	19.84
5	0.071	3.04	0.81	31.08	1.04	26.07
25	0.080	3.46	0.94	35.88	1.32	33.43
50	0.080	3.52	0.97	37.51	1.55	39.01

不同作业水深及平台偏移情况下，所得送入管柱的纵横弯曲力学行为分别如图 5–5 与图 5–6 所示。

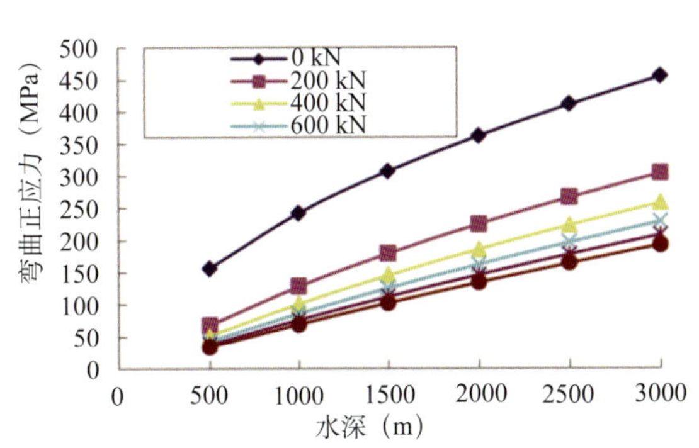

图 5–5　不同作业水深下送入管柱顶端的弯曲应力变化

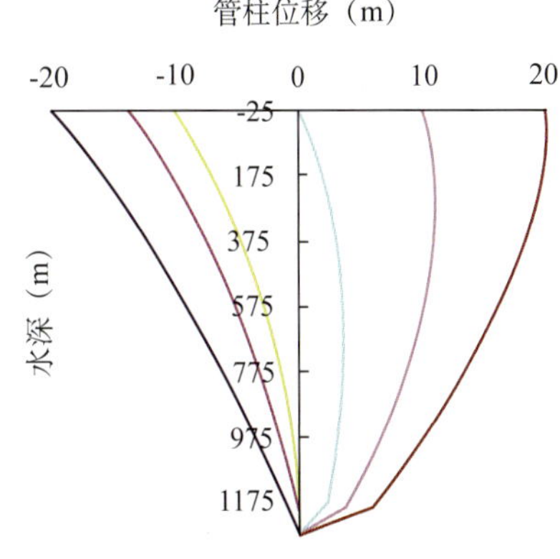

图 5–6　不同平台偏移下送入管柱弯曲变形

由图 5–5 和图 5–6 可以看出，送入管柱顶端的弯曲应力随着水深的增大而增大，并且随着送入管柱下端载荷的增大而减小。平台偏移对导管的入泥倾角具有明显的作用，并且在不同的流速剖面上导管入泥倾角与平台偏移量之间都具有线性关系。当平台相对于海底井口具有同等的偏移量时，在偏移方向与海流同向的情况下导管的入泥倾角更大，而偏移方向与海流反向的情况下导管的入泥倾角较小。

2. 深水导管承载能力数值模拟分析

深水导管的承载力问题属于桩土相互作用的研究范畴，采用合理的桩土接触模型对正确计算导管承载力具有重要影响。在进行深水导管与海底土体相互作用数值模拟时，有接触力学法和接触面单元法两种方法。接触力学法用非线性弹簧来代替深水导管与海底土体之间的相互作用，接触面单元法通过在两者接触面间添加相应的接触面单元来模拟深水导管与海底土体之间的相互作用[6]。本小节将基于 ABAQUS 有限元软件，分别采用不同的桩土接触面模型对深水导管的横向弯曲变形和竖向承载力进行数值模拟分析及敏感性讨论。导管喷射安装完成后，其横向与纵向的承载能力分析模型分别如图 5–7 和图 5–8 所示。

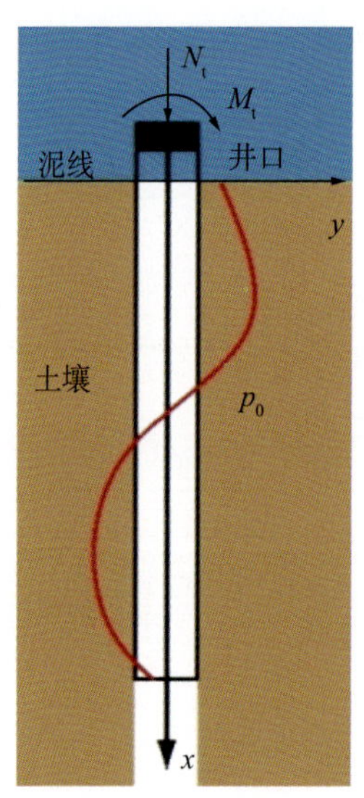

图 5–7　深水导管横向承载力分析模型

p_0—泥线以下导管上的土体反力，Pa；
M_t—水下井口处的横向弯矩，N·m；
N_t—深水导管能承受竖向载荷，N

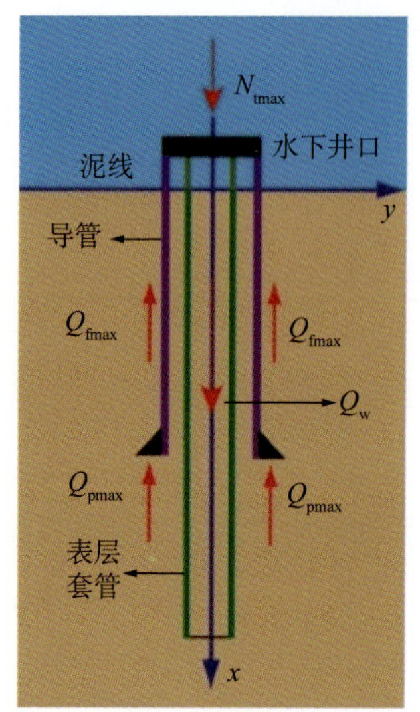

图 5–8　深水导管竖向承载力分析模型

Q_{fmax}—深水导管极限侧阻力，N；
Q_{pmax}—深水导管极限端阻力，N；
Q_w—深水导管自重，N；
N_{tmax}—深水导管能承受的最大竖向载荷，N

在接触力学法中，海底泥线以下深水导管被视作等强度的梁模型，导管周围土体对深水管柱的非线性作用力用非线性弹簧模拟，弹簧的力学参数由泥线以下土体的力学性质决定。根据土力学原理，弹簧的刚度 k 可表示为：

$$k=\frac{p}{y_x}=\frac{A\sigma_{xy}}{y_x}=\frac{\left(ab_{\mathrm{p}}\right)\left(mzy_x\right)}{y_x}=ab_{\mathrm{p}}mx \tag{5-4}$$

式中　k——弹簧刚度，N/m；

p——深水导管单位面积上的反力，$p=p_0/D$；

D——深水导管直径，m；

y_x——为导管在深度 x 处的横向位移，m；

A——导管的侧面积，m^2；

σ_{xy}——海底土体对导管的横向抗力，Pa；

m——海底土体水平抗力系数随深度增长的比例系数，N/m^4；

x——计算点的导管深度，m；

a——有限元模型中单元的厚度，m；

b_{p}——土体在模型所在平面内的宽度，m。

在用接触面单元法模拟深水导管与海底土体之间的相互作用时通常采用 Goodman 接触面单元模型。此模型是一种 4 结点无厚度单元模型，其应力—应变关系属于非线弹性。该模型假设在导管与海底土体接触表面上存在正交微小弹簧，由于此模型考虑了深水导管与海底土体接触界面位移的不连续性，因而得到广泛应用。其本构关系见式（5–5）：

$$\begin{bmatrix}\tau\\ \sigma\end{bmatrix}=\begin{bmatrix}k_{\mathrm{s}} & 0\\ 0 & k_{\mathrm{n}}\end{bmatrix}\begin{bmatrix}\omega_{\mathrm{s}}\\ \omega_{\mathrm{n}}\end{bmatrix} \tag{5-5}$$

式中　τ——接触面上的切向应力，Pa；

σ——接触面上的法向应力，Pa；

k_{s}——单元切向弹性系数，N/m^3；

k_{n}——单元法向弹性系数，N/m^3；

ω_{s}——单元切向相对位移，m；

ω_{n}——单元法向相对位移，m。

在深水导管没有喷射安装进入海底土体前，海底土体由于自重和上部海水重力的作用，其内部存在着原始的应力场，初始地应力场的模拟对深水导管与海底土体相互作用模拟结果具有重要影响，必须加以考虑。初始地应力平衡的目的在于保证海底土体的位移为零时准确获得海底土体内部的初始应力场，但在有限元模拟中绝对为零难以实现，一般来讲，只需保证海底土体位移在 10^{-4}m 左右即可 [6]。

合理的深水导管入泥深度是确保深水导管承载能力的关键。导管入泥深度过大会使喷射安装过程时间增多，作业成本增加；入泥深度不够会导致深水导管承载能力不足，在后续作业中可能出现井口失稳。假设喷射安装的导管外径为 36in，壁厚 1in，井口出泥面 2.8m，深水导管顶部受到的弯矩为 3×10^6N·m，竖向力为 1MN，钢材弹性模量为 210GPa，泊松比为 0.3，密度为 7800kg/m^3。海底各层土体的参数见表 5–2。

表 5-2　南海某地区海床工程地质数据

地质层序号	土层性质	厚度（m）	水下重度（kN/m^3）	内摩擦角（°）	不排水抗剪强度（kPa）
Ⅰ	粉质黏土	9.7	6.8	—	25
Ⅱ	松—中密砂土	2.9	7.9	28	—
Ⅲ	软黏土	4.5	7.5	—	27
Ⅳ	高密含砾砂土	7.6	8.8	40	—
Ⅴ	硬黏土	10.3	9.0	—	130
Ⅵ	砂黏土互层	13.5	8.8	35	—
Ⅶ	砾砂粉砂互层	7.9	9.3	37	—
Ⅷ	含砾密实砂土	8.7	9.0	38	—
Ⅸ	含砂黏土	14.9	9.4	—	150

分别利用接触力学法和接触面单元法，对深水导管在承受 3×10^6N·m 顶部弯矩和 1MN 竖向力共同作用下的横向位移进行数值模拟，两种方法下模拟所得深水导管的横向位移如图 5-9 所示。分别采用库仑摩擦模型与 Goodman 接触面单元模型，对深水导管竖向承载力进行了数值模拟，模拟所得结果如图 5-10 所示。

由图 5-9 可以看出，两种模型下深水导管横向位移较为严重的部分都集中在上部较浅的一段距离，在某深度以下导管几乎没有横向位移；并且由接触面单元法计算所得深水导管横向位移大于由接触力学法模拟结果，这与两种计算方法采取的本构模型不同有关。从水下井口稳定性角度出发，建议使用接触面单元法计算深水导管的横向位移，进行导管喷射安装的相关设计工作。由图 5-10 可以看出，由 Goodman 接触面单元模型模拟所得深水导管竖向承载力大于由库仑摩擦模型模拟所得结果，并且在总的深水导管竖向承载力中侧壁摩阻力占绝大部分，而底部支撑力对深水导管总竖向承载力的贡献很小。

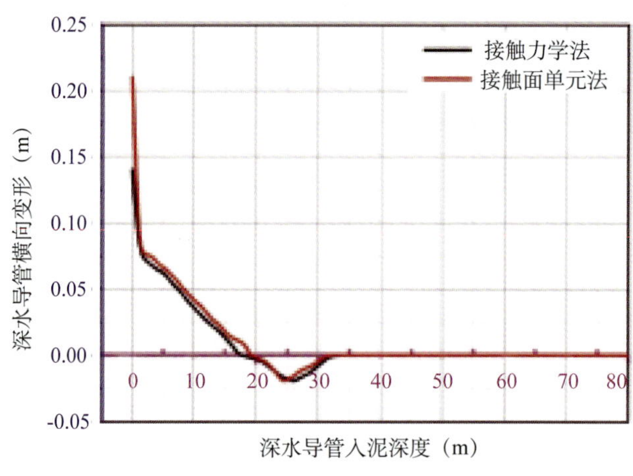

图 5-9　深水导管横向承载能力计算结果

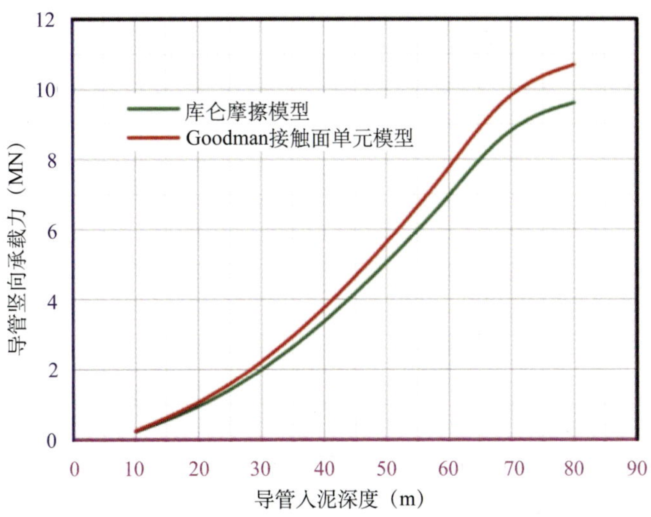

图 5–10　深水导管竖向承载能力计算结果

当导管顶部承受竖向力为 2MN，横向弯矩分别为 5MN·m、6MN·m 和 7MN·m 时的导管横向位移如图 5–11 所示。当导管顶部承受横向弯矩为 6MN·m，竖向力分别为 2MN、3MN、4MN 和 5MN 时的导管横向位移如图 5–12 所示。

从图 5–11 与图 5–12 可以看出，在深水导管顶部弯矩不变的情况下，横向位移随着竖向力的增大而增大；在深水导管竖向力不变的情况下，横向位移随着顶部弯矩的增大而增大。两者相比较而言，顶部弯矩对深水导管横向位移影响更为显著。深水导管顶部竖向力和横向弯矩受海浪流、水下井口、防喷器组、张紧系统和底部连接球铰等因素的影响。因此，合理确定张紧系统、正确计算海浪流作用力、及时控制浮式钻井设备的偏移对确保水下井口稳定性具有重要意义。

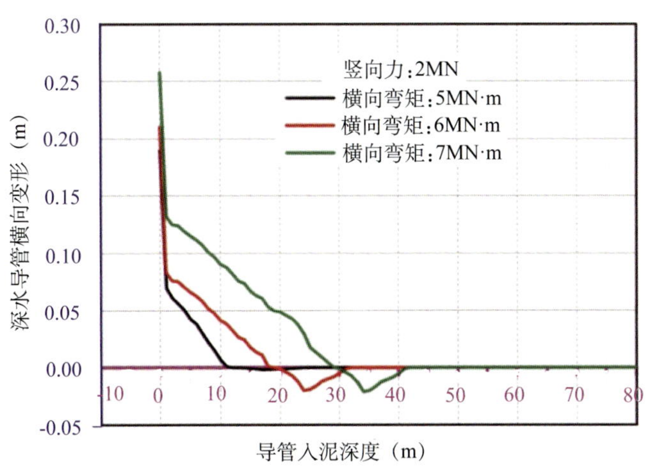

图 5–11　横向弯矩对深水导管横向承载能力的影响

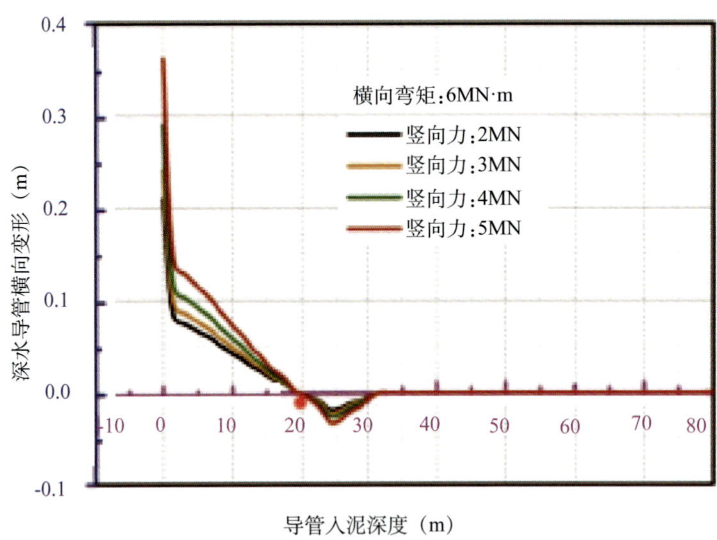

图 5-12　竖向力对深水导管横向承载能力的影响

由图 5-13 和图 5-14 可以看出，由 Goodman 接触面单元模型计算所得的深水导管竖向承载力大于库仑摩擦模型的计算结果，并且深水导管直径对其竖向承载力有较大影响。深水导管直径越大，其竖向承载力越大，但大直径深水导管意味着喷射安装的难度与时间增大，经济成本提升，两者相互制约。因此，在选择喷射安装导管尺寸时应综合考虑竖向承载力与经济成本，权衡选择。

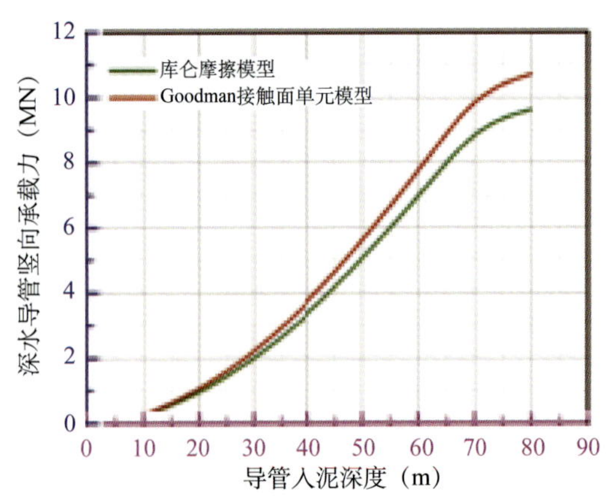

图 5-13　两种模型下深水导管的竖向承载力

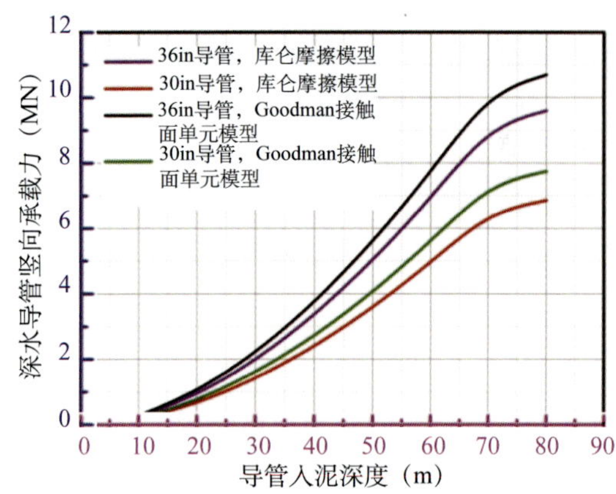

图 5-14　导管直径对其竖向承载力的影响

3. 深水导管入泥深度计算

对于喷射法下深水导管，要建立合理的下入深度计算模型，就必须考虑深水导管载荷、导管尺寸、导管与海底土的胶结力、海底土性质等因素影响 [7]。深水导管的轴向载荷是影响其下入深度的主要因素，其轴向载荷大致由管柱上提载荷、底部钻压、导管自重、钻柱自重和侧壁摩擦力五部分组成。在喷射下入过程中，垂直方向上可得到如下受力平衡方程：

$$N_{上}+N_{f}+W_{钻压}=W_{导管}+W_{钻柱} \tag{5-6}$$

式中 $N_{上}$——上提管柱的轴向载荷，kN；

$W_{导管}$——导管在海水中的重力，kN；

$W_{钻柱}$——钻柱在海水中的重力，kN；

$W_{钻压}$——喷射过程中施加给海底土的压力，kN；

N_{f}——导管侧向受到的摩擦力，kN。

在给定载荷条件下，深水导管入泥深度计算模型如下：

$$\pi HDf(t)-W \geqslant 0 \tag{5-7}$$

深水导管最小入泥深度计算模型为：

$$H_{\min}=\frac{W}{\pi Df(t)} \tag{5-8}$$

式中 W——给定的管柱载荷（包括导管自重），kN；

D——导管外径，m；

$H_{\min}$——表层导管最小入泥深度，m；

H——表层导管入泥深度，m；

$f(t)$——导管与海底土之间的摩擦力，其大小取决于海底土与导管接触时间的长短，kN/m^2。

在喷射法安装深水导管过程中，对于钻井导管与周围海底土之间的摩擦力来说，与喷射后的静止时间有很大关系。经实际模拟实验，得出深水导管与海底土之间的摩擦力随时间的变化规律，可用下式表达：

$$\tau=0.0026\ln t-0.0002 \tag{5-9}$$

式中 τ——深水导管与海底土之间的单位面积摩擦力，MPa；

t——导管与海底土之间的作用时间，h。

在深水导管喷射施工过程中，如果喷射钻头尺寸过大，会造成井眼尺寸过大，深水导管下入后周围海底土的回填和密实时间过长；如果喷射钻头尺寸过小，会造成井眼尺寸过小，导管侧向摩擦力较大，深水导管下入比较困难，需要大量的活动钻具作业时间，整个施工时间延长。因此，根据不同的海底土体特点，优化出喷射钻头和导管尺寸的合理配合方案，对于提高深水导管喷射下入作业时效具有重要意义。经模拟试验发现：在同样尺寸深水导管条件下，随着喷射钻头直径的增大，深水导管的下入速度明显加快，机械钻速明显提高。经数据反演回归，得到深水导管喷射下入速度与钻头尺寸之间关系，可表示为：

$$v_{\mathrm{j}}=4.8792\mathrm{e}^{0.0566D_{\mathrm{b}}} \tag{5-10}$$

式中 v_{j}——深水导管喷射安装速度，m/h；

D_{b}——钻头外径，in。

采用大直径的喷射钻头钻进，会使井眼直径增大，井眼与喷射导管之间的间距相应增大，导管侧向摩擦力减小，导管下入阻力降低，喷射下入速度明显提高。但由于井眼与导管之间的间距大，会使喷射下入完成后井眼周围土的强度恢复较慢，影响深水导管的承载力，从而延长喷射施工后的静止等候时间，影响钻井作业时效。经过据反演回归，得到出深水导管侧向摩擦力系数与钻头尺寸之间关系，可表示为：

$$f_{\mathrm{l}}=1230.3D_{\mathrm{b}}^{-1.224} \tag{5-11}$$

式中 f_{l}——深水导管侧摩擦力系数（与原状土比），%。

从提高导管喷射速度角度来看，使用喷射钻头的直径越大越好，但从提高导管承载力和缩短等候时间角度来看，使用喷射钻头的直径越小越好。因此，喷射钻头与深水导管之间的尺寸配合有一个最优范围。

第三节 深水钻井隔水管力学行为研究

深水钻井隔水管是水下井口与浮式钻井设备之间最重要也是最脆弱的连接设备，起到提供钻井液循环通道、支持辅助管线、引导钻具、下放与回收防喷器组等重要作用。深水钻井隔水管在整个深水钻井作业过程中涉及安装、正常钻进、回收与紧急撤离等作业过程。在整个作业过程中，深水钻井隔水管要受到来自重力、顶张力、海流力及波浪力等复杂载荷的联合作用，还要承受不同作业工况载荷，产生拉伸、弯曲、振动等复杂力学行为，会出现挤毁、屈曲、疲劳损伤甚至断裂等失效情况，严重威胁深水钻井安全。因此，对深水钻井隔水管力学行为进行研究，确保其安全可靠性，是深水钻井工程必须考虑的重要问题之一。

一、深水钻井隔水管顶张力优化分析

深水钻井隔水管在安装过程中底部连接防喷器组和隔水管底部组合，顶部通过张紧系统与浮式钻井设备相连，深水钻井隔水管底部受到 LMRP/BOP 重力作用产生的拉力，顶部受到张紧器产生的近似恒定拉力，深水钻井隔水管在两端拉力作用下产生轴向拉伸变形，如图 5–15 所示。

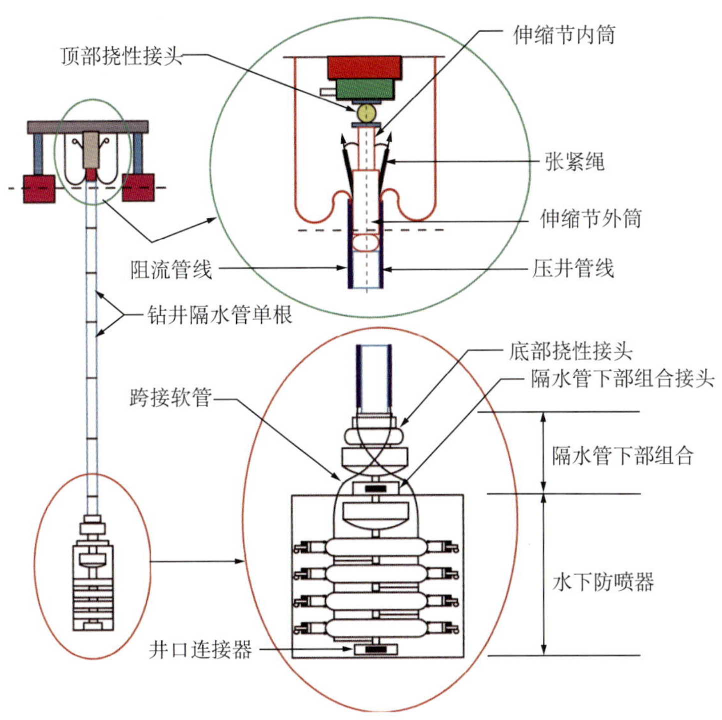

图 5–15 深水钻井隔水管顶部张紧系统示意图

顶张力对深水钻井隔水管力学行为的控制体现在两个方面，一方面控制深水钻井隔水管的横向弯曲变形，顶张力越大，深水钻井隔水管横向弯曲变形越小，但作用在深水钻井隔水管上的 Von–Mises 应力越大；另一方面顶部的超张力使深水钻井隔水管底部受拉，防止底部屈曲失稳。目前，常用的计算方法主要有 API 算法和底部残余张力算法。两种计算方法均基于有效张力理论。其中，API 算法规定，顶张力的配置应保证隔水管各部分的有效张力大于零，即应保证隔水管在水中的稳定性；底部残余张力算法认为，隔水管底部的残余张力要满足对 LMRP 的过提要求，以真实轴向力计算深水钻井隔水管的底部残余张力。为减缓深水钻井隔水管作业过程中的受力状态，在隔水管的顶部和底部均安装有挠性接头，本小节以深水钻井隔水管底部挠性接头转角方差最小为优化目标，采用谱分析和传递矩阵方法，对深水钻井隔水管的顶张

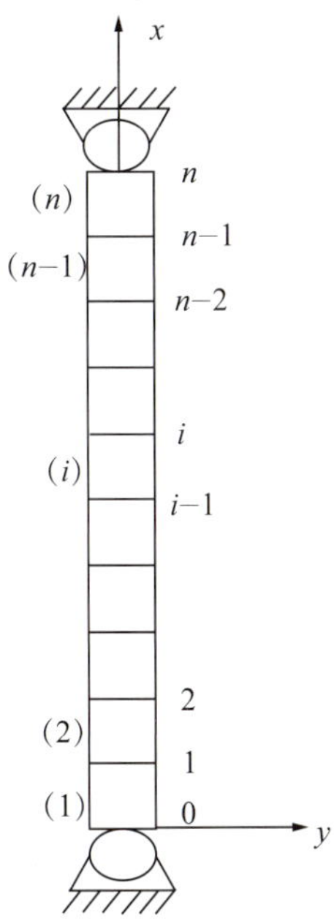

图 5–16 深水钻井隔水管离散化模型

力进行优化分析[8]。为了能进行理论上的分析和计算，对于深水钻井隔水管及其运动做如下简化假设：

（1）深水钻井隔水管材料均质、各向同性，隔水管的变形为线弹性范围内的小变形；

（2）波浪与海流的运动方向一致，即深水钻井隔水管的运动是二维的；

（3）深水钻井隔水管的顶张力与抗弯刚度保持固定不变。

以深水钻井隔水管与底部球铰连接处为坐标原点，y 轴正向与波流流速方向一致，x 轴竖直向上，深水钻井隔水管离散化模型如图 5–16 所示。

作用在深水钻井隔水管上的横向波流联合作用力可用 Morison 方程[9]表示，即：

$$F(x,t)=\frac{\pi}{4}\rho_{\rm w}C_{\rm m}D^2a-\frac{\pi}{4}(C_{\rm m}-1)\rho_{\rm w}D^2\ddot{y}+\frac{1}{2}\rho_{\rm w}DC_{\rm d}\left(v+u_{\rm c}-\dot{y}\right)\left|v+u_{\rm c}-\dot{y}\right| \tag{5–12}$$

式中 y——深水钻井隔水管横向振动位移，m；

$\dot{y}$——深水钻井隔水管横向振动速度，m/s；

$\ddot{y}$——深水钻井隔水管横向振动加速度，$\rm m/s^2$；

x——距底部挠性接头的距离，m；

$\rho_{\rm w}$——海水密度，$\rm kg/m^3$；

D——深水钻井隔水管外径，m；

$C_{\rm m}$——惯性力系数；

$C_{\rm d}$——拖曳力系数；

v——海水波浪质点运动速度，m/s；

a——海水波浪质点运动加速度，$\rm m/s^2$；

$u_{\rm c}$——海流流速，m/s。

每一离散单元的受力如图 5–17 所示，对每一离散单元进行受力分析，可得：

$$\begin{cases} y_i-y_{i-1}-\theta_{i-1}\Delta l_i=\dfrac{M_i\Delta l_i^3}{2EI_i}-\dfrac{Q_i\Delta l_i^3}{3EI_i}-\dfrac{T_i\Delta l_i^3}{3EI_i}(\theta_i-\theta_{i-1})+y_{F_i} \\ \theta_i-\theta_{i-1}=\dfrac{M_i\Delta l_i}{EI_i}-\dfrac{Q_i\Delta l_i^3}{2EI_i}-\dfrac{T_i\Delta l_i^2}{2EI_i}(\theta_i-\theta_{i-1})+\theta_{F_i} \end{cases} \tag{5–13}$$

式中 EI_i——第 i 段深水钻井隔水管的抗弯刚度，$\rm N\cdot m^2$；

y_{F_i}——第 i–1 段深水钻井隔水管相对于第 i 段的位移，m；

θ_{F_i}——第 i–1 段深水钻井隔水管相对于第 i 段的转角，rad；

Δl_i——第 i 段深水钻井隔水管的长度，m；

M_i——第 i 段深水钻井隔水管截面上的弯矩，N·m；

T_i——第 i 段深水钻井隔水管截面上的轴向力，N。

假设深水钻井的水深为1500m，外径为533.4mm，壁厚为25.4mm，钢材密度为7850kg/m^3，弹性模量为206GPa，钻井液密度为1300kg/m^3，海水密度为1025kg/m^3，单位长度隔水管节流及压井管线80kg，结构阻尼系数为0.01，隔水管顶部位移20m。采用的波浪谱函数为：

$$S_{\eta\eta}(\omega)=6\frac{m_0}{\bar{\omega}}\left(\frac{\omega_0}{\omega}\right)^6\exp\left[-1.08\left(\frac{\omega_0}{\omega}\right)^4\right] \tag{5-14}$$

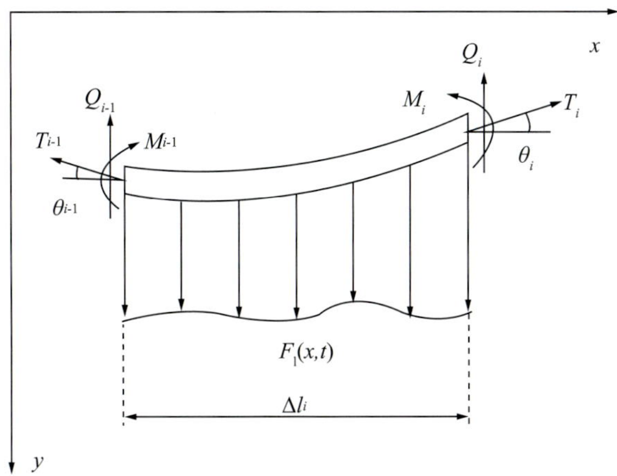

图 5–17　深水钻井隔水管离散单元受力模型

式中　m_0——波浪频谱方差；

$\bar{\omega}$——波浪圆频率的平均值，rad/s；

ω_0——波浪圆频率的峰值，rad/s。

不同平均波高下的波浪谱密度曲线如图 5–18 所示。

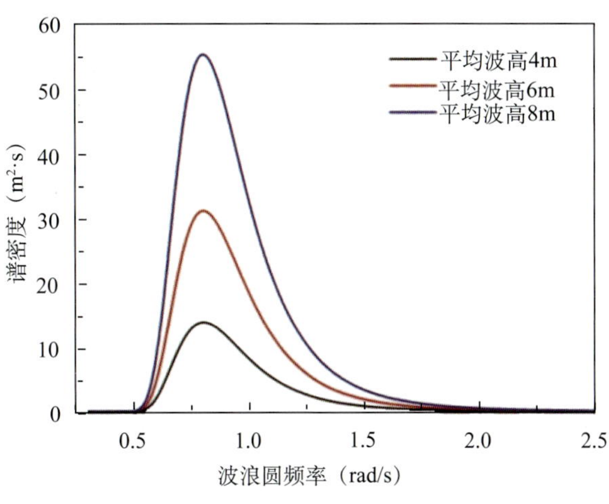

图 5–18　谱密度曲线图

当波浪的平均波高为 4～8m、平均波浪周期为 5～20s 时，不同顶张力下深水钻井隔水管底部挠性接头转角方差如图 5–19 所示。由图 5–19 可以看出，随着深水钻井隔水管顶张力的增加，隔水管底部挠性接头转角方差先减小后增大。因此，对于给定的隔水管配置和作业参数，存在最优的顶张力值，使得隔水管底部挠性接头转角方差最小。就本算例而言，当平均波高分别为 4m、6m 和 8m 时，最优的顶张力分别为 1.32G、1.36G 和 1.40G（为隔水管湿重）。

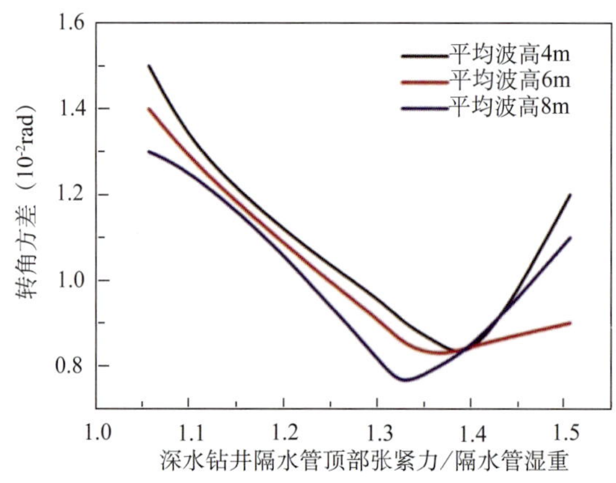

图 5–19　不同顶张力下底部挠性接头转角方差

当波高为 8m，水深分别为 500m、1000m 和 1500m 时，隔水管底部挠性接头转角方差随顶张力的变化如图 5–20 所示。由图 5–20 可以看出，随着水深的增加，最优隔水管顶张力逐渐增加，并且由于水深增加，隔水管长度增大，柔性变大，使得隔水管横向振动更加严重，导致隔水管底部挠性接头转角方差的最小值逐渐增大。在本算例中，当水深分别为 500m、1000m 和 1500m 时，最优顶张力分别为 1.28G、1.32G 和 1.40G，底部挠性接头转角方差的最小值分别为 0.65×10^{-2}rad、0.75×10^{-2}rad 和 0.80×10^{-2}rad。

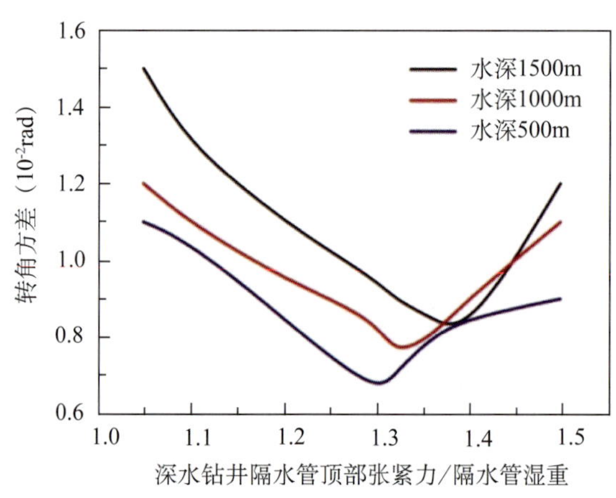

图 5–20　隔水管底部挠性接头转角方差随水深的变化

当波高为 8m，水深为 1500m，深水钻井隔水管顶部位移分别为 20m、25m 和 30m 时，隔水管底部挠性接头转角方差随顶张力的变化如图 5–21 所示。由图 5–21 可以看出，顶部位移对深水钻井隔水管底部挠性接头转角方差有显著影响。顶部位移越大，隔水管横向振动越剧烈，底部挠性接头转角方差也越大，最优顶张力也越大。本算例中，当深水钻井隔水管顶部位移分别为 20m、25m 和 30m 时，最优顶张力分别为 1.40G、1.44G 和 1.50G，底部挠性接头转角方差的最小值分别为 0.80×10^{-2}rad、0.92×10^{-2}rad 和 1.01×10^{-2}rad。

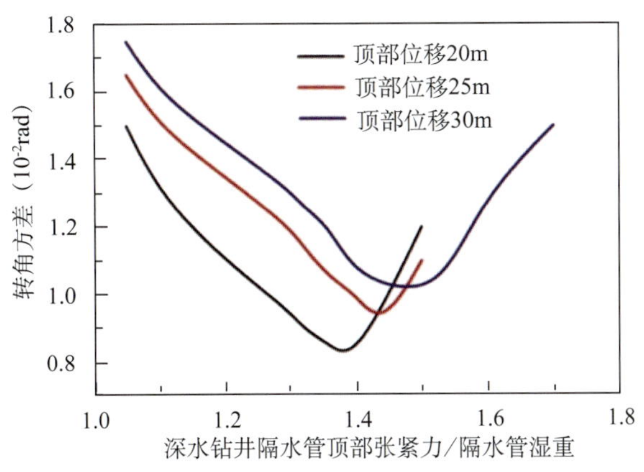

图 5–21　底部挠性接头转角方差随隔水管顶部位移的变化

二、深水钻井隔水管安装过程纵横弯曲变形分析

深水钻井隔水管在轴向拉力与横向波流力联合作用下产生纵横弯曲变形，如果把横向波流作用力视为静态力，则隔水管受力变形即为静力学问题。通常，在隔水管静力分析时假设波流的传播方向一致，取最危险的工况进行分析，其力学分析模型如图 5–22 所示。

其力学控制方程可表示为 [10]：

$$EI\frac{\mathrm{d}^4 y}{\mathrm{d}x^4}-T(x)\frac{\mathrm{d}^2 y}{\mathrm{d}x^2}-w\frac{\mathrm{d}y}{\mathrm{d}x}=F(x) \tag{5–15}$$

式中　EI——深水钻井隔水管沿 x 方向的抗弯刚度，N·m^2；

$T(x)$——深水钻井隔水管轴向力沿水深的分布，N；

w——单位长度深水钻井隔水管在海水中的重量，N；

$F(x)$——作用在深水钻井隔水管上的横向波流力沿水深的分布，N。

深水钻井隔水管在安装过程中，底部受到来自 LMRP/BOP 的重力作用和横向的波流联合作用力，底部弯矩为零，底端横截面剪力等于波流联合作用力；顶部受到来自张紧系统的轴向拉力，在安装作业期间，深水钻井隔水管顶部被固定在转盘上，可看作固定端，因此式（5–15）的边界条件为：

$$\begin{cases} y\big|_{x=0}=0, & \theta\big|_{x=0}=0 \\ M\big|_{x=l}=0, & Q\big|_{x=l}=F(l) \end{cases} \tag{5–16}$$

式中 y——深水钻井隔水管纵横弯曲变形位移，m；

θ——深水钻井隔水管横截面转角，rad；

M——深水钻井隔水管横截面弯矩，N·m；

Q——深水钻井隔水管横截面剪力，N。

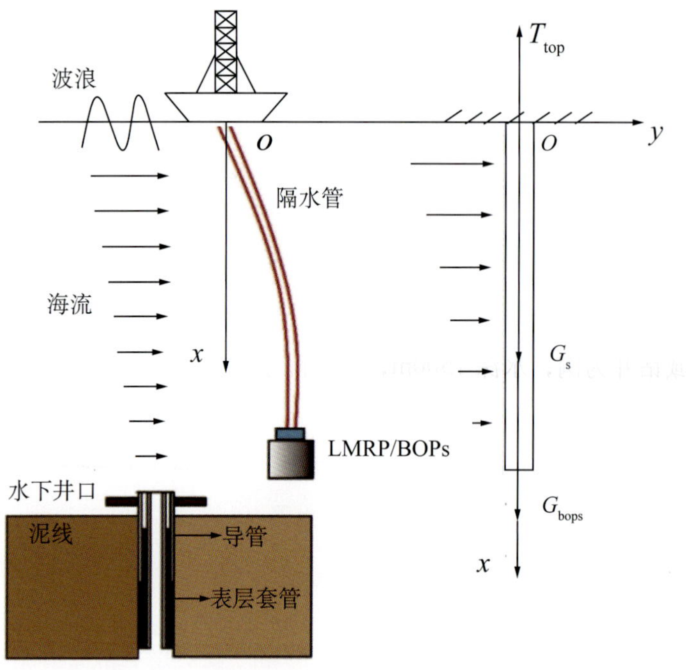

图 5–22　深水钻井隔水管安装过程力学分析模型

对于深水钻井隔水管而言，其安装过程所受的横向力主要为波浪力和海流力，单位长度深水钻井隔水管上的波流联合作用力可用 Morison 方程表示为：

$$F(x)=\frac{1}{2}C_D\rho_w D(v_w+v_c)|v_w+v_c|+C_m\rho_w\frac{\pi D^2}{4}a_w \tag{5–17}$$

式中 C_D——拖曳力系数，无量纲；

C_m——惯性力系数，无量纲；

ρ_w——海水密度，kg/m³；

D——深水钻井隔水管外径，m；

v_w——波浪质点水平速度，m/s；

v_c——海流流速，m/s；

a_w——波浪质点的水平加速度，m/s^2。

在深水钻井隔水管安装过程中，海面以下某一深度处的海流流速可表示为：

$$v_c(x)=v_m\left(\frac{x}{d}\right)^{\frac{1}{7}}+v_t\left(\frac{x}{d}\right) \tag{5-18}$$

式中　v_m——海面风流流速，m/s；

v_t——海面潮流流速，m/s；

d——水深，m。

对于深水环境，可采用线性波理论计算波浪水质点的水平速度，即：

$$v_w=\frac{\pi H}{T_w}e^{k(x-l)}\cos(ky-\omega_w t) \tag{5-19}$$

式中　H——波高，m；

T_w——波浪周期，s；

k——波数，无量纲；

ω_w——波浪圆频率，rad/s。

以某深水海域钻井为例，水深1500m，钻井隔水管外径533.4mm，壁厚15.875mm，钢材密度7850kg/m^3，弹性模量210GPa，钻井液密度1200kg/m^3，海水密度1030kg/m^3，波高6.5m，波浪周期8s，海面风流流速2m/s，海面潮流流速0.5m/s，拖曳力系数取1.2，惯性力系数取2，LMRP/BOPS质量为200t。

深水钻井隔水管安装过程中，横向的波流联合作用力的存在会使深水钻井隔水管发生变形，在上述环境参数和操作参数作用下，当LMRP/BOPS下放到海底时，整个深水钻井隔水管的位移如图5–23所示。

由图5–23可以看出，在深水钻井隔水管安装过程中，由于横向波流联合作用力和轴向拉力的共同作用，深水钻井隔水管的变形呈现先增大后减小的趋势。上半部分钻井隔水管随着水深增加，位移逐渐增大的原因在于横向波流联合力的作用大于轴向力的作用，使钻井隔水管沿波流运动方向发生变形；下半部分钻井隔水管随着水深的增加，位移逐渐减小的原因在于隔水管底部连接重量较大的防喷器组产生的轴向拉力大于横向的波流联合作用力，使钻井隔水管的位移逐渐减小。本算例中，深水钻井隔水管安装过程最大位移出现在距海面1021m处，最大位移59.42m，LMRP/BOPS底部位移54.86m，亦即当浮式钻井设备与已钻好的水下井口在一条竖直线上时，下放到海底的LMRP/BOPS距水下井口54.86m，此时需要移动浮式钻井设备以完成LMRP/BOPS与水下井口的连接。

深水钻井隔水管的弯曲变形会在其截面上产生弯曲应力，且外壁处弯曲应力最大，弯曲应力在外壁处对钻井隔水管产生拉压应力效应，顶部拉力和底部防喷器组的重力会产生拉应力，因此深水钻井隔水管外壁处于拉伸状态。深水钻井隔水管在安装过程中轴向应力由两部分组成：一部分为轴向力产生；另一部分为横截面弯矩产生[11]。

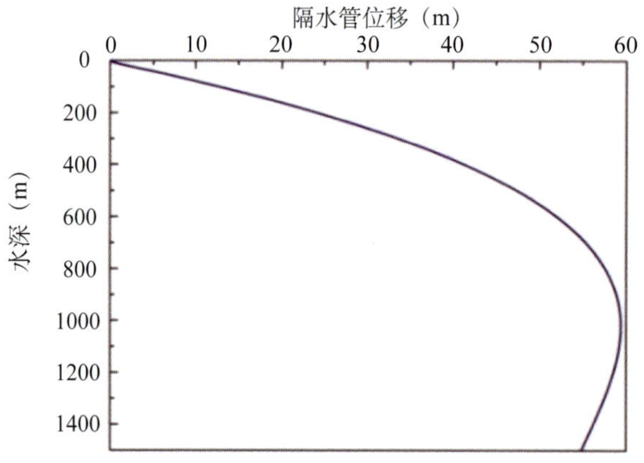

图 5–23　深水隔水管安装过程纵横弯曲变形

$$\sigma_z = \frac{F_a}{S_a} \pm \frac{M_t}{W} \tag{5–20}$$

式中　σ_z——深水钻井隔水管外壁处轴向应力；MPa；

F_a——深水钻井隔水管轴向力，N；

S_a——深水钻井隔水管横截面积，mm^2；

M_t——深水钻井隔水管承受的等效总弯矩，N·mm；

W——深水钻井隔水管抗弯截面模量，mm^3。

据此得到的深水钻井隔水管安装过程外壁应力沿水深的分布如图 5–24 所示。从图 5–24 可以看出，深水钻井隔水管在安装过程中外壁的应力最大值出现在顶端。总体上，应力随着水深的增大逐渐减小，但受水下防喷器组重量的影响，深水钻井隔水管在某一水深处应力存在极大值，且该位置在深水钻井隔水管最大位移附近。

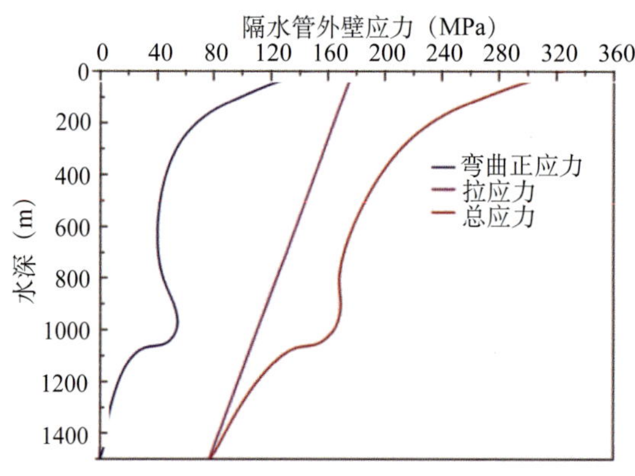

图 5–24　深水钻井隔水管安装过程应力分布

三、深水钻井隔水管安装过程横向振动分析

随着水深的增加，波流作用力的动态效应逐渐突出，深水钻井隔水管在安装过程中的动态力学特性不可忽视，其动态力学特性主要体现在两个方面：横向动态力学特性和轴向动态力学特性。如果深水钻井隔水管在安装过程中的横向振动固有频率与动态波流力固有频率接近，将导致深水钻井隔水管横向振动位移急剧增大。此外，深水钻井隔水管在安装过程中与浮式钻井平台相连，平台的升沉运动会诱发隔水管轴向振动，甚至产生轴向共振，严重威胁深水钻井隔水管安装作业的安全进行。在深水钻井隔水管安装过程中，其横向振动的主要原因在于随时间和水深变化的横向波流联合作用力。为简化对深水钻井隔水管安装过程横向振动控制方程的推导，在前述假设的基础上，假设深水钻井隔水管在安装过程中的横向振动是二维的且忽略两种动态力学特性之间的相互影响。据此得到的深水钻井隔水管安装过程横向振动力学模型如图 5–25 所示。

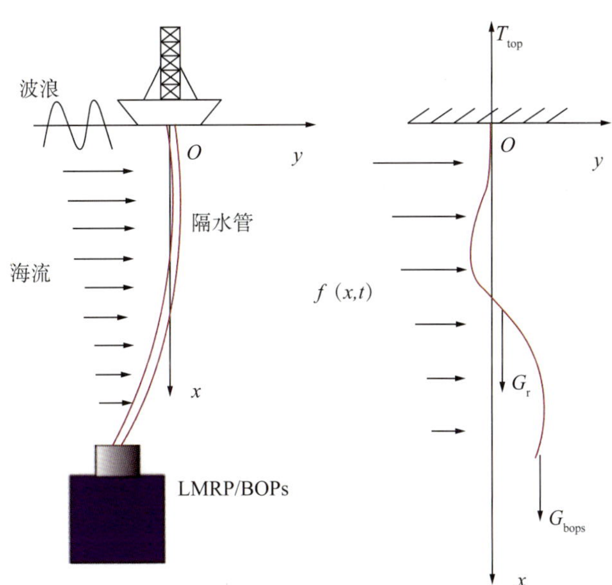

图 5–25　深水钻井隔水管安装过程横向振动力学模型

LMRP/BOPs—隔水管底部组合及防喷器；f（x，t）—隔水管受到的随时间和水深变化的横向力，N；G_r—隔水管重力，N；G_{bops}—隔水管底部组合及防喷器的重力，N

基于此，深水钻井隔水管安装过程中的横向振动力学模型可以看作是位于竖直平面内顶端固定，底端自由，受到沿水深变化的轴向力以及随时间变化横向力作用的欧拉－伯努利梁。以浮式钻井平台与深水钻井隔水管连接处为坐标原点，y 轴正向与波流方向一致，x 轴竖直向下，在坐标 x 处取微段 dx，该微单元的受力分析如图 5–26 所示：

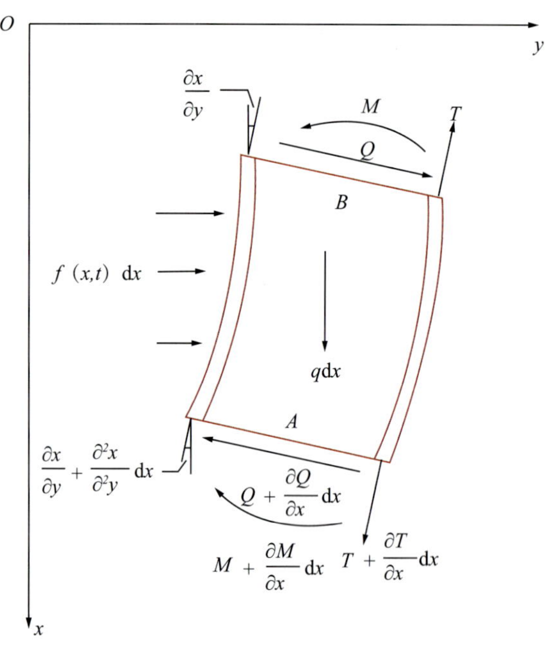

图 5–26　深水钻井隔水管安装过程微元体受力分析模型

采用泛函变分法推导得出的深水钻井隔水管安装过程横向振动的控制方程为[12]：

$$EI\frac{\partial^4 y}{\partial x^4}-T\frac{\partial^2 y}{\partial x^2}+m\frac{\partial^2 y}{\partial t^2}=f(x,t) \tag{5–21}$$

根据深水钻井隔水管安装过程中的作业特点，其边界条件可表示为：

$$\begin{cases} y(x)\Big|_{x=0}=0,\ \dfrac{\partial^2 y}{\partial x^2}\Big|_{x=0}=0 \\ \dfrac{\partial y}{\partial x}\Big|_{x=l}=0,\ \dfrac{\partial^3 y}{\partial x^3}\Big|_{x=l}=0 \end{cases} \tag{5–22}$$

深水钻井隔水管安装过程横向振动动力响应表达式的主振型为：

$$Y(x)=A\sin\frac{(2i-1)\pi}{2l}x\quad(i=1,2,3\cdots) \tag{5–23}$$

根据傅里叶级数原理，深水钻井隔水管安装过程横向振动动力响应通式可表示为不同振幅和频率的无穷多个正弦波形式的叠加，即：

$$y(x,t)=\sum_{i=1}^{\infty}A_i\sin\left[\frac{(2i-1)\pi}{2l}x\right]\sin\omega t \tag{5–24}$$

以某深水海域钻井为例，水深 1500m，隔水管外径 533.4mm，壁厚 15.875mm，钢材密度 $7850kg/m^3$，弹性模量 210GPa，海水密度 $1030kg/m^3$，波高 5m，波浪周期 13s，拖曳力系数取 1.2，惯性力系数取 2，LMRP/BOPS 质量为 200t。

由于深水钻井隔水管安装过程横向振动高阶振型振幅具有很强的衰减性，在只取前 6 阶振型的情况下，求得深水钻井隔水管安装过程横向振动的动力响应表达式为：

$$y(x,t)=\begin{pmatrix}16.4447\sin\frac{\pi}{3000}x-3.7465\sin\frac{3\pi}{3000}x+1.4043\sin\frac{5\pi}{3000}x\\-0.7678\sin\frac{7\pi}{3000}x+0.4347\sin\frac{9\pi}{3000}x-0.2465\sin\frac{11\pi}{3000}x\end{pmatrix}\sin\omega t \tag{5-25}$$

当式（5–25）中 $\sin\omega t=1$ 时，深水钻井隔水管存在最大动力响应值，此最大值对应的曲线如图 5–27 所示。

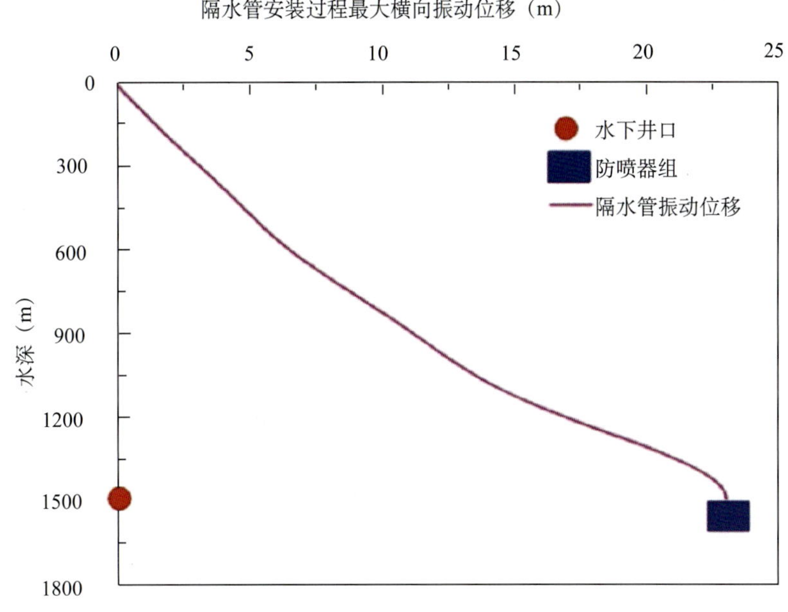

图 5–27 深水钻井隔水管安装过程最大横向振动位移

由图 5–27 可以看出，深水钻井隔水管在安装过程中，由于横向波浪与海流联合作用力的存在，其最大横向振动位移由上到下逐渐增大。在本算例中，当深水钻井隔水管安装到海底时，LMRP/BOPS 距水下井口的最大位移为 23.04m。深水钻井隔水管的横向振动将会引起内部产生交变应力，影响深水钻井隔水管的疲劳寿命，处于振动状态的深水钻井隔水管也会加大其与水下井口的连接难度。并且随着水深的增加，横向振动更加剧烈，对浮式钻井设备的动力性能与 ROV 的水下检测性能都提出了很大的挑战，因此为顺利地进行深水钻井隔水管的安装，应选择动力定位性能较强的浮式钻井设备。另外，良好的海洋环境条件也会扩大深水钻井隔水管的安装作业窗口。

为分析同一海况下 LMRP/BOPS 下放到不同水深时深水钻井隔水管的横向振动位移情况，分别取 500m、1000m、1500m、2000m、2500m 和 3000m 水深作为计算点，得到的深水钻井隔水管安装过程最大横向振动位移如图 5–28 所示。

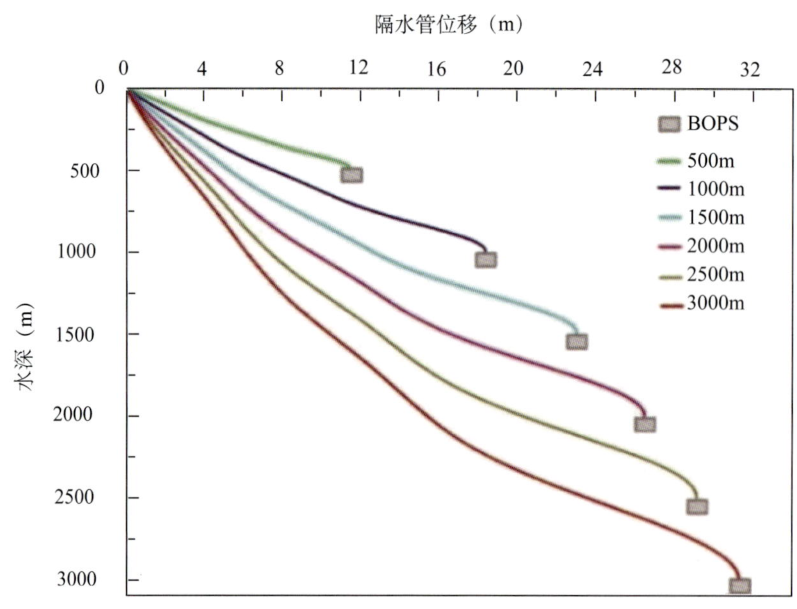

图 5–28　不同水深下最大横向振动位移

由图 5–28 可以看出，在其他作业参数和海况条件不变的情况下，当深水钻井隔水管安装到底部时，作业水深越大，LMRP/BOPS 距水下井口的最大横向位移越大。在本算例中，当深水钻井隔水管安装到 500m 水深时，LMRP/BOPS 距水下井口的距离约为 11.51m，但当安装到 3000m 水深海底时，此距离增大为 31.29m。在相同的水深条件下，安装较深的钻井隔水管的横向位移要小于安装较浅隔水管的横向位移。例如，1500m 深水钻井隔水管安装到海底时，位于 1000m 水深处的深水钻井隔水管的横向位移为 12.57m，而 3000m 隔水管安装到海底时，位于 1000m 水深处的隔水管的横向位移为 6.15m。这是由于随着安装水深的增加，下入海水中的钻井隔水管越长，其重力越大，抵抗横向力的能力越强，使得隔水管在同一水深处横向振动位移减小。

在保持算例中其他参数不变的情况下，安装海域的波浪波高分别为 5m、10m、15m、20m 和 25m 时的深水钻井隔水管安装过程最大横向振动位移如图 5–29 所示。由图 5–29 可以看出，作业海域波高对安装过程中深水钻井隔水管的横向振动位移具有较大影响，具体说来，当深水钻井隔水管安装到海底时，LMRP/BOPS 距水下井口的位移随波高增大急剧增大。本算例中，当深水钻井隔水管安装到海底时 5m 波高条件下 LMRP/BOPS 距水下井口的位移只有 2.56m，然而在 25m 波高条件下，此位移增大到 64.01m，增大了约 25 倍。因此，深水钻井隔水管安装作业必须在波高允许的条件下进行，否则会大幅度增加作业难度。

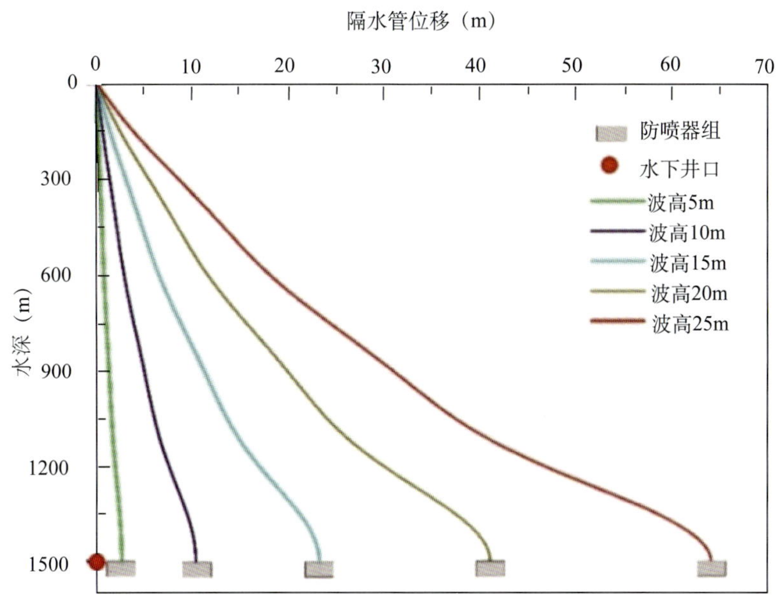

图 5–29　波高对最大横向振动位移的影响

随着研究的不断深入，隔水管的三维动力分析研究越来越多，通过综合运用流体力学理论、波动理论等，考虑海流、波浪等海洋环境载荷的动态作用，以及在外载作用下的小应变、大变形和轴向力对隔水管动力学行为的影响，同时引入非线性理论，对隔水管的三维变形、弯曲载荷、振型和频率、动态位移和应力等进行研究，使计算结果更加符合实际情况。同时，有关学者根据随机振动理论计算了随机波浪和规则波浪下船体运动对隔水管非线性动力响应的影响，并对船体平均偏移及波频响应和低频响应的周期和幅值对隔水管动力响应的影响进行了研究，采用模态分析的离散化方法，分析了隔水管在随机载荷波浪力作用下的横向随机振动问题，给出了隔水管横向随机振动位移相关函数和均方位移的计算公式，为深水隔水管的随机响应计算和工程设计提供了一定的理论基础。

四、深水钻井隔水管安装过程纵向振动分析

目前，深水钻井隔水管纵向振动研究主要侧重于隔水管安装及紧急回收与撤离两个阶段，分别对应软悬挂与硬悬挂两种悬挂方式。“软悬挂”是指隔水管顶部连接在钻井平台升沉补偿器上，“硬悬挂”是指隔水管顶端直接坐在钻井平台卡瓦上，两种悬挂方式如

图 5–30 所示。“紧急避台”是深水钻井隔水管设计中的重要环节，相关学者采用理论分析、数值模拟等综合方法对两种悬挂模式下的隔水管纵向振动力学行为进行了大量研究，主要包括悬挂条件下隔水管轴向动力放大系数、轴向振动位移与应力、固有频率、隔水管避台撤离管理策略、安装作业窗口、浮力块配置的影响、隔水管寿命管理等内容。两种悬挂模式下隔水管的纵向振动力学特性有较大差别。具体来讲，软悬挂操作主要受上球铰转角与伸缩节冲程的限制，硬悬挂操作主要受隔水管过度张力波动的限制。相对于硬悬挂模式，软悬挂模式比较安全可靠，推荐采用隔水管软悬挂模式实施避台撤离。如果不具备软悬挂条件，则可部分回收隔水管，而将剩余的部分隔水管采用硬悬挂模式实施避台撤离，也是一种经济可行的技术方案[1]。

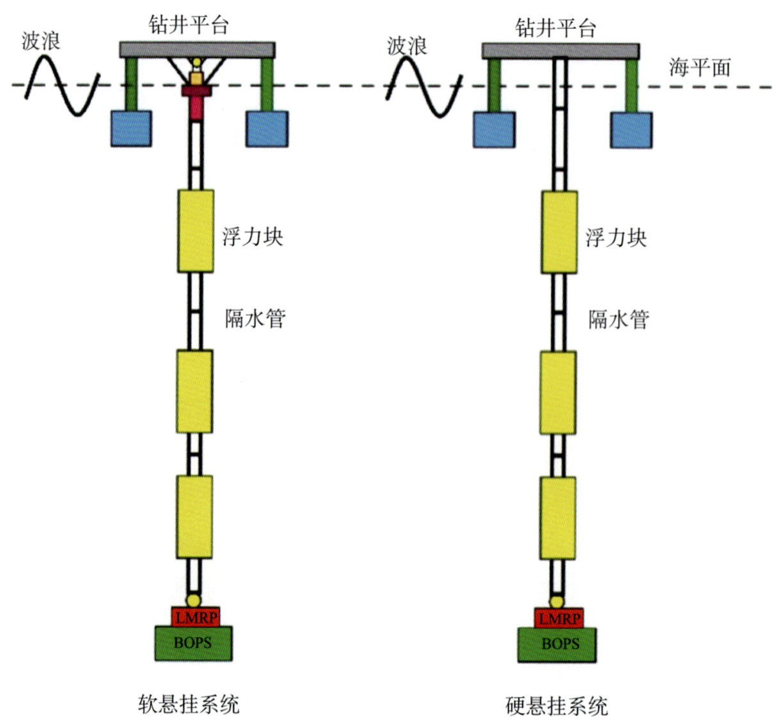

图 5–30　深水钻井隔水管两种悬挂方式

动态波浪载荷一方面使隔水管产生横向振动，另一方面通过钻井平台的升沉运动作用在隔水管顶部引起隔水管纵向振动，对隔水管的轴向力及横向振动特性产生影响。随着水深增加，隔水管纵向振动固有频率增大，若平台升沉振动频率接近隔水管纵向振动的固有频率就会引发共振，产生极大的振动载荷，甚至使隔水管发生破坏。即使轴向振动载荷不超过隔水管的应力屈服极限，隔水管在轴向交变载荷的作用下也可能发生疲劳破坏。在对隔水管进行纵向振动分析时，通常将其看成具有无限多自由度的连续系统，其力学模型如图 5−31 所示。

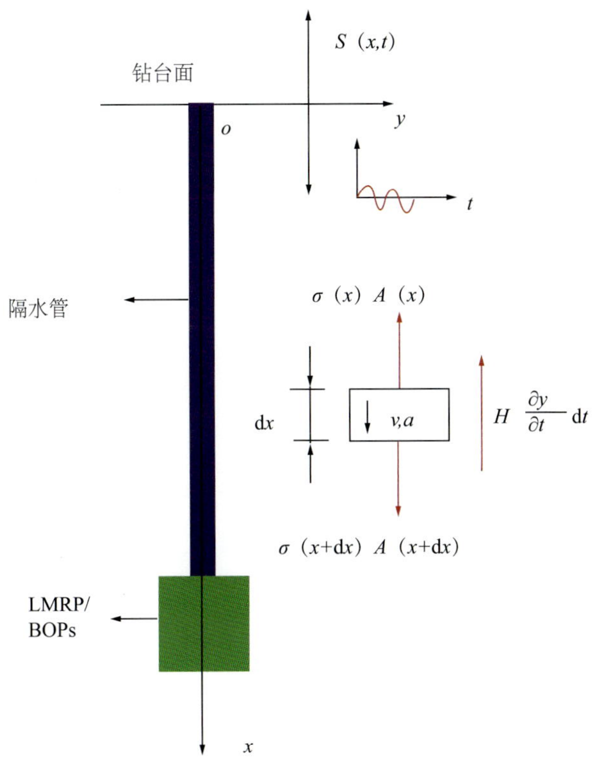

图 5−31　深水钻井隔水管安装过程轴向振动力学分析模型

考虑海水阻尼力作用的纵向振动变形微分控制方程见式（5−26）[13]：

$$EA\frac{\partial^2 y}{\partial x^2}-H\frac{\partial y}{\partial t}=w\frac{\partial^2 y}{\partial t^2} \tag{5-26}$$

式中　A——隔水管的横截面积，m^2；

H——微元段单位长度的线性阻尼系数，$N\cdot s/m^2$。

以某深水海域钻井为例，水深 1500m，隔水管外径为 533.4mm，壁厚为 15.875mm，钢材密度为 7850kg/m^3，弹性模量为 210GPa，海水密度 1030kg/m^3，LMRP/BOPS 质量为 200t，阻尼系数为 0.2，假设平台的升沉振幅为 4m，振动周期为 8s。根据前述分析，深水钻井隔水管安装过程轴向振动前 4 阶振型的固有频率和振动模态分别见表 5−3 和图 5−32。

表 5−3　深水钻井隔水管安装过程轴向振动固有频率

振型	i=1	i=2	i=3	i=4
固有频率（rad/s）	1.1605	4.1481	7.6178	11.2091

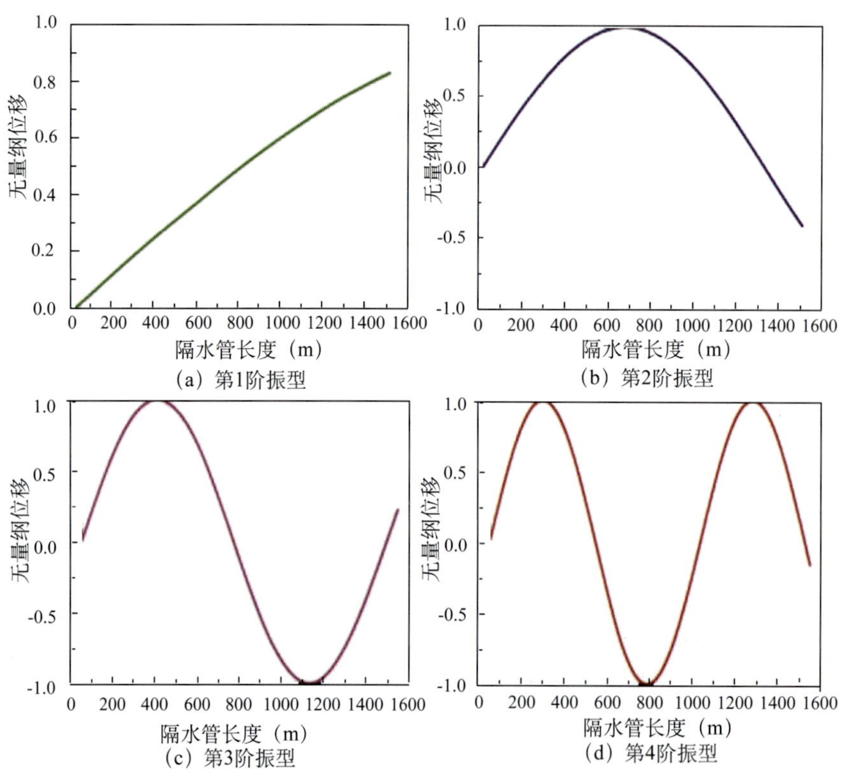

(a) 第1阶振型
(b) 第2阶振型
(c) 第3阶振型
(d) 第4阶振型

图 5–32　深水钻井隔水管轴向振动前 4 阶振型

在只考虑前 4 阶振型的条件下，深水钻井隔水管安装过程实际轴向振动位移和轴向振动载荷分别如图 5–33 与图 5–34 所示。

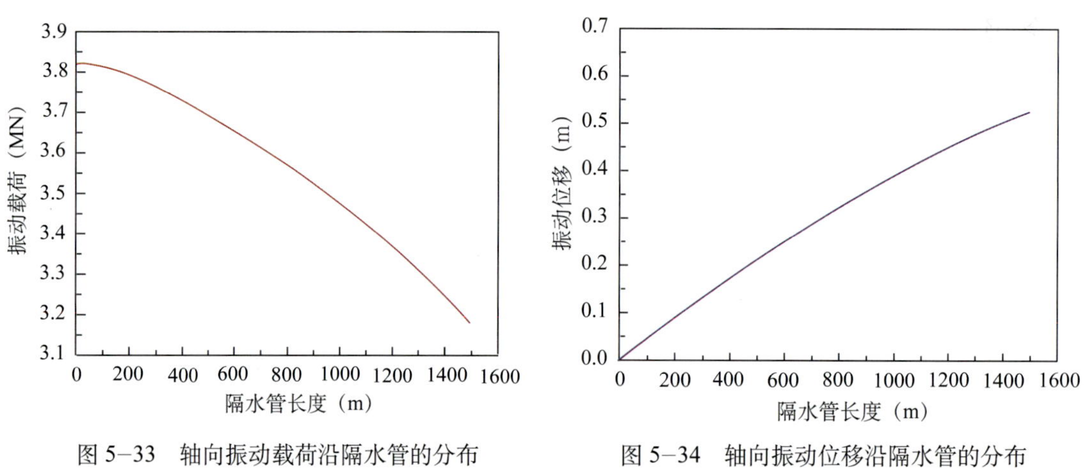

图 5–33　轴向振动载荷沿隔水管的分布

图 5–34　轴向振动位移沿隔水管的分布

从图 5–33 和图 5–34 可以看出，深水钻井隔水管轴向振动载荷在顶端最大，向下逐渐减小。因此，对于深水钻井隔水管安装过程的轴向振动来讲，顶端为危险截面；深水钻井隔水管的振动位移曲线与第 1 阶振型曲线相似，说明深水钻井隔水管在轴向振动过程中以第 1 阶振型为主，且轴向振动位移沿水深向下逐渐增大。

五、深水钻井隔水管安装作业窗口分析

深水钻井隔水管的正确设计与安装直接关系到深水钻井作业的顺利完成，对于给定的深水钻井隔水管系统和海洋环境参数，隔水管的安装作业能否进行，如何通过控制关键作业参数扩大安装作业窗口，这些都是深水钻井必须考虑的重要问题。目前，深水钻井隔水管的安装作业仍以经验为主，缺少相应的作业规范与指导标准，现场作业也多次发生由于隔水管安装导致的深水钻井事故。

本小节主要是分析深水钻井隔水管安装作业窗口，目的是确定在已知作业海况环境参数和深水钻井隔水管系统参数下，能否进行深水钻井隔水管的安装作业。从深水钻井隔水管安装过程力学性能角度出发，深水隔水管安装作业窗口定义为在其他影响因素保持不变的情况下，当某一环境因素参数变化到深水钻井隔水管强度不能满足作业需要时此环境参数的最大值。主要从顶部挠性接头转角、危险截面 Von−Mises 应力和轴向振动载荷作为安装过程中深水钻井隔水管的限制因素对其进行强度分析[14]。

(1) 深水钻井隔水管安装过程纵横弯曲变形分析：虽然波浪与海流大多数时间运动方向不同，但在深水钻井隔水管安装过程中总会有波流方向一致的情况，此时深水钻井隔水管在安装过程受力最为严重。在波流方向一致条件下，对深水钻井隔水管安装过程进行纵横弯曲变形静力学分析，目的是得到深水钻井隔水管安装过程中危险截面的 Von−Mises 应力和上部挠性接头转角。

(2) 深水钻井隔水管安装过程横向动力特性分析：随时间和水深变化的波流联合作用力会导致深水钻井隔水管在安装过程中产生横向振动。如果横向振动固有频率与横向激振力频率相近，就会引发横向共振，大幅度增大隔水管的横向振动位移，给深水钻井隔水管的安装作业带来巨大挑战。因此，对安装过程中的深水钻井隔水管进行横向动力特性分析，主要在于得到其横向振动固有频率，避免隔水管产生横向共振。

(3) 深水钻井隔水管安装过程轴向动力特性分析：深水钻井隔水管的顶部与浮式钻井平台连接，在安装过程中隔水管会由于浮式钻井平台的升沉运动而产生轴向振动。轴向振动的力学分析模型有硬悬挂与软悬挂两种，硬悬挂下深水钻井隔水管的动态载荷更大。硬悬挂模式下，深水钻井隔水管系统悬挂在钻井卡盘上，平台升沉运动直接作用在隔水管顶部。升沉运动会使深水钻井隔水管产生极大的动态载荷，动态载荷一方面威胁浮式钻井平台的安全；另一方面会导致深水钻井隔水管动态压缩或悬挂装置过载，威胁隔水管的安全。在极端海流作用下，深水钻井隔水管顶部可能产生极大的应力而发生屈服破坏。因此，对安装过程中深水钻井隔水管进行轴向动力学特性分析，主要在于得到隔水管底部和顶部连接

处的轴向振动载荷。

实际条件下，深水钻井隔水管在安装作业过程中同时存在上述三种力学行为，为了简化分析计算，忽略它们之间的相互影响。在单独考虑以上三种力学行为条件下，深水钻井隔水管安装作业窗口分析方法如图 5–35 所示。

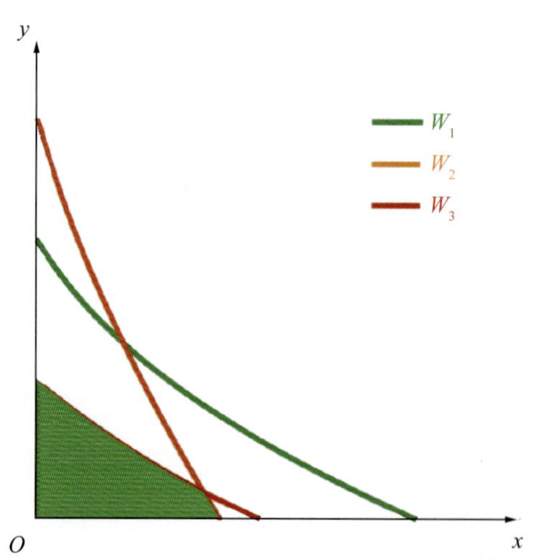

图 5–35 深水钻井隔水管安装作业窗口分析方法

如图 5–35 所示，x 轴表示影响深水钻井隔水管安装的各种环境因素，包括波高、波浪周期、海面潮流流速和海面风流流速。y 轴表示此环境因素的具体参数值。三条曲线表示单独考虑三种力学行为时的深水钻井隔水管安装作业窗口，分别为深水钻井隔水管纵横弯曲变形分析安装窗口、深水钻井隔水管横向动力特性分析安装窗口和深水钻井隔水管轴向动力学特性分析安装窗口。只有当某一参数同时满足三个条件时，深水钻井隔水管安装作业才能进行。以深水钻井隔水管顶部挠性接头转角、危险截面 Von–Mises 应力和底部振动载荷为主要限制因素，安装过程的作业窗口确定准则见表 5–4 [15]。

表 5–4 深水钻井隔水管安装作业窗口确定准则

作业模式	顶部挠性接头转角 (°)	危险截面 Von–Mises 应力 (MPa)	底部轴向振动载荷 (MN)
正常安装	2	$0.67\sigma_y$	>0.445
谨慎安装	4	$0.80\sigma_y$	(0，0.445)
禁止安装	9	$1.00\sigma_y$	<0

注：σ_y 为深水钻井隔水管材料屈服强度；隔水管受拉力为正，受压缩为负。

以某深水海域钻井为例，水深 1500m，隔水管外径 533.4mm，壁厚 15.875mm，钢材密度 7850kg/m^3，弹性模量 210GPa，海水密度 1030kg/m^3，波高 5m，波浪周期 13s，海面风流流速 0.6m/s，海面潮流流速 0.2m/s，Morison 方程中拖曳力系数取 1.2，惯性力系数取 2，

LMRP/BOPS 质量为 200t。

不同波高和波浪周期下深水钻井隔水管底部振动载荷和横向振动的固有频率与固有周期分别见表 5–5 和表 5–6。

表 5–5　隔水管底部振动载荷

波高（m）	最小轴向振动载荷（MN）	波浪周期（s）	最小轴向振动载荷（MN）
6.1	0.51	7.5	–0.79
7.6	0.14	9	0.12
8.6	–0.46	12	0.55

表 5–6　各阶振型固有频率及对应的波浪周期

振动阶次	k=1	k=2	k=3	k=4
固有频率（rad/s）	0.0911	0.820	2.278	4.465
波浪周期（s）	68.96	7.66	2.76	1.41

不同海面风流流速下隔水管顶部挠性接头转角和纵横弯曲变形危险截面 Von–Mises 应力如图 5–36 所示。不同海面潮流流速下，深水钻井隔水管顶部挠性接头转角和纵横弯曲变形危险截面 Von–Mises 应力如图 5–37 所示。

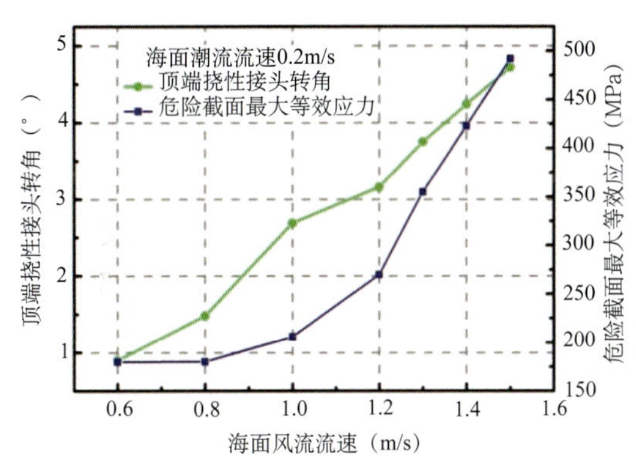

图 5–36　海面风流流速对隔水管安装作业窗口的影响

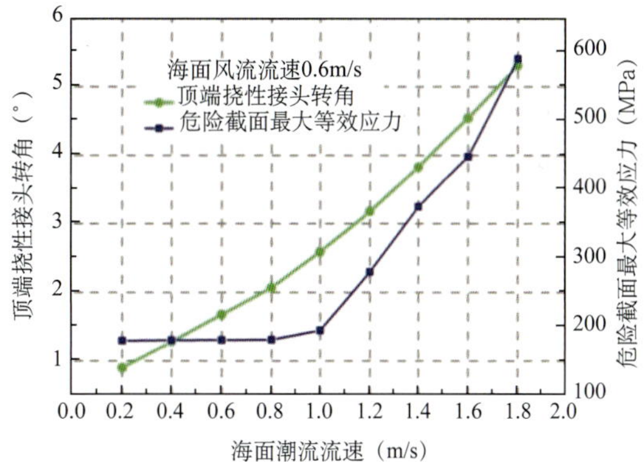

图 5–37　海面潮流流速对隔水管安装作业窗口的影响

波浪参数主要影响深水钻井隔水管安装过程中的横向振动频率和轴向振动载荷，海流参数主要影响深水钻井隔水管危险截面 Von–Mises 应力和隔水管顶部转角。因此，对于给定的海洋环境和深水钻井隔水管系统，首先要进行横向动力特性和轴向动力特性分析，以确保深水钻井隔水管在安装过程中不会出现横向及轴向共振。另外，还要确保深水钻井隔水管底部振动载荷满足条件，然后进行深水钻井隔水管安装过程纵横弯曲变形分析，以确定隔水管危险截面处的 Von–Mises 应力和顶部转角。

以海面潮流流速逐渐增大为 x 轴正向，以通过上述力学分析得出的最大海面风流流速为 y 轴，得到的深水钻井隔水管安装作业窗口如图 5–38 所示。

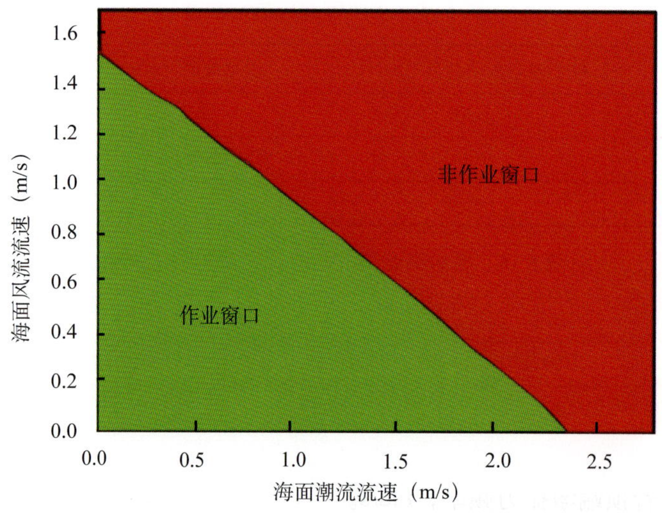

图 5–38　深水隔水管安装作业窗口

从图 5–38 可看出，海洋的流剖面由海面潮流流速和海面风流流速共同确定，当海面潮流流速为零时，海面风流流速具有满足安装作业准则的最大值，海面潮流流速增大，允许的最大海面风流流速逐渐减小；同理，当海面风流流速为零时，海面潮流流速具有满足安装作业准则的最大值，海面风流流速增大，允许的海面潮流流速逐渐减小。

六、深水钻井隔水管耦合振动分析

深水钻井隔水管的耦合振动主要包括两种：第一种是隔水管与钻井液的耦合振动，第二种是隔水管参数激励与强迫激励的耦合振动。前者是指在深水钻井作业过程中，位于隔水管与钻柱环空之间的钻井液自下而上由水下井口返至钻井平台，上返的钻井液与横向振动的隔水管二者产生耦合振动。“强迫激励”是指隔水管在动态波流联合作用下的受迫振动；“参数激励”是指由于波浪动态作用导致钻井平台升沉运动，从而对隔水管顶部施加位移时程激励。在这两种激励共同作用下，发生上述第二种隔水管耦合振动[16]。

与隔水管的横向振动相比较，第一种耦合振动方程中增加了因隔水管内流体向上流动产生的水平牵连惯性力、相对惯性力和科氏惯性力的影响因素，其控制方程如下：

$$EI\frac{\partial^4 y}{\partial x^4}+\left(m_{\mathrm{d}}v^2-T\right)\frac{\partial^2 y}{\partial x^2}+\left(m_{\mathrm{c}}+m_{\mathrm{d}}\right)\frac{\partial^2 y}{\partial t^2}+2m_{\mathrm{d}}v\frac{\partial^2 y}{\partial x\partial t}=F\left(x,t\right) \tag{5–27}$$

式中　m_{d}——单位长度隔水管内钻井液的质量，kg；

v——钻井液上返流速，m/s；

$m_d v^2 \frac{\partial^2 y}{\partial x^2}$——水平牵连惯性力，N；

$m_d \frac{\partial^2 y}{\partial t^2}$——相对惯性力的水平分量，N；

$2m_d v \frac{\partial^2 y}{\partial x \partial t}$——科氏惯性力，N。

由于钻井液的影响，隔水管横向振动的最大位移与波高呈正相关，与顶张力、环空钻井液排量呈负相关；当由隔水管壁厚变化引起的隔水管横向振动固有频率与波浪横向振动频率相接近时，横向振动位移急剧增大；耦合振动条件下隔水管的振动特性不仅取决于隔水管本身的力学与几何特性，而且与隔水管所处的外部环境因素密切相关。

第二种隔水管耦合振动控制方程如下：

$$EI\frac{\partial^4 y(x,t)}{\partial x^4} - \left[T(x) + S\cos\Omega t\right]\frac{\partial^2 y(x,t)}{\partial x^2} + c\frac{\partial y(x,t)}{\partial t} + m\frac{\partial^2 y(x,t)}{\partial t^2} = F_y(x,t) \tag{5-28}$$

式中　S——隔水管动态张力振动幅值，N；

Ω——隔水管顶端激振力频率，rad/s。

垂直于水流方向的波流联合作用力可分为两部分：一是由于涡街泄放过程产生的涡激升力 F_L（x，t）；二是由于隔水管 y 向运动而产生的流体阻尼力 F_r（x，t），即：

$$F_y(x,\ t)=F_L(x,\ t)-F_r(x,\ t) \tag{5-29}$$

式（5−28）可采用龙格—库塔法进行求解，通过采用摄动法可将控制方程转化为马蒂厄方程，并据此分析隔水管参数激励的不稳定区，进而得到隔水管发生参激共振的顶部激励频率。以此频率为基础可对隔水管参激振动最危险的工况（参激共振）进行分析，讨论振动的模态响应历程以及弯矩和剪力的变化。

七、深水钻井隔水管涡激振动分析

从流体力学角度上来说，在一定的恒定流速作用下的任何非流线型物体，其两侧均会交替地产生脱离结构物表面的旋涡。对于海洋工程上普遍采用的圆柱形断面结构物，这种交替发放的旋涡又会在柱体上生成周期性变化的顺流向和横流向脉动压力。对于深水钻井中的送入管柱及隔水管而言，脉动流体力将引发管柱的周期性振动，这种规律性的柱状体振动反过来又会改变其尾流的旋涡发放形态，这种流体—结构物相互作用的问题被称作涡激振动（Vortex−Induced Vibration，VIV）。目前，对隔水管涡激振动方面的研究主要集中在涡激动力响应计算、数值模拟分析、涡激抑制和涡激疲劳损伤预测等方面 [1]。

由于深水海域的海流速度通常比浅水海域要高，隔水管长度的增加降低了隔水管本身的固有频率，从而降低了激励 VIV 的流速阈值，因此深水条件下隔水管的涡激振动问题更加严重。目前，隔水管的 VIV 研究主要以尾流振子模型 [17-19] 为基础，通过建立隔水管涡激振动问题的数学与力学模型来阐述隔水管的涡激振动机理，主要考虑旋涡形成、泄放规律、尾流结构特征、升力系数等影响因素[20, 21]。在VIV数值模拟方面借助CFD软件模拟旋涡发放过程，对隔水管在海流流场、海浪流场以及海流与海浪的混合流场中进行流固耦合分析，将所得结果与理论分析及实验数据进行对比，进一步加深对涡激振动发生时隔水管受力、振幅及旋涡脱落等方面的认识。目前，常用的VIV模拟软件包括Ansys+CFX、Fluent+Abaqus、Adina、COMSOL Multiphysics及SHEAR 7等，但目前在流固耦合作用机理、结构动态模型、获取全尺寸实验数据、实验数据解释及预测技术等方面仍存在较大困难。

涡激振动会导致隔水管产生疲劳损伤，影响其使用寿命，因此相关学者将疲劳可靠性理论应用在海洋工程中，以计算构件和系统的可靠度。疲劳分析、断裂力学、随机载荷响应分析以及以概率为基础的设计和分析方法的发展，为分析预测隔水管疲劳寿命奠定了良好的理论基础。在深水钻井过程中，波流、风载、现场作业载荷等对隔水管的力学行为影响非常复杂，尤其是隔水管柱连接点及焊接部位的疲劳寿命预测精度，受到环境载荷、隔水管整体响应、疲劳强度及损伤积累等不确定性因素的严重制约。因此，关于隔水管疲劳寿命计算方法提出了雨流计数法、*S*—*N*（应力—寿命）曲线法和Miner线性累积损伤法等多种方法，不同方法侧重点不同。例如，断裂力学方法与传统的*S*—*N*曲线法相比较，前者通过考虑裂纹扩展模拟及裂纹非稳定性来确定构件裂纹的临界尺寸，而后者表征的是在一定的循环特征条件下标准试件的疲劳强度与疲劳寿命之间的关系曲线。由此可见，不同的评价方法对应不同的要求，对深水钻井隔水管系统的疲劳评估，应根据具体的结构和环境情况，选取适当的评估方法。在实际工程中，可通过安装VIV抑制装置来抑制隔水管的涡激振动，以提高其疲劳使用寿命。

第四节　深水条件下井筒完整性研究

“油气井完整性”指在井眼整个寿命期间，应用技术、操作和组织措施最大限度地减少地层流体不可控流动的风险，以确保油气井始终处于安全可靠的状态。在深水钻井过程中，浅层气与浅水流侵入井筒、深水固井失败及井筒环空圈闭压力升高等均会引发严重的井筒完整性问题。据挪威石油安全管理局（PSA）对海上106口不同开发年限和生产类别的井进行井筒完整性调查发现，18%存在井筒完整性问题，其中7%因井筒不完整而被迫关井，对环境和经济造成了重大损失。技术套管固井后，水下井筒会受到诸如软泥页岩膨胀、地层蠕动及非均匀地应力等复杂海洋地质环境的影响，套管柱载荷分析面临较大挑战。同时，在生产及测试过程中，由于温度升高使各层套管环空之间的流体膨胀，导致环空压力升高及井口抬升，对深水井筒完整性构成较大威胁。

假设某深水井的井身结构如图5–39所示。假设测试液或产出液的温度为250°C，最大水平主地应力为34.5MPa，最小水平主地应力为28.3MPa，套管、水泥环及地层的计算参数见表 5–7 [22]。

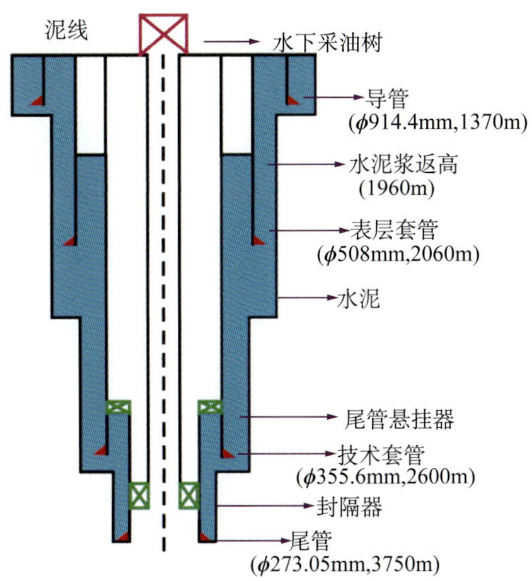

图 5–39　深水井井身结构示意图

表 5–7　计算参数

参数	弹性模量（MPa）	泊松比	内径（mm）	外径（mm）	热膨胀系数（10^{-6}°C^{-1}）
套管	148180	0.3	250.19	273.05	11.7
水泥环	20000	0.15	273.05	335	10.3
地层	10500	0.23	335	30000	10.3

深水井测试和生产时采用水下测试树和采油树，测试或生产过程中储层热流体通过油管流动到井口装置，热流体在流动过程中会对油管、套管、水泥环和地层加热，使套管产生热位移与应力；同时，由于地应力在两个水平方向不相等（$\sigma_H \neq \sigma_h$），套管处于非均匀的径向挤压中，也会使套管产生位移与应力。温度与压力共同作用，决定套管的位移与应力。为便于对建立的力学模型进行分析，现做如下假设：

（1）套管、水泥环、地层均为各向同性的线弹性材料；

（2）各接触层介质完全固结，接触良好；

（3）套管、水泥环截面为理想圆环且厚度均匀；

（4）各接触层介质的热膨胀系数不随温度变化；

（5）井筒中心热量均匀地向套管、水泥环、地层中传播。

据此，建立的套管—水泥环—地层的温度与压力共同作用力学模型如图 5–40 所示。

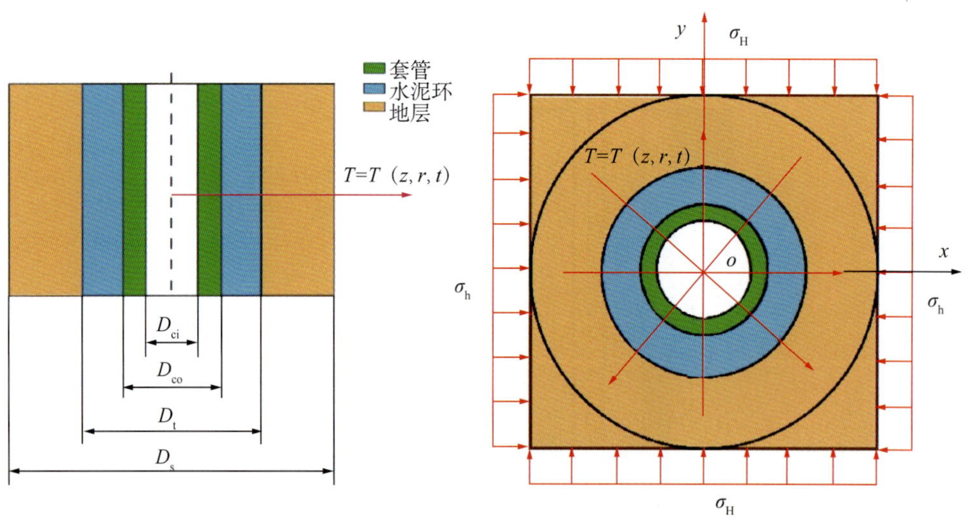

图 5–40　套管—水泥环—地层温度与压力共同作用力学模型

σ_H—最大水平主地应力；σ_h—最小水平主地应力；T—温升函数；D_{ci}—套管内径；D_{c0}—套管外径；D_t—水泥环外径；D_s—地层外径

由于水下采油树的重力作用及固井质量良好，套管的纵向变形受到限制，根据弹性理论，套管在温度与压力共同作用下的力学模型可以简化为平面应变问题。根据圣维南原理，为了减小边界条件对组合系统的影响，地层外径应至少为水泥环外径的 20 倍。由于系统为线弹性材料，根据弹性理论可得系统各介质的总位移与总应力分别为两种外载作用下系统响应的线性叠加，即：

$$u(r)=u_q(r)+\mu_T(r) \tag{5-30}$$

$$\sigma(r)=\sigma_q(r)+\sigma_T(r) \tag{5-31}$$

式中　$u(r)$——系统的总径向位移，m；

$u_q(r)$——非均匀地应力引起的径向位移，m；

$\mu_T(r)$——温度引起的径向位移，m；

$\sigma(r)$——系统的总应力，MPa；

$\sigma_q(r)$——非均匀地应力引起的系统应力，MPa；

$\sigma_T(r)$——温度引起的系统应力，MPa。

深水钻井测试及生产过程中套管承受的温度载荷属于厚壁筒轴对称平面应变问题，根据弹性力学与热应力理论，套管、水泥环及地层的应力—应变关系为：

$$\begin{cases}\varepsilon_r=\dfrac{1+\mu}{E}\left[(1-\mu)\sigma_r-\mu\sigma_\theta\right]+(1+\mu)\alpha T\\ \varepsilon_\theta=\dfrac{1+\mu}{E}\left[(1-\mu)\sigma_\theta-\mu\sigma_r\right]+(1+\mu)\alpha T\end{cases}\tag{5-32}$$

套管、水泥环和地层的热应力通解为：

$$\begin{cases}\sigma_r=\dfrac{\alpha E}{(\mu-1)r^2}\displaystyle\int_{r_{\rm ci}}^{r}T(r)r\mathrm{d}r+\dfrac{E}{1+\mu}\left(\dfrac{C_1}{1-2\mu}-\dfrac{C_2}{r^2}\right)\\ \sigma_\theta=\dfrac{\alpha E}{(1-\mu)}\left[\dfrac{1}{r^2}\displaystyle\int_{r_{\rm ci}}^{r}T(r)r\mathrm{d}r-T(r)\right]+\dfrac{E}{1+\mu}\left(\dfrac{C_1}{1-2\mu}+\dfrac{C_2}{r^2}\right)\\ \sigma_z=\dfrac{\alpha ET(r)}{\mu-1}+\dfrac{2\mu EC_1}{(1+\mu)(1-2\mu)}\end{cases}\tag{5-33}$$

求热应力需要确定系统的温升函数 $T(r)$。由于套管属于薄壁管，并且热传导系数较高，因此可以认为套管的温度沿径向不发生变化，与测试液或产出液的温度相等。假设水泥环和地层的径向温度变化近似服从指数衰减规律，即：

$$T(r)=T_{\rm c}\exp(r_{co}-r)\tag{5-34}$$

系统的边界条件为：套管内壁的径向热应力为 0，无穷远处地层的热应力为 0，即：

$$\sigma_r^{\rm c}\Big|_{r=r_{\rm ci}}=0,\sigma_r^{\rm f}\Big|_{r\to\infty}=0\tag{5-35}$$

系统的连续条件：套管与水泥环的径向应力及位移在接触面上相等，水泥环与地层的径向应力及位移在接触面上相等，即：

$$\begin{cases}\sigma_r^{\rm c}\Big|_{r=r_{\rm co}}=\sigma_r^{\rm t}\Big|_{r=r_{\rm co}},u_r^{\rm c}\Big|_{r=r_{\rm co}}=u_r^{\rm t}\Big|_{r=r_{\rm co}}\\ \sigma_r^{\rm t}\Big|_{r=r_{\rm t}}=\sigma_r^{\rm f}\Big|_{r=r_{\rm t}},u_r^{\rm t}\Big|_{r=r_{\rm ct}}=u_r^{\rm f}\Big|_{r=r_{\rm t}}\end{cases}\tag{5-36}$$

式中　$\sigma_r^{\rm c}$——套管的径向应力，MPa；

$\sigma_r^{\rm t}$——水泥环的径向应力，MPa；

$\sigma_r^{\rm f}$——地层的径向应力，MPa；

$u_r^{\rm c}$——套管的径向位移，m；

$u_r^{\rm t}$——水泥环的径向位移，m；

$u_r^{\rm f}$——地层的径向位移，m；

r_{co}——套管的外半径，m；

r_t——水泥环的外半径，m。

温度与非均匀地应力共同作用下得到的各接触表面总径向应力如图 5–41 所示。

图 5–41 中 n=1,2,3 分别代表套管—水泥环接触面、水泥环—地层接触面和地层外边界，由图 5–41 可以看出，在温度与非均匀地应力共同作用下，各接触表面的径向应力呈椭圆状分布，出现这种现象的主要原因在于地层外边界上存在非均匀的正应力与剪应力。在本算例中，地层外壁径向应力椭圆的长轴方向与最小水平主地应力重合，套管与水泥环外壁径向应力椭圆长轴方向与最小水平主地应力重合。从应力数值上来讲，地层外壁径向应力最大，套管外壁径向应力次之，水泥环外壁径向应力最小。

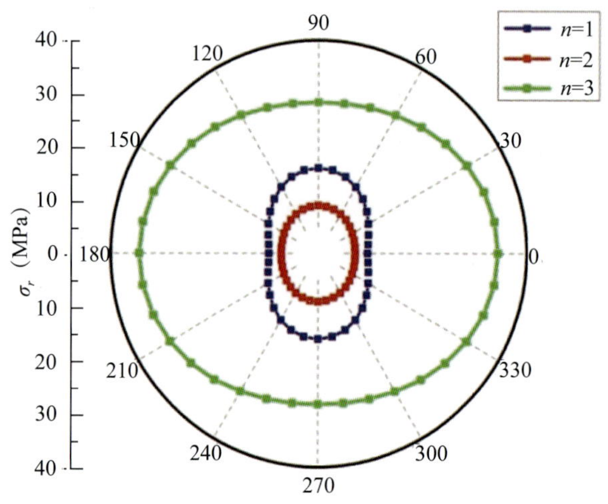

图 5–41　深水水下井筒温压共同作用计算结果

若定义径向应力的非均匀程度为：

$$\lambda = \frac{\sigma_{r\max}}{\sigma_{r\min}} \tag{5-37}$$

本算例中，套管、水泥环、地层外壁径向应力的非均匀程度分别为 1.67、1.26 和 1.22。即套管外壁的径向应力非均匀程度最大，这将严重降低套管的抗外挤能力。根据第四强度理论，得到的套管内壁 Von–Mises 应力为 297MPa，N80、T95 和 P110 级套管的最小屈服强度分别为 552MPa、655MPa 和 758MPa，由此得到的套管服役安全系数分别为 1.86、2.21 和 2.55。

P110 套管在 200 ～ 350℃条件下外壁径向应力如图 5–42 所示。随着温度的升高，套管外壁径向应力数值减小，但应力的非均匀程度增加，Von–Mises 应力增加，套管的抗外挤能力降低。进一步的研究表明：当测试液高于一定温度后，套管外壁由压应力转化为拉应力，套管的抗外挤问题转变为抗内压问题。350℃条件下，N80、T95 和 P110 三种套管外壁的径向应力如图 5–43 所示，在相同温度下，套管钢级越高，外壁径向应力越大。

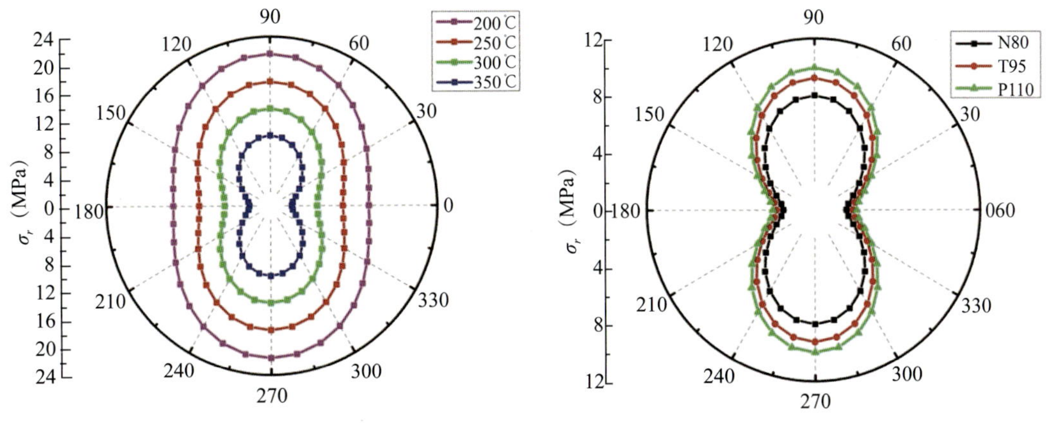

图 5–42　温度对 P110 套管外壁径向应力的影响　　图 5–43　钢级对套管外壁径向应力的影响

固井水泥的弹性模量为 10～25GPa 时的 N80 套管外壁径向应力如图 5–44 所示。随着水泥弹性模量的增大，径向应力数值减小，应力非均匀程度增加。对套管抗外挤能力的综合影响使得其抗外挤能力提高，因此，高弹性模量的固井水泥有助于提高套管的抗外挤能力，对井筒完整性有利。固井水泥泊松比对径向应力的影响如图 5–45 所示，随着泊松比的增大，径向应力数值减小，应力非均匀程度增大，对套管抗外挤能力的综合影响使得其抗外挤能力降低。因此，低泊松比的固井水泥有助于提高套管的抗外挤能力，对井筒完整性有利。

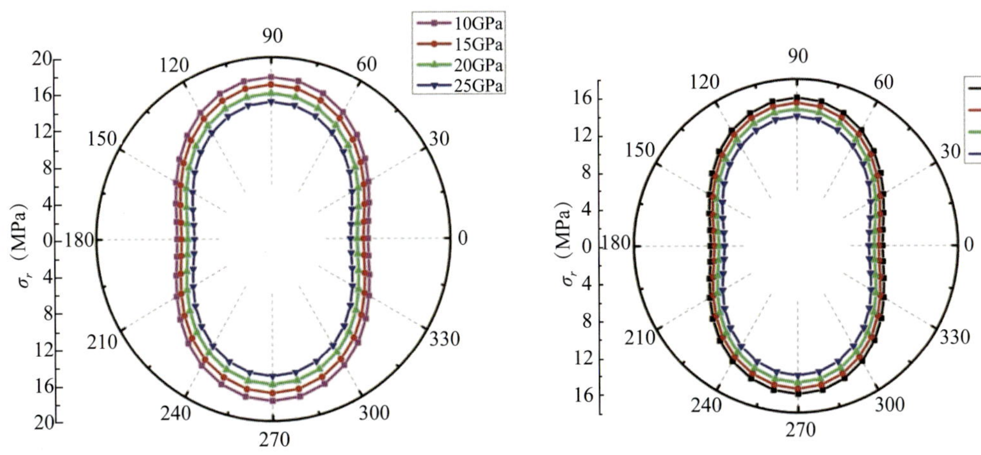

图 5–44　水泥弹性模量对套管外壁径向应力的影响　　图 5–45　水泥泊松比对套管外壁径向应力的影响

综上所述，在温度与非均匀地应力共同作用下，各接触表面的径向应力呈椭圆状分布；随着温度的升高，套管外壁径向应力数值减小，但应力的非均匀程度增加，等效 Von-Mises 应力增加，套管的抗外挤能力降低；套管钢级越高，外壁径向应力越大；高弹性模量及低泊松比的固井水泥有助于提高套管的抗外挤能力，对井筒完整性有利。

第五节　深水管柱力学模拟实验方法研究

深水钻井管柱在服役状态下所受的外载荷包括平台偏移、横向波流力、轴向拉压、内压外挤等，会产生磨损、断裂、挤毁等不同形式的失效形式。除了理论分析以外，通过试验方法模拟分析深水管柱力学行为，对于提高深水管柱力学的综合研究水平具有必要性。然而，外压施加一直是深水钻井隔水管模拟实验过程中的难点，外压加载一方面要求设备具有足够的空间以安装模拟试件；另一方面，又要求实验装备具有较大的承压能力。中国石油大学（北京）研制了“深水钻完井管具力学综合模拟实验系统”，可以提供 30MPa 的额定工作压力，能够有效模拟 3000m 的钻井作业水深，并且能够对试验管柱试件施加内外压力、轴向力及横向力，主要模拟实验设备如图 5-46 所示 [1]。

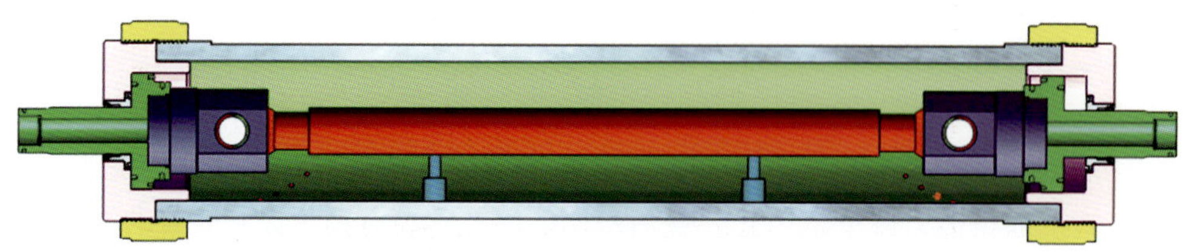

图 5-46　深水钻完井管具力学综合模拟实验系统

该模拟实验系统主要由承压主缸筒、液压作用器、液压伺服控制系统、数据采集系统及相应的管路与控制线等组成，承压主缸筒主要由主缸筒、轴向活塞、活塞杆、端部卡箍及相应的密封元件等组成，是系统承压的主体组成部分；液压作用器主要由水—油伺服增压作用缸及伺服控制阀组成，可以输出试验要求所需要的压力和流量；液压伺服控制系统主要由伺服系统控制柜及相应的软件组成，向液压伺服阀发出指令，控制伺服阀的动作及幅度；数据采集系统主要由压力、应变、位移等数据采集仪器组成，将采集得到的信号存入计算机以备后续处理。模拟实验试件通过两端的连接头及连接销与活塞杆相连，实现轴向加载，为了配合不同试验的需要，系统配备了一套液压比例控制系统、一套液压伺服控制系统、一套静态数据采集仪器及一套动态数据采集仪器。另外，系统配备了电控可移动的拆装小车与拆装吊车，可以方便地对实验装置和模拟试件进行拆装，其主要技术参数见表 5-8。

表 5–8　实验系统主要参数

<table>
<tr><th colspan="3">结构参数</th><th colspan="3">液压控制系统</th></tr>
<tr><td rowspan="6">主缸筒</td><td>外径（mm）</td><td>1500</td><td>参数指标</td><td>比例增压泵</td><td>伺服增压缸</td></tr>
<tr><td rowspan="2">内径（mm）</td><td rowspan="2">1200</td><td>油缸内径（mm）</td><td>180</td><td>180</td></tr>
<tr><td>活塞杆径（mm）</td><td>120</td><td>120</td></tr>
<tr><td>长度（mm）</td><td>8000</td><td>测控行程（mm）</td><td>700</td><td>700</td></tr>
<tr><td rowspan="2">耐压值（MPa）</td><td rowspan="2">30</td><td>最大速度（m/s）</td><td>0.5</td><td>1.0</td></tr>
<tr><td>油水增压比</td><td>2.25</td><td>1.65</td></tr>
<tr><td rowspan="3">端部活塞</td><td>直径（mm）</td><td>1000</td><td>输出最高水压（MPa）</td><td>56</td><td>46</td></tr>
<tr><td>活塞杆直径（mm）</td><td>400</td><td>限定工作水压（MPa）</td><td>30</td><td>30</td></tr>
<tr><td>行程（mm）</td><td>220</td><td>阀压力等级（MPa）</td><td>31.5</td><td>28</td></tr>
</table>

该实验系统的工作原理可概述如下：

（1）模拟环境的计算。实验系统可实现内外压、轴向力及横向力的加载，在进行模拟实验前首先需要确定实验所要模拟的深水作业工况，需要确定的参数有水深、管柱在工作过程承受的内外压、轴向力、横向力等。通过理论分析得到在外载荷作用下管柱的受力变形等力学规律，然后进行应力状态分析，得到管柱的应力应变数值；接下来，根据相似原理建立所要模拟的管柱试件尺寸和所需要加载的外载荷；然后，确定实验加载方式，包括加载等级、加载时间等；最后，将所需施加的内外压、轴向力和横向力写入控制软件，以备程序调用执行。

（2）模拟试件的安装和数据采集。管柱通过销轴连接管柱接头，并与轴向活塞固定在一起后放置在实验主缸筒内。液压伺服控制系统接受来自伺服控制主机的控制（压力或者位移）指令后，将指令传给外压加载总成、轴向加载总成和内压加载总成，分别通过外压加载孔、内压加载孔和轴向加载孔向由管柱外壁与主缸筒内壁形成的环形空间、实验主缸筒内腔、轴向活塞与端部卡箍形成的环形空间加压，模拟管柱承受的内外压及轴向载荷，通过放置在承压主缸筒内的横向加载缸向管柱试件施加横向力。试件在外载荷作用下会产生应变，该应变被贴在试件外壁的应变片捕捉，并通过引出实验主缸筒的接线传递给应变采集系统，最后在伺服控制主机上得到施加给管柱的外载荷数值，在应变采集主机上得到模拟试件的应变数值。

（3）压力的卸载。当深水管柱力学模拟实验结束后，需要对各个加载压力进行卸载。由于在实验过程中各个压力腔的压力不相等，在某些特殊情况下各个压力腔的压力会差别很大，如果不对卸载时的压力进行控制，在卸载过程中有可能出现某个压力腔的压力过大，对模拟试件的强度安全等造成威胁。因此，为保证卸载过程中的试件安全，首先打开安装在液压回路上的压力卸荷控制阀，将内外压及轴向力三路液压管路汇合，实现三个压力腔内的压力平衡，然后进行压力卸载。

借助该实验系统进行了深水钻井隔水管安装过程局部力学特性模拟实验。深水钻井隔水管在工作过程中承受的主要载荷有海水的外挤力、内部液体的内压力、轴向拉压力、横向的波浪力与海流力等，取一段深水钻井隔水管柱对其进行受力分析，如图 5-47 所示。

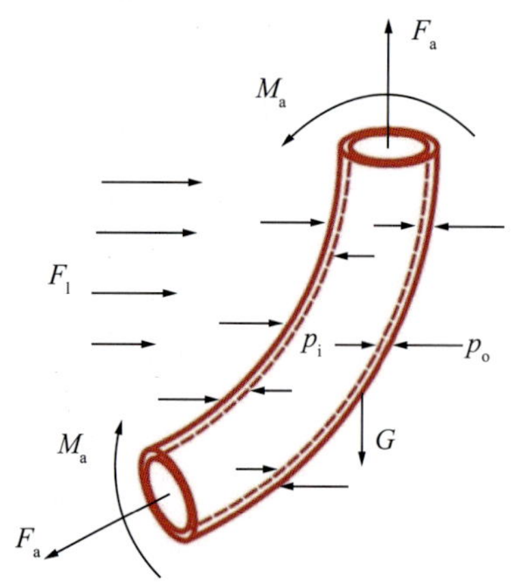

图 5-47 深水钻井隔水管局部受力分析图

根据弹性力学，深水钻井隔水管外壁处于轴向、环向、径向三向应力状态下，并且三个应力均为主应力，内外压载荷与隔水管上径向应力、环向应力之间的相互关系可由拉梅方程得到。深水钻井隔水管外壁处的轴向应力由两部分组成：一部分为深水钻井隔水管所受轴向力产生；另一部分为深水钻井隔水管横截面的弯矩产生。在上述外载荷作用下，深水钻井隔水管外壁微元体应力状态如图 5-48 所示。

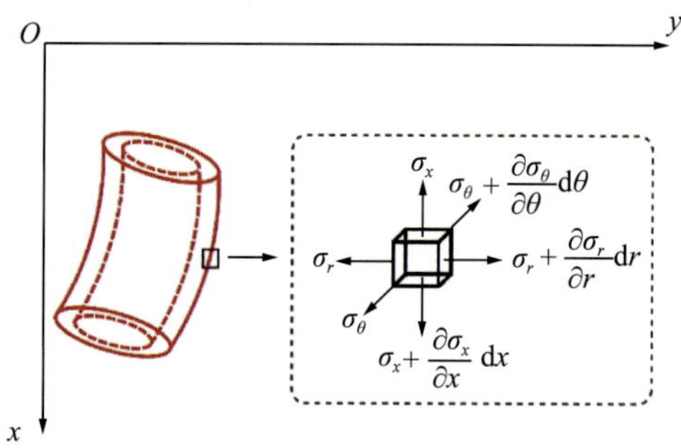

图 5-48 深水钻井隔水管外壁应力状态图

水下应变测试技术是一种较为特殊的应变测试方法，由于所使用的测量应变片都工作在高压水环境中，因此以下两方面的问题必须彻底解决才能准确获得有效实验数据。

（1）应变片与管柱的绝缘问题。由于应变片在高压水介质中工作，必须对其进行密封保护，使应变片与周围介质隔开，防止高压水渗入应变片基底。高压水下应变测量应变片的密封保护主要采用化学涂层法。

（2）测试引线引出主缸筒的密封问题。由于测试引线连接应变片与应变采集仪，若引线引出主缸筒时密封不良将会造成加压过程中高压介质泄漏，引起工作腔内压力波动，使测得的应变信号不稳定。解决此问题的关键是设计合理的密封堵头。密封堵头设计原则为：密封不容易失效，可穿过的引线多，加工制造方便，装拆简易，能重复使用。密封塞加工制造完成后，为保证密封效果需要对其内壁进行清理，除去残渣、油渍后灌密封胶固化。实验中采用环氧树脂 AB 胶作为密封介质，将密封塞灌胶固化完毕后对其密封性能进行打压验证，只有压力满足实验压力的密封塞才能使用。

考虑到实验设备的限制条件，选取表 5–9 所示的深水钻井隔水管模拟试件，对试件在承受内外压、轴向拉力和横向弯矩共同作用下的力学特性进行模拟实验。

表 5–9　实验模型参数

参数	外径（mm）	内径（mm）	外压（MPa）	内压（MPa）	轴向力（kN）	横向弯矩（N·m）
实验模型	73.03	62.01	10.3	12.0	14.03	698.53

选取的实验模拟管柱为 N80 级 $2^7/_8$in 油管，内径为 73.03mm，壁厚为 5.51mm，长度为 6929mm，最小屈服强度为 552MPa，实验过程中确保危险截面处的 Von–Mises 应力为最小屈服强度的 1/2。根据四点弯曲实验方案，可得此时允许试件的最大横向力为 2537.6kN，实验中采取的横向加载伺服作动器活塞直径为 140mm，活塞杆直径为 80mm，缸内最大工作油压为 25.0MPa，当液压缸内压为 10.0MPa 时，输出的横向力为 384.8kN，远小于允许施加的最大横向力 [3]。

实验选取阶梯式加压—稳压—加压—稳压的外载施加形式，主要控制内压与横向液压力，两种形式的外力采用等比例加载，加压时间设置为 3min，稳压时间设置为 5min，在稳压阶段应用水下应变测试技术测量应变数据，其中外载施加方案如图 5–49 所示。

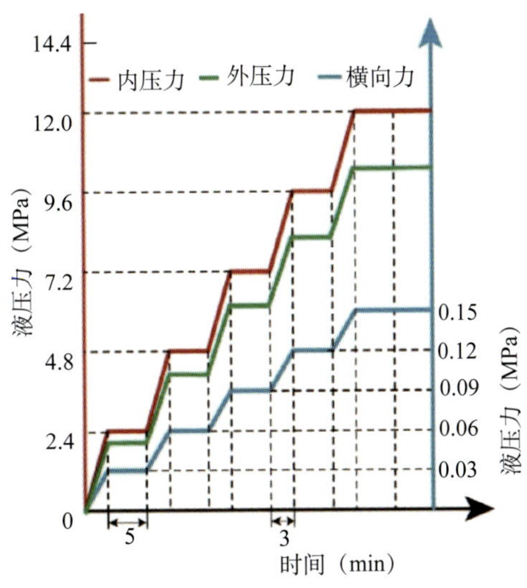

图 5–49　外载施加方案

实验过程中采取水下应变测试技术采集管柱试件在外载作用下的应变数值，同步采集试件的轴向应变和环向应变，管柱试件的整体贴片方案如图 5–50 所示。

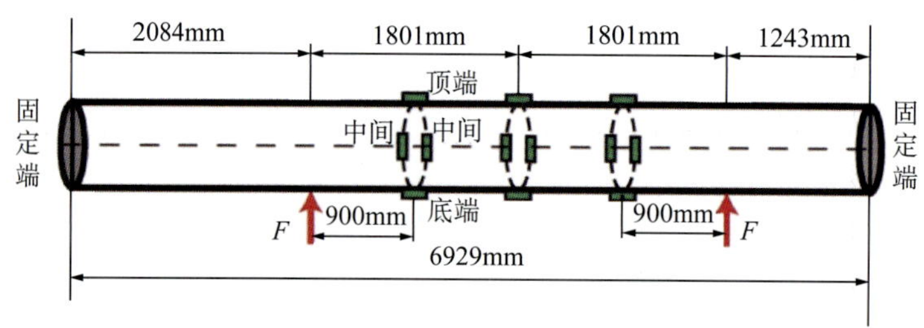

图 5–50　模拟试件应变片粘贴方案

根据模拟试件尺寸和所确定的外力加载方案，由数据采集系统采集实验数据，通过数据分析及处理，得到试件各个阶段的顶端轴向应力、环向应力、径向应力和 Von–Mises 应力，如图 5–51 所示。

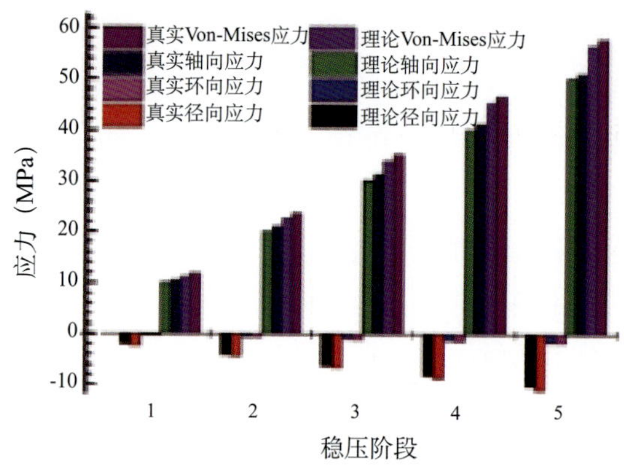

图 5–51　模拟试件应力状态

由图 5–51 可看出，由于管柱试件在加工制造方面的误差和几何缺陷等因素，试件在外力作用下的理论应力状态与实际应力状态并不相同，因此，有必要借助深水管柱力学模拟实验系统及水下应变测试技术对深水钻完井管柱力学开展模拟实验研究，以得到更精确的深水钻井管柱的力学状态，保证深水钻井作业安全进行。

第六节　结论与建议

（1）深水钻井力学与控制技术是深水钻井技术领域重要的研究内容之一，对于推动深水钻井理论创新与技术进步具有重要作用。

（2）深水导管和隔水管安装作业是深水钻井区别于陆地及浅水钻井的重要特征，关系着深水钻井作业的成败，作业过程涉及送入管柱、深水导管和隔水管三类主要管具系统，需综合考虑安装过程中环境载荷与作业因素等诸多影响因素，采用多种求解方法，对管具的力学行为进行系统研究，以确保深水钻井作业安全高效进行。

（3）水下井口是深水油气工程建设的关键内容之一。深水导管的承载力决定了水下井口的安全稳定性，需在准确获取海底土体力学参数的基础上，对喷射安装工艺及桩土相互作用规律等进行更深入的研究。此外，需综合考虑井筒温度、环空压力及套管应力等影响因素，对水下井筒的完整性进行更为科学的评价与设计控制。

（4）深水钻井隔水管安装过程力学行为复杂，需根据作业标准及规范要求，考虑作业环境和隔水管限制因素的影响，对其安装窗口进行精确预测，以指导深水钻井隔水管的安装作业。此外，需在流固耦合机理、结构动态模型及全尺寸模拟实验等方面对深水钻井隔水管涡激振动开展深入研究。

（5）深水钻完井管具力学综合模拟实验系统为研究深水条件下管具的力学行为提供了良好的实验平台条件。需根据具体实验目标，设计科学合理的实验方案，开展室内模拟实验研究，以验证或修正相关理论模型，不断提高深水钻井力学的设计控制水平。

参考文献

[1] 高德利，王宴滨 . 深水钻井管柱力学与设计控制技术研究新进展 [J]. 石油科学通报，2016，1（1）：61–80.

[2] 杨进，刘书杰，王平双，等 . 海上钻井隔水导管下入深度理论与控制技术 [M]. 北京：石油工业出版社，2009.

[3] 王宴滨 . 深水导管和隔水管安装过程力学行为研究 [D]. 北京：中国石油大学（北京），2016.

[4] Herrmann R P，Coleman R A，Hughes J D，et al. Liuhua 11–1 Development–Subsea Conductor Installation in the South China Sea[C]. OTC 8174，1996.

[5] 张辉 . 深水导管设计与安装力学行为研究 [D]. 北京：中国石油大学（北京），2010.

[6] Wang Yanbin，Gao Deli，Fang Jun. Finite Element Analysis of Deepwater Conductor Bearing Capacity to Analyze the Subsea Wellhead Stability with Consideration of Contact Interface Models between Pile and Soil[J]. Journal of Petroleum Science and Engineering，2015，126：48–54.

[7] King G W，Solomon I J. The Instrumentation of the Conductor of a Subsea Well in the North Sea to Measure the Installed Conditions and Behavior under Load[C]. OTC 7232，1993.

[8] Wang Yanbin，Gao Deli，Fang Jun. Optimization Analysis of the Riser Top Tension Force in Deepwater Drilling Aiming at the Minimum Variance of Lower Flexible Joint Deflection Angle[J]. Journal of Petroleum Science and Engineering，2016，146：149–157.

[9] 竺艳蓉 . 海洋工程波浪力学 [M]. 天津：天津大学出版社，1991.

[10] Wang Yanbin，Gao Deli，Fang Jun. Static Analysis of Deep–water Marine Riser Subjected to both Axial and Lateral Forces in Its Installation[J]. Journal of Natural Gas Science and Engineering，2014，19：84–90.

[11] 刘鸿文 . 材料力学（上册）[M]. 3 版 . 北京：高等教育出版社，1991.

[12] Wang Yanbin, Gao Deli, Fang Jun. Study on Lateral Vibration Analysis of Marine Riser in Installation–via Variational Approach[J]. Journal of Natural Gas Science and Engineering, 2015, 22：523–529.

[13] Wang Yanbin, Gao Deli, Fang Jun. Axial Dynamic Analysis of Marine Riser in Installation[J]. Journal of Natural Gas Science and Engineering, 2014, 21：112–117.

[14] Wang Yanbin, Gao Deli, Fang Jun. Mechanical Behavior Analysis for the Determination of Riser Installation Window in Offshore Drilling[J]. Journal of Natural Gas Science and Engineering, 2015, 24：317–323.

[15] Det Norske Veritas. Offshore Standard DNV–OS–F101 Submarine Pipeline System [S], 2000.

[16] Wang Yanbin, Gao Deli, Fang Jun. Coupled Dynamic Analysis of Deepwater Drilling Riser under Combined Forcing and Parametric Excitation[J]. Journal of Natural Gas Science and Engineering, 2015, 27：1736–1747.

[17] Beattie J F, Brown L P, Webb B F. Lift and Drag Forces on a Submerged Circular Cylinder[C]. OTC 1358, 1971.

[18] Sarpkaya T. Hydrodynamic Lift and Drag on Rough Circular Cylinders[C]. OTC 6518, 1991.

[19] 盛磊祥 . 海洋管状结构涡激振动流体动力学分析 [D]. 东营：中国石油大学（华东），2009.

[20] 林海花 . 隔水管涡激动力响应及疲劳损伤可靠性分析 [D]. 大连：大连理工大学, 2008.

[21] Vandiver J K. Research Challenges in the Vortex–Induced Vibration Prediction of Marine Risers[C]. OTC 8698, 1998.

[22] Wang Yanbin, Gao Deli, Fang Jun. Assessment of Wellbore Integrity of Offshore Drilling in Well Testing and Production[J]. Journal of Engineering Mechanics, 2016, 142（6）：04016030.

第六章　复杂结构井磁导向钻井关键技术

以水平井为基本特征的复杂结构井，可以有效提高复杂油气田单井产量和最终采收率，磁导向钻井技术是复杂结构井钻井的核心技术之一。本章总结了近年来在磁导向钻井方面的主要研究进展，包括邻井距离随钻电磁探测系统、螺线管组随钻测距导向系统及三电极系救援井与事故井连通探测系统等主要研究成果，重点论述了磁导向钻井的技术原理及井下磁信标、弱磁探测仪、测距算法及纠偏控制方法等关键技术内容，并介绍了磁导向钻井技术在 SAGD 双水平井、连通井、救援井及丛式井防碰中的现场应用情况。其中，邻井距离随钻电磁探测系统已在重油 SAGD 双水平井工程中得以成功应用，不仅在注入井水平段实现了磁导向水平钻进，而且在造斜井段也实现了磁导向钻井作业。从发展趋势看，需要进一步加强多学科协同创新研究，以进一步提高磁导向钻井系统的耐温性能或研发新型高温磁导向钻井系统，实现磁导向钻井技术在复杂结构井的推广应用，提高钻井效率，保证钻井作业安全。

第一节　概　　述

以水平井为基本特征的复杂结构井，是高效开发低渗透、非常规及海洋油气等复杂油气田的主要井型[1]。利用水平井、加密井和丛式井开发低渗透、页岩油气、致密油气等低品位油气资源，利用双水平井、U 形水平井等开发重油、油砂及天然气水合物等固态油气资源，利用连通井开发煤层气、盐矿等，在国内外均取得了良好的高效开发效果。双水平井、U 形水平井、救援井及丛式井等复杂结构井钻井过程中都要求精确测量邻井距离，以使相邻两口井连通或按设计间距定向钻进，仅依靠传统的测斜工具与邻井距离扫描计算难以满足实际的测控精度要求。理论和实践证明，磁导向钻井技术可以避免井眼轨迹测量误差的累积，能够满足邻井距离精确测控的技术要求，已成为复杂结构井钻井的核心技术之一。

磁导向钻井技术研究，最初是为了引导救援井与事故井的有效连通。救援井的井眼轨迹控制难度较大，传统测斜工具得到的井眼位置往往存在累积误差[2, 4]，难以实现救援井与事故井的精确连通。1980 年，C. L. West 及 A. F. Kuckes 等人[5, 6]研发了 ELREC（Extended Lateral Range Electrical Conductivity 扩大侧向电阻率）工具，并多次成功引导救援井与事故井的有效连通，表现出磁导向钻井技术在连通控制作业方面的优越性。1985 年，A. F. Kuckes 等人成立了 Vector Magnetics 公司，磁导向钻井技术进入快速发展阶段，ELREC 工具也改称为 Wellspot 工具。1990 年，Vector Magnetics 公司申请了 SWG（Single Wire Guidance，单电缆引导）工具的专利，并成功应用于定向钻井邻井防碰中[7-9]。1992 年，A. F. Kuckes 等人[10]提出利用交变磁场和静磁场强度梯度确定救援井与事故井的矢量距离，并研发了 Wellspot RGR 工具，与 Wellspot 工具相比，测距精度得到了有效提高。1993 年，Vector Magnetics 公司与 Sperry Sun Drilling Services 公司合作，共同研发了 MGT（Magnetic Guidance Tool，电磁引导工具），这也是首个用于重油蒸汽辅助重力泄油（SAGD）双水平井磁导向钻井的电磁探测工具 [11，12]，迄今，国外约 95% 的 SAGD 双水平井钻井应用了 MGT，并在 21 世纪初应用 MGT 钻成了世界上第一口 U 形水平井 [13，14]。为了实现 SAGD 双水平井磁导向钻井的近钻头探测，A.G.Nekut 等人 [15] 又研发出 RMRS 工具，并于 2001 年进行了成功试验。但是，由于 RMRS 工具在测距时间、耐高温性能和工具成本等方面不如 MGT 更具优势 [13]，因此 RMRS 工具在 SAGD 双水平井磁导向钻井中并没有得到很好地推广应用。之后，RMRS 工具的功能得到进一步扩展，可用于煤层气（Coalbed Methane，CBM）水平连通井磁导向钻井中 [16]。2010 年，在墨西哥“深水地平线”钻井平台井喷事故处理中，Vector Magnetics 公司利用 Wellspot 工具和 WSAB（Wellspot at Bit）工具成功引导了救援井与事故井的有效连通，充分体现了磁导向钻井技术的重要作用 [17]。另外，其他相关技术公司也对磁导向技术进行了研究，例如，Scientific Drilling International 公司研发了 MagTraC 工具 [18]。

中国自 2004 年在煤层气开发工程中租用 RMRS 工具以来，积极开展了磁导向钻井技术的研究，在井下磁信标、弱磁探测仪、测距算法及纠偏控制等方面取得了一系列研究成果，并在超稠油 SAGD 双水平井、煤层气连通井等复杂结构井磁导向钻井中得以成功应用。

第二节　井下磁信标

井下磁信标是磁导向钻井系统的信号源，包括主动磁信标和被动磁信标。Wellspot 工具、Wellspot RGR 工具和 WSAB 工具的磁信标是聚集了电流的事故井套管，MGT 工具的磁信标是通电螺线管，RMRS 工具的磁信标是永磁短节，这些磁信标都属于主动磁信标。主动磁信标产生的磁场一般比较强，而且可以比较准确地计算其大小。因此，利用主动磁信标作为信号源的磁导向钻井系统一般具有测距范围大、精度高的特点。被动磁信标主要指邻井套管，其磁场主要来源于机械加工、磁探伤和地磁场的磁化。因此，被动磁信标的磁场很微弱，而且难以估算。目前，MagTraC 工具采用被动磁信标作为信号源。

井下磁信标周围空间的磁场分布，是研究磁导向钻井技术的理论基础。2006 年，笔者及其团队开始对磁导向钻井技术进行研究；2008 年，利用计算任意形状永磁体磁场的积分表达式，给出了井下管柱形永磁体的三维空间磁场分布计算公式 [19]；2011 年，基于磁偶极子模型，推导了计算旋转永磁短节远场磁场分布的表达式，给出了获得磁短节等效磁矩的连续和不连续测量法，并指出连续测量法更易于现场应用 [20]；2014 年，利用镜像电流分析法，揭示了井下电磁源磁场强度在井下套管铁磁环境下的衰变机理 [21]；2015 年，建立了井下螺线管的电流层模型，并用离散模型给出了螺线管磁场的计算方法 [22]。另外，宗艳波等人 [23] 也基于磁偶极子模型，得到了计算旋转永磁短节远场磁场分布表达式的不同形式。

在中国磁导向钻井作业中，永磁短节的使用较为广泛。然而，永磁短节紧邻钻头，降低了下部钻具组合的破岩和造斜能力，不利于井眼轨迹控制。为此，朱昱等人分析了磁短节内部永磁体几何参数对磁短节磁场强度的影响，为永磁体结构的优化提供了理论依据[24]；高德利等人提出了一种更有利于井眼轨迹控制的磁短节（图 6–1），并定量分析了其机械强度及其对下部钻具组合的影响[25]。

与 RMRS 磁短节类似，新型磁短节也是由一段有若干孔的无磁本体携带若干个圆柱形永久磁铁组成一个小于 1m 的短节，无磁本体两端都加工成 API 标准扣型，其内螺纹直接与钻头相连，外螺纹与其他钻柱连接在一起，钻井液通过无磁本体的中空经钻头流到井底。无磁本体沿长度方向分布有多个磁铁安装横截面，每个磁铁安装横截面上分别安装有四根磁极方向相同的圆柱状永磁铁，其中两根较短圆柱状永磁铁的轴线共线，另外两根圆柱状永磁铁的轴线及较短永磁铁的轴线相互平行，四根圆柱状永磁铁分别垂直于所述无磁本体的轴线，两根较长圆柱状永磁铁对称位于所述无磁本体轴线的两侧，两根较短圆柱状永磁铁也对称位于无磁本体轴线的另外两侧。

根据图 6–1 所示结构，设计加工的外径为 171.5mm 的新型磁短节如图 6–2 所示，该短节的长度为 434.9mm，前后两端为 114.3mm 的 API 正规螺纹；布 16 个放圆柱永磁体的孔，孔直径为 27mm，长度分别为 113.5mm 和 52.6mm；永磁圆柱体的直径为 25mm，长度分别为 100mm 和 50mm，材料为钕铁硼，其主要磁性参数见表 6–1。

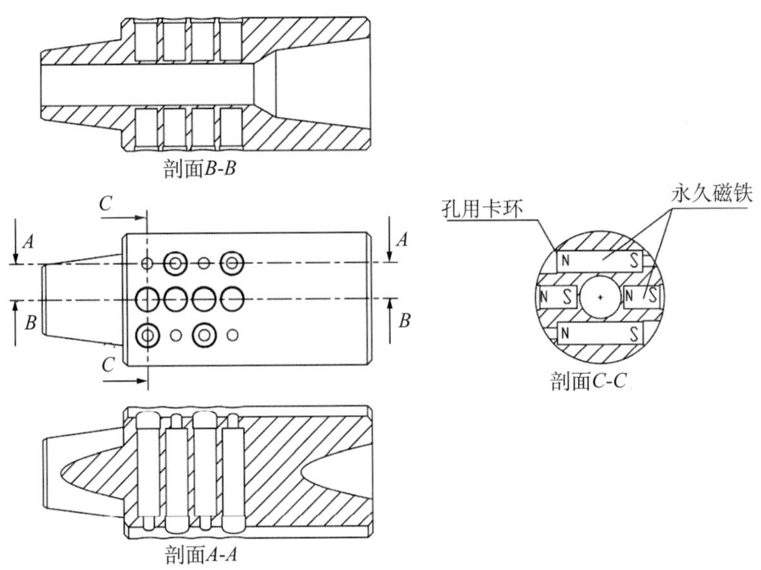

图 6–1　新型磁短节的剖面图

表 6–1　钕铁硼材料的主要磁性参数

材料	剩磁 (T)	矫顽力 (kA/m)	内禀矫顽力 (kA/m)	最大磁能积 (kJ/m^3)
NdFeB	1.12	843.34	1646.89	232.95

图 6–2　新型磁短节的实物照

在以永磁短节为井下磁信标的磁导向钻井过程中，有时永磁短节表面会吸附大量钻井磨损产生的铁屑，从而严重影响了测量精度。笔者提出了以正交两列螺线管组作为井下磁信标的思路，可以通过断电的手段，使表面吸附的铁屑自动脱落，该螺线管组可以产生类似于旋转磁短节产生的交变磁场，其测距算法与使用磁短节的算法基本相同 [26]。螺线管组短节内部螺线管的排列如图 6–3 所示，螺线管组短节还包括传感器模块和处理电路，传感器模块主要包括一个三轴磁通门传感器和一个三轴加速度传感器，用来探测螺线管组短节所在井深位置的地磁场矢量和重力场矢量，以计算螺线管组短节自身的摆放姿态。由地面供电设备为螺线管组短节提供两个同步交流电，这两个同步电流的波形在时间上相差 $^1/_4$ 周期，一个电流为同一方向安装的一列螺线管提供电流，另一电流为与这一方向正交的另一列螺线管提供电流；电流的波形可以是正弦波和余弦波，也可以都是方波，这是因为两方波的傅里叶分量也是正弦波和余弦波。

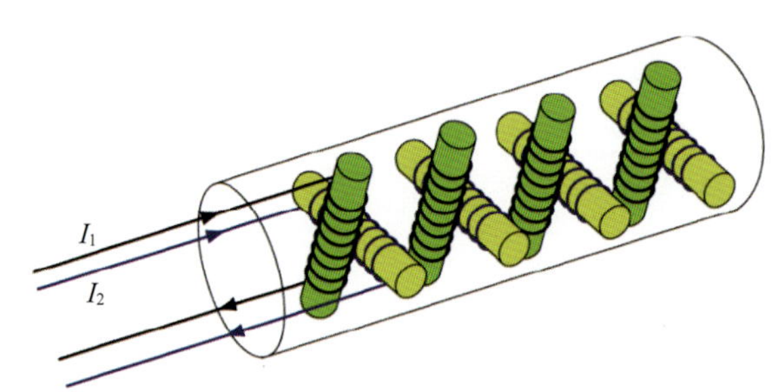

图 6–3　螺线管组短节内部螺线管排列示意图

之后，笔者进一步提出了利用一种双螺线管组作为井下磁信标的方法 [27, 28]，该双螺线管组的设计方法与单螺线管组基本类似，但尚未获得工程应用与验证，有待进一步深入研究。

第三节　井下弱磁探测仪

井下弱磁探测仪用来检测井下磁信标产生的微弱磁场，并将接收到的磁信号从井下传输到地面计算机，为磁导向钻井测距计算软件提供必要数据。目前，中国主要集中研究了可用于探测旋转磁短节磁场的井下弱磁探测仪，其基本功能主要包括[1]：(1) 实时得到探管自身的井斜角和方位角，以确定探管自身的姿态；(2) 实时得到磁短节在测量点的磁场强度矢量；(3) 通过实时测量系统硬件所在位置的温度，对因温度产生的探管测量误差进行修正；(4) 测量信号能够及时通过电缆传到地面，并通过地面采集处理系统进行实时分析。

一、信号采集系统

井下磁信号的主要特征为[29]：(1) 井下磁信号属微弱信号，其幅度随传播距离的三次方急速衰减，在所需测距范围内，信号幅度从几千纳特急速衰减至几纳特；(2) 井下磁信号具有超低频、窄带、频变等特征，其频率会随着钻头转速的改变而在 1.0～5.0Hz 之间变化；(3) 井下磁信号中含有大量电磁干扰和噪声，当测量距离超过 30m 之后，有用信号已基本上被干扰和噪声所淹没。为了检测磁短节产生的交变磁场，高德利等人发明了一种用于随钻电磁探测邻井距离的测量仪[30]。梁华庆等人[29, 31, 32]根据磁短节在井下所产生磁场的特点，提出了信号采集系统的设计方案，设计了基于低噪声、低零漂放大器的通带平滑的窄带滤波放大电路，并提出了一种基于离散傅里叶变换（DFT）双峰值的信号提取算法，可自动跟踪锁定井下交变磁场信号频率，精确提取信号的幅值，有效解决了强干扰、大噪声背景下微弱频变磁场信号的高精度检测问题。

1. 高精度三轴交变磁场信号采集系统设计

高精度三轴交变磁场信号采集系统的总体结构如图 6–4 所示，其中前置交流放大电路、滤波放大电路、高精度 A/D 转换电路和控制核心 MCU 构成了高精度三轴交变磁场信号采集系统。

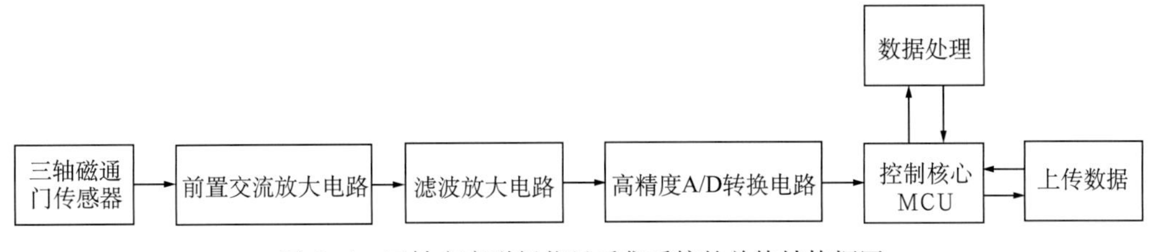

图 6–4　三轴交变磁场信号采集系统的总体结构框图

高精度三轴磁通门传感器既可以测量交变磁场，也可以检测到静磁场，这里包括地磁场。地磁场感应强度为 50～60nT，因此在没有磁场发射源时高精度三轴磁通门传感器也会输出一个大的直流信号，当传感器接收到交变的磁场信号时，其输出是一个相对很小的交流信号叠加在一个大的直流信号上。为了得到两口井之间的距离和方位，需要提取传感器输出的交流成分，这就限制了信号在进入板子的第一级时必须先经过一个交流模块。另外，交变磁场信号是 1～5Hz 的低频正弦波，当距离超出一定距离后，信号幅度会降至微伏（μV）级甚至纳伏（nV）级。因此，前端的信号提取电路必须是一个能够通过 1～5Hz 信号的高通滤波器或带通滤波器，并且其幅频曲线在输入信号不大于 1Hz 时要进入平坦区域。由于受到电路板体积的影响，交流放大器选择了阻容耦合方式的有源高通滤波器。采用带增益的正反馈型多极点的 Butterworth 高通滤波放大电路，一阶 Butterworth 高通滤波器幅频特性的最大衰减斜率仅为 −20dB/ 十倍频。为了使滤波器的过渡带变窄，衰减斜率增大，设计中使用了二阶 Butterworth 高通滤波器，用以加大其低频的衰减特性，使得其最大衰减斜率可达 −40dB/ 十倍频。这样既可以去掉地磁场直流分量，又可以有效地放大有用信号。

由于三轴磁场信号的幅度随着传播距离的三次方急速衰减，而且在实际钻井中交变磁场信号是 1～5Hz 的低频窄带信号。在低频信号检测中，由阻性元件产生的低频热噪声对其影响非常大。另外，50Hz 工频干扰也对有用信号的检测影响比较大。因此，为了能够有效地检测三轴交变磁场信号，必须设计一个窄带带通滤波器，该滤波器的过渡带和阻带必须非常窄，并且过渡带和阻带幅频特性的衰减斜率要比较大，使信号经过放大滤波之后能够达到一个较高的信噪比。

为了有效提取超低频 1.0～5.0Hz 的有用信号，抑制高频干扰，提高信噪比，选用 4 阶 Butterworth 高通滤波器以及四阶 Butterworth 低通滤波器串联形成 8 阶带通滤波器。设计中高通滤波器的截止频率设置为 0.53Hz，为了考虑钻头在钻进过程中受到不同地质环境的影响而导致钻头突然加快钻进的情况，高通滤波器的截止频率设置得比 5Hz 高一些，为 16Hz。电路中决定频率的 RC 值的大小不会影响到 Q 值，但是 Q 值不但影响了滤波器的平坦特性，同时也决定了增益，即可通过调整增益调整 Q 值。但是为了使系统在程控放大器的放大倍数为 1 时得到一个理想的增益参数，增加了一级同相放大器专门调整每一通道的放大倍数。

为了保证大动态范围内数据采集系统的测量精度，必须使用高分辨率的 A/D 采集电路。设计中选用 AD 公司（Analog Devices）24 位高精度转换芯片 AD7734。它是极少的一款能够在单电源供电下，测量范围为 ±5V，并且满足不小于三路采集通道的高精度 AD 芯片，非常适用于三轴交变磁场检测系统。在三个通道的应用中，AD7734 的采样频率可设置为 124～5128Hz。结合奈克斯特采样定律，设计中设定 ADC 的采样频率为 200Hz。在 AD7734 的每一个电源引脚并联一个 22μF 电解电容和一个 0.1μF 的陶瓷电容，以抑制高频噪声和低频噪声。为了减小数字开关电流对模拟端口的任何潜在耦合，同时也是为了减小数字噪声对地平面的影响，设计中在 AD7734 的每一逻辑输出和输入引脚分别串联一个 500Ω 的电阻，以确保转换器不驱动大的扇区。

由于三轴微弱交变磁场传感器可以接收到所有的低频磁信号，现场周围各种电磁信号都会影响测量结果，当传感器与磁源的距离大于一定距离之后，传感器本身接收到的有用信号就非常小，当经过硬件过滤板之后还是不能达到很大的信噪比，通过简单提取时域信号已经不能满足要求。因此，根据采集信号的特点，提出了具有频度聚焦特性信号的提取算法。为满足该算法快速实现的需求，选用 STM32F405RG 作为主控芯片。STM32F405RG 是 STM32F4 系列中的一款高性能微控制器，其采用了 90nm 的 NVM 工艺，内部集成了 ART（Adaptive Real–Time MemoryAccelerator ™，自适应存储器加速器）。

2. 具有频度聚焦特性的信号提取算法

虽然采用自制的硬件采集滤波电路可以有效地滤除 1～5Hz 以外的噪声和干扰，极大地提高了信噪比，但是在 1～5Hz 以内还含有其他频率的杂波和噪声，为能精确地提取出三轴信号的幅值，还需在软件算法上进一步滤除电路通带内（1～5Hz）的杂波和噪声，得到纯净的三轴磁场信号。

针对交变磁场信号频变、窄带、低数据量的特点，创新性地提出并实现了一种基于 DFT 双谱峰的频率重构方法，在信号 DFT 幅度谱主瓣内搜索两个谱峰的频率，以此重构信号频率的初值，运用牛顿迭代算法求解信号的真实频率，恢复信号幅度。该方法能够准确锁定变化的磁场频率，滤除其他频率的杂波和噪声，精确提取出微弱的磁场幅度。通过计算机仿真和室外模拟对算法进行了测试，所提出的方法与传统的基于 DFT 单谱峰检测算法相比，频率的检测精度提高了 10 倍以上，峰值检测最大相对误差从 35% 骤降至 2%。

提出的用于旋转磁场井间测距的频变信号消噪算法流程如图 6–5 所示。

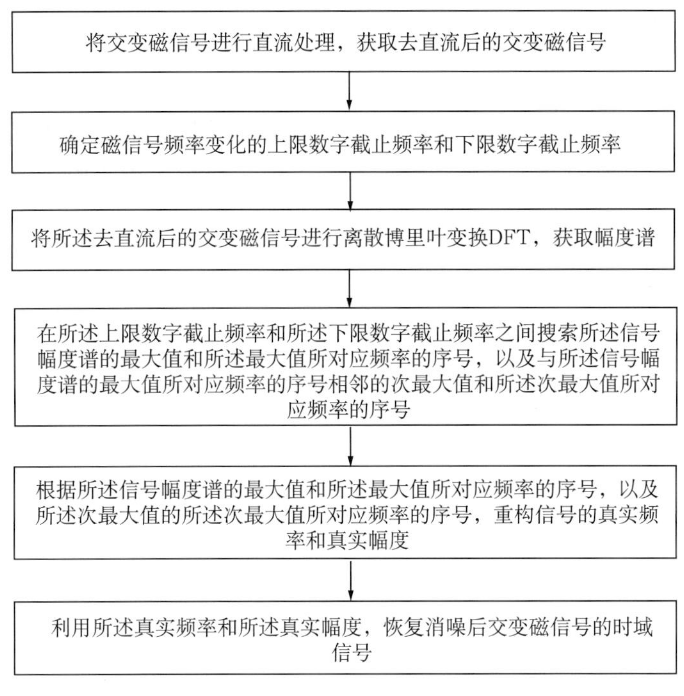

图 6–5　频变信号消噪算法流程图

二、数据通信与供电电路设计

原仪器电缆通信电路是依靠 4 根电缆（包括 2 根电源线、2 根信号线）进行仪器的供电和数据的传输，在现场施工穿电缆过程中，需要按线序接好 4 根信号线，由于需要做防水处理，接线时操作步骤复杂，花费时间很多，影响了钻井效率。鉴于以上问题，将原 4

线制电缆接口电路改为2线制电路，将信号调制在电源上进行传输，即直流载波技术。直流载波技术即把信号调制到直流电源上进行传输，通信方式为半双工通信，通信速度为20kbps，采用变压器隔离方式进行信号调制，电路结构如图6–6所示。

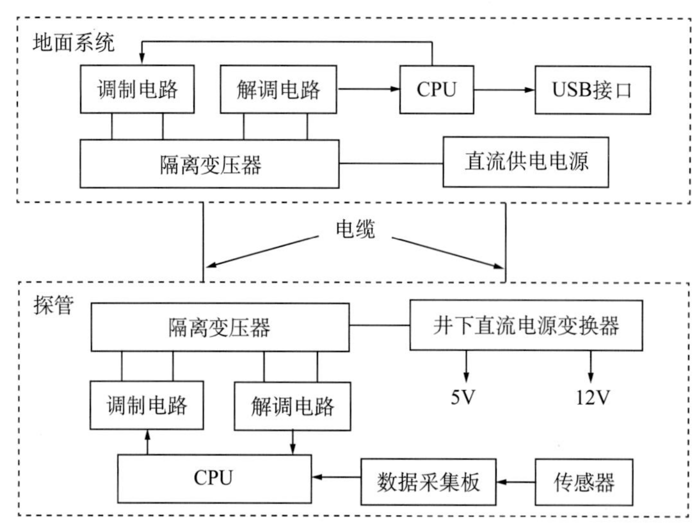

图6–6　直流载波技术电路结构框图

如图6–6所示，地面系统中的直流供电电源输出120V直流电压，负极通过电缆一根缆芯直接传输到探管，正极分别经过地面系统的隔离变压器、另一根缆芯、探管内部的隔离变压器后再到井下直流电源变换器中，将此电源转换成探管所需的5V和12V电源。地面系统需要向井下发送的控制信号通过调制电路调制后输出到隔离变压器上，由隔离变压器耦合到直流电源上；此调制信号经电缆传输到探管中，由探管中的隔离变压器耦合到次级，输出信号经解调电路后，解调出地面的控制指令，交由井下微处理器处理。探管到地面的数据发送过程同上。

直流载波技术最大的难点在于隔离变压器的直流偏磁问题，因为变压器中有直流成分流过，所以会在变压器磁芯中产生一个恒定的磁场，这个磁场与调制电路输出的交流成分相叠加，很容易使变压器达到磁饱和，达到磁饱和后的变压器无法输出正确的数据信号。减小变压器直流偏磁的方法主要有：减小初级线圈流过的电流；减少初级线圈的匝数；增大变压器磁芯截面积。

上述三种方法中，由于探管体积的限制，增大变压器磁芯截面积无法实现，因此只有减小初级线圈流过的电流和减少初级线圈匝数的方法。探管自身的功耗是固定的，因此通过提高供电电压，可以减小探管的电流。目前探管供电电压由原来的60V提高到现在的120V，供电电流由原来的60mA减小到现在的30mA，使数据传输误码率降低到0.01%以下，电缆传输距离达到4000m以上。

对于减少初级线圈匝数的方法，由于电缆自身的阻容影响，信号传输频率限制在

50kHz 以下，目前暂定为 20kHz，减少初级线圈匝数时，由于线圈电感量降低，调制电路所消耗的功率将增大，与减小初级线圈流过的电流相矛盾，只能在二者之中选定一个平衡点。通过实验，初级线圈为 30 匝时，信号波形畸变较小，探管电流在 30mA 左右；初级线圈为 40 匝时，信号波形畸变较大，探管电流在 30mA 左右；初级线圈为 20 匝时，信号波形畸变较小，探管电流在 40mA 左右。因此，选定初级线圈匝数为 30 匝，此时信号传输波形畸变很小，传输效果很好。

地面接口箱与计算机通过 USB 连接，使用免驱动的 USB–HID 传输协议，协议规定最大数据包为 64 字节，所以探管采集的数据按照 64 字节进行编组，分组传输。数据采集板的交变磁场采集频率为 80Hz，每组数据分为 X、Y、Z 三轴数据共 6 字节，加上 1 个字节的校验数据，每组数据共 7 字节。因此，每组 64 字节数据中，包含 56 字节的 8 组交变磁场数据、4 字节的时间数据、3 字节的其他直流成分数据及 1 字节的数据包，数据包传输周期为 100ms，即每秒数据传输 10 次。

直流载波技术的应用，使现场应用中可以使用普通的 2 芯电缆，简化了接线流程，降低了应用成本，提高了钻井效率。

三、井下弱磁探测仪的组成

在上述研究工作的基础上，高德利等人[33, 34]进一步设计了井下弱磁探测仪的整体结构，分别研制了适用于 SAGD 双水平井和 U 形井磁导向钻井的井下探管和地面接口箱（图 6–7、图 6–8），同时研发了数据采集软件（图 6–9），形成了可现场应用的井下弱磁探测仪。

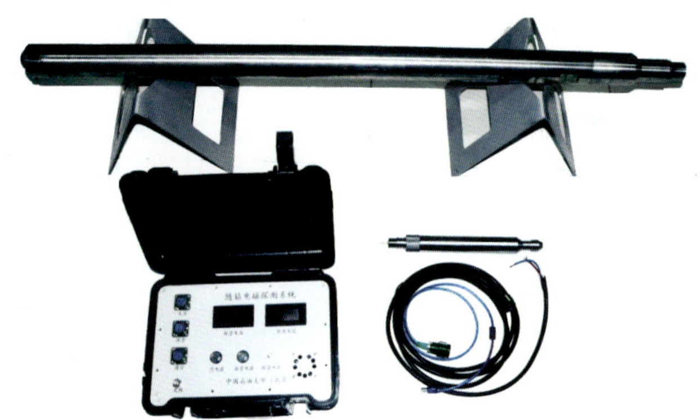

图 6–7　适用于 SAGD 双水平井磁导向钻井的井下探管和地面接口箱

图 6–8　适用于 U 形井磁导向钻井的井下探管和地面接口箱

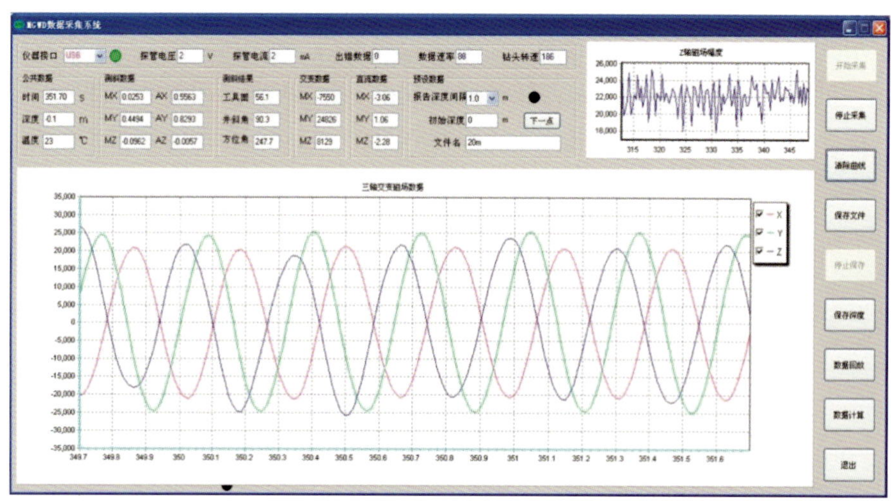

图 6–9　数据采集软件主界面

井下探管正常工作条件如下：

(1) 井下电子设备和传感器的温度要求设为 85°C。

(2) 井下探管承压不大于 100MPa。

(3) 电缆电阻不大于 100Ω，电缆分布电容不大于 0.2μF。

第四节　磁导向钻井测距算法

磁导向钻井测距算法，是指利用由井下磁信标产生的磁信号、随钻测斜数据和井口坐标等数据，确定正钻井与已钻井空间相对位置的计算方法，也是磁导向钻井系统地面软件的核心算法。高德利等人在磁导向钻井技术研究过程中，对磁导向钻井测距算法进行了重点研究。

王德桂、高德利 [19, 35] 由管柱形磁体的空间磁场规律模型得到了管柱形磁源与探管之间矢量距离的基本计算公式，并通过计算软件得到了三维距离，该方法可用于连通井和 SAGD 双水平井磁导向钻井中，避免了磁导率的复杂计算，同时分析了管柱形磁源在岩层中的磁干扰规律。高德利等人 [33, 36-38] 研究了利用旋转磁短节产生的交变磁场来确定邻井距离的计算方法，可以在 SAGD 双水平井和连通井磁导向钻井中应用。

一、双水平井磁导向钻井测距算法

1. 水平井段的测距导向算法

在邻井距离随钻电磁探测系统用于双水平井中时，由于两口水平井的水平段近似平行。此时，如图 6–10 所示，磁感应强度轴向分量的幅值达到两个最大值时，w 的变化量即等于两口水平井水平段的间距。如图 6–11 所示，确定双水平井水平段的相对方位，即是计算角 A_{hr} 的大小，而角 A_{hr} 的大小可由角 A_{hx} 和角 A_{xr} 的和求得。

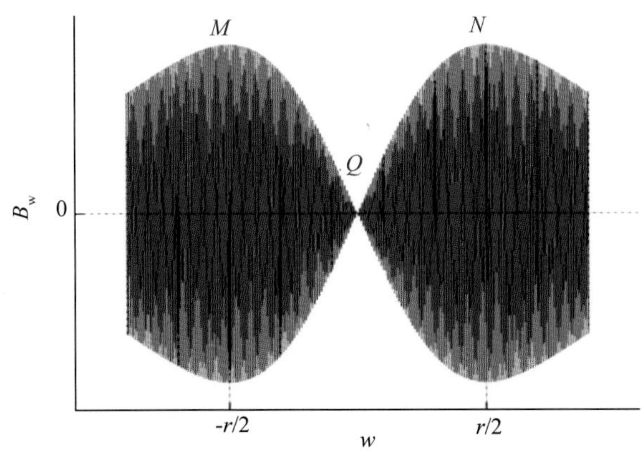

图 6–10　B_w 随 w 的变化曲线

M，N—采集到的轴向磁感应强度信号 B_W 幅值的第一、第二个最大值点；

Q—采集到的轴向磁感应强度信号 B_w 幅值的最小值点

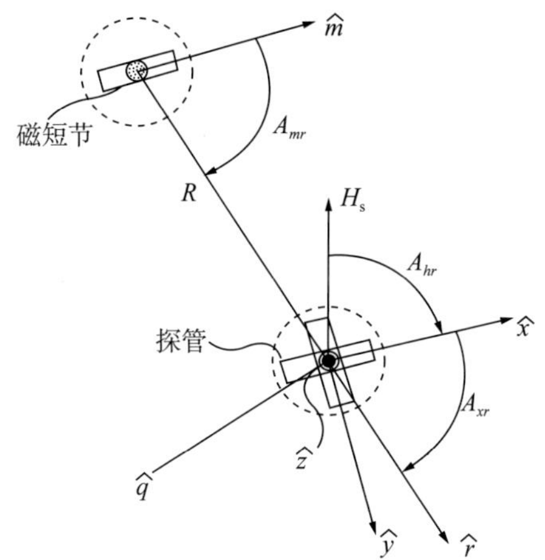

图 6–11　已钻井与正钻井相对方位计算模型

2 倍角 A_{xr} 余弦的表达式：

$$\cos(2A_{xr})=\frac{(2r^2-w^2)2+(r^2+w^2)^2}{(2r^2-w^2)^2-(r^2+w^2)^2}\times\frac{|B_x|^2-|B_y|^2}{|B_x|^2+|B_y|^2} \tag{6–1}$$

式中　$|B_x|$、$|B_y|$——交变磁场传感器 x、y 轴探测到的旋转磁场的磁感应强度的幅值。

由于角 A_{xr} 的取值范围为［0，2π），因此角 A_{xr} 可表示为：

$$A_{xr} = \frac{1}{2}\arccos\left[\frac{\left(2r^2 - w^2\right)^2 + \left(r^2 + w^2\right)^2}{\left(2r^2 - w^2\right)^2 - \left(r^2 + w^2\right)^2} \times \frac{\left|B_x\right|^2 - \left|B_y\right|^2}{\left|B_x\right|^2 + \left|B_y\right|^2}\right] \tag{6–2}$$

或

$$A_{xr} = \pi - \frac{1}{2}\arccos\left[\frac{\left(2r^2 - w^2\right)^2 + \left(r^2 + w^2\right)^2}{\left(2r^2 - w^2\right)^2 - \left(r^2 + w^2\right)^2} \times \frac{\left|B_x\right|^2 - \left|B_y\right|^2}{\left|B_x\right|^2 + \left|B_y\right|^2}\right] \tag{6–3}$$

式中　r——探管到磁短节的径向间距；

w——探管到磁短节的轴向距离。

w 的求法如下：当磁短节经过探管时，探管轴向交变磁场传感器可检测到如图 6–10 所示的波形，Q 点的井深 L_Q 和检测数据末点的井深 L_E；探管到磁短节的轴向间距 w 可由下式求得：

$$w=L_E-L_Q \tag{6–4}$$

而角 A_{hx} 的大小可直接由三轴加速度传感器探测的重力场三轴分量计算得到，然后由角 A_{hx} 和角 A_{xr} 就可以得到角 A_{hr}。

由上述方法求得双水平井水平段的间距和井眼高边到单位矢量 r 的夹角 A_{hr}，结合两口水平井轨迹测斜计算结果就可以最终确定这两口水平井水平段的相对位置。

(1) 磁短节与探管中心正对时（Q 点）。

角 A_{Qxr} 可表示为：

$$A_{Qxr} = \frac{1}{2}\arccos\left(\frac{5}{3}\frac{\left|B_{Qx}\right|^2 - \left|B_{Qy}\right|^2}{\left|B_{Qx}\right|^2 + \left|B_{Qy}\right|^2}\right) \tag{6–5}$$

或

$$A_{Qxr} = \pi - \frac{1}{2}\arccos\left(\frac{5}{3}\frac{\left|B_{Qx}\right|^2 - \left|B_{Qy}\right|^2}{\left|B_{Qx}\right|^2 + \left|B_{Qy}\right|^2}\right) \tag{6–6}$$

式中　$|B_{Qx}|$、$|B_{Qy}|$——Q 点处交变磁场传感器 x、y 轴探测到的旋转磁场的磁感应强度的幅值。

(2) M 点或 N 点处。

角 A_{Nxr} 可表示为：

$$A_{Nxr} = \frac{1}{2}\arccos\left(\frac{37}{12}\frac{\left|B_{Nx}\right|^2 - \left|B_{Ny}\right|^2}{\left|B_{Qx}\right|^2 + \left|B_{Qy}\right|^2}\right) \tag{6–7}$$

或

$$A_{Nxr}=\pi-\frac{1}{2}\arccos\left(\frac{37}{12}\frac{\left|B_{Nx}\right|^2-\left|B_{Ny}\right|^2}{\left|B_{Nx}\right|^2+\left|B_{Ny}\right|^2}\right) \tag{6-8}$$

式中 $|B_{Nx}|$、$|B_{Ny}|$——N 点处交变磁场传感器 x、y 轴探测到的旋转磁场的磁感应强度的幅值。

然后，由角 A_{hx} 和角 A_{xr} 就可以得到角 A_{hr}。国外 RMRS 双水平井计算模块只可以确定 Q 点处角 A_{hx} 的大小，但测点 Q 处距钻头比测点 N 远。因此，上述方法的计算结果比国外的 RMRS 能更精确地反映钻头到已钻井的距离和方位。

2. 弯斜井段的测距导向算法

根据在新疆风城油田的应用发现，在 SAGD 双水平井直井段和造斜井段仅应用传统的测斜工具，注入井着陆点到生产井的距离难以满足设计要求，一般都需要在注入井水平井段定向钻进 100m 左右才能满足设计要求，不仅影响了整个水平井段的采油效果，而且增加了钻井周期。为了解决这个实际问题，有必要在 SAGD 双水平井的斜井段就开始使用 RMRS 引导钻进。由于 SAGD 双水平井斜井段不平行，因此需要进一步研究双水平井斜井段导向钻井的磁测距计算方法。

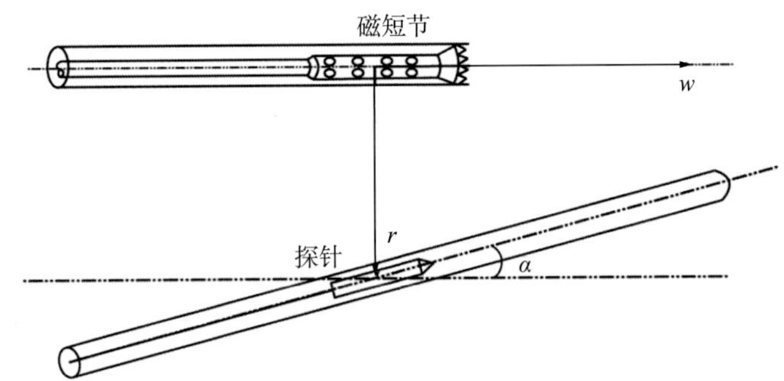

图 6–12 异面夹角 β 等于 0 时 SAGD 双水平井斜井段的空间位置关系

当 SAGD 双水平井斜井段共面会聚（$\alpha>0$）时，其空间位置关系如图 6–12 所示。此时，邻井间距可由下式求得：

$$r_{01}=\frac{6\sqrt{3}a^{1/3}c}{a^{2/3}-4b}(w_2-w_1)\mathrm{i} \tag{6-9}$$

其中：

$$a=-512\tan^6\alpha-516\tan^4\alpha+516\tan^2\alpha+512+36k^{1/2}\tan^3\alpha+36k^{1/2}\tan\alpha \tag{6-10}$$

$$b=16\tan^4\alpha+31\tan^2\alpha+16 \tag{6-11}$$

$$c=\tan\alpha\ (\tan^2\alpha+1) \tag{6-12}$$

$$k=-768\tan^4\alpha-1551\tan^2\alpha-768 \tag{6-13}$$

式中 w_1、w_2——两口井共面会聚 / 发散工况下，$w<0$ 和 $w>0$ 段 B_w 的信号幅值达到最大值时磁短节所处井深。

虽然由式(6–9)可知，r_{01} 应为一个复数。但是，经计算发现当 $0<\alpha\leqslant 35°$ 时，由式(6–9)计算的 r_{01} 的虚部为 0，即 r_{01} 为一个实数。

当 SAGD 双水平井斜井段异面，且会聚角 α 等于 0 时，其空间位置关系如图 6–13 所示。此时，邻井间距可由下式求得：

$$r_{02}=\frac{\sqrt{3}\tan\beta\left(1+\tan^2\beta\right)\left(w_4-w_3\right)}{2\left(\left(1+\tan^2\beta\right)\left\{\left[-\tan^2\beta-2+\left(4\tan^4\beta+7\tan^2\beta+4\right)^{1/2}\right]\right\}\right)^{1/2}} \tag{6-14}$$

式中 w_3、w_4——两口井异面工况下，$w<0$ 和 $w>0$ 段 B_w 的信号幅值达到最大值时磁短节所处井深。

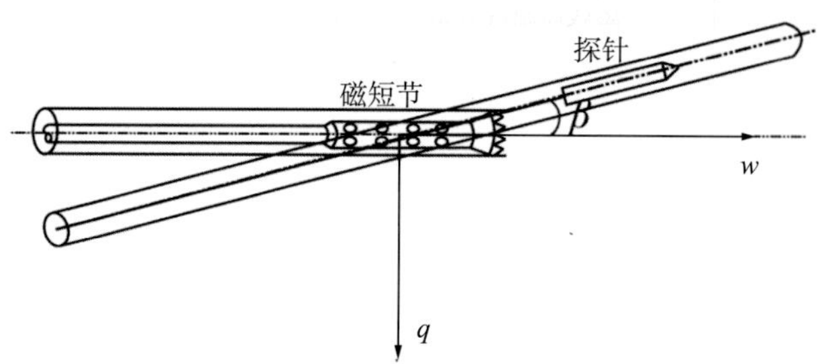

图 6–13　SAGD 双水平井斜井段异面时在平面 qOw 上的投影

正钻井到已钻井的方位可以由探管检测到的三轴交变磁场强度分量通过坐标变换，结合前面介绍的方法求得。

3. 铁磁干扰的消除方法

由于在 SAGD 双水平井生产井的造斜井段和水平井段中存在套管和筛管的铁磁干扰，因此需要对井下探测仪探测到的交变磁场三轴磁感应强度信号幅值进行修正。其修正方法的流程如图 6–14 所示，然后，将修正过的交变磁场三轴磁感应强度信号幅值代入式（6–5）至式（6–8）就可以得到 Q 点和 N 点处角 A_{hr} 的大小。

二、双水平井水平段磁导向钻井快速测距算法

然而，上述方法需要磁短节随钻头旋转钻进一段距离，不仅测量时间长，而且也会影响测距计算结果的精度。为此，笔者提出了一种利用两个相距一定距离的磁通门传感器同时检测旋转磁短节产生的磁信号来确定双水平井间距的方法，并给出了相应的计算公式[39]。

在利用两个相距一定距离的磁通门传感器同时检测旋转磁短节产生的磁信号，确定邻井平行段的相对空间位置时，将两个交变磁场传感器检测到的三轴磁场感应强度波形的振幅代入式（6–15）至式（6–18）：

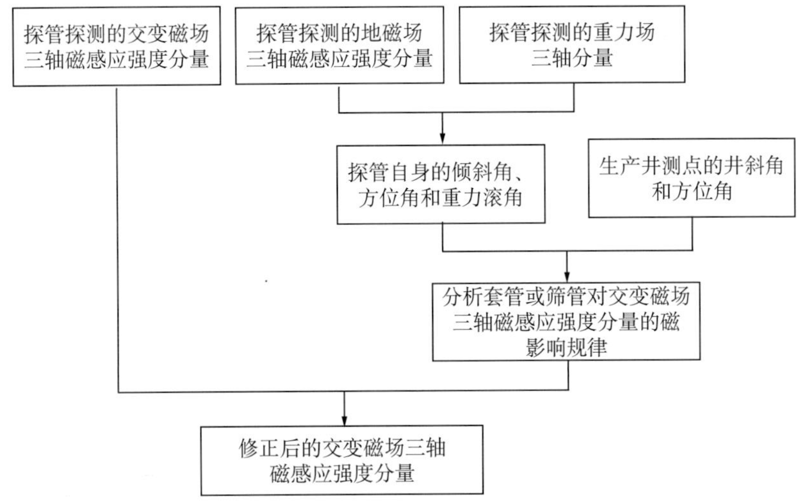

图 6–14　消除铁磁干扰计算流程

$$B_{r1}=\sqrt{\left(B_{x1}\right)^2+\left(B_{y1}\right)^2} \tag{6–15}$$

$$B_{r2}=\sqrt{\left(B_{x2}\right)^2+\left(B_{y2}\right)^2} \tag{6–16}$$

$$u=\frac{3\left(\left|B_{r1}\right|/\left|B_{z1}\right|\right)-\sqrt{9\left(\left|B_{r1}\right|/\left|B_{z1}\right|\right)^2+8}}{4} \tag{6–17}$$

$$v=\frac{3\left(\left|B_{r2}\right|/\left|B_{z2}\right|\right)-\sqrt{9\left(\left|B_{r2}\right|/\left|B_{z2}\right|\right)^2+8}}{4} \tag{6–18}$$

$$r_0=\frac{uvd}{u-v} \tag{6–19}$$

$$w_{c1}=\frac{vd}{u-v} \tag{6–20}$$

$$w_{c2}=\frac{ud}{u-v} \tag{6–21}$$

式中 r_0——磁短节到探管的径向间距；

w_{c1}、w_{c2}——两个磁通门传感器到磁短节的轴向间距；

B_{x1}、B_{y1}、B_{z1}、B_{x2}、B_{y2}、B_{z2}——两个三轴磁通门传感器 x、y 和 z 轴检测到的磁感应强度；

d——两个三轴交变磁场传感器之间的距离。

联立式（6–15）至式（6–21）可求得 r_0、w_{c1} 和 w_{c2} 的值，将 r_0、w_{c1} 和 w_{c2} 的值代入式（6–2）或式（6–3）可求得两个三轴磁通门传感器处角 A_{xr} 值，这两个值取平均值，然后结合角 A_{hr} 的值，即可求得两口水平井水平段的相对方位。

三、连通井磁导向钻井测距算法

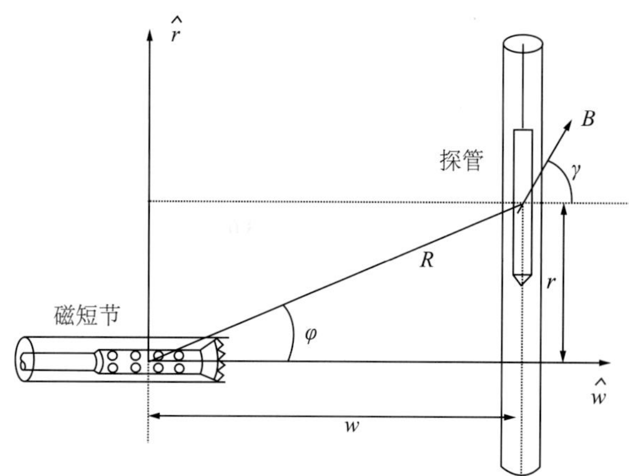

图 6–15 钻头到探管相对距离的计算模型

如图 6–15 所示，当磁短节到探管的 r 向间距和 w 向间距满足 $|r/w|<0.707$ 时，r/w 值可由下式求得：

$$r/w=\frac{3}{4(B_w/B_r)}\left[1-\sqrt{1+\frac{8}{9}\left(\frac{B_w}{B_r}\right)^2}\right]=\kappa \tag{6–22}$$

式中 B_r、B_w——由磁短节产生磁场的 r 向和 w 向的磁感应强度分量。

假设磁短节在水平井中两处井深 L_1 和 L_2 的 κ 值为 κ_1 和 κ_2，当磁短节随钻头钻至井深 L_2 处时，磁短节到探管的轴向间距可由下式求得：

$$r\cdot\Delta L=(\kappa_2-\kappa_1)(w+\Delta L)w \tag{6–23}$$

其中：

$$\Delta L=L_2-L_1 \tag{6–24}$$

由图 6–16 可知：

$$\tan\gamma=\frac{2\tan^2\varphi-1}{3\tan\varphi}=\frac{1-3\cos(2\varphi)}{3\sin(2\varphi)} \tag{6–25}$$

其中：

$$\begin{cases}\tan\alpha=\dfrac{r}{w}\\ \tan\beta=\dfrac{B_r}{B_w}\end{cases} \tag{6–26}$$

由式（6–26）可知，角 φ 不能直接由角 γ 求得，但是角 φ 和角 γ 之间的关系如图 6–17 所示。由图 6–17 可知，角 φ 随角 γ 的增大单调递增，因此可以利用图 6–17 所绘的曲线进行曲线拟合，得到由角 γ 计算角 φ 的多项式。

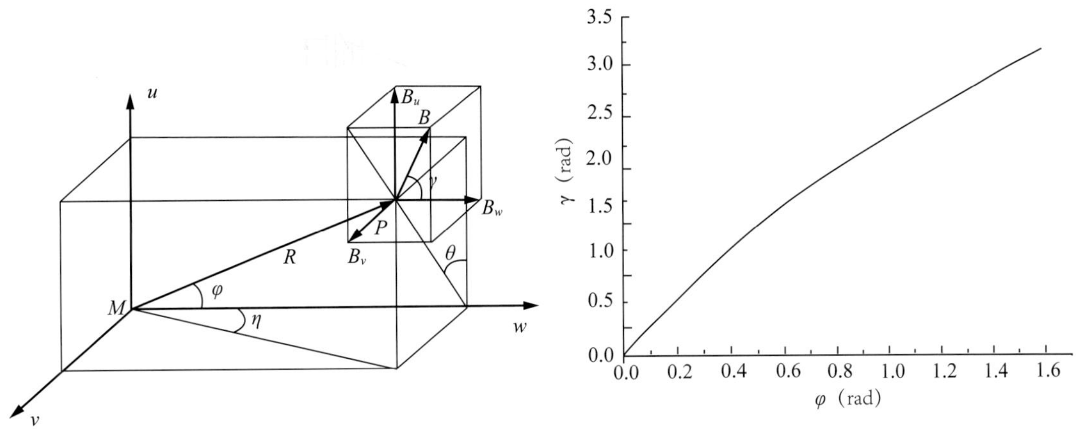

图 6–16　磁短节到探管的相对方位计算模型

图 6–17　角 φ 和角 γ 之间的关系

求得磁短节到探管的距离和相对方位后，结合磁短节到钻头的位置关系和探管到连通点（洞穴）的位置关系，即可确定钻头到直井连通点（洞穴）的相对位置。

此外，国内其他学者对连通井磁导向钻井测距算法也进行了研究。宗艳波等人[23，47]利用旋转磁短节产生磁场的特征信号，给出了确定钻头到目标靶点的算法，而该特征信号可以通过希尔伯特变换对三轴可测磁信号进行相位解调和幅度解调而获得，并进行了实验研究。田雨等人[48]给出的有源交变磁场导向定位方法和曹向峰等人[49]介绍的旋转磁场测距导向系统的导向定位算法，均与宗艳波等人所用算法类似。

四、基于其他磁信标的磁导向测距算法

同时，高德利等人也对其他磁信标的磁导向算法进行了初步研究：当螺线管长度不大

于测量距离的 1/5 时，可以用磁偶极子模型分析螺线管产生的磁场，并给出了考虑双水平井不平行程度的测距算法[40]；研究了 Wellspot 工具的工作原理和测距算法，并研制了实验样机，分析了井下电极注入地层的交变电流大小、井下电极与探管间距等因素对测量精度的影响[40，41]；提出了利用三电极系向地层中注入电流的思路，可以显著增加套管上聚集的电流，给出了相应的测距算法，分析了该探测系统探测精度的影响因素，并与救援井和事故井单电极连通探测系统进行对比分析，为中国研发具有自主知识产权的救援井与事故井连通探测系统奠定了必要基础[42-44]；开展了丛式井随钻电磁防碰技术的研究，提出了利用磁化相邻已钻井套管实现随钻防碰的思路，揭示了邻井套管被磁化后的磁场分布规律，提出了相应的邻井距离计算方法，分析了影响探管处磁感应强度的因素，并研制了丛式井随钻电磁防碰系统的原理样机，验证了该方法的可行性[45，46]。

第五节　磁导向钻井纠偏控制计算方法

对于双水平井、连通井和救援井等复杂结构井磁导向钻井而言，邻井距离的测控方法不同于传统的井眼轨迹测斜与控制方法。现以重油 SAGD 双水平井磁导向钻井为例，注入井水平段的井眼轨迹与生产井实钻井眼轨迹平行且相距一定距离，在磁导向钻井过程中，可以测得钻头到生产井的垂直距离和左右偏移，而钻头处的井斜角和方位角不能直接测得，因而注入井的实钻井眼轨迹纠偏控制计算难以直接应用基于测斜数据的传统纠偏控制计算方法。

高德利等人依据注入井采用传统井眼控制技术井段的测斜数据及磁导向井段的两井垂直间距和左右偏移，利用多项式拟合方法，获得了注入井当前井底的井斜角和方位角；以生产井井口位置为原点，分别以北、东和垂深方向作为 N 轴、E 轴和 V 轴的正向，建立直角坐标系 NEV，在坐标系 NEV 中，将生产井水平段实钻井眼轨迹上任意一点的 V 轴坐标减去设计间距，并保持其他坐标不变，得到的点都可能是纠偏目标点，而符合实际情况最优的纠偏目标点只有一个，因此可以通过试算的方法确定纠偏目标点，进而结合传统的定向钻井纠偏控制方法确定注入井磁导向钻井井段的纠偏轨迹，以及下一步钻进所需的造斜工具面向角和纠偏井段的长度，基本计算流程如图 6–18 所示[50]。鉴于 SAGD 双水平井的复杂性和特殊性，可应用生产井靶区钻遇率、注入井垂直距离合格率、注入井水平距离合格率、SAGD 双水平井平行度和注入井井眼轨迹离散点分布状况 5 个参数，综合评价重油 SAGD 双水平井磁导向钻井井段的井眼轨迹质量[51]。

相比传统的定向井井眼轨迹控制，连通井在磁导向钻井连通控制时也具有自己的特点，主要表现在中靶精度要求高和磁短节对井眼轨迹控制影响较大。在水平井与直井连通中，一旦井眼轨迹控制不当，错过水平井与洞穴的连通，则需要回填后侧钻进行下一次尝试；在定向井（或水平井）与水平井连通中，如果不能实现一次性连通，则需要将垂深抬高进行下一次尝试。乔磊等人[52]认为，水平连通井的磁导向钻井井眼轨迹控制主要参数为方位角，并基于连通井段磁测距和方位偏差，结合稳斜扭方位或全力扭方位模式建立了水平井与直井连通的井眼轨迹控制模型。席宝滨、高德利等人[53, 54]结合水平井对接连通的特点，提出了连通过程中井眼轨迹控制计算方法，并将定向井（或水平井）与水平井连通过程类比于飞机的降落过程，采用稳斜扭方位模式建立了其井眼轨迹控制模型。

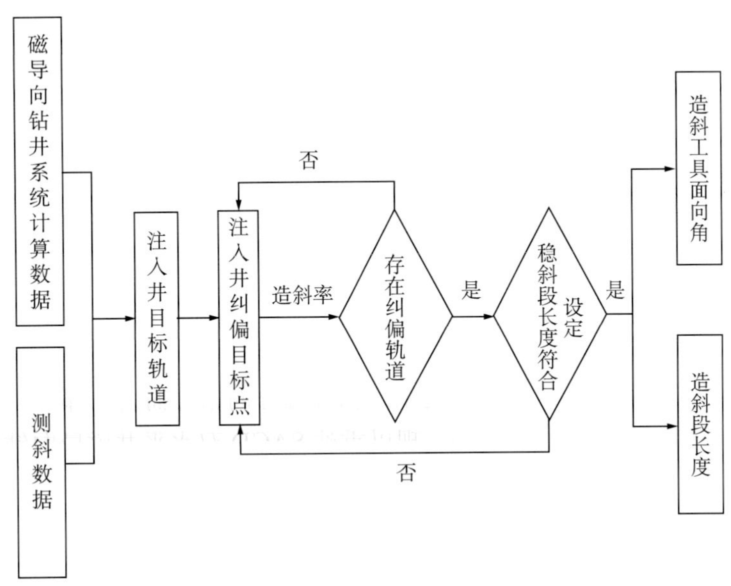

图 6–18　SAGD 双水平井磁导向钻井纠偏控制计算流程

第六节　工程应用

一、超稠油 SAGD 双水平井工程

1996 年，国内在辽河油田杜 84 块首次进行了 SAGD 双水平井技术的先导试验并获得成功，但由于应用传统的测斜工具，两口水平井的水平段空间相对位置未完全达到设计要求，导致投产后产量与预测产量有较大差异[55]。2008 年，辽河油田首先引进哈里伯顿公司的 MGT 磁导向钻井技术，成功解决了重油 SAGD 双水平井钻井井眼轨迹精细控制的难题；同年，新疆油田采用 MGT 顺利钻成了 4 对 SAGD 双水平井，在风城油田重 32 井区建立了首个 SAGD 双水平井试验区[56]。2009 年，MGT 磁导向钻井技术又在风城油田重 37 井区进行了成功应用[57]。

高德利等人自主研发的邻井距离随钻电磁探测系统[58, 59]（该系统的技术规范见表 6–2），于 2012 年在新疆风城油田多组重油 SAGD 双水平井的注入井水平段磁导向钻井中得以成功应用。然而，由于是在注入井水平段才开始采用磁导向钻井技术，因而使注入井水平窗口的矢量中靶控制难以满足设计要求，需要在水平段大约定向钻进100m以上才能使注入井到生产井的矢量间距满足设计要求。2013年，笔者结合提出的双水平井斜井段磁导向测距算法，改进了邻井距离随钻电磁探测系统地面计算软件，并率先在造斜井段实施了磁导向钻井，取得了良好的应用效果。

表6-2 适用于双水平井的邻井距离随钻电磁探测系统技术规范

系统规格	探管外径		65mm
	探管长度		1655mm
	磁短节外径		98.4mm、120.65mm、171.5mm、203mm
性能参数	测距范围	裸眼井	≤ 60m
		套管井	≤ 30m
	测距精度		2%～5%
	方位角测量精度		±1.0°
	倾斜角测量精度		±0.5°
	探管工作电压		40～80V（DC）
	探管工作电流		50～100 mA
	接口箱供电电压		AC 220V ± 20%
工作环境	适用井型		双水平井造斜井段和水平井段
	探管周边静磁场		≤ 2.5 Gs
	最高工作温度		85℃
	最大压力		50MPa

二、连通井工程

为了实现煤层气资源的高效开发，中国于2004年完成了第一口煤层气多分支水平连通井，并首次应用RMRS [60]。在煤层气钻井施工时，一般先钻一口直井并采用洞穴完井，该直井既便于后续的水平井连通作业，又可用于排水采气生产井。在该基础上实施主水平井连通作业，当主水平井钻至距洞穴50 m时，采用磁导向钻井系统引导主水平井与直井洞穴精确连通。之后，该技术在中国煤层气、盐矿、碱矿和芒硝矿等矿产资源开采中得到推广应用 [61-73]。

近年来，中国自主研发了可用于连通作业的邻井距离随钻电磁探测系统（该系统的技术规范见表6-3）、DRMTS远距离穿针工具及SmartMag钻井中靶导向系统。其中，邻井距离随钻电磁探测系统在抽水蓄能电站竖井和斜井钻井工程中得以成功应用，DRMTS已在多个煤层气主水平井连通作业中获得应用 [74-76]，SmartMag在盐矿和碱矿开采钻井中取得了良好效果[77-80]。

表 6–3 适用于连通井的邻井距离随钻电磁探测系统技术规范

系统规格	探管外径	42mm
	探管长度	3210mm
	磁短节外径	98.4mm、120.65mm、171.5mm、203mm
性能参数	测距范围	≤ 60m
	测距精度	2%～5%
	方位角测量精度	±1.0°
	倾斜角测量精度	±0.5°
	探管工作电压	60V（DC）
	接口箱供电电压	AC 220V±20%
工作环境	适用井型	连通井
	最高工作温度	85℃（无隔热筒）
	最大压力	80MPa

三、救援井工程

目前，在国外可用于引导救援井与事故井高效连通的磁导向工具包括 Wellspot 系列工具和 MagTraC 工具。2013 年，华北油田在国内首次引进 MagTraC 工具，利用该工具成功实现了 23–6J 井与 23–6X 井的连通。文 23–6X 井是冀中坳陷霸县凹陷文安斜坡文 23 断块上的一口开发井，2005 年 3 月 6 日，该井在钻至井深 2704.52m 时发生漏失，强行起钻 4 柱后发生地层垮塌，钻具卡死，爆炸松扣只起出钻杆 9 柱加 1 个单根，后用反扣倒出 2 根钻杆，鱼顶预计在井深 284.53m 左右，鱼底在井深 2584m 左右，多次探鱼头无果，无法进行打捞作业，致使该井报废。由于该井关系到文 23 储气库的成败，因此，华北油田于 2010 年决定对该井进行修复，耗时 4 个月，为找鱼头钻新井眼 6 个，但未发现鱼头。2013 年，华北油田引进 MagTraC 工具尝试钻文 23–6J 平行救援井，从鱼底下部连通文 23–6X 井，历时近 6 个半月，钻了 5 个井眼，第 5 个井眼在井深 2587.5m 处碰到落鱼，在 2573～2584 m 和 2666～2668 m 两个井段贴近老井眼，与老井眼距离都不大于 1.5m，然后定方位复合射孔挤水泥，经负压测试验证，文 23–6X 井封堵成功，达到了文 23 气藏建库要求[81]。

近年来，高德利等人在充分借鉴国外 Wellspot 导向工具的基础上，研制了救援井与事故井连通探测系统样机，该样机主要由电流信号发射源（单电极或三电极系）和信号接收器（探管）两部分构成，并通过模拟井试验对样机进行了验证，然而距现场应用尚有一段距离。

四、丛式井防碰工程

在中国，磁导向钻井技术在丛式井防碰工程中的应用尚属空白。在国外，虽然报道磁导向钻井技术用于丛式井防碰工程的相关文献很少，但是在实际工程中已有较多应用。文献［9］介绍了 Vector Magnetics 公司研发的 SWG 工具在高密度丛式井防碰工程中的应用，该工具的硬件主要由产生磁场的测井电缆和井下电磁探管组成，电缆末端接一电极放入已钻井中，通入已知电流的低频交变电流或直流电后，电缆周围产生一定强度的磁场，并可由井下探管检测到该磁场，同时传输到地面进行测距计算，从而确定正钻井到相邻已钻井的矢量距离。另外，Scientific Drilling International 公司研发的 MagTraC 工具，也在丛式井防碰工程中成功应用了 300 多井次。与 SWG 工具相比，应用 MagTraC 工具时，在已钻井中不需要下入其他仪器，不会影响已钻井的正常生产作业，因而在丛式井防碰工程中更具优势。

2015 年，刁斌斌、高德利提出了基于邻井不同井深管柱磁场强度同步测量的磁导向随钻防碰新方法[82]，研发了静磁随钻探测防碰系统软硬件样机，并在江苏油田分支井中开展了邻井防碰模拟试验，验证了该系统实现邻井主动防碰的可行性和硬件样机井下工作的稳定性。

第七节　结论与建议

（1）在复杂结构井钻井中，对邻井距离测控的技术要求越来越高，磁导向钻井技术可以有效提高复杂结构井邻井距离测控的精度和效率，具有良好的推广应用前景。

（2）井下磁信标、井下弱磁探测仪、测距算法及纠偏控制等软硬件，是磁导向钻井的关键技术，在国内外受到广泛关注，其研发与工程应用取得了重要进展。

（3）目前，磁导向钻井面临的主要技术瓶颈是井下探测仪器的耐高温性能，有必要进一步加强多学科协同创新研究，以提高磁导向钻井系统的耐温性能或研发新型高温磁导向钻井系统，这也是磁导向钻井技术创新发展的迫切需求。

参考文献

［1］高德利．复杂结构井优化设计与钻完井控制技术 [M]．东营：中国石油大学出版社，2011.

［2］Wolff C J M，de Wardt J P. Borehole Position Uncertainty Analysis of Measuring Methods and Derivation of Systermatic Error Model[C].SPE 9223，1981.

［3］Williamson H S. Accuracy Prediction for Directional Measurement while Drilling[C].SPE 67616，2000.

［4］Torkildsen T，Havardstein S T，Weston J L，et al. Prediction of Wellbore Position Accuracy when Surveyed with Gyroscopic Tools[C].SPE 90408，2008.

［5］Kuckes A F. Plural Sensor Magnetometer Arrangement for Extended Lateral Range Electrical Conductivity Logging：US4323848[P].1980−03−17.

［6］West C L，Kuckes A F，Ritch H J. Successful ELREC Logging for Casing Proximity in An Offshore Louisiana Blowout[C]. SPE 11996，1983.

［7］Kuckes A F. Borehole Guidance System Having Target Wireline：US5074365[P].1990−

09–14.

[8] Tarr B A, Kuckes A F, Ac M V. Use of New Ranging Tool to Position A Vertical Well Adjacent to a Horizontal Well[C].SPE 20446, 1990.

[9] Mallary C R, Williamson H S, Pitzer R, et al. Collision Avoidance Using a Single Wire Magnetic Ranging Technique at Milne Point, Alaska[C].SPE 39389, 1998.

[10] Kuckes A F. Alternating and Static Magnetic Field Gradient Measurements for Distance and Direction Determination：US5305212[P].1992–04–16.

[11] Kuckes A F. Method and Apparatus for Measuring Distance and Direction by Movable Magnetic Field Source：US5485089[P]. 1993–10–08.

[12] Kuckes A F, Hay R T, McMahon J, et al. New Electromagnetic Surveying/Ranging Method for Drilling Parallel Horizontal Twin Wells[C].SPE 27466, 1996.

[13] Vandal B, Grills T, Wilson G. A Comprehensive Comparison between the Magnetic Guidance Tool and the Rotating Magnet Ranging Service[C].Canadian International Petroleum Conference, Calgary, Alberta, June 8–10, 2004.

[14] Dean L, Fernando B. U–tube Wells—Connecting Horizontal Wells End to End Case Study：Installation and Well Construction of the World' s First U–tube Well[C].SPE 92685, 2005.

[15] Nekut A G, Kuckes A F, Pitzer R G. Rotating Magnet Ranging—A New Drilling Guidance Technology[C]. SPE 8th One–Day Conference on Horizontal Well Technology, Calgary, Alberta, Canada, November 7, 2001.

[16] Rach N M. New Rotating Magnet Ranging Systems Useful in Oil Sands, CBM Developments[J]. Oil & Gas Journal, 2004, 102（8）：47–49.

[17] 李峰飞，蒋世全，李汉兴，等．救援井电磁探测工具分析及应用研究 [J]．石油机械，2014, 42（1）：56–61.

[18] Duncan L. MWD Ranging—A Hit and A Miss[J]. Oil Gas–European Magazine, 2013, 39（1）：24–26.

[19] 王德桂，高德利．管柱形磁源空间磁场矢量引导系统研究 [J]．石油学报，2008, 29（4）：608–611.

[20] 刁斌斌，高德利，吴志永．磁短节等效磁矩的测量 [J]．石油钻采工艺，2011, 33（5）：42–45.

[21] 朱昱，高德利．井下电磁源磁场在铁磁环境下的衰变机理研究 [J]．石油矿场机械，2014（8）：1–7.

[22] 朱昱．井下电磁信号源及其分布规律研究 [D]．北京：中国石油大学（北京），2015.

[23] 宗艳波，张军，史晓锋，等．基于旋转磁偶极子的钻井轨迹高精度导向定位方法 [J]．石油学报，2011, 32（2）：335–339.

[24] 朱昱，高德利．旋转磁导向系统井下磁源优化设计 [J]．石油钻探技术，2014, 42（3）：102–106.

[25] 刁斌斌，高德利，岑兵，等．双水平井随钻磁导向系统井下磁源设计 [J]．石油机械，2016, 44（4）：106–111.

[26] 高德利，刁斌斌 . 一种螺线管组随钻电磁测距导向系统：201010145020.X[P]. 2010–04–13.

[27] 高德利，刁斌斌 . 一种双螺线管组随钻电磁测距导向系统：201010193984.1[P]. 2010–06–08.

[28] Diao Binbin, Gao Deli. Study on a Ranging System Based on Dual Solenoid Assemblies, for Determining the Relative Position of Two Adjacent Wells[J]. Computer Modeling in Engineering & Sciences, 2013, 90

(1)：77–90.

[29] 时东海，梁华庆，史超．旋转磁场井间测距信号采集系统的设计与实现[J]．电子设计工程，2013，21（23）：123–127.

[30] 高德利，吴志永．一种用于邻井距离随钻电磁探测的测量仪：200910210078.5[P]. 2009–11–04.

[31] 梁华庆，耿敏，高德利．一种用于旋转磁场井间测距的频变信号消噪方法及装置：201210165021.X[P]. 2012–05–24.

[32] 梁华庆，耿敏，时东海，等．旋转磁场井间随钻测距导向系统中微弱频变信号的检测方法[J]．中国石油大学学报（自然科学版），2013，37（4）：83–87，99.

[33] Gao Deli，Diao Binbin，Wu Zhiyong，et al. Research into Magnetic Guidance Technology for Directional Drilling in SAGD Horizontal Wells[J]. Petroleum Science，2013，10（4）：500–506.

[34] 吴志永，高德利，刁斌斌．SAGD双水平井随钻磁导向系统的研制及应用[J]．电子测试，2014（21）：107–109.

[35] 王德桂．底部钻具动态特性和磁特性的测量研究［D］．北京：中国石油大学（北京），2008.

[36] 高德利，刁斌斌，张辉．一种利用探管接收磁短节产生的磁信号确定钻头与直井靶点相对位置的方法：200910210079.X[P]. 2009–11–04.

[37] 刁斌斌，高德利，吴志永．双水平井导向钻井磁测距计算方法[J]．中国石油大学学报（自然科学版），2011，35（6）：71–75.

[38] Diao Binbin，Gao Deli. A Magnet Ranging Calculation Method for Steerable Drilling in Build–up Sections of Twin Parallel Horizontal Wells[J]. Journal of Natural Gas Science and Engineering，2015，27（3）：1702–1709.

[39] Diao Binbin，Gao Deli. A New Rotating Magnet Ranging Method for Drilling Twin Parallel Horizontal SAGD Wells[J]. Petroleum Science and Technology，2013，31（24）：2643–2651.

[40] 李翠，高德利．救援井与事故井连通探测方法初步研究[J]．石油钻探技术，2013，41（3）：56–61.

[41] 李翠．救援井与事故井连通探测方法研究［D］．北京：中国石油大学（北京），2014.

[42] 李翠，高德利，刁斌斌，等．基于三电极系的救援井与事故井连通探测系统[J]．石油学报，2013，34（6）：1181–1188.

[43] Li Cui，Gao Deli，Wu Zhiyong，et al. A Method for the Detection of the Distance & Orientation of the Relief Well to A Blowout Well in Offshore Drilling[J]. Computer Modeling in Engineering & Sciences，2012，89（1）：39–55.

[44] Wu Zhiyong，Gao Deli，Li Cui，et al. Experiment Research on Detection Tool for Making Relief Well Connect to Blowout Well in Simulation Well[J]. Electronic Journal of Geotechnical Engineering，2014，19：1945–1956.

[45] 吴志永．丛式井随钻电磁防碰系统设计研究［D］．北京：中国石油大学（北京），2015.

[46] Wu Zhiyong，Gao Deli，Diao Binbin. An Investigation of Electromagnetic Anti–collision Real–time Measurement for Drilling Cluster Wells[J]. Journal of Natural Gas Science and Engineering，2015，23（3）：346–355.

[47] 宗艳波．旋转磁场定向测距随钻测量仪的研制与试验[J]．石油钻探技术，2012，40（6）：110–114.

[48] 田雨，王成林．有源交变磁场导向定位方法及实验研究 [J]．电子测量技术，2011，34（10）：4–7．
[49] 曹向峰，管志川，刘庆龙，等．旋转磁场测距系统构成及导向定位算法研究 [J]．石油机械，2015，43（11）：54–58．
[50] 童泽亮．双水平井定向钻井工艺研究 [D]．北京：中国石油大学（北京），2014．
[51] 王鹏．SAGD 双水平井轨迹控制工艺及标准化研究 [D]．北京：中国石油大学（北京），2015．
[52] 乔磊，孟国营，范迅．煤层气水平井连通井组轨道设计与控制方法 [J]．煤炭学报，2013，38（2）：284–287．
[53] Xi Baobin，Gao Deli. Control Technique on Navigating Path of Intersection between two Horizontal Wells[J]. Journal of Natural Gas Science and Engineering，2014，21（11）：304–315.
[54] 席宝滨．U 形井水平对接技术基础研究 [D]．北京：中国石油大学（北京），2015．
[55] 林晶，宋朝晖，罗煜恒，等．SAGD 水平井钻井技术 [J]．新疆石油天然气，2009，5（3）：56–60，68．
[56] 杨睿，关志刚，蒋刚，等．新疆风城油田 SAGD 平行水平井钻井技术 [J]．石油机械，2009，37（8）：79–82．
[57] 陈若铭，陈勇，罗维，等．MGT 导向技术在 SAGD 双水平中的应用及研制 [J]．新疆石油天然气，2011，7（3）：25–28，37．
[58] 高德利，刁斌斌，吴志永．一种邻井平行间距随钻电磁探测系：201010127557.3[P]. 2010–03–19.
[59] 高德利，刁斌斌．一种确定邻井平行段的相对空间位置的方法：201010127554.X[P]. 2010–03–19.
[60] 张卫东，魏韦．煤层气水平井开发技术现状及发展趋势 [J]．中国煤层气，2008，5（4）：19–22．
[61] 龚志敏，段乃中．岚 M1–1 煤层气多分支水平井充气钻井技术 [J]．石油钻采工艺，2006，28（1）：15–18．
[62] 乔磊，申瑞臣，黄洪春，等．武 M1–1 煤层气多分支水平井钻井工艺初探 [J]．煤田地质与勘探，2007，35（1）：34–36．
[63] 王洪光，肖利民，赵海艳．连通水平井工程设计与井眼轨迹控制技术 [J]．石油钻探技术，2007，35（2）：76–78．
[64] 董建辉，王先国，乔磊，等．煤层气多分支水平井钻井技术在樊庄区块的应用 [J]．煤田地质与勘探，2008，36（4）：21–24．
[65] 黄勇，姜军．U 型水平连通井在河东煤田柳林地区煤层气开发的适应性分析 [J]．中国煤炭地质，2009，21（增刊 1）：32–36，43．
[66] 田中兰，乔磊，苏义脑．郑平 01–1 煤层气多分支水平井优化设计与实践 [J]．石油钻采工艺，2010，32（2）：26–29．
[67] 杨力．和顺地区煤层气远端水平连通井钻井技术 [J]．石油钻探技术，2010，38（3）：40–43．
[68] 王彦祺．和顺区块煤层气远端连通水平井钻井关键技术研究 [J]．中国煤层气，2010，7（1）：18–21．
[69] 洪常久．水平对接井技术在天然碱矿中的应用 [J]．煤炭技术，2008，27（6）：142–143．
[70] 吴敬涛，杨彦明，周继坤，等．连通水平井钻井技术在芒硝矿中的应用 [J]．石油钻探技术，1999，27（4）：7–9．

[71] 周铁芳，向军文．采卤对接井钻井技术及在井矿盐开采中的应用 [J]．中国井矿盐，1996，27（1）：16–19．

[72] 余茂良．对接井在江西岩盐矿床的应用 [J]．中国井矿盐，1997，28（2）：25–28．

[73] 陈霄．浅析水平对接井技术在盐井中的应用 [J]．中国井矿盐，2012，43（3）：14–16．

[74] Shen Ruichen，Qiao Lei，Fu Li，et al. Research and Application of Horizontal Drilling for CBM [C].SPE 155890，2012.

[75] Tian Zhonglan，Shen Ruichen，Qiao Lei. One New Needle Technology of Remote Intersection between two Wells and Application in Chinese Coalbed Methane Basin[C].SPE155892，2012.

[76] 罗亮，王继峰，顾黎明，等．DRMTS 煤层气远距离穿针装备及现场应用 [J]．长江大学学报（自科版），2015，12（8）：51–52．

[77] 胡汉月，向军文，刘海翔，等．SmartMag 定向中靶系统工业试验研究 [J]．探矿工程（岩土钻掘工程），2010，37（4）：6–10．

[78] 陈剑垚，胡汉月．SmartMag 定向钻进高精度中靶系统及其应用 [J]．探矿工程（岩土钻掘工程），2011，38（4）：10–12．

[79] 胡汉月，向军文，陈剑垚．“慧磁” SmartMag 钻井中靶导向系统加强性工业试验研究 [J]．中国井矿盐，2011，42（3）：12–15．

[80] 向军文，胡汉月．国产定向对接井精确中靶技术在盐矿中的应用 [J]．中国井矿盐，2010，41（5）：16–18．

[81] 熊腊生，李振选，刘明峰，等．文 23–6J 平行救援井钻井技术 [J]．石油钻采工艺，2014，36（4）：22–25．

[82] 刁斌斌，高德利．一种正钻井与相邻已钻井主动防碰的方法：201510917762.2[P]．2017–05–31．

第七章　地层抗钻特性评估与钻头选型方法

地层抗钻特性参数是合理选择钻井方式、钻头类型和钻进参数的客观依据。如何优选出既与所钻地层相适应又比较经济的钻头，实现安全高效钻井作业，一直是人们长期关心并致力研究的一个课题。本章重点介绍地层抗钻特性评估方法和钻头选型方法。在地层抗钻特性评估方法方面，重点介绍了地层可钻性测井评价方法、新探井岩石可钻性预测方法、地层可钻性随钻录井评价方法以及基于地层可钻性时间序列特征的支持向量机预测方法等；在钻头选型方法方面，重点介绍了钻头使用效果评价法、岩石力学参数法、综合法以及不受区域限制的通用选型方法等。最后，本章以肯吉亚克油田为应用实例，详细介绍了地层抗钻特性评估、钻头选型及参数优化设计等方法在该油田的成功应用。

第一节　概　　述

岩石可钻性是石油钻井中重要的地层钻井特性参数，是评价岩石破碎难易程度的综合指标，是决定钻进效率的基本因素。岩石可钻性参数是合理选择钻井方式、钻头类型和设计钻进参数的重要依据。正确地评估地层可钻性是实现优质高效钻井的基础，对于提高钻井速度、降低钻井成本具有十分重要的意义[1]。在地层可钻性方面，本章重点介绍了基于测井资料的地层可钻性测井评价方法、基于地震资料的新探井岩石可钻性预测方法、基于录井资料的地层可钻性随钻录井评价方法以及基于地层可钻性时间序列特征的支持向量机预测方法。

在钻井过程中，钻头是破碎岩石的主要工具，井眼是由钻头破碎岩石而形成的。一个井眼形成的好坏、所用时间的长短，除与所钻地层岩石的特性和钻头本身的性能有关外，更与钻头和地层之间的相互匹配程度有关[2]。钻头选型的实质是在地层和钻头之间根据钻头使用效果建立起对应关系，做到“钻头与地层的对号入座”。如何优选出既与所钻地层相适应又比较经济的钻头，以实现安全、高效、优质钻井，一直是人们长期致力研究的课题[3]。在钻头选型方面，本章重点介绍了钻头使用效果评价法、岩石力学参数法和综合法三大类钻头选型方法。钻头使用效果评价法把反映钻头使用效果的一个或多个指标作为钻头选型的依据；岩石力学参数法根据待钻地层的某一个或几个岩石力学参数，结合钻头厂家的使用说明进行钻头选型；综合法把钻头使用效果和地层岩石力学性质结合起来进行选型。

对于钻头使用资料较少或无钻头使用资料的新探区、新层位，本章还介绍了一种通用选型方法[3]。该方法在待钻地层岩石力学性质评价的基础上，首先应用模糊优选理论进行地层岩石力学性质相似层位的优选，然后应用经济效益指数法对相似层位的钻头性能进行评价，最后给出合理的钻头选型结果。建立的地层岩石力学性质相似层位的模糊优选模型，克服了常规的依据地质分层或钻井经验进行层位相似判断的不足。该通用选型方法不受区域限制，不仅适用于PDC钻头选型，也适用于牙轮钻头选型，具有普遍适用性。

肯吉亚克油田位于西哈萨克斯坦滨里海盆地的东缘，该油田历年平均机械钻速仅为0.92～1.63m/h。本章最后以该油田为应用实例，详细介绍了地层抗钻特性评估、钻头选型及优化设计在该油田的成功应用。

第二节　地层抗钻特性评估方法研究

一、地层抗钻特性测井评价方法

室内岩心微钻头实验法求取地层可钻性存在许多不足：(1) 所得结果难以反映岩石在地下所处的高温高压环境；(2) 难以全面反映不均质地层岩石性质的变化；(3) 受岩心资料的限制，在岩性变化大的区域测得的数据可能缺乏对比性；(4) 难以建立地区岩石可钻性连续剖面；(5) 花费大量的人力和资金。地层测井资料具有信息含量丰富、连续等特点，结合室内岩心实验可建立地层抗钻特性测井评价方法[4-7]。

(1) 岩石抗压强度。岩石抗压强度可通过式 (7–1) 计算：

$$p=\left(0.0045+0.0025V_{\mathrm{sh}}\right)E_{\mathrm{d}} \tag{7–1}$$

$$E_{\mathrm{d}}=\frac{\rho v_{\mathrm{s}}^{2}\left[3\left(v_{\mathrm{p}}/v_{\mathrm{s}}\right)^{2}-4\right]}{\left(v_{\mathrm{p}}/v_{\mathrm{s}}\right)^{2}-1} \tag{7–2}$$

式中　p——岩石抗压强度，MPa；

E_{d}——岩石动弹性模量，MPa；

V_{sh}——地层泥质含量，%；

v_{p}——纵波速度，m/s；

v_{s}——横波速度，m/s；

ρ——介质密度，g/cm^3。

(2) 岩石硬度。岩石硬度可通过式 (7–3) 计算：

$$R_{\mathrm{H}}=ap\mathrm{e}^{bp} \tag{7–3}$$

式中　R_{H}——岩石硬度，MPa；

a、b——回归系数。

(3) 岩石抗剪强度。岩石抗剪强度可通过式 (7–4) 计算：

$$S = 255.1125\frac{p}{C_{\mathrm{b}}} \tag{7-4}$$

其中：

$$C_{\mathrm{b}} = \frac{A}{\rho\left(v_{\mathrm{p}}^2 - v_{\mathrm{s}}^2\right)} \tag{7-5}$$

式中　S——岩石抗剪强度，MPa；

A——单位换算系数。

（4）岩石可钻性。岩石可钻性可通过式（7–6）计算：

$$K_{\mathrm{d}} = a\mathrm{e}^{\frac{b}{\Delta t_{\mathrm{p}}}} \tag{7-6}$$

式中　K_{d}——岩石可钻性级值；

Δt_{p}——岩石纵波时差，μs/m；

a、b——回归系数。

（5）岩石内摩擦角。岩石内摩擦角可通过式（7–7）计算：

$$\phi = 22.4141\mathrm{g}\left(M + \sqrt{1 + M^2}\right) - 23.02 \tag{7-7}$$

其中：

$$M=55.668+22.812S \tag{7-8}$$

式中　ϕ——岩石内摩擦角，（°）。

（6）塑性系数。塑性系数可通过式（7–9）计算。

$$K_{\mathrm{k}} = \frac{B\left[E_{\mathrm{d}}^{\mathrm{aa}} \cdot \mathrm{EXP}\left(100CV_{\mathrm{sh}}\right)\right]}{\left(1+\mu_{\mathrm{d}}\right)^{\mathrm{bb}}\left(1-2\mu_{\mathrm{d}}^{\mathrm{cc}}\right)} \tag{7-9}$$

式中　K_{k}——岩石塑性系数；

μ_{d}——岩石动泊松比；

B、C、aa、bb、cc——回归系数。

二、新探井岩石可钻性预测方法

对新探井的岩石可钻性进行钻前预测，可以利用的资料只有地震资料，这给预测工作带来了很大困难[8]。地震层速度是地震资料中一项重要的地层反射特征参数，它和测井声波速度一样都是岩石声学特性的反映，两者在本质上具有一致性。因此，针对缺少测井资料和岩心资料的新探井，可利用地震层速度进行岩石可钻性钻前预测研究[9, 10]。

1. 相似构造的选择

利用层速度对新探井岩石可钻性进行钻前预测，关键在于找出与新探井所在构造相似的构造，只有找出相似构造，找出层速度与岩石可钻性之间的关系，岩石可钻性钻前预测才会有根有据。可根据层速度数据采用互相关分析方法选择相似构造。

待钻探构造井的层速度谱为 $(h,\ v^n)_{\text{new}}$，p 个相邻构造的层速度谱为 $(h,\ v^n)^l_{\text{old}}$，互相关系数 $r^l(0<l\leqslant p)$ 的计算公式为：

$$r^l=\frac{\sum_{i=1}^{n}\left[\left(v_{\text{new}}^n\right)i-\overline{v_{\text{new}}^n}\right]\left[\left(v_{\text{old}}^n\right)_i^l-\overline{\left(v_{\text{old}}^n\right)^l}\right]}{\sqrt{\sum_{i=1}^{n}\left[\left(v_{\text{new}}^n\right)i-\overline{v_{\text{new}}^n}\right]^2\sum_{i=1}^{n}\left[\left(v_{\text{old}}^n\right)_i^l-\overline{\left(v_{\text{old}}^n\right)^l}\right]^2}} \tag{7-10}$$

式中 $\overline{\left(v_{\text{old}}^n\right)^l}$——第 l 个构造的层速度平均值；

$\overline{v_{\text{new}}^n}$——待钻探构造的层速度平均值。

相似构造 l_0 由式（7–11）确定：

$$\begin{cases}r^{l_0}=\max\left\{r^1,r^2,\cdots,r^p\right\}\\ r^{l_0}>0.75\end{cases} \tag{7-11}$$

2. 预测模型的建立

人工神经网络是人工智能的一个重要分支，它模拟人脑的结构及智能特征，将信息分布式存储和并行协同处理，具有良好的自适应性和容错性。人工神经网络是一个非线性动力系统，事先不需要假设输入变量与输出变量之间的关系，而是通过学习样本建立输入到输出的非线性映射关系，因此，可应用人工神经网络进行新探井岩石可钻性钻前预测研究 [11, 12]。

在各种不同类型的神经网络中，前馈式反向传播神经网络（简称 BP 神经网络）应用最广泛，它由输入层、隐含层和输出层构成。基于上述分析，建立新探井岩石可钻性钻前预测模型，如图 7–1 所示。

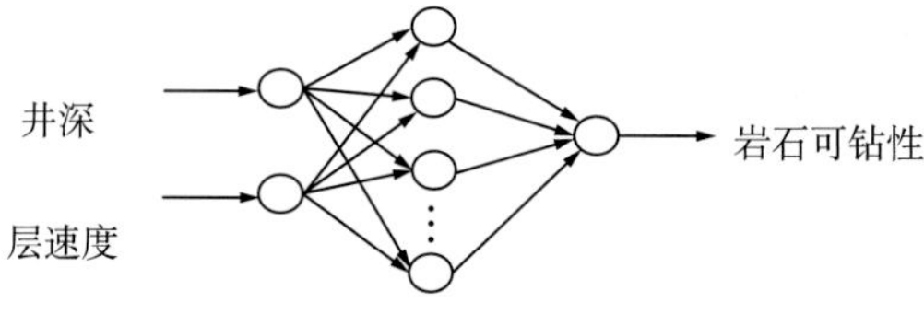

图 7–1　新探井岩石可钻性钻前预测神经网络模型

3. 遗传优化神经网络原理及算法

1）BP 神经网络原理及算法

神经网络建模的本质就是用神经网络的隐式来表达输入与输出的函数关系，将学习样本集代入网络进行训练，建立从输入到输出之间的非线性映射关系，并将“知识信息”存储在连接权上。因而，可用于非线性分类、预测等问题，作为函数计算器，能以任意精度逼近任何非线性函数。BP 神经网络的学习算法分为两部分：一是信号的正向传播，即输入信息从输入层经隐含层逐层处理并传向输出层，每一层神经元的状态只影响下一层神经元的状态；二是误差的反向传播，即采用梯度下降的最小方差学习算法反传误差，不断调整各层神经元的权值、阈值，使得误差信号最小[13]。

设 BP 网络为三层网络，输入层神经元以 i 编号，隐含层神经元以 j 编号，输出层神经元以 k 编号，网络结构如图 7–2 所示。

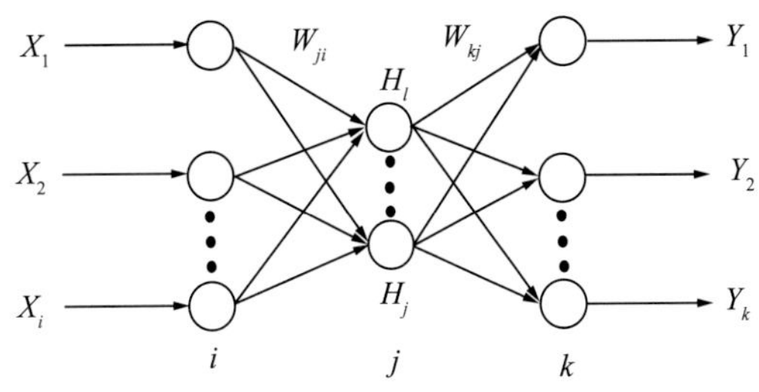

图 7–2　三层神经网络结构

隐含层神经元的输入、输出分别为：

$$\mathrm{net}_j=\sum_i W_{ji}X_iH_j=f\left(\mathrm{net}_j-\theta_j\right) \tag{7–12}$$

式中　X_i——神经元 i 给神经元 j 的输入；

W_{ji}——神经元 i 给神经元 j 的连接权；

net_j——神经元 j 的输入；

θ_j——神经元 j 的阈值；

H_j——神经元 j 的输出；

$f(\cdot)$——激励函数，常用 S 型函数，$f(u)=(1+\mathrm{e}^{-u})^{-1}$。

输出层神经元的输入、输出分别为：

$$\mathrm{net}_k=\sum_j W_{kj}H_jY_k=f\left(\mathrm{net}_k-\theta_k\right) \tag{7–13}$$

式中　W_{kj}——神经元 j 给神经元 k 的连接权；

net_k——神经元 k 的输入；

θ_k——神经元 k 的阈值；

Y_k——神经元 k 的输出；

$f(\cdot)$——激励函数，常用 s 型函数，$f(u)=(1+e^{-u})^{-1}$。

在学习阶段，设样本集共有 N 组输入和输出模式对，第 p 组样本第 k 个输出神经元理想输出为 t_{pk}，实际输出为 Y_{pk}，则对第 p 组学习样本的输出误差平方和为：$E_p=\frac{1}{2}\sum_k\left(t_{pk}-Y_{pk}\right)^2$。系统的平均误差为：$E=\frac{1}{2}\sum_{p=1}^{N}\sum_{k=1}^{K}\left(t_{pk}-Y_{pk}\right)^2$。

根据梯度下降法，对权值、阈值进行修正，则第 p 组学习样本输出层和隐含层节点的训练误差 δ_{pk}、δ_{pj} 的计算公式分别为：

$$\begin{cases}\delta_{pk}=\left(t_{pk}-Y_{pk}\right)Y_{pk}\left(1-Y_{pk}\right)\\ \delta_{pj}=H_{pj}\left(1-H_{pj}\right)\sum_k\delta_{pk}W_{kj}\end{cases}\tag{7-14}$$

采用总体样本误差反传和冲量校正法对标准 BP 算法进行改进，则权值、阈值修正公式为：

$$\begin{cases}W_{kj}(n+1)=W_{kj}(n)+\eta\sum_{p=1}^{N}\delta_{pk}H_{pj}+\alpha\left[W_{kj}(n)-W_{kj}(n-1)\right]\\ W_{ji}(n+1)=W_{ji}(n)+\eta\sum_{p=1}^{N}\delta_{pj}H_{pi}+\alpha\left[W_{ji}(n)-W_{ji}(n-1)\right]\end{cases}\tag{7-15}$$

$$\begin{cases}\theta_k(n+1)=\theta_k(n)+\eta\sum_{p=1}^{N}\delta_{pk}+\alpha\left[\theta_k(n)-\theta_k(n-1)\right]\\ \theta_j(n+1)=\theta_j(n)+\eta\sum_{p=1}^{N}\delta_{pj}+\alpha\left[\theta_j(n)-\theta_j(n-1)\right]\end{cases}\tag{7-16}$$

式中 α——冲量因子，其取值范围为［0，1］；

η——学习速率，其取值范围为［0，1］；

n——迭代次数。

BP 学习算法是一种梯度寻优算法，网络权值依赖于目标函数的一阶导数信息进行修正，而实际问题的求解空间是复杂的超曲面且存在多个局部极值点。因此，BP 神经网络存在收敛速度慢、易陷入局部极小值、网络结构参数缺乏理论指导等突出缺点。为克服其不足，利用遗传算法对其进行了改进。

2）遗传优化神经网络原理及算法

遗传算法（GA，genetic algorithm）是一种求解问题的高效并行全局搜索方法，它借鉴达尔文的优胜劣汰、适者生存的生物遗传和进化机理，反复将选择算子、交叉算子、变异算子作用于群体，通过迭代计算得到问题的最优解或近似最优解。由于遗传算法的整体搜索策略和优化计算不依赖于梯度信息，具有很好的鲁棒性，故在处理高度复杂的非线性问题时，表现出了无比的优越性。

遗传算法与神经网络的结合主要有两种方式：一是用于网络训练，即优化网络各层之间的连接权值、阈值；二是学习网络的拓扑结构，即优化网络的隐含层层数、隐含层神经元个数（隐层节点数）。根据 Hechi–Nielson 的研究结论，一个三层的 BP 网络可以完成任意的 n 维到 m 维的映射。根据这一结论，确定本研究的网络结构为输入层—隐含层—输出层三层结构。因此，本文应用遗传算法只对网络连接权值、阈值以及隐层节点数进行优化。

遗传优化 BP 神经网络模型的计算步骤如下：

（1）染色体编码。采用不同的编码方法，隐含层节点数用二进制编码，权值、阈值采用实数编码。这样可以缩短染色体串的长度，避免了有些变量难以进行二进制编码的困难，也避免了在二进制编码条件下必需的译码过程，提高了算法的精度和速度。

（2）产生初始种群。随机产生一定数目的个体组成初始种群。种群的大小对遗传算法影响很大，种群数目大，可增加种群个体的多样性，容易找到最优解，但会延长收敛时间；种群数目小，可加快算法的收敛，但容易陷入局部极小（即不成熟收敛）。

（3）父代能力评价（计算适应度）。权值、阈值适应度函数为：

$$F = \frac{1}{1+E} \tag{7–17}$$

设网络输入 N 次信号，输出 n 次正确解，则隐含层节点数的适应度函数为：

$$F = \frac{n}{N} \tag{7–18}$$

根据适应度函数计算出各个个体的适应值，将个体按适应值由小到大进行递增排序，排在前面的个体为优秀个体。

（4）遗传操作。应用选择算子、交叉算子和变异算子进行遗传操作产生新群体，直到满足终止条件。

（5）终止条件。终止条件的判定准则为：规定最大演化代数或网络的目标函数值小于某一极小值。

4. 应用实例

新疆油田 MX1 井位于新疆石河子莫索湾镇北，是该探区第一口探井（新探井），为了进行钻头方案设计和钻进措施制订，对该井进行了岩石可钻性钻前预测研究。

研究发现，MX1 井所在的构造与已钻的准噶尔盆地 DX 构造十分相似，相似程度为 0.87。因此，可以利用 DX 构造的地震资料、测井资料以及岩心测试资料，建立岩石可钻性钻前预测模型。在应用遗传算法优化神经网络结构的过程中，设置初始种群规模为 50，最大演化代数为 150，交叉概率为 0.25，变异概率为 0.01，算法运行到第 64 代时获得最佳隐含层节点数为 9。因此，该模型的最佳网络结构为 2—9—1。然后，应用遗传算法优化网络的连接权值。

根据本章所建立的预测模型对 MX1 井的岩石可钻性进行了钻前预测，预测值与测井评价结果的最大相对误差为 15.4%，平均相对误差为 9.8%，该预测精度可以满足新探井钻井工程的实际需要。

三、地层抗钻特性随钻录井评价方法

石油钻井中所遇到的岩石大多是沉积岩。从地层沉积过程看，岩石在其成岩过程中遵循一定的沉积规律，即沉积旋回。岩石结构是多层次嵌套的多孔结构，每一层次之间是自相似或近似相似或统计相似，因此岩石结构具有典型的分形特征。从岩石的细观结构入手，结合岩石力学特性参数测试结果，应用分形几何理论可建立岩石粒度分形特征与地层抗钻特性之间的定量关系模型，从而为现场借助岩屑（砂样）来随钻评价地层抗钻特性提供理论依据[14-34]。

1. 岩石颗粒粒度分形维数的计算方法

研究表明，分形的某种特征一定存在幂次律分布，即：

$$N(\delta)=k\delta^{-D} \tag{7-19}$$

式中 δ——测度；

$N(\delta)$——测度 δ 下所得的度量值；

k——常数；

D——研究对象的分形维数。

设岩石颗粒直径为 R，通过筛析得到粒径大于 R 的颗粒数目为 $N(R)$，若满足：

$$N(R)=\int_R^{\infty}\rho(R)\mathrm{d}R=kR^{-D_2} \tag{7-20}$$

式中 D_2——颗粒粒度分形维数；

$\rho(R)$——颗粒分布的密度函数。

由于岩石中粒径大于 R 的颗粒数目不易直接观察得到，而相应的质量可以准确测定。因此，可以讨论粒度分布与其质量的分形维数。设 $M(R)$ 是直径小于 R 的颗粒累积质量，M_{T} 是所有颗粒的总质量，粒度分布满足 Weibull 分布模型：

$$\frac{M(R)}{M_{\mathrm{T}}}=1-\exp\left[-\left(\frac{R}{\sigma}\right)^{\alpha}\right] \tag{7-21}$$

式中 σ——与平均直径有关的量，通常取颗粒的最大粒径；

α——待定常数，称为 Weibull 模量。

如果 $\frac{R}{\sigma}\ll 1$，可将式（7–21）按级数展开并舍去第二项以后的诸项，则式（7–21）可简化为常用的幂律关系：

$$\frac{M(R)}{M_{\mathrm{T}}}=(\frac{R}{\sigma})^{\alpha} \tag{7-22}$$

将式（7–22）对 R 求导，得到：

$$\mathrm{d}M \sim R^{\alpha-1}\mathrm{d}R \tag{7-23}$$

将式（7–20）对 R 求导，得到：

$$\mathrm{d}N \sim R^{-D_2-1}\mathrm{d}R \tag{7-24}$$

因为 $M(R) \sim V(\mathrm{R}) \sim N(R)R^3$，所以就 $M(R)$、$N(R)$ 的增量有：

$$\mathrm{d}N \sim R^{-3}\mathrm{d}M \tag{7-25}$$

将式（7–23）、式（7–24）代入式（7–25），得到：

$$R^{-D_2-1} \sim R^{-3}R^{\alpha-1}=R^{\alpha-4} \tag{7-26}$$

从而得到岩石颗粒粒度分形维数 D_2 为：

$$D_2=3-\alpha \tag{7-27}$$

对式（7–22）两边取自然对数，得到：

$$\ln\left[\frac{M(R)}{M_{\mathrm{T}}}\right]=\alpha\ln(\frac{R}{\sigma}) \tag{7-28}$$

式（7–28）说明，如果岩石颗粒粒度分布具有分形特征，则 $\ln\left[\frac{M(R)}{M_{\mathrm{T}}}\right]$ 与 $\ln(\frac{R}{\sigma})$ 应有线性相关关系，线性回归分析给出的直线斜率即为 Weibull 模量 α，再由式（7–27）便可得到粒度分形维数 D_2。

2. 岩石抗钻特性分形评价模型

笔者通过大量的室内实验，探讨了岩石颗粒粒度分形维数与岩石抗钻特性之间的关系，建立了表 7–1 所示的分形评价模型。

表 7–1　岩石可钻性与粒度分形维数之间的拟合关系

可钻性参数	拟合方程	相关系数
抗压强度	y=132.94802x−244.02529	0.96247
硬度	y=382.08342x−209.56828	0.94608
牙轮可钻性	y=6.91337x−10.47092	0.8127
PDC 可钻性	y=12.02161x−23.21675	0.81879
岩石内摩擦角	y=14.86488x+1.1118	0.85721

注：x 为粒度分形维数，y 为某项可钻性参数。

由表 7–1 可知,粒度分形维数与岩石各项可钻性参数之间均存在较高的正相关关系（最小相关系数为 0.8127），即：岩石颗粒粒度分形维数越高，岩石抗压强度越大，硬度越大，牙轮钻头可钻性级值越大，PDC 钻头可钻性级值越大，岩石内摩擦角越大。总之，随着岩石颗粒粒度分形维数增高，岩石可钻性变差，岩石越难破碎。因此，可根据粒度分形维数来判断岩石可钻性。该方法为现场应用岩屑录井资料随钻评价岩石可钻性提供了理论依据。

四、基于地层可钻性时间序列特征的支持向量机预测方法

支持向量机（SVM）是 V.Vapnik 等人根据统计学理论提出的一种新的通用学习方法，它是建立在统计学理论的 VC 维理论和结构风险最小原理基础上的，能较好地解决小样本、非线性、高维数和局部极小点等实际问题。从地层可钻性时序特征出发，应用支持向量机理论，提出了一种对钻头下部未钻开地层的可钻性进行预测的新方法——地层可钻性时序支持向量机预测方法 [35-37]。

1. 时间序列预测建模的一般框架

时间序列是指按时间顺序排列的一组数据。在此，时间序列广义地指一组有序的随机数据，可以是按时间、空间或其他物理量排列的。根据 Kolmogrov 定理，任何一个时间序列都可以看成是由一个非线性机制确定的输入输出系统。因此，时间序列预测本质上就是依据历史数据序列寻求映射 f：$R^m \to R^n$ 来逼近数据中隐含的非线性机制，进而应用 f 进行预测工作。时间序列预测建模的基本框架为：对时间序列进行相空间重构，构建训练样本数据对，选择合适的函数逼近工具进行参数估计和确定拓扑结构。最后，根据确定的预测模型进行序列分析预测。

2. 非线性支持向量机原理

设训练样本集为 $\{(x_i,y_i),i=1,2,\cdots,k\}$，$x_i \in R^n$为输入向量，$y_i \in R$为目标输出，$k$ 为样本数。利用一个非线性映射 ϕ，把数据 x 映射到高维特征空间 F，并在这个特征空间进行线性逼近，找到映射f,使其能够很好地逼近给定样本数据。由统计学习理论可知,该函数具有以下形式：

$$f(x)=[w,\phi(x)]+b,\phi:R^n \to \boldsymbol{F},w\in \boldsymbol{F} \tag{7-29}$$

其中，[,] 表示内积运算。根据结构风险最小化原理，函数逼近问题等价于使如下泛函最小：

$$R(w)=\frac{1}{2}w\cdot w+C\mathrm{Remp}(f) \tag{7-30}$$

式中 C——惩罚系数；

Remp——损失函数。

常用的损失函数有 ε 不敏感损失函数、Huber 函数和 Laplace 函数，其中 ε 不敏感损失函数因具有较好的性质而得到广泛的应用，其定义为：

$$V_{\varepsilon}(d,y)=\begin{cases}|d-y|-\varepsilon & |d-y|>\varepsilon \\ 0 & \text{其他}\end{cases} \tag{7–31}$$

当引入 ε 不敏感损失函数时，求解式（7–30）等价于求解如下优化问题：

$$\min R(w)=\min(\frac{1}{2}w\cdot w) \tag{7–32}$$

$$\text{s.t.}\begin{cases}y_i-wx_i-b\leqslant\varepsilon \\ wx_i+b-y_i\leqslant\varepsilon\end{cases}\quad(i=1,2,\cdots,k)$$

考虑到允许有拟合误差的情况，引入松弛因子 $\zeta_i\geqslant 0$ 和 $\zeta_i^*\geqslant 0$，则式（7–32）变为：

$$\min R(w,\xi_i,\xi_i^*)=\frac{1}{2}w\cdot w+C\sum_{i=1}^{k}(\xi_i+\xi_i^*) \tag{7–33}$$

$$\text{s.t.}\begin{cases}y_i-w\cdot x_i-b\leqslant\varepsilon+\xi_i \\ w\cdot x_i+b-y_i\leqslant\varepsilon+\xi_i^* \\ \xi_i\geqslant 0 \\ \xi_i^*\geqslant 0\end{cases}\quad(i=1,2,\cdots,k)$$

式（7–33）第 1 项是使回归函数更为平坦，从而提高泛化能力。第 2 项则为减少误差，常数 C>0 控制对超出误差 ε 的样本的惩罚程度。ε 为正常数，$f(x_i)$ 与 y_i 的差别小于 ε 时不计入误差，大于 ε 时误差计为 $|f(x_i)-y_i|-\varepsilon$。应用中常应用式（7–33）的对偶式，同时引入核函数方法，则式（7–33）转化为：

$$\max J(\alpha_i,\alpha_i^*)=-\frac{1}{2}\sum_{i,j=1}^{k}(\alpha_i-\alpha_i^*)(\alpha_j-\alpha_j^*)K(x_i\cdot x_j)- \\ \sum_{i=1}^{k}(\alpha_i+\alpha_i^*)\varepsilon+\sum_{i=1}^{k}(\alpha_i-\alpha_i^*)y_i \tag{7–34}$$

$$\text{s.t.}\begin{cases}\sum_{i=1}^{k}(\alpha_i-\alpha_i^*)=\sum_{i=1}^{k}\alpha_i-\sum_{i=1}^{k}\alpha_i^*=0 \\ 0\leqslant\alpha_i,\alpha_i^*\leqslant C\ (i=1,2,\cdots,k)\end{cases}$$

根据非线性规划解法，应用 Matlab 语言所带的优化工具箱可求出式（7–34）的解 α_i、α_i^*，式（7–29）中的参数 b 可根据约束条件按等号求出。其计算公式为：

$$b=\frac{1}{k}\sum_{i=1}^{k}y_i-\frac{1}{k}\sum_{i,j=1}^{k}(\alpha_i-\alpha_i^*)K(x_i,x_j) \tag{7–35}$$

则所得到的非线性映射函数为：

$$f(x)=\sum_{i=1}^{k}(\alpha_i-\alpha_i^*)K(x_i,x)+b \tag{7-36}$$

3. 地层可钻性时序支持向量机预测方法

1）地层可钻性时序演化特征分析

地层可钻性曲线是以井深为纵轴、地层可钻性级值为横轴的连续曲线，如果将井深看作时间轴，则地层可钻性曲线就是一个时间序列。研究地层可钻性的时序演化特征，可对其进行如下数学建模：

$$Kd_{t+1}=F(Kd_t,Kd_{t-1},\cdots,Kd_{t-(p-1)}) \qquad (t=1,2,\cdots,n) \tag{7-37}$$

式中 n——建立模型的数据点数；

Kd_t——第 t 点的地层可钻性级值；

p——模型的嵌入维数（相空间维数）；

F——基于实测数据的非线性映射函数。

由式（7–37）可知，第 t+1 点的值可由其前面的 p 个点值通过映射函数 F 计算得到，这样便可实现由钻头上部已钻开地层的可钻性对钻头下部未钻开地层的可钻性进行预测。

2）基于支持向量机的地层可钻性时序预测模型

设地层可钻性时序为 $\{Kd_1,Kd_2,\cdots,Kd_n\}$，相应的嵌入维数为 p，则可构造用于支持向量机学习的 $n-p$ 个样本（样本数据来自钻头上部已钻开地层），见表 7–2。

表 7–2 样本数据表

样本序号	样本输入向量	样本输出向量
1	Kd_1，Kd_2，…，Kd_p	Kd_{p+1}
⋮	⋮	⋮
$t-p$	Kd_{t-p}，Kd_{t-p+1}，…，Kd_{t-1}	Kd_t
$t-p+1$	Kd_{t-p+1}，Kd_{t-p+2}，…，Kd_t	Kd_{t+1}
⋮	⋮	⋮
$n-p$	Kd_{n-p}，Kd_{n-p+1}，…，Kd_{n-1}	Kd_n

用于地层可钻性时序预测的支持向量机结构如图 7–3 所示。

在确定了支持向量机结构、得到学习样本后，就可应用支持向量机理论对支持向量机进行训练，得到的回归函数表示如下：

$$Kd_t=\sum_{i=1}^{n-p}(\alpha_i-\alpha_i^*)K(Kd_i,Kd_{t-p})+b \tag{7-38}$$

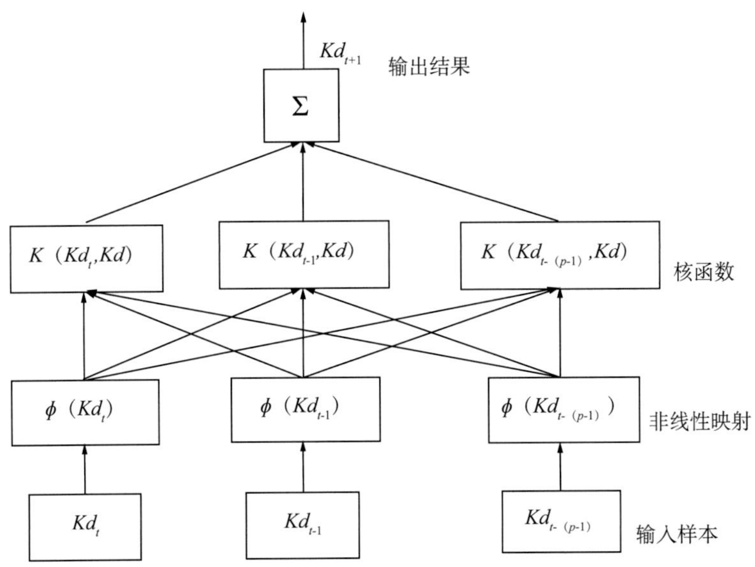

图 7–3　地层可钻性时序预测的支持向量机结构

其中：

$$t=p+1,\cdots,n$$

$$Kd_{t-p}=\{Kd_{t-p},Kd_{t-p+1},\cdots,Kd_{t-1}\}$$

则可得到第 n+1 点的预测模型为

$$Kd_{n+1}=\sum_{i=1}^{n-p}(\alpha_i-\alpha_i^*)K(Kd_i,Kd_{n-p+1})+b \tag{7–39}$$

其中：

$$Kd_{n-p+1}=\{Kd_{n-p+1},Kd_{n-p+2},\cdots,Kd_n\}$$

依此类推，可得到第 $n+l$ 点的预测模型为：

$$Kd_{n+l}=\sum_{i=1}^{n-p}(\alpha_i-\alpha_i^*)K(Kd_i,Kd_{n-p+l})+b \tag{7–40}$$

其中：

$$Kd_{n-p+l}=\{Kd_{n-p+l},Kd_{n-p+l+1},\cdots,Kd_{n+l-1}\}$$

式（7–40）即为基于支持向量机的地层可钻性时序预测模型，应用该模型即可实现对钻头下部未钻开地层的可钻性进行预测。

第三节　钻头选型方法研究

如何优选出既与所钻地层相适应又比较经济的钻头，以实现安全、高效、优质钻井，一直是人们长期致力研究的课题[38-40]。本节重点介绍了钻头使用效果评价法、岩石力学参数法和综合法三大类钻头选型方法。对于钻头使用资料较少或无钻头使用资料的新探区、新层位，本节重点介绍了一种既考虑地层的多种岩石力学特性，又考虑钻头经济效益的具有普遍适用性的钻头通用选型方法。

一、钻头使用效果评价法

1. 每米钻井成本法[41]

以钻头的每米钻井成本作为钻头选型的依据，其计算模型为：

$$C=\frac{C_b+C_r(T+T_T)}{F} \tag{7-41}$$

式中　C——每米钻井成本，元/m；

C_b——钻头费用，元/只；

C_r——钻机运转作业费，元/h；

T——钻头纯钻时间，h；

T_T——起下钻、循环钻井液及接单根时间（钻井辅助时间），h；

F——钻头总进尺，m。

每米钻井成本越小，钻头使用效果越优。由于影响钻井成本的因素并不都与钻头选择有关，因而每米钻井成本法不能直接反映钻头方案的好坏。

2. 比能法[42]

比能这一概念最早是由 Farrelly 等于 1985 年提出来的。比能的定义为：钻头从井底地层上钻掉单位体积岩石所需要做的功。其计算公式为：

$$S_e=\frac{4W}{\pi D^2}+\frac{kNT_b}{D^2R} \tag{7-42}$$

式中　S_e——比能；

T_b——钻头扭矩；

N——转速；

R——钻速；

W——钻压；

k——常数；

D——钻头直径。

该方法将钻头比能作为衡量钻进效果好坏的主要因素。钻头比能越低，表明钻头的破岩效率越高，钻头使用效果越优。该方法在原理上很简单，但在现场应用时，钻头扭矩不易计算和直接测量。

3. 经济效益指数法

该方法根据钻头进尺、机械钻速和钻头成本三个因素的综合指标来评价钻头的使用效果，其评价结果与每米钻井成本法总体上是一致的。钻头经济效益指数计算模型为：

$$E_{\mathrm{b}} = \alpha \frac{FV}{C_{\mathrm{b}}} \tag{7-43}$$

式中　E_{b}——钻头经济效益指数，m·m/（元·h）；

α——系数。

E_{b} 越大，钻头使用效果越优。

4. 灰类白化权函数聚类法[43，44]

将钻头进尺、纯钻时间、机械钻速和钻头成本作为钻头使用效果的评价指标，应用灰类白化权函数法，根据聚类值的大小对钻头的优劣进行评价。

5. 综合指数法（主分量分析法）

选择机械钻速、牙齿磨损量、轴承磨损量、钻头进尺、钻头工作时间、钻压、转速、泵压、泵排量及井深 10 项指标，应用主成分分析法，综合钻头的使用效果和使用条件，提出了评选钻头的综合指数法。综合指数的表达式为[45，46]：

$$E = a_1 R + a_2(1-H_{\mathrm{f}}) + a_3(1-B_{\mathrm{f}}) + a_4 F + a_5 T + \frac{a_6}{W} + \frac{a_7}{N} + \frac{a_8}{p_{\mathrm{m}}} + \frac{a_9}{Q} + a_{10} H \tag{7-44}$$

式中　R——机械钻速，m/h；

H_{f}——牙齿磨损量；

W——钻压，kN；

N——转速，r/min；

B_{f}——轴承磨损量；

F——钻头进尺，m；

T——钻头工作时间，h；

Q——泵排量，L/s；

p_{m}——立管压力，MPa；

H——钻头入井井深，m；

a_1，a_2，…，a_{10}——系数（由数理统计计算得到）。

综合指数越大，钻头使用效果越好。该方法的优点是综合考虑了钻头的使用效果和使用条件，把手段与结果统一起来，解决了钻头指标缺乏可比性的问题。其不足之处为：没有考虑地质条件对钻速的影响，在不同地区使用该方法时，必须重新确定表达式中的各项系数。

6. 模糊综合评判法

利用模糊数学原理，避开了每米钻井成本法必须确定而又难以求准的起下钻时间和钻机作业费的计算，给出了钻头的多因素模糊综合评判法。该方法以所研究的所有牙轮钻头作为评判对象集，选择机械钻速、纯钻时间及深度、钻头成本以及钻头新度组成因素集，在此基础上根据隶属函数对每个对象做单因素评判，形成单因素评判矩阵，然后再结合各因素权重对各评判对象进行优劣排序。

7. 灰关联分析法[45-48]

将钻头进尺、纯钻时间、机械钻速和钻头成本作为钻头使用效果的评价指标，应用灰关联分析法，根据关联度的大小对钻头进行优劣排序。

8. 神经网络法

应用三层反馈神经网络进行钻头优选。该方法使用几个不同的神经网络模型决定地层、钻头性能和作业参数之间的复杂关系。该方法输入参数为钻头尺寸、钻头总过流面积、起钻井深、进尺、机械钻速、最大和最小钻压、最大和最小转盘转速以及钻井液返速；输出参数为钻头型号。

9. 属性层次分析法[49]

将属性识别理论和层次分析方法相结合，在属性测度的基础上，通过分析判断准则和属性判断矩阵，建立了钻头优选属性层次模型。该方法考虑钻头进尺、钻头寿命、平均机械钻速和单位进尺钻头成本（钻头单价 / 钻头进尺）四个指标，根据钻头记录，按层位为新井选择钻头型号。

二、岩石力学参数法

1. 模糊聚类法[50, 51]

该方法以地层岩石力学性质中影响钻头钻速及磨损的主要指标（岩石可钻性、研磨性、硬度、塑性系数和抗压强度）为研究对象，按各地层间对应岩性的相似程度进行模糊动态聚类，建立好动态聚类图后，根据所钻地层与已知地层的亲疏关系，结合钻头厂家的使用说明进行选型。

这种方法综合考虑了对钻头影响较大的几种地层岩性下的地层分类问题，比较符合实际情况。如果事先知道新区地层的岩石力学参数，用这种方法可以对新区待钻地层进行分类，进而进行钻头选型。但是，把地层分为几类比较合理是这种方法急需解决的问题。

2. 灰类白化权函数聚类法

利用灰类白化权函数聚类法，将岩石按硬度、可钻性、抗压强度等参数进行聚类，为钻头选型提供可靠的依据。

3. 岩石内摩擦角法

岩石内摩擦角低于 40°，则认为地层研磨性不太强，可以选用一般的 PDC 钻头钻进。

如果岩石内摩擦角高于 40°，则认为地层研磨性比较强，宜选用耐磨性好的特殊加工的 PDC 钻头或天然金刚石钻头。

4. 灰色关联聚类法

利用灰色关联聚类法，将岩石硬度、可钻性、塑性系数、抗压强度以及抗剪强度所归属的岩石类别聚类为一个综合岩石特性参数，来综合定量描述岩石力学特性的差异，为钻头选型提供科学依据。

三、综合法

1. 岩石声波时差法[52-54]

该方法的原理为：统计某区块所有已钻井的牙轮钻头资料，按层段挑选出使用效果最好的牙轮钻头，借助声波时差曲线得到最优钻头所对应的横波时差的界限，进一步得出整个地区以横波时差优选牙轮钻头的选型模板，用以指导新井的钻头选型。这种方法的优点是，只要知道对应井段的横波时差就可以很快优选出适合该井段的牙轮钻头[55, 56]。缺点是，所介绍的横波时差计算方法比较烦琐，对于混合岩性的井段横波时差不易求准。此外，它只能在对待钻井岩性了解得很详细的情况下进行优选，如果待钻井的岩性和预期的相差较大，优选工作就会出现很大误差。

2. 剪切强度法

该方法以一个建成的 PDC 钻头使用资料库为基础，该数据库包括钻头型号、所钻井段地层的平均剪切强度、单位进尺钻井成本等指标。在选型时，通过所钻区块邻井的测井资料计算出不同井深各间隔点的地层剪切强度，从需要进行钻头选型的井段开始，确定计划钻井段地层剪切强度的平均值。以此平均值为基点，在合理的偏差范围内，从数据库中选择 PDC 钻头，单位进尺钻井成本最低的 PDC 钻头为优选结果[57-69]。

3. 有围压岩石抗压强度法

该方法将获得最佳使用效果的 PDC 钻头的有围压抗压强度范围作为选型的依据。这种钻头选型方法由于考虑了围压对岩石强度的影响，因而更能真实地反映钻头钻进时井底岩石的状况。但是，横波时差不易求准限制了该方法的应用。

4. 人工神经网络法[70-72]

该方法首先利用误差反向传播神经网络方法，根据地层岩性和钻井方式等因素进行定性优选，然后在定性优选结果的基础上，利用钻头的使用资料计算综合指数，进行定量选型。神经网络方法在实际应用中较复杂，有些输入参数不易求取，其选型结果对样本数据的选取具有很强的依赖性。

5. 地层综合系数法[73]

该方法的基本原理为：首先根据经济效益指数法建立标准井，然后将研究井的地层可钻性与标准井进行比较，若地层可钻性综合系数 F_r>1，说明研究井相应层位比标准井难钻，应选择比标准井高一级别的钻头；若 F_r<1，说明研究井相应层位比标准井易钻，应选择低一级别的钻头；若 F_r=1，说明标准井和研究井相应层位有相同的可钻性，应选择同一级别的钻头。地层可钻性综合系数的计算模型为：

$$F_r=\frac{\sum_{i=1}^{K}\left[\frac{RM_{maxRW}}{RM_{maxST}}+\frac{RM_{minRW}}{RM_{minST}}+\frac{RM_{avRW}}{RM_{avST}}+\frac{\Delta RM_{maxRW}}{\Delta RM_{maxST}}+\frac{HF_{RW}}{HF_{ST}}+\frac{NP_{RW}}{NP_{ST}}\right]_i}{\sum_{i=1}^{K}n_i} \tag{7-45}$$

式中　F_r——地层可钻性综合值；

RM_{max}、RM_{min}、RM_{av}——地层岩石力学特性参数的最大值、最小值、平均值；

ΔRM_{max}——地层岩石力学特性参数差值的最大值；

HF_{RW}——研究井地层厚度，m；

HF_{ST}——标准井地层厚度，m；

NP——地层岩石力学特性参数峰值的个数；

K——参与评价的岩石力学特性参数个数；

n——RM_{max}、RM_{min}、RM_{av}、ΔRM_{max}、HF_{RW}、NP_{RW} 中不为零的参数个数；

下标“RW”——研究井相应的岩石力学参数；

下标“ST”——标准井相应的岩石力学参数。

该方法是在假设统计井的各地质层位的岩石力学特性参数相同的基础上建立的标准井，其选型结果具有定性和定量相结合的特点。

四、钻头通用选型方法

对于钻头使用资料较少或无钻头使用资料的新探区、新层位，上述钻头选型方法存在较大的盲目性。鉴于此，本节以测井、录井资料和钻头使用资料数据库为基础，提出了一种既考虑地层的多种岩石力学特性，又考虑钻头经济效益的具有普遍适用性的钻头选型方法。该方法在待钻地层岩石力学性质评价的基础上，首先应用模糊优选理论进行地层岩石力学性质相似层位的优选，然后应用经济效益指数法对相似层位的钻头性能进行评价，最后给出合理的钻头选型结果。

1. 地层岩石力学性质相似层位的优选

在地质领域，地质学家依据地层的岩性、岩相特征（地质年代、沉积环境、古生物化石资料等）来进行地层划分。在钻井领域，钻井专家应用岩石力学性质来定量描述地层抗钻特性的差异。钻井实践表明，在地质上属于同一层位的地层，其岩石力学性质有可能差别很大，同一型号的钻头在相同的操作参数下会表现出不同的钻进效果。因此，针对钻头选型工作，应从岩石力学特性参数曲线入手进行相似层位的优选。

1）岩石力学特性参数曲线的模糊相似分析

对某一项岩石力学特性参数 j，假设待钻井待钻层位 α 的该项岩石力学特性参数曲线为 F_{aj}，已钻井已钻某层位 i 的该项岩石力学特性参数曲线为 F_{ij}，F_{ij} 对 F_{aj} 相似性的相对隶属度为 u_{ij}，相异性的相对隶属度为 u_{ij}^{c}，根据模糊集的余集定义，则有：

$$u_{ij}^{c}=1-u_{ij}\,,\qquad i=1,\ 2,\ \cdots,\ m \tag{7-46}$$

式中　m——参与模糊相似分析的层位个数。

设可用 n 个指标来衡量 F_{ij} 与 F_{aj} 的相似性与相异性。对于 F_{aj} 本身而言，指标 k 对相似指标的相对隶属度为 $r_{ajk}=1$，对相异指标的相对隶属度为 $r_{ajk}^{c}=0$，两者同样满足模糊集的余集定义，则有：

$$r_{ajk}^{c}=1-r_{ajk} \tag{7-47}$$

设岩石力学特性参数曲线的 n 个指标特征值向量为：

$$\left.\begin{aligned}X_{aj}&=(x_{aj1},x_{aj2},\cdots,x_{ajn})\\X_{ij}&=(x_{ij1},x_{ij2},\cdots,x_{ijn})\end{aligned}\right\} \tag{7-48}$$

F_{ij} 与 F_{aj} 就单指标 k 的相似性而言，若 $x_{ajk}=x_{ijk}$，则 F_{ij} 与 F_{aj} 就单指标 k 的相似程度为 1，即 F_{ij} 的指标 k 对于相似指标的相对隶属度为 $r_{ijk}=1$。根据这一论点，可用式（7-49）将 F_{ij} 的指标特征向量 X_{ij} 转化为相应指标的相对隶属度向量 $R_{ijk}=$（r_{ij1}，r_{ij2}，…，r_{ijn}）。

$$r_{ijk}=1-\frac{\left|x_{ijk}-x_{ajk}\right|}{\max\limits_{k}\left|x_{ijk}-x_{ajk}\right|}\,,\quad k=1,2,\cdots,n \tag{7-49}$$

式中　$\max\limits_{k}\left|x_{ijk}-x_{ajk}\right|$——所有参选层位的该项岩石力学特性参数曲线的单指标 k 的特征值与 F_{aj} 相应指标特征值之差最大者；

R_{ij}——F_{ij} 与 F_{aj} 关于 n 个单指标之间的相似性。

对于 F_{aj}，其 n 个指标相对隶属度向量为 R_{aj}=(1，1，…，1)。向量 R_{aj} 不仅表示待钻层位的该项岩石力学特性参数曲线，而且描述了标准相似的该项岩石力学特性参数曲线的 n 个指标的相对隶属度。设岩石力学特性参数曲线的 n 个指标的权重向量为：w=(w_1，w_2，…，w_n)，$\sum\limits_{k=1}^{n}w_k=1$，则 F_{ij} 与标准相似曲线的欧式距离 $d(R_{ij}$，$R_{aj})$，与标准相异曲线的欧式距离 d（R_{ij}，R_{aj}^{c}）分别为：

$$d\left(R_{ij},R_{aj}\right)=\sqrt{\sum_{k=1}^{n}w_k^2\left|r_{ijk}-r_{ajk}\right|^2}=\sqrt{\sum_{k=1}^{n}w_k^2\left|r_{ijk}-1\right|^2} \tag{7-50}$$

$$d\left(R_{ij},R_{aj}^{c}\right)=\sqrt{\sum_{k=1}^{n}w_k^2\left|r_{ijk}-r_{ajk}^{c}\right|^2}=\sqrt{\sum_{k=1}^{n}w_k^2\left|r_{ijk}-0\right|^2} \tag{7-51}$$

根据模糊集理论可将相对隶属度定义为权重，则上述加权欧式距离分别为：

$$D\left(R_{ij},R_{aj}\right)=u_{ij}\sqrt{\sum_{k=1}^{n}w_k^2\left|r_{ijk}-r_{ajk}\right|^2}=u_{ij}\sqrt{\sum_{k=1}^{n}w_k^2\left|r_{ijk}-1\right|^2} \tag{7-52}$$

$$D\left(R_{ij},R_{aj}^{\mathrm{c}}\right)=u_{ij}^{\mathrm{c}}\sqrt{\sum_{k=1}^{n}w_k^2\left|r_{ijk}-r_{ajk}^{\mathrm{c}}\right|^2}=u_{ij}^{\mathrm{c}}\sqrt{\sum_{k=1}^{n}w_k^2\left|r_{ijk}-0\right|^2} \tag{7-53}$$

为了得到 u_{ij}，建立如下目标函数：

$$\min\left\{G(u_{ij})\right\}=u_{ij}{}^2\sum_{k=1}^{n}w_k^2\left|r_{ijk}-1\right|^2+(u_{ij}^{\mathrm{c}})^2\sum_{k=1}^{n}w_k^2\left|r_{ijk}-0\right| \tag{7-54}$$

约束条件为：

$$\begin{cases}0\leqslant u_{ij},u_{ij}^{\mathrm{c}}\leqslant 1\\ u_{ij}+u_{ij}^{\mathrm{c}}=1\end{cases} \tag{7-55}$$

采用最小二乘法求解上述目标函数，由 $\dfrac{\mathrm{d}G(u_{ij})}{\mathrm{d}u_{ij}}=0$，解得：

$$u_{ij}=\frac{1}{1+\dfrac{\sum_{k=1}^{n}w_k^2\left|r_{ijk}-1\right|^2}{\sum_{k=1}^{n}w_k^2\left|r_{ijk}\right|^2}} \tag{7-56}$$

式(7−56)即为 F_{ij} 与 F_{aj} 相似的相对隶属度计算模型。u_{ij} 越大，F_{ij} 与 F_{aj} 的相似程度越高；u_{ij} 越小，F_{ij} 与 F_{aj} 的相异程度越高。

2）相似层位的优选模型

假设共有 p 项岩石力学特性参数参与相似层位的优选，则待钻井待钻层位 a 与已钻井已钻某层位 i 相似的综合相对隶属度 v_i 为：

$$v_i=\sum_{j=1}^{p}W_j u_{ij}\,,\quad i=1,2,\cdots,m \tag{7-57}$$

式中　W_j——第 j 项岩石力学特性参数在相似层位优选中所占的权重，$\sum_{j=1}^{p}W_j=1$。

与待钻井待钻层位 a 在岩石力学性质上最相似的层位 b 由式（7−58）确定：

$$v_b=\max(v_1,v_2,\cdots,v_m) \tag{7-58}$$

式（7−58）即为地层岩石力学性质相似层位的模糊优选模型。

3）岩石力学特性参数曲线的特征值提取

岩石力学特性参数曲线的特征值提取是进行岩石力学特性参数曲线模糊相似分析的重要环节，应选择能够真实反映该层位岩石力学性质分布的特征参数作为特征值，构成特征向量。根据本研究的实际意义，取岩石力学特性参数的最大值、最小值、平均值、标准差、变异系数、峰值个数以及地层厚度共 7 项指标作为岩石力学特性参数曲线的特征值参数。设某条岩石力学特性参数曲线 i 由 num 个点（H_j,$(\mathrm{RM}_i)_j$）组成（其中，H_j 为井深，$(\mathrm{RM}_i)_j$

为该曲线对应井深的岩石力学参数值，j=1,2,⋯,num)，则上述 7 项指标的含义如下。

（1）最大值：

$$(\mathrm{RM}_i)_{\max}=\max\left[(\mathrm{RM}_i)_j\right], j=1,2,\cdots,\mathrm{num} \tag{7-59}$$

（2）最小值：

$$(\mathrm{RM}_i)_{\min}=\min\left[(\mathrm{RM}_i)_j\right], j=1,2,\cdots,\mathrm{num} \tag{7-60}$$

（3）平均值：

$$(\mathrm{RM}_i)_{\mathrm{av}}=\frac{\sum_{j=1}^{\mathrm{num}}(\mathrm{RM}_i)_j}{\mathrm{num}} \tag{7-61}$$

（4）标准差：

$$S=\sqrt{\frac{1}{\mathrm{num}-1}\sum_{j=1}^{\mathrm{num}}\left[(\mathrm{RM}_i)_j-(\mathrm{RM}_i)_{\mathrm{av}}\right]^2} \tag{7-62}$$

（5）变异系数：

$$V=\frac{S}{(\mathrm{RM}_i)_{\mathrm{av}}} \tag{7-63}$$

标准差、变异系数定量描述了地层的非均质性。岩石力学参数值的标准差和变异系数越大，地层的不均质程度越强。

（6）峰值个数：

峰值的个数 NP 为岩石力学特性参数曲线上符合下列条件的点的数量。

$$\Delta(\mathrm{RM}_i)_j \geqslant 0.8\Delta(\mathrm{RM}_i)_{\max} \tag{7-64}$$

其中：

$\Delta(\mathrm{RM}_i)_j=\left|(\mathrm{RM}_i)_j-(\mathrm{RM}_i)_{j-1}\right|, \Delta(\mathrm{RM}_i)_{\max}=(\mathrm{RM}_i)_{\max}-(\mathrm{RM}_i)_{\min}, j=1,2,\cdots,\mathrm{num}$ 。

（7）地层厚度：

$$\mathrm{HF}=H_{\mathrm{num}}-H_1 \tag{7-65}$$

2. 钻头性能评价方法

钻头性能的优劣可以用钻头的经济效益指数来评价，其计算公式为：

$$I_{\mathrm{b}}=\frac{F\cdot \mathrm{ROP}}{C_{\mathrm{b}}^{\ a}} \tag{7-66}$$

式中　I_{b}——钻头经济效益指数，(m^2/h) / 元；

F——钻头总进尺，m；

ROP——机械钻速，m/h；

C_b——钻头成本，元 / 只；

a——系数，一般取 0.6。

这种评价方法与每米钻井成本法总体上是一致的，但是该方法比每米钻井成本法更优越。一方面，它不需要计算每米钻井成本中难以求准的钻井辅助时间；另一方面，钻头经济效益指数对进尺和机械钻速两种因素比较敏感，它不仅体现了钻头的直接经济效益，而且突出了钻头带来的潜在经济效益。应用该方法进行钻头性能评价时，经济效益指数越大，说明该钻头性能越优，应优先选用经济效益指数大的钻头。

3. 通用选型方法流程

本节所提出的钻头选型通用方法是以一个建成的钻头使用资料数据库为基础，该数据库包括钻头使用记录和所钻地层的岩石力学特性参数特征值记录两部分。其中，钻头使用记录包括井号、钻头型号、钻井方式、钻头价格、钻头尺寸、钻头厂家、钻头磨损、下入井深、起出井深、地层代码、进尺、机械钻速、纯钻时间、钻压、转速、泵压以及泵排量等 17 项内容；所钻地层的岩石力学特性参数特征值记录包括 8 项岩石力学特性参数（分别为：无围压抗压强度、抗剪强度、硬度、内摩擦角、牙轮钻头岩石可钻性、PDC 钻头岩石可钻性、塑性系数以及泥质含量）的特征值，即最大值、最小值、平均值、标准差、变异系数、峰值个数以及地层厚度等 7 项指标数据。

通用选型方法流程如图 7–4 所示。若待钻井为第一口探井，没有任何可利用的邻井测井资料，这时有两种途径可实现对待钻层位的岩石力学性质进行评价：一是利用邻近区块的测井资料；二是利用地震资料。

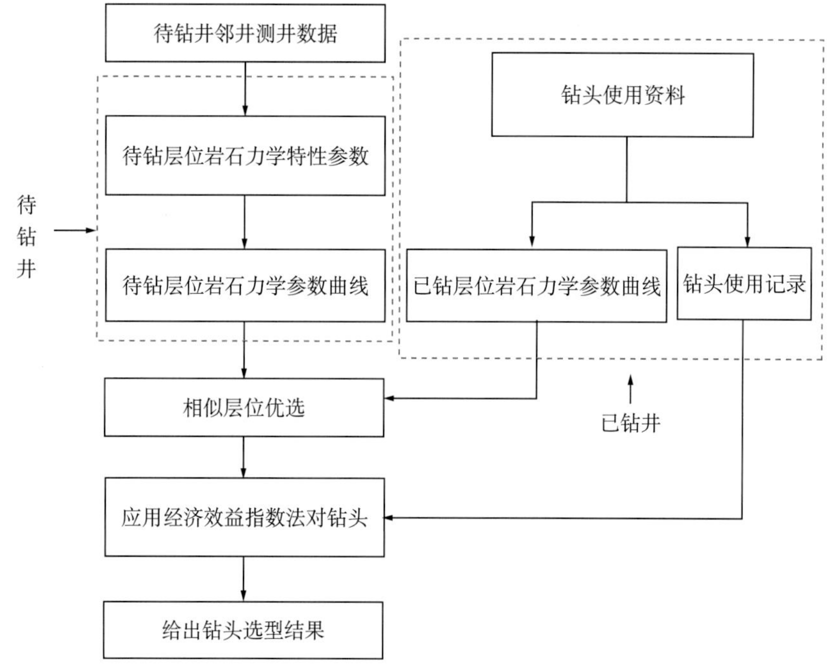

图 7–4　通用选型方法流程图

第四节　现场应用实例

一、肯吉亚克油田概况

肯吉亚克油田位于西哈萨克斯坦滨里海盆地东缘肯吉亚克构造带上，区域构造属于乌拉尔—恩巴盐丘构造带，是典型的以下二叠统孔谷阶（P1k）组盐丘为核心的穹隆短轴背斜[74]。近几年钻井实践表明，肯吉亚克油田地层具有以下特点：（1）地层孔隙压力系数高，在3700m左右技术套管下入前钻井液密度高达1.7～1.8g/cm^3；（2）地层岩性主要为泥岩、砂岩、石膏、盐岩、石灰岩和白云岩；（3）下部地层岩石的压实程度高，深部地层的泥岩、页岩和泥质砂岩在上覆岩层和高密度钻井液作用下，岩石变得硬且有塑性。这些地层特点严重制约了肯吉亚克油田机械钻速的提高，该油田历年平均机械钻速仅为0.92～1.63 m/h。为了提高钻井速度、缩短建井周期，开展了肯吉亚克油田地层抗钻特性评价及钻头选型、优化设计方面的研究。

二、肯吉亚克油田地层抗钻特性评价

对现场取回的岩心进行室内抗钻特性参数实验，实验结果见表7–3。利用这些实验数据，结合上述地层抗钻特性测井评价方法，建立了地层抗钻特性参数与地层测井参数之间的关系模型，并据此对肯吉亚克油田的地层抗钻特性进行了评价，评价结果如图7–5所示。

表7–3　地层抗钻特性室内测试结果（肯吉亚克油田）

序号	抗压强度（MPa）	硬度（MPa）	塑性系数	牙轮钻头可钻性级值	PDC钻头可钻性级值	内摩擦角（°）
1	93.73	1067.75	1.25	6.97	6.41	23.3
2	22.59	297.35	1.70	3.34	1.73	30.7
3	47.77	531.62	2.40	3.98	2.98	31.6
4	9.63	772.56	1.40	3.73	5.85	20.1
5	25.41	222.86	3.30	2.22	4.16	30.6
6	29.30	182.19	3.10	2.13	2.36	25.4
7	14.87	347.90	3.45	2.45	1.44	25.9
8	51.38	324.38	2.20	3.53	4.05	28.8
9	22.80	108.13	3.03	1.54	1.72	23.2
10	24.01	108.13	5.25	0.98	0.94	28.3

续表

序号	抗压强度（MPa）	硬度（MPa）	塑性系数	牙轮钻头可钻性级值	PDC 钻头可钻性级值	内摩擦角（°）
11	97.55	1639.92	1.27	8.81	10.87	38.1
12	45.94	463.86	2.97	3.62	2.62	33.2
13	98.03	783.92	1.20	5.72	6.20	36.9

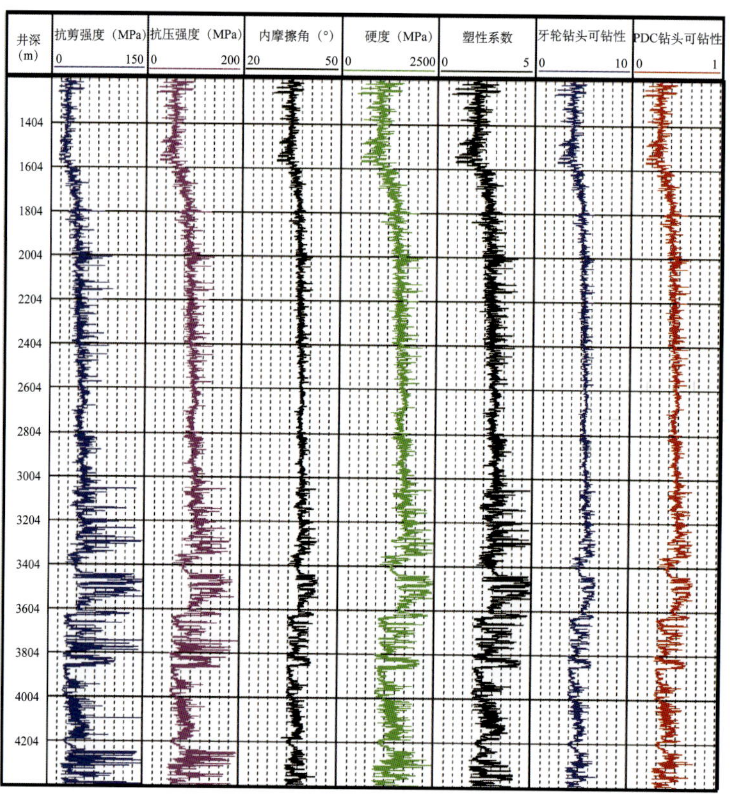

图 7–5　肯吉亚克油田地层抗钻特性评价结果

三、肯吉亚克油田钻头选型建议

钻井实践表明，对于地质上属于同一层段的地层，其所表现出来的钻井特性可能会有很大差异，因此，针对钻头选型工作，首先应该根据地层抗钻特性进行地层划分，然后再对各相应层位进行钻头选型工作。根据聚类分析理论和肯吉亚克油田地层抗钻特性评价结果，可将该区块按垂深划分为 1200～1600m、1600～3000m、3000～3700m、3700～4200 m 和 4200～4400m 5 个井段，这 5 个井段的地层抗钻特性有明显的不同。分别计算了这几个井段的抗钻特性参数统计值，结果见表7–4。根据上述结果，从钻头与地层适配性角度提出该油田的钻头选型建议，见表7–5。

表7–4　统计结果表

井段（m）	抗压强度（MPa）				内摩擦角（°）			
	最大值	最小值	平均值	不均质系数	最大值	最小值	平均值	不均质系数
第一层 1200～1600	98.07	20.86	58.16	0.21	38.49	29.48	33.68	0.04
第二层 1600～3000	143.13	51.96	95.37	0.13	41.49	34.17	37.01	0.03
第三层 3000～3700	189.41	60.12	110.26	0.23	43.90	34.97	39.01	0.05
第四层 3700～4200	193.01	53.58	119.49	0.23	46.86	34.22	39.25	0.04
第五层 4200～4400	198.39	45.99	125.08	0.25	47.71	33.35	39.56	0.05
第一层 1200～1600	1612.10	400.20	1030.80	0.18	3.21	0.68	1.98	0.19
第二层 1600～3000	2150.02	936.56	1571.70	0.11	4.20	1.77	2.90	0.11
第三层 3000～3700	2593.64	1066.20	1750.90	0.18	5.24	2.03	3.26	0.21
第四层 3700～4200	2448.68	962.78	1859.60	0.19	5.50	1.82	3.31	0.24
第五层 4200～4400	2697.22	838.96	1907.50	0.21	5.90	1.59	3.49	0.25
第一层 1200～1600	5.35	1.96	3.91	0.17	4.57	1.08	2.82	0.17
第二层 1600～3000	6.28	3.66	4.25	0.13	5.91	2.53	4.44	0.14
第三层 3000～3700	6.71	4.03	5.57	0.21	6.59	2.92	4.89	0.23
第四层 3700～4200	5.50	1.55	5.68	0.22	5.92	1.66	4.96	0.24
第五层 4200～4400	5.98	1.49	5.79	0.25	6.15	1.60	5.07	0.26

表7–5　肯吉亚克油田钻头选型建议

井段（m）	钻头尺寸（in）	钻头选型建议
1200～1600	$12^1/_4$	井深较浅，建议选用适用于钻中等强度地层的牙轮钻头

续表

井段（m）	钻头尺寸（in）	钻头选型建议
1600～3000	$12^1/_4$	（1）比较适合 PDC 钻头钻进，应选用有大直径 PDC 复合片、低密度布齿的 PDC 钻头，重点加强钻头的攻击性； （2）该井段容易井斜，注意防斜
3000～3700	$12^1/_4$	（1）该井段较深，该油田气候变化恶劣，由于牙轮钻头频繁起下钻，制约钻井周期，因此建议采用高效的 PDC 钻头复合钻井； （2）选用中高密度布齿、适合钻硬夹层的 PDC 钻头，同时应考虑钻头的保径功能，即应选择耐磨的钻头来钻进该地层； （3）重点加强钻头的抗冲击性、抗研磨性
3700～4200	$8^1/_2$	由于该段地层的强度、塑性较上一井段都有所增加，因此该井段还应加强 PDC 切削齿的吃入能力，以获得更好的机械钻速。其他建议同 3000～3700m 井段
4200～4400	$8^1/_2$	井段较短，建议选用适用于钻高强度、高研磨性地层的牙轮钻头

四、肯吉亚克油田钻头选型方案

根据该油田地层划分结果，应用效益指数法对该油田各层位所收集到的钻头的使用情况进行评价，评价结果见表 7–6。

表 7–6　肯吉亚克油田钻头评价结果

井段（m）	地质层位	钻头尺寸（in）	钻头型号	综合评价值
1200～1600	上二叠统 P2	$12^1/_4$	HJ517	6.315
			HJ517G	5.199
			SHT22R–1	4.305
1600～3000	上二叠统 P2	$12^1/_4$	JEG536	6.080
			BD536P	2.856
			BD536	2.244
3000～3730	上二叠统 P2 孔古阶 P1k	$12^1/_4$	G407	0.966
			BD536	0.539
			G445DP	0.438
			HJ517G	0.377
3700～4200	阿尔琴阶 P_1a 萨克马尔阶 P_1s 阿塞利阶 P_1as	$8^1/_2$	BD536P	0.572
			JEG535	0.544
			G445DP	0.438
			HJT517GL	0.415
4200～4400	石炭系 C	$8^1/_2$	HJ517GL	2.294
			FJT517G	1.023
			HJT517GL	0.675

由表 7–6 可知，各井段使用效果最好的钻头型号分别是 HJ517、JEG536、G407、BD536P 和 HJ517GL，建议在相应井段优先选用这些型号的钻头。

五、肯吉亚克油田钻头优化设计及应用实效

实际工作中，本研究优选出的这些钻头仍然不能满足肯吉亚克油田提高机械钻速的要求。因此，依据本研究成果对优选出的钻头进行了设计改进，优化设计方案见表 7–7 至表 7–10。结合钻头生产厂家，加工制造了四只 PDC 钻头。现场试验结果表明，这四只 PDC 钻头在肯吉亚克油田取得了良好的钻进效果，其平均机械钻速均比邻井同井段提高了 50% 以上，具体数据见表 7–11。

表 7–7　不同井段 PDC 钻头切削齿齿前角的设计方案

井段（m）	钻头尺寸（in）	齿前角优化结果（°）	综合确定后的齿前角
1600～3000	$12^1/_4$	−18～15	考虑地层硬塑性，取 −10°
3000～3700	$12^1/_4$	−18～0	考虑地层硬塑性与不均质性，取 −18°
3700～4200	$8^1/_2$	−18～0	考虑地层硬塑性与不均质性，取 −18°

表 7–8　肯吉亚克油田不同井段相应的 PDC 钻头冠部形状参数

井段（m）	钻头尺寸（in）	内锥角（°）	冠部圆弧半径（mm）
1600～3000	$12^1/_4$	15	70
3000～3700	$12^1/_4$	20	50
3700～4200	$8^1/_2$	20	45

表 7–9　肯吉亚克油田不同井段 PDC 钻头相关结构参数

井段（m）	钻头尺寸（in）	刮刀数	侧转角（°）	复合尺寸（mm）	保径长度（mm）	刀翼形状
1600～3000	$12^1/_4$	5	0	19	60	小螺旋
3000～3700	$12^1/_4$	6（单双排）或 7	0	16（13）	60	小螺旋
3700～4200	$8^1/_2$	6（单双排）或 7	0	13	45	小螺旋

表 7–10　肯吉亚克油田不同井段 PDC 钻头水力参数

井段（m）	钻头尺寸（in）	喷嘴数	喷嘴当量直径（mm）	过流面积（mm^2）	钻头压降（MPa）
1600～3000	$12^1/_4$	7	32	800	3.3
3000～3700	$12^1/_4$	8	35	960	3
3700～4200	$8^1/_2$	6	26	530	2.5

表 7–11　现场试验结果数据

序号	井号	钻头型号	井段		进尺（m）	机械钻速（m/h）	邻井平均钻速（m/h）
			入井（m）	出井（m）			
1	8032	$12^1/_4$in BD–506GWD	1584	2426	842	4.15	2.33
2	8065	$12^1/_4$in BD–506GWD	1485	2135	650	3.97	2.33
3	8045	$8^1/_2$in BD406GWD	3850	3970	120	1.28	0.83
4	8045	$8^1/_2$in BD407GWD	3970	4070	100	1.30	0.83

参考文献

[1] 楼一珊，陈恩强，张厚美 . 利用测井资料计算岩石可钻性的研究及应用 [J]. 钻采工艺，1997，20（3）：14–16.

[2] 张辉，高德利 . 钻头选型方法综述 [J]. 石油钻采工艺，2005，27（4）：1–5.

[3] 张辉，高德利 . 钻头选型通用方法研究 [J]. 石油大学学报，2005，29（6）：45–49.

[4] 田军，陈德光 . 利用测井资料预测地层岩石可钻性 [J]. 石油钻采工艺，1994，16（3）：1–4，20.

[5] 路保平，张传进 . 用测井资料求取钻井基础数据的方法 [J]. 石油钻采工艺，1997，19（1）：10–16.

[6] 陆敬安，李舟波 . 测井曲线的自相似性研究 [J]. 测井技术，1996，20（6）：422–427.

[7] 张传进，路保平，鲍烘志，等 . 利用测井资料优选钻头类型技术方法 [J]. 钻采工艺，1997，20（3）：10–13.

[8] 张辉，高德利 . 新探井岩石可钻性钻前预测方法研究 [J]. 岩石力学与工程学报，2005，24（Supp.1）：4755–4759.

[9] 冯德益 . 地震波理论与应用 [M]. 北京：地震出版社，1988：60–96.

[10] 黄玉康 . 综合利用地震、测井资料评价地层特性及钻头选型研究 [D] . 北京：石油大学（北京）：2002.

[11] 薛亚东，高德利．基于人工神经网络的实钻地层可钻性预测 [J]. 石油钻采工艺，2001，23（1）：26–27.

[12] Zhang Hui，Gao Deli. Prediction of Un–Drilled Formation Pore Pressure with Grey Theory and BP Neural Network[C]. Shaoxing，China：Asia Pacific Symposium on Safety 2005，Dec. 2–4，2005：609–613.

[13] 张辉，高德利 . 钻井岩性实时识别方法研究 [J]. 石油钻采工艺，2005，27（1）：13–15.

[14] 谢和平 . 分形－岩石力学导论 [M]. 北京：科学出版社，1996：1–300.

[15] 高峰，谢和平 . 岩石损伤和破碎相关性的分形分析 [J]. 岩石力学与工程学报，1999，18（5）：497–502.

[16] 单晓云，李占金 . 分形理论和岩石破碎的分形研究 [J]. 河北理工学院学报，2003，25（2）：11–17.

[17] 高峰，谢和平，赵鹏 . 岩石块度分布的分形性质及细观结构效应 [J]. 岩石力学与工程学报，1994，13（3）：240–246.

[18] Wang Jinan，Xie Heping. Fractal Properties of Rock Fracture Surfaces[J]. Journal of Coal Science &Engineering，1996，2（1）：16–23.

[19] Julio C Hlebszevitsch，Eduardo Breda. A Fractal Model for the Vertical Distribution of Sands in the Perales Oil Fields in the Basin of Golfo San Jorge（Argentina）[C]. SPE 69541，2011.

[20] Faruk Civan.Fractal Formulation of the Porosity and Permeability Relationship Resulting in A Power–Law Flow Units Equation–A Leaky–Tube Model[C]. SPE 73785，2002.

[21] 李功伯，徐小荷 . 矿岩粉碎颗粒分形结构与粉碎能耗的关系 [J]. 金属学报，1993，29（2）：B54–B59.

[22] 刘顺生，郑强 . 砾岩的粒度分形特征及在克拉玛依油田的应用 [J]. 新疆石油地质，1998，19（3）：231–232.

[23] 孙博玲 . 分形维数及其测量方法 [J]. 东北林业大学学报，2004，32（3）：116–119.

[24] 马新仿，张士诚，郎兆新 . 储层岩石空隙结构的分形研究 [J]. 中国矿业，2003，12（9）：46–48.

[25] 马新仿，张士诚，郎兆新 . 用分形方法研究水驱前后岩石的孔隙结构 [J]. 新疆石油地质，1999，21（4）：240–241.

[26] Li Kewen. Theoretical Development of the Rooks–Corey Capillary Pressure Model from FractalModeling of Porous Media[C]. SPE 89429，2004.

[27] Li Kewen. Generalized Capillary Pressure and Relative Permeability Model Inferred from Fractal Characterization of Porous Media[C]. SPE 89874，2004.

[28] 何琰，吴念胜 . 确定孔隙结构分形维数的新方法 [J]. 石油实验地质，1999，21（4）：372–375.

[29] 张卫东，葛洪魁，唐治平，等 . 疏松砂岩储层粒度分形分布研究及应用 [J]. 石油钻探技术，2003，31（6）：20–22.

[30] 贺伟，钟孚勋，贺承祖，等 . 储层岩石孔隙的分形结构研究和应用 [J]. 天然气工业，2000，20（2）：67–70.

[31] 李云省，邓鸿斌，吕国祥 . 储层微观非均质性的分形特征研究 [J]. 天然气工业，2002，22（1）：37–40.

[32] 谢学斌，潘长良 . 排土场散体岩石粒度分布与剪切强度的分形特征 [J]. 岩土力学，2004，25（2）：287–291.

[33] Zhang Hui，Gao Deli，Liu Dongtao，et al. Experimental Studies of Rock Abrasiveness Using a Fractal Approach[J]. International Journal of Rock Mechanics & Mining Sciences，2012，54：37–42.

[34] 陈德光，田军，孙颖 . 钻井岩石力学特性预测及应用系统的开发 [J]. 石油钻采工艺，1995，17（5）：12–16.

[35] 张辉，高德利 . 钻头下部未钻开地层的可钻性预测新方法 [J]. 石油学报，2006，27（1）：97–100.

[36] 熊敏 . 支持向量机及其在提高采收率潜力预测中的应用 [J]. 数学的实践与认识，2004，34（5）：47–52.

[37] 张林，刘先珊，阴和俊 . 基于时间序列的支持向量机在负荷预测中的应用 [J]. 电网技术，2004，28（19）：38–41.

[38] 高德利，张辉，潘起峰，等 . 流花油田地层岩石力学参数评价及钻头选型技术 [J]. 石油钻采工艺，2006，28（2）：1–3.

[39] 白萍萍，步玉环，李作会 . 钻头选型方法的现状及发展趋势 [J]. 西部探矿工程，2013，25（11）：79–82.

[40] Ali Al–Saleh. Bit Optimization in KuWait[C]. SPE 57552，1999.

[41] 杨进，高德利 . 一种钻头选型新方法研究 [J]. 石油钻采工艺，1998，20（5）：38–40.

[42] 樊顺利，郭学增 . 用比能法评判钻头 [J]. 石油钻采工艺，1993，15（2）：20–24.

[43] 王越之 . 用灰色聚类法评选钻头类型 [J]. 石油钻采工艺，1991，4（1）：19–24.

[44] 张辉，陈庚绪 . 基于改进灰色聚类的钻头优选新方法及其应用 [J]. 石油机械，2013，41（2）：20–23.

[45] 张辉，高德利 . 用主成分投影法评价和优选钻头 [J]. 石油钻探技术，2006，34（1）：39–41.
[46] 于润桥 . 用“综合指数”方法选择钻头类型 [J]. 石油钻探技术，1993，21（3）：46–50.
[47] 王俊良，刘明 . 用灰色关联分析评价和优选钻头 [J]. 石油钻采工艺，1994，16（5）：14–18.
[48] 杨进，李文武，高德利 . 灰关联聚类在钻头选型中的应用 [J]. 石油钻采工艺，1999，21（4）：48–52.
[49] 毕雪亮，阎铁，张书瑞 . 钻头优选的属性层次模型及应用 [J]. 石油学报，2001，22（6）：82–85.
[50] 樊顺利，郭学增 . 牙轮钻头的模糊综合评判 [J]. 石油钻采工艺，1994，16（3）：12–16.
[51] 周德胜，姜宁文 . 为钻头选型的地层模糊聚类研究 [J]. 西南石油学院学报，1994，16（4）：74–78.
[52] 邹德永，陈永红 . 利用声波时差资料确定岩石可钻性的研究 [J]. 石油钻采工艺，1996，18（6）：27–30.
[53] 葛洪魁，宋丽莉，林英松，等 . 岩屑波速及微硬度测试的初步研究 [J]. 石油钻探技术，2002，30（2）：1–3.
[54] 邹德永，程远方，刘洪祺 . 岩屑声波法评价岩石可钻性的试验研究 [J]. 岩石力学与工程学报，2004，23（14）：2439–2443.
[55] 李士斌，艾池 . 牙轮钻头可钻性极值的确定方法 [J]. 大庆石油学院学报，1999，23（3）：89–90.
[56] Mason K L.Three–Cone Bit Selection WithSonic Logs[C]. SPE 13526，1987.
[57] Zhang Hui，Liu Wensheng，Gao Deli，et al. A New Approach to Predict PDC Bit Life under the Action of Dynamic Load[J]. Electronic Journal of Geotechnical Engineering，2013，18：5257–5267.
[58] Spaar J R，Ledgerwood L W.Formation Compressive Strength Estimates for Predicting Drillability and PDC Bit Selection[C]. SPE/IADC 29397，1995.
[59] Falcao J L，Maidla E E. PDC Bit Selection through Cost Prediction Estimates Using Crossplots and Sonic Log Data[C]. SPE/IADC 25733，1993：525–534.
[60] Boud D F. The Optimisation of PDC Bit Selection Using Sonic Velocity Profiles Present in the Timor sea[C]. Offshore South–East Asia Conference. OSEA 90158，1990.
[61] Carlos，Fernado.PDC Bit Selection Method Through the Analysis of Past Bit Performance[C]. SPE 21073，1990.
[62] V.Uboldi，L.Civolani，F.Zausa. Rock Strength Measurement on Cutting as Input Data for Optimizing Drill Bit[C]. SPE 56441，1998.
[63] Mensa–Wilmot G，Calhoun B. PDC Bit Durability–Defining the Requirements，Vibration Effects，Optimization Medium，Drilling Efficiencies and Influences of Formation Drillability[C]. SPE 63249，2000.
[64] 幸雪松，楼一珊 . 一种 PDC 钻头选型新方法研究 [J]. 钻采工艺，2004，27（2）：21–22.
[65] Robert T Fabian，Ronald Birch. Canadian Application of PDC Bits Using Confined Compressive Strength Analysis[C]. CADE/CAODC Spring Drilling Conference，April 19–21，1995.
[66] Spaar J R，Ledgerwood L W. Formation Compressive Strength Estimates for Predicting Drillability and PDC Bit Selection[C]. SPE/IADC 29397，1995.
[67] 朱海燕，祝效华，刘清友 . PDC 钻头选型方法研究 [J]. 矿山机械，2008，36（21）：14–17.
[68] 邹德永 . 新型 PDC 钻头切削齿的发展 [J]. 石油钻探技术，2003，31（3）：4–6.
[69] 邹德永，王瑞和 . PDC 钻头的岩石研磨性试验研究 [J]. 石油大学学报，2003，27（2）：41–43.

[70] 阎铁，刘春天，毕雪亮，等．人工神经网络在大庆深井钻头优选中的应用 [J]. 石油学报，2002，23（4）：102–106.

[71] 张立明．人工神经网络的模型及其应用 [M]. 上海：复旦大学出版社，1992：32–51.

[72] 冯定．神经网络在钻头选型中的应用研究 [J]. 石油钻探技术，1998，26（1）：43–45.

[73] 潘起峰，高德利．利用地层综合系数法评价及优选钻头 [J]. 石油钻探技术，2003，31（5）：36–38.

[74] 代大良，张辉，高德利，等．肯吉亚克油田地层评价及钻头选型研究 [J]. 石油天然气学报（江汉石油学院学报），2009，31（3）：333–335.

第八章　复杂井测试管柱力学与安全控制技术

本章以复杂油气井完井测试管柱受力变形计算为主线，考虑温度、压力、井下工具、测试工艺等诸多因素的综合影响，介绍了测试管柱力学行为与安全控制的基本研究思路。结合复杂井测试工艺流程，提出了基于测试作业工况和载荷变化方式的测试管柱力学计算方法，强调必须根据作业步骤、载荷变化顺序和时效来判断测试安全的关键控制节点，力求测试管柱力学分析结果的实用性。针对高温高压井两种典型的测试管柱结构，介绍了伸缩节、封隔器、配重钻铤、温度时效等注意事项和力学计算方法，并进行了案例分析。对于海洋深水条件下的油气井，以泥线以上测试管柱平台张力优化为例，介绍了测试管柱力学综合分析方法，并对海底井口附近测试管柱的局部安全性进行了评估分析。

第一节　概　　述

油气井测试，作为产前评价的重要施工步骤，尽管作业时间相对较短，但是对于后续生产决策具有重大意义。就测试施工作业本身而言，工艺的复杂性、工具的多样性、设计参数数量、操作控制手段以及获取信息的方式和数量，都不亚于其他作业[1]。

早期测试，由于工具限制，工艺相对简单，只能完成常规井测试[2]。随着技术进步，井下工具、施工工艺不断改进。从 20 世纪 80 年代末开始，海上高温高压井、深水测试技术逐渐走向成熟[3]。本章将高温高压井、深水井、高产气井、含有毒有害物质井及存在其他异常问题的油气井笼统称为复杂井，其中高温高压井和深水井最具代表性。复杂井测试工艺的最大特点是采用全通径管柱，井口封闭，井下工具通过压力等级控制进行开关，从而控制作业进程。

测试过程中，井下工具的功能实现、流体压力及流动的控制等都要靠管柱作为载体，同时由于复杂井对工具及操作参数精度的要求高，管柱本身又很长，温度、压力变化会导致管柱轴向伸缩量或轴向力产生明显变化，影响测试成功率。另外，产物性质、井筒条件、地面条件、井下工具等参数变化多样，又要求管柱尺寸、钢级等相应变化。因此，为了保证测试施工作业顺利完成，有必要进行测试管柱的力学分析与安全性评价[4-7]。

高温高压井、深水井完井测试，管柱结构复杂，控制参数多，意外事故后果严重，因此这两类井测试管柱的力学分析是本章的讨论重点。高温高压井以结合工艺和工具的管柱轴向力、轴向变形、强度计算分析为主。深水井泥线以下管柱结构及力学分析方法与陆上高温高压井相似，泥线以上管柱结构和井筒条件比较有特点，管柱力学分析应考虑平台张力、隔水管弯曲、水下测试树等特殊因素的影响[2]。

复杂井测试管柱力学分析不再是简单的中性点判断、强度校核或施工参数确定，而是将温度、压力、井下工具、测试工艺等诸多因素结合在一起，确保测试安全设计、安全施工的纽带。本章作者从“九五”开始在测试管柱力学分析方面进行了长期研究工作，承担了国家“863”项目、国家“973”项目、国家重点示范工程项目及多项横向课题的相应研究任务，涉及超深井、高温高压井、高含有毒有害气体井、深水超深水井。随着经验的积累，对测试管柱力学分析内容和方法有了较为深刻的认识。早在2001年，笔者就提出了基于作业工况和载荷变化方式的测试管柱力学分析方法[8]，将管柱力学分析与测试工艺设计、井下工具选择和测试流程控制紧密结合，注重安全分析的全面性和实用性。

由于篇幅有限，本章重点讨论测试管柱的基本计算方法，并进行了案例分析，而对于一口实际井的测试管柱力学行为，应该根据具体情况进行具体分析。本章第二节对复杂井测试管柱的组成结构、受力变形特点和基本计算方法进行了分析；第三节针对高温高压井，分析测试作业关键工况作业方式及管柱受力变形特点，讨论关键工具及载荷对管柱受力变形计算的影响，最后通过实例给出了可回收封隔器管柱、永久性封隔器管柱计算结果与安全控制方法分析；第四节针对海洋深水条件下的油气井，分析了泥线以上测试管柱结构与受力变形特点，围绕泥线以上管柱安全性，对泥线附近测试管柱局部变形进行了建模分析，研究了平台张力选取方法，并讨论了井口压力和隔水管柔性接头转角的限制条件；最后，笔者对复杂井测试管柱力学与控制技术进行了简要总结与展望。

第二节　复杂井测试管柱基本力学问题

测试高温高压井和深水井，为了保证整个测试过程安全、可控，必须对地面流程管汇、井下测试工具和管柱进行安全分析，尤其是测试管柱必须进行受力变形定量计算。

复杂井测试需要压力控制操作，管柱入井安装完成后，管柱的受力与变形情况就无法实时观测和调整，只能根据管柱坐挂安装时的初始条件，结合后续井口压力、井口温度、流量及流体密度等数据变化进行推算[9]。一旦推算不准确，极有可能导致管柱永久性螺旋屈曲、密封失效以及测试工具失效等意外事故，造成巨大的经济损失。

一、测试管柱的结构与受力变形特点

1. 测试管柱的结构及工艺特点

复杂井测试大多采用压力控制式套管测试工艺。为了实现压力控制，管柱上端坐挂于封闭的井口，管柱下部有封隔器，油套环空的压力由测试液密度和地面专用管线实时控制。井下的测试阀、循环阀等主要工具靠环空压力等级控制，射孔枪激发由油管内压力变化来控制。工艺管柱结构从轴向伸缩补偿及控制角度可分为三种：一是自伸缩补偿式；二是永久性封隔器配密封插管；三是可回收封隔器配伸缩短节，如图8–1所示。

三种管柱都带有射孔枪，这也是复杂井测试普遍采用的联作方式。

图8–1（a）为自伸缩补偿式管柱结构，管串整体硬连接，封隔器为可回收式。

图8–1（b）中插入密封管穿过封隔器（及密封延长筒），可以轴向滑动。有时封隔器

单独提前下入坐封，下面的射孔枪等工具在管柱下入时穿过封隔器，此时对工具的尺寸要求严苛。为了使用威力较大的射孔枪，有时将射孔枪与封隔器连接并提前下入，然后再下插入密封管及上部的主管柱。随着工具性能的提高，可以选择一趟管柱作业，即主管柱携带封隔器及射孔枪同时下入，封隔器坐封后与主管柱解锁脱离，插入密封管可以在封隔器中相对滑动。

图 8–1（c）中管柱与封隔器硬连接，封隔器上面配有伸缩短节，用于补偿管柱的轴向变形。

图 8–1（c）是深水井最常用的测试管柱结构，深水井中以悬挂器为界，泥线以下管柱与陆上基本相同。深水中也常使用永久式封隔器工艺管柱，但未见使用图 8–1（a）所示管柱实例。图 8–1（c）中给出了深水测试管柱结构的泥线以上部分。

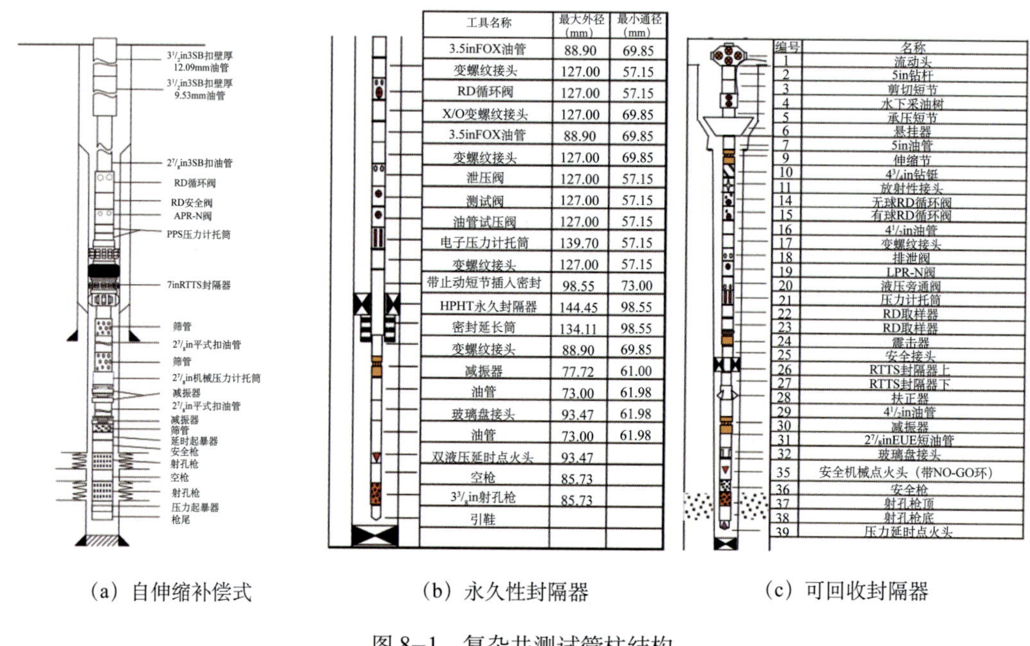

工具名称	最大外径（mm）	最小通径（mm）
3.5inFOX油管	88.90	69.85
变螺纹接头	127.00	57.15
RD循环阀	127.00	57.15
X/O变螺纹接头	127.00	69.85
3.5inFOX油管	88.90	69.85
变螺纹接头	127.00	69.85
泄压阀	127.00	57.15
测试阀	127.00	57.15
油管试压阀	127.00	57.15
电子压力计托筒	139.70	57.15
变螺纹接头	127.00	57.15
带止动短节插入密封	98.55	73.00
HPHT永久封隔器	144.45	98.55
密封延长筒	134.11	98.55
变螺纹接头	88.90	69.85
减振器	77.72	61.00
油管	73.00	61.98
玻璃盘接头	93.47	61.98
油管	73.00	61.98
双液压延时点火头	93.47	
空枪	85.73	
$3\frac{3}{8}$in射孔枪	85.73	
引鞋		

编号	名称
1	流动头
2	5in钻杆
3	剪切短节
4	水下采油树
5	承压短节
6	悬挂器
7	5in油管
9	伸缩节
10	$4\frac{3}{4}$in钻铤
11	放射性接头
14	无球RD循环阀
15	有球RD循环阀
16	$4\frac{1}{2}$in油管
17	变螺纹接头
18	排泄阀
19	LPR-N阀
20	液压旁通阀
21	压力计托筒
22	RD取样器
23	RD取样器
24	震击器
25	安全接头
26	RTTS封隔器上
27	RTTS封隔器下
28	扶正器
29	$4\frac{1}{2}$in油管
30	减振器
31	$2\frac{7}{8}$inEUE短油管
32	玻璃盘接头
35	安全机械点火头（带NO-GO环）
36	安全枪
37	射孔枪顶
38	射孔枪底
39	压力延时点火头

（a）自伸缩补偿式　（b）永久性封隔器　（c）可回收封隔器

图 8–1　复杂井测试管柱结构

2. 典型结构安全性控制原理及力学问题

复杂井测试管柱连接的井下工具种类繁多，包括射孔枪、减振器、封隔器、安全接头、震击器、取样器、温压记录仪、测试阀、循环阀、伸缩短节等。井下控制方式包括流体压力控制（如射孔、开关测试阀及循环阀、剪断销钉等）、机械力控制（如坐封、解封封隔器），有时还要用震击器对封隔器进行解卡。测试过程中油管温度、管内压力大幅度变化，导致油管受力变形，涉及的力学问题自然比较多，最主要的力学问题是管柱轴向力与轴向变形的计算与控制。

图 8–1（a）所示管柱结构中，封隔器坐封需要下放管柱重量来实现，如果封隔器上面

没有配重管柱（钻铤或钻杆），则需要计算井口下放重量与封隔器得到的轴向压力之间的对应关系，因为管柱会发生螺旋屈曲甚至自锁，导致封隔器坐封力不足。封隔器坐封后，还要计算管柱坐挂井口时的提拉力，拉力过大会导致后续作业过程中封隔器受拉解封，拉力过小又可能导致油管下部出现永久性螺旋屈曲。如果不能得到合理的坐挂力，则需要改变管柱结构，增加配重钻铤或采用伸缩补偿措施。

图 8–1（b）所示的永久性封隔器，靠密封管上下移动来平衡管柱的轴向伸缩。主要计算管柱的轴向伸缩量，得到插入密封管最小长度，并确定密封管初始插入长度。最理想的设计是在整个测试过程中，密封不会失效且密封管总能自由滑动，即在管柱缩短时不会从封隔器中拔出，在管柱伸长时止动台阶不下压封隔器。如果插入密封管长度不足，则选择止动台阶下压封隔器，杜绝密封管从封隔器中拔出。值得注意的是，即使密封管总能上下自由滑动，油管也会发生螺旋屈曲。

图 8–1（c）中管柱的轴向伸缩由伸缩短节来平衡，伸缩节一般位于封隔器上面 150～200m。伸缩节下面为配重钻铤，保证管柱下压封隔器，维持坐封状态。伸缩节上面为主管柱，轴向伸缩主要发生在主管柱。需要计算主管柱的伸缩量，确定需要使用的伸缩节数量，并设定初始时刻伸缩节张开状态。最理想的设计是在整个测试过程中，伸缩节套筒总能自由滑动。即在管柱缩短时不会上提配重管柱，在管柱伸长时不会下压配重管柱。如果伸缩节提供的补偿长度不足，则选择下压配重管柱，防止上提配重管柱。

在管柱强度方面，需要考虑的是管柱抗拉强度、抗内压强度和管柱的永久性螺旋变形问题。使用可回收封隔器时要考虑管柱上提解封封隔器及封隔器遇卡时的附加拉力。

3. 测试管柱的受力与变形特点

对于确定的测试管柱，影响受力与变形的外界因素包括重力、管内外流体压力、流体流动黏滞力、温度、顶部悬挂力、底部封隔器处约束方式、操作顺序等。这些因素共同作用，使管柱的力学分析与计算非常复杂，主要表现为：

（1）多种效应并存。管柱除常规的温度效应、膨胀效应、屈曲效应、活塞效应及重力效应外，还有流体流动黏滞力。

（2）螺旋变形具有重要作用。以前的管柱力学计算，把螺旋屈曲的影响简单地理解为使管柱轴向缩短。与其他因素相比，螺旋屈曲直接引起的管柱轴向缩短量很小，以致有人认为可以忽略掉螺旋变形影响。实际上，螺旋屈曲对管柱的影响主要体现在屈曲后管柱与井壁接触产生摩阻，从而改变管柱轴向力分布。

（3）每口井的工具和操作步骤各不相同。不同的井，深度、压力、产物性质等不同，因而测试管柱组成、操作参数不一样。管柱结构变化，给轴向力和强度分析带来许多变数。

（4）管柱受力与变形只能预测，无法实时观测。从管串下入井中开始，管串的受力与变形情况就不可能实时观测，而只能通过井口压力、温度、流量等进行预测。

（5）轴向力—轴向变形的协调性。复杂井井下测试工具的动作主要靠流体压力变化来实现，管柱在井口悬挂器处固定。另外，封隔器位置是固定的，因而管柱的伸缩及轴向力的变化受这两个固定点限制，计算时必须时时参照。

二、测试管柱的受力与变形基本计算模型

测试管柱力学分析的最重要内容是管柱轴向力、轴向变形和弯曲变形计算。算准这三个方面，就可以优化管柱，优选井下工具，设定测试控制参数。对于复杂井测试管柱，需要合理使用下面的基本计算模型。

1. 测试管柱等效轴向力计算模型

由于液压作用，管柱的轴向力需要考虑有效力和真实力。如果没有考虑二者区别，或是使用不当，会造成混乱。一般在计算管柱屈曲、管柱与井壁接触力时用到所谓的等效轴向力[10, 11]。

以直井为例，以井口（或封隔器）为坐标原点，沿井眼轴向建立坐标，轴向力以拉力为正。设任意位置 x 处油管横截面真实轴向力为 F_a（单位：kN），则等效轴向力（单位：kN）为：

$$F_f(x) = -F_a(x) - p_o(x)A_o + p_i(x)A_i \tag{8-1}$$

式中 p_i——油管内流体压力，MPa；

p_o——油管外流体压力，MPa；

A_i——油管内圆截面积，m^2；

A_o——油管外圆截面积，m^2。

2. 测试管柱临界屈曲、后屈曲特性计算模型

有些情况下，测试管柱存在严重的螺旋屈曲，螺旋屈曲不仅会引起管柱轴向缩短，还会引起管柱与井壁摩擦力，制约管柱轴向力分布[12, 13]。根据现有资料，推荐管柱在直井中屈曲临界力采用如下公式计算。

平面屈曲临界力：

$$F_{fcr} = 2.55\sqrt[3]{EIq^2} \tag{8-2}$$

螺旋屈曲临界力：

$$F_{fhel} = 5.55\sqrt[3]{EIq^2} \tag{8-3}$$

式中 q——油管有效线重量，kN/m；

EI——油管抗弯刚度，$kN \cdot m^2$。

一旦管柱段等效轴向力大于屈曲临界值，则不论真实轴向力是压力还是拉力，都会发生屈曲。测试过程中，管柱屈曲段很长，端部边界条件对变形的影响可以适当简化，在计算时可以只考虑螺旋屈曲管柱段。

螺旋屈曲使管柱轴向缩短：

$$d(\Delta x)_{\text{hel}}=\frac{F_{\text{f}}r^{2}}{4EI}\Delta x \tag{8-4}$$

螺旋屈曲引起管柱与井壁接触力：

$$h=\frac{rF_{\text{f}}^{2}}{4EI} \tag{8-5}$$

式中　r——环隙，m；

Δx——油管微段长度，m。

以上两式只适用于等效轴向力大于螺旋屈曲临界值的管柱段。

在下放悬重坐封封隔器时，需要计算下放重量与封隔器受力之间的关系。不失一般性，取封隔器为坐标原点，向上为正，则封隔器以上油管等效轴向力计算公式为[14]：

$$F_{\text{f}}=\frac{\sqrt{q}\left(\text{e}^{-2\sqrt{qa}\cdot x+c}-1\right)}{\sqrt{a}\left(\text{e}^{-2\sqrt{qa}\cdot x+c}+1\right)} \tag{8-6}$$

其中：

$$c=\ln\frac{\sqrt{q}+\sqrt{a}F_{0}}{\sqrt{q}-\sqrt{a}F_{0}},\quad a=\frac{\mu r}{4EI}$$

式中　q——油管有效线重量，kN/m；

μ——摩擦系数；

F_0——封隔器处油管等效轴向力，kN。

需要注意的是，式（8–6）只适用于初始下放管柱。

3. 膨胀效应与活塞效应计算模型

管柱内外液体压力会引起轴向应变，即所谓管柱膨胀效应，通用公式为[15，16]：

$$\varepsilon_{\text{z}}=\frac{2\nu}{E}\cdot\frac{p_{\text{o}}R^{2}-p_{\text{i}}}{R^{2}-1} \tag{8-7}$$

式中　ν——泊松比；

R——管柱外径与内径之比；

E——管柱弹性模量，kN/m^2；

ε_{z}——轴向应变。

在油管变截面处，流体压力会引起轴向力突变，形成活塞力。活塞力的计算公式为：

$$F_{\text{v}}=p_{\text{o}}(A_{\text{o2}}-A_{\text{o1}})-p_{\text{i}}(A_{\text{i2}}-A_{\text{i1}}) \tag{8-8}$$

式中　A_{o1}、A_{o2}、A_{i1}、A_{i2}——相邻两段管柱的外横截面面积和内横截面面积，m^2。

此公式同样适用于管柱端部和流动控制工具（如关闭的测试阀、投球憋压球座等）。由活塞力引起的管柱轴向力、轴向变形和工具受力的变化，即为活塞效应。在测试过程中，油管内外压力的变化比较大，因此活塞效应非常明显。

4. 管柱轴向力引起的伸缩

管柱横截面真实轴向力 F_a 引起的轴向应变计算式为：

$$\varepsilon_{F_a}=\frac{F_a}{EA_c} \tag{8-9}$$

其中：

$$A_c=A_o-A_i$$

式中 A_c——油管净截面积，m^2。

5. 温度效应

设油管任一位置温度升高 ΔT，其引起的应变为：

$$\varepsilon_T=\alpha\Delta T \tag{8-10}$$

式中 α——油管线热胀系数，℃ $^{-1}$。

如果温度变化不均匀，则需分段计算。

以上为测试管柱受力变形最基本的计算公式。此外，还有流动引起的管柱轴向力和变形等，在此从略。确定管柱轴向力、弯曲变形后，可进行各项强度校核。

三、测试管柱受力与变形分析方法

高温高压井、深水井测试通常是一趟管柱射孔—测试联作，而且至少要经历射孔—开井放喷—关井恢复压力过程，然后压井起钻。其间管柱的温度和内外流体压力发生明显变化，使管柱轴向力和轴向变形发生变化。从管柱坐挂井口开始，后续管柱轴向力如何分布，轴向变形如何发展，都要根据温度、压力的变化推测。抛开温度、压力本身的精度，单就温压引起的轴向力、轴向变形变化，就需要一套独立的科学计算流程，本章称为基于作业工况的管柱力学计算方法。该方法需要从如下思路进行分析：

(1) 确定初始管柱力学状态。记录管柱坐挂于井口时管柱上端的拉力，进而推断管柱轴向力分布；记录管柱温度分布、管内外流体压力分布；如果使用了永久性封隔器、伸缩短节，且确认连接销钉已经剪断，则记录密封插管插入长度、伸缩节拉开位置状态；如果确认连接销钉没有剪断，则记录密封插管、伸缩节开启位置设置及相应的销钉剪切力；记录封隔器受力状态。这些数据将成为后续计算的初始条件。

(2) 计算关键作业步骤管柱的力学状态。根据管柱温度、压力、流动阻力等参数的变化，计算管柱新的轴向力分布和轴向变形状态以及封隔器受力状态。这里还需要根据管柱结构分别处理：结构一，没有采取使用伸缩节、密封插管等轴向变形补偿措施，则直接根据轴向力—轴向变形协调关系计算；结构二，使用 RTTS 封隔器配伸缩短节，计算伸缩节张开状态，在销钉依然没有剪断时按结构一处理，如若伸缩短节销钉剪断且处于全张开或全收缩状态，则需要继续精确计算；结构三，永久式封隔器配密封插管，计算插管插入长度，在销钉依然没有剪断时按结构一处理，如若销钉剪断且密封管已经全部插入，则需要继续精确计算。

一般情况下，按上述方法进行测试管柱力学分析，可以得到满意的计算结果。但是也有一些例外，例如，如果在初始阶段或中间作业步骤中管柱已经处于屈曲状态，或井斜明显，则由于管柱与井壁摩擦力的存在，应将每一个作业步骤作为后续作业管柱力学分析的初始条件，这样才能准确计算管柱的轴向力和轴向变形，确定危险工况。

值得指出的是，在考虑管柱与井壁摩擦力后，管柱力学分析的工作量将大幅度上升，主要体现在三个方面：

(1) 原来可以根据管柱的结构变化进行分段处理，单一型号管柱作为一段，现在必须将管柱分段细化，由于油管本身比较细，段长一般要小于 10m。

(2) 原来只需要计算管柱整体轴向力与轴向变形的平衡，现在还需要考虑每一小段的轴向变形、轴向力的协调变化，且需要处理摩擦力大小和方向的变化。

(3) 不论是屈曲还是井斜引起的接触摩擦力，都与管柱轴向力之间形成复杂的非线性关系，这就要求计算时必须将温度、压力的变化进行分步处理，即所谓的增量计算。

因此，“基于测试作业工况的管柱力学计算方法”已经不能涵盖力学分析的全部内容，称作“基于测试作业工况和载荷变化方式的管柱力学计算方法”更为恰当。

应用以上方法，根据测试操作参数和产物性能，计算不同测试阶段测试管柱的变形与受力，从而确定整个测试过程中管柱安全性的薄弱环节，为测试管柱设计和测试工艺优化提供科学依据。

第三节　高温高压井测试管柱力学分析

一、管柱力学计算过程分析

高温高压井测试管柱一般要求采取管柱轴向变形补偿措施，即永久性封隔器配密封插管或可回收封隔器配伸缩节。早期高温高压井测试普遍选用永久式封隔器，随着工具性能的提升和经验的积累，使用可回收封隔器的案例越来越多，深水井中情况类似。高温高压井测试一般采用射孔—测试联作工艺，管柱基本结构如图 8-1（b）和图 8-1（c）所示，下面的分析都针对这两种管柱。

1. 管柱的初始受力变形状态

在射孔前，管柱已经调整好长度，井口安装妥当，测试管柱从井口到射孔枪畅通无阻，密封插管或伸缩节处于自由滑动状态，环空测试液、环空控制压力、管柱温度、测试液垫密度和高度都可看作已知参数。此时，整个管柱变形稳定且受力平衡，将此刻管柱的受力变形状态作为初始状态。初始状态的温度、管内外压力、伸缩补偿位置参数等都需要记录，并作为后续计算的参考值。

值得注意的是，不论是哪种管柱，由于密封插管或伸缩节的存在，管柱悬重和中性点的概念都应慎用，防止后面计算出现混乱。

2. 射孔工况

激发射孔枪一般采用油管加压—卸压方式。射孔压力引起管柱膨胀效应和活塞效应，管柱长度发生一定变化；卸压后管柱恢复初始状态。延时后射孔弹爆炸，直接进入流动作业工况。射孔引起的爆炸冲击会对封隔器和井下工具安全产生影响，这个问题的研究目前并不成熟。

3. 流动放喷工况

测试液垫保证了油管内液柱压力低于地层压力，因此射孔后可直接流动。

随着流动时间增长和放喷产量加大，管柱温度不断上升，管内压力和流动阻力也发生变化，温度效应、膨胀效应、活塞效应、流动效应以及可能的屈曲效应同时发生，需要分别计算。综合计算后得到管柱轴向力分布，与初始状态相比较得到伸缩补偿位置参数。

放喷期间管柱存在窜振现象，因此可以忽略摩擦力对管柱轴向力分布的影响。管柱窜振问题研究并不成熟，在设计密封插管长度时应给予考虑。

4. 关井工况

高温高压井关井分为地面关井、井下关井、地面井下同时关井三种情况。

高压气井一般采用地面井下同时关井方式，油井可采用地面关井或井下关井方式。但在进行管柱力学分析时三种情况都应考虑，因为测试过程中经常会出现一些意外：地面附近管柱水合物堵塞，井下测试阀来不及关闭，相当于地面关井；地面主阀失效只能关井下测试阀，或井下工具堵塞地面来不及关井，相当于井下关井。关井位置不同，管柱的受力变形会有很大差别。

此外，还需要考虑关井时间效应。关井初期，管柱温度高，长时间关井管柱温度下降，轴向长度变化明显。

高危井测试多为一开一关，然后压井起管柱。如果是多次开关，计算方法相同。

测试结束后起管柱时计算较简单，可回收封隔器，只需要附加封隔器解封拉力并校核管柱抗拉强度。

二、管柱力学计算与安全控制注意事项

一般情况下，管柱的受力变形计算只要利用基本模型分别计算，然后进行简单线性叠加，就可以得到满意结果。但是有些地方，由于结构、工具、工艺等特殊性，在力学计算时需要认真考虑。

1. 伸缩节处管柱轴向力计算方法

高温高压井或深水井测试时，由于温度、压力变化比较大，测试管柱会产生轴向伸缩。为消除上述影响，可采用伸缩节对管柱的伸缩进行补偿。每个伸缩节的最大伸缩行程一般为1.5～2.0m，其主要用途是为管柱提供一段自由伸缩长度，确保在测试过程中封隔器承受足够的轴向压力，防止意外解封。

伸缩节大致可分为自平衡式和非自平衡式两类。

自平衡式伸缩节特有的容积补偿结构设计使其在伸缩过程中保持内容积不变，不会引起管内压力的变化。独特的结构设计使得液压活塞力对其芯轴、外壳的受力计算方法发生变化，进而影响到液压对伸缩节上下管柱的轴向力计算方法。而非自平衡式伸缩节的结构比较简单，相当于套筒结构，液压引起的活塞力计算方法比较简单。

在伸缩节可以自由伸缩状态下，上下连接的管柱端部受力可按如下公式计算。鉴于工具及管柱结构的多样性，这里只给出一般性公式。

1）自平衡伸缩节

（1）上部管柱受力。内、外压引起的上部油管下端轴向力分别为（拉力为正）：

$$F_{ui}=(A_{ti}-A_{mi})p_i \tag{8-11}$$

$$F_{uo}=-(A_{to}-A_{mo})p_o-(A_{mo}-A_{mi})p_o=-(A_{to}-A_{mi})p_o \tag{8-12}$$

式中　F_{ui}、F_{uo}——内、外压引起的上部油管下端轴向力，kN；

p_i、p_o——管内、外流体压力，kPa；

A_{to}、A_{mo}——油管、芯轴外圆面积，m^2；

A_{ti}、A_{mi}——油管、芯轴内圆面积，m^2。

（2）下部管柱受力。内、外压引起的下部钻铤上端轴向力分别为（拉力为正）：

$$F_{di}=(A_{mo}-A_{mi})p_i+(A_{ci}-A_{mo})p_i=(A_{ci}-A_{mi})p_i \tag{8-13}$$

$$F_{do}=-(A_{co}-A_{mo})p_o-(A_{mo}-A_{mi})p_o=-(A_{co}-A_{mi})p_o \tag{8-14}$$

式中　F_{di}、F_{do}——内、外压引起的下部钻铤上端轴向力，kN；

A_{ci}、A_{co}——钻铤内、外圆面积，m^2。

2）非自平衡伸缩节

（1）上部管柱受力。内、外压引起的上部油管下端轴向力分别为（拉力为正）：

$$F_{ui}=(A_{ti}-A_{mo})p_i \tag{8-15}$$

$$F_{uo}=-(A_{to}-A_{mo})p_o \tag{8-16}$$

（2）下部管柱受力。内、外压引起的下部钻铤上端轴向力分别为（拉力为正）：

$$F_{di}=(A_{ci}-A_{mo})p_i \tag{8-17}$$

$$F_{do}=-(A_{co}-A_{mo})p_o \tag{8-18}$$

如果是多个伸缩节串联使用，计算方法相同。

从上面的分析可以看出，如果伸缩节芯轴能够上下自由移动，则可以方便地计算上部主管柱和下部副管柱的受力及变形，为封隔器受力和井口拉力调整提供依据。但是有时伸缩节处于全张开或全压缩状态，或者是有销钉锁定，这时除液压引起的活塞力外，还有芯轴与套筒间的机械力。如果管柱已经在井口完成坐挂，则该力的计算就比较麻烦。

2. 密封插管处管柱轴向力计算方法分析

永久性封隔器需要配密封插管，由于封隔器的存在，插管外压发生变化。

计算插管轴向力时，把它按一段油管计算，忽略其变形。在管串变形过程中，插管与密封总成之间相对滑动时，可以按无摩擦力计算。插管外压变化使等效轴向力出现间断，但真实轴向力是连续的，所以应以真实轴向力作为依据。

插管与主油管连接处按复合管柱计算，此处变形连续，管柱轴向力由于液压活塞力作用发生突变，但等效轴向力是连续的。

3. 封隔器、销钉受力计算方法分析

采用下放管柱重量坐封的封隔器，坐封压力实际上是等效轴向力，这个力由封隔器锚定卡瓦抓紧套管来平衡。一般要求在作业过程中上部管柱对封隔器保持一定的压力，即保持一定的等效轴向力。在作业过程中，管柱的轴向力以及封隔器上下流体压力会发生变化，导致卡瓦的受力发生变化。这时统一使用真实轴向力计算卡瓦受力更合适。

在通过井口施加液压剪断销钉时，同样遇到真实轴向力与等效轴向力的关系转换问题。销钉限制的是两个套筒间的轴向相对滑动，促使销钉剪断的轴向力是一个实实在在的机械力，在井下则体现为等效轴向力。在剪切作业前，销钉已存在初始剪力。在加液压时，主要靠上面管柱台阶的活塞力提供附加剪力，直到销钉剪断。如果等效轴向力与真实轴向力的关系处理失当，在设计阶段会导致销钉使用不合理，在作业阶段则容易引起判断错误，并威胁其他工具的安全性。

4. 温度影响分析方法

测试过程中，温度变化及其带来的影响非常复杂，给管柱力学分析带来许多麻烦。

1）温度变化本身具有不确定性

在设计时一般无法准确预知温度变化规律。例如，东方某高温高压井在测试流动过程中，随着流动时间的增加，井下温度记录仪记录的温度由低到高，然后又下降，与一般的认识相矛盾。

另外，对于凝析油气藏或产水的气藏，由于压力变化、油气分离、气体膨胀、水合物生成等因素影响，温度会发生复杂的变化。例如，测试高温高压气井时，防止管柱“冰冻堵塞”就是一项重要工作，新疆克拉玛依试油队就曾遭遇过井口以下 200m 长管柱冰堵现象。

深水泥线附近井筒散热快，也影响流温，进而影响水合物生成及流态和相态，降低预测精度。

2）温度带来的影响具有复杂性

管柱轴向伸长的温度效应是最简单直接的影响。对于高温高压井和深水井管柱，温度引起的轴向伸缩量往往超过压力和管柱屈曲的影响，占主导地位。

温度的变化引起测试液、完井液出现体积热膨胀效应，使环空压力发生变化。深水井套管外环空压力控制已经成为一个重要的研究方向，直接诱因就是温度升高。

温度过高会导致测试液性质变化，崖 21–1–3 井曾发生过高温测试液变质导致测试失败的事故。高温对井下工具的密封性、动作灵活性也有很大影响。温度升高导致的材料性能参数变化，在高温高压井中也应给予充分考虑。

温度引起的问题，需要在测试管柱力学分析时全部考虑到，以便在测试设计阶段做好预案。

5. 管柱中配重钻铤作用分析

像 RTTS 封隔器，坐封封隔器需要旋转管柱后下放一定吨位的悬重来实现，而解封封隔器则是直接上提管柱，给封隔器施加拉力。因此，一般在封隔器上面使用一定数量的钻铤（或加重钻杆）。总体上讲，使用钻铤有如下作用：

(1) 坐封封隔器。在坐封过程中，管柱下部受轴向压力，容易出现螺旋屈曲，影响对坐封压载的判断。钻铤外表面平滑，外径和线重量大，与套管间隙小，很好地克服了屈曲影响，保证给封隔器施加足够的坐封压载。一般实际管柱使用的钻铤重量都达到了封隔器的坐封压载。

(2) 保护封隔器。测试过程中管柱会因温度、流体压力变化出现轴向伸缩，必须防止因管柱上提封隔器导致封隔器意外解封。使用钻铤后，可以在管柱缩短时有效抵消一定的轴向拉力，避免管柱上提封隔器。对于高温高压井，许多情况下会在钻铤上面配置伸缩短节来平衡整体管柱的轴向变形，此时钻铤重量只是增加了一层防护。但有时人们并不愿使用伸缩短节，此时钻铤的作用更加突显，必须认真设计和精细操作。

(3) 增加震击器对封隔器的解卡效果。受温度、压力、腐蚀和杂物等因素影响，许多时候封隔器无法正常解封，这时就需要使用震击器进行解卡。目前，常用的震击器是拉伸—延时—冲击的机械式震击方式，钻铤可以有效地对震击载荷进行增益放大，提高震击解卡效果。

(4) 保护其他井下工具。复杂井的测试阀、循环阀等工具都安装在封隔器上面较近的位置，管柱轴向压力大，井斜、井眼弯曲及测试管柱屈曲都容易引起工具受力复杂，影响工具安全性，钻铤的使用可以降低工具失效风险。

使用钻铤也有不利因素，例如在超深井中，解封封隔器时钻铤重量会降低测试管柱抗拉强度安全系数，在封隔器遇卡时钻铤重量也会影响震击器的参数选择。

三、高温高压井测试管柱力学分析案例

1. 测试基础数据

某井为一口直井，井深 5300m，测试层压力为 70MPa，温度为 165℃，地面温度为 20℃；测试主管柱为 $3^1/_2$in 油管（外径 88.9mm，内径 69.85mm）；测试液密度为 1.34g/cm^3，测试液垫密度为 1.03g/cm^3（灌满）；流动温度按产气 100×10^4m^3/d 求取，井口取最高 140℃。工艺参数：射孔压力为 20MPa；井下关井，环空不控压（LPR-N 阀锁定）。生产套管为 7in 套管（外径 177.8 mm，内径 159.4mm）。

2. 可回收封隔器管柱力学计算

管柱结构（自下而上）：射孔枪 + 减振器 + 筛管 +RTTS 封隔器 + 钻铤 + 伸缩节 + 油管 + 流动头。

其中配重钻铤数据：外径 120.65mm，内径 50.8mm，质量 96.5kg/m，长度 170m。

根据测试管柱受力变形基本计算模型和基于工况的计算方法，典型工况下管柱轴向变形量计算结果见表 8-1，测试主管柱强度校核结果见表 8-2，相应各主要测试工况封隔器受力、油管对井口作用力见表 8-3。表 8-1 至表 8-3 中给出的数据是在理想状态下计算得到的，与管柱结构细节有关，与计算时对局部结构的处理方法有关，因此不适合推广使用。

表 8-1　典型工况下伸缩节管柱轴向变形量计算结果

典型工况	轴向变形量（m）				
	轴向力效应	温度效应	膨胀效应	流动效应	伸缩节开启状态（拉开 / 剩余）
初始阶段	4.9	4.57	0.70	0	4.00/0.50
射孔	0	0	−0.45	0	4.45/0.05
流动	0	3.15	−0.80	−0.32	1.97/2.53
关井初期	0.02	3.15	0.48	0	0.36/4.14
长时间关井	0.02	0	0.48	0	3.51/0.99

表 8-1 中，“轴向力效应”一列将重力与活塞力影响放在了一起，是综合效应。“初始阶段”一行参数为参考值，后面各行的数据都是相对初始状态的变化，表 8-1 中没有给出屈曲效应。由此可以看出，温度是管柱伸缩的主要因素。

表 8-1 最后一列给出了伸缩节开启状态变化：初始阶段设定最大行程为 4.5m 的伸缩量拉开 4.0m，剩余 0.5m，后面依次给出了典型工况伸缩节的状态。这些数据表明，使用 3 只行程为 1.5m 的伸缩节，按初始阶段来设置，就可以保证在测试过程中伸缩节始终可以自由伸缩。

表 8-1 最后一行“长时间关井”认为管柱温度恢复到地层温度，其他参数没变，与“关井初期”相比管柱的长度发生变化，导致伸缩节张开状态变化。

这种变化体现了基于作业工况和载荷变化方式的管柱力学分析方法的重要性。

表 8–2 带伸缩节测试管柱强度校核结果

校核位置	油管上端强度安全系数				油管下端强度安全系数			
校核内容	内压	外挤	拉伸	强度	内压	外挤	拉伸	强度
初始阶段	—	—	1.63	1.87	—	7.77	—	6.58
射孔	6.26	—	1.63	1.97	29.9	—	—	12.6
流动	6.26	—	1.92	2.33	25.2	—	—	12.6
关井	—	—	1.63	1.87	—	1.95	—	2.27

表 8–2 给出了主油管上下端抗内压、抗外挤、拉伸和三轴强度安全系数。数据表明，在不同施工阶段，管柱安全系数变化较大。但对于本井，油管上端拉伸安全系数最小。

表 8–3 表明，管柱对井口的拉力变化不大，但封隔器受力变化较大。“封隔器合力”指将液压和测试管柱对封隔器的作用力，向下为正，靠卡瓦抓紧套管来平衡。井下关井后封隔器受力与初始阶段数值接近，但方向相反，因此要求锚定卡瓦具有双向防滑能力。如果不通过优选封隔器解决这个问题，则可以改变关井方式，在满足其他安全需要的前提下采取地面关井。

表 8–3 主要测试工况封隔器、井口受力

测试阶段	封隔器合力（kN）	井口拉力（kN）
初始阶段	284	955
射孔	–11	955
流动	37	809
关井	–295	955

3. 永久性封隔器管柱力学计算

管柱结构（自下而上）：射孔枪 + 减振器 + 筛管 + 插入密封（永久性封隔器）+ 测试工具 + 油管 + 流动头。

其他参数不变。典型工况下管柱轴向变形量计算结果见表 8–4，测试管柱强度计算结果见表 8–5。

表 8–4 典型工况下插入密封管柱轴向变形量计算结果

典型工况	轴向变形量（m）				
	轴向力效应	温度效应	膨胀效应	流动效应	密封管状态（拉开 / 剩余）
初始阶段	3.56	4.58	0.67	0	5.0/5.0
射孔	3.62	0	0.20	0	4.59/5.41
流动	–0.77	3.16	–0.80	–0.36	7.20/2.80

续表

典型工况	轴向变形量（m）				
	轴向力效应	温度效应	膨胀效应	流动效应	密封管状态（拉开 / 剩余）
关井初期	−3.63	3.16	0.48	0	5.99/4.01
长时间关井	−3.63	0	0.48	0	2.83/7.17

表 8–4 表明，与可回收封隔器相比，测试管柱结构变化导致各因素引起的管柱伸缩量有所变化。但由于结构变化仅限于下部长度 200m 左右管柱，因此温度效应、膨胀效应、流动效应变化微小。

差别最大的是轴向力引起的管柱长度变化，包括重力和活塞力影响。永久性封隔器不需要配重钻铤，所以初始阶段管柱轴向伸长相对较小；井下关井阶段，在测试阀处产生较大活塞力，使管柱轴向缩短明显；长时间关井，则温度效应消失。表 8–4 中有一些因素影响没有列出。表 8–4 中最后一列给出了密封插管插入状态变化：初始阶段设定最大密封插管长度 10m，插入 5m，剩余 5m，后面依次给出了典型工况管柱的插入量和余量。值得注意的是，在设计和实际操作时，应保证插入密封插管始终有足够的长度保持在封隔器及其密封延长管内。在本例中，可在初始阶段将长 10m 的密封插管插入 7.5m，剩余 2.5m。

表 8–5　插入密封测试管柱强度计算结果

校核位置	油管上端强度安全系数				油管下端强度安全系数			
校核内容	内压	外挤	拉伸	强度	内压	外挤	拉伸	强度
初始阶段	—	—	1.88	2.16	—	9.03	—	10.4
射孔	6.26	—	1.87	2.27	19.5	—	—	1.68
流动	2.98	—	2.00	2.33	18.0	—	—	10.2
关井	—	—	2.69	3.08	—	1.95	—	2.60

表 8–5 给出的主油管上下端抗内压、抗外挤、拉伸和三轴强度安全系数，与可回收封隔器管柱相比，有一定的变化。

从前面的分析可以看出：温度效应影响最大，且与管柱结构关系不大，只能通过伸缩补偿手段来抵消其对轴向力的影响；膨胀效应类似，通过增加管柱壁厚来减小膨胀效应不现实，不过改变关井方式可以在一定程度上控制膨胀效应；活塞效应可以通过优选伸缩节芯轴径向尺寸或插入密封插管径向尺寸得到有效控制。对于复杂井测试管柱，包括屈曲及流动影响的各种效应计算，可为管柱结构设计、工具选择、操作参数设计乃至工艺选择提供依据。

第四节　深水测试管柱力学分析

海洋深水完井测试是一项高投入、高风险的作业，安全是首要问题。海上平台空间狭小，设备和人员密集，自然条件恶劣，一旦发生井喷或油气流发生泄漏，可能导致爆炸、火灾、中毒和环境污染等重大事故，威胁设备安全和人身安全。深水测试管柱的合理设计和安全操作更具现实意义，而测试管柱的力学分析同样是测试安全的基础内容。

一、深水测试管柱结构与力学问题

1. 深水测试管柱结构

深水测试管柱的结构可以从海底井口处分为泥线以上部分和泥线以下部分。使用可回收封隔器配伸缩节时，管柱基本结构如图 8–2 所示，不同情况下某些工具的位置及选用会有所不同。

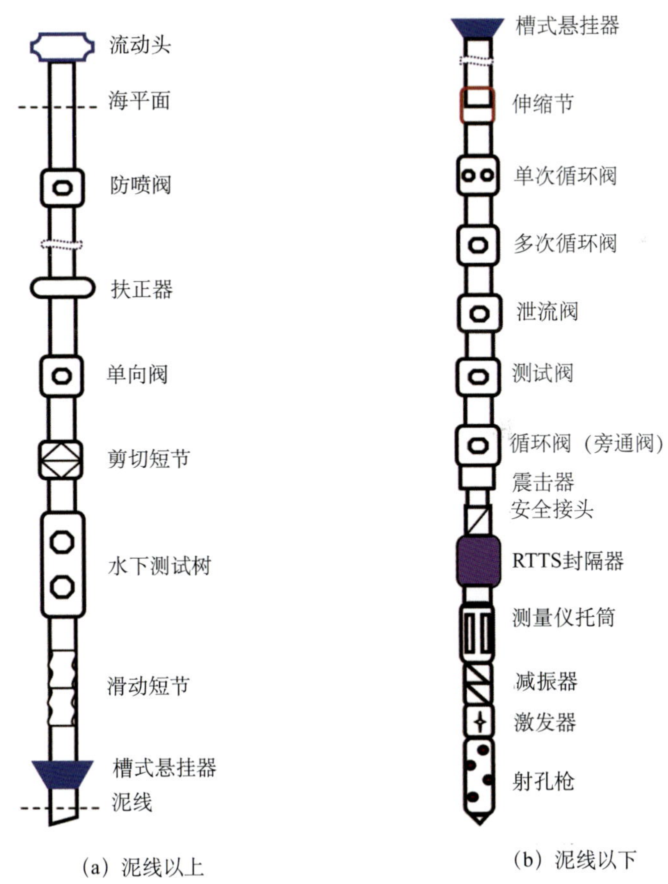

图 8–2　深水测试管柱结构简图

如果按高危井设计，一般选用永久性封隔器进行测试，泥线以下测试管柱基本结构发生变化，而泥线以上部分不变。

与陆地和海上平台完井相比，深水油气井的最大特点是有从海底井口到浮式平台（或钻井船）井段。受海风、浪、流等环境载荷的影响，浮式平台发生升沉和漂移等复杂运动，隔水管也存在不规则的摇摆振荡。动态的平台和隔水管使得泥线以上测试管柱力学行为异常复杂，造成管柱磨损、疲劳等问题，给深水井测试管串设计及管柱安全控制带来很大困难。随着水深增加，这一问题愈加突出。

为了减少平台和隔水管摇摆对测试安全的影响以及为了满足紧急撤离需要，在海底井口处测试管柱增加了单向阀、剪切短节、水下测试树、滑动短节和槽式悬挂器。

滑动短节配合槽式悬挂器调整好泥线以下管柱长度后锁定，类似于陆上井口。此后，泥线以下管柱受力变形独立演变，直到起钻，因此泥线以下管柱力学分析与前面高温高压井完全相同。这样深水测试管柱需要进行的力学分析主要集中在泥线以上部分。

2. 泥线以上测试管柱受力变形特点

深水泥线以上测试油管可达到3000m长。油管上端由平台张力器施加恒定提拉力维持平衡，如图8–3（a）所示；油管中间部分随隔水管弯曲而变形。隔水管下端通过柔性接头与防喷器连接，防喷器固定不动，隔水管容易弯曲，接头出现弯角，从而引起油管局部严重弯曲，如图8–3（b）所示，油管下端可简化为固定端。

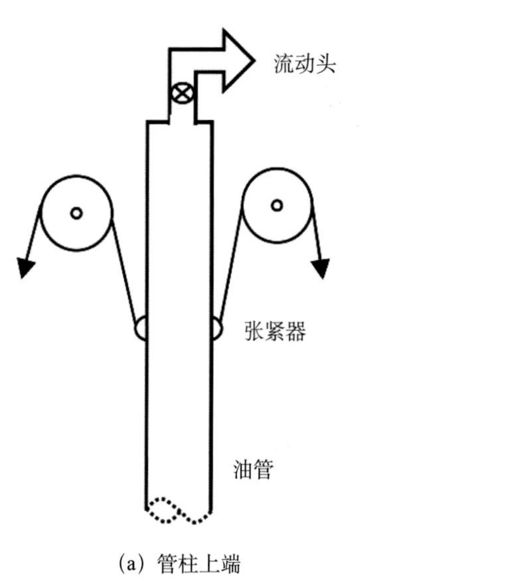

(a) 管柱上端

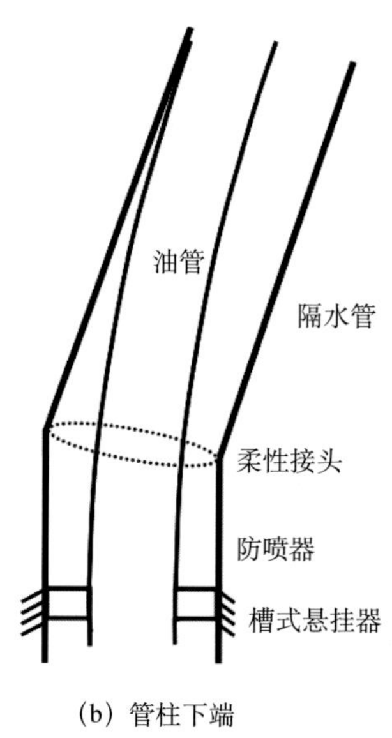

(b) 管柱下端

图8–3 泥线以上测试管柱端部结构示意图

随着平台起伏和隔水管摇摆，油管也会跟着摇摆，但是油管的动态效果并不明显，可作为准静态处理。

3. 泥线以上测试管柱力学问题

隔水管下端挠性接头最大偏角可达 7°～12°[17，18]，隔水管偏离垂直方向，附近的油管必须随着隔水管变形而调整变形形态，极有可能在接头附近出现安全问题。已报道过套管下入过程中在柔性接头附近被挤毁的案例，但测试油管在这里的安全性问题尚未见到相关研究[12，19]。

泥线以上油管外压力相对独立，一般承受海水液柱压力[2，20]。油管轴向力主要由管柱自身结构、平台张力、管内压力决定。

平台张力是控制泥线以上整段管柱轴向力的重要参数[21，22]。张力大小与作业管柱安全密切相关，张力过大会增加平台负荷，降低管柱抗拉安全系数，增加管柱失效回弹风险；张力过小则管柱下部容易出现失稳现象[10]，引起塑性弯曲或挤毁。

由于涉及的因素多，目前国内对油管张力优化问题的研究并不成熟，多数情况下人们根据作业经验选择使用油管张力，这些经验主要来自对隔水管张力的确定方法[8，17]。

本节首先结合深水测试工艺，忽略测试管柱动态因素，研究泥线附近管柱的变形特点，然后建立张力的最佳取值方法并分析张力对主要环境参数的敏感性，最后利用给定的管柱性质及作业参数，分析了平台张力作用下管柱强度对井口压力和隔水管柔性接头转角的限制条件。

二、泥线附近测试管柱局部变形分析

1. 隔水管变形描述

隔水管下部没有固定的变形形态，从测试油管安全角度出发，可以将挠性接头以上有限长度的隔水管横向变形描述成正弦函数，挠性接头以下以防喷器和井口为主，认为没有横向变形。

建立如图 8-4（a）所示坐标系，则坐标原点以上有限长度内隔水管横向变形方程描述为：

$$\begin{cases} Y_{\mathrm{r}}(x)=0 & 0 \leqslant X \leqslant H \\ Y_{\mathrm{r}}(X)=A\sin\dfrac{2\pi(X-H)}{L} & X \geqslant H \end{cases} \tag{8-19}$$

式中　H——挠性接头到坐标原点距离，m；

A——隔水管段最大横向位移，m；

L——隔水管最下一个波的波长，m。

参数 A 和 L 由隔水管变形计算分析确定，这里只作为已知参数使用；参数 H 由防喷器、水下测试树、挠性接头等硬件的尺寸及形状特征决定。

隔水管的横向变形仍然属于小变形范围。由于隔水管尺寸和刚度远大于测试油管，因此在下面的讨论中认为隔水管的变形不受测试管柱接触力影响。

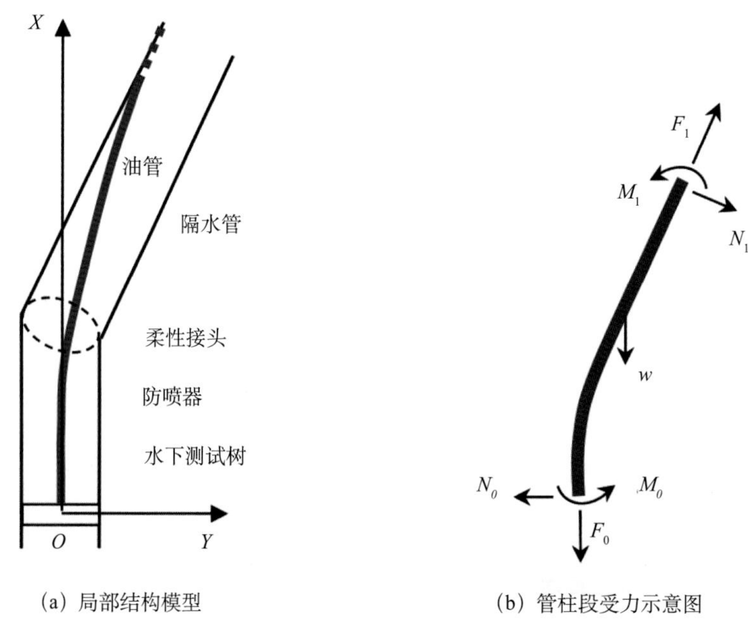

(a) 局部结构模型　　(b) 管柱段受力示意图

图 8-4　挠性接头附近管柱变形简化模型

F_0、N_0—坐标原点处管柱轴向力和侧向力，kN；F_1、N_1—切点处管柱轴向力和侧向剪切力，kN；M_0、M_1—固定端弯矩和切点弯矩，kN·m；w—油管自重，为分布力，kN/m

2. 油管横向变形微分方程和定解条件

从油管下端到切点为悬空段，受力如图 8-4（b）所示。

根据图中的坐标和受力方向，得到油管悬空段横向变形微分方程为：

$$EI \cdot Y''' - \left(F_0 + wX\right)Y' = -N_0 \tag{8-20}$$

油管下端边界条件：位移 Y_0=0；转角 $Y_0{}'$=0；轴向力 F_0 认为已知。

正常情况下油管轴向力为拉力，接触隔水管上管壁。设切点位置坐标为 X_T，则相关参数为：切点位移$Y\left(X_T\right) = b - a_r + A\sin\dfrac{2\pi\left(X_T - H\right)}{L}$，其中 b 为油管截面外半径，m；切点转角 $Y'\left(X_T\right) = A\dfrac{2\pi}{L}\cos\dfrac{2\pi\left(X_T - H\right)}{L}$切点弯矩 $M\left(X_T\right) = EI \cdot Y_r''\left(X_T\right)$其中 EI 为油管抗弯刚度，kN·m²。

管柱变形受油管自身重力、油管轴向力和隔水管弯曲三方面因素控制。这是一个超静定问题，需要应用数值方法获得近似解。

3. 油管受力变形案例分析

取某深水井测试基本参数如下：隔水管外径 539.75mm，内径 509.0mm；隔水管变形波长 L=200m，波高 A=2.8m；$4^1/_2$in 油管外径 114.3mm，内径 88.9mm，线质量 32.14kg/m。

将挠性接头转角、挠性接头到油管下端距离和油管轴向力作为耦合参数，以最大轴向应力达到 500MPa 或油管接触挠性接头为限制条件，进行计算分析，得到油管参数安全区域云图，如图 8–5 所示。

图 8–5（a）中每个区域由接头转角标示，表示参数组合落在区域的左侧时油管是安全的。区域上边界为接触限制条件，下边界为应力限制条件。图 8–5（b）中每条线由挠性接头到油管下端距离标示，线的左下侧为安全区。对于本算例，接头位置为 3m 左右是一个转折点，小于 3m 时管柱安全性受轴向应力控制，大于 3m 时管柱安全性受弯角挤压控制。

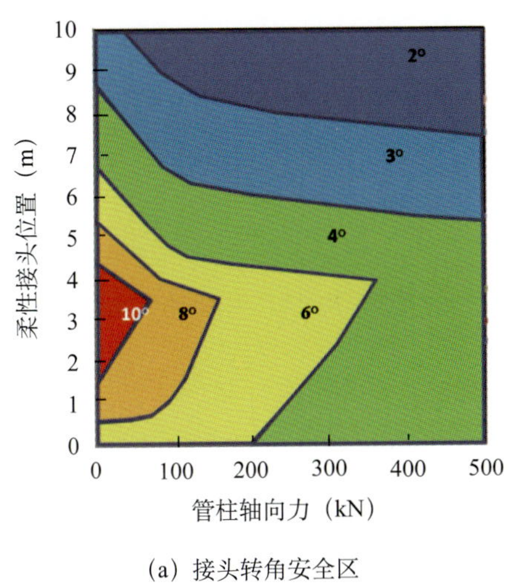

（a）接头转角安全区

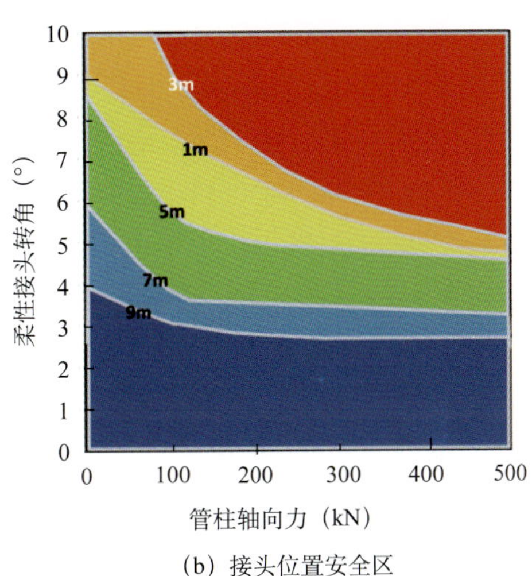

（b）接头位置安全区

图 8–5 测试管柱安全作业参数云图

对于上面给定的测试管柱工程数据，可以得到如下分析结果：

（1）海底井口内槽式悬挂器就位后，应调整平台张力器平衡值，使水下测试树上部测试管柱轴向力具有约 300kN 的轴向拉力。

（2）测试树阀组到隔水管挠性接头的最佳距离为 3～4m，这个长度既有利于降低油管局部弯曲应力，又不会使接头与油管形成点接触而挤毁油管。

（3）测试期间应控制隔水管挠性接头转角不超过 5°。如果预期转角超标，则需要选用高强度厚壁油管，以防止油管应力超标和局部挤毁。

（4）隔水管挠性接头以上 30m 范围内，油管不宜使用扶正器等大直径防护性配件。如果确有必要，应对其直径和安装位置进行优化。

这里只给出了管柱局部安全的分析方法，采用的临界条件比较简单，实际管柱所处的井筒结构变化大，管柱失效载荷也要高许多。不同尺寸隔水管—油管组合、不同水深、不同流动压力等，都影响油管安全性，需要根据具体情况进行更详细的优化。

三、泥线以上管柱顶张力的优化

1. 油管张力及其优化方法

井口压力与平台张力是决定油管轴向力的关键参数，油管上端的轴向力为：

$$F_{top}=T_{tension}+p_{top}A_i \tag{8-21}$$

式中 F_{top}——油管上端的轴向力，kN；

$T_{tension}$——平台张力，kN；

p_{top}——井口压力，kPa；

A_i——油管过流面积，m^2。

1）避免下部失稳的最小张力

张力不够会引起管柱下部失稳，加重局部弯曲。因此，应将油管下端不失稳作为前提，找到满足整个测试过程中泥线以上管柱不失稳的最小张力值。这样得到的张力，能够使管柱底端等效轴向力始终不小于屈曲临界载荷，但可能不满足油管强度安全要求。因此，在确定最小张力后，还必须同时给出其他工程参数和安全作业条件。

2）油管强度安全条件

在施工过程中对管柱强度安全具有明显影响的参数除张力外，还有井口压力、流体密度。因此，需要综合考虑油管工作环境确定满足抗拉强度、抗内压强度和三轴强度的最佳张力值。本章通过第四强度理论进行三轴强度校核。

下面通过算例来分析油管张力的优化以及油管张力确定后管柱安全性的分析方法。计算中认为管柱为单一尺寸，没考虑流动阻力。

取 4.5in 油管作为主管柱，为分析方便，统一取安全系数为 1.5，油管性能参数和许用载荷见表 8–6。

表 8–6　测试油管性能参数和许用载荷

参数	抗外挤强度（MPa）	抗内压强度（MPa）	抗拉强度（kN）	屈服强度（MPa）
承载能力	129.32	127.39	1846	654.87
许用载荷	86.21	84.93	1230	436.58

2. 油管最小张力确定

假设水深 2000m，环空流体密度分别为 $0.7g/cm^3$、$1.03g/cm^3$ 和 $1.4g/cm^3$，则最小平台张力与管内流体密度关系如图 8–6（a）所示。

一般情况下隔水管中直接充海水，所以后面的计算中管外流体密度统一取 1.03g/cm^3。

下面分析水深影响。取水深分别为 1000m、2000m 和 3000m，计算不同油管内流体密度、井口压力下的张力，变化关系如图 8–6（b）所示。

图 8–6 分析表明：环空流体密度升高，则平台张力减小；平台张力与管内流体密度呈线性关系；平台张力与水深呈线性关系；当管内流体密度小于环空流体密度时，最小平台张力相同；再增加内部流体密度，则最小平台张力增加。

此外，计算发现井口压力不影响最小平台张力。

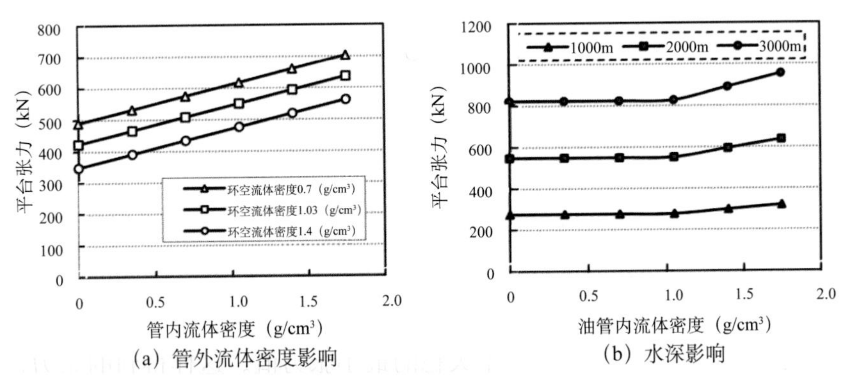

图 8–6　管外流体密度和水深对最小平台张力的影响

在测试过程中，油管内流体密度是变化的，为保证管柱不失稳，应取最大管内流体密度对应的张力作为最小平台张力。

四、井口压力限制条件

上面得到的张力只保证油管不发生失稳，至于油管是否安全，还需要补充相关要求。

取 1000m、2000m 和 3000m 水深，利用油管拉伸许用轴向力、抗内压许用压力和井口三轴等效应力条件，得到作业时井口许用极限操作压力与管内流体密度关系，如图 8–7 所示。

由图 8–7 可见，在给定油管条件下，井口压力限制条件具有如下特点：

（1）1000m、2000m 水深时井口压力由抗内压强度确定，3000m 水深时由抗拉强度确定。表明不同的工程环境下，管柱风险因素会发生变化，这点在管柱安全分析时应特别注意。

（2）对于同一水深，当管内流体密度小于环空流体密度时，井口操作压力极限值不变，否则井口压力必须减小。

（3）只有抗内压强度和抗拉强度直接限制井口压力。

（4）计算表明，当管内流体密度小于管外海水密度时，内压强度危险点在管柱上端，否则危险点在管柱下端。而拉伸强度危险点始终在管柱上端。

（5）应特别注意水深、管内高密度流体情况。密度越大、井越深，则许用井口压力越小。

（6）井口压力高则管柱轴向力增加，油管上端可能出现抗拉强度问题。高压气井容易出现这类情况。

结合图 8–6 和图 8–7 曲线关系可知，张力增加则许用的井口压力下降。在正常测试过程中，产物密度一般小于海水密度，所以使用同一个张力没有问题。在酸化、压裂、循环替液等高密度注液作业时，可能会同时出现井口高压现象，需要限制井口压力。

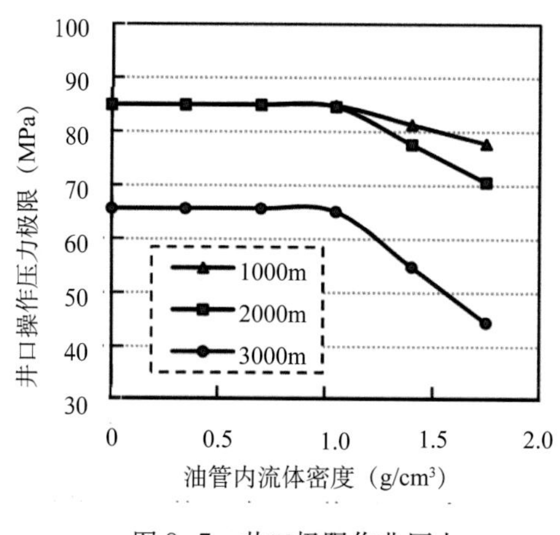

图 8–7　井口极限作业压力

五、隔水管柔性接头转角限制条件

前面得到了张力最优值（最小值）和井口压力许用值（最大值），它们分别是保证测试管柱不失稳和单轴强度安全的界限。为保证测试管柱在隔水管下端柔性接头附近强度安全，还需要对管柱下端进行局部力学分析。

在下面的计算分析中，如没有特别说明，均使用了张力最优值和井口压力许用值条件。计算方法是，结合管柱下端流体压力和轴向力，计算出三轴应力；然后，根据隔水管弯曲和柔性接头转角，计算管柱的最大弯曲应力，进而得到管柱的最大等效应力；根据油管强度安全性需要，得到对隔水管柔性接头转角的限制。

利用第四强度理论，计算得到的柔性接头最大转角与管内流体密度对应关系如图 8–8 所示。其中，3000m 水深计算时井口压力限定在 60MPa 以内。

图 8–8 中横坐标是管内流体密度，纵坐标是接头转角界限。3000m 水深厚壁管曲线比较特殊，主要原因是：此条曲线使用的最大井口压力是由抗拉条件决定的，而其他曲线使用的最大井口压力是由抗内压条件决定的。当管内外流体密度相同时，接头转角达到极大值，三轴强度对柔性接头的要求最宽松。注意这个极值点不是由某一个参数决定的，它是一个综合分析结果。

当油管内放空时，即油管内流体密度为 0，油管允许的接头转角最小。因为此时会导致较大的等效轴向力，从而增加弯曲应力，这种状态最危险。

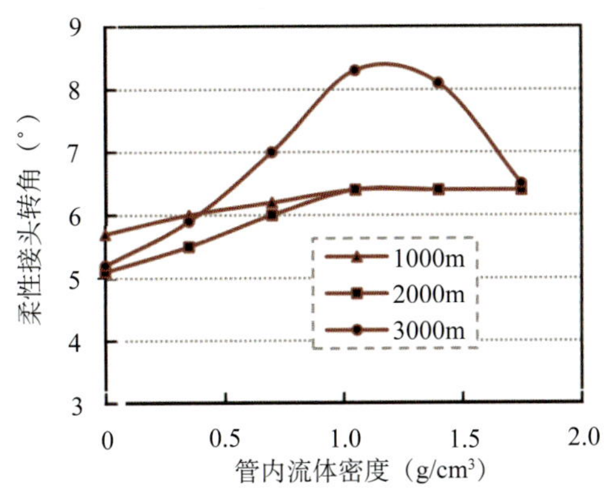

图 8–8　接头转角限制条件

除水深和管柱自身参数外，影响最佳张力和管柱安全的参数还有管内流体密度、井口压力、隔水管下端柔性接头转角。在确定张力后，还必须同时给出其他工程参数限制条件才能保证管柱安全。泥线以上测试管柱风险载荷包括井口高压、油管漏空、油管内流体密度过高、隔水管柔性接头转角过大等。这些风险因素的界限不是非常明确，常常交织在一起，必须综合分析。管柱安全指标涉及的参数类型见表 8–7。

表 8–7　泥线以上油管安全性指标与关键参数对应关系

安全指标	水深	管柱类型	流体密度	井口压力	隔水管柔性接头弯角
平台张力①	√	√	√		
内压强度	√	√	√	√	
拉伸强度	√	√	√	√	
三轴强度	√	√	√	√	√

①平台张力不独立作为强度指标，但它是必须优化的参数。

第五节　总结与展望

本章以高温高压井和海洋深水井测试管柱为例，介绍了正常作业情况下管柱力学基本分析方法，这些方法同样适用于常规井的测试管柱安全分析。实际上，测试管柱力学分析与控制技术不仅仅局限于这些内容，还涉及下列问题：

（1）测试管柱的振动与冲击。高产油气井放喷期间管柱会出现复杂的振动，对井下工具产生一定的影响。但由于测试作业时间较短，问题不突出，因此没有专门的研究成果发表。射孔产生的强大冲击作用会损害封隔器等井下工具，相应的研究较少，现场一般通过优化封隔器位置、配置减振器等工艺措施降低冲击危害。在封隔器遇卡时需要使用震击器解卡，相应的研究成果也不多。

（2）测试期间的流动保障。为满足液垫清喷、含油水气井携液、水合物防治、地层出砂控制、气井压井等作业要求，需要对管柱结构参数进行精细设计，保证在各测试阶段对井筒流体进行有效控制。相应的作业参数限制及其影响也应该纳入管柱安全设计之中。

（3）井筒与地面管线的安全性。高温、高产井测试，需要控制放喷产量和流动时间，确保套管柱和地面设备不会因温度过高而失效，深水井尤其值得注意。井筒的温度场变化与管柱结构、产物性质、放喷产量和放喷时间密切相关。对于产物为纯气或纯液情况，井筒温度计算方法相对成熟；如果产物为油气水混合物，测试放喷时间较短，井筒温度场预测还有许多工作要做。

（4）井下摩阻的影响。井斜、管柱屈曲等因素导致测试管柱与井壁之间存在接触力，影响管柱轴向力和轴向变形的分布和变化。在温度、压力及振动共同影响下，管柱所受摩擦力的大小和方向具有很大不确定性，计算难度较大。上提下放管柱时一般靠钩载变化判断下部管柱工作状态，复杂井测试时大多进行了简化。

测试管柱力学分析与测试工艺流程和井下工具功能密切相关。超高温、超高压油气井以及极地油气开采，将促进新型测试工具研发，带动测试管柱力学研究的发展。超高温、超高压和极寒环境下，测试管柱材料性质的变化也应纳入测试管柱力学与安全控制的研究之中。

参考文献

[1] 程时清，张红玲 . 试油与测试工艺 [M]. 北京：石油工业出版社，2014.

[2] Beibit，Akbayev，Yakov Shumakov. Efficient Deepwater Well Testing[C]. SPE 176782–MS ，2015.

[3] Wendler C，Scott M. Testing and Perforating in the HPHT Deep and Ultra–deep Water Environment[C]. SPE 158851, 2012.

[4] 李相方 . 高温高压油气井测试技术 [M]. 北京：石油工业出版社，2007.

[5] 高宝奎，高德利 . 高压引起的测试油管变形分析 [J]. 中国海上油气（工程）, 2002，14（1）：35–36.

[6] 张永弘，刘恩，何富君，等 . 管柱螺旋屈曲时接触压力的研究 [J]. 石油学报，1998，19（3）：131–134.

[7] 陈中一 . 四川含硫天然气超深井试油的实践与认识 [J]. 天然气工业 . 1998，18（2）：39–42.

[8] 高宝奎，高德利 . 高温高压井测试管柱变形增量计算模型 [J]. 天然气工业，2002，22（6）：52–54.

[9] 高宝奎，高德利 . 高温高压井测试油管轴向力的计算方法及其应用 [J]. 石油大学学报（自然科学版），2002，26（6）：39–41.

[10] Lubinski A，Althouse W S，Logan J L. Helical Buckling of Tubing Sealed in Packers[C]. SPE 178，1962.

[11] Salies J B，Cunha J C S，Azar J J，et al. Experimental and Analytical Study of Sinusoidal Buckling in Vertical Wells[C]. SPE 29164. 1994.

[12] Mitchell R F. Buckling Behavior of Well Tubing：the Packer Effect[C]. SPE 9264，1982.

[13] Mitchell R F. New Concepts for Helical Buckling[C]. SPE 15470. 1988.

[14] 高宝奎，高德利 . 高温对油管屈曲变形的影响 [J]. 中国海上油气（工程），2000，12（5）：30–32.

[15] 徐芝纶 . 弹性力学 [M]. 北京：人民教育出版社，1982.
[16] 高德利 . 油气钻井工程力学进展 [M]. 东营：石油大学出版社，1996.
[17] International Organization for Standardization. ISO 13624–1—2009 Petroleum and Natural Gas Industries：Drilling and Production Equipment（Part 1）：Design and Operation of Marine Drilling Riser Equipment[S]. Geneva：International Organization for Standardization，2009.
[18] Davidson A R，Prise G，French C. Successful High–Temperature，High–Pressure Well Testing from a Semisubmersible Drilling Rig[C]. SPE 23120，1991.
[19] Curtis Wendler，Martin Scott. Testing and Perforating in the HPHT Deep and Ultra–Deep Water Environment[C]. SPE 158851，2012.
[20] Carlos Fulvio Etcheverry，Claudio R F Tigre Maia，Curtis Wendler. Innovative Adaptation of Sub–Sea Test Tree successfully Tests Ultra Deep–Water Wells in the Campos Basin，Brazil[C]. OTC 10972，1990.
[21] Micah Garrison，Morris Cox. Reinventing Deepwater Exploratory Testing[C]. OTC 21277，2011.
[22] Robert J Stomp，Graham J Fraser，Stephen C Actis，et al. Deepwater DST Planning and Operations From a DP Vessel[C]. SPE 90557，2004.

第九章　欠平衡精细控压钻井关键技术

本章系统阐述了欠平衡精细控压钻井关键技术，主要内容包括：欠平衡精细控压钻井技术基本原理，欠平衡精细控压钻井井底压力控制技术，气侵对井底压力控制的影响分析；自动节流管汇及其控制系统，回压补偿系统，液气控制与监测及自动控制系统，控制中心及精细控压钻井系统自动控制软件，以及其他配套设备等；欠平衡精细控压钻井应用典型实例，以及欠平衡精细控压钻井技术发展趋势等。

第一节　概　　述

欠平衡钻井技术[1]（Under Balanced Drilling Technology，UBD）是20世纪50年代从美国兴起的技术，技术关键是在底压力小于地层压力的条件下打开储层，目的是有利于发现储层、保护储层、提高钻速、减少复杂等。但是，随着深层油气资源勘探开发的深入，原有的欠平衡钻井技术已经无法满足安全、高效的钻井施工要求[2]。为此，2003年，IADC/SPE会议上首次提出控压钻井技术[3]（Managed Pressure Drilling Technology，MPD），目的是精确有效地控制井筒压力，使其始终处于安全窗口之内。2008年，周英操等人提出欠平衡精细控压钻井技术[4]（Under Balanced Managed Pressure Drilling Technology，UBMPD）的概念，将欠平衡钻井技术与精细控压钻井技术紧密结合，充分发挥这两项技术的优势，按照这一概念，经过多年的研究取得了技术突破，该技术应用后获得了显著的效益。

一、欠平衡精细控压钻井技术定义

1. 欠平衡钻井技术定义[2]

国内外关于欠平衡钻井的定义有很多说法，但最终都是反映井筒内压力与地层孔隙压力之间的关系。

（1）美国石油协会在RP53草案《钻井用防喷装备》第十三条的定义为：欠平衡压力钻井是在钻井过程中允许地层流体进入井内，循环出井，并在地面加以控制的钻井技术。

（2）加拿大能源储备部的定义为：钻井过程中钻井液液柱压力低于产层压力，若钻井液密度不够低，则在钻井液中充入气体，允许地层流体进入井眼，并可将其循环至地面加以控制。

（3）中国该领域技术专家的定义为：欠平衡钻井是指在钻井过程中井筒环空中循环介质的井底压力低于地层孔隙压力，允许地层流体有控制地进入井筒，并将其循环到地面进行有效处理的钻井技术。

2. 控压钻井技术定义

控压钻井技术是国际上发展起来的一项前沿钻井技术[5]。针对窄密度窗口的安全钻井难题，国际上采用的最先进的钻井方法是控压钻井技术。控压钻井技术可以有效解决钻探过程中由于压力敏感导致的井下复杂，特别是针对复杂深井、超深井地层中存在的窄密度窗口，长井段同一压力系统，易坍塌和漏失的薄弱地层，枯竭油气层，深海海底油藏等问题,都有很好的应用效果[6]。国际钻井承包商协会欠平衡作业和控制压力钻井委员会（IADC Underbalanced Operations & Managed Pressure Drilling Committee）将控压钻井（Managed Pressure Drilling，MPD）定义为："控压钻井是一种用于精确控制整个井眼环空压力剖面的自适应钻井过程，其目的是确定井下压力环境界限，并以此控制井眼环空液柱压力剖面的钻井技术"。控压钻井的最初意图是避免地层流体不断侵入地面，作业中任何偶然的流入都将通过适当的方法安全地处理。

精细控压钻井技术具体描述为：

（1）设计环空液压剖面，将工具与技术相结合，通过钻进过程中的实时控制，可以在井眼环境条件限制的前提下减少钻井的风险与投资。

（2）可以对井口回压、流体密度、流体流变性、环空液面、循环摩阻以及井眼几何尺寸进行综合分析并加以控制。

（3）可以快速校正并处理监测到的压力变化，能够动态控制环空压力，从而能够更加经济地完成钻井作业。

3. 欠平衡精细控压钻井技术定义

2008 年 7 月，周英操等人在《石油钻探技术》期刊《控压钻井技术探讨与展望》[4]一文中认为把"MPD"译为"精细控压钻井技术"，更贴近钻井工艺实际情况，并提出了"欠平衡精细控压钻井技术"的概念。

欠平衡精细控压钻井技术是在欠平衡钻井技术和精细控压钻井技术的基础上发展起来的一项新技术。其定义为：欠平衡精细控压钻井技术是一种用于精确控制整个井眼环空压力剖面的自适应钻井过程，通过确定精细压力环境界限，控制井眼环空液柱压力剖面，并保持井筒环空中循环介质的井底压力低于地层孔隙压力，允许地层流体有控制地进入井筒，将其循环到地面进行有效处理的钻井技术，简称 UBMPD（Under Balanced Managed Pressure Drilling）。

二、欠平衡精细控压钻井技术发展现状

1. 欠平衡钻井技术发展现状

欠平衡钻井技术，以空气钻井为先锋[7]，始于 20 世纪 50 年代，主要采用空气压缩机向油井内注入空气和水的混合物。由于其明显的优势而迅速发展起来，随后在配套技术上

形成了气基流体低压钻井系列（空气钻井、雾化钻井、泡沫钻井、充气钻井等），不过出于安全的考虑，当时该项技术一般不用于打开储层。到了 90 年代，由于世界范围内油气勘探开发从整装大油田、高压和常规压力、中高渗均质砂岩等良好勘探开发条件，转移到了复杂中小油田、断块油田、薄油层、低压低渗透低产能油田、老油田挖潜、复杂储层、非常规油气等恶劣的勘探开发条件，同时由于非封固完井的水平井数量增多，强化了对防止损害的关注，加上不断完善的欠平衡钻井配套设备，使得欠平衡技术被广泛采用，并以充气液和低密度钻井液的欠平衡水平井为主要形式[8]。

中国欠平衡钻井技术[2]早在 20 世纪 60 年代就已在四川油田磨溪构造的大安寨、凉高山地层进行过试验，当时只是用清水钻进，进行“边喷边钻”。进入 90 年代以来，中国欠平衡钻井技术也在加速发展，尤其是塔里木油田解放 128 井、轮古系列井欠平衡钻井的成功，将中国欠平衡钻井技术推向了一个新的阶段。最为成功的是大港油田，在千米桥古潜山应用欠平衡钻井，发现了一个亿吨级的油田，取得了非常好的效益，典型井为板深 7 井、板深 8 井。大庆油田[9-11]在松辽盆地北部徐家围子断陷带采用控流法进行了 6 口深层气探井欠平衡钻井试验，取得了较好的勘探效果，其中卫深 5 井钻进中途测试日产气 $18.3\times10^4\mathrm{m}^3$，增产后日产气 $105\times10^4\mathrm{m}^3$，取得了松辽盆地深层气勘探的历史性突破。

钻井技术和井控技术的进步已经使欠平衡钻井技术成为开采油气的一种既安全又经济的成熟技术手段，尤其是针对油气田开发后期的低压低渗透油藏。因此，国内外各油田都把欠平衡钻井技术作为重要的应用技术之一。国际钻井招标也越来越多地要求采用欠平衡钻井技术，也促进了欠平衡钻井技术的发展。

2. 欠平衡精细控压钻井技术发展现状

控压钻井技术早在 20 世纪 60 年代中期[12]就开始在陆地钻井作业中应用，但没有引起业界足够的关注。随着复杂压力系统钻井和对钻井安全的关注，特别是海上勘探开发的不断发展，这项技术越来越受到钻井决策者的重视，从而使控压钻井技术得到了快速发展。精细控压钻井技术于 2003 年 IADC/SPE 会议上提出，该技术主要是通过对井口回压、流体密度、流体流变性、环空液面高度、钻井液循环摩阻和井眼几何尺寸的综合控制，使整个井筒的压力得到有效控制，进行欠平衡、平衡或近平衡钻井，有效控制地层流体侵入井筒，减少井涌、井漏、井塌、卡钻等多种井下复杂情况，非常适宜孔隙压力和破裂压力窗口较窄的地层作业。据报道，控压钻井对井眼的精确控制可解决 80% 的常规钻井问题，减少非生产时间 20%～40%，从而降低钻井成本。

目前，国际上斯伦贝谢、哈里伯顿、威德福等公司已进行了相关的精细控压钻井技术研究和现场应用[13, 14]，取得了较好的应用效果。中国石油集团工程技术研究院有限公司从 2008 年开始，组织科研攻关团队自主研发，在精细控压钻井成套工艺装备等方面取得重大突破，填补了国内空白[15]。专家评价：该成果在理论技术上有重大创新，整体达到国际先进水平，在欠平衡控压钻井工艺、工况模拟与系统评价方法上达到国际领先。

经过了10年的研究与应用，中国石油集团工程技术研究院有限公司研发的PCDS（Pressure Control Drilling System）精细控压钻井装备与技术，特别是欠平衡精细控压钻井技术在国内外取得了良好的应用效果[16]。

三、欠平衡精细控压钻井的特点与优势

欠平衡精细控压钻井技术是在欠平衡钻井技术和控压钻井技术的基础上综合发展起来的新技术，是目前最安全、有效的一种钻井方式。欠平衡精细控压钻井结合了欠平衡钻井以更低的密度开发油气层、保护油气层的特点，同时又兼具控压钻井对井筒压力精确控制、有效解决窄密度窗口溢漏同存钻井难题的特点。从欠平衡钻井技术角度出发，可以说它是最先进水平的欠平衡钻井技术。具体来讲，欠平衡精细控压钻井技术主要有以下几方面的优势[2,17]：

（1）减少对产层的伤害，有效保护油气层，从而提高油气井产量。

常规钻井一般是过平衡钻井，由于钻井液液柱压力高于地层压力，不可避免地会造成钻井液滤液和有害固相进入产层，从而造成对产层的伤害。在某些情况下，这种伤害将永久地降低油井的产量，需要进行费用昂贵的增产措施和修井作业才能达到地层的经济产量水平。采用欠平衡精细控压钻井，由于井筒内钻井液液柱压力低于地层压力，钻井液滤液和有害固相的侵入就会减轻或消除，从而有效地保护了油气层，减少或免去油层改造等作业措施及昂贵的费用，尤其在水平井中的优势很明显，这是实施欠平衡精细控压钻井技术的最大益处。

(2)有利于及时发现和评价低压低渗透油气层,为勘探开发整体方案设计提供准确依据。

过平衡钻井对产层造成的伤害很可能使预期本应该出现的油气显示没有出现，从而影响了油气的勘探和开发。而在欠平衡精细控压钻井条件下，钻井过程中地层流体可以进入井眼，在井口监测返出液就可以适时提供良好的产层信息，从而有利于达到勘探开发目的，并可以及时对产层进行较为准确的评价。

（3）大幅度提高机械钻速，延长钻头使用寿命，从而缩短钻井周期，减少作业及相关费用。

由于欠平衡精细控压钻井，比常规钻井采用更低的钻井液密度。欠平衡钻井过程中采用负压钻进，使井底岩石三相应力状态发生了变化，减小了压持效应，有利于钻头对岩石的破碎，从而大幅度提高机械钻速，缩短钻井周期，降低钻井综合成本。

（4）有效地控制井底压力，减少井下复杂情况的发生，并增加钻井安全性。

常规过平衡钻井不可避免地会引起钻井液的漏失，尤其在易漏层段更为严重，会造成进一步的钻井事故和井下复杂，延长钻井周期，增加钻井成本。而欠平衡精细控压钻井可以有效精确地控制井筒压力，因此可以减少由于井筒压力波动造成的井下复杂情况的发生，大大增加钻井安全性，具体来讲：

①可以精确地控制整个井眼压力剖面，避免地层流体侵入。

②使用封闭、承压的钻井液循环系统，能够控制和处理钻井过程中可能产生的溢流。

③能避免井眼压力超过地层破裂压力，减少发生井漏、井塌等事故，减少处理钻井事故的时间。

④能解决裂缝性等复杂地层的漏失问题，减少易漏地层钻井液材料损失。

⑤由于井筒内钻井液液柱压力低于地层压力，从而可以大大降低井漏发生的概率。另外，还可以消除压差卡钻的问题。

⑥减少不稳定性地层失稳与垮塌问题，避免阻卡发生。

⑦可以在接单根、起钻、下钻时加回压，确保关井压力接近循环和钻进时的井底压力，使井底压力恒定。

⑧钻井能顺利通过窄密度窗口层段，解决窄密度窗口溢漏同存钻井难题。

（5）延长水平段长度，增加单井产能。

欠平衡精细控压钻井技术能有效地控制井底压力，减少井底压力波动，使井筒压力较长时间保持在安全密度窗口之内，从而延伸大位移井或长水平段水平井的水平位移，减少对储层的伤害，增加单井产能。

（6）可以在钻井过程中生产油气。

欠平衡精细控压钻井可以实现有控制地溢流，油气可有控制地从井内返出到地面，经分离处理后，可以作为钻井过程中的副产品加以利用或出售，从而补偿欠平衡精细控压钻井特殊作业的辅助费用，在钻井过程中生产的油气可以把钻井成本收回。

第二节　欠平衡精细控压钻井工艺技术

欠平衡精细控压钻井技术是为了更好地控制井底压力，其压力控制的目标是：在整个钻井作业过程中无论钻进，还是循环钻井液、停钻接单根、起下钻，都能根据需要精确地控制井底压力，并使其维持在欠平衡精细控压钻井状态。

一、欠平衡精细控压钻井技术基本原理

欠平衡精细控压钻井通过装备与工艺相结合，合理逻辑判断，控制井口回压保持井底压力稳定，使井底压力相对地层压力保持在一个精确的欠平衡状态，实现环空压力动态自适应控制。欠平衡精细控压钻井的核心就是对井底压力实现精确控制，保持井底压力在欠平衡状态。井底压力等于静液柱压力、环空循环压力损耗和井口回压三者之和。欠平衡精细控压钻井基本原理 [18] 如图 9–1 所示。

欠平衡精细控压钻井利用回压来控制井底压力是基于式（9–1）。

$$p_b=p_m+p_a+p_t \tag{9–1}$$

式中　p_b——井底压力，MPa；

p_m——钻井液静液柱压力，MPa；

p_a——环空压耗，MPa；

p_t——井口回压，MPa。

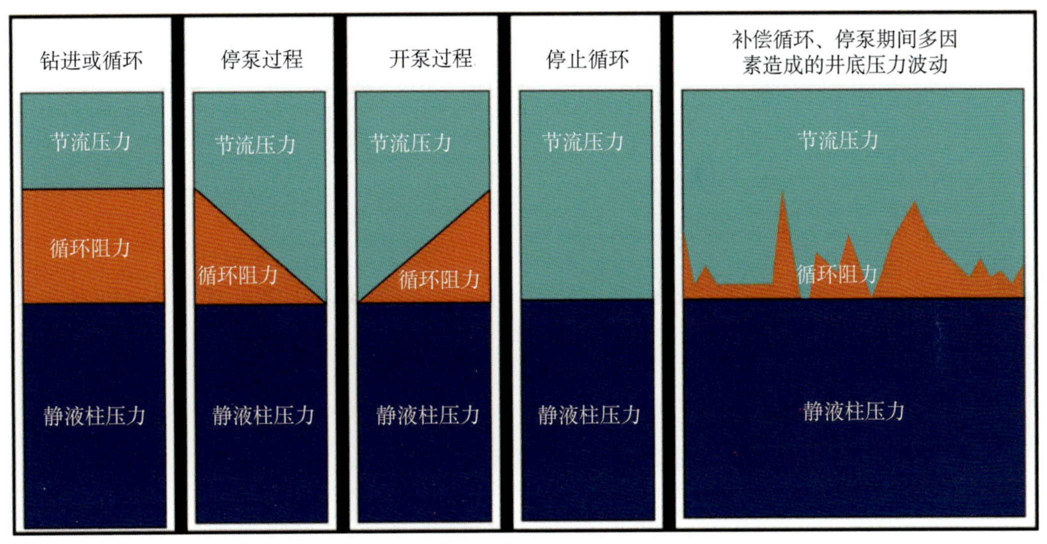

图 9–1　欠平衡精细控压钻井基本原理示意图

为了保持井底压力为一常量，就要改变井口回压 p_t 以补偿环空压力的改变，环空压力的变化主要有以下几个方面的原因：钻井泵的泵速、钻井液密度及其他一些引起压力瞬时改变的因素，如岩屑含量和钻具转速变化等。欠平衡精细控压钻井采用的环空水力学计算，其目的是用来计算确定控压钻井所需要的井口回压值，以便在钻井过程中对井底压力进行控制。为了确保井底压力在钻井作业过程中都能保持恒定，还需要使用自动控制系统，把计算机实时计算出的井口回压控制数据传输到控制系统，以实现井底压力快速自动调整。

欠平衡精细控压钻井需要一定的设备和工艺来实现对井眼的压力控制，欠平衡精细控压钻井控制工艺流程如图 9–2 所示。

为了保持井底压力为一常量，实现控压钻井的途径可以是改变钻井液静液柱压力，也可以是改变井口回压，还可以改变循环压耗，由此产生了不同类型的欠平衡精细控压钻井方法。概括起来，欠平衡精细控压钻井的压力控制方法主要表现在两个方面：一方面，通过调节钻井液密度、井口回压、环空摩阻等方法使钻井在合适的井底压力与地层压力差下进行；另一方面，在地层流体侵入井眼过量后，通过合理地改变钻井液密度及用井口装置控制的方法，将侵入钻井液中的地层流体安全排出，并在井眼中建立新的压力平衡。

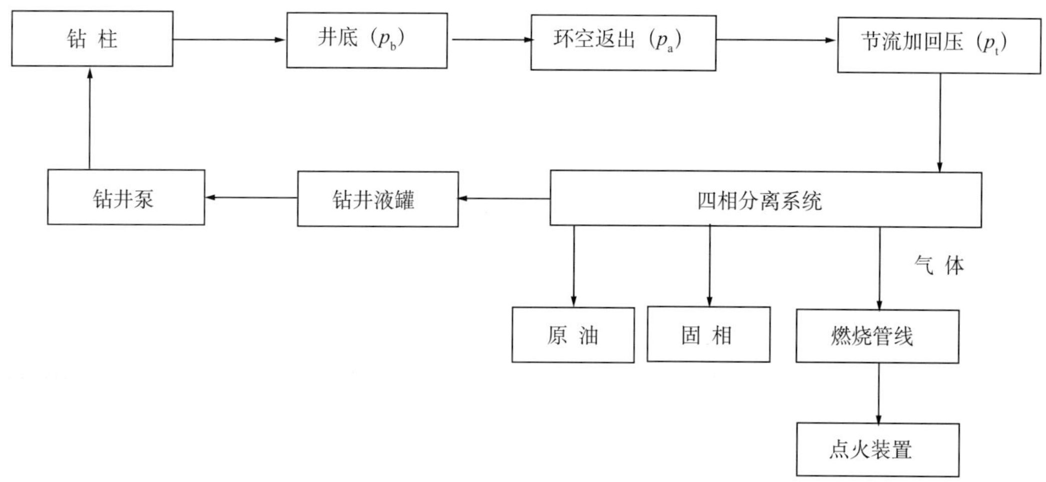

p_b（仪器测量）=p_m（动态变化）+p_a（动态变化）+p_t（自动调节）

图 9–2　欠平衡精细控压钻井控制工艺流程图

二、欠平衡精细控压钻井井底压力控制技术

1. 欠平衡精细控压钻井井底压力影响因素

欠平衡精细控压钻井井底压力主要受钻井液性能、钻井液排量、钻速、井口设备承压能力、地面设备压力控制精度、井底环空压力测量装置、测量数据上传响应速度、开停泵、起下钻等因素影响 [19]。

1）钻井液性能

（1）气体钻井井底压力计算方法。

$$p_{bhi}=\left[\left(p_{ati}^2+b_{ai}T_{avi}^2\right)e^{\frac{2a_{ai}H_i}{T_{avi}}}-b_{ai}T_{avi}^2\right]^{0.5} \tag{9–2}$$

式中 p_{bhi}——第 i 段底部压力，lbf/ft²；

p_{ati}——第 i 段顶部压力，lbf/ft²；

T_{avi}——第 i 段平均温度，°R；

H_i——第 i 段井深，ft；

a_{ai}、b_{ai}——无量纲系数。

（2）气液两相欠平衡钻井井底压力。

注气量与井底压力并非线性关系。当增加井筒注气量时，井筒内混合密度降低，井底压力下降。在注气量较小时，增加注气量，井底压力下降较快；随着注气量增加，井底压力下降速度变慢。当注气量为 1m³/s 时，井底压力达到极小值。随着注气量继续增加，井底压力有小幅度的升高。

(3) 液相欠平衡钻井井底压力计算方法与过平衡钻井井底压力计算方法相似，不同的是根据井底压力变化调节井口回压。

2）排量

钻井液排量能够增加井筒环空循环摩阻的大小，气体钻井、气液两相欠平衡钻井及液相欠平衡钻井井底压力随排量的增加而增加。

3）钻速

钻速对井底压力的影响主要表现为环空岩屑浓度对井底压力的影响。气体钻井时环空为气固两相流动，气液两相欠平衡精细控压钻井和液相欠平衡精细控压钻井环空为气液固三相流动。由于欠平衡钻井钻速较快，环空岩屑浓度大，因此在进行欠平衡钻井设计时，应充分考虑岩屑浓度对井底压力的影响。在进行液相欠平衡精细控压钻井时，过快的钻速使环空岩屑浓度增大，从而造成井底压力为过平衡状态，因而无法达到欠平衡精细控压钻井的目的。

4）井口设备承压能力和压力控制精度

井口回压对井底压力的影响，不仅体现在井口回压值，也体现在井口回压对气体钻井和气液两相欠平衡精细控压钻井环空气柱、液柱压力的影响。井口回压能够有效地抑制气体膨胀，增加环空混合流体密度，从而增加井底压力。

欠平衡精细控压钻井井口压力是由节流阀施加的，节流阀的开度与精细控压钻井井口回压呈反比关系，井底压力的控制精度受节流阀实时控制精度的影响。在正常钻井期间，井筒环空内为单一连续液相，井底压力控制精度较高；当井筒为气液两相或多相流动时，井底压力控制精度比单一液体流动时精度差。

5）井底环空压力测量装置和测量数据上传响应速度

环空压力随钻测量装置 PWD（Pressure While Drilling）对于井底压力的控制精度影响主要表现为测量数据上传响应速度和传输频率[20]。在钻井过程中，井底压力随 LWD 仪器信号排序上传到井口，解码得到真实的井底压力，从而验证了井底压力的控制精度。

6）开停泵和起下钻

起下钻期间井底压力变化如图 9–3 所示，划眼、开泵以及停泵测斜过程未进行精细控压，井底压力变化幅值较大；在补压接单根过程进行了精细控压，井底压力变化较小，精细控压钻井能够实现井底压力的稳定。

2. 欠平衡精细控压钻井合理欠压值的选择

欠平衡精细控压钻井能够及时发现油气层、保护储层、提高钻速等，正压差是引起储层伤害最重要的因素，而过大的欠压值也会降低储层的渗透率恢复值，因此需要制定合理的欠平衡钻井欠压值。制定合理的欠压值时应考虑以下几个方面的因素：

(1) 欠平衡压差大于零，小于孔隙压力与地层坍塌压力之差。

(2) 欠平衡压差设计要考虑地面处理系统的处理能力。

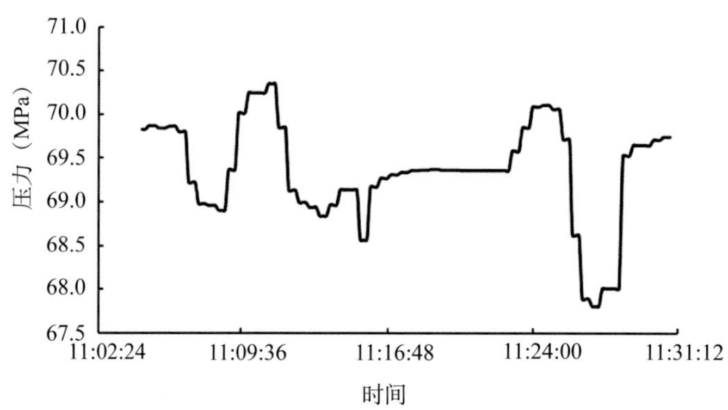

图 9–3　起下钻工况过程井底压力的波动

（3）欠平衡压差设计要考虑旋转防喷器的额定动压，对气井进行液相欠平衡钻井尤其要注意。

（4）液相欠平衡精细钻井压差要设计得小一些，一般取 0.7～1.4MPa。

（5）气体和雾化钻井欠平衡压差不做特别设计。

（6）泡沫和充气钻井欠平衡压差可设计得大一些，但要兼顾井壁稳定和地面设备处理系统的处理能力。充气钻井欠平衡压差一般在 1.7～3.5MPa 范围内。

（7）对于水平井，欠平衡压差设计应确保整个水平段处于欠平衡状态。

3. 欠平衡精细控压钻井压力控制方法

过大的欠压值或负压差会降低储层的渗透率恢复值，因此在进行欠平衡精细控压钻井时同样应选择合理的负压差值。随着储层段长度加深，尤其是在长水平段钻进过程中，揭开的储层段长度不断增大，若井筒保持恒定的欠压值，则进入井筒内的气体越来越多，井筒一直处于一种不稳定的流动状态，当井底进入的气体超出井口设备承压能力或液气分离器的分离能力时，就会引起井下复杂或钻井事故。

对于易发生气侵地层，可以采取欠平衡精细控压钻井方式。在恒定的进气量下，保持稳定的欠平衡精细控压钻井状态，在保证安全钻进的同时，又提高了钻速，保护油气层。

随着钻开储层深度的增加，井筒出气量随着揭开储层段长度的增加而增加，为保证井筒处于稳定的欠平衡状态，需要不断改变欠压值来保证井筒进气量的恒定。

在保证欠平衡精细控压钻井恒定的进气量情况下，井底压力 p_{wf} 为：

$$p_{wf}=\sqrt{{p_e}^2-\frac{Q_{sc}T\mu z\left[\ln\left(\frac{r_e}{r_w}\right)+S\right]}{774.6Kh_i}} \tag{9–3}$$

欠平衡精细控压钻井技术能够精确控制井筒环空压力剖面，按照工艺可以分为正常钻进期间、起下钻和接单根期间及异常工况期间等 [21]。

正常钻进期间井底压力保持恒定，根据井底 PWD 测量数据实时修正井口回压，从而达到井底恒定压力；或根据出口与入口流量变化，调整井口回压，进行微流量控制。正常钻进期间井底压力为：

$$p_{wf}=p_h+p_f+p_a \tag{9-4}$$

起下钻和接单根期间钻井泵停止循环，井筒循环摩阻消失，井口无返出流量，故无法施加井口回压。井口回压通过回压补偿装置施加，回压泵在向环空补浆的同时，补偿因井筒无钻井液流动减少的循环摩阻和井口回压。起下钻和接单根期间井底压力为：

$$p_{wf}=p_h+p_{ad} \tag{9-5}$$

式中　p_{ad}——起下钻和接单根期间的井口回压，MPa。

异常工况期间井底压力发生变化，通过改变井口压力的大小能够很好地控制井底异常工况，如通过增加井口回压控制溢流，减少井口回压控制漏失速度等。异常工况期间井底压力为：

$$p_{wf}=p_h+p_f+p_a' \tag{9-6}$$

式中　p_a'——异常工况期间的井口回压，MPa。

（1）正常钻进期间：通过实时测量井底压力来改变井口回压，从而达到井底恒定压力的目的，或通过监测出、入口流量变化，实现微流量控制。井口压力及井底压力如图 9–4 所示。

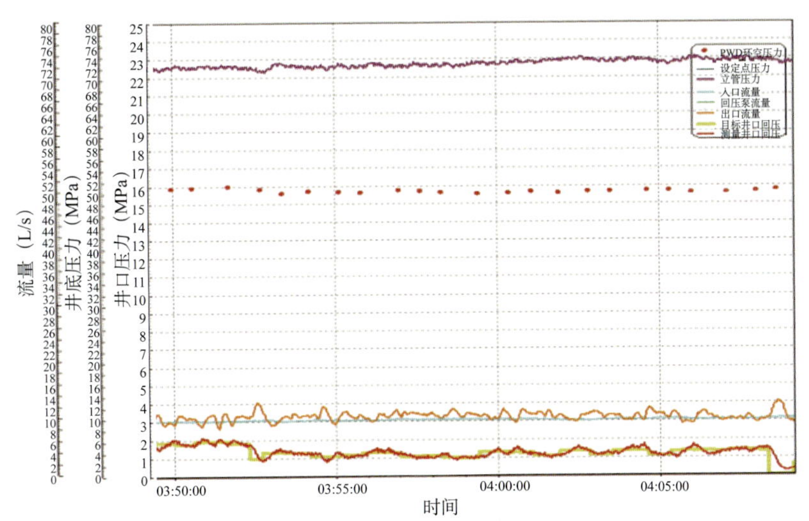

图 9–4　根据 PWD 数据调整井口回压

（2）起下钻、接单根期间：使用回压泵来补偿流量，同时在井口施加回压，停泵期间井口回压值为正常钻进期间井口回压和循环压耗之和，如图 9–5 所示。

（3）异常工况期间：在发生气侵或漏失时，通过调节井口回压来控制气侵或漏失速度。

①当发现出口流量大于入口流量时，增大井口回压，从而逐渐控制溢流，如图 9–6

所示。

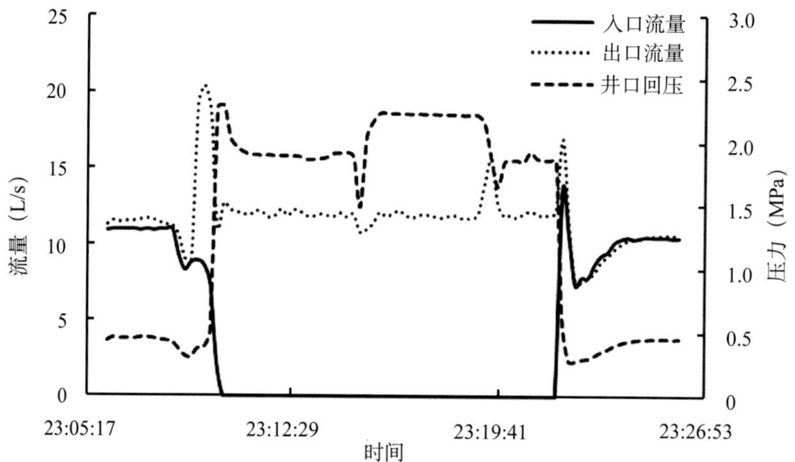

图 9–5　起下钻、接单根过程调节井口回压

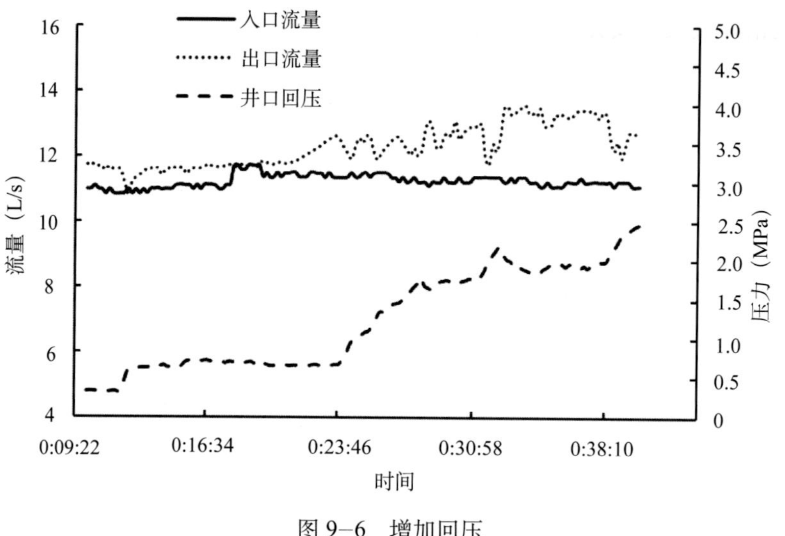

图 9–6　增加回压

②漏失时，通过减小井口回压或钻井液排量来降低井底压力，从而控制漏失速度，如图 9–7 所示。

三、气侵对井底压力控制的影响分析

气侵是欠平衡精细控压钻井中最常遇到的异常工况，通过分析研究气侵对井底压力控制的影响规律，特别是研究重力置换气侵与欠平衡气侵的判别方法，进而制定气侵工况下井底压力控制的技术措施及方法[22, 23]。

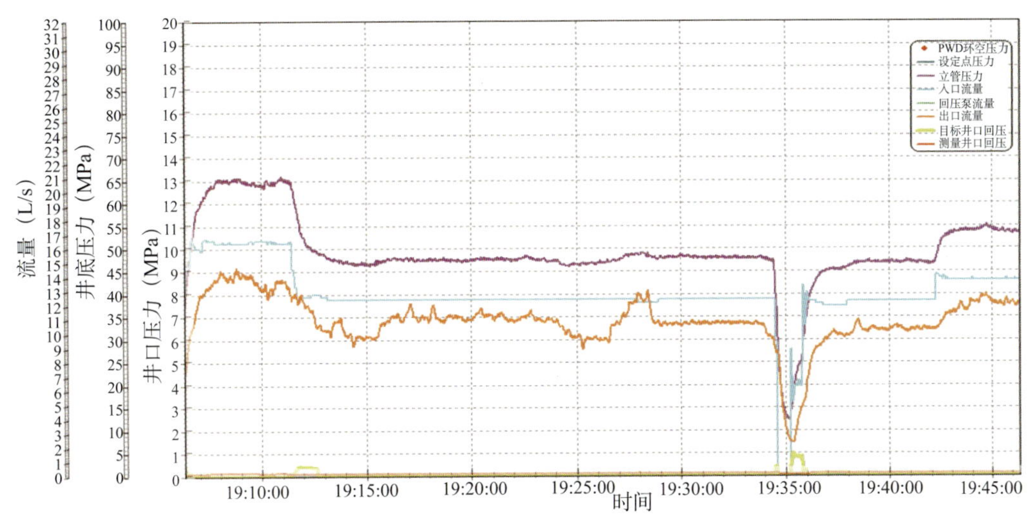

图 9–7　降低钻井液排量来控制漏失速度

1. 气侵类型

精细控压钻井气侵主要分为欠平衡气侵、重力置换气侵、岩屑破碎气气侵与浓度差气侵。岩屑破碎气气侵与浓度差气侵井底进气量较小，对精细控压钻井井底压力控制产生的影响较小。而重力置换气侵和欠平衡气侵井底进气量较大，对精细控压钻井井筒参数及井底压力控制影响较大，应深入研究这两种气侵形成的原因及进气量大小。

1）欠平衡气侵

欠平衡气侵是指井底压力小于地层压力，地层中的气体在压差作用下由地层渗流到井筒中。进入井筒中的气体体积量的大小与井筒压力和地层压力的平方差成正比，负压差越大，进入井筒中的气体越多。欠平衡气侵，如图 9–8 所示。

2）重力置换气侵

重力置换气侵[24]是指地层中的气体与井筒中的钻井液在密度差的作用下，地层气体进入井筒，井筒中的钻井液进入地层中的过程。重力置换气侵依靠气体和钻井液的密度差作为动力，气侵量的大小与地层的孔隙度及渗透率有关，地层孔隙度和渗透率越大，重力置换气侵量越大，如图 9–9 所示。对于裂缝及溶洞型地层，重力置换气侵明显，容易转变为恶性漏失或井喷事故。

3）浓度差气侵

浓度差气侵是指地层与井筒钻井液之间存在气体浓度差，地层中的气体依靠浓度差进入井筒钻井液中，形成浓度差气侵。地层中的自由气依靠浓度差进入井筒分为两步：

（1）地层自由气先溶解到气液界面，形成溶解气；

（2）气液界面中的溶解气通过浓度差进行扩散。

地层自由气溶解到液体中遵循气液传质理论，如图 9–10 所示。

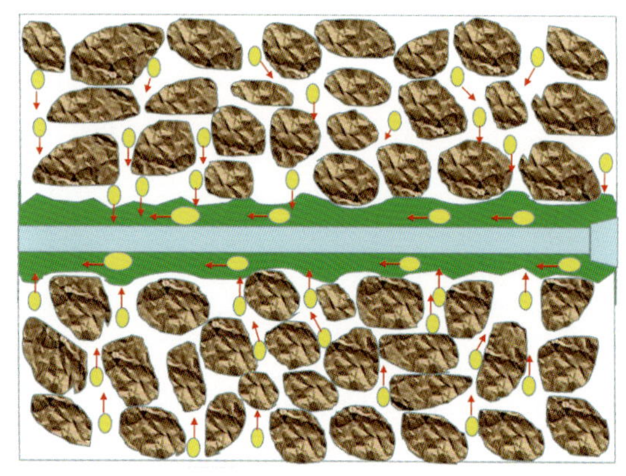

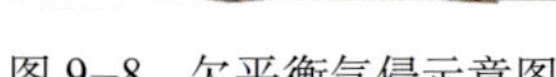

图 9–8 欠平衡气侵示意图

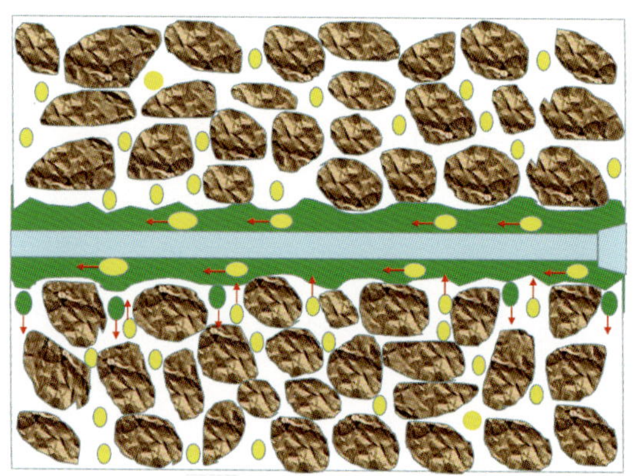

图 9–9 重力置换气侵示意图

由图 9–11 可以看出，气体在井底的溶解度较低，且气体的溶解度随温度、压力的变化较小，当钻井液返到井口时，对井口参数及井底压力的影响较小。

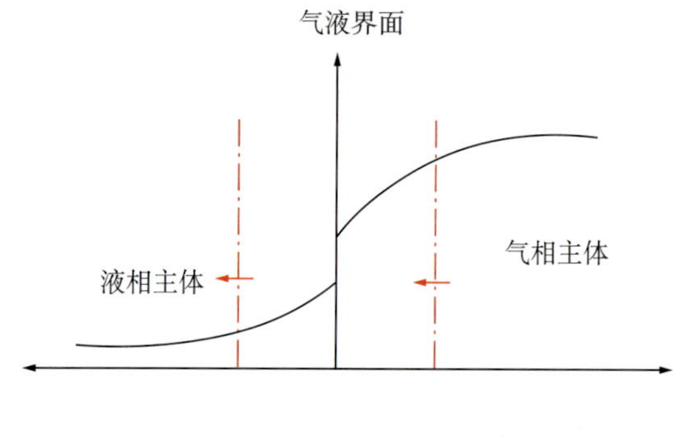

图 9–10 气液双膜理论模型

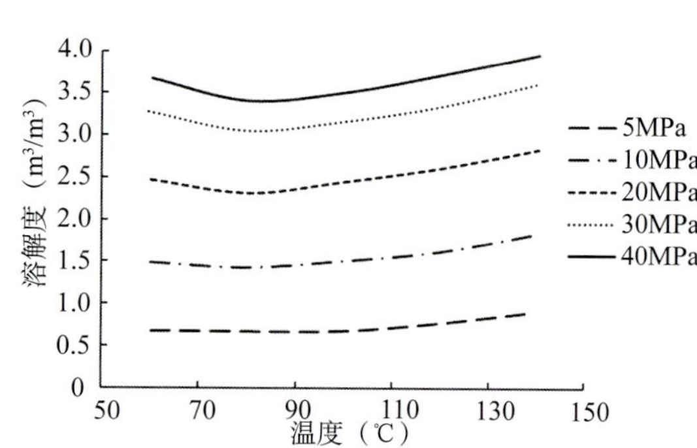

图 9–11 天然气在地层水中的溶解度曲线

4）岩屑破碎气气侵

岩屑破碎气气侵是指钻头在破碎岩石时，储存在破碎岩石中的气体进入井筒钻井液中，形成岩屑破碎气气侵。岩屑破碎气气侵量的大小与所钻地层孔隙度及钻速大小有关。精细控压钻井中，井底出现岩屑破碎气时，井口出口流量大于入口流量，增加井口回压，对井底进气量没有影响。

2. 气侵检测方法

发生气侵后，气体运移到井口位置发生剧烈膨胀，井底压力下降速度变快，井筒压力难以控制，因此及时发现和控制气侵尤为重要。气侵的检测方法主要包括 [25] 钻井液池液面检测法、返出钻井液流量检测法及立压观察法等 10 种方法。

1）钻井液池液面检测法

钻井液池液面检测法主要检测钻井液池体积的变化，通过在钻井液池内安装液面检测仪来计算钻井液池体积的变化。由于钻井液液面气泡、钻井液池内液体的波动等影响，检测结果误差较大。钻井液工定期检测钻井液池液面体积的变化。气侵时，井筒气体运移到井口过程中钻井液池液面检测法测得钻井液池总量的体积变化如图 9–12 所示，井口测得总烃含量升高，但钻井液池总池体积变化无规律，波动较大。

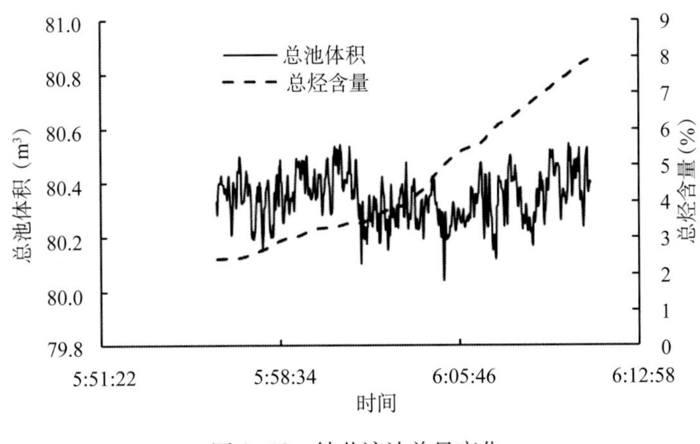

图 9–12 钻井液池总量变化

2）返出钻井液流量检测法

当井底发生溢流时，会导致环空循环体积增大，井口返出流量增加。常规钻井液返出流量检测主要是在返出管线安装流量计，如质量流量计、体积流量计及累积流量计，来实现对井口返出流量的检测判断井筒溢流。若井口返出管线为不满管流动，流量计往往很难精确测量返出流量的变化，难以发现微量溢流。

3）立压观察法

井底发生气侵后，井筒环空钻井液混合密度降低，钻井液的性能及流变性发生改变，从而使井底压力下降，立压降低。

4）套压分析法

当井底气体以稳定的气侵量进入井筒时，井口套压基本稳定，但如果井底气体进气量大或在井口位置膨胀形成气柱时，井筒静液柱压力降低，从而使井口套压升高。

5）综合录井参数分析法

综合录井测量的参数主要有钻井液排量、井口立压、电导率、钻井泵泵冲、钻井液出入口密度、钻井液迟到时间、大钩载荷、烃值、钻井液总池体积等。钻井时通过观察立压、钻井液总池体积、电导率、烃值、钻井液出入口密度等参数来综合判断井底是否发生溢流、地层进入井筒的流体性质等。

6）声波气侵早期检测法

当井底气体侵入井筒时，气体在井筒环空中的分布为气液两相流。由声波的传播规律可知，声脉冲信号在纯液体单相流中的传播速度远远高于发生气侵后的气液两相流中的传播速度。根据声波在纯钻井液和气液两相流中的传播速度不同，来检测井筒进气大小。声波气侵检测对压力波测量与谱分析技术复杂，且压力波受钻杆旋转影响较大。

7）井口装置改造测量方法

通过对井口装置进行加工改造，在井口导管处引出一个 L 形的支管，将声呐测深装置安装在支管上面，因此只需测量支管中的液面高度，根据支管液面高度反映出导管中的液面高度，从而实现溢流早期检测。

8）环空压力随钻测量检测技术

环空压力测量技术包括随钻测井（LWD）和随钻压力测量（PWD）。LWD 检测电阻率变化，及时发现地层出水情况。PWD 能够实时监测井底压力变化，结合井筒水力学计算来实现对气侵的早期检测。但当井底进气后，随钻数据难以实时准确传输到地面，且 PWD 数据的传输受钻井参数影响较大。

9）智能钻杆检测技术

智能钻杆可以实现高速传输数据、大容量、实时、双向通信，适用于常规钻井、欠平衡钻井和气体钻井。在智能钻杆上分布安装压力传感器，根据气侵模拟器模拟计算，分析判断井下发生气侵的大小、气液两相流流型等，可以实现气侵的早期检测。

10）精细控压钻井系统

精细控压钻井系统在节流管汇处安装高精度质量流量计，精确监测出口流量的变化来发现溢流，精细控压钻井能够比常规钻井液池液面法提前 10min 以上发现溢流。精细控压钻井系统通过出口、入口流量对比判别井底发生气侵为瞬时监测，通过钻井液池增量来获得累计气侵量。

3. 精细控压钻井气侵特征

根据井筒气侵计算模型，选取一定的模拟参数，对井筒发生重力置换气侵进行模拟研究，选取的模拟参数见表 9–1。

表 9–1　模拟参数表

模拟参数	数值	模拟参数	数值
井深（m）	5500	钻头直径（mm）	152.4
钻井液密度（g/cm^3）	1.2	钻杆外径（mm）	88.9
钻井液排量（L/s）	12	钻井液 300 转读数	58
储层渗透率（mD）	5	钻井液 600 转读数	90
揭开储层厚度（m）	5	甲烷气体临界温度（K）	191.05
地层压力（MPa）	64.5	甲烷气体临界压力（MPa）	4.6

1）井底含气率变化

（1）欠平衡气侵。

当井底压力为64MPa，钻遇不同的地层压力时，井底分别形成0.5MPa、1MPa和1.5MPa的欠压值，形成欠平衡气侵后，井底含气率随时间的变化如图9–13所示。

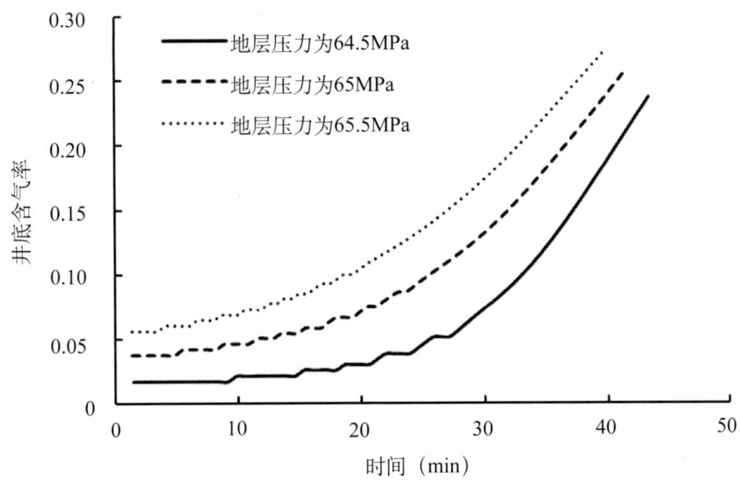

图9–13　欠平衡气侵井底含气率变化曲线

欠平衡气侵进气速度与井底欠压值有关，欠压值越大，进气速度越大，初始欠压值越大，井底含气率越大。当地层压力为64.5MPa时，即井底欠压值为0.5MPa，井底含气率为0.02；井底压力为65.5MPa时，井底欠压值为1.5MPa，井底含气率为0.06。

发生气侵20min内，井底含气率变化不大，气侵发生30min后，井底含气率快速增加。当地层压力为64.5MPa时，开始发生气侵时井底含气率约为0.02。在气侵40min后，井底含气率达到0.2。主要是因为发生气侵后，井筒液柱压力降低，井底与地层的欠压值越来越大，从而造成井底进气量增多。

（2）重力置换气侵。

假定井底进气量分别为50m^3/d、100m^3/d和150m^3/d时，井底含气率与进气量的关系如图9–14所示。

根据重力置换气侵的机理可知，井底压力对重力置换气侵影响较小，因此，发生重力置换气侵后，井底进气量不随井底压力变化而变化。在恒定的进气量下，井底含气率不发生变化。不同的地层井底发生重力置换气侵的进气量不同，进气量越大，井底含气率越大。

2）井筒含气率变化

（1）欠平衡气侵。

井底压力为64MPa，井底压力与地层压力之间的负压差分别为0.5MPa、1MPa和1.5MPa，气侵发生65min时，不同井深处的含气率变化如图9–15所示。

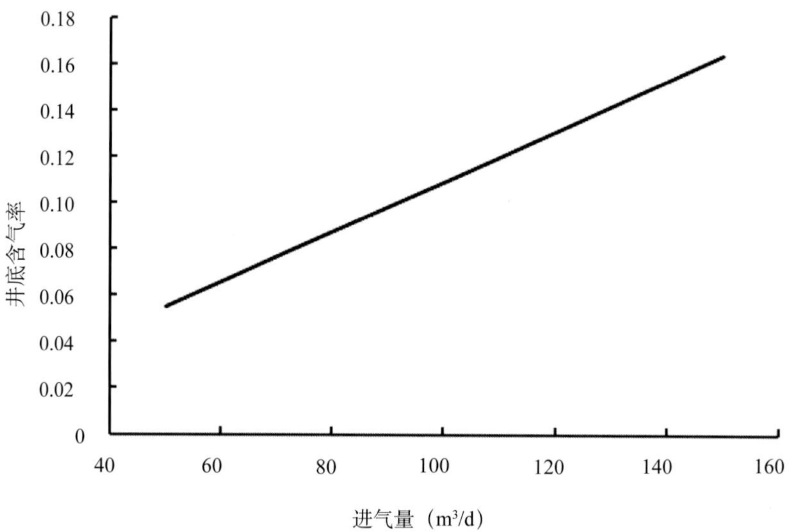

图 9-14 重力置换气侵井底含气率变化

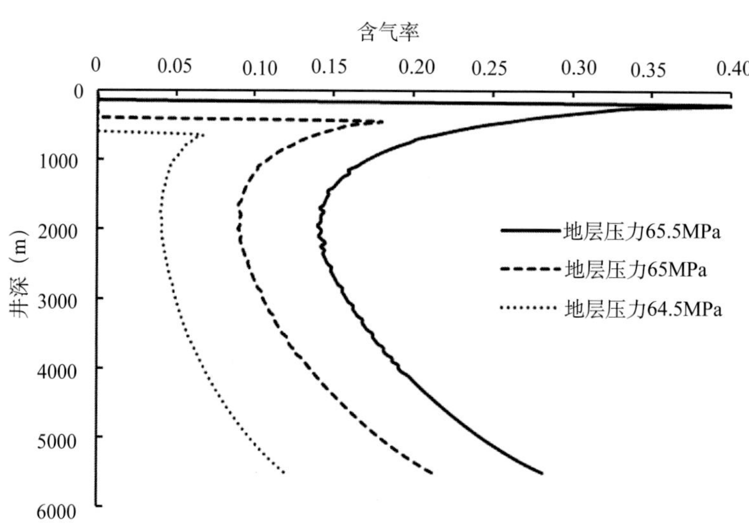

图 9-15 欠平衡气侵井筒含气率变化

气侵发生 65min 时，初始欠压值越大，进气速度越快，气体越先到达井口位置。气侵发生 65min 后，整个井筒含气量呈抛物线形。在 2000m 以下井段含气率随着井深增加是由于欠平衡气侵井底欠压值越来越大，井底进气量随时间越来越大，同时在 2000m 以下井段气侵膨胀性较小，因此井筒底部含气量要比中间段含气量高。在 1000m 以上井段含气率增加是由于气体的快速膨胀，使得井筒含气率快速增加。

(2) 重力置换气侵。

假定井底进气量分别为 50m³/d、100m³/d 和 150m³/d 时，发生气侵 60min 后，井筒含气率的变化如图 9–16 所示。

在气侵发生 60min 后，井底进气量越大，井筒含气率越大。在 2000m 以下井段，由于气体的膨胀性较小，井筒含气率变化较小；在 1000m 以上井段，由于气体膨胀，井筒含气率快速增加。

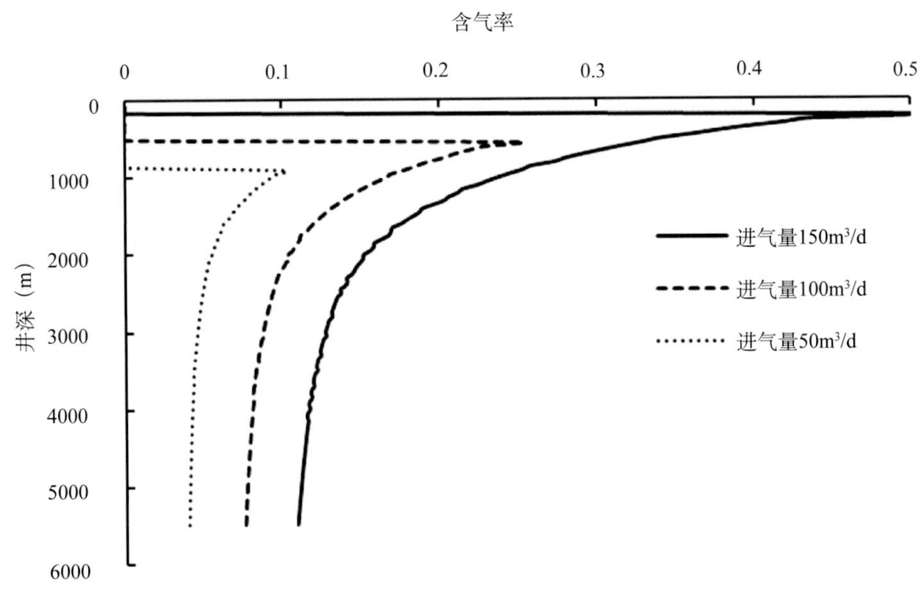

图 9–16　重力置换气侵井筒含气率变化

3）井口回压对含气率影响

井口回压能够有效抑制气体的膨胀作用，在控压钻井过程中，一定的回压能有效控制井筒气体膨胀，从而减少因气体膨胀损失的液柱压力。

如图 9–17 所示，井口回压越大，井口位置气侵含气率越低。当井口不施加回压时，井口含气率达到 0.61；当井口回压达到 5MPa 时，井口含气率为 0.19。一定的井口回压有效抑制了气体的膨胀作用，使气液两相流动由段塞流变为泡状流，减小了井筒静液柱压力的降低和井底压力的波动。

4）井底压力及钻井液池增量变化

(1) 欠平衡气侵。

当井底压力为 64MPa，钻遇不同的地层压力时，井底分别形成 0.5MPa、1MPa 和 1.5MPa 的欠压值，形成欠平衡气侵后，地层压力及钻井液池增量的变化如图 9–18 所示。

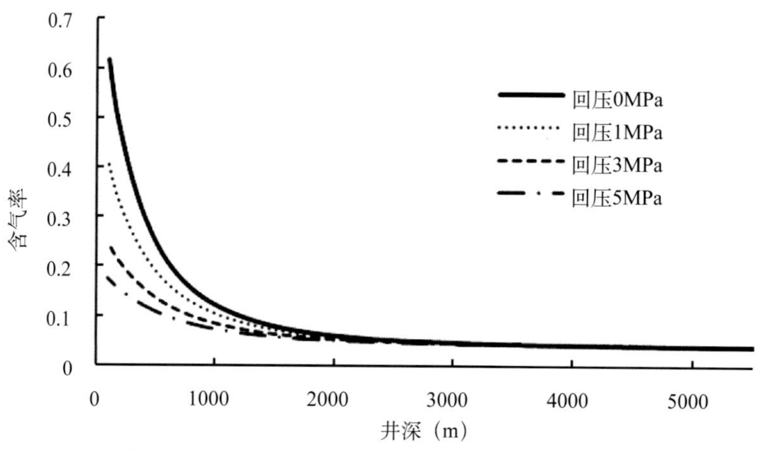

图 9–17　井口回压对井筒气体的影响

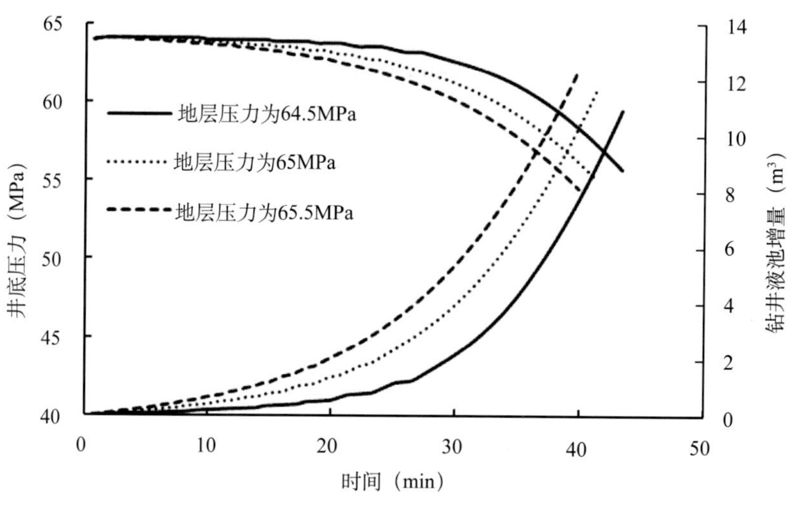

图 9–18　欠平衡气侵特征

由图 9–18 可知，进入井筒中的气体运移到井口需要一定的时间，且气体在 2000m 以下井段膨胀性较小，因此气侵开始时刻井底压力下降较慢，钻井液池增量较小。在气侵 30min 后，由于井底进气速度的加快和气体运移到井口位置的双重作用，使得井底压力快速下降，钻井液池增量快速增加。初始欠压值越大，井底压力下降越快，钻井液池增量越大。

（2）重力置换气侵。

假定重力置换气侵井底进气量分别为 $50m^3/d$、$100m^3/d$ 和 $150m^3/d$ 时，井底压力及钻井液池增量变化如图 9–19 所示。

由图 9–19 可知，重力置换气侵进气速度恒定，井底压力的下降和钻井液池增量仅与气体的膨胀有关。在气侵发生后40min内，由于气体的膨胀性较小，井底压力和钻井液池增量变化不大。40min后，气体逐渐运移到井口，造成井底压力及钻井液池增量的快速变化。井底进气速度越大，井底压力下降越快，钻井液池增量越大。

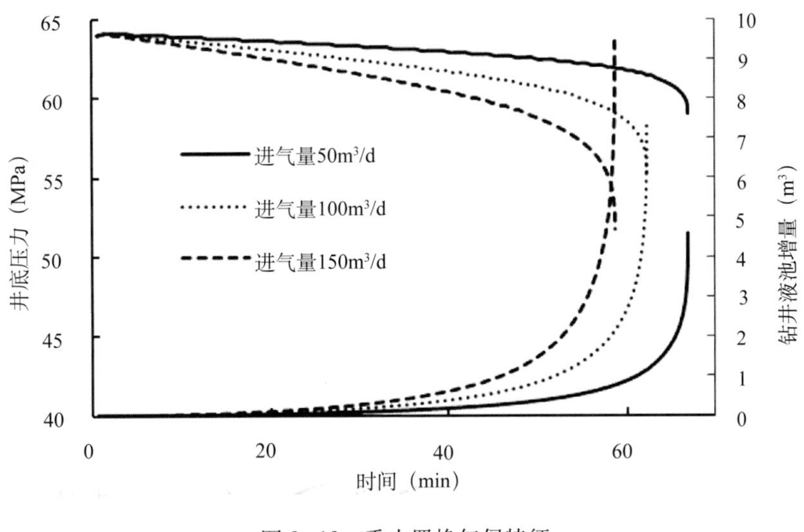

图9–19　重力置换气侵特征

4. 重力置换气侵的转化

1）井底压力及钻井液池增量变化

重力置换气侵的机理是气液存在密度差，跟井底负压差无关，即井底为过平衡和欠平衡时，重力置换气侵都会发生。井底为过平衡状态时，只有重力置换气侵，随着重力置换气侵的进行，井筒静液柱压力逐渐降低，导致井底压力逐渐降低。当井底压力开始小于地层压力时，井底可能会同时发生重力置换气侵和欠平衡气侵，从而导致井底压力的进一步降低。

井筒模拟计算过程中，每一时刻都对井底边界条件进行判断，若井底为过平衡，则井底进气量为恒定值；若某一时刻井底转变为欠平衡，则井底进气量为：

$$Q_{sc}=C+\frac{774.6Kh_{i}}{T\mu Z}\times\frac{\left(p_{e}^{2}-p_{wf}^{2}\right)}{\ln\frac{r_{e}}{r_{w}}+S} \tag{9–7}$$

式中　p_{wf}——井底流压，MPa；

p_{e}——储层压力，MPa；

Q_{sc}——气井产能，m^3/d；

K——储层的渗透率，mD；

h_i——钻开储层厚度，m；

T——气层温度，K；

μ——天然气黏度，mPa·s；

r_e、r_w——气井控制的外边缘半径和井底半径，m；

S——表皮系数，无量纲；

Z——气体偏差系数，无量纲；

C——定值，m^3/d。

实例井 1 地层压力为 63MPa，井底压力为 64MPa，井底初始过平衡度为 1MPa，井底压力和钻井液池增量变化如图 9–20 所示。在气侵发生初期，地层发生重力置换气侵，当重力置换气侵发生 40min 后，井底压力降低到 63MPa，此时井底压力等于地层压力，重力置换气侵和欠平衡气侵同时发生，井底压力迅速下降，钻井液池增量迅速增多，曲线出现拐点。

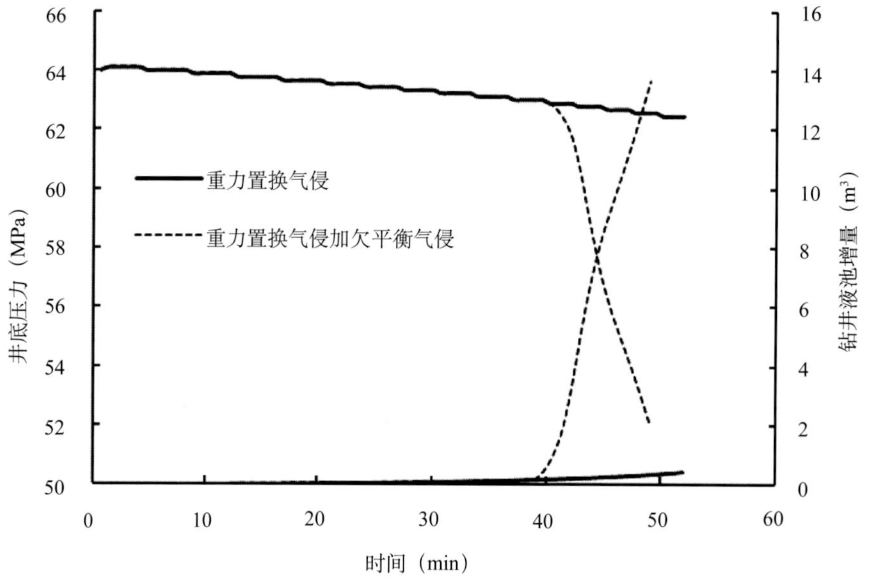

图 9–20　初始过平衡度为 1MPa 时重力置换气侵和欠平衡气侵同时发生参数曲线

实例井 2 地层压力为 63.5MPa，井底压力为 64MPa，井底初始过平衡度为 0.5MPa，井底压力和钻井液池增量变化如图 9–21 所示。气侵发生初期，井底只发生重力置换气侵。气侵发生 23min 后，当井底压力降低到 63.5MPa 时，井底压力等于地层压力，重力置换气侵和欠平衡气侵同时发生，井底压力迅速下降，钻井液池增量迅速增多，曲线出现拐点。

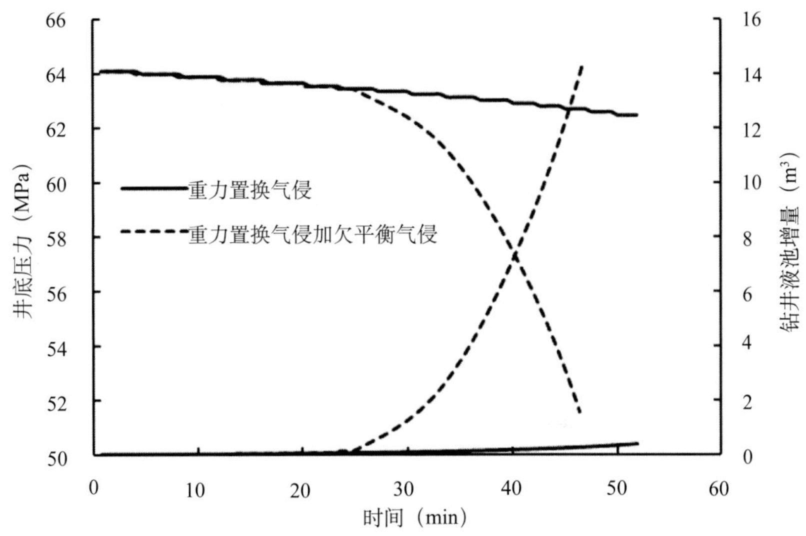

图 9–21　初始过平衡度为 0.5MPa 时重力置换气侵和欠平衡气侵同时发生参数曲线

图 9–20 与图 9–21 初始的过平衡度不同，造成重力置换气侵转变为欠平衡气侵的时间不同。初始的正压差越大，欠平衡气侵发生的时间越晚；发生气侵方式转化时气体距井口位置越近，气体膨胀性越大，从而造成井底压力下降和钻井液池增量的幅度也越大。因此，初始过平衡度越大的地层，发生气侵方式转化后压力越难控制。

2）井底含气率变化

井底压力为 64MPa 时，钻遇的地层压力不同，分别为 63MPa 和 63.5MPa，形成不同的正压差，井底发生重力置换气侵和欠平衡气侵，井底含气率的变化如图 9–22 所示。

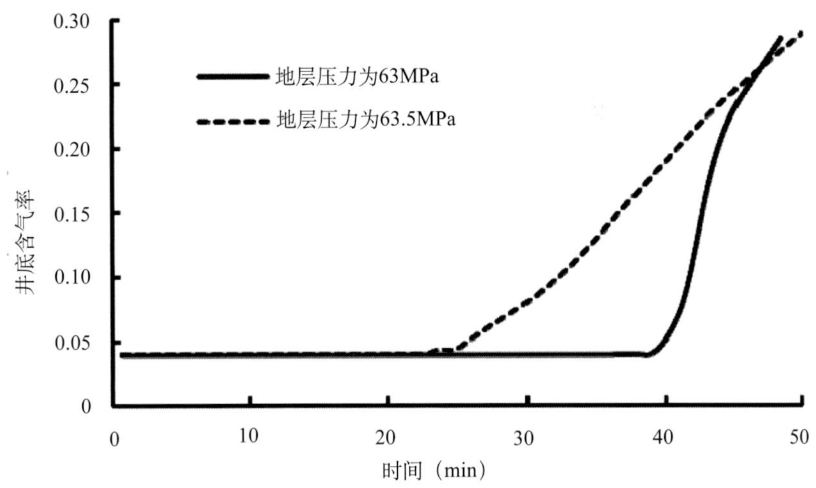

图 9–22　重力置换气侵转变为欠平衡气侵井底含气率变化

初始状态井底压力大于地层压力，井底为过平衡状态，只发生重力置换气侵，因此井底含气率不变。在 23min 后，当井底压力降为 63.5MPa 时，井底发生重力置换气侵和欠平衡气侵。当地层压力为 63MPa 时，在 40min 时，井底压力降为地层压力，井底发生重力置换气侵和欠平衡气侵。初始过平衡度越小，井底含气率越提前出现转折点。

5. 重力置换气侵与欠平衡气侵的判别方法

重力置换气侵和欠平衡气侵对井底压力的影响不同，给钻井工程带来的影响也不同。需要对两种气侵方式制定不同的控制方法，因此必须首先确定井底发生的气侵类型。

根据重力置换气侵和欠平衡气侵流动特征可知，两种气侵方式都会使井底压力降低和钻井液池总量增加。虽然两种气侵方法造成的钻井液池增量和井底压力的下降幅度不同，但现有的井底压力测量和钻井液池液面测量难以区分两种气侵类型；重力置换气侵和欠平衡气侵井底含气率的变化不同，而井底含气率的不同又难以通过仪器进行测量，因此采用现有的技术和方法难以检测和判别重力置换气侵和欠平衡气侵。

精细控压钻井技术能够精确控制井底压力剖面，很好地解决窄密度窗口钻井问题，同时对气侵类型的判断提出了更高的要求，精细控压钻井井口回压的改变也为判断井底气侵类型提供了一种可行性方案。通过对两种气侵类型发生的原因及气侵特征分析可知，欠平衡气侵主要受井底压力的影响，而井底压力对重力置换气侵影响较小，因此可以通过改变井底压力的方式判断气侵类型。通过改变井口回压，井底压力由欠平衡气侵状态变为过平衡后，欠平衡气侵将不再发生，而重力置换气侵将继续维持原来的进气速度发生气侵。

当井底发生欠平衡气侵，钻井液池增量超过 0.3m^3 后，检测出溢流，增加井口回压，模拟改变回压后井底压力及钻井液池增量的变化，如图 9–23 和图 9–24 所示。

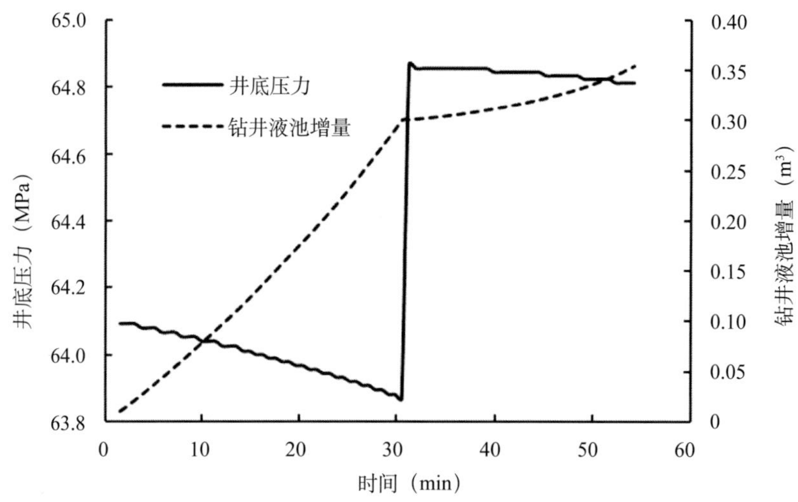

图 9–23　施加井口回压后井底为过平衡气侵特征

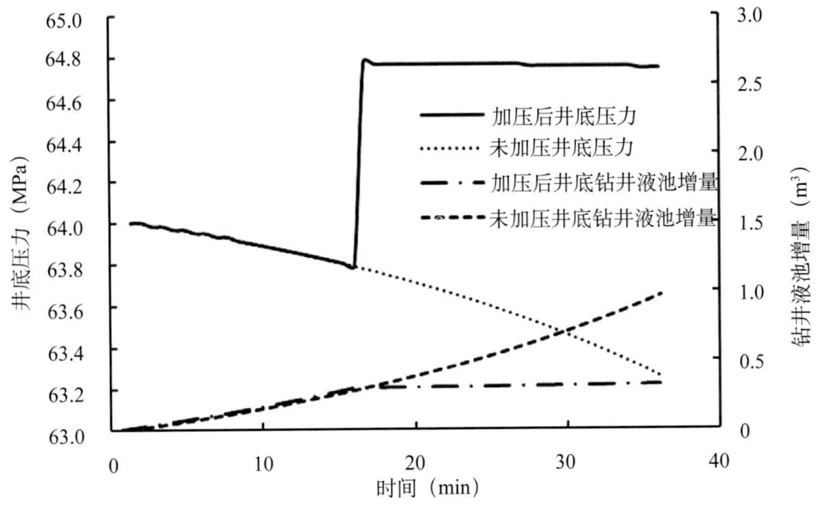

图 9–24　施加井口回压后井底为过平衡和未施加井口回压气侵特征对比

由图 9–23 和图 9–24 可知，钻遇地层压力为 64.5MPa，井底为欠平衡气侵，钻井液池增量超过 $0.3m^3$ 时，井口增加 1MPa 回压，井底压力变为 64.8MPa，此时井底为过平衡状态。施加回压后，由于井筒内气体向上运移膨胀，井底压力略微下降，钻井液池增量少量增加。施加井口回压井底压力变为过平衡后，井底压力基本保持不变，钻井液池增量保持不变，欠平衡气侵得到有效控制。

当钻井液池增量达到 $0.3m^3$ 时，井口施加 0.3MPa 回压，井底压力变为 64.17MPa，如图 9–25 和图 9–26 所示。

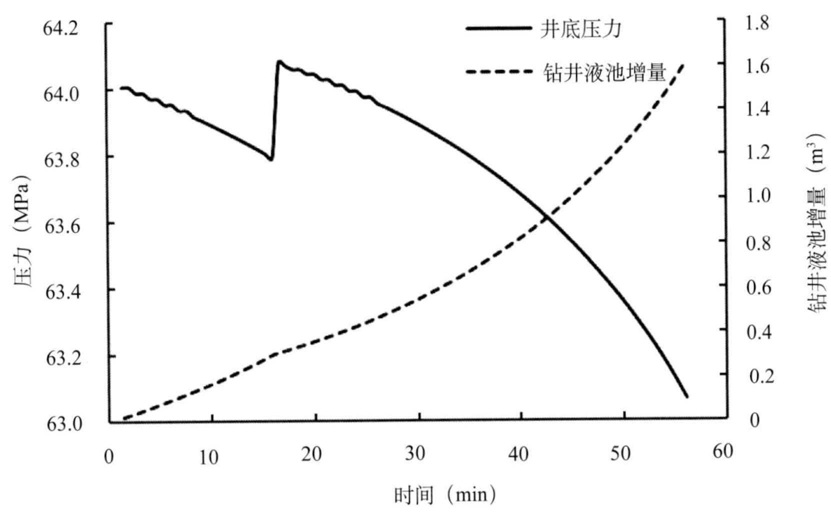

图 9–25　施加井口回压后井底为欠平衡气侵特征

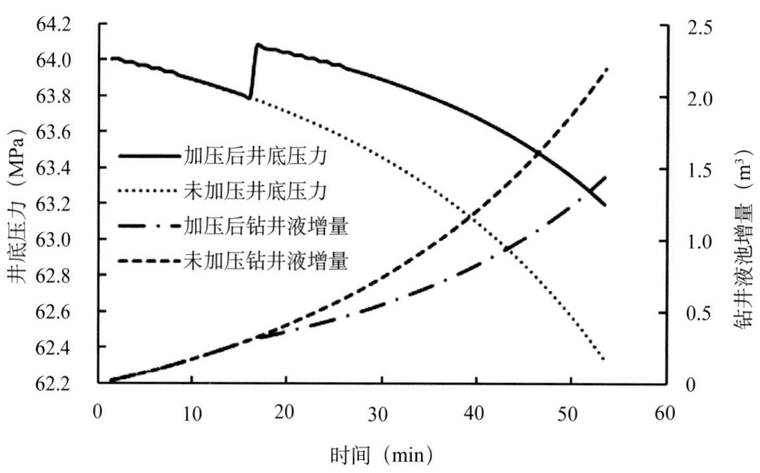

图 9–26　施加井口回压后井底为欠平衡和未施加井口回压气侵特征对比

由图 9–25 和图 9–26 可知，在溢流发生 17min 后，钻井液池增量达到 0.3m^3，井口施加的回压为 0.3MPa 后，井底压力仍为欠平衡状态。井底压力表现为同等地增加 0.3MPa 后，继续下降，而钻井液池增量的变化趋势为继续增加。

由图 9–26 可知，井口施加 0.3MPa 和井口未施加 0.3MPa 相比，井口施加回压后，井底压力虽然仍为欠平衡状态，但井底压力下降速度和钻井液池增量增加速度与未加回压相比，变化速度变小。

当井底发生重力置换气侵时，根据表 9–1 中的模拟参数，井底进气量为 100m^3/d，钻井液池增量超过 0.3m^3 后，检测出溢流，井口增加回压 0.3MPa，如图 9–27 所示。井口压力增加 0.3MPa 后，井底压力继续下降，而钻井液池增量保持原来的趋势继续增加。

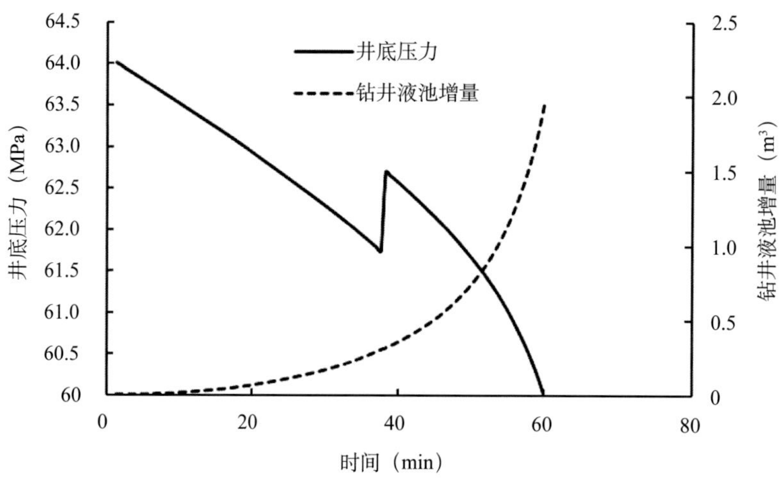

图 9–27　施加井口回压后重力置换气侵特征

在精细控压钻井现场试验与应用中，更多地采用增加井口回压，观察一个迟到时间后出口流量变化的方式来反映钻井液池总量的变化。精细控压钻井井口装置安装有高精度的质量流量计，若出口流量大于入口流量，则钻井液池增量处于增加的趋势，由此可以更直观地判断井底气侵类型。不同气侵方式下，井口增加回压后气侵特征钻井液池总量变化见表 9–2。

表 9–2　井口增加回压后不同气侵类型井底压力及钻井液池总量变化

气侵方式		井底压力	钻井液池总量	一个迟到时间后出口流量
欠平衡气侵	加回压变为过平衡	略微下降	略微增加	出口流量等于入口流量
	加回压仍为欠平衡	下降速度变小	增加速度变小	出口流量大于入口流量，增加速度变小
重力置换气侵		保持原趋势下降	保持原趋势增加	出口流量大于入口流量

当井口施加回压后，井底仍为欠平衡时，在井口设备允许的范围内，可以通过继续增加回压直到井底为过平衡的方式来明确判断井底进气类型。

通过改变井口回压后观察钻井液池增量或出口流量变化，来判断井底气侵类型的方法，在塔中 6# 井实施 PCDS 精细控压钻井作业时进行了试验。试验井目的层为上奥陶统良里塔格组，设计完钻井深为 6740m，垂深 5005m，靶点 A 井深为 5183m，靶点 B 井深为 6740m。

试验井段立压为 18.7MPa，排量为 13.5L/s，钻井液迟到时间为 102min，钻井液密度为 $1.10g/cm^3$，钻井液黏度计 600 转读数为 38，300 转读数为 24，黏度为 11mPa·s，正常钻进期间井口回压保持在 2.5～3MPa 之间，接单根期间井口回压为 4.5MPa，如图 9–28 所示。钻头钻达 6139.86m 时，井口回压为 2.8MPa，井口出口流量开始大于入口流量，检测出井底发生溢流，井口回压由 2.8MPa 增加到 3.4MPa，一个迟到时间后观察井筒出口流量和入口流量的变化。

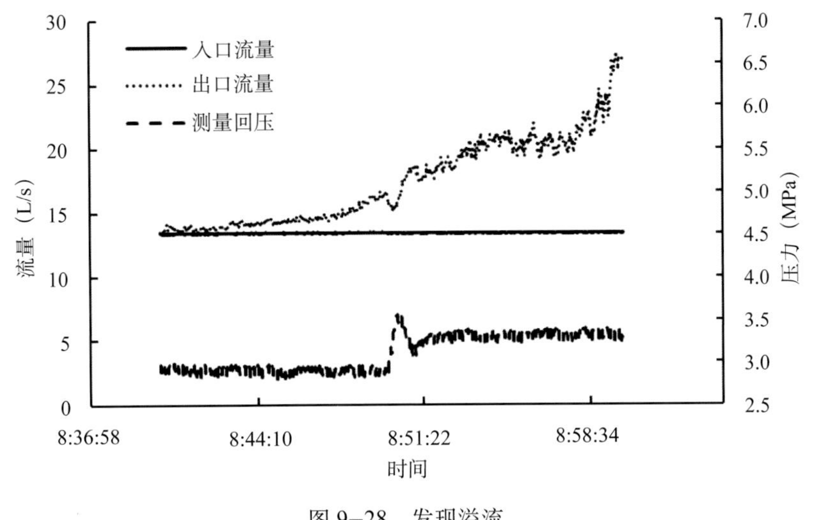

图 9–28　发现溢流

如图 9–29 所示，井口增加回压一个迟到时间后，出口流量逐渐等于入口流量。由此可知，在检测到溢流增加井口回压后，井底变为过平衡状态，井底停止进气。根据气侵判定方法可知，该气侵类型为欠平衡气侵，钻井液池增量应该控制在 1m³ 内，井筒内气体循环排除完毕后，井口回压降至 2.5～3MPa，进行正常钻进。

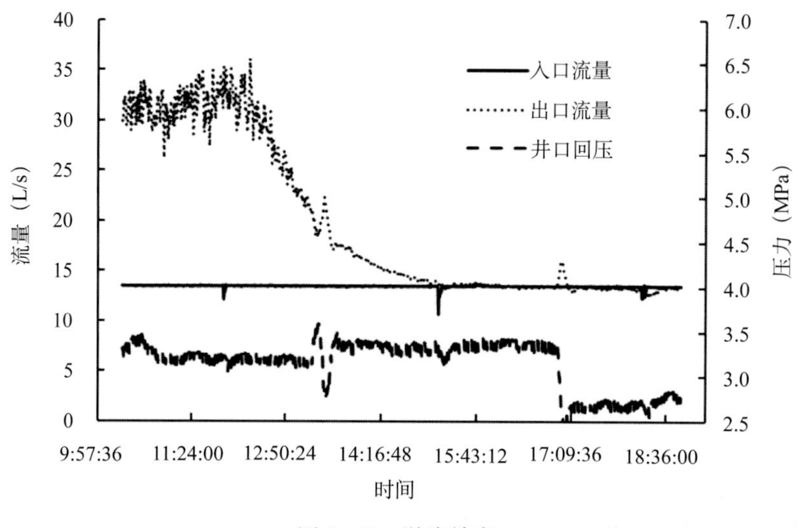

图 9–29　溢流结束

第三节　欠平衡精细控压钻井专用设备

欠平衡精细控压钻井专用装备是欠平衡精细控压钻井技术应用的基础，通过控制井口回压，能够自动、精确、自适应地控制井筒压力剖面以及地层流体涌入量。欠平衡精细控压钻井专用装备主要包括自动节流管汇及其控制系统、回压补偿系统、液气控制与监测及自动控制系统、控制中心及控压钻井井筒压力控制软件、旋转防喷器、液气分离器、环空压力随钻测量装置、井下套管阀等。

针对窄密度窗口钻井所面临的钻井工程技术难题，中国石油集团工程技术研究院有限公司自 2008 年开始，自主研制了 PCDS 精细控压钻井系列装置，集恒定井底压力控制与微流量控制于一体，经多次重复性室内实验和多地区多口井的现场应用，证明可以满足欠平衡精细控压钻井作业要求，井底压力控制精度为 0.2MPa，达到国际同类技术产品先进水平 [26]。

一、自动节流管汇及其控制系统

自动节流管汇及其控制系统是由节流阀、自动平板阀、手动平板阀、单流阀、管汇、四通、质量流量计等组成的节流管汇系统，通过反馈、逻辑系统能够对井口返出流体进行自动调节，从而对井口施加回压，并具有流量测量能力。自动节流管汇橇主要由自动节流管汇、高精度液控节流控制操作台及控制箱组成，如图 9–30 所示。

图 9–30　自动节流管汇橇

自动节流管汇有三个节流通道，备用通道、直流通道和出口流量计增强了系统的安全性。

（1）主节流通道，钻井液流经节流阀 A；

（2）备用节流通道，钻井液流经节流阀 B；

（3）辅助节流通道，钻井液流经节流阀 C。

每个通道由气控平板阀、液控节流阀、手动平板阀、过滤器组成。气控平板阀适用于切换节流通道，节流阀用于调节井口回压，手动平板阀用于关闭通道，在线维护维修时使用，过滤器用于过滤大颗粒物体，防止流量计堵塞憋压而损坏。

节流阀 A 和节流阀 B 为大通径的节流阀，供正常钻井大排量时使用，节液阀 A 为主节流阀，正常钻井时使用；在节流阀 A 工作异常或堵塞时，才自动启动节流阀 B，并通过平板阀关闭节流阀 A 的通道。节流阀 C 为辅助节流阀，通径较小，在钻井小排量或钻井泵停止循环时，启动回压泵，节流加回压使用。

自动控制的气动平板阀，在不同钻井工况下转换时，用于切换节流通道。其他阀门在管汇中正常工作时均处于常开或常关状态。

流量计可以精确测量钻井出口流量，用于测量排量变化，为实时计算环空摩阻，及时调整回压提供实时数据；流量计的另一个作用是微流量判断，判断井下是否存在微量的溢流和漏失。

（1）自动节流管汇技术参数。

①高压端额定压力：35MPa。

②低压端管汇压力等级：14MPa。

③管汇通径：主、备 $4^{1}/_{16}$in，辅助 $3^{1}/_{8}$in。

④加工标准：API 16A。

（2）节流阀技术参数。节流阀作为完成节流控压的核心部件，主要技术参数如下：

①额定压力：35MPa。

②最佳节流控制压力：0～14MPa。

③钻井液密度、流量：0.8～2.4g/cm^3、6～45L/s。

④主、备节流通径：2in，通道通径 $4^1/_{16}$in。

⑤辅助节流阀通径：1.5in，通道通径 $3^1/_8$in。

⑥节流压力控制精度：±0.2MPa。

⑦控制方式：液压马达驱动。

⑧执行标准：全部阀门、法兰、管线、连接器加工标准按 API 16A 执行。

（3）自动节流管汇控制模式。

①节流阀控制：液压马达驱动，自动控制 / 本地。

②自动平板阀：气缸驱动，自动控制 / 本地。

另外，由于自动节流橇是 PCDS 精细控压钻井系统的压力控制部分，因此必须经过严格的压力测试，在出厂时要完成规定的静水压力测试，运到现场后要完成现场规定的静水压力测试。

二、回压补偿系统

回压补偿系统是由回压泵、灌注泵、气动平板阀、手动平板阀、单流阀、空气包、电动机、质量流量计等组成的一种自动液体泵送系统，能够在井筒无流体循环或流量较低的情况下，通过地面管汇形成节流循环，从而对井口施加回压。回压泵橇主要由一台电动三缸泵、一台交流电动机、一条上水管线和一条排水管线组成。交流电动机采用软启动器控制启动，由系统自动控制；上水管线装有过滤器、入口流量计；排水管线有空气包、截止阀、单流阀，如图 9–31 所示。

回压泵是一个小排量的电动三缸泵，交流电动机驱动，采用软启动器，由系统进行自动控制。回压泵的主要作用是补偿流量。它能够在循环或停泵的作业过程中进行流量补偿，提供节流阀工作必要的流量。它也能在整个工作期间，排量过小时，对系统进行流量补偿，维持井口节流所需要的流量。其目的是维持节流阀有效的节流功能。回压泵循环时是地面小循环，不通过井底。自动控制的回压泵系统采用动态过程控制，能快速响应，在钻井工况需要时有自动产生回压的功能。

回压泵与自动节流管汇连接，在控制中心的控制下工作。其主要作用就是在控压钻井过程中，在需要时以恒定排量提供钻井液，钻井液流经辅助节流阀，控制中心通过调整节流阀位置，控制回压。正常钻进时，自动节流管汇由钻井泵供钻井液，控制回压。当钻井泵流速下降时（如接单根时），井眼返出流量无法满足节流阀的正常节流，控制中心会自动启动回压泵，回压泵向自动节流管汇供钻井液，流经节流阀，使节流阀工作在正常的区间内，以保持回压，维持井底压力在安全窗口内。为了保证安全，回压泵的管路中设计泄压阀、单流阀，防止压力过高和井口回流。

图 9–31　回压泵橇

（1）基本功能：

①流量补偿；

②自动或手动控制；

③软启动；

④入口流量监测；

⑤安全泄压、防回流。

（2）回压泵主要技术参数：

①输入功率为 160kW；

②额定压力为 35MPa；

③工作压力最大为 12MPa；

④工作流量为 12 L/s。

三、液气控制与监测及自动控制系统

液气控制系统是一套控制节流阀、自动平板阀、液动平板阀动作的执行系统，由气源、液压、电、气控制装置及管线、各类阀等组成，包括可对自动节流管汇系统和回压补偿系统阀件进行手动 / 自动控制的液气控制台及控制管线等，能够实现本地手动控制操作和远程自动控制操作。

监测及自动控制系统用于测量仪表数据采集，接收指令并直接或间接控制相关设备，它由控制器、上位控制机、各智能传感仪表等组成。通过传感器、逻辑控制器等实现闭环控制的自动系统，是设备、工艺自动化控制的载体。自动控制系统包括能对精细控压钻井装置进行实时控制的数据采集和控制的自动化系统，具有人机交互式操作等功能。

PCDS 精细控压钻井系统控制系统的框架结构如图 9–32 所示。自动节流管汇橇装和回压泵橇装分别安装一个现场控制站（置于防爆控制柜中），以实现对自动节流管汇和回压泵的分别控制，在控制中心放置一台工程师站（兼有操作员站和 OPC 通信的功能），实现对两个橇装上设备的集中监控。在节流橇装上，节流操作台和现场控制站进行互联和通信；在回压泵橇装上，现场控制站和软启动器进行互联和通信。

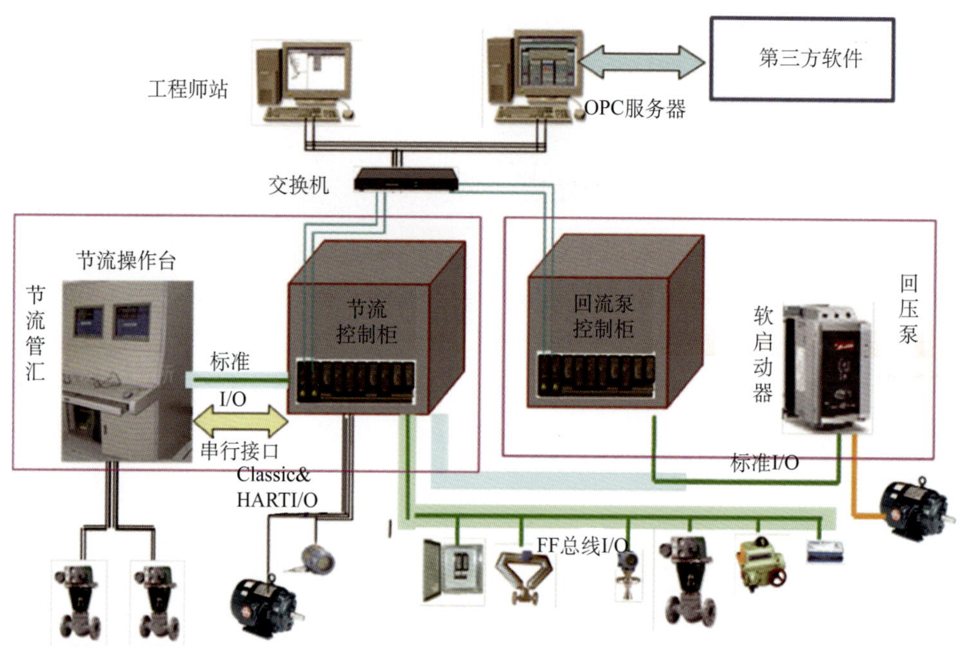

图 9–32　控制系统网络结构和硬件配置图

四、控制中心及精细控压钻井系统自动控制软件

控制中心包括正压式防爆房、监控设备、安全设备等。控制中心是精细控压钻井系统的大脑，可实现数据采集的资料汇总、处理，实时水力计算以及控制指令的发布。

精细控压钻井系统自动控制软件是一种用于精细控压钻井水力学及其他相关参数计算，并实时发出控制指令的专用软件。主要包括仪表监控模块、自动控制模块、水力学模块、工艺计算模块、安全报警模块、数据处理模块、通信模块等。其中，水力学模块是利用实测参数，通过水力学公式计算井口所需施加回压值的模块。软件运行界面如图 9–33 所示。

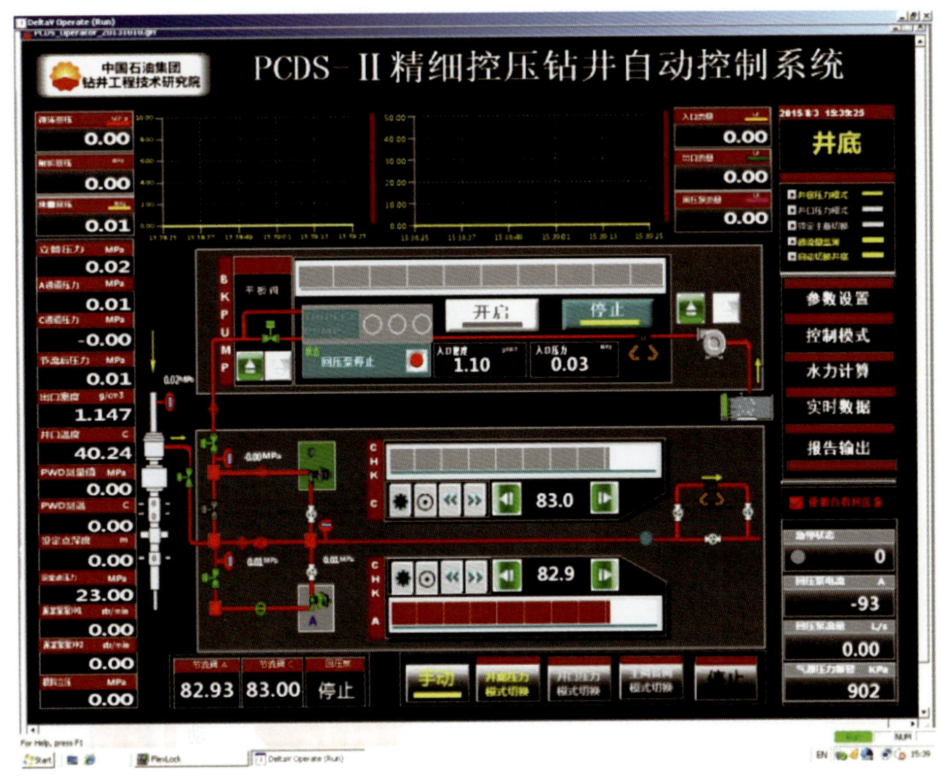

图 9–33　PCDS– Ⅱ精细控压钻井系统自动控制软件主界面

五、其他配套设备

包括旋转防喷器、液气分离器、环空压力随钻测量装置、井下套管阀等。

1. 旋转防喷器

在控压钻井地面专用设备中，旋转防喷器系统是关键的组成部分。在钻井作业中，旋转防喷器在井眼环空与钻柱之间起密封作用，以提供安全有效的压力控制。同时，还能将井眼内的返出流体导离井口。另外，密封胶芯还能随钻杆或方钻杆旋转。承压钻进时，靠旋转防喷器胶芯封住方钻杆或钻杆，在井口有一定压力的情况下，钻井液不能喷上钻台，只能沿旁侧出口流出，实现带压钻进作业，从而可以在地面控制环空回压，使井底压力精确地保持在一定范围内，避免发生井喷。

国际上先进的旋转防喷器主要有 Weatherford 公司的 Williams 型旋转防喷器（图 9–34）和 NOV 公司的 Shaffer 型旋转防喷器。另外，还有 Sea–Tech 型和 RP Msystem 型旋转防喷器，这两个公司研制的旋转防喷器的胶芯都是胶囊式的。国内先进的旋转防喷器是中国石油集团川庆钻探工程公司研制和生产的 XK 型旋转防喷器。表 9–3 为国内外主要旋转防喷器的性能指标对比。

图 9-34　Williams 型旋转防喷器

表 9-3　国内外主要旋转防喷器的性能指标对比

产地	型号	动压（MPa）	静压（MPa）	最大转速（r/min）	高度（mm）	轴承润滑	轴承冷却	缩紧装置	胶芯数量
美国	Williams 9000 型	3.5	7	100	927	低压脂润滑	无	手动锁紧卡箍	1
美国	Williams 7000 型	10.5	21	100	1600	高压油润滑	水冷	单液缸液动卡箍	2
美国	Williams 7100 型	17.5	35	100	1764	高压油润滑	水冷	双液缸液动卡箍	2
美国	Shaffer 低压型	3.5	7	200	914	低压脂润滑	无	螺纹圈、锁销	1
美国	Shaffer 高压型	21.0	35	200	1244	高压油润滑	水冷	螺纹圈、锁销	1
美国	Sea-Tech 型	10.5	14	100	1447	高压油润滑	风冷	手动螺纹锁紧	胶囊
加拿大	RP Msystem 300 型	14.0	21	100	1016	高压油润滑	水冷	液动锁紧	胶囊
中国石油	FX 35-10.5/21 型	10.5	21	100	1560	连续润滑	水冷	手动锁紧卡箍	2

2. 液气分离器

液气分离器用于钻井过程中液体和气体之间的分离。液气分离主要采用重力沉降和离心分离两种分离方法。国内外在欠平衡钻井过程中使用的液气分离器一般采用重力沉降法，重力沉降法原理简单易于实现；离心分离法结构复杂，要添加机动设备，密闭状态下不易实现。按照放置的形式可分为立式和卧式两种，国内外在欠平衡钻井中应用液气分离器大多采用立式形式，只有在四相液气分离器上采用卧式形式，其主要原因是在解决沉砂问题上立式比卧式要容易一些。内部结构上大多在容器内部设多道折流板，目的是增加液流的行程，增加液流的接触面积，从而提高分离效率。

液气分离器主要由底座、罐体、折流板、支架、进液管线、U 形管、出气管线等几大部分组成（图 9–35）。其工作原理是：当带有一定压力的液流从进液管进入液气分离器后，由于液气分离器的直径较大，体积突然放大，钻井液中的大气泡就会破裂，游离气就会从钻井液中分离出来，由于气体密度小，就会向上运动从排气管流出，液体密度大，在重力作用下向下运动，经折流板多次折流，使较小的气泡破裂从钻井液中分离出来，提高分离效率，最后钻井液从液体出口流出完成液气分离过程。

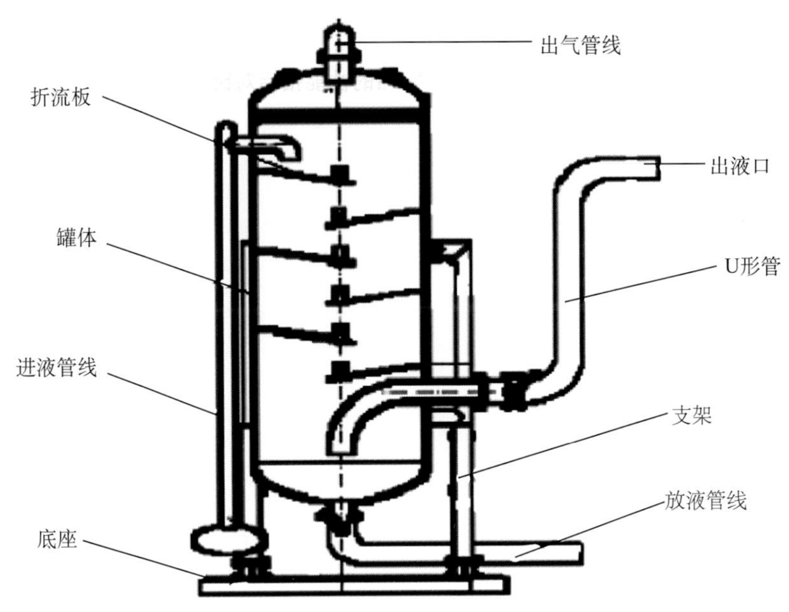

图 9–35　液气分离器结构示意图

液气分离器的性能参数主要有外形尺寸、工作压力（一般为 1.2～1.8MPa）、液体处理量（一般为 4000～8000m^3/d）和气体处理量［一般为（10～50）$\times 10^4 m^3/d$］。

3. 环空压力随钻测量装置

环空压力随钻测量装置（PWD）是控压钻井系统中的一个重要组成部分。在直井、定向井、水平井及大位移井的钻井过程中，由于地层压力预测不准确，导致经常出现钻井液漏失、地层流体侵入、井壁坍塌、压差卡钻及井眼不清洁等井下复杂情况，这些情况又常常导致钻井作业时间延长及钻井成本的大量增加。因此，钻井成功的关键，就是要使钻井液密度和当量循环密度保持在地层孔隙压力、地层坍塌压力和地层破裂压力的安全作业极限以内。PWD 可以随钻测量井下压力并传输给实时水力计算软件，从而校正控压钻井系统的水力计算模型。

国际上的随钻井下压力测量工具，最具代表性的是斯伦贝谢公司的 Stetho Scope 系统、哈里伯顿公司的 Geo–Tap 系统、贝克休斯公司（Inteq）的 TesTrak 系统等。国内中国石油集团工程技术研究院有限公司、中国石油大庆钻探工程公司钻井工程技术研究院等分别开展了技术攻关，并自主研发了环空压力随钻测量装置。这些环空压力随钻测量装置可以提供实时井下压力数据，为欠平衡钻井、控压钻井技术的实施提供了随钻井筒数据，使钻井工艺得到优化，还可以早期检测高压地层，确定地层压力梯度和流体界面，实时调整钻井液密度，使钻井作业、下套管和完井作业得到优化。国外典型的井下压力测量仪见表 9–4。

表 9–4　国际典型随钻井下压力测量工具

仪器名称	技术特点
斯伦贝谢公司 Stetho Scope 系统	作业灵活可靠； 优化预测试设计； 实时的高质量数据； 多种作业模式
哈里伯顿公司 Geo–Tap 系统	精确测量多种压力； 高精度压力测量传感器； 灵活的数据存储及传输系统
贝克休斯公司（Inteq）TesTrak 系统	测试类型分为基本测试和优化测试； 通过钻井泵脉冲发送指令，传输井下测量数据，实现地面与井下的双向通信

中国石油集团工程技术研究院有限公司研制的 $4^3/_4$in DRPWD 环空压力随钻测量装置适用于 6in 井眼尺寸，填补了国内小尺寸环空压力随钻测量技术的空白，其测量原理过程如图 9–36 所示，共进行了 7 口井现场试验，主要创新点包括：

（1）全过程井底压力检测技术；

（2）随钻当量密度测量方法及装置；

（3）提高数据上传速率的井下信息编解码和适应传输方法；

（4）宽量程、高精度压力测量技术；

（5）提高压力测量精度的自动校正和补偿技术。

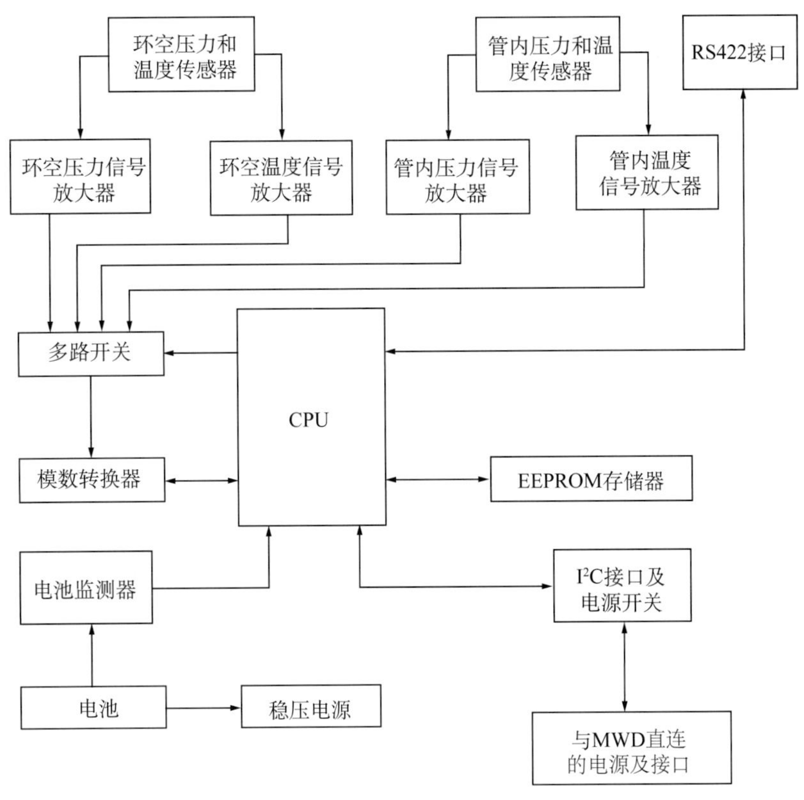

图 9–36　系统工作测量原理

4. 井下套管阀

井下套管阀（Downhole Deployment Valve，DDV）是一种用于全过程欠平衡钻井的井下封井工具，安装在技术套管上，由地面控制系统实现开启和关闭，能确保在欠平衡状态下起下钻和下入完井管串等作业，可结合常规欠平衡钻井装备实现全过程欠平衡钻井，与传统的起下管柱的强行起下钻装置相比更具实用性、可靠性、安全性、经济性等，节约了钻井时间和成本，并有效地减少油层伤害，提高钻井效益。

套管阀结构及功能：井下套管阀由地面控制系统、控制管线、井下单向阀、卡箍等组成。井下套管阀是安装在井下套管柱上的单向承压阀，可暂时隔绝井下压力，是实现欠平衡钻井、测井、完井施工作业的一种专用井下工具，也是实施控压钻井技术的配套装备之一。

中国石油集团西部钻探工程公司研制的井下套管阀如图 9–37 所示。性能参数见表 9–5。

表 9–5　技术参数

型号	密封压力（MPa）	开关压力（MPa）	开关次数	抗内压强度（MPa）	抗外挤强度（MPa）	抗拉强度（kN）	最大下深（m）
TGF–245	35	0.75	<75	66	61	6732.6	1000

图 9–37　井下单向阀

第四节　欠平衡精细控压钻井技术应用及其发展趋势

中国石油集团工程技术研究院有限公司研发的 PCDS 精细控压钻井技术在国内外取得了良好的应用效果，先后在中石油塔里木、西南、辽河、华北、大港、冀东、大宁—吉县致密砂岩气区块，中石化西北油田顺南区块，印度尼西亚 BETARA 油田等国内外 9 个油气田 40 多口井进行了推广应用，取得了显著效益 [27, 28]。创新实现了 9 种工况、4 种控制模式、13 种复杂条件应急转换的精细控制，压力控制精度在 0.2MPa 以内，技术指标优于国际同类技术，形成了行业标准。国际首创可控微溢流欠平衡控压钻井，同时解决了发现与保护储层、提速提效及防止窄密度窗口井筒复杂的世界难题，实现了深部裂缝溶洞型碳酸盐岩、高温高压复杂地层的安全高效钻井作业，有效解决了“溢漏共存”钻井难题，深部缝洞型碳酸盐岩水平井水平段延长了 210%，显著提高了单井产能。提出“欠平衡精细控压钻井”理念，在保证井下安全的前提下，更大限度地暴露油气层，边溢边钻，储层发现和保护、提高钻速效果明显。在塔中 721–8H 井创造了复杂深井单日进尺 150m、水平段长 1561m 多项新纪录。PCDS 精细控压钻井技术与装备的现场试验与应用证明，该技术适用于窄密度窗口地层、裂缝溶洞型碳酸盐岩水平井水平段地层、易涌易漏复杂地层、低—特低渗透储层等。

一、欠平衡精细控压钻井应用典型实例

1. 典型实例——塔中 26–H7 井的基本情况

该井位于塔中 26 号气田，该区块储层缝洞系统发育且分布无规律，属于典型的窄压力窗口地层，并普遍含有 H_2S 有毒气体。该井原设计完钻井深 5355m，设计造斜点在

3890m 处（图 9–38），井眼采用直—增—稳—平结构，设计水平段长 998m，最大井斜角为 87.99°，设计二开中完井深 4248m，三开 $6^5/_8$in 钻头钻进。该井二开中进行定向增斜，造斜一段距离后二开结束，三开继续造斜，原设计在进入 A 点（4357m）前 50m（4307m）处使用欠平衡精细控压钻井技术钻进。

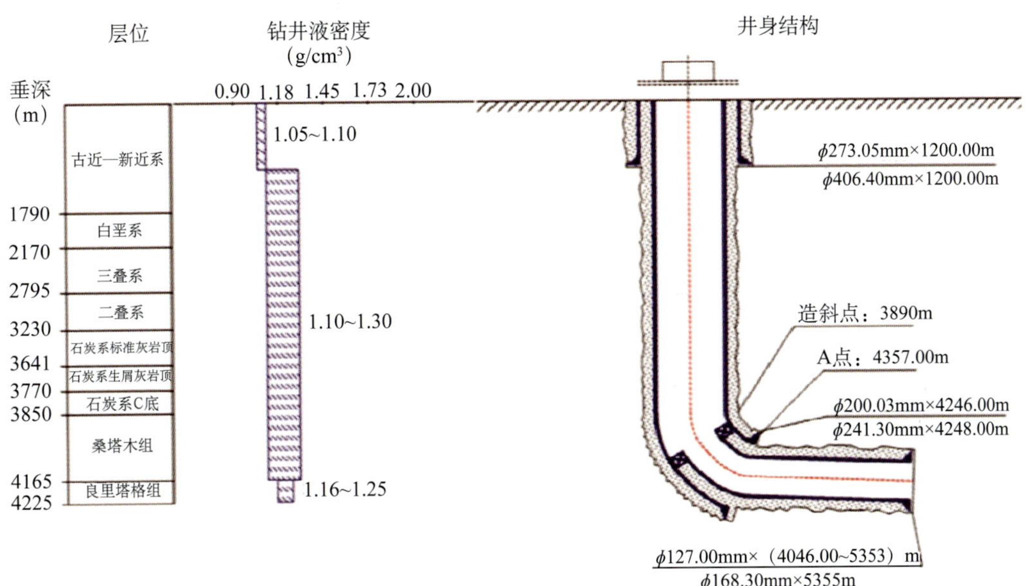

图 9–38　塔中 26–H7 井井身结构

2. 施工难点

存在以下诸多钻井难题：

（1）易漏易喷，属典型窄密度窗口，井控安全风险高。

（2）储层裂缝、洞穴十分发育，缝洞一体。

（3）水平钻进穿越多套缝洞单元，钻井施工难度大。

（4）目的层压力系统不一致，且普遍含硫，施工安全风险大。

（5）常规钻井钻遇复杂情况频发，常未钻至设计井深就被迫完钻。

该井精细控压钻井设计的目的如下：

（1）解决窄密度窗口造成的问题，如井漏、井涌。

（2）减少非生产时间，缩短钻井周期。

（3）减少钻井液漏失，减少钻井液对储层的伤害。

（4）提高水平段钻进能力，最大限度地暴露储层，实现单井高产稳产的目的。

3. 技术对策

针对该井钻井难题，提出“欠平衡精细控压”理念，在保证井下安全前提下，更大限度地暴露油气层，边溢边钻，有利于发现、保护油气层，提高机械钻速，并决定在原设计基础上水平段加深480m。

在操作过程中主要采用了以下技术对策：

（1）在钻进至目的层后要进行地层压力测试，求得地层压力后，要保持井底压力高于地层压力1～3MPa，进行精细控压钻进。初始时使用1.18g/cm^{3}钻井液精细控压钻进，根据现场工况调整钻井液密度。

（2）精细控压钻井在要降低钻井液密度时，遵循“循序渐进”的原则，确定井下正常时，缓慢降低钻井液密度，具体数值由控压钻井工程师与井队协商确定。经计算，4248～5355m井段环空循环压耗为1.1～1.6MPa，因此，确定维持ECD为1.22～1.35g/cm^3，见表9–6。

（3）钻进时，录井观察井底返出情况，看是否有掉块现象；控压钻井作业人员亦通过精细控压钻井设备滤网观察是否有掉块，综合判断确定井下是否异常。根据井下情况，每次以0.01～0.02g/cm^{3}小幅度降低钻井液密度。

（4）发现有漏失或气侵时，可通过精细控压钻井系统调节井口回压或井队调节钻井液密度。如钻遇油气层，有油气侵入井筒，流量计检测到有流体侵入量达到一定量时，自动节流管汇开始自动调节节流阀开度，通过增加地面回压立即或逐渐增加井底压力，控制地层流体侵入量；当溢流量超过预先设计的限制时或井口回压过大时才考虑增加钻井液密度。

（5）流量计检测有漏失情况时，首先由控压钻井工程师根据井漏情况，在能够建立循环的条件下，逐步降低井口回压，寻找压力平衡点。如果井口回压降为0时仍无效，则逐步降低钻井液密度，待液面稳定、循环正常后恢复钻进。在降低钻井液密度寻找平衡点时，如果循环压力当量降至实测地层压力或设计地层压力时仍无效，则认为该井处于井控状态，转换到常规井控，按照油田钻井井控实施细则的规定作业。

（6）精细控压钻井过程中出现掉块时，扭矩增大，钻井液出口密度增加，拉力增大，泵压升高，振动筛返出岩屑颗粒变大，此时立即施加稳定的井底压力，回压控制在5MPa之内，如果继续掉块，应相应提高钻井液密度。

表9–6　当量钻井液密度及控压设计结果

井段（m）	地层压力当量密度（g/cm^3）	钻井液密度区间（g/cm^3）	井底压差（MPa）	ECD区间（g/cm^3）	循环控压值（MPa）	非循环控压值（MPa）
4248～5355	1.19	1.14～1.20	3～5	1.22～1.35	0～2.8	1.8～5

4. 施工过程

1）第一阶段（4226～4344m）

钻井液密度为 1.16g/cm^3，正常控压值在 2MPa 左右，环空压耗为 1MPa，循环摩阻 1MPa，井底 ECD 保持在 1.26g/cm^3；接单根时，控压值控制在 4.3MPa 左右；起下钻时，控压值是 4.3MPa。典型溢流发现过程如图 9–39 所示，PCDS 精细控压钻井系统检测到井口输出流量迅速增加，同时总烃值也迅速上升，钻井液池液面上升 0.3m^3，开始采取控制措施，停止钻进，循环排气，井口回压逐渐增加为 3MPa，稳定 10 分钟后，钻井液池液面继续上升 0.3m^3，总烃值达到 11.7%，成功点火，火焰高度超过 8m，持续 3 小时 20 分钟，井口返出钻井液流量稳定，钻井液池液面恢复，总烃值下降基本为零，恢复钻进。在此压力控制钻井过程中，通过使用国产精细控压钻井装备证明：一方面可迅速发现和控制溢流，另一方面也说明了监测钻井液进口流量和出口流量之间的变化是控制溢流非常有利的手段。

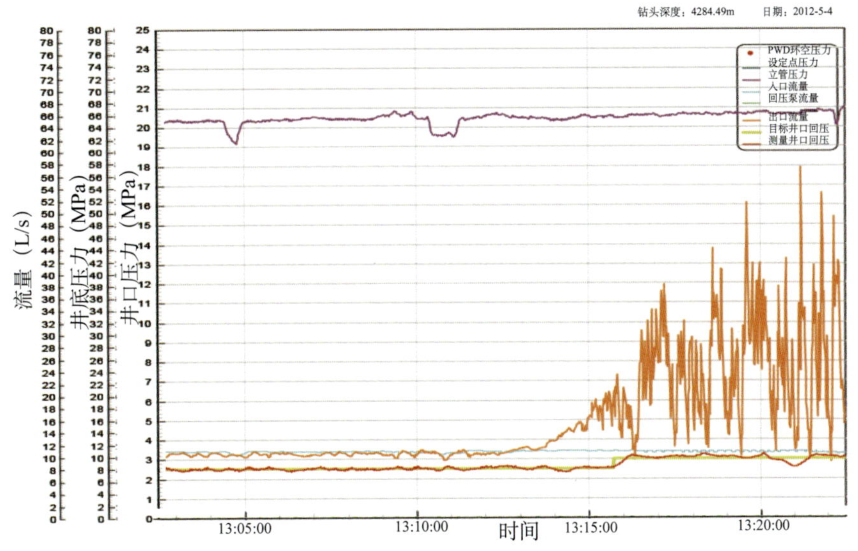

图 9–39　发现溢流时特征曲线

2）第二阶段（4344～5166m）

钻井液密度为 1.18g/cm^3，共完成 4 趟钻的钻进，钻进过程压力控制在 2～3.5MPa 之间，循环摩阻为 1～1.5MPa，井底 ECD 维持在 1.28～1.30g/cm^3 之间；接单根时，井口回压控制在 4.5MPa 左右，典型的接单根控制过程如图 9–40 所示；起下钻过程中，井口回压控制在 4.3～4.8MPa 之间。因为随着井深增加，重浆注入、驱替的深度越来越大，重浆密度为 1.35g/cm^3，4 趟钻分别从 3000m、3200m、3200m 和 4000m 开始注入，重浆注入完成后井底 ECD 分别为 1.30g/cm^3、1.31g/cm^3、1.31g/cm^3 和 1.34g/cm^3，成功处理溢流 11 次，点火总时长达 138 小时，占总钻进时长的 70%。

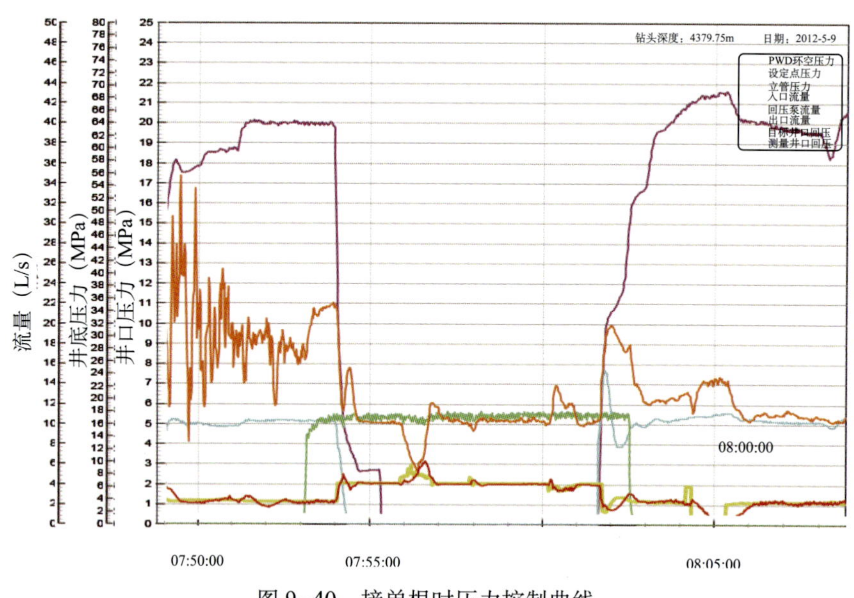

图 9–40　接单根时压力控制曲线

3）第三阶段（5166～5832m）

钻井液密度为 1.2g/cm^3，共完成 3 趟钻的钻进，钻进过程压力控制在 2.5～3MPa 之间，循环摩阻为 1.5～1.6MPa，井底 ECD 维持在 1.26g/cm^3；接单根时，井口回压控制在 4.3MPa；精细控压起钻过程中，控压值在 4.3MPa 左右，1.35g/cm^3 的重浆从 4100m 开始注入，重浆注入完成后井底 ECD 为 1.345g/cm^3，成功处理溢流多次，点火总时长达 64 小时，占总钻进时长的 85%。典型的点火控制钻进过程如图 9–41 所示。

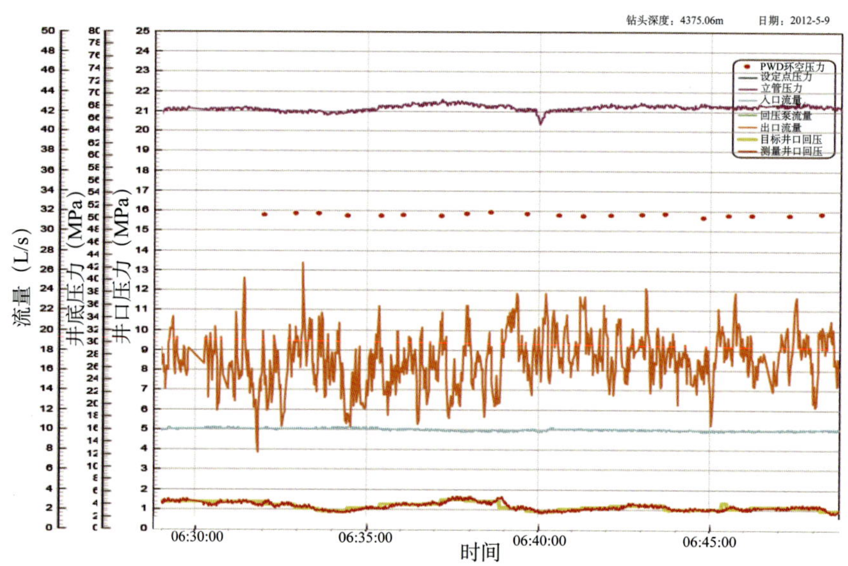

图 9–41　点火钻进时压力控制曲线

5. 应用效果评价

（1）大幅度提高水平段延伸能力，超额完成水平段设计任务。

该井水平段设计 998m，延长水平段至 1349.39m，水平位移 1647m，打破塔中 26–H6 井创下的 1129m 水平段最长纪录，超额完成水平段设计任务，而 2008 年以前塔中碳酸盐岩水平井设计完成率仅为 28.11%。图 9–42 为该井水平段延伸图。

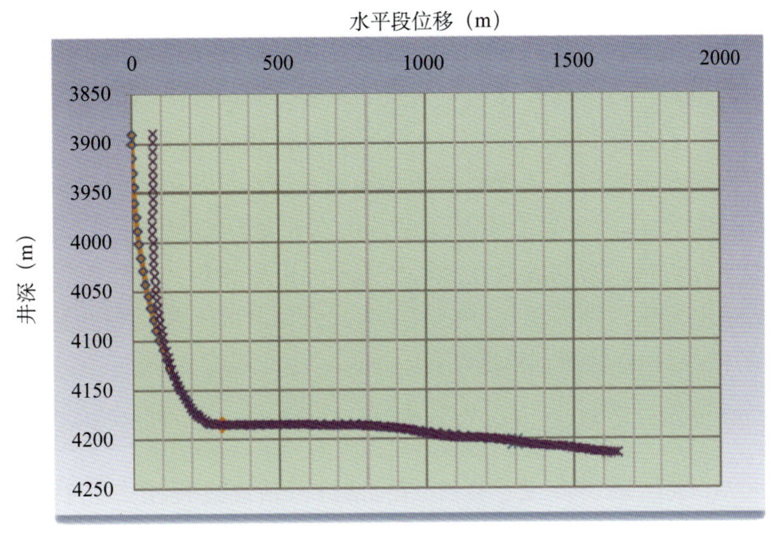

图 9–42　水平段延伸轨迹

（2）平均日进尺大幅度提高，创单日进尺最高纪录。

大幅度提高了机械钻速，创造了目的层钻进单日进尺 134m 最高纪录，与常规钻井相比平均日进尺提高 93.7%，且连续多日进尺过百。

（3）目的层全程精细控压欠平衡，实现“点着火炬钻井”创举。

应用“欠平衡精细控压钻井”理念，目的层全程欠平衡精细控压钻井，有利于发现储层，最大限度地保护了油气层；点火总时长超过 213 小时，占控压钻进总时长的 80.4%，实现了“点着火炬钻井”创举。

（4）水平钻进穿越多套缝洞单元，实现零漏失、零复杂。

在缝洞系统保证精细控压钻井工艺安全的条件下走低限，允许微溢实现有效防漏，成功实现长水平段精细控压钻进穿越多套缝洞单元，全程实现零漏失、零复杂。

二、欠平衡精细控压钻井技术发展趋势

欠平衡精细控压钻井技术与装备未来发展规划分为近期、中期和远景三个目标。

（1）近期目标：进一步简化、改进控压钻井装备，从大型橇装向小型橇装和灵活组合式方向发展，降低成本，拓展技术服务区域，满足不同用户的技术需求与价格需求；重点开展可实现自动分流、节流控制的闭环压力控制钻井技术与装备研究，与连续循环结合的

相关技术以及海洋控压钻井技术及配套装备研究，满足不同市场和工程技术要求。

（2）中期目标：开展控压钻井与井控技术的融合，使装备的功能更加完善、操作更加简单、性能更加稳定，逐步使控压钻井技术成为钻井的主体技术，成为井队的基本配置装备，全面提高钻井的综合效率。

(3)远期目标:开展井筒综合技术服务,形成地质、工程、测试一体化技术,实现储层评价、分析、保护、开发与钻井安全管理、实时优化等多重目标。

欠平衡精细控压钻井技术将同水平井、分支井、连续管钻井一样，成为一种趋势，而它们之间的结合应用是经济有效开发新老油藏的发展方向。欠平衡精细控压钻井技术加水平井、导向钻井，用于提高勘探成功率；欠平衡精细控压钻井技术加水平井、分支井、超常水平井，用于提高开发效益；欠平衡精细控压钻井技术与连续软管钻机、老井加深、老井侧钻、小井眼钻井技术，用于老油气田改造挖潜;欠平衡精细控压钻井技术加超常水平井、分支水平井，用于低渗透、强水敏油气田增产改造，部分代替水力压裂。钻井技术和井控技术的进步已经使欠平衡精细控压钻井技术成为开采油气的一种既安全又经济的手段，尤其是针对油气田开发后期的低压低渗透油藏。

参考文献

[1] 周英操，高德利，翟洪军，等．欠平衡钻井技术在大庆油田探井中的应用 [J]．石油钻采工艺，2004，26（4）：1–4.

[2] 周英操，翟洪军，等 . 欠平衡钻井技术与应用 [M]. 北京：石油工业出版社，2003.

[3] Rehm B，Schubert J，Haghshenas A，et al. Managed Pressure Drilling[M]. Elsevier，2008.

[4] 周英操，崔猛，查永进 . 控压钻井技术探讨与展望 [J]. 石油钻探技术，2008，36（4）：1–4.

[5] Wilson C chin. Managed Pressure Drilling[M]. Elsevier，2005.

[6] Brian Grayson. Increased Operational Safety and Efficiency with Managed Pressure Drilling[C]. SPE 120982，2009.

[7] Lyons W C，Guo B，GYaham RL，et al. Air and Gas Drilling Manual [M]. Third Edition. Elserier，2009.

[8] 周英操，高德利，鹿志文，等．欠平衡钻井参数实时数据分析处理系统的开发与应用 [J]．天然气工业，2005，25（7）：47–49.

[9] 周英操，翟洪军，王大力，等．大庆宋深 101 井欠平衡钻井技术研究与应用 [J]．钻采工艺，2001，24（4）：8–12.

[10] 周英操，王广新，翟洪军，等．欠平衡钻井技术在大庆油田卫深 5 井中的应用 [J]．石油学报，2003，24（6）：90–93.

[11] 韦海涛，周英操，翟小强，等 . 欠平衡钻井与控压钻井技术的异与同 [J]. 钻采工艺，2011，34（1）：25–27.

[12] Saponja J，Adeleye A，Hucik B .Managed Pressure Drilling（MPD）Field Trials Demonstrate Technology Value[C]. SPE 98787，2006.

[13] Demirdal B，Cunha J.New Improvements on Managed Pressure Drilling[C]. PETSOC–2007–125，2007.

[14] Charles R，Shifeng Tian. Sometimes Neglected Hydraulic Parameters of Underbalanced and Managed Pressure Drilling[C]. SPE/IADC 114667，2008.

[15] 周英操，杨雄文，方世良，等 .PCDS–I 精细控压钻井系统研制与现场试验 [J]. 石油钻探技术，2011，39（4）：7–12.

[16] 周英操，刘永贵，王广新．欠平衡井底压力采集系统的研制与应用 [J]．石油钻采工艺，2004，26（2）：28–31.

[17] 周英操，杨雄文，方世良，等 . 窄窗口钻井难点分析与技术对策 [J]. 石油机械，2010（4）:1–7.

[18] 张兴全，周英操，刘伟，等 . 控压欠平衡钻井井口回压控制技术 [J]. 天然气工业，2013，33（10）：75–79.

[19] 周英操，高德利，刘永贵 . 欠平衡钻井环空多相流井底压力计算模型 [J]. 石油学报，2005，26（2）：96–99.

[20] Zhou Yingcao，Gao Deli，Wang Guangxin. A New Method to Measure the Downhole Pressure in UBD[C]. SPE 88002，2004.

[21] 杨雄文，周英操，方世良，等 . 控压欠平衡钻井工艺实现方法与现场试验 [J]. 天然气工业，2012，32（1）：75–80.

[22] 张兴全，周英操，刘伟，等 . 欠平衡气侵与重力置换气侵特征及判定方法 [J]. 中国石油大学学报（自然科学版），2015，39（1）：95–102.

[23] Majid Davoudi，John Rogers Smith，Bhavin M Patel，et al. Evalustion of Alternative Initial Responses to Kicks Taken During Managed–Pressure Drilling [J]. spe Drilling & Completion，2011，26（2）：169–181.

[24] 张兴全；周英操；刘伟，等 . 碳酸盐岩地层重力置换气侵特征 [J]. 石油学报，2014，35（5）：958– 962.

[25] 张兴全，周英操，翟小强，等 . 精细控压钻井溢流检测及模拟研究 [J]. 西南石油大学学报（自然科学版），2015，37（5）：128–132.

[26] 杨雄文，周英操，方世良，等 . 控压钻井分级智能控制系统设计与室内试验 [J]. 石油钻探技术，2011，39（4）：13–18.

[27] 周英操，杨雄文，方世良，等 . 国产精细控压钻井系统在蓬莱 9 井试验与效果分析 [J]. 石油钻采工艺，2011，33（6）：19–22.

[28] 王倩，周英操，刘玉石，等 . 控压钻井过程中泥页岩井壁破坏分析 [J]. 天然气工业，2011，31（8）：80–85.

第十章　固井水泥环密封完整性理论与技术

水平井钻井和分段压裂技术已经成为页岩气、致密气等非常规油气有效开发的主体技术。在压裂过程中，高循环加载应力极易导致水泥环密封失效造成环空气窜或环空带压，严重影响油气井安全高效生产，如何保证水泥环密封完整性成为国内外研究的重点和热点问题。水泥环在分段压裂交变应力、多次温差变化引起的温度应力等作用下，水泥环产生较大的塑性变形，卸压后水泥环存在残余应变，在界面处变形不协调，产生微环隙是导致水泥环密封失效的主要原因。利用自主研制的全尺寸水泥环密封性物理评价实验装置与数值模拟计算相结合，研究了不同弹性模量的水泥环密封失效的规律，提出了基于水泥环密封完整性的固井设计方法。提出了降低油井水泥石的弹性模量，增加力学变形能力，形成高性能弹韧性水泥石，可有效提高在荷载和温差等引起的应力作用下水泥环的结构完整性。通过采用油井水泥膨胀剂补偿水泥石体积收缩，添加微纳米材料封堵，提高水泥石体积稳定性和水泥石致密性，可有效提高水泥环的密封完整性。

第一节　概　　述

油气井固井的主要目的是在井眼与套管环空中形成一个水力封隔水泥环，保护生产管柱和有效封隔油、气、水层，并确保该水泥环必须在整个油气井生产期间及其报废之后都能实现有效的层间封隔。一旦水泥环密封性失效，将会引起环空带压或井口气窜等现象，影响油气井的产量，降低采收率，严重时会导致井喷、油气井报废，造成重大的经济损失。

随着石油天然气勘探开发不断深入，油气井勘探开发向深层、超深层、非常规方向发展，钻井、完井技术面临新的挑战。在复杂深井、超深井方面，由于井深、温度高、压力高，岩性、地层流体、压力体系复杂，井身结构变得更加复杂，造成井下水泥环所处环境也变得更加恶劣，更容易引起水泥环密封失效的问题。在致密油气、页岩油气等非常规油气方面，由于普遍采用水平井钻井和大规模分段压裂技术，造成水泥环需要经受分段射孔和大规模分段压裂，因此在高循环应力的作用下，极易使水泥环失去密封能力。

国内外天然气井因水泥环密封性失效而引起的环空带压等现象非常普遍。如在墨西哥湾的 OCS 地区，约有 15500 口生产井、关闭井及临时废弃井，据统计，有 6692 口井至少有一层套管环空带压，大部分井下入多层套管柱，从而使判定环空带压的原因及采取有针对性的补救措施更加困难，每口井补救费用高达 100 多万美元[1]。中国石油塔里木油田公司克拉 2、迪那 2 等气田已经出现 90 多口井生产套管带压，其中，2008 年投入生产克拉 2 气田的 14 口井中，有 12 口井生产套管带压。中国石化普光主体投产的 35 口气井中有 28

口井油套管带压，13 口井技术套管带压，9 口井表层套管带压[2]。在涪陵页岩气田，其中 5 号、26 号平台等百余口井发生环空带压现象，环空带压比例超过 70%[3]；威远页岩气示范区 N209、N210、N203 等多口井也发生了不同程度的环空带压现象[3]。水泥环密封性失效引起的环空带压现象给气井的长期生产带来很大的安全隐患。

影响水泥环长期密封性的因素可分为内部因素和外部因素。内部因素即为水泥石固有属性，水泥石是具有固有缺陷的脆性材料，水泥浆体在水化过程中，自身存在各种收缩，主要包括塑性收缩、沉降收缩、干缩、自收缩和化学收缩等。常规密度水泥浆硬化后体积总收缩率为 5%～14%，其中塑性体收缩率（初凝前）为 0.5%～5%，硬化体收缩率（终凝后）为 1%～5%。水泥石收缩引起宏观体积变化和内部孔隙率增加。一般认为水泥石的宏观体积收缩是向着其几何中心方向进行的，无论是水泥环与套管间的第一界面，还是水泥环与地层间的第二界面均可能由此产生微环隙。而引起的内部孔隙率的增加导致水泥环渗透率升高。因此，水泥石在受外界荷载作用及环境因素影响之前，由于自身的体积收缩，已经具有一定的缺陷，无论在界面处还是水泥环内部可能形成连续通道，引起气窜等现象。外部因素包括顶替效率、环空气窜、井下温度和压力的变化以及地层荷载等外部环境对水泥环的影响。如果固井时顶替效率低，或由于固井后套管试压、射孔、地层应力、温度变化、压裂以及一些随时间推移的其他原因，可能引起水泥环自身破坏或在界面处产生微环隙，从而使得水泥环完整性遭到破坏，导致水泥环密封性失效。

国内外围绕水泥环长期密封性问题，在水泥环密封性失效原因、水泥环密封性评价试验以及水泥环密封性控制措施等方面开展了大量的研究工作。J.Zhang 等人[4-12]研究了水泥水化特征，认为由于水泥石抗压强度高而抗拉能力弱且内部含有缺陷等固有的属性，使其在外界环境条件作用下，易产生微裂缝导致密封性失效。Gouedard、周仕明等人[13, 14]通过室内实验，分析了井下 CO_2、H_2S 等腐蚀性气体对水泥石腐蚀作用机理，提出了提高水泥石抗腐蚀的途径和方法。郭辛阳、李军等人[15-26]通过研究认为，水泥环本身的力学完整性破坏可能由井内压力增加，如试压、钻井液密度增大、套管射孔、压裂酸化等所引起，还可能由井下温度较大升高或地层载荷如滑移、断层和压实等所造成。姚晓等人[27-31]以提高水泥韧性为目标，开发水泥增韧材料，大幅度提升了水泥环抗冲击能力。王祥林[32]为了探讨射孔时水泥环的损伤机理，设计了模拟固井射孔的综合试验装置和多功能材料动态性能测试装置，可分别进行不同温度带围压条件下材料的拉伸、压缩和扭转等水泥环抗窜综合试验，对水泥石的动态力学性能进行了试验研究和模拟固井射孔试验，并给出了具有较好抗冲击性能的水泥石的动态力学性能指标和部分改性水泥石的力学性能。罗长吉[33]利用设计的水泥环界面胶结强度仪和水泥环界面压窜试验仪等装置，开展了水泥环界面胶结强度的效果研究。探索了水泥环界面胶结强度发展规律，并找出了胶结强度与水泥表观体积的胀缩特性及水泥水化热效应之间的内在联系。杨振杰等人[34]研究了一种固井水泥环力学性能模拟试验仪，通过模拟固井水泥环所处的井下环境条件，模拟井下压力对固井水泥环的损伤，测定不同条件下固井水泥环抗窜强度的变化情况，以此评价固井水泥环的抗冲击韧性和封隔可靠性（即完整性）。

为适应不同地质环境及工程、生产需求，国内外工程技术服务公司以提高油井密封完整性的核心技术，开发了高性能水泥浆体系[35]，如哈里伯顿公司的弹性水泥浆（ElastiSeal ™）、分段压裂水泥浆（FracCem Cements）等；斯伦贝谢公司的自愈合水泥浆（FUTUR Self–Healing Cement System）、柔性水泥浆（FlexSTONE Advanced Flexible Cement）等。中国石化石油工程技术研究院、中国石油集团工程技术研究院有限公司等单位，针对页岩油气水平井固井研制了弹韧性水泥浆体系，并提出了提高水泥环长期密封完整性的固井工艺技术，在现场得到广泛应用，并取得了很好的应用效果[3, 35]。

虽然国内外在水泥环密封完整性方面研究较多，也得出很多重要结论。但是由于缺乏可以真实模拟井下温度、压力以及分段压裂条件下的模拟试验装置，对于水泥环承受分段压裂条件下水泥环密封失效机理研究不多。本章利用自主研发的ϕ215.9mm × ϕ139.7 mm 大尺寸水泥环密封能力评价装置，系统地研究了真实模拟井筒内实际温度、压力变化以及分段压力条件下对水泥环密封能力的影响规律，结合数值模拟方法，揭示了水泥环密封失效的机理，提出了提高水泥环密封能力的途径和技术。

第二节　水泥环密封失效机理

油气井固井完成后，在后续完井和生产期间，其井内的温度、压力变化以及增产措施等因素，会导致水泥环密封性失效，影响油气井的生产和安全。根据引起水泥环密封失效的原因，可分为应力破坏、体积破坏和化学稳定性破坏导致的水泥环密封失效。

一、应力破坏

水泥环密封性应力破坏是由于内压变化引起的应力以及温度变化引起的温度应力而导致的水泥环密封性失效，其又可分为强度破坏、界面胶结破坏和缓渗。水泥环强度破坏又可称为水泥环结构完整性破坏，包括受拉破坏、剪切破坏和轴向拉伸破坏。

水泥环在试压、压裂施工压力等作用下，轴向应力可认为变化不大，而垂直于轴向的横截面在变形后保持平面，因此可建立厚壁圆筒平面应变问题模型进行应力分析，因此水泥环的受力状况和应力分布如图 10–1 所示。在地应力较小的浅部地层，水泥环周向产生拉应力，径向为压应力；在地应力较大的深部地层，在初始应力作用下，水泥环周向产生了一定的压应力，在套管内施工压力下，周向压应力逐渐减小，当内压较大时，周向应力可能由压应力转化为拉应力，而径向压应力逐渐增大。因此，水泥环在应力作用下，可能发生的破坏模式和密封失效机理如下。

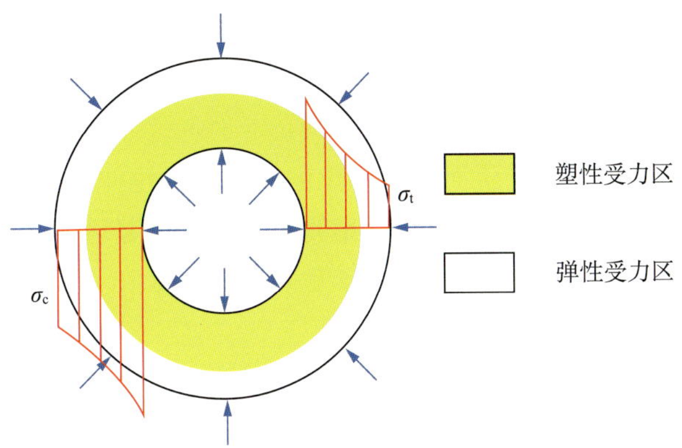

图 10–1　内压作用下水泥环的应力状态

σ_c—水泥环周向拉应力；σ_t—水泥环周向压应力

1. 强度破坏

1）受拉破坏

水泥石抗压强度较高，而抗拉强度较低，一般为其抗压强度的 $^1/_{10}$ 甚至更低，在 1～3MPa 之间，普通水泥石属于典型的脆性材料。当水泥环产生周向应力出现拉应力时，采用第一强度理论来判断水泥环的破坏，即当水泥环周向拉应力大于水泥石的抗拉强度时，水泥环发生受拉破坏，产生径向的辐射状裂缝，如图 10–2 所示。

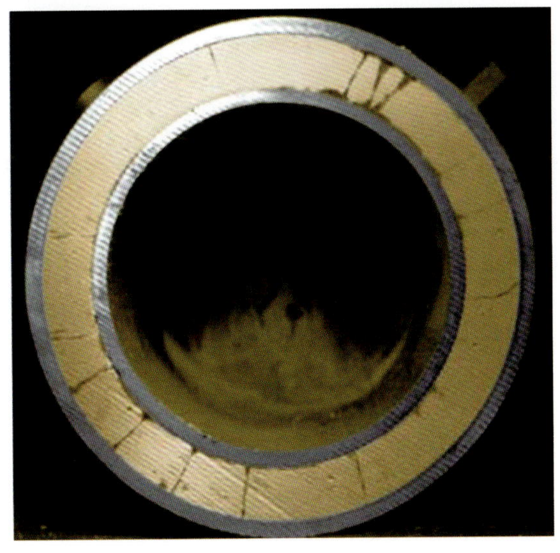

图 10–2　水泥环拉伸破坏

$$\sigma_\theta \geqslant \sigma_t \tag{10–1}$$

式中　σ_θ——水泥环周向拉应力；

σ_t——水泥石的单轴抗拉强度。

这种破坏模式主要发生在地层约束低、地应力小、套管内压较大的情况下。

2）剪切破坏

当水泥环三向受压，或两向受压而周向受拉但没有发生拉伸破坏时，水泥环有围压约束，表现出一定的塑性能力，可以用莫尔－库仑准则判断水泥石是否发生剪切破坏。

水泥环的剪切强度大于抗剪强度，水泥环发生剪切破坏：

$$\tau > \tau_f \tag{10-2}$$

其中：

$$\tau = \frac{1}{2}(\sigma_1 - \sigma_2)\sin 2\alpha$$

$$\tau_f = c + \sigma \tan\varphi$$

$$\sigma = \frac{1}{2}(\sigma_1 + \sigma_3) + \frac{1}{2}(\sigma_1 - \sigma_3)\cos 2\alpha$$

式中 τ——剪应力；

τ_f——抗剪强度；

σ——法向应力；

σ_1——最大主应力；

σ_3——最小主应力；

c——水泥石内聚力；

φ——内摩擦角；

α——剪切破坏角。

这种破坏模式发生在地应力大、约束强、套管内压非常高的情况下。

3）轴向拉伸破坏

在施工压力等荷载作用下，水泥环轴向一般情况下产生压应力，在特殊情况下，当水泥环沿轴向产生拉应力，且拉应力超过水泥石的抗拉强度时，水泥环发生轴向拉伸破坏。

$$\sigma_z > \sigma_t \tag{10-3}$$

式中 σ_z——水泥石轴向拉应力；

σ_t——水泥石的单轴抗拉强度。

拉伸破坏、剪切破坏和轴向拉伸破坏均属于水泥环发生强度破坏，水泥环产生裂缝，导致水泥环密封完整性失效。

2. 界面胶结破坏

胶结破坏根据破坏部位可分为一界面胶结破坏和二界面胶结破坏；根据破坏时加卸载的次数，又可分为一次加卸载胶结破坏和疲劳胶结破坏。水泥环发生界面胶结破坏时，水泥环保持结构完整性，并没有发生强度破坏。

在内压下，水泥环近一界面处所受的应力高于近二界面处。在较高套管内压下，水泥环中产生的应力水平较高。随着内压的增大，受力较大的水泥环近一界面部位首先进入塑性受力阶段，而以外区域仍可处于弹性受力阶段。当内压超过一定值后，水泥环可能完全进入塑性受力状态，不存在弹性区。水泥浆在水化硬化过程中，由于其各种收缩和水化热等引起的应力集中，使水泥石在受外荷之前即存在固有的缺陷和微裂纹。水泥石在外部荷载作用下产生的应力为其极限强度的30%时，微裂纹不会扩展而处于稳定状态；当水泥石中产生的最大应力达到其极限强度的40%左右时，微裂纹在裂缝尖端应力集中将不再稳定而逐渐扩展，同时水化产物凝胶产生黏性流动，出现卸载后不可完全恢复的塑性变形；并且在重复应力下塑性变形将逐渐积累，卸载后的残余应变也逐渐增加，特别是径向的压应力。内压作用下套管一般仍处于弹性受力阶段，变形可完全弹性恢复，因此导致界面处两者变形不协调一致，在界面处产生拉应力。当界面拉应力超过界面胶结强度时，水泥环发生界面胶结破坏。虽然一次加卸压产生的拉应力没有足以超过界面处的胶结强度而出现微环隙，但继续反复循环加载，水泥环中的裂缝趋于生长，产生的塑性变形累积，卸载时的残余应变以及由此而引起界面处的拉应力也逐渐增大。累积的残余应变产生的拉应力超过界面处的胶结强度，界面即出现微环隙，造成水泥环发生低周期界面胶结疲劳破坏。

近一界面处水泥环所受的应力更高，产生的塑性变形更大，卸压后的残余应变更大，产生的界面拉应力也更大。在一、二界面的界面胶结强度相同的情况下，一界面处首先发生界面胶结破坏。但通常情况下，套管与水泥环间一界面处的冲洗效果好，界面胶结强度高；水泥环与地层间二界面的冲洗效果差，胶结强度低，因此，一、二界面均可能发生界面胶结破坏。

界面胶结破坏多发生在试压、分段压裂、温度压力频繁变化等情况下。

3. 缓渗

水泥环结构本身的渗透性非常低，油气难以从中渗透而引起水泥环密封失效。在应力作用下，水泥环即使没有发生强度破坏和界面胶结破坏，水泥环内部的微裂纹也在不断扩展，孔隙不断塌陷，引起水泥石的扩容及损伤，水泥环本体的渗透率快速增大，此时水泥环本体的渗透率就不能忽略不计了，对水泥环密封性的影响很大，尤其是多次交变应力卸载后的残余变形及损伤后渗透率的升高，其原因是水泥石内部产生裂缝并连通。

二、体积完整性破坏

影响水泥环体积完整性的因素包括水泥石体积收缩和界面胶结质量。

1. 水泥石收缩

水泥石的收缩主要有塑性收缩、化学收缩、自收缩、干燥收缩等，不同环境下水泥石的收缩规律存在差异。塑性收缩发生在水泥浆塑性阶段，此时水泥浆还没有初凝，具有流动性，可传递液柱压力。由于水泥浆柱较高的液柱压力，可补偿塑性收缩，水泥浆固化后仍可发生各种收缩，一部分以内部孔隙的形式存在，还有一部分表现为宏观体积收缩。水泥石基体收缩是影响水泥环在环空中密封能力的关键。化学收缩又称水化收缩。水泥水化后，固相体积增加，但水泥—水体系的绝对体积则减小。大部分硅酸盐水泥浆体完全水化后，体积减缩总量为 2%～9%。在硬化前，所增加的固相体积填充原来被水所占据的空间，使水泥石密实，而宏观体积减缩；在硬化后，宏观体积不变，而水泥—水体系减缩后形成内部空隙。因此，这种化学减缩在硬化前不影响硬化的水泥石性质，硬化后则随水灰比、固相堆积程度的不同形成不同孔隙率，从而影响水泥石的性质。化学收缩与水泥组成有关。对于硅酸盐水泥的每种单矿物而言，C_3A 水化后的体积减小量可达 23% 左右，是化学收缩最严重的矿物，其次分别是 C_4AF、C_3S 和 C_2S。水泥石自收缩是指水泥浆初凝后，水泥继续水化，在没有外界水分补充的情况下，水泥浆因自干燥作用产生负压引起的宏观体积减小。自收缩从初凝开始，主要发生在早期。干缩主要是水泥石长期在处于不饱和湿度和较高温度条件时，由于水泥石中水分的流速，导致毛细管负压而引起水泥石基体收缩。通常干缩和自收缩同时发生，尤其是在固井回接井段。

利用混凝土膨胀收缩测量模具，试件尺寸为 40mm × 40mm × 160mm，在温度为 80℃、压力为 20MPa 下养护 24 小时后，在相对湿度为 50%、20℃恒温环境养护室内开展水泥环干缩测试，测试结果如图 10–3 至图 10–7 所示，在 100 天龄期内，水泥石干缩率上升趋势明显，在之后更长龄期内，水泥石干缩率降低，在 270 天龄期时，净浆水泥石干缩率为 0.13% 左右，且无论水泥石是否具有膨胀特性，干缩总是存在。其中，1# 常规体系干缩在 270 天龄期时，二界面环隙达到 0.014mm，一界面达到 0.01mm，对界面密封能力具有显著影响，当环隙超过 0.01mm 后，即存在较大气窜风险。

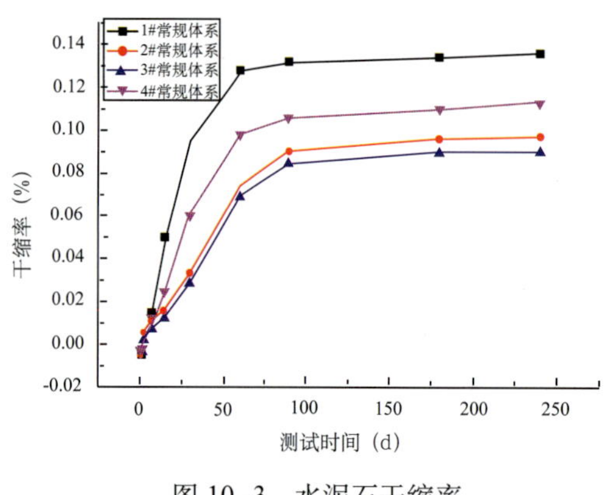

图 10–3　水泥石干缩率

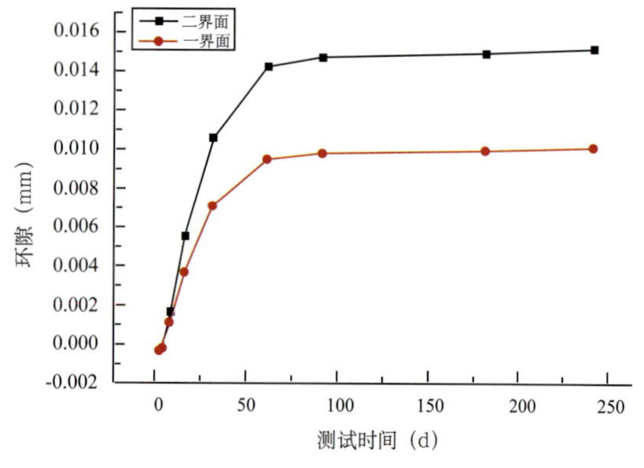

图 10–4　1# 常规体系干缩等效微环隙

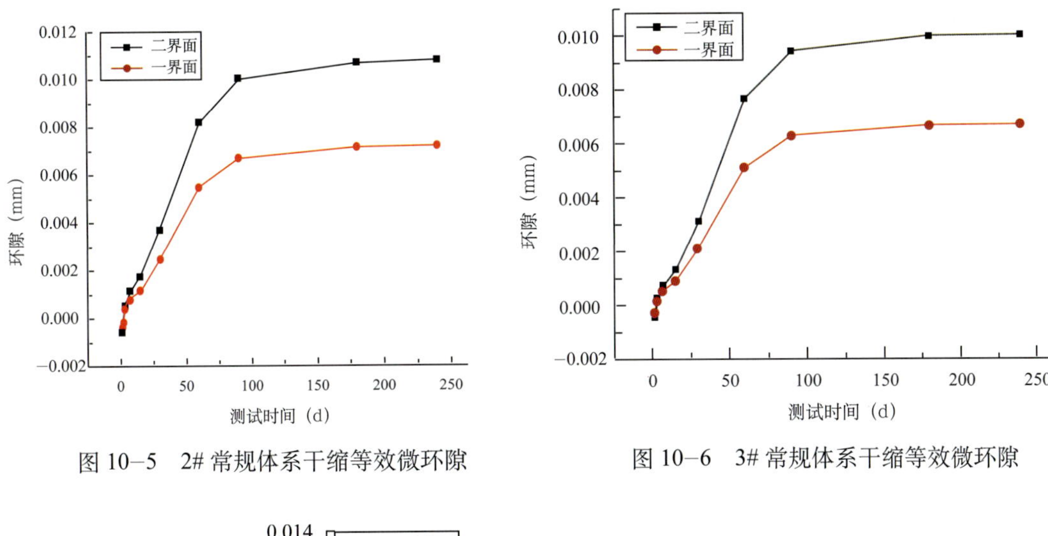

图 10–5 2# 常规体系干缩等效微环隙

图 10–6 3# 常规体系干缩等效微环隙

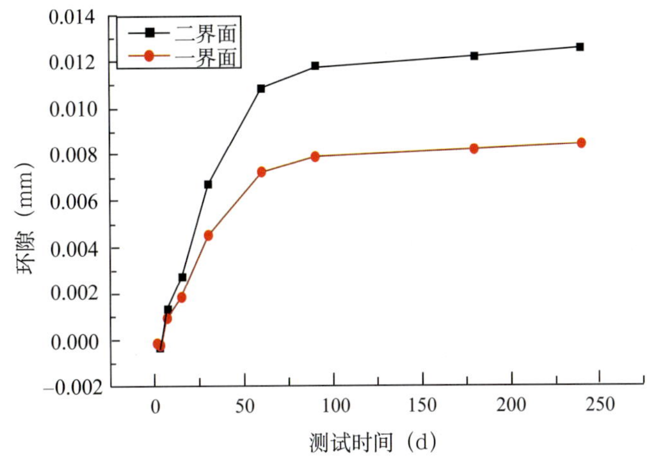

图 10–7 4# 常规体系干缩等效微环隙

在湿环境下水泥环的收缩量要小于干环境下的收缩量，主要表现在湿润环境下保证了水泥的水化，同时降低了干缩导致毛细管压力引起的水泥石收缩。但是在未加膨胀剂条件下，无论水泥石在干环境下还是在湿环境下，水泥石均出现收缩状态。通过试验表明，初凝后测试水泥石的收缩量均小于 0.2%，但是该值亦能导致环空密封失效，尤其是在干环境下。水泥石凝固后膨胀收缩率大于 0.1% 时，二界面微环隙大于 0.01mm，界面劣化易导致环空带压。

2. 界面胶结质量

影响水泥环界面胶结质量的因素很多，包括井眼条件、顶替效率、水泥浆性能等。固井质量差，界面胶结性能低，抗油气窜能力低，可直接导致水泥环密封失效。

测试岩心界面胶结强度试样如图 10–8 所示，其中样品编号 8–1 为界面没有污染的试样，岩心与水泥石黏结紧密。样品编号 8–2 和 8–3 是界面有不同程度污染的试样，岩心与水泥石界面黏结不够紧密，明显有一层厚度不同的过渡层。测试界面胶结强度后的试样如图 10–9 所示，从图 10–9 中可以看出，没有界面污染的试样，岩心与水泥石黏结力较强，界面处胶结强度较高，岩心并没有完全从界面处脱落，而是部分水泥石黏结在岩心界面处而破坏。而有不同程度界面污染的试样，岩心完全从界面处破坏，从岩心表面看到有未冲掉的污染物存在，且水泥石界面不平整，黏结不充分，有较多的孔隙。测试的胶结强度见表 10–1。试验表明，形成不同程度的污染界面后水泥环胶结强度有不同的程度的降低。

样品编号8–1　　样品编号8–2　　样品编号8–3

图 10–8　测试岩心界面胶结强度试样

样品编号8–1　　样品编号8–2　　样品编号8–3

图 10–9　测试岩心界面胶结强度后的试样

表 10–1　水泥环胶结能力测试

试验编号	污染程度	胶结强度（MPa）	下降幅度（%）
8–1	无	1.3	—
8–2	水冲洗	0.6	53.8
8–3	未冲洗	0.3	76.9

三、化学稳定性破坏

化学稳定性破坏包括高温强度稳定性和酸性气体腐蚀稳定性。普通油井水泥石在不超过 110℃时可保持强度稳定性，在高于 110℃时，主要水化产生 CSH 凝胶发生晶型转化，导致强度衰退。需添加高温强度稳定剂，一般为微硅，来避免强度衰退。但在 180～200℃时，即使掺入足够的微硅，也不能阻止硅酸盐水泥石的强度快速降低，导致高温强度稳定性问题，引起水泥环密封性失效。另外，水泥石内部呈碱性环境，遇酸性气体后会发生中和反应，破坏水泥石内部结构，造成水泥石强度降低、密实性变差、渗透性增高，引起酸性气体腐蚀稳定性问题，也会导致水泥环密封性失效。

第三节　复杂载荷下水泥环力学响应特征及密封能力评价试验

水泥石的力学性能，特别是在井下复杂环境下的力学响应特征，对水泥环的密封完整性影响非常大，因此，需首先了解水泥石在复杂应力荷载下的力学特征。

一、复杂应力载荷下水泥环力学特征

1. 常温单轴压缩试验

在常温单轴压缩试验条件下，随着荷载逐渐增加，试样内部的初始孔隙和微裂缝被压密，应力—应变曲线增长较缓慢（阶段①）；荷载继续增大，应力—应变曲线以近似直线增长，试样处于弹性状态（阶段②）；随后，曲线逐渐偏离原有的直线状态，呈下弯趋势，表明试样内部出现了较大损伤，曲线达到峰值后迅速跌落（阶段③），试样在整个过程中表现出显著的弹脆性特征。试样的峰值应力达到 51.9MPa，峰值应变为 0.84%，弹性模量为 9.66GPa，泊松比为 0.148，应力—应变曲线上偏离直线状态的点对应的应力约为 37.8MPa，为峰值应力的 72.8%。试样最终沿加载方向呈张拉劈裂破坏，破裂面与加载方向平行。应力—应变曲线和试样破坏形态如图 10–10 所示。

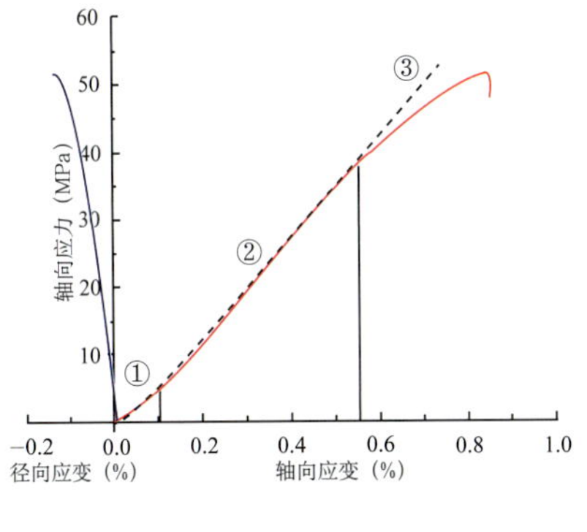

(a) 应力—应变曲线

(b) 试样破坏形态

图 10–10　单轴压缩试验

总体上看，在单轴压缩条件下，试样表现出较强的抗压能力，弹性模量适中，具有显著的弹脆性。

2. 常温三轴压缩试验

对于常温三轴压缩试验，由于预先施加了15MPa的围压，应力—应变曲线未出现缓慢增长阶段，而是直接以线性状态增长（阶段①），试样处于弹性状态；随后逐渐弯曲，偏离直线段，达到峰值点（阶段②），试样出现损伤，塑性变形不断积累；峰值点后逐渐下降，并趋于一个稳定值，形成一个“峰后平台”（阶段③），试样存在残余强度，仍具有承载能力。试样在整个过程中表现出较强的弹塑性特征。试样的峰值应力为71.8MPa，峰值应变为0.91%，弹性模量为8.37MPa，泊松比为0.148，应力—应变曲线上偏离直线状态的点对应的应力约为57.7MPa，为峰值应力的80.4%，峰后残余应力约为59.2MPa，为峰值应力的82.5%。试样最终形成一个倾斜的破坏面，为典型的三轴剪切破坏模式。应力—应变曲线和破坏形态如图10–11所示。

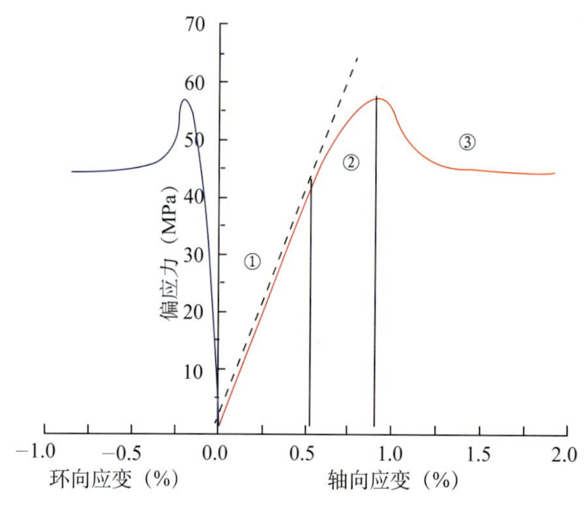

(a) 应变—应变曲线

(b) 试样破坏形态

图10–11　三轴压缩试验

总体上看，在三轴压缩条件下，试样的各项力学参数（峰值强度、弹性模量、泊松比等）比单轴情况下的均有较大提高，说明其承载能力和抵抗变形的能力均得到增强，表现出较强的弹塑性特征。考虑到地层中的水泥环处于三向应力状态，三轴压缩条件下测得的力学参数更具有代表性和实际应用价值。

3. 高温三轴压缩试验

对于温度为80℃的三轴压缩试验，随着荷载的逐渐增加，应力—应变曲线呈直线增长，当偏应力大于35.1MPa后，曲线逐渐偏离直线状态，应力增长变缓，最终趋向水平，呈现出塑性流动状态。试样的峰值应力为 72.9MPa（与常温三轴压缩下的峰值应力相当），峰值应变为 1.71%（比常温下增长了 87.9%），弹性模量为 7.44GPa，泊松比为 0.083（比常温下降低了 56.5%）。弹塑性过渡点（应力—应变曲线刚开始偏离直线的点）对应的应力为 50.1MPa，为峰值应力的 68.7%。试验后样品高度有明显缩短，侧向膨胀不明显，并且形成一条倾斜的剪切裂缝。

总体来看，在 80℃环境下，水泥石仍具有较强的弹性变形能力，其抗压强度仍维持在较高水平，没有因温度升高而引起衰退，弹性模量有较小幅度较低，抵抗变形破坏的能力得到增强，其压缩变形主要是原有孔隙的不断压密，侧向膨胀变形微弱。该温度下的水泥石可视为线弹性—理想塑性材料。

对于温度为 130℃的三轴压缩试验，初始阶段应力—应变曲线仍以直线状态增长，在偏应力达到 15.2MPa 时，曲线开始偏离直线状态，即试样内部出现塑性损伤，随后曲线逐渐缓慢增长，最终趋于水平，呈现塑性流动状态。试样的峰值应力为 59.3MPa（比常温下降低 17.4%），峰值应变为 2.39%（比常温下增长了 163%），弹性模量为 4.39GPa，泊松比为 0.062（比常温下降低了 67.5%）。弹塑性过渡点（应力—应变曲线刚开始偏离直线的点）对应的应力为 30.2MPa，为峰值应力的 50.9%。试验后样品高度有明显缩短，侧向膨胀不明显，无明显宏观裂缝，只在上端面处观察到几条竖向微裂缝。

由此可知，在 130℃环境下，水泥石的抗压强度和弹性模量都有较大幅度降低，这是因高温而引起的衰退；水泥石在相对较小的应力下即表现出塑性，且最终没有明显宏观裂缝，说明抵抗变形破坏的能力极强，其压缩变形主要是原有孔隙的不断压密。该温度下的水泥石更加接近线弹性—理想塑性材料。

高温三轴压缩试验的应力—应变曲线和试样破坏形态如图 10–12 所示，力学参数统计见表 10–2。

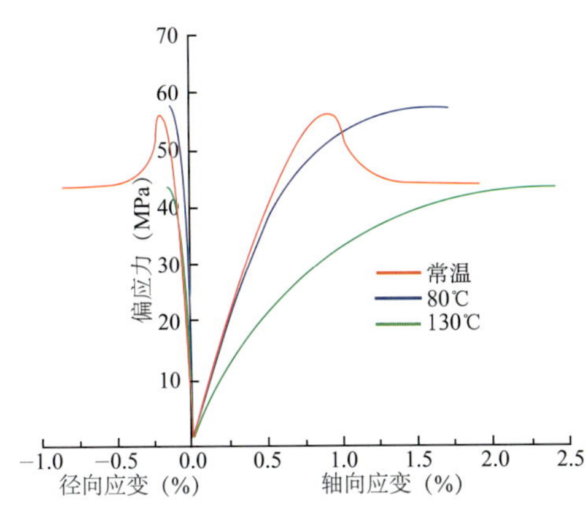

(a) 应力—应变曲线

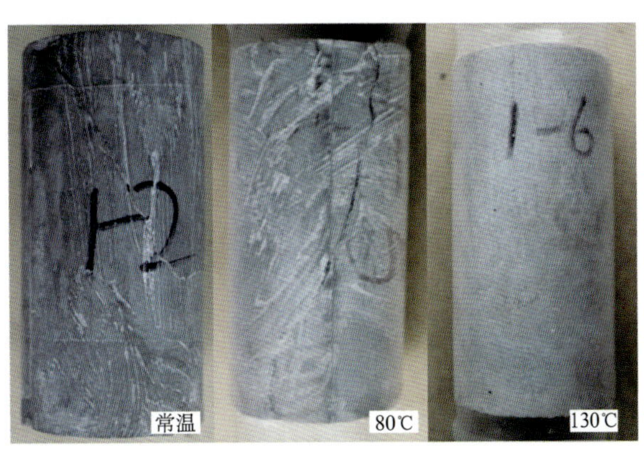

(b) 试样破坏形态

图 10–12　高温三轴压缩试验

表 10−2　高温三轴压缩试验力学参数表

试样编号	围压 σ_3（MPa）	温度（℃）	峰值应力 σ_1（MPa）	峰值应变（%）	弹性模量(GPa)	泊松比
1#	15	常温	71.8	0.91	8.37	0.191
2#		80	72.9	1.71	7.44	0.083
3#		130	59.3	2.39	4.39	0.062

4. 三轴循环荷载试验

1）试验参数设置

进行了常温、80℃和 130℃三个温度点下的三轴循环荷载试验，循环荷载上限取峰值偏应力的约 70%，荷载下限比 0 稍大，加载和卸载速率均为 0.5kN/s，循环 20 次。预期偏应力峰值为先期开展的三轴压缩试验中测得的偏应力峰值，加载、卸载速率根据常规的岩石加卸载试验参数设定。试验参数设置见表 10−3。

表 10−3　三轴循环荷载试验参数设置

试样编号	围压(MPa)	温度(℃)	预期偏应力峰值(MPa)	循环上限(MPa)	循环下限(MPa)	循环次数(次)	加载速率(kN/s)	卸载速率(kN/s)
4#	15	常温	56.8	40	5	20	0.5	0.5
5#		80	57.9	42	1			
6#		130	44.3	28	1			

2）常温单轴循环荷载试验

在初次加载过程中，应力—应变曲线以近似直线状态增长，在加载到约 40MPa 时卸载，卸载曲线近似直线，稍向下凸，卸载到约 5MPa 时继续加载，再加载曲线近似直线，卸载和再加载曲线形成"滞回环"（图 10−13）。虽然每次的加载曲线近似直线，但每个加卸载循环都有新的塑性应变产生，新的滞回环不断向右移动，累积塑性应变不断增长。试验后的样品没有宏观破裂，只是高度有略微减小。

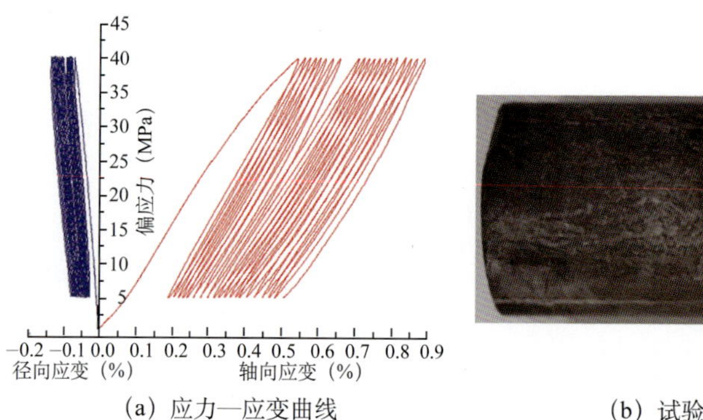

（a）应力—应变曲线　　（b）试验后样品形态

图 10−13　常温单轴循环荷载试验

取卸载曲线的直线段计算每个应力循环的卸载弹性模量，如图 10–14 所示，随着循环次数的增加，卸载弹性模量呈降低趋势，表明水泥石的弹性性能在逐渐衰减，循环加、卸载 20 次时的卸载弹性模量为 8.9096GPa，与初次卸载弹性模量 9.6771GPa 相比，降低幅度约 7.93%。弹性模量的降低主要是由于循环荷载下水泥石微孔隙结构的破碎，导致水泥石的整体高度降低。卸载弹性模量的衰减规律可用幂函数进行拟合，拟合函数如下：

$$E=9.7274N^{-0.0294},\ R^2=0.9467 \tag{10–4}$$

式中　E——卸载弹性模量，GPa；

N——循环加卸载次数，取 1，2，3，…，20。

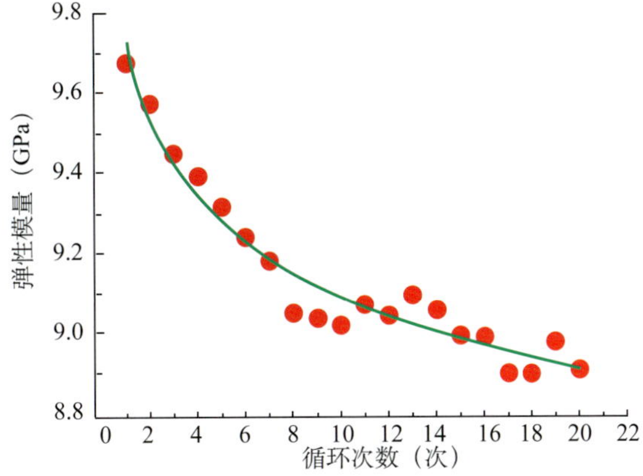

图 10–14　卸载弹性模量随循环荷载次数的变化

将卸载曲线最低点处的应变定义为“累积塑性应变”，随着循环次数的增加，累积塑性应变近似呈线性增长，第 1 次循环后的值为 0.1133%，第 20 次循环后的值为 0.4315%，是第 1 次循环的 3.81 倍（图 10–15）。由此可见，循环荷载引起的塑性变形量是很显著的。累积塑性应变的演化规律可以用线性方程拟合，拟合函数如下：

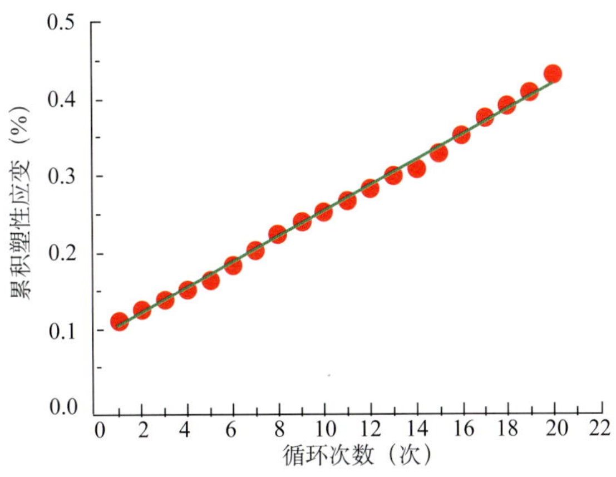

图 10–15　累积塑性应变随循环荷载次数的变化

$$\varepsilon_p=0.0166N+0.0890, \quad R^2=0.9969 \tag{10-5}$$

式中 ε_p——累积塑性应变，%；

N——循环加卸载次数，取 1，2，3，…，20。

3）高温三轴循环荷载试验

在 80℃下，每一个加、卸载曲线围成的形状近似菱形，滞回环有较大的宽度，说明随着温度的升高，水泥石变形存在显著的滞后现象；随着循环次数的增加，滞回环的宽度逐渐减小，滞回环越来越密集，说明累积塑性应变的增加越来越缓慢；试验后的样品高度有明显缩短，未发现明显宏观裂缝，说明试样主要表现为轴向的压缩变形，侧向膨胀较少（图 10–16）。

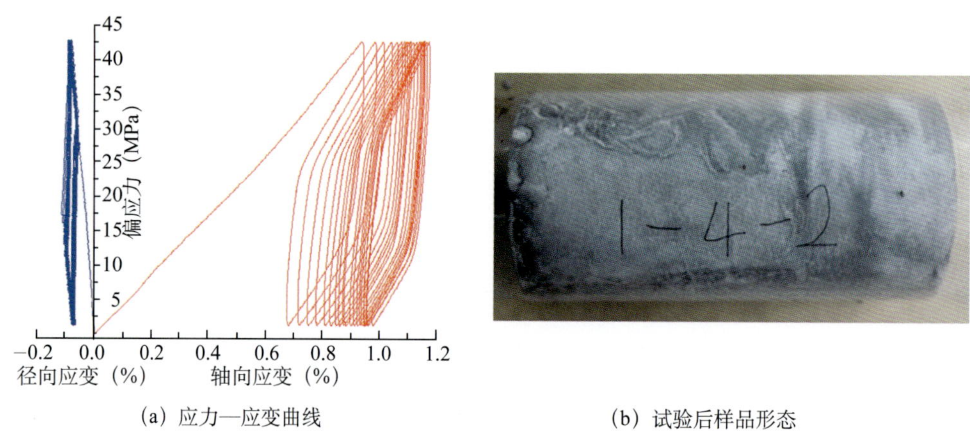

（a）应力—应变曲线　　（b）试验后样品形态

图 10–16　高温三轴循环荷载试验（80℃）

取卸载曲线在较低应力下的范围计算弹性模量，得到图 10–17。由图 10–17 可知，随着循环次数的增加，弹性模量逐渐增大，在前 10 次循环增长较快，后面增长缓慢。第 1 次循环的卸载弹性模量为 6.4134GPa，第 20 次循环的卸载弹性模量为 7.5131GPa，增长率为 17.1%。弹性模量的提高主要是由于高温下水泥石的天然孔隙被压密，结构变得更加密实，弹性性能提高。

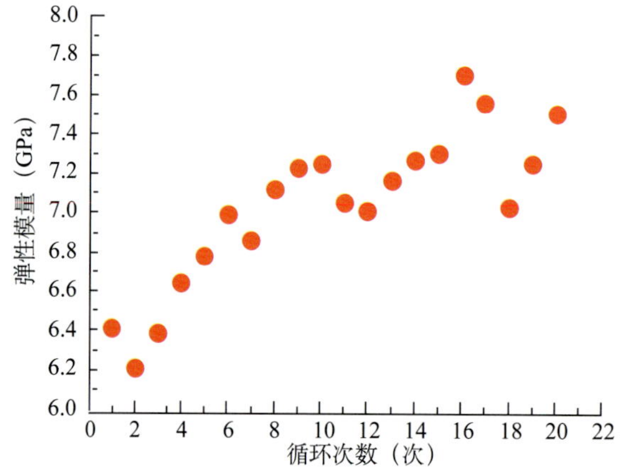

图 10–17　卸载弹性模量随循环荷载次数的变化（80℃）

将塑性累积应变随循环次数的变化曲线整理成图 10–18，累积塑性应变随循环次数的增加而增长，在前 8 个循环增长较快，后面的循环增长放缓；第 1 次循环后的累积塑性应变为 0.6757%，第 20 次循环后的值为 0.9773%，增长率为 44.6%。由此可见，塑性变形主要形成于第 1 个加、卸载循环，当然随后的循环荷载也产生了较大的塑性变形。

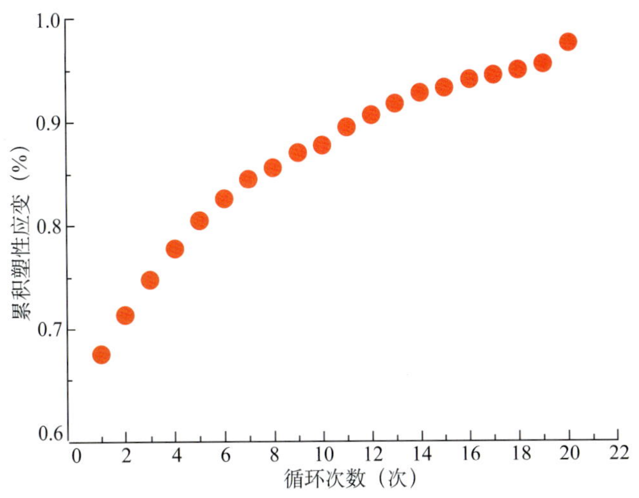

图 10–18　累积塑性应变随循环荷载次数的变化（80℃）

在 130℃下，水泥石滞回环的宽度较小，形态为细长条形，与 80℃下存在一定差异。随着循环次数增加，滞回环越来越密集，表明塑性变形积累的增长变得越来越缓慢，试验后的样品高度有明显缩短，未发现明显宏观裂缝，说明试样主要表现为轴向的压缩变形，侧向膨胀较少，与 80℃下的样品相似（图 10–19）。

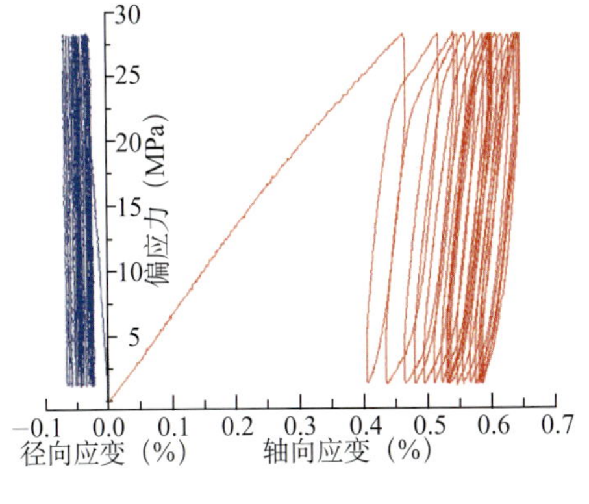

（a）应力—应变曲线

（b）试验后样品形态

图 10–19　高温三轴循环荷载试验（130℃）

卸载弹性模量分布在 8～16GPa 之间，波动幅度较大，总体上呈增长趋势；整体上高于 80℃下的弹性模量，说明温度的升高进一步增强了循环荷载下的卸载弹性模量，水泥石的弹性性能得到显著增强。卸载弹性模量随循环次数的变化如图 10–20 所示。

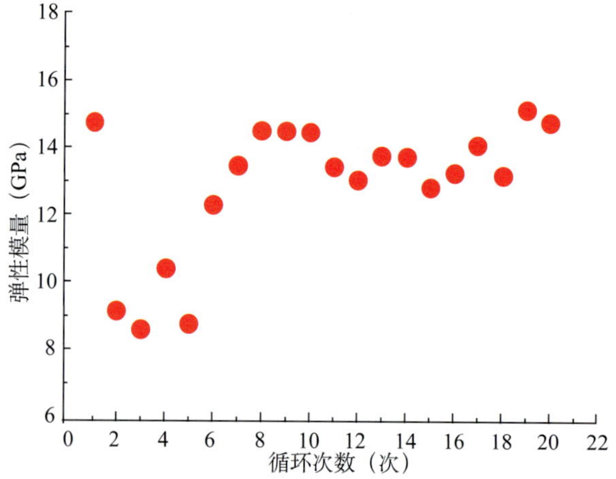

图 10–20　卸载弹性模量随循环荷载次数的变化（130℃）

将塑性累积应变随循环次数的变化曲线整理成图 10–21，累积塑性应变随循环次数的增加而增长，在前 8 个循环增长较快，后面的循环增长放缓；第 1 次循环后的累积塑性应变为 0.3841%，第 20 次循环后的值为 0.5649%，增长率为 47.1%。由此可见，塑性变形主要形成于第 1 个加、卸载循环，当然随后的循环荷载也产生了较大的塑性变形。该温度下的累积塑性应变要小于 80℃下的情况，原因可能有两点：一是高温下有一部分塑性应变在加围压的过程产生，这一部分没有计及；二是应力上限设得相对较低，导致塑性变形较少。

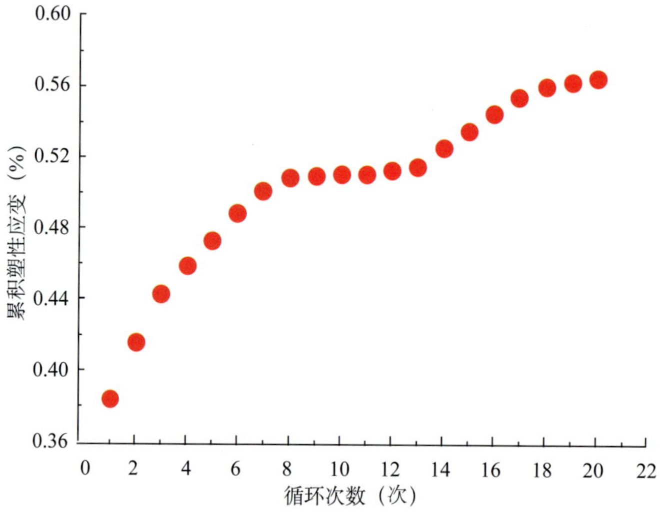

图 10–21　累积塑性应变随循环荷载次数的变化（130℃）

不同温度下累积塑性应变的演化见表 10–4。

表 10–4　不同温度下累积塑性应变演化

编号	温度（℃）	ε_p^1（%）	ε_p^5（%）	ε_p^{10}（%）	ε_p^{15}（%）	ε_p^{20}(%)	$\varepsilon_p^1/\varepsilon_p^{20}$
1#	常温	0.1133	0.1658	0.2544	0.3304	0.4315	3.81
2#	80	0.6757	0.8058	0.8783	0.9334	0.9773	1.45
3#	130	0.3841	0.4734	0.5104	0.5345	0.5649	1.47

二、复杂应力载荷下水泥环密封完整性模拟试验评价

水泥环长期密封性影响因素较多，且各因素耦合发生，导致对水泥环长期密封性影响因素分析和测定难以有效地开展。为了真实模拟井下水泥环受温度、压力变化、水泥石膨胀收缩、水泥石渗透特性以及多因素耦合条件水泥环密封评价试验，自主研发了复杂应力载荷下水泥环密封完整性模拟试验评价装置。

1. 复杂应力载荷下水泥环密封完整性模拟试验评价装置组成

水泥环密封性模拟评价装置包括井筒系统、温控系统、压力系统、注气和气窜检测系统、控制和采集系统以及脱模系统等部分组成，如图 10–22 和图 10–23 所示。

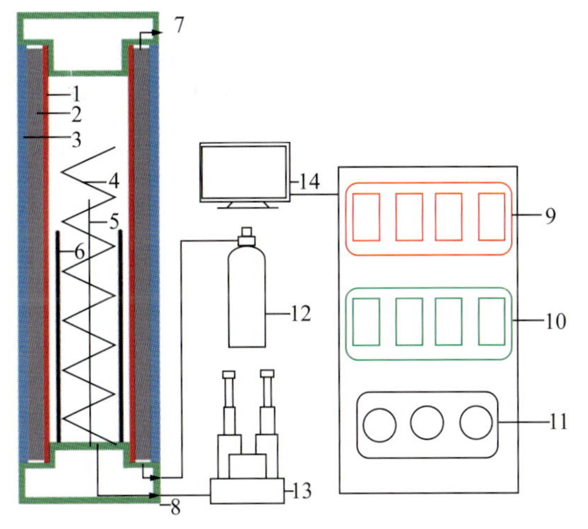

图 10–22　密封性评价装置原理图

1—套管；2—水泥环；3—外筒；4—冷却管；5—温度传感器；
6—加热管；7—上密封盖；8—下密封盖；9—流量计；10—控制开关；
11—开关；12—气源；13—压力跟踪泵；14—控制系统

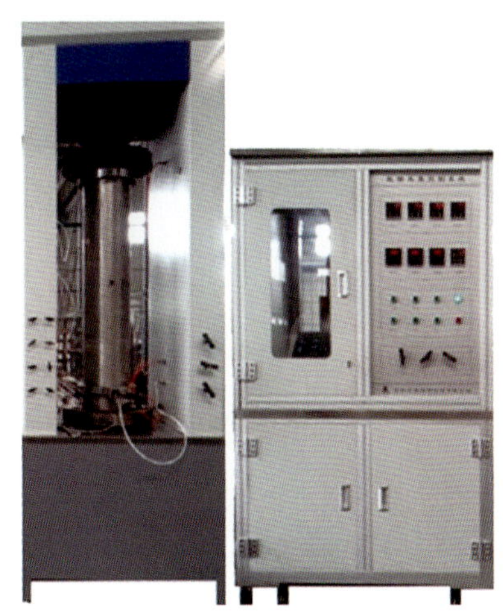

图 10–23　密封性评价装置实物图

井筒系统：包括套管、水泥环和外筒。其中，套管采用外径 139.7 mm、壁厚 7.72 mm 的油田常用套管材料，钢级为 P110。实际工程中，水泥环外侧受到外层套管或半径无穷大的地层和地应力约束；根据环外约束情况，采用不同厚度的金属圆筒等效水泥环外的约束作用，使得在相同内压下，水泥环产生的应力状态相同，外筒所用钢级为 N80。水泥环的厚度，可采用不同内径的外筒进行调整以满足需求。井筒长度为 1200 mm，水泥环的长度稍小于井筒

长度，上下各留出一定的环空，供进气和出气检测。井筒系统上下各有一个密封端，上密封端有与环空连接的出气口；下密封端有进气孔、加热冷却装置、与压力跟踪泵连接的管线等。

温控系统：包括加热器、冷水循环管和温度传感器，安装在井筒系统的下密封端上。加热器通过加热套管内的水，一方面可用于高温养护水泥环；另一方面，与冷水管不断地循环冷水降温相配合，用于模拟温度变化对水泥环密封性的影响。外筒外侧可另加保温材料，保证整个井筒系统温度恒定。采用数显控温仪控温，温度控制范围为室温至 150℃，精确到 0.5℃。

压力系统：主要由压力自动跟踪泵组成。压力自动跟踪泵与井筒系统的下密封端连接，为套管施加压力和卸压，可用于测试最大套管压力或交变应力下水泥环的密封性，模拟试压、压裂或调产引起的套管内压力不断变化下水泥环的密封性，最大压力为 120MPa。

注气系统：由下密封端往环空中注入一定压力的氮气，主要由气体调压阀和流量计等部分组成。气体流量计检测气体的注入流量和总流量。气窜检测装置检测水泥环的密封性能，主要由气泡检测装置和流量计等部分组成。一旦水泥环密封性失效，发生强度破坏形成微裂缝或产生微环隙，气泡检测装置可检测到水泥环两个界面不同部位密封失效情况。流量计用于检测不同部位气体的气窜流量和总流量。

控制和采集系统：可控制套管内压力的大小、温度的高低以及压力和温度的循环，并记录套管内压力的变化及不同部位出气孔的出气流量。可设置套管内最大压力，实时显示套管内的压力值；可设置模型的最高加热温度，在运行过程中实时显示井筒模型系统的温度。可实时显示环空中进气和气窜时的流量以及累计进出气总量。另外，还有“温度、压力循环控制”模块，可设置压力和温度的上限和下限；通过“温度控制”和“压力控制”，可分别控制或同时控制压力和温度的循环，并可输入循环次数。

脱模系统：将试验后的井筒置于脱模装置的井筒支撑上，利用液压机构，加载脱模，取出套管，然后再脱出水泥环，实现井筒系统的重复利用，节约试验成本。

2. 复杂应力载荷下水泥环密封完整性模拟试验评价装置性能参数

（1）温度控制范围：室温至 150℃，温度控制精度为 ±3℃。

（2）套管内压控制范围：0～120MPa。

（3）应变检测仪：16 路静态应力应变检测，采用频率 1～2kHz。

（4）模型水泥环规格尺寸：套管外径 139.7mm，壁厚分别为 7.72mm 和 9.17mm，长度 1m；外筒外径 244.5mm，壁厚 25.7mm，长度 0.7m。

（5）气窜测试控制压力范围：0～10MPa。

（6）气体流量检测通道 4 个，检测精度为 1mL/min，并采用光纤式气泡检测设备，能够测量微小气体流量。

3. 复杂应力载荷下水泥环密封完整性模拟装置功能

利用评价装置的温控系统，可模拟井下温度及候凝时间，模拟井下不同龄期和温度的养护，并模拟井下不同作业工况。

（1）内压变化下密封性评价。一次加、卸压或多次循环加、卸压的交变应力，环空中注入一定压力的氮气，测试水泥环的密封性，判定水泥环是否发生某种形式的密封破坏。

（2）温度变化下密封性评价。一次温差或多次循环温差变化，环空中注入一定压力的氮气，测试水泥环的密封性，判定水泥环是否发生某种形式的密封破坏。

（3）温度、压力耦合变化下密封性评价。一次温度、压力耦合或多次循环温度、压力耦合变化，环空中注入一定压力的氮气，测试水泥环的密封性，判定水泥环是否发生某种形式的密封破坏。

（4）长龄期水泥石收缩下密封性评价。水泥浆候凝结束后，环空中注入一定压力的氮气，测试不同龄期时水泥环的密封性，评价由于水泥石长期收缩引起的密封破坏。

（5）界面污染下密封性评价。井筒装置的套管表面或外筒内表面，形成不同程度的界面污染，浇注水泥浆候凝后，测试水泥环的密封性，评价界面污染对密封性的影响。

4. 不同水泥石特性条件下水泥环密封完整性模拟试验结果

利用水泥环密封性评价装置，分别测试不同弹性模量的水泥石在模拟分段压裂条件下的水泥环密封能力。

1）常规水泥石试验

常规水泥石弹性模量一般为 10～14GPa，测试的常规水泥石在模拟分段压裂交变应力作用下水泥环的密封性如图 10–24 所示。常规水泥环在内压 70MPa 下，经历 1 次循环应力作用后，水泥环密封性就破坏，卸压后发生气窜，开始气窜流量较小；随着循环加、卸载次数的增加，气窜量逐渐增大，5 次循环后已达到最大值。常规水泥环在变内压条件下的密封性较差。

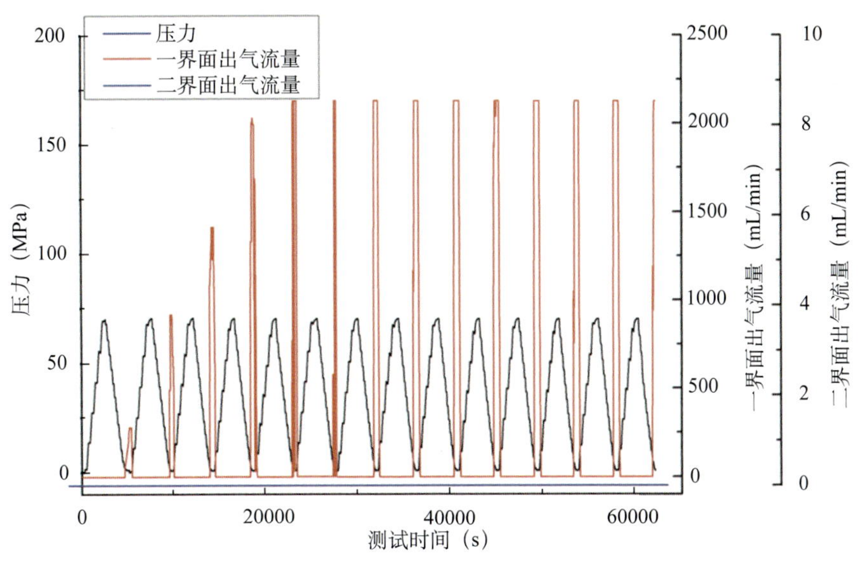

图 10–24　常规水泥石在交变应力下密封性测试

2）弹性模量为 8.0GPa 的弹韧性水泥石

测试的弹性模量为 8.0GPa 的弹韧性水泥石在模拟分段压裂交变应力作用下水泥环的密

封性如图 10–25 所示。与常规水泥环相比，弹韧性水泥环的密封性有了很大程度的改善，开始加卸后水泥环保持密封性；经历 13 次循环应力作用后，水泥环密封性开始破坏，并且气窜流量逐渐增大。可见，弹韧性水泥环在压力作用下的密封性得到了很大程度的提高。

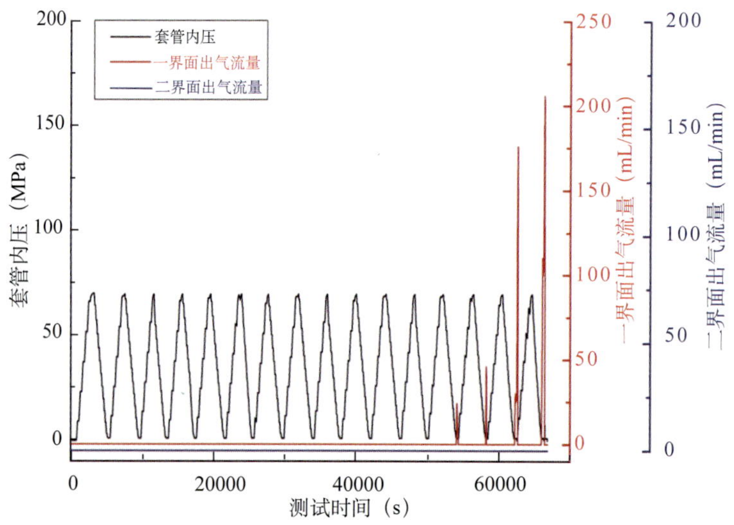

图 10–25 弹韧性水泥环在交变应力下密封性测试

测试的弹韧性水泥石在温度和压力耦合作用下水泥环的密封性如图 10–26 所示。

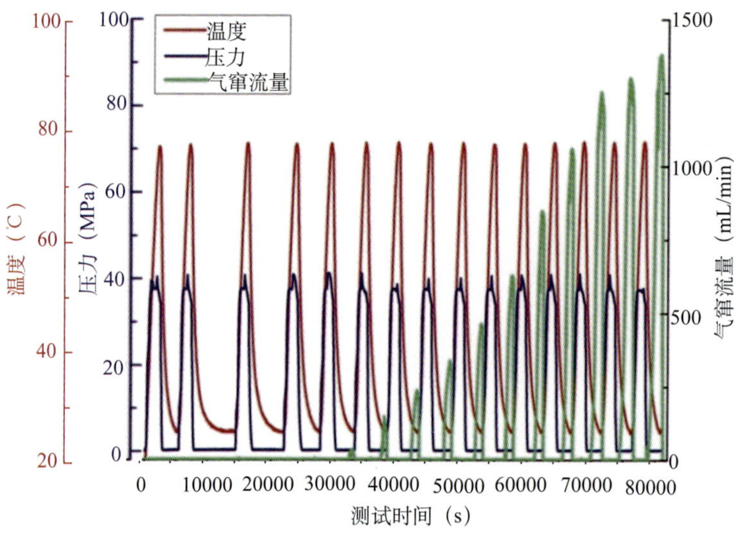

图 10–26 弹韧性水泥环在温度、压力耦合下的密封性测试

与常规水泥环相比，弹韧性水泥环的密封性有了一定程度的改善，开始时水泥环保持密封性；经历 5 次压力和大温差循环作用后，水泥环密封性开始破坏，开始时气窜流量较小，

随着压力和温度耦合作用次数的增加，气窜流量逐渐增大。因此，弹韧性水泥环在温度和压力耦合作用下的密封性得到了一定程度的提高。

3）弹性模量为 7.0GPa 的弹韧性水泥石

复配弹韧性水泥浆体系，形成水泥石弹性模量为 7.0GPa 的弹韧性水泥石，利用水泥环密封性评价装置测试满足 90MPa 交变应力作用下 30 段压裂后水泥环密封完整性要求（图 10–27）。

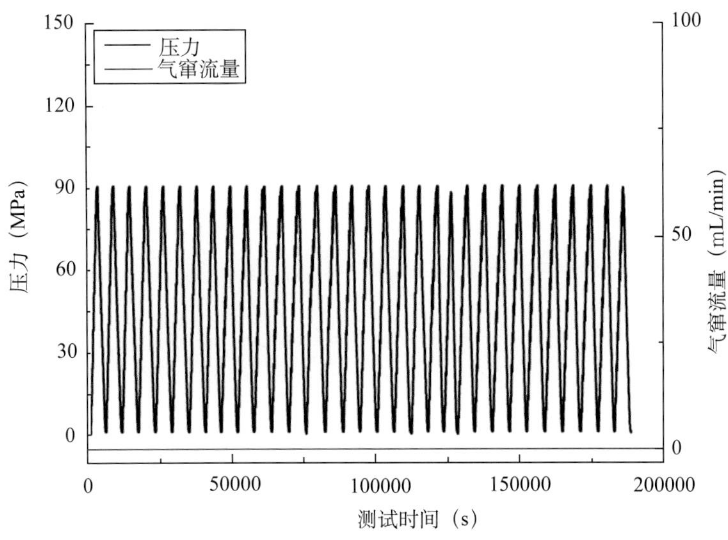

图 10–27　弹韧性水泥环在模拟压裂 90MPa 交变应力作用下密封性测试

4）弹性模量为 6.0GPa 的弹韧性水泥石

复配弹韧性水泥浆体系，形成水泥石弹性模量小于 6.0GPa 的弹韧性水泥石，利用水泥环密封性评价装置测试满足 110MPa 交变应力作用下 25 段压裂后水泥环密封完整性要求（图 10–28）。

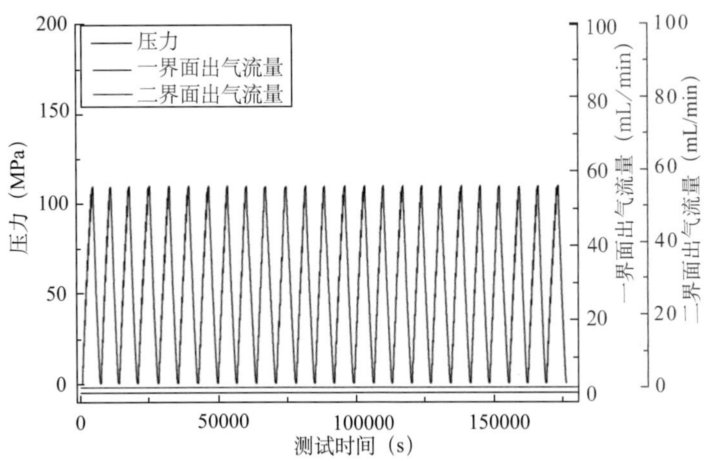

图 10–28　弹韧性水泥环在模拟压裂 110MPa 交变应力作用下密封性测试

第四节 水泥环密封完整性数值计算方法

可将套管—水泥环—井壁围岩密封系统所受到的复杂载荷，分解为径向、周向和轴向三个方向上的载荷，通过建立套管、水泥环和井壁围岩三者之间相互作用的力学模型（图 10–29），得到这三个方向上的载荷，结合力学破坏准则，判断不同作业工况引起的复杂载荷作用下，套管—水泥环—井壁围岩密封系统的结构是否完整。

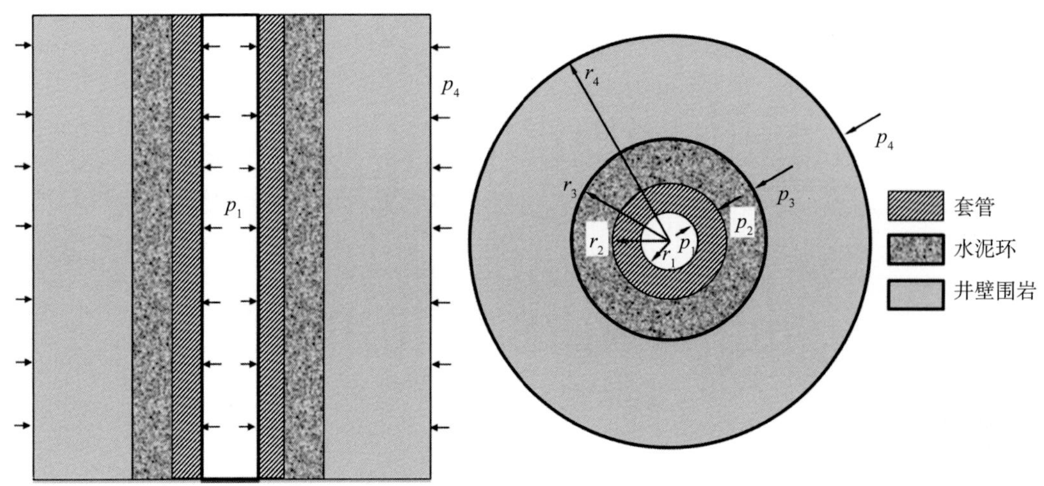

图 10–29 套管、水泥环及井壁围岩组合体示意图

r_1——套管内径；r_2——套管外径（水泥环内径）；r_3——水泥环外径（井壁围岩内边界，即井眼半径）；r_4——井壁围岩外边界；p_1——套管内压力；p_2、p_3——水泥环第一、第二胶结面上的作用力；p_4——围岩外层的外挤力

水泥浆凝固后，套管、水泥环及井壁围岩固结为一个密封组合体，在此这三者都是线弹性材料，密封组合体就为一弹性组合体。根据组合体受力状态及其几何特征，将套管、水泥环及井壁围岩的三维受力问题简化为平面应变问题。建立模型时做如下假设：

（1）水泥环和井壁围岩均为均匀的各向同性体；

（2）套管无缺陷，水泥环完整，厚度均匀；

（3）组合体各层之间连接紧密，无滑动。

根据弹性力学平面应变轴对称问题或厚壁圆筒问题的求解结果，可得套管、水泥环、井壁围岩的应力和位移。计算时，各参数表示的意义如下：下标 c、m、f 分别表示套管、水泥环和井壁围岩；下标 r、θ、z 分别表示径向、环向和轴向；μ_c、μ_m、μ_f 分别表示套管、水泥环和井壁围岩泊松比；E_c、E_m、E_f 分别表示套管、水泥环和井壁围岩的杨氏模量；σ 表示应力；u 表示位移。

（1）套管的应力和位移：

$$\begin{cases}\sigma_{c_r}=\dfrac{r_1^2p_1-r_2^2p_2}{r_2^2-r_1^2}-\dfrac{r_1^2r_2^2\left(p_1-p_2\right)}{r_2^2-r_1^2}\dfrac{1}{r^2}\\ \sigma_{c\theta}=\dfrac{r_1^2p_1-r_2^2p_2}{r_2^2-r_1^2}+\dfrac{r_1^2r_2^2\left(p_1-p_2\right)}{r_2^2-r_1^2}\dfrac{1}{r^2}\\ \sigma_{cz}=\mu_c\left(\sigma_{cr}+\sigma_{c\theta}\right)\\ u_c=\dfrac{\left(1+\mu_c\right)}{E_c}\left[\dfrac{\left(1-2\mu_c\right)r_1^2r+r_1^2r_2^2/r}{r_2^2-r_1^2}p_1-\dfrac{\left(1-2\mu_c\right)r_2^2r+r_1^2r_2^2/r}{r_2^2-r_1^2}p_2\right]\end{cases}\quad\left(r_1\leqslant r\leqslant r_2\right)\tag{10-6}$$

其中，套管外壁处（$r=r_2$）的径向位移为：

$$u_{co}=f_1p_1-f_2p_2\tag{10-7}$$

式（10–7）中：

$$\begin{cases}f_1=\dfrac{\left(1+\mu_c\right)}{E_c}\times\dfrac{2\left(1-\mu_c\right)r_1^2r_2}{r_2^2-r_1^2}\\ f_2=\dfrac{\left(1+\mu_c\right)}{E_c}\times\dfrac{\left(1-2\mu_c\right)r_2^3+r_1^2r_2}{r_2^2-r_1^2}\end{cases}$$

（2）水泥环的应力和位移：

$$\begin{cases}\sigma_{mr}=\dfrac{r_2^2p_2-r_3^2p_3}{r_3^2-r_2^2}-\dfrac{r_2^2r_3^2\left(p_2-p_3\right)}{r_3^2-r_2^2}\dfrac{1}{r^2}\\ \sigma_{m\theta}=\dfrac{r_2^2p_2-r_3^2p_3}{r_3^2-r_2^2}+\dfrac{r_2^2r_3^2\left(p_2-p_3\right)}{r_3^2-r_2^2}\dfrac{1}{r^2}\\ \sigma_{mz}=\mu_m\left(\sigma_{mr}+\sigma_{m\theta}\right)\\ u_m=\dfrac{\left(1+\mu_m\right)}{E_m}\left[\dfrac{\left(1-2\mu_m\right)r_2^2r+r_2^2r_3^2/r}{r_3^2-r_2^2}p_2-\dfrac{\left(1-2\mu_m\right)r_3^2r+r_2^2r_3^2/r}{r_3^2-r_2^2}p_3\right]\end{cases}\quad\left(r_2\leqslant r\leqslant r_3\right)\tag{10-8}$$

其中，水泥环内壁处（$r=r_2$）的径向位移为：

$$u_{mi}=f_3p_2-f_4p_3\tag{10-9}$$

式（10–9）中：

$$\begin{cases}f_3=\dfrac{\left(1+\mu_m\right)}{E_m}\times\dfrac{\left(1-2\mu_m\right)r_2^3+r_2r_3^2}{r_3^2-r_2^2}\\ f_4=\dfrac{\left(1+\mu_m\right)}{E_m}\times\dfrac{2\left(1-\mu_m\right)r_2r_3^2}{r_3^2-r_2^2}\end{cases}$$

水泥环外壁处（$r=r_3$）的径向位移为：

$$u_{co}=f_5p_2-f_6p_3 \tag{10-10}$$

式（10–10）中：

$$\begin{cases} f_5=\dfrac{(1+\mu_m)}{E_m}\times\dfrac{2(1-\mu_m)r_2^2r_3}{r_3^2-r_2^2} \\ f_6=\dfrac{(1+\mu_m)}{E_m}\times\dfrac{(1-2\mu_m)r_3^3+r_2^2r_3}{r_3^2-r_2^2} \end{cases}$$

（3）井壁围岩的应力和位移：

$$\begin{cases} \sigma_{fr}=\dfrac{r_3^2p_3-r_4^2p_4}{r_4^2-r_3^2}-\dfrac{r_2^2r_3^2(p_3-p_4)}{r_4^2-r_3^2}\dfrac{1}{r^2} \\ \sigma_{f\theta}=\dfrac{r_3^2p_3-r_4^2p_4}{r_4^2-r_3^2}+\dfrac{r_3^2r_4^2(p_3-p_4)}{r_4^2-r_3^2}\dfrac{1}{r^2} \\ \sigma_{fz}=\mu_f(\sigma_{fr}+\sigma_{f\theta}) \\ u_f=\dfrac{(1+\mu_f)}{E_f}\left[\dfrac{(1-2\mu_f)r_3^2r+r_3^2r_4^2/r}{r_4^2-r_3^2}p_3-\dfrac{(1-2\mu_f)r_4^2r+r_3^2r_4^2/r}{r_4^2-r_3^2}p_4\right] \end{cases} \quad (r_3\leqslant r\leqslant r_4) \tag{10-11}$$

其中，井壁围岩内壁处（$r=r_3$）的径向位移为：

$$u_{fi}=f_7p_3-f_8p_4 \tag{10-12}$$

式（10–12）中：

$$\begin{cases} f_7=\dfrac{(1+\mu_f)}{E_f}\times\dfrac{(1-2\mu_f)r_3^3+r_3r_4^2}{r_4^2-r_3^2} \\ f_8=\dfrac{(1+\mu_f)}{E_f}\times\dfrac{2(1-\mu_f)r_3r_4^2}{r_4^2-r_3^2} \end{cases}$$

根据套管—水泥环—井壁围岩组合体界面位移连续性假设，套管外壁的位移与水泥环内壁位移相等，水泥环外壁的位移与井壁围岩内壁的位移相等，相等关系如下：

$$\begin{cases} u_{co}=u_{mi} \\ u_{mo}=u_{fi} \end{cases} \Rightarrow \begin{cases} f_1p_1-f_2p_2=f_3p_2-f_4p_3 \\ f_5p_2-f_6p_3=f_7p_3-f_8p_4 \end{cases} \tag{10-13}$$

求解式（10–8）至式（10–13）得：

$$\begin{cases} p_2=\dfrac{f_4f_8p_4+(f_6+f_7)f_1p_1}{(f_2+f_3)(f_6+f_7)-f_4f_5} \\ p_3=\dfrac{(f_2+f_3)f_8p_4+f_1f_5p_1}{(f_2+f_3)(f_6+f_7)-f_4f_5} \end{cases} \tag{10-14}$$

求得水泥环第一、第二胶结面上的作用力 p_1、p_2 后，带入套管、水泥环、井壁围岩的应力位移公式（10–11）、式（10–13）和式（10–16）就可得到套管、水泥环、井壁围岩的三向应力和位移。结合应力失效判断准则，就可判断不同作业工况套管内部压力变化下，套管、水泥环是否发生应力破坏。

式（10–14）中，p_4 表示远地层应力，在工程上通常可以采用岩心实验测量、测井资料解释以及水力压裂资料求取等方法获得，如果无上述资料，则可以用下面的方法粗略估计。

（4）水平主地应力的确定。

水平主地应力的大小随地层性质变化，它主要来源于上覆岩层压力和构造运动产生的构造力，计算公式如下：

$$\begin{cases}\sigma_{\mathrm{H}}=\left(\dfrac{\mu}{1-\mu}+\beta_{\mathrm{H}}\right)\left(\sigma_{\mathrm{v}}-\alpha p_{\mathrm{p}}\right)+\alpha p_{\mathrm{p}}\\ \sigma_{\mathrm{h}}=\left(\dfrac{\mu}{1-\mu}+\beta_{\mathrm{h}}\right)\left(\sigma_{\mathrm{v}}-\alpha p_{\mathrm{p}}\right)+\alpha p_{\mathrm{p}}\end{cases} \tag{10–15}$$

式中　σ_{H}、σ_{h}——最大水平主地应力、最小水平主地应力；

μ——地层岩石的泊松比；

β_{H}、β_{h}——最大水平主地应力方向的地层构造应力系数、最小水平主地应力方向的地层构造应力系数；

σ_{v}——垂向应力，等于上覆岩层压力；

α——Biot 系数，也称有效应力贡献系数；

p_{p}——地层孔隙压力。

式（10–17）很多参数要获得，才能得到地应力。粗略估计地应力的情况，不考虑地层构造应力的作用以及孔隙压力的应力贡献，认为水平地应力只有上覆岩层压力产生，取 β_{H}、β_{h}、α 为 0，式（10–15）可以简化为：

$$\sigma_{\mathrm{H}}=\sigma_{\mathrm{h}}=\frac{\mu}{1-\mu}\sigma_{\mathrm{v}} \tag{10–16}$$

$$\sigma_{\mathrm{v}}=\int_{0}^{H}\rho(z)g\mathrm{d}z \tag{10–17}$$

式中　H——井深；

$\rho(z)$——地层岩石的密度，随井深发生变化；

g——重力加速度。

根据弹性力学与热应力理论，其本构方程为：

$$\begin{cases}\varepsilon_r=\dfrac{1}{E}\left[\sigma_r-\mu\left(\sigma_\theta+\sigma_z\right)\right]+\alpha T(r)\\ \varepsilon_\theta=\dfrac{1}{E}\left[\sigma_\theta-\mu\left(\sigma_r+\sigma_z\right)\right]+\alpha T(r)\\ \varepsilon_z=\dfrac{1}{E}\left[\sigma_z-\mu\left(\sigma_\theta+\sigma_r\right)\right]+\alpha T(r)\end{cases} \tag{10–18}$$

利用几何关系$\varepsilon_r=\dfrac{\mathrm{d}U}{\mathrm{d}r}$，$\varepsilon_\theta=\dfrac{U}{r}$，由平衡方程得：

$$\frac{\mathrm{d}^2U}{\mathrm{d}r^2}+\frac{1}{r}\frac{\mathrm{d}U}{\mathrm{d}r}-\frac{U}{r^2}=\alpha\frac{(1+\mu)\mathrm{d}T(r)}{(1-\mu)\mathrm{d}r} \tag{10-19}$$

其中：

$$T(r)=T_\mathrm{r}(z,\ r,\ t)-T_\mathrm{r}(z,\ r,\ 0)$$

式中　$T_\mathrm{r}(z,\ r,\ 0)$——作业前介质的温度；

$T_\mathrm{r}(z,\ r,\ t)$——作业后介质的温度；

α——介质热膨胀系数；

U——热位移；

r——离井眼中心距离。

求解式（10–19），得到套管、水泥环和井壁围岩热位移和热应力通解为：

$$U=\frac{(1+\mu)\alpha}{(1-\mu)r}\int_{r_1}^{r}T(r)r\mathrm{d}r+C_1r+\frac{C_2}{r} \tag{10-20}$$

$$\sigma_r=\frac{-\alpha E}{(1-\mu)r^2}\int_{r_1}^{r}T(r)r\mathrm{d}r+\frac{E}{1+\mu}\left(\frac{C_1}{1-2\mu}-\frac{C_2}{r^2}\right) \tag{10-21}$$

$$\sigma_\theta=\frac{\alpha E}{(1-\mu)}\left[\frac{1}{r^2}\int_{r_1}^{r}T(r)r\mathrm{d}r-T_\mathrm{c}\right]+\frac{E}{1+\mu}\left(\frac{C_1}{1-2\mu}+\frac{C_2}{r^2}\right) \tag{10-22}$$

$$\sigma_z=\frac{-\alpha ET(r)}{(1-\mu)}+\frac{2\mu EC_1}{(1+\mu)(1-2\mu)} \tag{10-23}$$

式中　C_1、C_2——待定系数，根据边界条件确定。

根据套管、水泥环和地层温度分布规律，认为套管温度与井内液体温度相等，套管壁厚相对较薄，不考虑径向上的温度变化，因此对于套管，$T_\mathrm{c}(r)=T_\mathrm{c}$，$T_\mathrm{c}$为套管内壁温升。设水泥环和地层的径向温度变化近似服从指数衰减规律，即$T(r)=T_\mathrm{c}\exp[-\zeta(r-r_2)]$，$\zeta$为温度衰减系数，由加热半径确定，默认值可设为1。这样，由式（10–20）至式（10–23）可得套管、水泥环和地层的热位移与热应力通解。

（1）套管的热位移与热应力（$r_1\leqslant r\leqslant r_2$）：

$$\begin{cases}U_\mathrm{c}=\dfrac{(1+\mu_\mathrm{c})a_\mathrm{c}T_\mathrm{c}}{(1-\mu_\mathrm{c})2r}\left(r^2-r_1^2\right)+C_{\mathrm{c}1}r+\dfrac{C_{\mathrm{c}2}}{r}\\ \sigma_{\mathrm{c}r}=\dfrac{-\alpha_\mathrm{c}E_\mathrm{c}T_\mathrm{c}}{2(1-\mu_\mathrm{c})}\left(1-\dfrac{r_1^2}{r^2}\right)+\dfrac{E_\mathrm{c}}{1+\mu_\mathrm{c}}\left(\dfrac{C_{\mathrm{c}1}}{1-2\mu_\mathrm{c}}-\dfrac{C_{\mathrm{c}2}}{r^2}\right)\\ \sigma_{\mathrm{c}\theta}=\dfrac{-\alpha_\mathrm{c}E_\mathrm{c}T_\mathrm{c}}{2(1-\mu_\mathrm{c})}\left(1+\dfrac{r_1^2}{r^2}\right)+\dfrac{E_\mathrm{c}}{1+\mu_\mathrm{c}}\left(\dfrac{C_{\mathrm{c}1}}{1-2\mu_\mathrm{c}}-\dfrac{C_{\mathrm{c}2}}{r^2}\right)\\ \sigma_{\mathrm{c}z}=\dfrac{-\mu_\mathrm{c}\alpha ET_\mathrm{c}}{1-\mu_\mathrm{c}}+\dfrac{2\mu_\mathrm{c}E_\mathrm{c}C_{\mathrm{c}1}}{(1+\mu_\mathrm{c})(1-2\mu_\mathrm{c})}\end{cases} \tag{10-24}$$

（2）水泥环的热位移与热应力（$r_2 \leqslant r \leqslant r_3$）：

$$
\begin{cases}
U_{\mathrm{m}} = \dfrac{-(1+\mu_{\mathrm{m}})a_{\mathrm{m}}T_{\mathrm{c}}\exp(\xi r_2)}{(1-\mu_{\mathrm{m}})\xi r}\left[\exp(-\xi r)\left(\dfrac{1}{\xi}+r\right)-\exp(-\xi r_2)\left(\dfrac{1}{\xi}+r_2\right)\right]+ \\
C_{\mathrm{m1}}r+\dfrac{C_{\mathrm{m2}}}{r} \\
\sigma_{\mathrm{m}r} = \dfrac{a_{\mathrm{m}}E_{\mathrm{m}}T_{\mathrm{c}}\exp(\xi r_2)}{(1-\mu_{\mathrm{m}})\xi r^2}\left[\exp(-\xi r)\left(\dfrac{1}{\xi}+r\right)-\exp(-\xi r_2)\left(\dfrac{1}{\xi}+r_2\right)\right]+ \\
\dfrac{E_{\mathrm{m}}}{1+\mu_{\mathrm{m}}}\left(\dfrac{C_{\mathrm{m1}}}{1-2\mu_{\mathrm{m}}}-\dfrac{C_{\mathrm{m2}}}{r^2}\right) \\
\sigma_{\mathrm{m}\theta} = \dfrac{a_{\mathrm{m}}E_{\mathrm{m}}T_{\mathrm{c}}\exp(\xi r_2)}{1-\mu_{\mathrm{m}}}\left\{\dfrac{-1}{\xi r^2}\left[\exp(-\xi r)\left(\dfrac{1}{\xi}+r\right)-\exp(-\xi r_2)\left(\dfrac{1}{\xi}+r_2\right)\right]-\exp(-\xi r)\right\}+ \\
\dfrac{E_{\mathrm{m}}}{1+\mu_{\mathrm{m}}}\left(\dfrac{C_{\mathrm{m1}}}{1-2\mu_{\mathrm{m}}}+\dfrac{C_{\mathrm{m2}}}{r^2}\right) \\
\sigma_{\mathrm{m}z} = \dfrac{-\mu_{\mathrm{m}}a_{\mathrm{m}}E_{\mathrm{m}}T_{\mathrm{c}}\exp(\xi r_2-\xi r)}{1-\mu_{\mathrm{m}}}+\dfrac{2\mu_{\mathrm{m}}E_{\mathrm{m}}C_{\mathrm{m1}}}{(1+\mu_{\mathrm{m}})(1-2\mu_{\mathrm{m}})}
\end{cases}
\tag{10–25}
$$

（3）井壁围岩的热位移与热应力（$r_3 \leqslant r \leqslant r_4$）：

$$
\begin{cases}
U_{\mathrm{f}} = \dfrac{-(1+\mu_{\mathrm{f}})a_{\mathrm{f}}T_{\mathrm{c}}\exp(\xi r_3)}{(1-\mu_{\mathrm{f}})\xi r}\left[\exp(-\xi r)\left(\dfrac{1}{\xi}+r\right)-\exp(-\xi r_3)\left(\dfrac{1}{\xi}+r_3\right)\right]+ \\
C_{\mathrm{f1}}r+\dfrac{C_{\mathrm{f2}}}{r} \\
\sigma_{\mathrm{f}r} = \dfrac{a_{\mathrm{f}}E_{\mathrm{f}}T_{\mathrm{c}}\exp(\xi r_3)}{(1-\mu_{\mathrm{f}})\xi r^2}\left[\exp(-\xi r)\left(\dfrac{1}{\xi}+r\right)-\exp(-\xi r_3)\left(\dfrac{1}{\xi}+r_3\right)\right]+ \\
\dfrac{E_{\mathrm{f}}}{1+\mu_{\mathrm{f}}}\left(\dfrac{C_{\mathrm{f1}}}{1-2\mu_{\mathrm{f}}}-\dfrac{C_{\mathrm{f2}}}{r^2}\right) \\
\sigma_{\theta\mathrm{f}} = \dfrac{a_{\mathrm{f}}E_{\mathrm{f}}T_{\mathrm{c}}\exp(\xi r_{\mathrm{m}})}{1-\mu_{\mathrm{f}}}\left\{\dfrac{-1}{\xi r^2}\left[\exp(-\xi r)\left(\dfrac{1}{\xi}+r\right)-\exp(-\xi r_3)\left(\dfrac{1}{\xi}+r_3\right)\right]-\exp(-\xi r)\right\}+ \\
\dfrac{E_{\mathrm{f}}}{1+\mu_{\mathrm{f}}}\left(\dfrac{C_{\mathrm{f1}}}{1-2\mu_{\mathrm{f}}}+\dfrac{C_{\mathrm{f2}}}{r^2}\right) \\
\sigma_{z\mathrm{f}} = \dfrac{-\mu_{\mathrm{f}}a_{\mathrm{f}}E_{\mathrm{f}}T_{\mathrm{c}}\exp(\xi r_3-\xi r)}{1-\mu_{\mathrm{f}}}+\dfrac{2\mu_{\mathrm{f}}E_{\mathrm{f}}C_{\mathrm{f1}}}{(1+\mu_{\mathrm{f}})(1-2\mu_{\mathrm{f}})}
\end{cases}
\tag{10–26}
$$

套管—水泥环—井壁围岩组合系统的边界条件为：

$$\sigma_{cr}|_{r=r1}=0，\sigma_{fr}|_{r\to\infty}=0$$

连续条件为：

$$\sigma_{cr}|_{r=r_2}=\sigma_{mr}|_{r=r_2}，\sigma_{mr}|_{r=r_3}=\sigma_{fr}|_{r=r_3}；$$

$$U_c|_{r=r_2}=U_m|_{r=r_2}，U_m|_{r=r_3}=U_f|_{r=r_3}$$

联合式（10–24）至式（10–26）以及边界条件和连续条件，可以求解得到套管、水泥环、井壁围岩三种介质中热位移和热应力通解中的 6 个系数，表达式为：

$$C_{c1}=\frac{r_2^2C_{m1}+C_{m2}-\dfrac{a_cT_c(1+\mu_c)(r_2^2-r_1^2)}{2(1-\mu_c)}}{r_2^2+\dfrac{r_1^2}{1-2\mu_c}} \tag{10–27}$$

$$C_{c2}=\frac{r_1^2}{1-2\mu_c}C_{c1} \tag{10–28}$$

$$C_{m1}=(CE+BF)/(AE+BD) \tag{10–29}$$

$$C_{m2}=(AF-CD)/(AE+BD) \tag{10–30}$$

$$C_{f1}=0 \tag{10–31}$$

$$C_{f2}=\frac{(1+\mu_m)a_mT_c\exp(\xi r_2)}{-\xi(1-\mu_m)}\left[\exp(-\xi r_3)\left(\frac{1}{\xi}+r_3\right)-\exp(-\xi r_2)\left(\frac{1}{\xi}+r_2\right)\right]+C_{m1}r_3^2+C_{m2} \tag{10–32}$$

其中：

$$A=\frac{E_m}{(1+\mu_m)(1-2\mu_m)}\left[r_2+\frac{r_1^2}{r_2(1-2\mu_c)}\right]-\frac{E_c(r_2^2-r_1^2)}{(1+\mu_c)(1-2\mu_c)r_2}$$

$$B=\frac{E_m}{(1+\mu_m)r_2^2}\left[r_2+\frac{r_1^2}{r_2(1-2\mu_c)}\right]-\frac{E_c(1-\dfrac{r_1^2}{r_2^2})}{(1+\mu_c)(1-2\mu_c)r_2}$$

$$C=\frac{-\alpha_cE_cT_c}{2(1-\mu_c)}\left(1-\frac{r_1^2}{r_2^2}\right)\left(r^2+\frac{r^2}{1-2\mu_c}\right)$$

$$D=\left[\frac{E_m}{(1+\mu_m)(1-2\mu_m)}+\frac{E_f}{1+\mu_f}\right]r_3^2$$

$$E=\frac{E_{\mathrm{f}}}{1+\mu_{\mathrm{f}}}-\frac{E_{\mathrm{m}}}{1+\mu_{\mathrm{m}}}$$

$$F=\frac{a_{\mathrm{m}}T_{\mathrm{c}}\exp(\xi r_2)}{-\xi(1-\mu_{\mathrm{m}})}\left[\exp(-\xi r_3)\left(\frac{1}{\xi}+r_3\right)-\exp(-\xi r_2)\left(\frac{1}{\xi}+r_2\right)\right]\left[\frac{E_{\mathrm{f}}(1+\mu_{\mathrm{m}})}{1+\mu_{\mathrm{f}}}-E_{\mathrm{m}}\right]$$

将系数 C_{c1}、C_{c2}、C_{m1}、C_{m2}、C_{f1} 和 C_{f2} 的表达式带入式（10–24）至式（10–26），可求得套管、水泥环和井壁围岩的热位移和热应力分布。

内压、地应力作用与热应力作用可以直接叠加，得到温度和压力共同作用下的套管—水泥环—井壁围岩组合体的应力—应变分布情况：式（10–6）与式（10–25）叠加得到套管的应力、应变；式（10–8）与式（10–25）叠加得到水泥环的应力、应变；式（10–6）与式（10–26）叠加得到井壁围岩的应力应变。

套管、水泥环和井壁围岩属于不同类别的材料，失效判断准则不同，精细的判断准则需要输入较多的材料参数。为了简便，套管、水泥环和井壁围岩统一使用第四强度理论作为失效准备，即 Von–Mises 等效应力判断准则。

材料在复杂应力的等效应力为：

$$\sigma_{\mathrm{i}}=\frac{1}{\sqrt{2}}\sqrt{(\sigma_\theta-\sigma_z)^2+(\sigma_z-\sigma_r)^2+(\sigma_r-\sigma_\theta)^2} \tag{10–33}$$

以等效应力同材料的单轴抗压强度进行比较，如果等效应力大于抗压强度，则材料失效。

利用水泥环力学完整性模型，计算水泥石弹性模量分别取值为 6GPa、8GPa 和 10GPa，地层弹性模量分别取值为 20GPa 和 30GPa，深度分别取值为 2000m 和 4000m 时，水泥环的径向应力、周向应力以及轴向应力。

（1）水泥石弹性模量为 6GPa，模拟计算第一界面处水泥环应力状态随套管内压的变化规律。其中，地层弹性模量为 20GPa 时，计算结果如图 10–30 所示。

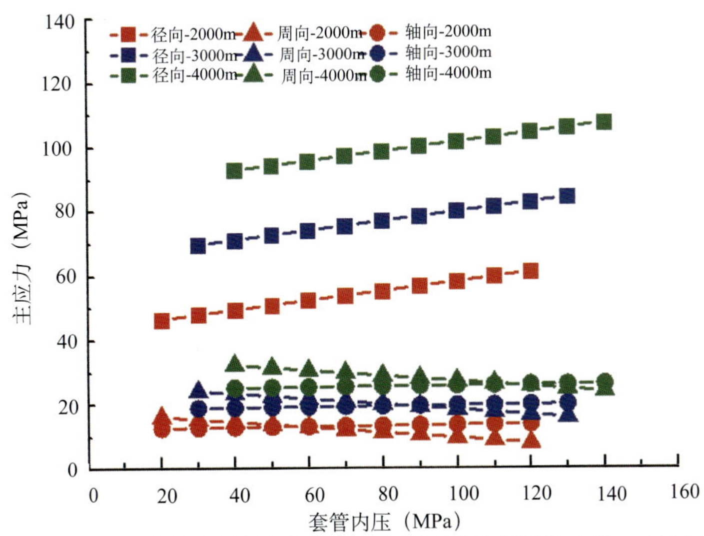

图 10–30　水泥环应力状态随套管内压的变化规律（水泥石弹性模量为 6GPa，地层弹性模量为 20GPa）

地层弹性模量为 30GPa 时，计算的第一界面处水泥环应力状态随套管内压的变化规律如图 10–31 所示。

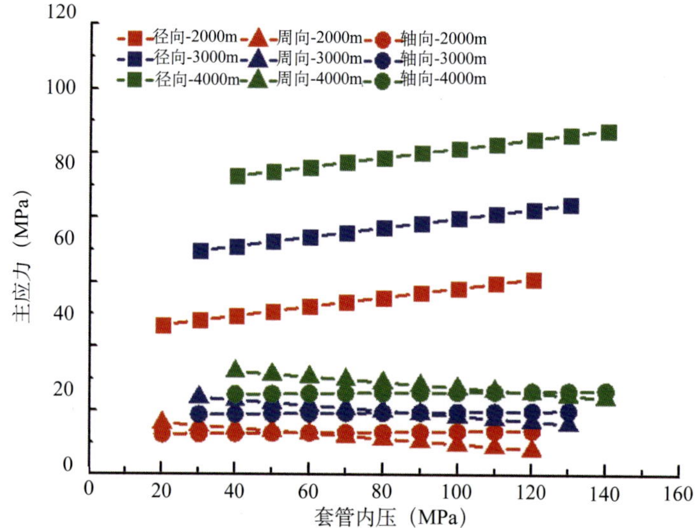

图 10–31　水泥环应力状态随套管内压的变化规律（水泥石弹性模量为 6GPa，地层弹性模量为 30GPa）

当水泥石的弹性模量为 6GPa 时，从模拟计算的应力图（图 10–30、图 10–31）对比可以看出，随着地层弹性模量的增加，水泥环的应力逐渐减小；随着地层深度的增加，水泥环各向的应力逐渐增大；随着套管内压的增加，水泥环的径向应力逐渐增大，周向应力和轴向应力逐渐减小。

（2）水泥石弹性模量为 8GPa，地层弹性模量在 20～30GPa 之间变化时，计算第一界面处水泥环应力状态随套管内压的变化规律。其中，当地层弹性模量为 20GPa 时，计算结果如图 10–32 所示。

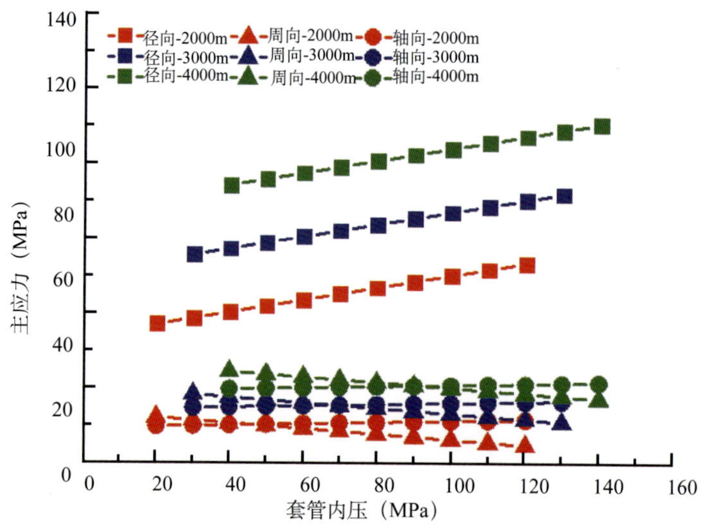

图 10–32　水泥环应力状态随套管内压的变化规律（水泥石弹性模量为 8GPa，地层弹性模量为 20GPa）

地层弹性模量为 30GPa 时，第一界面处水泥环应力状态随套管内压的变化如图 10–33 所示。

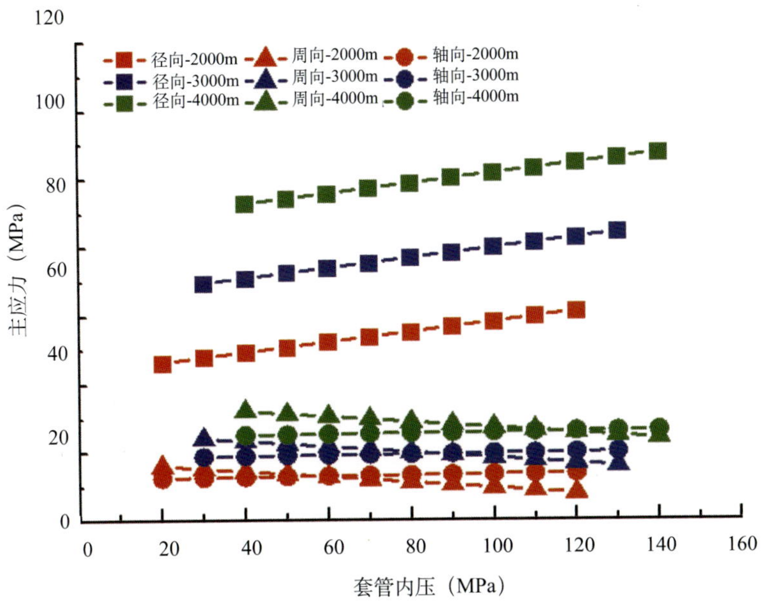

图 10–33　水泥环应力状态随套管内压的变化规律（水泥石弹性模量为 8GPa，地层弹性模量为 20GPa）

（3）水泥石弹性模量为 10GPa，地层弹性模量在 20～30GPa 之间变化时，计算第一界面处水泥环应力状态随套管内压的变化规律。地层弹性模量为 20GPa 时，结果如图 10–34 所示。

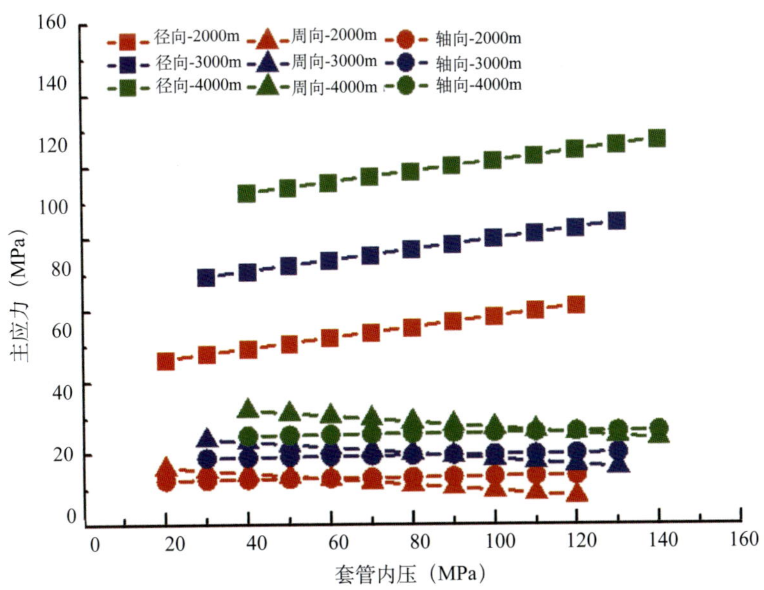

图 10–34　水泥环应力状态随套管内压的变化规律（水泥石弹性模量为 10GPa，地层弹性模量为 20GPa）

地层弹性模量为 30GPa 时，计算的第一界面处水泥环应力状态如图 10–35 所示。

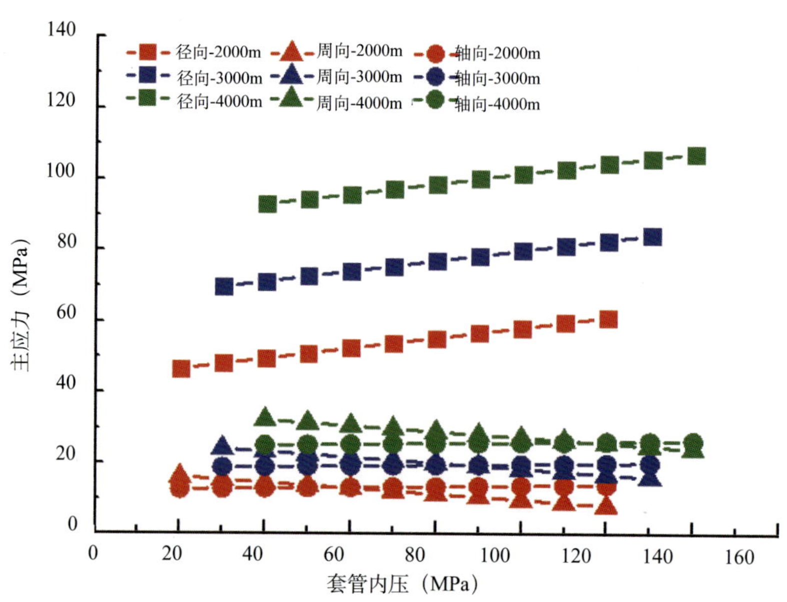

图 10–35　水泥环应力状态随套管内压的变化规律（水泥石弹性模量为 10GPa，地层弹性模量为 30GPa）

当水泥石的弹性模量逐渐增加时，从模拟计算的应力图（图 10–30 至图 10–35）对比可以看出，水泥环的各向应力逐渐增大，水泥环的弹性模量越高，对水泥环的受力越不利。随着地层弹性模量的增加，水泥环的应力逐渐减小；地层弹性模量越大，对水泥环的受力有利；随着地层深度的增加，水泥环各向的应力逐渐增大，地层越深，对水泥环的力学性能要求越高；随着套管内压的增加，水泥环的径向应力逐渐增大，周向应力和轴向应力逐渐减小。

第五节　改善水泥环密封能力技术

根据水泥环密封性失效机理，为了改善水泥环在应力作用下的密封完整性，需降低水泥环中产生的应力，减小水泥环中产生的塑性变形，避免少次交变应力作用后产生的界面拉应力超过胶结强度而出现微环隙，形成弹韧性水泥环。

一、建立以水泥石力学性能为基础的固井设计方法

地层—套管—水泥环组合体在井下由于受到不同完井作业及后期生产过程中温度、压力的影响，对水泥环的影响存在显著的差异。通过前文的分析可知，影响水泥环密封能力的主要因素为水泥石的力学特性。因此，根据室内模拟、数值计算，考虑不同压裂方式下，在焦石坝页岩气田保持水泥环完整性的水泥浆力学性能要求见表 10–5 和图 10–36。

表 10–5　焦石坝页岩气井水泥浆力学性能要求

压裂压力（MPa）	水泥石性能设计要求			
	压裂段数	弹性模量（GPa）	抗折强度（MPa）	抗压强度（MPa）
50～70	3～5	>10	>3	>30
	12～16	7～9	>3	>25
	22～32	5～7	>3	>16

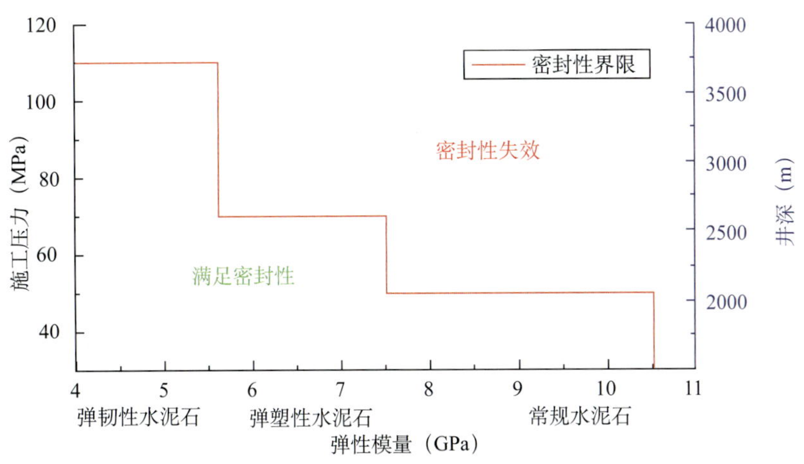

图 10–36　焦石坝区块长效密封水泥石力学性能设计

二、应用高性能弹韧性水泥浆

改善水泥石硬脆性，增加水泥石变形能力，主要方法是添加弹性材料。随着弹性材料的掺入，水泥石的抗压强度降低，且随着掺量的增加，抗压强度进一步减小。因为弹性材料是非活性物质，不会发生水化反应，与水泥水化产物黏结较弱，属于水泥石中的薄弱环节，且颗粒分布较大，远大于水泥颗粒及水化产物晶体，在弹性粒子周围存在界面过渡区，是荷载作用下产生微裂缝和微裂缝扩展的源头，所以其掺入降低了水泥石的抗压强度。

弹性材料是应力的传递介质，水泥石受荷载作用时，应力将传递到均匀分布于其间的弹性材料上，弹性粒子起到缓冲作用。可以提高水泥石的形变能力，降低其弹性模量。另外，弹性材料形成吸收应变能的结构变形中心，可吸收加荷载时的能量，提高水泥石的抗冲击破碎性能。水泥石破坏后，裂缝间有大量丝状物，为弹性颗粒被拉伸而成。水泥石受荷载前，内部含有微裂纹和孔隙，在荷载作用下，裂缝尖端受应力集中，逐渐扩展。弹性颗粒与水泥水化产物黏结良好，裂缝开展时，弹性颗粒被拉伸，连接裂缝两端，限制裂缝的开展，起到桥连作用，可相对地提高水泥石的抗拉强度、抗折强度及断裂韧性等。

采用三轴力学试验机和多功能力学试验机开展水泥石力学性能分析和评价，相比常规水泥石、常规弹性水泥石，相同载荷下，耐高温柔性水泥石变形能力提高 30% 以上，抗折强度提高 60% 以上（图 10–37、图 10–38）。

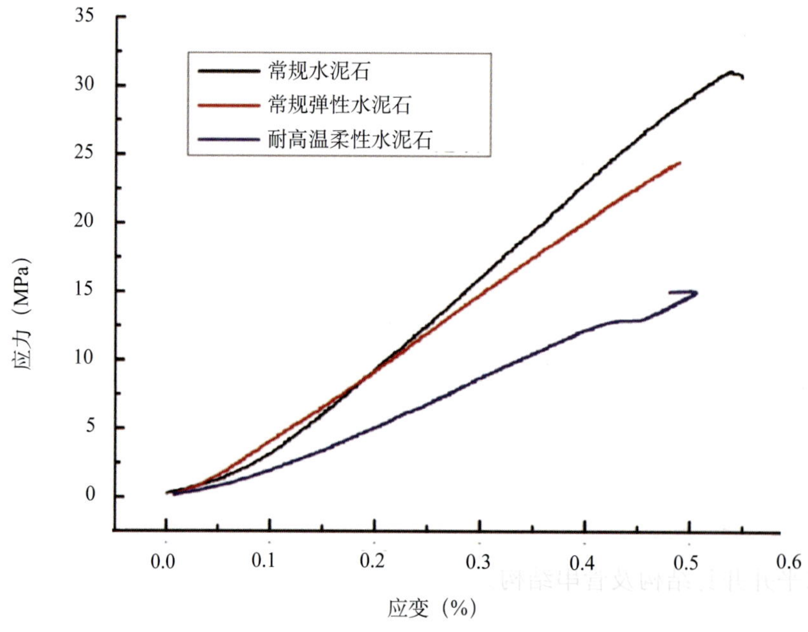

图 10–37　不同水泥石应力—应变曲线

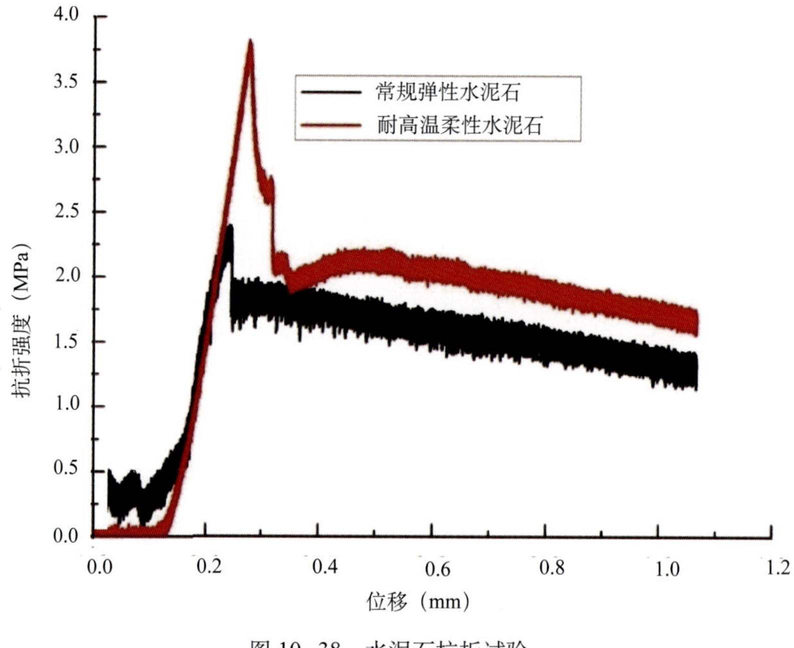

图 10–38　水泥石抗折试验

三、应用膨胀剂改善水泥石的收缩特性

水泥石的收缩和水泥石内部微观结构变化是导致水泥环密封失效的一个重要原因。因此，通过添加油井水泥膨胀剂，补偿水泥石体积收缩，特别是水泥石在水泥浆塑性阶段后期和固化阶段的收缩，保证水泥石体积稳定性，防止产生微间隙导致水泥环密封失效。同时，采用纳米乳液等封堵技术，降低水泥石渗透率，改善水泥石微观结构，是提高界面水泥石密封完整性的重要方法。

四、采用以提高顶替效率和胶结质量为中心的固井配套工艺

为了有效提高水泥环长效密封能力，除了设计合理的水泥石力学性能、优选合理的水泥浆体系外，还需要形成有效的配套固井工艺，主要包括：

（1）提高顶替效率。为了保证良好的顶替效率，加重隔离液的密度根据固井前钻井液和水泥浆的密度确定，原则是：$\rho_{钻井液}<\rho_{加重隔离液}<\rho_{领浆}$，确保三者之间具有一定的密度差，以提高顶替效率，冲洗液、隔离液要与水泥浆和钻井液相容。

（2）提高套管居中度。选择合适的扶正器后，必须保证扶正器合理的安放间距，保证套管有效的居中度，减少水泥环的非均匀性，提高固井质量，保证压裂效果。针对当前典型页岩气水平井井身结构及管串结构开展分析，按照设计井眼轨迹、井内实际管柱结构及流体特性，弹性扶正器恢复力应大于4000N，保证合理的居中度，且整体结构强度大，保证扶正器在水平段和斜井段下入过程中不至于损坏。

第六节　认识与建议

（1）导致水泥环密封性破坏的主要原因是分段压裂交变应力、多次温差变化引起的温度应力等，引起水泥环中产生较高应力，造成水泥环本体破坏和界面胶结破坏。

（2）通过水泥环密封性物理评价实验与数值模拟计算相结合，建立了水泥环密封完整性失效机理。在压力和温度变化下，水泥环中产生的应力超过水泥石的极限强度，水泥环发生结构性强度破坏，出现微裂缝；在多次交变应力、温差变化下，水泥环产生较大的塑性变形，卸压后水泥环存在残余应变，在界面处变形不协调，引起界面拉应力，当超过界面胶结强度时，出现微环隙。

（3）通过降低油井水泥石的弹性模量，增加力学变形能力，改善其脆性特征，增强弹韧性，形成高性能弹韧性水泥石，可有效提高在荷载和温差等引起的应力作用下水泥环的结构完整性。

（4）采用油井水泥膨胀剂补偿水泥石体积收缩，添加微纳米材料封堵，提高水泥石体积稳定性和水泥石致密性，可有效提高水泥环的密封完整性。

（5）提高套管居中度，增强前置液冲洗效率，提高顶替效率，采用环空加压的预应力

固井技术等一系列固井工艺综合措施，提高固井质量，增加界面胶结性能，是提高水泥环长效密封的基础和前提。

参考文献

[1] 齐奉忠，刘硕琼，袁进平 . 气井环空带压的原因分析及解决措施浅析 [A] // 第八届石油钻井院所长会议论文集 [G]. 2008.

[2] 周仕明，丁士东，马开华 . 中国石化固井技术进展 [A]//2012 年固井技术研讨会论文集 [G]. 北京：石油工业出版社，2012.

[3] 陶谦，陈星星 . 四川盆地页岩气水平井 B 环空带压原因分析与对策 [J]. 石油钻采工艺，2017，39（5）：588–593.

[4] Zhang J，Weissinger E A，Peethamparan S. Early Hydration and Setting of Oil Well Cement[J]. Cement and Concrete Research，2010，40（7）：1023–1033.

[5] Jupe A C，Wilkinson A P. Oil–well Cement and C3S Hydration under High Pressure as Seen by in Situ X–ray Difraction，Temperatures ≤ 80 ℃ with no Additives[J]. Journal of the American Ceramic Society，2011，94（5）：1591–1597.

[6] 杨振杰，李美格，郭建华，等 . 油井水泥与钢管胶结界面处微观结构研究（Ⅰ）[J]. 石油钻采工艺，2002（4）：4–6.

[7] Sabins F L，Sutton D L. Inter Relationship between Critical Cement Properties and Volume Changes during Cement Setting[J]. SPE Drilling Engineering，1991（6）：88–94.

[8] 姚晓 . 油井水泥质量检测与水泥浆性能的关系 [J]. 钻井液与完井液，1999（2）：35–41.

[9] 桑来玉 . 硅粉对水泥石强度发展影响规律 [J]. 钻井液与完井液，2004（6）：41–43.

[10] 代奎，孙超，张景富，等 . 高温下 C 级油井水泥强度的衰退及合理硅砂加量 [J]. 大庆石油学院学报，2004（5）：98–100.

[11] 蔡星，肖志兴，蔡永茂 . 井内水泥环物性变化及影响因素分析 [J]. 石油钻采工艺，2001（5）：26–29.

[12] Gouedard V B，Rimmele G，Porcherie O. A Solution against Well Cement Degradation under CO_2 Geological Storage Environment [J]. International Journal of Greenhouse Gas Control，2009，3（2）：206–216.

[13] 周仕明，王立志，杨广国，等 . 高温环境下 CO_2 腐蚀水泥石规律的实验研究 [J]. 石油钻探技术，2008，36（6）：9–13.

[14] Krilov Z，Loncaric B，Miksa Z. Investigation of a LongTerm Cement Deterioration under a High – Temperature，Sour Gas Dovnhole Environment[C]. SPE 58771，2000.547–555.

[15] 郭辛阳，步玉环，沈忠厚，等 . 井下复杂温度条件对固井界面胶结强度的影响 [J]. 石油学报，2010，31（5）：834–837.

[16] Gray K E，Podnos E，Becker E. Finite–element Studies of Near–wellbore Region during Cementing Operations：Part Ⅰ [J]. SPE Drilling and Completion，2009，24（1）：127–136.

[17] Tahmourpour F，Griffith J E. Use of Finite Element Analysis to Engineer the Cement Sheath for Production Operations[J]. Journal of Canadian Petroleum Technology，2007，46（5）：10–13.

[18] 李国 . 井下工况及载荷对水泥环的影响研究［D］. 成都：西南石油大学，2006.

[19] 殷有泉，陈朝伟，李平恩 . 套管 – 水泥环 – 地层应力分布的理论解 [J]. 力学学报，2006，38（6）：835–842.

[20] Nabipour A，Joodi B，Sarmadivaleh M. Finite Element Simulation of Downhole Stresses in Deep Gas Wells Cements [C]. SPE 132156，2010.

[21] Tahmourpour F，Hashki K，Hassan H. Different Methods to Avoid Annular Pressure Buildup by Appropriate Engineered Sealant and Applying Best Practices[J]. SPE Drilling and Completion，2010，25(2)：248–252.

[22] 齐奉忠，杨成颉，刘子帅 . 提高复杂油气井固井质量技术研究——保证水泥环长期密封性的技术措施 [J]. 石油科技论坛，2013（1）：19–22.

[23] 杨志伏，孟庆元 . 膨胀水泥环空界面径向应力理论解及试验验证 [J]. 石油勘探与开发，2012，39（5）：605–677.

[24] 房军，赵怀文，岳伯谦，等 . 非均匀地应力作用下套管与水泥环的受力分析 [J]. 石油大学学报，1995，19（6）：52–57.

[25] 李军，陈勉，柳贡慧，等 . 套管、水泥环及井壁围岩组合体的弹韧性分析 [J]. 石油学报，2005，26（6）：99–103.

[26] 李军，陈勉，张辉，等 . 水泥环弹性模量对套管外挤载荷的影响分析 [J]. 石油大学学报，2005，29（6）：41–44.

[27] 姚晓 . 油井水泥纤维增韧材料的研究与应用 [J]. 西安石油大学学报（自然科学版），2005（2）：39–41.

[28] 华苏东，姚晓 . 纤粒复合型油井水泥石增韧剂的性能及机理研究 [J]. 石油天然气学报，2006（2）：88–91.

[29] 姚晓，吴叶成，樊松林 . F27A 油井水泥防漏增韧剂的研究及应用 [J]. 天然气工业，2004（6）：66–69.

[30] 步玉环，王瑞和，穆海朋 . 碳纤维改善水泥石韧性试验研究 [J]. 石油大学学报（自然科学版），2005（3）：54–56.

[31] 王文斌，马海忠，魏周胜 . 抗冲击韧性水泥浆体系室内研究 [J]. 钻井液与完井液，2004（1）：37–39.

[32] 王祥林，王允良，王立平，等 . 射孔对水泥环损伤的综合试验研究 [J]. 地震工程与工程振动，1994（1）：89–99.

[33] 罗长吉，王允良 . 固井水泥环界面胶结强度实验研究 [J]. 石油钻采工艺，1993（3）：47–51.

[34] 杨振杰，Astou Gawane，杨强，等 . 固井水泥环微间隙与微裂缝的模拟试验方法 [J]. 天然气工业，2015，35（9）：1–6.

[35] 辜涛，李明，魏周胜，等 . 页岩气水平井固井技术研究进展 [J]. 钻井液与完井液，2013，30（4）：75–80.

附录一　高德利教授指导研究生学位论文一览表

指导培养博士研究生一览表

序号	博士生姓名	毕业或论文通过答辩时间	博士学位论文题目	指导教师
1	李　鑫	2018.06	大位移水平井裸眼延伸极限预测和控制技术基础研究	高德利
2	秦　星	2018.06	页岩气水平井连续管作业力学行为研究	高德利
3	王志月	2018.06	页岩气丛式水平井井眼轨道优化设计理论和方法研究	高德利
4	陈亮帆	2018.06	水平井牵引器设计与控制技术研究	高德利
5	陈绪跃	2017.06	水平井射流磨钻头提速机理及优化设计研究	高德利
6	黄文君	2016.06	旋转钻井机械延伸极限研究	高德利
7	尹　飞	2016.06	复杂工况定向井筒力学分析与完整性评价研究	高德利
8	王宴滨	2016.06	深水导管和隔水管安装过程力学行为研究	高德利
9	胡　亮	2015.06	连续管钻井导向控制技术研究	高德利
10	席宝滨	2015.06	U 形井水平对接技术基础研究	高德利
11	朱　昱	2015.06	井下电磁信号源及其磁场分布规律研究	高德利
12	吴志永	2015.06	丛式井随钻电磁防碰系统设计研究	高德利
13	黄洪春	2015.06	三高气田钻完井管柱安全设计方法研究	沈忠厚 高德利
14	尤西夫	2015.06	底部钻具组合有限元模拟分析	高德利
15	许朝辉	2014.09	微小井眼侧钻开窗工具与控制方法研究	高德利
16	李　翠	2014.06	救援井与事故井连通探测方法研究	高德利
17	郭宗禄	2014.06	微小井眼 CT 钻井导向钻具组合分析	高德利
18	孙腾飞	2013.09	水平井钻井轨迹设计与控制一体化方法	高德利
19	侯学军	2013.06	微小井眼 CT 滑动钻井牵引器及其牵引机理研究	沈忠厚 高德利
20	范永涛	2013.06	BHA 模拟实验及深井破岩数模分析	高德利
21	仉洪云	2013.06	气体钻井低温效应研究	高德利 郭柏云
22	刁斌斌	2012.06	邻井距离随钻电磁探测与扫描监测计算方法研究	高德利
23	宋生印	2012.06	连续管力学行为及疲劳寿命研究	高德利
24	钱　锋	2012.06	深水套管柱载荷分析与设计方法研究	高德利

续表

序号	博士生姓名	毕业或论文通过答辩时间	博士学位论文题目	指导教师
25	孙连忠	2012.06	复杂结构井管柱摩阻磨损预测与控制方法研究	高德利
26	郑德帅	2011.06	易斜地层三维钻速方程及井斜控制研究	高德利
27	张　炜	2010.06	深水钻井隔水管漂浮减重技术基础研究	高德利
28	赵增新	2010.06	酸性气井套管柱安全性评估方法研究	高德利
29	张　辉	2010.06	深水导管设计与安装力学行为研究	高德利
30	代大良	2010.06	肯吉亚克油田难钻地层可钻性评价与技术对策研究	高德利
31	李　飞	2009.12	石油钻具管理系统及其应用研究	高德利
32	王德桂	2008.06	底部钻具动态特性和磁特性的测量研究	高德利
33	刘宝林	2008.12	Sialon–SiC 复相陶瓷制备方法及其耐磨损性能研究	高德利
34	郑传奎	2007.06	复杂油气井套管荷载及强度特性研究	高德利
35	丁士东	2006.12	脉冲振动固井机理研究	高德利
36	秦永和	2006.12	滩海大位移井延伸极限预测方法研究	高德利
37	鲜保安	2006.06	煤层气田多分支井优化设计研究	高德利
38	张　辉	2006.06	地层可钻性评价与 PDC 钻头合理使用方法研究	高德利
39	高宝奎	2006.06	高温井筒结构完整性早期破坏机理研究	高德利
40	付胜利	2005.09	膨胀管塑性大变形分析及膨胀工具设计研究	高德利
41	潘起峰	2005.09	山前高陡构造自然造斜规律研究	高德利
42	周英操	2005.06	欠平衡钻井压力控制理论与技术研究	高德利
43	严泽生	2005.06	高抗挤套管设计及其应用理论研究	高德利
44	李天太	2005.06	地层岩石力学特性参数随钻评价方法及其应用研究	高德利
45	易先中	2004.06	井下导向钻井系统的动力机构研究	高德利
46	王兆会	2004.12	准噶尔西北缘热采井套管损坏机理及控制技术研究	高德利
47	宋执武	2002.12	高效防斜钻具组合理论研究	高德利
48	薛亚东	2001.06	地层可钻性及其各向异性的综合智能评测方法	高德利
49	王同良	2000.06	石油钻井科技发展规划与科技进步评价研究	高德利
50	覃成锦	2000.12	油气井套管柱载荷分析及优化设计研究	徐秉业 高德利
51	董本京	1999.06	测量系统误差校正及平差法确定井眼轨迹	高德利
52	刘凤梧	1999.12	受圆管约束管柱的后屈曲行为研究	徐秉业 高德利
53	詹俊峰	1997.06	地层钻井特性反演理论及其应用研究	刘希圣 高德利

指导培养硕士研究生一览表

序号	硕士生姓名	毕业时间	硕士学位论文题目
1	付　兴	2018.06	压缩空气储能腔体稳定性数值模拟
2	张佳伟	2018.06	下部钻具组合横向振动随钻监测与参数优化研究
3	杨元超	2018.06	水平井下套管受力分析与控制技术研究
4	魏　征	2018.06	脉冲内磨钻头设计研究
5	方浩舟	2018.06	山区页岩气大位移水平井管柱摩阻扭矩分析研究
6	吴　强	2018.06	番禺油田单级双封固井技术应用研究
7	高海洋	2017.06	受水平井眼约束管柱的屈曲行为模拟实验
8	张　璀	2017.06	射流磨钻头水力结构优化设计研究
9	周博涛	2017.06	致密砂岩气水平井井身结构优化设计研究
10	邢　星	2017.06	乍得工厂化钻井轨迹设计控制研究
11	乔智国	2017.06	塔河油田复杂工况井筒完整性分析研究
12	靳鹏菠	2017.12	冀东南堡 1−3 人工岛大斜度井固井技术应用研究
13	陈鹏举	2016.06	页岩气水平井套管柱下入摩阻分析与控制技术研究
14	王　涛	2016.06	延长页岩气小井眼水平井钻井设计控制研究
15	谢福龙	2016.06	卡塔尔 BC 区块复合钻井工艺研究
16	杨国权	2016.06	水平井陀螺测斜误差分析研究
17	赵　静	2016.06	YT25−1S 油田大位移井岩屑床清除器优化研究
18	张　勇	2016.06	水平井电缆牵引器的机械设计研究
19	贾立新	2015.06	大斜度井岩屑床防治方法实验研究
20	刘怀亮	2015.06	酸性气井套管柱寿命预测方法研究
21	任　锐	2015.06	套管振动特性分析与实验研究
22	王小文	2015.06	伊拉克米桑油田小井眼提速设计控制研究
23	吴振华	2015.06	ICD 在 CFD 油田水平井完井中的适用性研究
24	相　华	2015.06	海上大位移井管柱摩阻 / 扭矩分析
25	姚梦彪	2015.06	深水钻井隔水管安装过程变形分析
26	葛俊瑞	2015.06	海上深井高温高压地层安全高效钻井技术研究
27	罗　欢	2015.06	双水平井技术在稠油油藏开采中的应用研究
28	王　鹏	2015.06	SAGD 双水平井轨迹控制工艺与标准化研究
29	曹　川	2015.12	水下井口装置下入工具设计研究
30	初　纬	2014.06	水泥环密封完整性评价研究
31	弗雷德	2014.08	水平井井眼轨迹三维可视化研究
32	梁奇敏	2014.06	盐膏地层定向钻井工艺研究
33	乔　宁	2014.09	连续管卷绕段钻井液流动压耗数值分析研究

续表

序号	硕士生姓名	毕业时间	硕士学位论文题目
34	童泽亮	2014.06	SAGD 双水平井定向钻井工艺研究
35	谢　于	2014.06	水平钻井中钻柱模态及粘滑振动分析
36	董　浩	2014.06	海外 I 国 A 油田复杂地层岩石可钻性研究及钻头优选
37	楚广川	2013.12	用于下套管的飘浮碱阻器设计研究
38	曹　萌	2013.06	深水救援井井身剖面设计与压井研究
39	东　振	2013.06	三维钻井轨迹仿真计算研究
40	唐鸣宇	2013.06	不同曲率下水平井管柱力学分析与优化设计
41	杨建旭	2013.06	无隔水管深水管柱静力分析与优化设计
42	郑会锴	2013.06	酸性气井井筒完整性影响因素与设计方法
43	胡旭辉	2013.06	泥页岩微裂缝封堵模拟实验与评价
44	李立政	2013.06	元坝地区超深水平井导向钻具组合分析研究
45	郭晓霞	2012.12	深水钻井井喷风险评估研究
46	牛成成	2012.06	复杂结构井套管柱的摩阻预测及扶正器位置优化
47	曹建山	2012.06	复杂结构井邻井距离扫描计算方法研究
48	张宗仁	2012.06	水平井可差速电缆牵引器的设计研究
49	薛小刚	2011.12	不同条件下 API 套管螺纹接头密封性能的实验研究
50	于　洋	2011.12	紧密堆积优化固井水泥浆技术研究
51	刘伟	2011.12	川西须二气藏水平井井身结构及套管的设计研究
52	李建超	2011.06	深水管柱受力状态分析与实验方法研究
53	宫吉泽	2011.06	底部钻具组合三维分析系统研究
54	黄合锋	2011.06	多分支井井眼轨道优化设计与可视化研究
55	李　凯	2011.06	可伸缩式稳定器与井斜控制研究
56	李凯贤	2011.06	深水钻井工程设计系统研究
57	刘　涛	2011.06	深水钻井浅层水流的预测与控制方法
58	王　剑	2011.06	水平井管柱后屈曲特性及锁死条件模拟实验研究
59	吴艳新	2011.06	深水钻柱扭转振动特性研究
60	李长伟	2010.12	大位移水平井管柱摩阻数值分析
61	冯国军	2010.12	多分支井钻完井技术在新疆油田的应用研究
62	田群山	2010.12	玉门油田酒东区块盐层固井技术研究
63	崔云海	2010.12	江汉油田定向井井眼曲率控制分析及案例
64	薛改珍	2010.12	华北油田水平井轨迹设计与控制一体化技术应用研究
65	孙仁权	2010.06	深水喷射导管下入工艺模拟试验研究
66	闫永维	2010.06	随钻井眼轨迹电磁引导技术研究

续表

序号	硕士生姓名	毕业时间	硕士学位论文题目
67	孔祥吉	2010.06	扩眼稳定器与井壁相互作用受力状态数值模拟研究
68	马万俊	2010.06	钻井隔水管动力学特性分析
69	王　欢	2010.06	三维井眼轨迹测斜计算与可视化研究
70	周志峰	2010.06	含缺陷套管的抗挤强度评估方法研究
71	邱光源	2009.11	海洋大位移多分支井钻完井工艺分析
72	陈耀华	2009.06	连续管整体受力分析研究
73	段明星	2009.06	欠平衡钻井条件下地层造斜特性研究
74	郝志伟	2009.06	大位移井钻井技术风险分析研究
75	于　洋	2009.06	煤层气多分支井井身结构优化设计
76	余　龙	2009.06	水平井修井工艺技术研究
77	杨冬滨	2008.12	有落物套损井报废技术研究
78	张志迅	2008.12	大修井井控配套技术研究
79	褚道余	2008.09	东海天外天气田丛式井钻井轨迹控制研究
80	刘　伟	2008.12	空气钻井安全控制现场应用技术研究
81	艾教银	2008.06	大庆油田套损井挖潜开窗侧钻水平井技术
82	高　峰	2008.06	大港油田水平井保护油层钻完井液技术应用研究
83	刘　明	2008.06	强抑制性硅酸盐钻井液应用研究
84	万福财	2008.06	克拉玛依油田钻具失效案例分析
85	王尨强	2007.12	预防钻具失效的现场技术措施
86	伊　明	2007.12	水平井欠平衡钻井注气工艺及及井眼轨迹控制研究
87	陈玉平	2007.06	大位移井钻井设备配套能力研究
88	刘万寿	2007.06	易斜地层防斜打快钻压优化控制研究
89	夏忠跃	2007.06	大位移井钻柱优化设计研究
90	袁　楠	2007.06	大位移井减阻工具的研制及合理使用
91	赵增新	2007.06	套管钻井完钻管柱适用性评估分析研究
92	秦强运	2007.06	红参 1 井钻井难题分析与技术对策研究
93	高大勇	2007.06	徐家围子地区深井钻井提速潜力与措施分析
94	张显军	2007.06	大庆调整井预防套损的固井工艺研究
95	蔺玉水	2007.06	大港油田大位移井完井管柱下入技术研究
96	王新东	2007.06	中短半径水平井套管柱安全下入技术及相关工具的研制
97	徐志谦	2007.09	套管特殊扣接头的研究与开发
98	张传友	2007.09	套管抗挤强度的影响因素试验研究及高抗挤套管的研制
99	郭　勇	2006.12	新疆准噶尔盆地西北缘百 54 井区提高钻井速度的技术研究

续表

序号	硕士生姓名	毕业时间	硕士学位论文题目
100	刘尊文	2006.12	卡因迪克地区控制井壁失稳的钻井液技术研究
101	代伟峰	2006.06	大位移井长稳斜段导向力研究
102	马威	2006.06	套管钻井工艺设计及参数优选研究
103	孟凡继	2006.06	BHA 动态特性模拟实验研究
104	朱长龙	2006.06	深水钻井及隔水管载荷分析研究
105	许永康	2005.06	渤海湾连续油管钻完井技术适用性研究和摩阻预测分析
106	范培焰	2005.12	定向穿越轨迹设计与控制技术研究
107	景英华	2005.12	新疆东湾 1 井防斜与打快技术应用研究
108	杨　进	2005.12	长庆气田空气钻井优化设计及安全控制研究
109	张　科	2005.12	提高老君庙油田调整井固井质量的研究
110	兰洪波	2005.06	5–7 / 8 英寸钻杆螺纹连接及其强度分析
111	莫日和	2005.06	新疆八区防打斜打快技术研究与应用
112	王　宁	2005.09	旋转导向钻井系统分析研究
113	张秀红	2005.09	东濮凹陷盐岩蠕变数值分析研究
114	明传中	2004.06	塔里木钻具失效检测与分析
115	贾建贞	2004.06	钻具现场检测与分析研究
116	柳　建	2004.06	准噶尔盆地高压油气井固井技术研究
117	黄小仪	2004.06	富县探区地层抗钻特性及钻头选型研究
118	陈翔宇	2003.06	斜井测试管柱力学分析与实验
119	哈　里	2003.06	用随钻地震资料和神经网络预测地层孔隙压力
120	田友仁	2003.06	大庆油田套损井裸眼侧钻修井技术
121	王福和	2003.06	大庆油田井漏控制技术研究
122	许晶禹	2003.06	大庆油田粘弹性流体对杆管偏磨的影响
123	丁士东	2003.06	新疆雅克拉气田防气窜固井技术
124	鲜保安	2002.06	煤层气裸眼洞穴完井技术研究
125	吴村章	2002.06	取心钻头与地层相互作用及其对井斜控制的影响
126	叶金胜	2002.12	水平井滤砂管打捞技术研究
127	邹红华	2002.06	斜直井管柱屈曲的研究
128	王眉山	2001.06	高效防斜打直技术及现场试验研究
129	张志鹏	2001.06	大位移井管柱摩阻摩扭预测分析研究及应用
130	周英操	2000.06	钻井模拟试验装置的研究
131	郭建平	2000.06	长庆油田小井眼定向井底部钻具组合分析研究
132	李文武	2000.06	地层孔隙压力随钻预测技术探讨

续表

序号	硕士生姓名	毕业时间	硕士学位论文题目
133	冯光通	1999.06	油气井管柱屈曲问题的初步研究
134	张　义	1998.06	油气井管柱摩阻 / 扭矩的研究及其应用
135	金国东	1997.06	大斜度定向井套管扶正设计研究及其应用
136	李增科	1997.06	易斜地区地层造斜特性评估及高效防斜技术的初步探讨
137	杨　进	1996.06	地层孔隙压力评估新方法研究及其应用

附录二　高德利教授学术论著目录

1. Gao Deli. Modeling & Simulation in Drilling and Completion for Oil & Gas. Duluth，GA，USA：Tech Science Press，2012.
2. Gao Deli，Pan Qifeng. Evaluation Method for Anisotropic Drilling Characteristics of the Formation by Using Acoustic Wave Information. In：Acoustic Waves–From Microdevices to Helioseismology，InTech Press，Croatia，November 2011：147–170.
3. Samuel Robello，Gao Deli. Horizontal Drilling Engineering：Theory，Methods and Applications. SigmaQuadrant Publisher，Houston，USA，2013.
4. Wang Yanbin，Gao Deli，Fang Jun. Mechanical behavior analysis and testing of marine riser in deepwater drilling. In：Non–destructive Testing，InTech Press，Croatia，August 2016：15–36.
5. 高德利等著．复杂结构井优化设计与钻完井控制技术．东营：中国石油大学出版社，2011.
6. 高德利著．油气井管柱力学与工程．东营：中国石油大学出版社，2006.
7. 高德利等编著．复杂地质条件下深井超深井钻井技术．北京：石油工业出版社，2004.
8. 高德利等著．油气钻探新技术．北京：石油工业出版社，1998.
9. 高德利，刘希圣，徐秉业著．井眼轨迹控制．东营：石油大学出版社，1994.
10. 胡湘炯，高德利编著．中国现代科学全书“石油与天然气工程学”：油气井工程．北京：中国石化出版社，2003.
11. 中国石油学会编著（高德利主编）．2007—2008 石油与天燃气工程学科发展报告．北京：中国科学技术出版社，2008.
12. 高德利，杨慧珠，赵文智，刁顺主编．面向二十一世纪的能源科技 // 中国科协第 21 次“青年科学家论坛”文集．北京：石油工业出版社，1997.
13. 高德利，张玉卓，王家祥主编．地下钻掘采工程不稳定理论与控制技术 // 中国科协第 46 次“青年科学家论坛”报告文集．北京：中国科学技术出版社，1999.
14. 高德利主编．石油石化科技领域青年研究进展 // 中国石油学会第五届青年学术年会论文集．东营：中国石油大学出版社，2008.
15. 中国科协编（高德利主编）．资源环境科学与可持续发展技术 // 中国科协第三届青年学术年会论文集．北京：中国科学技术出版社，1998.
16. 高德利主编．油气钻井工程力学进展．东营：石油大学出版社，1996.
17. 高德利．大型丛式水平井工程与山区页岩气高效开发模式．天然气工业，2018，38（8）：1–7.
18. Huang Wenjun，Gao Deli，Liu Yinghua. Buckling Analysis of Tubular Strings with Connectors Constrained in Vertical and Inclined Wellbores. SPE Journal，2018，23（2）：301–327.

19. Chen Xuyue, Gao Deli. The Maximum–Allowable Well Depth While Performing Ultra–Extended–Reach Drilling from Shallow Water to Deepwater Target. SPE Journal, 2018, 23(1): 224–236.

20. Liu Kui, Gao Deli, Arash Dahi Taleghani. Analysis on integrity of cement sheath in the vertical section of wells during hydraulic fracturing. Journal of Petroleum Science and Engineering, 2018, 168: 370–379.

21. Wang Z, Gao D L, Fang J. Numerical Simulation of RF Heating Heavy Oil Reservoir Based on the Coupling between Electromagnetic and Temperature Field. Fuel, 2018, 220: 14–24.

22. Huang Wenjun, Gao Deli, Liu Yinghua. Mechanical Model and Optimal Design Method of Tubular Strings with Connectors Constrained in Extended–reach and Horizontal Wells. Journal of Petroleum Science and Engineering, 2018, 166: 948–961.

23. Liu Y S, Gao D L, Wei Z, Balachandran Balakumar, et al. A new solution to enhance cuttings transport in mining drilling by using pulse jet mill technique. Sci China Tech Sci, 2018, 48, https: //doi.org/10.1007/s11431–017–9260–y.

24. Huang Wenjun, Gao Deli, Liu Yinghua. A Study of Mechanical Extending Limits for Three–section Directional Wells. Journal of Natural Gas Science and Engineering, 2018, 54: 163–174.

25. Chen Xuyue, Gao Deli, Yang Jin, Luo Ming, Feng Yongcun, Li Xin. A Comprehensive Wellbore Stability Model Considering Poroelastic and Thermal Effects for Inclined Wellbores in Deepwater Drilling. Journal of Energy Resources Technology, 2018, 140: 092903.

26. Qin Xing, Gao Deli. Dynamic Analysis on Releasing Process of Helically Buckled Coiled Tubing while Milling Plugs. Journal of Energy Resources Technology, 2018, 140: 092902.

27. Tan L C, Gao D L. Casing Wear Prediction Model Based on Casing Ellipticity in Oil & Gas Well–drilling with Complex Structures. Journal of Applied Mechanics, 2018, 85 (10): 101005.

28. Tan L C, Gao D L, Zhou J H. A Prediction Model of Casing Wear in Extended–reach Drilling with Buckled Drillstring. Journal of Applied Mechanics, 2018, 85 (2): 021001.

29. Tan L C, Gao D L, Zhou J H. Casing Wear Prediction with Considering Initial Internal Casing Eccentricity. Arabian Journal for Science & Engineering, 2018, 43 (5), 2593–2603.

30. Chen Xuyue , Yang Jin, Gao Deli , Feng Yongcun, Li Yanjun, Luo Ming . The Maximum–AllowableWell Depth While Drilling of Extended–Reach Wells Targeting to Offshore Depleted Reservoirs. Energies, 26 April 2018.

31. Liu Kui, Gao Deli, Arash Dahi Taleghani. Integrity Failure of Cement Sheath Owing to

Hydraulic Fracturing and Casing Off–Center in Horizontal Shale Gas Wells. SPE–191196–MS，presentation at the SPE Trinidad and Tobago Section Energy Resources Conference held in Port of Spain，Trinidad and Tobago，25–26 June 2018.

32. Wang Zhiyue，Gao Deli，Liu Jianjun，Hu Degao. What is the Optimal Trajectory of Sidetrack Horizontal Well for Bypassing Obstacles in Cluster Wells ? SPE–KSA–285–MS，presentation at the SPE Kingdom of Saudi Arabia Annual Technical Symposium and Exhibition held in Dammam，Saudi Arabia，23–26 April 2018.
33. Li Xin，Gao Deli，Hu Degao，Zheng Youheng，Liao Rugang. Feasibility Study of 3000m Horizontal Section of Jiaoye 2–5HF Horizontal Extended–reach Well in Fuling Shale Gas, China. SPE–KSA–621–MS，presentation at the SPE Kingdom of Saudi Arabia Annual Technical Symposium and Exhibition held in Dammam，Saudi Arabia，23–26 April 2018.
34. Liu Kui，Gao Deli，Zeng Jing，Wang Zhengxu. Change of External Loads on Casing Due to Plastic Deformation of Formation Rock. ARMA18–324，presentation at the 52nd U. S. Rock Mechanics/Geomechanics Symposium held in Seattle，Washington，USA，17–20 June 2018.
35. Li Xin，Gao Deli，Zhang Hui. The Maximum Measured Depth of Extended–Reach Well Based on Mud Weight Window for Different Drilling Operating Conditions in Horizontal Drilling. ARMA18–846，presentation at the 52nd U.S. Rock Mechanics/Geomechanics Symposium held in Seattle，Washington，USA，17–20 June 2018.
36. Li Wenlong，Gao Deli，Yang Jin. A Model of Open–hole Extended–reach Limit of Wells in Hydrate–Bearing Sediments of Permafrost Regions. ARMA18–175，presentation at the 52nd U.S. Rock Mechanics/Geomechanics Symposium held in Seattle，Washington，USA，17–20 June 2018.
37. Zeng Jing，Gao Deli，Wang Yanbin，et al. Research on the effect of casing deformation on sustained casing pressure. ARMA18–304，presentation at the 52nd U.S. Rock Mechanics/Geomechanics Symposium held in Seattle，Washington，USA，17–20 June 2018.
38. Liu Kui，Gao Deli，Wang Yanbin，et al. Study on Cement Sheath Integrity in Horizontal Wells during Hydraulic Fracturing Process. ARMA18–1267，presentation at the 52nd U.S. Rock Mechanics/Geomechanics Symposium held in Seattle，Washington，USA，17–20 June 2018.
39. Tan Leichuan，Li Ningjing，Gao Deli，et al. Coalbed Methane Development in Liulin Block，Ordos Basin：A Study on the Complexity of Fracture Morphology in High–rank Coal Rock Fracturing. ARMA18–12，presentation at the 52nd U.S. Rock Mechanics/Geomechanics Symposium held in Seattle，Washington，USA，17–20 June 2018.

40. Tan Leichuan，Li Ningjing，Gao Deli，et al. Experimental and Numerical 3D Analysis of Hydraulic Fracturing in Shaly Unconsolidated Sandstone Reservoir. ARMA18−140，presentation at the 52nd U.S. Rock Mechanics/Geomechanics Symposium held in Seattle，Washington，USA，17–20 June 2018.
41. Tong Shaokai，Gao Deli，Chen Xuyue，Gu Yue，Wang Zhiyue. Study on mechaniam of carrying sands flow based on double helix tubibg string and its application in Changqing oilfield. ARMA18−382，presentation at the 52nd U.S. Rock Mechanics/Geomechanics Symposium held in Seattle，Washington，USA，17–20 June 2018.
42. Tong Shaokai，Gao Deli，Chen Xuyue，Gu Yue，Feng Yongcun. Mechanical Mechanism of hydraulic pressure vibration method for increasing production. ARMA18−377，presentation at the 52nd U.S. Rock Mechanics/Geomechanics Symposium held in Seattle，Washington，USA，17–20 June 2018.
43. 王志月，高德利，刁斌斌，胡德高 . 考虑“井工厂”学习效应的平台位置优化方法 . 天然气工业，2018，38（1）：102−107.
44. 仝少凯，高德利 . 水力压力波动注入压裂增产工艺的力学原理 . 石油钻采工艺，2018，40（2）：265−274.
45. 仝少凯，高德利 . 双螺旋管柱提高水平井井筒携砂能力机理研究 . 西安石油大学学报（自然科学版），2018，33（3）：98−106.
46. 仝少凯，高德利 . 基于阿基米德双螺线原理的水利喷射压裂技术 . 石油钻探技术，2018，46（1）：90−96.
47. Li X，Gao D，Chen X. A Comprehensive Prediction Model of Hydraulic Extended−Reach Limit Considering the Allowable Range of Drilling Fluid Flow Rate in Horizontal Drilling. Scientific Reports，2017，7（1）：3083.
48. Huang Wenjun，Gao Deli，Liu Yinghua. Prediction Model of Mechanical Extending Limits in Horizontal Drilling and Design Methods of Tubular Strings to Improve Limits. Mathematical Problems in Engineering，Published 24 May 2017，Article ID 2968231.
49. Chen Pengju，Gao Deli，Wang Zhaohui，Huang Wenjun. Study on aggressively Working Casing String in Extended−reach Well. Journal of Petroleum Science and Engineering，2017，157：604–616.
50. Huang Wenjun，Gao Deli，Liu Yinghua. Inter−helical and Intra−helical Buckling Analyses of Tubular Strings with Connectors in Horizontal Wellbores. Journal of Petroleum Science and Engineering，2017，152：182–192.
51. Qin Xing，Gao Deli，Chen Xuyue. Effects of Initial Curvature on Coiled Tubing Buckling Behavior and Axial Load Transfer in a Horizontal Well. Journal of Petroleum Science and

Engineering，2017，150：191–202.

52. Li Xin，Gao Deli，Zhou Yingcao，Zhang Hui，Yang Yuanchao. Study on the Prediction Model of the Open–hole Extended–reach Limit in Horizontal Drilling Considering the Effects of Cuttings. Journal of Natural Gas Science and Engineering，2017，40：159–167.
53. Liu Yongsheng，Gao Deli. A Nonlinear Dynamic Model for Characterizing Downhole Motions of Drill–string in a Deviated Well. Journal of Natural Gas Science and Engineering，2017，38：466–474.
54. Liu Kui，Gao Deli，Wang Yanbin，Yang Yuanchao. Effect of Local Loads on Shale Gas Well Integrity during Hydraulic Fracturing Process. Journal of Natural Gas Science and Engineering，2017，37：291–302.
55. Chen Liangfan，Gao Deli，Sun Tengfei. Characteristics of Process of Surmounting Obstacles by Downhole Tractors in Horizontal Shafts. Chemistry and Technology of Fuels and Oils，2017，53（4）：569–578.
56. Dong X L，Zhang G. Q.，Gao D L，Duan Z Y. Toughness–Dominated Hydraulic Fracture in Permeable Rocks. Journal of Applied Mechanics，2017，84（7）：071001.
57. Gao Yue，Liu Zhanli，Zhuang Zhuo，Gao Deli，Hwang Keh–Chih. Cylindrical Borehole Failure in a transversely Isotropic Poroelastic Medium. Journal of Applied Mechanics，2017，84（11）：111008.
58. Li X，Gao D，et al. Study on the Drilling Fluid Flow Rate Allowable Range in Offshore Drilling Considering the Extended–reach Limit. SPE 188435，SPE Abu Dhabi International Petroleum Exhibition & Conference，Abu Dhabi，UAE，13–16 November 2017.
59. Li X，Gao D，et al. World Drilling Limit Envelope：Why it Shows an Irregular Triangle？. SPE 188622，SPE Abu Dhabi International Petroleum Exhibition & Conference，Abu Dhabi，UAE，13–16 November 2017.
60. Li H，Gao D，et al. Drilling while Casing Extended–Reach Wells–What is the Limit？. SPE 188490，SPE Abu Dhabi International Petroleum Exhibition & Conference，Abu Dhabi，UAE，13–16 November 2017.
61. Wang Yanbin，Gao Deli，Fang Jun. Research on the Installation Window of Marine Riser in Deepwater Drilling：Based on the Mechanics Analysis and Actual Sea Environment. Proceedings of the Twenty–seventh（2017）International Ocean and Polar Engineering Conference，San Francisco，CA，USA，June 25–30，2017.
62. Wang Zhengxu，Gao Deli，Fang Jun. Design of Reciprocating Valve Equipment Based on Rapidly Generating Drilling Fluid Continuous Wave Signal. ARMA 17–280，presentation at the 51st US Rock Mechanics/Geomechanics Symposium held in San Francisco，California，

USA，25–28 June 2017.

63. Wang Zhiyue，Gao Deli. Trajectory Optimization for Horizontal Shale Gas Well by Integrating Wellbore Stability. ARMA17–307，presentation at the 51st US Rock Mechanics/Geomechanics Symposium held in San Francisco，California，USA，25–28 June 2017.

64. Li Xin，Gao Deli，Ren Rui. Extended–Reach Well in Shale Formation：What is the Maximum Measured Depth while Coiled Tubing Drilling. SPE 188064–MS，presentation at the SPE Kingdom of Saudi Arabia Annual Technical Symposium and Exhibition held in Dammam，Saudi Arabia，24–27 April 2017.

65. Qin Xing，Gao Deli. Effects of Buckled Tubing on Coiled Tubing Passibility. SPE 184777–MS，presentation at the SPE/ICOTA Coiled Tubing & Well Intervention Conference & Exhibition held in Houston，TX，USA，21–22 March 2017.

66. 刘永升，高德利，王镇全，刘奎 . 直井眼中钻柱横向动态运动非线性模型研究 . 振动与冲击，2017，36（24）：1–6.

67. 刘奎，高德利，曾静，等 . 温度与压力作用下页岩气井环空带压力学分析 . 石油钻探技术，2017，45（3）：8–14.

68. 魏征，高德利，刘永升 . 水平井脉冲内磨钻头的设计及水力建模 . 天然气工业，2017，37（8）：1–8.

69. 魏征，高德利，刘永升，等 . 水平井脉冲内磨钻头设计与参数研究 . 石油机械，2017，45（5）：18–22.

70. 李鑫，高德利 . 考虑延伸极限的大位移水平井最优钻井液排量设计 . 石油钻采工艺，2017，39（3）：282–287.

71. 秦星，高德利，刘永生，王志月 . 井下工具在屈曲油管内可通过性分析 . 科学技术与工程，2017，17（26）：51–55.

72. 王志月，高德利，秦星 . 丛式井侧钻绕障水平井优化设计方法 . 西安石油大学学报（自然科学版），2017，32（4）：55–60.

73. 乔智国，高德利，戚斌，叶翠莲 . 含硫气井酸压管柱受力及敏感性因素分析 . 钻采工艺，2017，40（5）：59–62.

74. 任锐，姬丽臻，高德利，黄文君 . 套管—水泥浆系统流固耦合振动特性研究 . 石油钻采工艺，2017，34（4）：610–614.

75. 李翠，高丽萍，李佳，高德利，侯煜琨 . 邻井随钻电磁防碰工具模拟试验研究 . 石油钻探技术，2017，45（6）：110–115.

76. Huang Wenjun，Gao Deli，Liu Yinghua. A Study of Tubular String Buckling in Vertical Wells. International Journal of Mechanical Sciences，2016，118：231–253.

77. Chen Xuyue，Gao Deli，Guo Boyun. A Method for Optimizing Jet Mill Bit Hydraulics in

Horizontal Drilling. SPE Journal，2016，21（2）：416–422.
78. Chen Xuyue，Gao Deli，Guo Boyun. Optimal Design of Jet Mill Bit for Jet Comminuting Cuttings in Horizontal Gas Drilling Hard Formations. Journal of Natural Gas Science and Engineering，2016，28：587–593.
79. Chen Xuyue，Gao Deli，Guo Boyun，Yongcun Feng. Real–time Optimization of Drilling Parameters Based on Mechanical Specific Energy Specific Energy for Rotating Drilling with Positive Displacement Motor in the Hard Formation. Journal of Natural Gas Science and Engineering，2016，35：686–694.
80. Wang Yanbin，Gao Deli，Fang Jun. Assessment of Wellbore Integrity of Offshore Drilling in Well Testing and Production. Journal of Engineering Mechanics，2016，142(6)：04016030.
81. Wang Yanbin，Gao Deli，Fang Jun. Longitudinal Vibration Analysis of Marine Riser during Installation and Hang off in Ultra Deepwater. Computer Modeling in Engineering & Sciences，2016，111（4）：357–373.
82. Wang Yanbin，Gao Deli，Fang Jun. Optimization Analysis of the Riser Top Tension Force in Deepwater Drilling：Aiming at the Minimum Variance of Lower Flexible Joint Deflection Angle. Journal of Petroleum Science and Engineering，2016，146：149–157.
83. Wang Zhiyue，Gao Deli. Multi–objective Optimization Design and Control of Deviation–correction Trajectory with Undetermined Target. Journal of Natural Gas Science and Engineering，2016，33：305–314.
84. Wang Zhiyue，Gao Deli，Liu Jianjun.Multi–objective Sidetracking Horizontal Well Trajectory Optimization in Cluster Wells Based on DS Algorithm. Journal of Petroleum Science and Engineering，2016，147：771–778.
85. Li Xin，Gao Deli，Zhou Yingcao，Cao Wenke. General Approach for the Calculation and Optimal Control of the Extended–reach Limit in Horizontal Drilling Based on the Mud Weight Window. Journal of Natural Gas Science and Engineering，2016，35：964–979.
86. Li Xin，Gao Deli，Zhou Yingcao，Zhang Hui. Study on Open–hole Extended–reach Limit Model Analysis for Horizontal Drilling in Shales. Journal of Natural Gas Science and Engineering，2016，34：520–533.
87. Li Xin，Gao Deli，Zhou Yingcao，Zhang Hui. A Model for Extended–reach Limit Analysis in Offshore Horizontal Drilling Based on Formation Fracture Pressure. Journal of Petroleum Science and Engineering，2016，146：400–408.
88. Qin Xing，Gao Deli.The Effect of Residual Bending on Coiled Tubing Buckling Behavior in a Horizontal Well. Journal of Natural Gas Science and Engineering，2016，30：182–194.

89. Sun Tengfei，Zhang Hui，Gao Deli，Zhou Jianliang.Calculation of the Open–hole Extended–reach Limit for an Extended–reach Well. Chemistry and Technology of Fuels and Oils，2016，52（2）：211–217.

90. Chen Xuyue，Gao Deli. Drilling to Deepwater Target：What is the Well' s Maximum Allowable Measured Depth While Drilling？SPE 183025–MS，presentation at the International Petroleum Exhibition and Conference held in Abu Dhabi，UAE，7–10 November 2016.

91. Chen Xuyue，Gao Deli. Jet Mill Bit for Improving Cuttings Carrying Capacity in Horizontal Gas Drilling. SPE 183032–MS，presentation at the International Petroleum Exhibition and Conference held in Abu Dhabi，UAE，7–10 November 2016.

92. Huang Wenjun，Gao Deli. A Local Mechanical Model of Down–hole Tubular Strings and Its Amendment on the Integral Model. IADC/SPE 180613–MS，presentation at the IADC/SPE Asia Pacific Drilling Technology Conference and Exhibition held in Singapore，22–24 August 2016.

93. Li Jinxiang，Yin Fei，Gao Deli，Yang Zhi，Xiang Ming，Huang Chuanchao. Integrity Assessment and Countermeasures of Wells through Reactivated Faults in a Integrity Assessment and Countermeasures of Wells through Reactivated Faults in a Uganda Oilfield. IADC/SPE–180613–MS，presentation at the IADC/SPE Asia Pacific Drilling Technology Conference and Exhibition held in Singapore，22–24 August 2016.

94. 高德利，王宴滨 . 深水钻井管柱力学与设计控制技术研究新进展 . 石油科学通报，2016，（1）：61–80.

95. 高德利，刁斌斌 . 复杂结构井磁导向钻井技术进展 . 石油钻探技术，2016，44（5）：1–9.

96. 高德利，朱旺喜，等 . 深水油气工程科学问题与技术瓶颈——第 147 期双清论坛学术综述 . 中国基础科学，2016（3）：1–6.

97. 王宴滨，高德利，房军 . 深水钢悬链线立管疲劳寿命计算方法 . 应用力学学报，2016，33（2）：352–357.

98. 李鑫，高德利，等 . 基于赫巴流体的页岩气大位移水平井裸眼延伸极限分析 . 天然气工业，2016，36（10）：85–92.

99. 刘奎，王宴滨，高德利，等 . 页岩气水平井压裂对井筒完整性的影响 . 石油学报，2016 37（3）：406–414.

100. 刘奎，高德利，王宴滨，刘永升 . 局部载荷对页岩气井套管变形的影响 . 天然气工业，2016，36（11）：76–82.

101. 李翠，高德利，刘庆龙，孔雪 . 邻井随钻电磁测距防碰计算方法研究 . 石油钻探技术，2016，44（5）：52–59.

102. 刁斌斌，高德利，等 . 双水平井随钻磁导向系统井下磁源设计 . 石油机械，2016，44（4）：

106–111.

103. 陈亮帆，高德利，赵宁 . 水平井牵引器系统力学研究 . 石油机械，2016，44（5）：66–70.

104. 周劲辉，张勇，高德利，等 . 泵注反循环岩屑粒径对最低排量的影响实验 . 地质与勘探，2016，52（1）：159–164.

105. 余勇，梁华庆，史超，吴志永，高德利 . 邻井距离随钻电磁探测系统的设计与实现 . 计算机测量与控制，2016，24（4）：36–38，47.

106. Xiao Meng，Sun Shanshan，Zhang Zhongzhi，Wang Junming，Qiu Longwei，Sun Huayang，Song Zhaozheng，Zhang Beiyu，Gao Deli，Zhang Guangqing，Wu Weimin. Analysis of Bacterial Diversity in Two Oil Blocks from Two Lowpermeability Reservoirs with High Salinities. Scientific Reports，20 January 2016，6：19600.

107. Gao Deli，Huang Wenjun. A Review of Down–hole Tubular String Buckling in Well Engineering. Petroleum Science，2015，12（3）：443–457.

108. Wang Yanbin，Gao Deli，Fang Jun. On the Buckling Response of Offshore Pipelines under Combined Tension，Bending，and External Pressure. CMC：Computers，Materials，& Continua，2015，48（1）：25–42.

109. Wang Yanbin，Gao Deli，Fang Jun. Study on Lateral Nonlinear Dynamic Response of Deepwater Drilling Riser with Consideration of Vessel Motion in Its Installation. CMC：Computers，Materials，& Continua，2015，48（1）：57–75.

110. Wang Yanbin，Gao Deli，Fang Jun.Coupled Dynamic Analysis of Deepwater Drilling Riser under Combined Forcing and Parametric Excitation. Journal of Natural Gas Science and Engineering，2015，17：1739–1747.

111. Wang Yanbin，Gao Deli，Fang Jun. Finite Element Analysis of Deepwater Conductor Bearing Capacity to Analyze the Subsea Wellhead Stability with Consideration of Contact Interface Model between Pile and Soil. Journal of Petroleum Science and Engineering，2015，126：48–54.

112. Wang Yanbin，Gao Deli，Fang Jun. Mechanical Behavior Analysis for the Determination of Riser Installation Window in Offshore Drilling. Journal of Natural Gas Science and Engineering，2015，24：317–323.

113. Wang Yanbin，Gao Deli，Fang Jun. Study on Lateral Vibration Analysis of Marine Riser in Installation–via Variational Approach. Journal of Natural Gas Science and Engineering，2015，22：523–529.

114. Fang Jun，Wang Yanbin，Gao Deli. On the Collapse Resistance of Multilayer Cemented Casing in Directional Well under Anisotropic Formation. Journal of Natural Gas Science and Engineering，2015，26：409–418.

115. Huang W，Gao D. Boundary Condition：A Key Factor in Tubular String Buckling. SPE

Journal，2015，20（6）：1409–1420.

116. Huang W，Gao D，Liu F. Buckling Analysis of Tubular Strings in Horizontal Wells. SPE Journal，2015，20（2）：405–416.

117. Huang W，Gao D. Helical Buckling of a Thin Rod with Connectors Constrained in a Torus，International Journal of Mechanical Sciences，2015，98：14–28.

118. Huang Wenjun，Gao Deli. Local Mechanical Model of Down–hole Tubular Strings Constrained in Curved Wellbores. Journal of Petroleum Science and Engineering，2015，129：233–242.

119. Huang Wenjun，Gao Deli. A Generalized Quasi–static Model of Drill String System. Journal of Natural Gas Science and Engineering，2015，23：208–220.

120. Chen Pengju，Gao Deli，Wang Zhaohui，Huang Wenjun. Study on Multi–segment Friction Factors Inversion in Extended–reach Well Based on an Enhanced PSO Model. Journal of Natural Gas Science and Engineering，2015，27：1780–1787.

121. Huang Wenjun，Gao Deli. A Theoretical Study of the Critical External Pressure for Casing Collapse. Journal of Natural Gas Science and Engineering，2015，27：290–297.

122. Yin Fei，Gao Deli. Prediction of Sustained Production Casing Pressure and Casing Design for Shale Gas Horizontal Wells. Journal of Natural Gas Science and Engineering，2015，25：159–165.

123. Wu Zhiyong，Gao Deli，Diao Binbin. An Investigation of Electromagnetic Anti–Collision Real–Time Measurement for Drilling Cluster Wells. Journal of Natural Gas Science and Engineering，2015，23：346–355.

124. Hu Liang，Gao Deli. A New Orientation Design Model and Numerical Solution for Coiled Tubing Drilling. Journal of Natural Gas Science and Engineering，2015，22：656–660.

125. Xi Baobin，Gao Deli，Chen Pengju. Uncertainty Analysis Method for Intersecting Process of U–Shaped Horizontal Wells. Arabian Journal for Science and Engineering，2015，40（2）：615–625.

126. Diao Binbin，Gao Deli. A Magnet Ranging Calculation Method for Steerable Drilling in Build–Up Sections of Twin Parallel Horizontal Wells. Journal of Natural Gas Science and Engineering，2015，27：1702–1709.

127. Diao Binbin，Gao Deli. Application of Spatial Analytic Geometry in the Calculation of Adjacent Well Separation Factors. International Conference on Materials Engineering and Information Technology Apllications，Guilin，China，2015. Advances in Engineering Research，2015，28：509–515.

128. 初纬，沈吉云，杨云飞，李勇，高德利．连续变化内压下套管—水泥环—围岩组合体微环隙计算．石油勘探与开发，2015，42（3）：379–385.

129. 杨进，孟炜，姚梦彪，高德利，等．深水钻井隔水管顶张力计算方法．石油勘探与开发，2015，42（1）：107–110.

130. 王宴滨，高德利，房军．浮力块对深水钻井隔水管安装过程性能的影响．石油机械，2015，43（7）：47–50，60.

131. 陈绪跃，樊洪海，高德利，等．机械比能理论及其在钻井工程中的应用．钻采工艺，2015，38（1）：6–10.

132. 赵晓栋，武毅，杨建政，张文平，高德利，顾军．米桑油田储层段小井眼固井技术研究．新疆石油天然气，2015，11（1）：32–36.

133. 仉洪云，高德利，等．气体钻井中温度对致密砂岩破碎影响机理研究．新技术新工艺，2015（6）：107–111.

134. 仉洪云，高德利，等．PDC 钻头切削齿与岩石相互作用温度场数值模拟研究．新技术新工艺，2015（7）：103–105.

135. 王宴滨，高德利，房军．深水钻井测试与生产过程井口抬升计算．石油矿场机械，2015，44（10）：61–64.

136. 黄文君，高德利．受井眼约束带接头管柱的纵横弯曲分析．西南石油大学学报（自然科学版），2015，37（5）：152–158.

137. 张勇，高德利，等．新型电机驱动轮式牵引装置的设计与参数分析．机械传动，2015，39（6）117–120，138.

138. 周劲辉，张勇，高德利．大位移井卡点预测实验．实验室研究与探索，2015，34（5）：11–15.

139. 尹飞，高德利，等．储层压实预测与定向井筒完整性评价研究．岩石力学与工程学报，2015，34（Supp.2）：4171–4177.

140. 许朝晖，高德利，房军．侧钻开窗过程中铣鞋受力分析．中国石油大学学报（自然科学版），2015，39（4）：70–76.

141. 黄文君，高德利，等．边界条件对无重管柱螺旋屈曲的影响分析．西安石油大学学报（自然科学版），2015，30（3）：87–94.

142. 张勇，左明德，孔令楠，高德利，李博文．减摩及电缆保护油管短节设计与安装间距分析．石油矿场机械，2015，44（4）：39–43.

143. 张勇，高德利，等．水平井电缆牵引器驱动装置参数优化．石油矿场机械，2015，44（1）：30–33.

144. 胡亮，高德利．连续管双圆弧定向待钻轨道设计．石油机械，2015，43（3）：17–20.

145. 胡亮，高德利．连续管钻定向井工具面角调整方法研究．石油钻探技术，2015，43（2）：50–53.

146. 黄洪春，沈忠厚，高德利 . 三高气田套管应力腐蚀与防腐设计研究 . 石油机械，2015，43（3）：6–11.

147. 黄洪春，沈忠厚，高德利 . 三高气田套管磨损研究及应用分析 . 石油机械，2015，43（4）：28–33.

148. 王宴滨，高德利，房军 . 海洋钻井隔水管 – 钻井液横向耦合振动特性 . 石油钻采工艺，2015，37（1）：25–29.

149. Bagadi Y E A，Gao Deli. Finite Element for Simulating BHA–Casing–rock Interactions. Applied Mechanics and Materials，2015，723：246–251.

150. Bagadi Y E A，Gao Deli. FE Simulation of Torque and Drag inside Borehole of Oil and Gas Wells（Part Ⅱ）. Applied Mechanics and Materials，2015，723：240–245.

151. Bagadi Y E A，Gao Deli. FE Simulation of Torque and Drag inside Borehole of Oil and Gas Wells. Advanced Materials Research，2014，1030–1032：781–785.

152. Bagadi Y E A，Fadol A M，Gao Deli. Finite Element Method for Simulating the Effects of Torque and Drag On Buckling of Tubular inside Borehole of an Oil and Gas Wells. Advanced Materials Research，2014，875–877：1871–1875.

153. 席宝滨，高德利 . U 形水平井连通过程中的相对位置不确定性分析 . 石油钻探技术，2014，42（6）：18–24.

154. 席宝滨，高德利 . 基于测量工具的 U 型水平井井身剖面设计 . 石油钻采工艺，2014，36(6)：7–10.

155. Wu Zhiyong，Li Cui，Gao Deli，Sun Tengfei.Experiment Research on Detection Tool for Making Relief Well Connect to Blowout Well in Simulation Well. Electronic Journal of Geotechnical Engineering，2014（19）：1945–1956.

156. Wang Yanbin，Gao Deli，Fang Jun. Static Analysis of Deep–water Marine Riser Subjected to Both Axial and Lateral Forces in Its Installation.Journal of Natural Gas Science and Engineering，2014（19）：84–90.

157. Wang Yanbin，Gao Deli，Fang Jun. Axial Dynamic Analysis of Marine Riser in Installation. Journal of Natural Gas Science and Engineering，2014（21）：112–117.

158. Yin Fei，Gao Deli. Mechanical Analysis and Design of Casing in Directional Well under in–situ Stresses . Journal of Natural Gas Science and Engineering，2014（20）：285–291.

159. Zhu Yu，Gao Deli. A New Electromagnetic Beacon Tool for Directional Drilling in Steam Assisted Gravity Drainage Horizontal Wells. Journal of Natural Gas Science and Engineering，2014，20：82–91.

160. Xi Baobin，Gao Deli. Control Technique on Navigating Path of Intersection between two Horizontal Wells .Journal of Natural Gas Science and Engineering，2014（21）：304–315.

161. Huang Wenjun，Gao Deli. Helical Buckling of a Thin Rod with Connectors Constrained in a Cylinder. International Journal of Mechanical Sciences，2014（84）：189–198.
162. Huang Wenjun，Gao Deli.Sinusoidal Buckling of a Thin Rod with Connectors Constrained in a Cylinder. Journal of Natural Gas Science and Engineering，2014（18）：237–246.
163. Zhang Hui，Sun Tengfei，Gao Deli，Liang Qimin . New Method for Prediction of Casing Wear. Chemistry and Technology of Fuels and Oils，2014，49（6）：532–536.
164. Zhang Hui，Sun Tengfei，Gao Deli. Modeling Deepwater Well Killing. Chemistry and Technology of Fuels and Oils，2014，90（1）：71–77.
165. Zhang Hongyun，Gao Deli，Salehi Saeed，Guo Boyun . Effect of Fluid Temperature on Rock Failure in Borehole Drilling. ASCE Journal of Engineering Mechanics，2014，140（1）：82–90.
166. Guo B，Gao D.The Significance of Fracture Face Matrix Damage to the Productivity of Fractured Wells in Shale Gas Reservoirs. Petroleum Science and Technology，2014，32（2）：202–210.
167. Li Cui，Shen Yue，Gao Deli. Characteristics Analysis of Drilling Fluid Pressure PWM–based and PPM–based MPSK Signals. Petroleum Science and Technology，2014，32（4）：379–486.
168. Chen Xuyue，Fan Honghai，Guo Boyun，Gao Deli，Wei Hongshu，Ye Zhi. Real–Time Prediction and Optimization of Drilling Performance Based on a New Mechanical Specific Energy Model. Arabian Journal for Science and Engineering，2014，39：8221–8231.
169. Chen Xuyue，Gao Deli，Guo Boyun，Luo Limin，Liu Xiaobo，Zhang Xin. A New Method for Determining the Minimum Gas Injection Rate Required for Hole Cleaning in Horizontal Gas Drilling. Journal of Natural Gas Science and Engineering，2014，21：1084–1090.
170. 尹飞，高德利 . 油气井套管侧向屈曲分析与井下加强工具探讨 . 中国石油大学学报（自然科学版），2014，38（6）：67–71.
171. 王宴滨，高德利，房军 . 斜直井段套管—水泥环组合系统受力特性分析 . 中国石油大学学报（自然科学版），2014，38（3）：57–60.
172. 王宴滨，高德利，房军 . 套管—水泥环—地层多层组合系统受力特性分析 . 应用力学学报，2014，31（3）：387–391.
173. 王宴滨，高德利，房军 . 考虑不同桩土接触模型的深水钻井导管承载能力数值分析 . 中国海上油气，2014，26（5）：76–81.
174. 王宴滨，高德利，房军 . 全尺寸隔水管在复杂应力状态下的力学特性试验研究 . 实验力学，2014，29（5）：620–625.

175. 房军，王宴滨，高德利．应用纵横弯曲梁理论分析隔水管受力变形．石油矿场机械，2014，43（10）：21–24.

176. 王宴滨，高德利，房军．深水钻采管柱力学行为模拟试验系统研制．石油矿场机械，2014，43（4）：26–29.

177. 吴志永，高德利，刁斌斌．SAGD 双水平井随钻磁导向系统的研制及应用．电子测试，2014（21）：107–109.

178. 朱昱，高德利．旋转磁导向系统井下磁源优化设计研究．石油钻探技术，2014，42（3）：102–107.

179. 朱昱，高德利．井下电磁源磁场在铁磁环境下的衰变机理研究．石油矿场机械，2014，43（8）：1–7.

180. 郭宗禄，高德利，等．下部钻具组合上切点的位置确定方法．石油钻探技术，2014，42（2）：46–51.

181. 许朝辉，高德利．侧钻开窗 PDC 钻头的个性化设计．油气田地面工程，2014，34（2）：5–6.

182. 许朝辉，高德利．微小井眼连续油管的侧钻开窗．油气田地面工程，2014，33（1）：82–83.

183. 孙连忠，臧艳彬，高德利，等．复杂结构井钻柱解卡参数分析．石油机械，2014，42（3）：19–23.

184. 刘奎，李星君，姚俊，惠小敏，高德利．净化厂含硫污水对 SB R系统的影响及消除技术．广州化工，2014，42（10）：161–164.

185. Yin Fei，Gao Deli. Improved Calculation of Multiple Annuli Pressure Buildup in Subsea HPHT Wells. IADC/SPE–170553–MS，IADC/SPE Asia Pacific Drilling Technology Conference and Exhibition held in Bangkok，Thailand，25–27 August 2014.

186. Wang Yanbin，Gao Deli，Fang Jun. Analysis of Riser Mechanical Behavior Using Beam–Column Theory. IPTC–17745–MS，presentation at the International Petroleum Technology Conference held in Kuala Lumpur，Malaysia，10–12 December 2014.

187. Gao Deli，Guo Boyun. Research and New Development of Key Technologies in Complex–structure Well Engineering for Unconventional Oil and Gas. ICCES’14，Changwon，Korea，12–17 June 2014.

188. Gao Deli，Guo Boyun. Some Advances in Modeling & Simulation for Design and Control in Critical Well Engineering. ICCES’13，Seattle，USA，24–28 May 2013.

189. Jia Peng，Gao Deli，Fang Jun. Analysis of Signal Attenuation of Continuous Wave in Drill String. Research Journal of Applied Sciences，Engineering and Technology，2013，5（15）：4018–4022.

190. Zhang Hui，Sun Tengfei，Gao Deli，Tang Haixiong . A New Method for Calculating the Equivalent Circulating Density of Drilling Fluid in Deepwater Drilling for Oil and Gas. Chemistry and Technology of Fuels and Oils，2013，49 (5)：430–438.
191. Diao Binbin，Gao Deli. New Rotating Magnet Ranging Method for Drilling Twin Parallel Horizontal SAGD Wells. Petroleum Science and Technology,2013,31（24）：2643–2651.
192. Gao Deli，Sun Tengfei，Zhang H，Tang H. Displacement and Hydraulic Calculation of the SMD System in Ultra–deepwater Condition. Petroleum Science and Technology，2013，31（11）：1196–1205.
193. Gao Deli，Diao Binbin，Wu Zhiyong，Zhu Yu. Research into Magnetic Guidance Technology for Directional Drilling in SAGD Horizontal Wells. Petroleum Science，2013，10（4）：500–506.
194. Gao Deli，Liu Fengwu. The Post–Buckling Behavior of A Tubular String in An Inclined Wellbore. CMES，2013，90（1）：17–36.
195. Guo Boyun，Gao Deli. New Development of Theories in Gas Drilling. Petroleum Science，2013，10（4）：507–514.
196. Sun Tengfei，Gao Deli，Zhang Hui. A New Well Profile for Extended Reach Drilling (ERD) . CMES：Computer Modeling in Engineering & Sciences，2013，90（1）：37–45.
197. Guo Zonglu，Gao Deli. An Analysis of the Bottomhole Assembly (BHA) in Directional Drilling，by Considering the Effects of the Axial Displacement. CMES：Computer Modeling in Engineering & Sciences，2013，90（1）：65–76.
198. Hou Xuejun，Gao Deli，Shen Zhonghou. Numerical Analysis of the Gas Injection Rate in Z12V190 Diesel Tail Gas Drilling. CMES：Computer Modeling in Engineering & Sciences，2013，90（1）：1–16.
199. Zhang Hui，Gao Deli，Xie Xiaopin. Research on a Triaxial Rate of Penetration (ROP) Model Related to Unloading in Oil & Gas Drilling. CMES：Computer Modeling in Engineering & Sciences，2013，90（1）：47–63.
200. Diao Binbin，Gao Deli. Study on a Ranging System Based on Dual Solenoid Assemblies, for Determining the Relative Position of Two AdjacentWells. CMES：Computer Modeling in Engineering & Sciences，2013，90（1）：77–90.
201. 房军，王宴滨，高德利 . 深水隔水管受力变形模拟试验方法研究 . 石油机械，2013，41（12）：53–57.
202. 郭宗禄，高德利，张辉 . 单弯双稳导向钻具组合复合钻进稳斜能力分析与优化 . 石油钻探技术，2013，41（6）：19–24.
203. 李翠，高德利，等 . 基于三电极系救援井与事故井连通探测系统 . 石油学报，2013，34

(6)：1181–1188.

204. 李翠，高德利 . 救援井与事故井连通探测方法初步研究 . 石油钻探技术，2013，41（3）：56–61.

205. 李翠，高德利，沈跃 . 钻井液压力脉宽及脉位多进制相移键控信号分析 . 石油学报，2013，34（1）：178–183.

206. 仉洪云，高德利，郭柏云 . 气体钻井井底岩石热应力分析 . 中国石油大学学报（自然科学版），2013，37（1）：70–74.

207. 仉洪云，高德利，郭柏云 . 井底温度对机械钻速影响数值模拟研究 . 价值工程，2013：21–23.

208. 范永涛，高德利，等 . 底部钻具组合动力学特性模拟试验方法研究 . 石油机械，2013，41（4）：6–10.

209. 范永涛，高德利，等 . 底部钻具组合力学特性模拟试验研究 . 石油钻探技术，2013，41（3）：80–84.

210. 侯学军，高德利，沈忠厚 . 微小井眼电机驱动 CT 牵引器控制系统设计 . 石油机械，2013，41（4）：40–47.

211. 侯学军，高德利，沈忠厚 . 微小井眼连续油管钻井牵引器系统结构设计 . 石油钻采工艺，2013，35（2）：1–5.

212. 梁奇敏，高德利 . 钻井液随钻过滤装置设计 . 石油矿场机械，2013，42（7）：71–73.

213. 梁华庆，耿敏，时东海，史超，高德利 . 旋转磁场井间随钻测距导向系统中微弱频变信号的检测方法 . 中国石油大学学报（自然科学版），2013，37（4）：83–87，99.

214. 于洋，周伟，张辉，高德利，等 . 超深长位移侧钻井井眼净化及泥浆泵能力分析 . 科学技术与工程，2012，12（29）：7538–7542.

215. 仉洪云，高德利，郭柏云 . 热膨胀系数对气体钻井井底岩石应力场的影响 . 西南石油大学学报（自然科学版），2012，34（4）：88–93.

216. 梁奇敏，高德利 . 基于 INSITE 软件的随钻测量研究与实践 . 价值工程，2012，31（15）：207–208.

217. 梁奇敏，高德利，汪顺文 . 定向钻井造斜工具面控制方法研究与应用 . 石油化工应用，2012，31（12）：10–14.

218. 李峰飞，蒋世全，李汉兴，高德利 . 旋转导向钻井工具信号下传系统研究 . 中国海上油气，2012，24（6）：42–46，65.

219. 苏菲，高德利，叶晨 . Web 问答系统中问句理解的研究 . 测试技术学报，2012，26（3）：207–212.

220. 孙腾飞，高德利，等 . 目标垂深不确定条件下的水平井轨道设计 . 断块油气田，2012，19（4）：526–528.

221. 孙腾飞，高德利，等 . 目标垂深和造斜率不确定条件下的水平井轨迹设计 . 特种油气藏，

2012，19（4）：141−144.

222. 张辉，高德利，段明星，杨建旭 . 欠平衡钻井条件下地层造斜特性研究 . 石油钻采工艺，2012，34（2）：1−3.

223. 仉洪云，高德利，郭柏云 . 热膨胀系数对气体钻井井底岩石应力场的影响 . 西南石油大学学报（自然科学版），2012，34（4）：88−93.

224. 郑德帅，高德利，等 . 实钻条件下岩石可钻性预测模型研究 . 岩土力学，2012，33（3）：859−863.

225. 高德利，张辉 . 无隔水管深水钻井作业管柱的力学分析 . 科技导报，2012，30（4）：37−42.

226. 刁斌斌，高德利 . 邻井定向分离系数计算方法 . 石油钻探技术，2012，40（1）：22−27.

227. 黄合锋，高德利 . 多分支井眼轨道优化设计研究 . 西部探矿工程，2011（1）：43−45.

228. 张辉，高德利，段明星 . 气体钻井井斜机理研究 . 石油天然气学报，2012，34（2）：103−105.

229. 吴振华，高德利，丁生 . ICD 在曹妃甸油田水平井完井中的适用性研究 . 石油化工应用，2012，31（6）：5−9.

230. 刘怀亮，高德利 . 磨损套管应力集中对腐蚀速率的影响 . 石油化工应用，2012，31（4）：5−8，25.

231. 侯学军，高德利 . 连续管伸长量分析 . 石油钻采工艺，2012，34（1）：23−27.

232. 张宗仁，赵宁，高德利 . 水平井可差速电缆牵引器设计 . 石油机械，2012，41（10）：45−49.

233. Gao Deli，Qian Feng，Zheng Huikai. On a Method of Prediction of the Annular Pressure Buildup in Deepwater Wells for Oil & Gas. CMES：Computer Modeling in Engineering & Sciences，2012，89（1）：1−16.

234. Xu Zhaohui，Gao Deli. On 3D FE Analyses For Understanding & Designing the Processes of Casing−Window−Milling for Sidetracking From Existing Wells. CMES：Computer Modeling in Engineering & Sciences，2012，89（1）：17−24.

235. Yin Fei，Gao Deli. Mechanical Analyses of Casings in Boreholes，under Non−uniform Remote Crustal Stress Fields：Analytical & Numerical Methods. CMES：Computer Modeling in Engineering & Sciences，2012，89（1）：25−38.

236. Li Cui，Gao Deli，Wu Zhiyong，Diao Binbin.A Method for the Detection of the Distance & Orientation of the Relief Well to a Blowout Well in Offshore Drilling. CMES：Computer Modeling in Engineering & Sciences，2012，89（1）：39−56.

237. Yu Baohua，Yan Chuanliang，Gao Deli，Li Jinxiang.A Study on the Stability of the Borehole in Shale，in Extended−reach Drilling. CMES：Computer Modeling in Engineering & Sciences，2012，89（1）：57−78.

238. Hou Xuejun, Gao Deli, Shen Zhonghou.An Analysis of The low Resistance in Coiled Tubing Wound Around A Reel, In Microhole Drilling. CMES：Computer Modeling in Engineering & Sciences, 2012, 89 (2)：97–110.

239. Gao Deli, Dong Zhen, Zhang Hui. On appropriately Matching the Bottomhole Pendulum Assembly with the Anisotropic Drill Bit, to Control the Hole–Deviation. CMES：Computer Modeling in Engineering & Sciences, 2012, 89 (2)：111–122.

240. An Yongsheng, Wu Xiaodong, Gao Deli. On the Use of PEBI Grids in the Numerical Simulations of Two–Phase Flows in Fractured Horizontal Wells. CMES：Computer Modeling in Engineering & Sciences, 2012, 89 (2)：123–142.

241. Gao Deli, Sun Lianzhong, Wei Hongshu, Wang Shunwen.On Improving the Accuracy of Prediction of the Down–hole Drag & Torque in Extended Reach Drilling (ERD) . CMES：Computer Modeling in Engineering & Sciences, 2012, 89 (2)：143–162.

242. Li J, Guo B, Gao D, Ai C. The Effect of Fracture Face Matrix Damage on Productivity of Fractures with Infinite and Finite Conductivities in Shale–Gas Reservoirs. SPE Drilling & Completion, September 2012：347–353.

243. Sun Lianzhong, Gao Deli, Zhu Kuanliang. Models & Tests of Casing Wear in Drilling for Oil & Gas. Journal of Natural Gas Science and Engineering, 2012, 4 (1)：44–47.

244. Hou Xuejun, Gao Deli. Analysis of Exhaust Gas Waste Heat Recovery and Pollution Processing for Z12V190 Diesel Engine. Research Journal of Applied Science, Engineering and Technology, 2012, 4 (11)：1604–1611.

245. Sun Lianzhong, Gao Deli. Optimum Placement of Friction Reducer in Extended Reach Well. Applied Mechanics and Materials, 2012, 101–102：339–342.

246. Guo Boyun, Gao Deli, Ai Chi, Qu Jianfang.Critical oil Rate and Well Productivity in Cold Production from Heavy–oil Reservoirs. SPE production & Operations, February 2012：87–93.

247. Zhang Hui, Gao Deli, Liu Wensheng. Risk Assessment for Liwan Relief Well in South China Sea. Engineering Failure Analysis, 2012, 23：63–68.

248. Zhang Hui, Gao Deli, Liu Dongtao, Guo Boyun.Experimental Studies of Rock Abrasiveness Using a Fractal Approach. International Journal of Rock Mechanics & Mining Sciences, 2012, 54：37–42.

249. Gao D L, Sun L Z. New Method for Predicting Casing Wear in Horizontal Drilling. Petroleum Science and Technology, 2012, 30 (9)：883–892.

250. Gao D, Zheng C, Zhao Z. Numerical Simulation of Sensitivity to Loads and Strength of Casing under Complicated Conditions. Petroleum Science and Technology, 2012, 30 (6)：

624–633.

251. Sun T，Gao D，Zhang H. Determination of the Critical Displacement in Ultra–deepwater Drilling. Energy Sources，Part A：Recovery，Utilization，and Environmental Effects，2012，34（6）：485–491.

252. Gao Deli，Zhao Zengxin. Experimental Study on Mechanical Properties Degradation of TP110TS Tube Steel in High H_2S Corrosive Environment. CMC：Computers，Materials & Continua，2011，26（2）：157–165.

253. Fan Yongtao，Huang Zhiqiang，Gao Deli，Li Qin. Experimental Study of an Al2O3/WC–Co Nanocomposite Based on a Failure Analysis of Hammer Bit. Engineering Failure Analysis，2011，18：1351–1358.

254. Fan Yongtao，Huang Zhiqiang，Gao Deli，Li Qin. Study on the Mechanism of the Impact–bit–rock Interaction Using 3D FEM Analysis. Advanced Materials Research，2011，189–193：2280–2284.

255. Gao Deli，Zheng Deshuai. Study of a Mechanism for Well Deviation in Air Drilling and Its Control. Petroleum Science and Technology，2011，29（4）：358–365.

256. Zhao Zengxin，Gao Deli. Thermal Buckling of Casing in a Slanted Thermal Production Well. Petroleum Science and Technology，2011，29（8）：796–803.

257. Qian Feng，Gao Deli. A Mechanical Model for Predicting Casing Creep Load in High Temperature Wells. Journal of Natural Gas Science and Engineering，2011，3（3）：530–535.

258. Sun Lianzhong，Gao Deli. Numerical Method for Determining the Stuck Point in Extended–reach Drilling. Petroleum Science，2011，8（3）：345–352.

259. Hou Xuejun，Gao Deli. Automatic Control Scheme Design of Onshore Drilling Rig Pipe Handling System. Proceedings–2011 Third Pacific–Asia Conference on Circuits，Communications and System（Volume 1），17–18 July 2011，Wuhan，China，219–222.

260. Li J，Guo B，Gao D，Ai C. The Effect of Fracture Face Matrix Damage on Productivity of Fractures with Infinite and Finite Conductivities in Shale–Gas Reservoirs. SPE Drilling & Completion，September 2012：347–353.

261. Guo Boyun，Zhang Zongren，Gao Deli. Optimal Use of Flow–Diverting Joint in Underbalanced Gas Drilling. SPE 143309，presentation at the SPE Asia Pacific Oil and Gas Conference and Exhibition held in Jakarta，Indonesia，20–22 September 2011.

262. 刁斌斌，高德利，吴志永 .SAGD 双水平井测距导向技术研究 . 中国石油大学学报（自然科学版），2011，35（6）：71–75.

263. 刁斌斌，高德利 . 螺线管随钻测距导向系统 . 石油学报，2011，32（6）：1061–1066.

264. 刁斌斌，高德利，吴志永 . 磁短节等效磁矩的测量 . 石油钻采工艺，2011，33（5）：42–45.

265. 李凯，高德利，宋执武．定向钻井技术及可变径稳定器应用研究．石油矿场机械，2011，40（7）：4–8.
266. 张辉，于洋，高德利，郑江莉．煤层气多分支井形态分析．西南石油大学学报（自然科学版），2011，33（4）：101–106.
267. 李妍，吴艳新，高德利．深水钻井隔水管纵横弯曲变形解析．石油矿场机械，2011，40（7）：21–24.
268. 候学军，高德利．柴油尾气钻井注气量定量分析．中国石油大学学报（自然科学版），2011，35（5）：61–64.
269. 候学军，高德利．陆地钻机钻杆自动排放系统设计．石油钻采工艺，2011，33（3）：5–8.
270. 刘伟，高德利，王世泽，蒋祖军，潘登雷．川西须家河组致密砂岩气藏水平井钻井关键技术．天然气工业，2011，31（4）：80–83.
271. 李剑超，房军，高德利．深水实验缸旋转支撑机构设计及安全性分析．石油矿场机械，2011，40（5）：14–16.
272. 郑德帅，高德利．扩眼型稳定器的设计及防斜性能分析．石油机械，2011，39（3）：9–11.
273. 张辉，高德利，刘涛，唐海雄．深水钻井中浅层水流的预测与控制方法．石油钻采工艺，2011，33（1）：19–22.
274. 钱锋，高德利，蒋世全．深水工况下套管柱载荷分析．石油钻采工艺，2011，33（2）：16–19.
275. 赵增新，高德利，等．应力加载对 TP110TS 管钢在高含 H_2S 腐蚀条件下腐蚀速率影响的实验研究．钻采工艺，2011，34（1）：59– 62.
276. 郑德帅，高德利，张辉．井底压差对岩石破碎的影响机制．中国石油大学学报（自然科学版），2011，35（2）：69–73.
277. 郑德帅，高德利．空气锤钻具防斜机理研究．石油钻探技术，2011，39（2）：1–4.
278. 郑德帅，高德利．非线性条件下地层力计算新方法 // 第七届全国青年岩土力学与工程会议论文集．北京：人民交通出版社，2011：373–376.
279. 高德利，郑德帅．三维钻速方程及井斜控制方法新进展 // 第十六届全国探矿工程技术学术交流年会论文集．北京：地质出版社，2011：197–201.
280. 刁斌斌，高德利，等．救援井与事故井邻井距离探测技术 // 第十六届全国探矿工程技术学术交流年会论文集．北京：地质出版社，2011：192–196.
281. 苏斐，高德利，等．井眼轨迹误差椭球三维可视化方法研究．昆明理工大学学报（自然科学版），2011，36（3）：1–4，23.
282. 孙东奎，高德利，刁斌斌，杨宝刚．RMRS 在稠油 / 超稠油开发中的应用．石油机械，2011，39（7）：73–76.

283. 周劲辉，高德利，王宇新 . 钻柱卡点预测实验 . 实验力学，2010，25（5）：575–580.
284. Zhang Hui，Gao Deli，Tang Haixiong. New Method for Risk Evaluation of Extended Reach Wells.Proceedings of the 2010 International Symposium on Safety Science and Technology, Hangzhou，China，24–27 Oct. 2010：212–216.
285. 郑德帅，高德利 . 气体钻井钻具损坏原因及控制措施研究 . 石油机械，2010，38（11）：5–7.
286. Gao Deli，Sun Lianzhong，Lian Jihong. Prediction of Casing Wear in Extended–Reach Drilling. Petroleum Science，2010，7（4）：494–501.
287. 高德利，唐海雄 . 海洋石油大位移钻井关键技术研究 . 世界石油工业，2010（5）：61–67.
288. 连吉弘，孙连忠，高德利 . 钻柱尺寸变化对套管磨损的影响 . 石油天然气学报，2010，32（3）：373–376.
289. 唐海雄，张俊斌，汪顺文，韦红术，高德利，高宝奎 . 高温致测试管柱伸长和受力计算分析 . 石油机械，2010，38（5）：84–86，91.
290. 闫永维，高德利，吴志永 . 煤层气连通井引导技术研究 . 石油钻采工艺，2010，32（2）：23–25，29.
291. Zhang Hui，Gao Deli，Tang Haixiong. Landing String Design and Strength Check in Ultra–deepwater Condition. Journal of Natural Gas Science and Engineering，2010，2（4）：178–182.
292. 张辉，高德利，唐海雄，蒋世全 . 深水导管喷射安装过程中管柱静力学分析 . 石油学报，2010，31（3）：516–520.
293. 张炜，高德利 . 钻井隔水管挤毁分析 . 钻采工艺，2010，33（4）：74–76.
294. 张炜，高德利 . 深水钻井隔水管脱开模式下纵向动态行为研究 . 石油钻探技术，2010，38（4）：7–9.
295. Zhang Hui，Gao Deli，Hao Zhiwei. New Method for Risk Evaluation of Extended Reach Wells. 7th International Symposium on Safety Science and Technology（ISSST），Hangzhou，China，OCT 26–29，2010.
296. Yi Xianzhong，Xu Tiegang，Ma Wguo，Yan Zesheng，Gao Deli. 5–Axis CNC Whirlwind Milling Method on Helical Surfaces of PDM’ s rotors. 2010 International Conference on Measuring Technology and Mechatronics Automation，ICMTMA 2010，1：7–10.
297. Zhao Zengxin，Gao Deli.Mechanism of Well Deviation in Air Drilling and Its Control. SPE130201，presentaton at CPS/SPE International Oil & Gas Conference and Exhibition in China，8–10 June 2010.
298. Zhang Hui，Gao Deli，Tang Haixiong. Choice of Landing String under Ultra–Deepwater Drilling Condition. SPE 131168，CPS/SPE International Oil & Gas Conference and

Exhibition in China，8–10 June 2010.

299. Zhang W，Gao Deli. Natural Frequencies Analysis of Hyperstatic Integration Marine Drilling Riser. SPE 131166，CPS/SPE International Oil & Gas Conference and Exhibition in China，8–10 June 2010.

300. Yan Jienian，Geng Jiaojiao，Li Zhiyong，Gao Deli，Wang Jianhua，Zhao hengying. Design of Water–based Drilling Fluids for an Extended Reach Well with a Horizontal Displacement of 8000m Located in Liuhua Oilfield. SPE 130959，CPS/SPE International Oil & Gas Conference and Exhibition in China，8–10 June 2010.

301. 李飞，冯定，贾建贞，吴力，高德利．基于二维码的钻具身份识别技术．石油天然气学报，2010，32（1）：375–377.

302. Gao Deli，Tan Chengjin，Tang Haixiong. Limit Analysis of Extended Reach Drilling in South China Sea. Petroleum Science，2009，6（2）：166–171.

303. Zhang Hui，Gao Deli，Hao Zhiw. Risk Analysis of Extended Reach Wells in the Liuhua Oilfield，South China Sea，Based on Comprehensive Fuzzy Evaluation Method. Petroleum Science，2009，6（2）：172–175.

304. Zhao Zengxin，Gao Deli. Casing Strength Degradation Due to Torsion Residual Stress in Casing Drilling. Journal of Natural Gas Science and Engineering 2009，1：154–157.

305. Deng Jingen，Zou Linzhan，Tan Qiang，Yan W，Gao Deli，et al. Critical condition study of borehole stability during air drilling. Petroleum Science，2009，6（2）：158–165.

306. Zhao S，Yan J，Wang J，Ding T，Yang H，Gao D. Water–Based Drilling Fluid Technology for Extended Reach Wells in Liuhua Oilfield，South China Sea. Petroleum Science and Technology，2009，27（16）：1854–1865.

307. 高德利，赵增新，等．局部腐蚀条件下内压对管道腐蚀速率的影响．钻采工艺，2009，32（3）：88–92.

308. 张辉，高德利，唐海雄．喷射安装导管作业中喷射管串力学分析．西南石油大学学报（自然科学版），2009，31（6）：148–151.

309. Liu Baolin，Wu Xiaoxian，Gao Deli，Yang Jingzhou，Jang Minghao. Effects of FeSi75 Addition on Liquid–Solid Flow Erosion–Wear Resistance of Sialon–Si3N4–SiC Composites. Rare Metal Materials and Engineering，2009，38（Supplement 2）：681–684.

310. Ding Hewei，Liu Baolin，Gao Deli，Huang Zhaohui，et al. Solid–Liquid Two–Phase Flow Erosion Wear Properties of Si3N4–SiC Composite. Rare Metal Materials and Engineering，2009，38（Supplement 2）：209–212.

311. 刘宝林，高德利，等．Sialon–SiC 耐磨陶瓷的制备及液固冲蚀磨损性能研究．金属矿山，

2009 年第 6 期：132–135.

312. 刘宝林，彭彭，高德利，等．油气钻探技术中耐磨材料的研究进展．硅酸盐通报，2009，28（3）：553–556.

313. 沈忠厚，黄洪春，高德利．世界钻井技术新进展及发展趋势分析．中国石油大学学报（自然科学版），2009，33（4）：64–70.

314. 代大良，王振全，潘起峰，高德利．肯吉亚克油田非盐丘井 PDC 钻头设计及实验研究．石油钻采工艺，2009，31（3）：5–9.

315. 代大良，张辉，高德利，等．肯吉亚克油田地层评价与钻头选型研究．石油天然气学报（江汉石油学院学报），2009，31（3）：333–335.

316. 高德利，覃成锦．复杂结构井眼设计与控制一体化技术的例证 // 复杂结构油气井开发技术研讨会论文集．北京：石油工业出版社，2009：117–124.

317. 高德利，代大良，潘起峰．地层自然造斜特性的测井评价方法研究．石油学报，2008，29（6）：927–932.

318. 赵增新，高德利．高温斜直热采井管柱热屈曲探讨．钻采工艺．2008，31（6）：98–101.

319. Yi Xianzhong，Ma Weiguo，Qi Haiying，Yan Zesheng，Gao Deli. Equivalent Normal Curvature Approach Milling Model of Machining Freeform Surfaces. Chinese Journal of Mechanical Engineering，2008，21（3）：52–57.

320. Gao Deli，Wang Degui. Study and Experiment on the Vibration Characters of BHA. SPE 114634，presentation at the seventh biennial IADC/SPE Asia Pacific Drilling Technology Conference（APDT），Jakarta，Indonesia，25–27 August 2008.

321. 王德贵，高德利．管柱形磁源空间磁场矢量引导系统研究．石油学报，2008，29（4）：608–611.

322. 张辉，高德利．基于模糊数学和灰色理论的多层次综合评价方法及其应用．数学的实践与认识，2008，23（3）：1–6.

323. 薛亚东，高德利，等．中国大陆科学钻探预先导孔地层可钻性时序特征分析．岩石力学与工程学报，2008，27（1）：102–107.

324. 兰洪波，高德利，张国辉．ϕ 149.3mm 钻杆高强度接头数值分析．天然气工业，2008，28（9）：67–68.

325. 赵增新，高德利，等．钻柱正弦屈曲对裂纹疲劳寿命的影响．石油钻采工艺，2008，30（1）：15–18.

326. 宋执武，高德利．液压自动防斜钻具设计．石油机械．2008，36（10）：45–46.

327. 莫日和，覃成锦，高德利．煤层气参数井小井眼钻井技术．中国煤层气．2008，5（3）：25–27.

328. Zhang Hui，Gao Deli. Study on Formation Pore Pressure Prediction for Wildcat Well. Proceedings of the 2008 International Symposium on Safety Science and Technology，

Beijing，China，24–27 September 2008：2437–2440.
329. 高德利，郑传奎，覃成锦．蠕变地层中含缺陷套管外挤压力分布规律的数值模拟．中国石油大学学报（自然科学版），2007，31（1）：56–62.
330. 高德利，鲜保安．煤层气多分支井身结构设计模型研究．石油学报，2007，28（6）：113–117.
331. 高德利，王德贵．底部钻具振动特性分析及信息传输实验．石油钻采工艺，2007，29（5）：1–4.
332. 郑传奎，覃成锦，高德利．大位移井减阻工具合理安放位置研究．天然气工业，2007，27（3）：70–72.
333. 赵增新，高德利．套管钻井扭转残余应力对套管抗挤强度的影响．石油钻探技术，2007，35（5）：10–13.
334. 赵增新，高德利．套管钻井中变应力幅载荷下管柱疲劳强度的评估．石油钻探技术，2007，35（5）：14–17.
335. 宋生印，高德利．石油套管钻井中套管柱疲劳寿命实验研究．科技导报，2007，25（21）：27–30.
336. 丁士东，高德利，等．脉冲振动对水泥浆性能影响的实验研究．自然科学进展，2007，17（9）：1251–1257.
337. 丁士东，高德利，等．脉冲振动固井技术研究．科技导报，2007，25（22）：36–42.
338. 莫日和，高德利，邓昌文．"刚柔"钻具组合在新疆油田八区的应用．探矿工程（岩土钻掘工程），2007，34（7）：18–19.
339. 宋执武，高德利．受拉钻铤结构及其防斜减振原理．西部探矿工程，2007（7）：64–65.
340. 宋执武，高德利．自动防斜钻井钻具设计．钻采工艺，2007，30（3）：1–2.
341. Zheng Chuankui，Gao Deli，Tan Chengjin. Calculation of Creep Pressure on Worn Casing Subjected to Nonuniform Loading in Creep Stratum. 9th International Conference on Engineering Structural Integrity Assessment held at Beihang University Conference Centre，Beijing，China，15–19 Oct. 2007. Engineering Structural Integrity：Research，Development and Application，CHINA MACHINE PRESS，2007，2：1254–1257.
342. 付胜利，肖静，秦永和，高德利．实体膨胀管力学行为试验研究．钻采工艺，2007，30（1）：82–83.
343. 闫相祯，李茂生，杨秀娟，高德利．等曲率井眼中钻柱与井壁间接触力分析．中国石油大学学报（自然科学版），2007，31（1）：91–94，113.
344. 丁士东，高德利，于东．不同套管—井眼组合下旋转套管速度分析研究．石油钻头技术，2006，34（6）：33–35.
345. 张辉，高德利．钻头下部未钻开地层的可钻性预测新方法．石油学报，2006，27（1）：97–100.

346. 张辉，高德利．油气钻井核心技术的筛选方法．钻采工艺，2006，29（1）：1–4.
347. 张辉，高德利．用主成分投影法评价和优选钻头．石油钻探技术，2006，34（1）：39–41.
348. 潘起峰，高德利．地层力计算新模型．中国石油大学学报（自然科学版），2006，30（3）：50–54.
349. 顾军，高德利，杨昌龙．大地电磁测深法探测地下油气资源的解释模型．石油大学学报（自然科学版），2006（1）：56–61.
350. 潘起峰，高德利．用声波法评价地层可钻性各向异性的实验研究．岩石力学与工程学报，2006（1）：50–54.
351. 郑传奎，覃成锦，高德利．含磨损套管抗内压强度数值计算研究．天然气工业，2006，26（1）：76–79.
352. 郑传奎，覃成锦，高德利．力边界法向量在套管应力数值分析中的应用．天然气工业，2006，26（9）：87–89.
353. 宋执武，高德利．不倒翁式偏心防斜钻具的设计．石油机械，2006，34（8）：19–20.
354. 宋执武，高德利，李瑞营．大位移井轨道设计方法综述及曲线优选．石油钻探技术，2006，34（5）：24–27.
355. 宋执武，高德利，马健．大位移井摩阻/扭矩预测计算新模型．石油钻采工艺，2006，28(6)：1–3.
356. 高德利，覃成锦，代伟锋，唐海雄，魏宏安，南海流花超大位移井摩阻/扭矩及导向钻井分析，石油钻采工艺，2006，28（1）：9–12.
357. 覃成锦，高德利，唐海雄，魏宏安．南海流花超大位移井井身结构设计方法．石油钻采工艺，2006，28（1）：13–14，28.
358. 蔚宝华，邓金根，高德利．南海流花超大位移井井壁稳定性分析．石油钻采工艺，2006，28（1）：1–3.
359. 汪志明，郭晓乐，张松杰，高德利．南海流花超大位移井井眼净化技术．石油钻采工艺，2006，28（1）：4–8.
360. 高德利，张辉，潘起峰，唐海雄，魏宏安．流花油田地层岩石力学参数评价及钻头选型技术．石油钻采工艺，2006，28（2）：1–3，6.
361. 张辉，高德利，唐海雄，魏宏安．南海流花油田超大位移井泥浆泵设备能力分析研究．石油钻采工艺，2006，28（2）：4–6.
362. 覃成锦，高德利，唐海雄，魏宏安．南海流花油田超大位移井套管磨损预测方法研究．石油钻采工艺，2006，28（3）：1–3.
363. Gao Deli，Pan Qifeng. Experimental Study of Rock Drill–ability Anisotropy by Acoustic Velocity. Petroleum Science，2006，3（1）：50–55.
364. Gao Baokui，Gao Deli. The Mechanism of Radial Separation of Cement Sheath and Casing during Temperature Cycling. Petroleum Science，2006，3（3）：45–50.

365. Gao Baokui，Gao Deli. Analysis on Blowout and Conflagration of Gas in China. Progress in Safety Science and Technology（Vol. VI）Part B，Science Press / Science Press USA Inc.，2006：1300–1304.

366. Gao Baokui，Gao Deli.Shearing Damage of Casing–Cement Sheath Interface from Temperature Changing in Well Bore. Progress in Safety Science and Technology（Vol. VI）Part B，Science Press / Science Press USA Inc.，2006，2443–2447.

367. Gao Baokui，Gao Deli. Post Buckling Analysis on Bottom Hole Drilling String. Journal of Jinlin University Engineering and Technology Edition，2006，36（Supplement 1）：163–166.

368. 付胜利，高德利 . 可膨胀管膨胀过程三维有限元数值模拟 . 西安石油大学学报（自然科学版），2006，21（1）：54–57.

369. 付胜利，高德利 . 可膨胀管旋转膨胀系统设计研究 . 天然气工业，2006，26（2）：77–79.

370. 付胜利，高德利 . 实体膨胀管变形力与膨胀工具模角关系研究 . 石油机械，2006，34（1）：25–28.

371. 闫相祯，李茂生，杨秀娟，高德利 . 钻柱与井壁碰撞的拉格朗日算法动力学仿真 . 机械强度，2006，28（3）：341–345.

372. 秦永和，付胜利，高德利 . 大位移井摩阻扭矩力学分析新模型 . 天然气工业，2006，26（11）：77–79.

373. 秦永和，付胜利，高德利 . 实体膨胀管膨胀后轴向位移有限元数值模拟 . 石油钻采工艺，2006，28（5）：1–3.

374. Gao Baokui，Gao Deli.Study on Wellbore Damage by Temperature Change of Underground Natural–gas Storage Caverns. Progaress in Safety Science and Technology（Vol.V）Part A，Science Press and Science Press USA Inc.，2005：360–365.

375. Gao Baokui，Gao Deli，Qiao L. Key Factors of Casing Safety in Oil & Gas Wells. Progaress in Safety Science and Technology（Vol.V）Part A，Science Press and Science Press USA Inc.，2005：509–514.

376. Zhang Hui，Gao Deli. Prediction of Un–drilled Formation Pore Pressure with Grey Theory and BP Neural Network. Progaress in Safety Science and Technology（Vol.V）Part A，Science Press and Science Press USA Inc.，2005：609–613.

377. 高德利 . 易斜地层防斜打快钻井理论与技术探讨 . 石油钻探技术，2005，33（5）：16–19.

378. 覃成锦，高德利 . 套管强度计算的理论问题 . 石油学报，2005，26（5）：123–126.

379. 潘起峰，高德利，孙书贞，孔祥成 . PDC 钻头选型新方法 . 石油学报，2005，26（3）：123–126.

380. 付胜利，高德利 . FG 型防斜工具的设计研究 . 石油学报，2005，26（3）：98–101.

381. 周英操，高德利，刘永贵．欠平衡钻井环空多相流井底压力计算模型．石油学报，2005，26（2）：96–99.
382. 顾军，高德利，等．论固井二界面封固系统及其重要性．钻井液与完井液，2005，22（2）：7–10.
383. 郑传奎，覃成锦，高德利．子结构法在套管强度数值计算中的应用．石油钻采工艺，2005，27（5）：16–19.
384. 周英操，高德利，鹿志文，翟洪军．欠平衡钻井参数实时数据分析处理系统的开发与应用．天然气工业，2005，25（7）：47–49.
385. 潘起峰，高德利．岩石可钻性各向异性评价模型研究．天然气工业，2005，25（10）：64–66.
386. 易先中，高德利，等．激光破岩的物理模型与传热学特性研究．天然气工业，2005，25（8）：62–65.
387. 王兆会，高宝奎，高德利．注汽井套管热应力计算方法对比分析．天然气工业，2005，25（3）：93–95.
388. 张辉，高德利．钻头选型通用方法研究．石油大学学报（自然科学版），2005，29（6）：45–49 .
389. 张辉，高德利．钻头选型方法综述．石油钻采工艺，2005，27（4）：1–5.
390. 张辉，高德利．考虑安全性的油气钻井核心技术筛选．天然气工业，2005，25（4）：77–78，82.
391. 张辉，高德利．钻头下部未钻开地层的孔隙压力随钻预测．天然气工业，2005，25（3）：79–80.
392. 张辉，高德利．钻井岩性实时识别方法研究．石油钻采工艺，2005，27（1）：13–15.
393. 张辉，高德利．主成份投影法在油气钻井技术评价中的应用．西南石油学院学报，2005，27（3）：23–25.
394. 张辉，高德利．野锚井岩石可钻性钻前预测方法研究．石力学与工程学报，2005，24（Supp. 1）：4755–4759.
395. 丁士东，高德利，胡继良，杨红岐．利用矿渣 MTC 技术解决复杂地层固井难题．石油钻探技术，2005，33（2）：5–7.
396. 鲜保安，高德利，等．多分支水平井在煤层气开发中的应用机理分析．煤田地质与勘探，2005，33（6）：34–37.
397. 鲜保安，高德利，等．煤层气定向羽状水平井开采机理与应用分析．天然气工业，2005，25（1）：114–116.
398. 宋执武，高德利，周英操．地面遥控可调弯接头的设计．石油机械，2005，33（7）：26–27.

399. 宋执武，高德利，周英操 . 三维井身底部钻具组合受力分析计算方法 . 石油钻探技术，2005，33（2）：8–12.

400. 高德利，王兆会，高宝奎，热采井套管的材料温度效应及应力分析研究 . 石油机械，2004，32（特刊）：47–51.

401. Zhang Hui，Gao Deli.Evaluation of Oil & Gas Drilling Technology with Safety Analysis. Progress in Safety Science and technology，Beijing/New York：Science Press，2004，VOL.IV，Part A：463–467. Proceedings of the 2004 International Symposium on Safety Science and Technology（2004 ISSST）held in Shanghai，China，25–28 October 2004.

402. Gao Baokui，Gao Deli. Casing Safety Analysis in Steam Injection Wells with Formation Effects Considered. Progress in Safety Science and Technology，Beijing/New York：Science Press，2004，VOL. IV，Part A：657–662. Proceedings of the 2004 International Symposium on Safety Science and Technology（2004 ISSST）held in Shanghai，China，25–28 October 2004.

403. Zhou Y，Gao D，Wang G，Zhai H. A New Method to Measure the Downhole Pressure in UBD. IADC/SPE 88002，presentation at IADC/SPE ASIA PACIFIC DRILLING TECHNOLOGY，Kuala Lumpur，Malaysia，13–15 September 2004.

404. 鲜保安，高德利，等 . 煤层气高效开发技术 . 特种油气藏，2004，11（4）：63–66.

405. 王世圣，时钟民，侯金林，刘立民，高德利 .JZ20–2MUQ 海洋平台的动态特性研究 . 石油矿场机械，2004，33（特刊）：1–3.

406. 王世圣，刘立名，高德利，时钟民，侯金林 . 海洋导管架平台结构动力优化研究 . 中国海上油气（工程），2004，16（4）：276–279.

407. 易先中，高德利，等 . 螺杆转子 5 轴旋风式铣削的刀轨规划研究 . 石油大学学报（自然科学版），2004，28（1）：46–48.

408. 易先中，高德利，何俊松，华北庄 . 螺杆马达定转子共轭线形的优化设计模型研究 . 石油矿场机械，2004，33（2）：1–4.

409. 易先中，高德利，等 . 钻柱力学特性分析的剪变形理论 . 石油机械，2004，32（3）：1–4.

410. 顾军，尹会存，高德利，等 . 泡沫水泥稳定性研究 . 油田化学，2004，21（4）：307–309.

411. 顾军，尹会存，高德利，等 . 高炉水淬矿渣固井液配方与性能研究 . 油田化学，2004，21（4）：304–306.

412. 顾军，高德利，等 . 用 CYT 法预测地层破裂压力 . 天然气工业，2004，24（12）：62–64.

413. 顾军，高德利，杨仕会 . 土哈盆地煤层力学特性分析与钻探对策 . 探矿工程（岩土钻掘工程），2004，31（5）：51–52，55.

414. 严泽生，覃成锦，高德利，张传友，王惠宾，宗卫兵 . 含几何缺陷套管抗非均匀外挤力的强度计算 . 钢铁，2004，39（11）：33–36.

415. 严泽生，高德利，张传友，王惠宾，宗卫兵．一种新型高抗挤套管的研制．钢铁，2004，39（7）：35–38，57.

416. 严泽生，覃成锦，高德利．非均匀载荷对 TP130TT 套管抗挤强度的影响．石油钻采工艺，2004，26（4）：34–36.

417. 李茂生，闫相祯，高德利．钻井液对钻柱横向振动固有频率的影响．石油大学学报（自然科学版），2004，28（6）：68–71.

418. 周英操，高德利，翟洪军，王广新．欠平衡钻井技术在大庆油田探井中的应用．石油钻采工艺，2004，26（4）：1–4.

419. 狄勤丰，高德利．大位移井井眼轨迹控制技术方案的优化．天然气工业，2004，24（6）：74–76.

420. 高德利，张武辇，李文勇．南海西江大位移井钻完井工艺分析研究．石油钻采工艺，2004，26（3）：1–6.

421. 高德利，狄勤丰，张武辇．南海西江大位移井定向控制技术研究．石油钻采工艺，2004，26（2）：1–4.

422. 高德利，潘起峰，张武辇．南海西江大位移井钻头选型技术研究．石油钻采工艺，2004，26（1）：1–4.

423. 王兆会，高德利，周克刚．克拉玛依稠油热采井 DM 型系列地锚预应力．固井技术，2004，32（4）：47–49.

424. 高德利，张辉．油气钻井科技发展重点内容评估研究．石油钻采工艺，2004，26（5）：1–7.

425. 张辉，高德利．熵权模糊综合评判模型及其在油气钻井技术评价中的应用．江汉石油学院学报，2004，26（2）：107–109.

426. 张辉，高德利．熵权理想点法在油气钻井技术评价中的应用．天然气工业，2004，24（8）：59–61.

427. 付胜利，高德利．底部钻具组合两维分析的新算法．天然气工业，2004，24（8）：62–64.

428. 高德利．钻井科技发展的历史回顾、现状分析与建议．石油科技论坛，2004（2）：29–39.

429. GAO D L，GAO B K. A Method for Calculating Tubing Behavior in HPHT Wells.Journal of Petroleum Science & Engineering，2004，41（1–3）：183–188.

430. Gao D L，Tan Ch J. Effect of Imperfection and Non–uniform Loads on Collapse Strength of A New Type of Casing，IMMM2003，Mechnical Properties of Advanced Engineering Materials，Tsinghua University Press and Springer，2003：186–192.

431. Gao B K，Gao D L. Impact of Hostile Environments on Casing Capacity. IMMM2003，Mechnical Properties of Advanced Engineering Materials，Tsinghua University Press and Springer，2003：186–192.

432. 王世圣，刘立民，时钟民，高德利 . EBA109 过热蒸汽锅炉管的安全性评估压力容器 . 压力容器，2003，20（4）：37–39，51.
433. 高德利 . 旋转钻井的学科特点与技术展望 // 李秀生等编 . 百名海外石油学子学术论坛文集 . 北京：外文出版社，2003：158–163.
434. 高德利 . 油气钻井技术展望 . 石油大学学报（自然科学版），2003，27（1）：29–32.
435. 高德利 . 石油钻井的学科特点与技术展望 . 探矿工程，2003（增刊）：8–12.
436. 易先中，高德利，何俊松，华北庄 . 螺杆马达定子与转子共轭线型的研究 . 石油机械，2003，31（特刊）：16–18.
437. 顾军，高德利，等 . 泡沫水泥固井技术研究 . 天然气工业，2003，23（增刊）：78–80.
438. 薛亚东，高德利 . 深部地层压力智能辨识方法 . 岩石力学与工程学报，2003，22（2）：208–211.
439. 邓金根，蔚宝华，邹灵战，高德利，张武辇 . 南海西江大位移井井壁稳定性评估研究 . 石油钻采工艺，2003，25（6）：1–4.
440. 高德利，覃成锦，李文勇 . 南海西江大位移井摩阻和扭矩数值分析研究 . 石油钻采工艺，2003，25（5）：7–12.
441. 高德利，覃成锦，李文勇 . 南海西江大位移井井身结构与套管柱设计研究 . 石油钻采工艺，2003，25（4）：1–4.
442. 高德利，覃成锦 . 含盐膏层井复合管柱优化设计技术 . 石油钻探技术，2003，31（5）：4–6.
443. 张辉，高德利 . 油气钻井核心技术的定量综合评估方法 . 石油钻探技术，2003，31（5）：28–29.
444. 潘起峰，高德利，等 . 利用地层综合系数法评价及优选钻头 . 石油钻探技术，2003，31（5）：36–38.
445. 王兆会，高德利 . 热采井套管损坏机理及控制技术研究进展 . 石油钻探技术，2003，31（5）：46–48.
446. 高宝奎，高德利 . 钻柱使用寿命的不确定性分析 . 石油钻探技术，2003，31（5）：63–66.
447. 刘凤梧，高德利，徐秉业 . 受径向约束细长水平管柱的正旋屈曲 . 工程力学，2002，19（6）：044–048.
448. Gao Deli，Gao Baokui. Discussion on Safety of HPHT Oil & Gas Wells. Progress in Safety Science and Technology，Beijing/New York：Science Press，2002，Vol. III，Part A：661–665，Presentation at the Third International Symposium on Safety Science and Technology（2002 ISSST）held in Tai–An，China，10–13 October 2002.
449. 薛亚东，康天合，高德利 . 深部地层可钻性各向异性的评测新方法 // 中国岩石力学与工程学会第七次学术大会论文集 . 北京：中国科学技术出版社，2002：676–679.
450. 吴村章，高德利 . 孕镶金刚石取心钻头各向异性的实验研究，石油大学学报（自然科学版)，2002，26（5）：40−43.

451. 高宝奎，高德利．高温高压井测试管柱变形增量计算模型．天然气工业，2002，22（6）：52−54.

452. 高宝奎，高德利．高温高压井测试对套管安全的特殊影响．天然气工业，2002，22（4）：40−42.

453. 宋执武，高德利．底部钻具组合二维分析新方法，石油大学学报（自然科学版），2002，26（3）：34−36.

454. Gao D L，Lui F W，Xu B Y. Buckling Behavior of Pipes in Oil & Gas Wells. Progress in Natural Science，2002，12（2）：126−130.

455. 高宝奎，高德利．高压引起的测试油管变形分析．中国海上油气（工程)，2002，14（1）：35−36.

456. 高宝奎．高温引起的套管附加载荷实用计算模型．石油钻采工艺，2002，24（1）：8−10.

457. 高宝奎，高德利．高温高压井测试油管轴向力计算与应用，石油大学学报（自然科学版)，2002，26（6）：39−41.

458. 李天太，高德利．井壁稳定性技术研究及其在呼图壁地区的应用，西安石油学院学报（自然科学版)，2002，17（3）：23−26.

459. 李天太，高德利．页岩在水溶液中膨胀规律的实验研究．石油钻探技术，2002，30（3）：1−3.

460. 宋执武，高德利．解决钟摆钻具在大钻压下增斜问题的新思路．钻采工艺，2001，24（6）：52−55.

461. 高德利，刘凤梧，徐秉业．油气井管柱的屈曲行为研究．自然科学进展，2001，11（9）：976−980.

462. 宋执武，高德利．再论“钻头处的边界条件”．石油钻采工艺，2001，23（6）：38−39.

463. 高德利，刘福江．“刚柔”钻具组合与井斜控制分析研究．探矿工程，2001（增刊）：184−186.

464. 薛亚东，高德利．深部实钻地层可钻性评测新方法．地下空间，2001，21（5）：461−464.

465. 覃成锦，高德利，徐秉业．含磨损缺陷套管抗挤强度的数值分析．工程力学，2001，18（2）：009−013.

466. Yi Xianzhong，Gao Deli. Whirlwind Milling Technique on Spiral Curved Surfaces of PCP and PDM. Proceedings of ICOPE−2001，October，8−11，2001，Xi’ an，China，Tsinghua University Press and Springer−Verlag，Vol.2，V−16：989−995.

467. Gao DL. Inversion Method of the Formation Anisotropy. IMMM2001，Japan，27−31 May，2001. Mechnical Properties of Advanced Engineering Materials，Mie University Press，Japan，2001：363−366.

468. Gao BK, Gao DL. Calculating Axial Load and Deformation of the Well–testing Tubular String Using the Plastic Incremental Theory. IMMM2001, Japan, 27–31 May, 2001. Mechnical Properties of Advanced Engineering Materials, Mie University Press, Japan, 2001.
469. 薛亚东，高德利．基于人工神经网络的实钻地层可钻性预测．石油钻采工艺，2001，23（1）：26–27.
470. 宋执武，高德利．底部钻具组合分析的钻头边界效应研究．石油钻采工艺，2001，23（2）：36–37.
471. 鲜保安，高德利，徐创海．动力学降斜方法研究及应用．石油钻探技术，2000，28（6）：11–12.
472. 高宝奎，高德利．高温对油管屈曲变形的影响．中国海上油气（工程），2000，12（5）：30–32.
473. 高宝奎，高德利．高压油气井测试油管在井下关井时的变形分析．北京：中国石油学会第三届青年学术会议，2000.
474. 杨进，高德利．地层压力随钻预测技术研究及应用．北京：中国石油学会第三届青年学术会议，2000.
475. 薛亚东，高德利．声发射地应力测量中凯塞点的确定．石油大学学报（自然科学版），2000，24（5）：1–3.
476. Gao Deli. On Instability of Wellbore & Its Trajectory. Progress in Safety Science and Technology, Vol. Ⅱ, Part A：179–184, Beijing：Chemical Industry Press, 2000. Presentation at the Second International Symposium on Safety Science and Technology (2000 ISSST) held in Beijing, Aug. 10–13, 2000.
477. 高德利，高宝奎．水平井管柱屈曲与摩阻分析．石油大学学报（自然科学版），2000，24（2）：1–3.
478. 覃成锦，高德利，徐秉业．含磨损缺陷套管抗挤强度的数值分析．石油钻采工艺，2000，22（1）：6–8.
479. 覃成锦，高德利，徐秉业．垂直井中管杆柱的扶正器安放问题研究．石油钻采工艺，2000，22（3）：8–9.
480. 高德利，刘凤梧，徐秉业．弯曲井眼中管柱屈曲行为研究．石油钻采工艺，2000，22（4）：1–4.
481. 柳贡慧，董本京，高德利．误差椭球（圆）及井眼交碰概率分析．钻采工艺，2000，23（3）：5–12.
482. 高德利．21 世纪油气钻井技术展望．石油化工动态，2000，8（2）：31–34.
483. 王同良，高德利．中国与美国和世界钻井技术水平的比较研究．世界石油工业，2000，7（4）：20–24；7（5）：25–26.

484. 王同良，高德利 . 世界石油钻井科技发展水平与展望 . 石油钻采工艺，2000，22（2）：1–6.

485. 高德利 . 油气钻井中井眼系统的不稳定性与控制问题 // 高德利等主编：地下钻掘采工程不稳定理论与控制技术——中国科协第 46 次"青年科学家论坛"报告文集 . 北京：中国科学技术出版社，1999：1–9.

486. 高德利，高宝奎，冯光通 . 垂直井眼中管柱屈曲与摩阻模拟实验研究 // 高德利等主编，地下钻掘采工程不稳定理论与控制技术——中国科协第 46 次"青年科学家论坛"报告文集 . 北京：中国科学技术出版社，1999：217–225.

487. 高德利，覃成锦，徐秉业 . 套管载荷分析与强度设计软件研究 . 石油钻采工艺，1999，21（6）：13–19.

488. 杨进，李文武，高德利 . 灰关联聚类在钻头选型中的应用 . 石油钻采工艺，1999，21（4）：48–56.

489. 张广军，高德利 . 地面遥控角度可调弯接头控制系统稳定性分析 . 石油大学学报（自然科学版），1999，23（6）：30–32，35.

490. Gao Deli，Zhang Hui. A Study on Evaluation of the Formation Lithology While Drilling. Proceedings of IMMM’99（the fourth international symposium on microstructure and mechanical properties of new engineering materials）held in Beijing，International Academic Press，1999：303–308.

491. Gao Deli，Yang Jin，Li Wenwu.The Cluster Analysis Method for Formation Drillability Evaluation. Proceedings of IMMM’99，International Academic Press，1999：291–296.

492. Liu Fengwu，Xu Bingye，Gao Deli. Sinusoidal Buckling of A Wghtless Tubular within A Curved Cylinder. Proceedings of IMMM’99，International Academic Press，1999：393–398.

493. Liu Fengwu，Xu Bingye，Gao Deli. Helical Buckling of A Wghtless Tubular within A Curved Cylinder. Proceedings of IMMM’99，International Academic Press，1999：399–404.

494. 刘凤梧，徐秉业，高德利 . 水平圆管中受压扭作用管柱屈曲后的解析解 . 力学学报，1999，31（2）：238–242.

495. 刘凤梧，徐秉业，高德利 . 封隔器对油管螺旋屈曲的影响分析 . 清华大学学报（自然科学版），1999，39（8）：104–107.

496. 高德利 . 浅谈油气钻井学术问题、技术现状及发展趋势 . 石油钻采工艺，1999，21（3）：10–17.

497. 张辉，高德利，李军，王家祥 . 地层岩性的随钻评估方法研究及应用 . 中国海上油气（工程），1999，11（2）：34–36.

498. 董本京，高德利 . 现代井眼轨迹测量误差分析理论探讨 . 钻采工艺，1999，22（3）：

1–6.
499. 董本京，高德利，柳贡慧 . 井眼轨迹不确定性分析方法的探讨 . 天然气工业，1999，19（4）：59–63.
500. 高德利，杨进，张辉 . 实钻地层特性评估方法的研究 . 岩石力学与工程学报，1999，19（1）：65–69.
501. 张辉，高德利，等 .PDC 钻头钻井时地层岩性的随钻评估方法 . 钻采工艺，1999，22（1）：14–15，18.
502. 杨进，高德利，等 . 准噶尔盆地南缘地区钻头选型研究及应用 . 钻采工艺，1999，22（2）：76–77.
503. 杨进，高德利 . 地层压力随钻监测和预测技术研究 . 石油大学学报（自然科学版），1999，23（1）：35–37.
504. 杨进，高德利，刘书杰，王家祥 . 一种钻头选型新方法研究 . 石油钻采工艺，1998，20（5）：38–40.
505. 杨进，高德利，宋朝辉 . 随钻地层孔隙压力预测技术初探 . 石油钻采工艺，1998，20（4）：28–31.
506. 杨进，高德利，胡开利，郑权方 . 利用测井资料进行钻头合理选型研究及其应用 . 石油钻采工艺，1998，20（2）：18–21.
507. 高德利，张辉，王家祥 . 地层岩性与钻头工况的评估方法研究及其应用 . 石油钻采工艺，1998，20（1）：8–12.
508. 杨进，高德利，郑权方 . 利用测井资料进行钻头选型研究 . 西部探矿工程，1998，10（3）：27–29.
509. 杨进，高德利，等 . 岩石声波时差与岩石可钻性的关系及其应用 . 钻采工艺，1998，21（2）：1–4.
510. 杨进，高德利 . 利用录井资料进行钻头合理选型研究 . 小型油气藏，1998，3（3）：43–45.
511. 杨进，高德利 . 地层压力随钻监测技术研究及应用 . 石油钻探技术，1998，21（2）：1–4.
512. 刘凤梧，徐秉业，高德利 . 受横向约束的细长无重管柱在压扭组合作用下的屈曲后分析 . 工程力学，1998，15（4）：18–24.
513. Gao Deli，Liu Fengwu，Xu Bingye. An Analysis of Helical Buckling of Long Tubulars in Horizontal Wells. SPE 50931，Proceedings of the Sixth International Oil & Gas Conference and Exhibition in China（IOGCEC），Beijing，China，2–6 November 1998.
514. 宫常斌，高德利，徐秉业 . 井眼稳定性研究及其发展趋势 . 武汉交通科技大学学报，1998，21（6）：644–649.
515. 高德利 . 地下资源勘探开发与钻井问题 . 见高德利主编《资源环境科学与可持续发展技

术》，中国科协第三届青年学术年会论文集 . 北京：中国科学技术出版社，1998.

516. 谢和平，高德利 . 中国能源发展趋势与能源科技展望 . 见高德利主编《资源环境科学与可持续发展技术》，中国科协第三届青年学术年会论文集 . 北京：中国科学技术出版社，1998.

517. 杨进，高德利 . 随钻地层孔隙压力检测新方法研究及其应用 . 中国海上油气（工程），1998，10（2）：42–46.

518. 高宝奎，高德利 . 带双心钻头底部钻具组合的分析 . 中国海上油气（工程），1998，10（1）：52–56.

519. 高宝奎，高德利 . 滚动钻柱摩阻研究 . 石油大学学报（自然科学版），1998，22（2）：26–28.

520. 杨进，高德利等 . 测井资料在钻头选型方面的应用 . 石油大学学报（自然科学版），1998，22（2）：29–31.

521. 高德利 . 钻井力学问题与若干研究 . 见黄克智等主编《清华大学工程力学、数学、热物理学术会议论文集》. 北京：清华大学出版社，1998，62–67.

522. Gong C，Gao D，Xu B. Wellbore Stability Analysis. IMMM’97 International Symposium on Microstructures and Mechanical Properties of New Engineering Materials. Mie University Press，Japan，6–8 August，1997.

523. 高德利 . 油气勘探开发中的若干工程问题 // 高德利等主编 . 面向 21 世纪的能源科技——中国科协第 21 次“青年科学家论坛”文集 . 北京：石油工业出版社，1997：1–14.

524. 高德利 . 油气钻井基础研究若干进展 . 小型油气藏，1997（4）：38–44.

525. 詹俊峰，高德利，刘希圣 . 地层抗钻强度与钻头磨损实用评估方法 . 石油钻采工艺，1997，19（6）：16–24.

526. 高宝奎，高德利，王平 . 水平井管柱屈曲研究中的争议 . 石油钻采工艺，1997，19（3）：20–24.

527. 覃成锦，胡小兵，高德利 . 斜井抽油杆扶正器安放间距三维计算 . 石油机械，1997，25（5）：45–48.

528. 高宝奎，高德利 . 水平井钻柱接头的力学效应 . 石油机械，1997，25（10）：13–15.

529. 高宝奎，高德利，谢金稳 . 钻柱涡动及其应用的影响 . 石油大学学报（自然科学版），1997，21（1）：25–27.

530. 高德利，陈勉，王家祥 . 谈谈定向井井壁稳定性问题 . 石油钻采工艺，1997，19（1）：1–5.

531. 高德利，鄢捷年，郭学增 . 油气钻井工程 // 世界石油科技发展趋势与展望 . 北京：石油工业出版社，1997.

532. 高德利 . 地层特性随钻评估方法的研究 // 谢和平等主编 . 跨世纪的矿业科学与高新技术——中国科协第 14 次“青年科学家论坛”报告文集 . 北京：煤炭工业出版社，1996：118–128.

533. 覃成锦，高德利，王家祥 . 受压管杆柱在倾斜或弯曲井眼中的稳定性 . 石油大学学报（自然科学版），1996，20（6）：21–24.

534. 高宝奎，高德利 . 深井钻柱的横向振动浅论 . 石油钻采工艺，1996，18（4）：8–14.

535. 高宝奎，高德利 . 耦合振动对钻柱疲劳的影响 . 石油大学学报（自然科学版），1996，20(5)：40–43.

536. 高宝奎，高德利 . 直井防斜原理综述 . 石油钻采工艺，1996，18（2）：8–13.

537. 高德利，高宝奎，耿瑞平 . 钻柱涡动特性分析 . 石油钻采工艺，1996，18（5）：9–13.

538. 高德利 . 井眼轨迹控制问题的力学分析方法 . 石油学报，1996，17（1）：115–121.

539. 高宝奎，高德利 . 斜直井眼中钻柱屈曲的可能性 . 石油钻采工艺，1995，17（5）：6–11.

540. 徐永福，高德利，徐秉业 . 用有限差分法分析底部钻具组合的静力 . 石油钻采工艺，1995，17（1）：13–19.

541. 高德利，高宝奎，谢金稳，卢佳辛，龙平 . 钻压防斜技术的实践与理论探讨 . 石油钻采工艺，1995，17（6）：1–6.

542. 高德利 . 井眼轨迹控制力学模型 . 力学学报，1995，27（4）：501–505.

543. Gao Deli. Predicting and Scanning of Wellbore Trajectory in Horizontal Well Using Advanced Models.SPE 29982，Proceedings of the Fifth International Conference on Petroleum Engineering Held in Beijing，China，1995：297–308.

544. 高德利，徐秉业 . 石油钻井底部钻具组合大挠度三维分析 . 应用力学学报，1995，12（1）：53–62.

545. 高德利 . 钻柱力学若干基本问题的研究 . 石油大学学报（自然科学版），1995，19（1）：24–35.

546. 高德利 . 钻头和地层各向异性钻井特性的一种表达方法 . 石油学报，1994，15（2）：126–132.

547. Gao D，Zhao W，Xu B. Elastic–Plastic Analysis of Oil Tube Strength under High Temperature and High Pressure.Engineering Plasticity and Its Application Symposium，International Academic Press，China，1994：617–624.

548. 高德利，韩志东 . 邻井距离扫描计算与绘图原理 . 石油钻采工艺，1994，15（5）：21–29.

549. 高德利，高宝奎 . 谈谈石油钻柱失效问题 . 石油钻采工艺，1994，16（1）：9–16.

550. 高德利 . 地层各向异性的评估方法 . 石油学报，1993，14（2）：96–101.

551. 高德利 . 关于 UPC 模型的理论问题 . 石油钻采工艺，1993，15（2）：30–36.

552. 高德利，刘希圣，徐秉业 . 水平井底部钻具组合三维大挠度分析方法，石油大学学报（自然科学版），1993（增刊）：61–69.

553. 高德利 . 典型导向钻具组合的力学分析方法 . 石油大学学报(自然科学版),1993,17(6)：35–40.
554. 高德利，高宝奎，刘希圣，徐秉业 . 关于钻柱涡动问题的初步探讨 . 大庆：中国石油学会钻井基础理论研讨会，1992：98–105.
555. 高德利，刘希圣 . 下部钻具组合大挠度问题的权余法分析 . 石油学报，1992，13（3）：118–125.
556. 高德利，徐秉业 . 石油钻井底部钻具组合平面纵横弯曲大挠度分析 . 工程力学，1992，9（4）：42–49.
557. 杨姝，高德利，徐秉业 . 定向井钻柱摩阻问题的有限差分解 . 石油钻探技术，1992，20（3）：22–26.
558. 高德利 . 影响井眼轨迹的诸种因素 . 石油钻采工艺，1992，14（2）：27–34.
559. 高德利，徐秉业，刘希圣 . 钻头与地层相互作用模型及其应用 . 石油钻探技术，1992，20（1）：13–19.
560. 高德利,刘希圣 . 带弯接头井下动力钻具组合的造斜特性 . 石油钻探技术,1991,19（2)：37–41.
561. 高德利，聂翠平，刘希圣 . 钻头各向异性钻井特性的理论分析与实验 . 石油大学报（自然科学版），1991，15（6）：28–33.
562. 高德利，徐秉业 . 弹性钻柱运动的基本方程问题 // 王光谦等主编 . 中国博士后论文集第四集 . 北京：北京大学出版社，1991：347–381.
563. 高德利，刘希圣 . 正交各向异性地层对井斜的影响 . 石油学报，1990，11（2）：98–105.
564. 高德利，刘希圣 . 典型地层的各向异性钻井特性 . 石油大学学报（自然科学版），1990，14（5）：1–8.
565. Gao Deli，Liu Xisheng. A Mechanical Analysis of BHA Behavior in a Horizontal Well with the Method of Wghted Residuals. Proceedings of the Second China–Canada Heavy Oil Symposium Held Beijing，China，1990.
566. 高德利，刘希圣，黄荣樽 . 钻头与地层相互作用的三维宏观分析 . 石油大学学报（自然科学版），1989，13（1）：23–31.
567. 高德利，刘希圣 . 钻头与地层相互作用的新模型 . 石油钻采工艺，1989，11（5）：23–28.
568. 高德利，刘希圣 . 井眼轨迹控制的多功能微机程序 . 石油钻采工艺，1989，11（6）：1–12.
569. 刘希圣，高德利，崔孝秉 . 底部钻具组合三维静力分析的权余法 . 石油大学学报（自然科学版），1988，12（3）：58–67.
570. 高德利，韩志勇 . 弹性钻柱两个特殊点的意义及计算方法 . 华东石油学院学报（自然科学版)，1987（1）：24−33.
571. 韩志勇，高德利 . 关于钻柱稳定力等问题的探讨 . 石油钻采工艺，1986，8（5）：7−12，22.
572. 高德利 . 受内压异厚度截锥—圆柱组合薄壳的塑性极限分析 . 机械强度，1986（4）：9−14，24.
573. 高德利 . 充内压截头圆锥壳的极限分析 . 西南石油学院学报，1985（1）：40−51.

附录三　单位换算

1in=25.4mm

1ft=0.3048m

1mile=1609.344m

$1ft^2=0.0929m^2$

$1acre=4046.86m^2$

$1bbl=158.9873dm^3$

1gal（美）$=3.785dm^3$

1lb=0.45359kg

1lbf=4.448222N

1psi=6.895KPa

$℉=32+\frac{9}{5}℃$